中 国 国 家 标 准 汇 编

464

GB 25258～25293

（2010 年制定）

中国标准出版社　编

中国质检出版社
中国标准出版社
北　京

图书在版编目（CIP）数据

中国国家标准汇编：2010 年制定. 464：GB 25258～25293/
中国标准出版社编. —北京：中国标准出版社，2011
ISBN 978-7-5066-6497-4

Ⅰ. ①中…　Ⅱ. ①中…　Ⅲ. ①国家标准-汇编-中国-2010
Ⅳ. ①T-652.1

中国版本图书馆 CIP 数据核字(2011)第 187755 号

中国质检出版社
中国标准出版社 出版发行
北京市朝阳区和平里西街甲 2 号(100013)
北京市西城区三里河北街 16 号(100045)
网址:www.spc.net.cn
总编室:(010)64275323　发行中心:(010)51780235
读者服务部:(010)68523946
中国标准出版社秦皇岛印刷厂印刷
各地新华书店经销

*

开本 880×1230　1/16　印张 37.5　字数 980 千字
2011 年 12 月第一版　　2011 年 12 月第一次印刷

*

定价 220.00 元

出 版 说 明

1.《中国国家标准汇编》是一部大型综合性国家标准全集。自1983年起，按国家标准顺序号以精装本、平装本两种装帧形式陆续分册汇编出版。它在一定程度上反映了我国建国以来标准化事业发展的基本情况和主要成就，是各级标准化管理机构，工矿企事业单位，农林牧副渔系统，科研、设计、教学等部门必不可少的工具书。

2.《中国国家标准汇编》收入我国每年正式发布的全部国家标准，分为"制定"卷和"修订"卷两种编辑版本。

"制定"卷收入上一年度我国发布的、新制定的国家标准，顺延前年度标准编号分成若干分册，封面和书脊上注明"20××年制定"字样及分册号，分册号一直连续。各分册中的标准是按照标准编号顺序连续排列的，如有标准顺序号缺号的，除特殊情况注明外，暂为空号。

"修订"卷收入上一年度我国发布的、修订的国家标准，视篇幅分设若干分册，但与"制定"卷分册号无关联，仅在封面和书脊上注明"20××年修订-1,-2,-3,……"字样。"修订"卷各分册中的标准，仍按标准编号顺序排列(但不连续)；如有遗漏的，均在当年最后一分册中补齐。需提请读者注意的是，个别非顺延前年度标准编号的新制定的国家标准没有收入在"制定"卷中，而是收入在"修订"卷中。

读者配套购买《中国国家标准汇编》"制定"卷和"修订"卷则可收齐上一年度我国制定和修订的全部国家标准。

3. 由于读者需求的变化，自1996年起，《中国国家标准汇编》仅出版精装本。

4. 2010年我国制修订国家标准共2846项。本分册为"2010年制定"卷第464分册，收入国家标准GB 25258～25293的最新版本。

中国标准出版社
2011年8月

目　　录

GB/T 25258—2010　过氯乙烯树脂防腐涂料 …… 1
GB/T 25259—2010　过氯乙烯树脂涂料 …… 7
GB/T 25260.1—2010　合成胶乳　第1部分:羧基丁苯胶乳(XSBRL)56C、55B …… 13
GB/T 25261—2010　建筑用反射隔热涂料 …… 19
GB/T 25262—2010　硫化橡胶或热塑性橡胶　磨耗试验指南 …… 29
GB/T 25263—2010　氯化橡胶防腐涂料 …… 41
GB/T 25264—2010　溶剂型丙烯酸树脂涂料 …… 49
GB/T 25265.1—2010　摄影和成像　喷墨介质:分类、命名和尺寸　第1部分:照相级介质(纸和胶片) …… 57
GB/T 25266—2010　涂料　用安德森滴管法测定涂料填充物颗粒粒度的分布 …… 73
GB/T 25267—2010　涂料中滴滴涕(DDT)含量的测定 …… 79
GB/T 25268—2010　橡胶　硫化仪使用指南 …… 91
GB/T 25269—2010　橡胶　试验设备校准指南 …… 113
GB/T 25271—2010　硝基涂料 …… 127
GB/T 25272—2010　硝基涂料防潮剂 …… 135
GB/T 25273—2010　液晶显示器(LCD)用薄膜　雾度测定方法　积分球法 …… 141
GB/T 25274—2010　液晶显示器(LCD)用薄膜　紫外吸收率测定方法 …… 147
GB/T 25275—2010　液晶显示器(LCD)用偏振片　光学性能和耐候性能测试方法 …… 153
GB/T 25276—2010　液晶显示器(LCD)用三醋酸纤维素酯(TAC)膜　厚度测定方法 …… 163
GB/T 25277—2010　塑料　均聚聚丙烯(PP-H)中酚类抗氧剂和芥酸酰胺爽滑剂的测定　液相色谱法 …… 169
GB/T 25278—2010　塑料　用毛细管和狭缝口模流变仪测定塑料的流动性 …… 181
GB/T 25279—2010　中空纤维帘式膜组件 …… 211
GB 25280—2010　道路交通信号控制机 …… 219
GB/T 25281—2010　道路作业人员安全标志服 …… 237
GB/T 25282—2010　土壤和沉积物　13个微量元素形态顺序提取程序 …… 246
GB/T 25283—2010　矿产资源综合勘查评价规范 …… 255
GB 25284—2010　12 kV～40.5 kV高压交流自动重合器 …… 301
GB 25285.1—2010　爆炸性环境　爆炸预防和防护　第1部分:基本原则和方法 …… 352
GB 25285.2—2010　爆炸性环境　爆炸预防和防护　第2部分:矿山爆炸预防和防护的基本原则和方法 …… 383
GB 25286.1—2010　爆炸性环境用非电气设备　第1部分:基本方法和要求 …… 407
GB 25286.2—2010　爆炸性环境用非电气设备　第2部分:限流外壳型“fr” …… 434
GB 25286.3—2010　爆炸性环境用非电气设备　第3部分:隔爆外壳型“d” …… 440
GB 25286.5—2010　爆炸性环境用非电气设备　第5部分:结构安全型“c” …… 449
GB 25286.6—2010　爆炸性环境用非电气设备　第6部分:控制点燃源型“b” …… 465
GB 25286.8—2010　爆炸性环境用非电气设备　第8部分:液浸型“k” …… 476
GB 25287—2010　周界防范高压电网装置 …… 483

GB/T 25288—2010　^{188}W-^{188}Re 色层发生器 …… 497
GB/T 25289—2010　20 kV 油浸式配电变压器技术参数和要求 …… 505
GB/T 25290—2010　Y3 系列(IP55)三相异步电动机技术条件(机座号 63～355) …… 515
GB/T 25291—2010　船用起货机用恒力矩三相异步电动机技术条件 …… 545
GB/T 25292—2010　船用直流电机技术条件 …… 565
GB/T 25293—2010　电工电子设备机柜　机械门锁 …… 583

ICS 87.040
G 51

中华人民共和国国家标准

GB/T 25258—2010

过氯乙烯树脂防腐涂料

Perchlorovinyl resin anticorrosive coatings

2010-09-26 发布 2011-08-01 实施

中华人民共和国国家质量监督检验检疫总局
中国国家标准化管理委员会 发布

前　　言

本标准由中国石油和化学工业协会提出。

本标准由全国涂料和颜料标准化技术委员会(SAC/TC 5)归口。

本标准起草单位:中海油常州涂料化工研究院。

本标准主要起草人:吴璇、唐瑛。

过氯乙烯树脂防腐涂料

1 范围

本标准规定了过氯乙烯树脂防腐涂料的技术要求、试验方法、检验规则、标志、包装和贮存等内容。

本标准适用于以过氯乙烯树脂为主要成膜物质制成的过氯乙烯树脂防腐涂料。主要用于各种化工设备、管道、钢结构、混凝土结构表面的防腐蚀保护。

2 规范性引用文件

下列文件中的条款通过本标准的引用而成为本标准的条款。凡是注日期的引用文件，其随后所有的修改单(不包括勘误的内容)或修订版均不适用于本标准，然而，鼓励根据本标准达成协议的各方研究是否可使用这些文件的最新版本。凡是不注日期的引用文件，其最新版本适用于本标准。

GB/T 1720—1979 漆膜附着力测定法

GB/T 1723—1993 涂料粘度测定法

GB/T 1725—2007 色漆、清漆和塑料 不挥发物含量的测定(ISO 3251:2003,IDT)

GB/T 1726—1979 涂料遮盖力测定法

GB/T 1728—1979 漆膜、腻子膜干燥时间测定法

GB/T 1730—2007 色漆和清漆 摆杆阻尼试验(ISO 1522:1998,MOD)

GB/T 1732—1993 漆膜耐冲击性测定法

GB/T 1766—2008 色漆和清漆 涂层老化的评级方法

GB/T 3186 色漆、清漆和色漆与清漆用原材料 取样(GB/T 3186—2006,ISO 15528:2000,IDT)

GB/T 6742—2007 色漆和清漆 弯曲试验(圆柱轴)(ISO 1519:2002,IDT)

GB/T 8170 数值修约规则与极限数值的表示和判定

GB/T 9271—2008 色漆和清漆 标准试板(ISO 1514:2004,MOD)

GB/T 9274—1998 色漆和清漆 耐液体介质的测定(eqv ISO 2812:1974)

GB/T 9278 涂料试样状态调节和试验的温湿度(GB/T 9278—2008,ISO 3270:1984,Paints and varnishes and their raw materials—Temperatures and humidities for conditioning and testing,IDT)

GB/T 9750 涂料产品包装标志

GB/T 13452.2 色漆和清漆 漆膜厚度的测定(GB/T 13452.2—2008,ISO 2808:2007,IDT)

GB/T 13491 涂料产品包装通则

3 技术要求

产品应符合下表1的技术要求。

表1 要求

项目		指标
黏度(涂-4杯)/s	≥	30
不挥发物含量/%	≥	20
遮盖力/(g/m²)	≤	
白色		70
黑色		30
其他色		商定

表 1（续）

项　　目	指　　标
干燥时间(实干)/min　≤	60
涂膜外观	正常
硬度　≥	0.40
弯曲试验/mm	2
耐冲击性/cm	50
附着力/级　≤	2
耐酸性(25% H_2SO_4 溶液,30 d)	不起泡、不生锈、不脱落
耐碱性(40% NaOH 溶液,20 d)	不起泡、不生锈、不脱落

4 试验方法

4.1 取样

产品按 GB/T 3186 规定取样,也可按商定方法取样。取样量根据检验需要确定。

4.2 试验样板的状态调节和试验环境

除另有商定外,制备好的样板,应在 GB/T 9278 规定的条件下放置规定时间后,按有关检验方法进行性能测试。干燥时间、硬度、弯曲试验、耐冲击性、附着力项目应在 GB/T 9278 规定的条件下进行测试,其余项目按相关检验方法标准规定的条件进行测试。

4.3 试验样板的制备

4.3.1 底材的选择及处理方法

除另有商定外,试验用马口铁板和玻璃板应符合 GB/T 9271—2008 的要求,马口铁板的处理按 GB/T 9271—2008 中 4.3 的规定进行,玻璃板的处理应按 GB/T 9271—2008 中 7.2 的规定进行。钢棒使用前应用 0# 砂布打磨至看不见原始表面的痕迹或任何不平处并按 GB/T 9271—2008 中 3.5.5 的规定进行检查和清洗。商定的底材材质类型和底材处理方法应在检验报告中注明。

4.3.2 试验样板的制备

除另有商定外,按表 2 的规定制备试验样板。样板漆膜厚度的测试按 GB/T 13452.2 的规定进行。当采用与本标准规定不同的样板制备方法时,应在检验报告中注明。

表 2　试验样板的制备

检验项目	底材类型	底材尺寸 mm	涂装要求
干燥时间	马口铁板	120×50×(0.2～0.3)	喷涂一道,干膜厚度为(23±3)μm。
涂膜外观	马口铁板	120×50×(0.2～0.3)	喷涂一道,干膜厚度为(23±3)μm,放置 4 h 后测试。
耐冲击性、弯曲试验附着力	马口铁板	120×50×(0.2～0.3)	喷涂一道,干膜厚度为(23±3)μm,放置 24 h 后测试。
硬度	玻璃板	90×120×(1.2～2.0)	
耐酸性、耐碱性	钢棒	直径(13±2),长 120	可用过氯乙烯底漆和防腐涂料配套来进行制板,底漆、防腐涂料分别浸涂两道,每道间隔 24 h; 也可用过氯乙烯防腐涂料和相应配套体系来进行制板,其配套体系涂料品种、涂装道数、涂装间隔时间、涂层厚度等要求由涂料供应商提供。 放置 7 d 后测试。

4.4 操作方法

4.4.1 黏度

按 GB/T 1723—1993 中乙法的规定进行。

4.4.2 不挥发物含量

按 GB/T 1725—2007 的规定进行，烘烤温度为(85～90)℃，烘烤时间为 2 h，试样量约为 2 g。

4.4.3 遮盖力

按 GB/T 1726—1979 中乙法的规定进行。

4.4.4 干燥时间

按 GB/T 1728—1979 中甲法的规定进行。

4.4.5 涂膜外观

在自然日光下目视观察样板表面有无桔皮、起皱、色斑、颗粒、缩孔等现象，如无则可评定为“正常”。

4.4.6 硬度

按 GB/T 1730—2007 中 B 法的规定进行。

4.4.7 弯曲试验

按 GB/T 6742—2007 的规定进行。

4.4.8 耐冲击性

按 GB/T 1732—1993 的规定进行。

4.4.9 附着力

按 GB/T 1720—1979 规定进行。

4.4.10 耐酸性

按 GB/T 9274—1988 中甲法的规定进行，浸入 25% H_2SO_4 溶液中 30 d。3 根钢棒以至少 2 根钢棒一致的结果报出，如出现涂膜病态现象按 GB/T 1766—2008 进行描述。

4.4.11 耐碱性

按 GB/T 9274—1988 中甲法的规定进行，浸入 40% NaOH 溶液中 20 d。3 根钢棒以至少 2 根钢棒一致的结果报出，如出现涂膜病态现象按 GB/T 1766—2008 进行描述。

5 检验规则

5.1 检验分类

5.1.1 产品检验分出厂检验和型式检验。

5.1.2 出厂检验项目包括涂膜外观、黏度、不挥发物含量、遮盖力、干燥时间。

5.1.3 型式检验项目包括本标准所列的全部技术要求。在正常生产情况下，硬度、弯曲试验、耐冲击性、附着力每月至少检验一次。耐酸性、耐碱性每年至少检验一次。

5.2 检验结果的判定

5.2.1 检验结果的判定按 GB/T 8170 中修约值比较法进行。

5.2.2 所有项目的检验结果均达到本标准要求时，该试验样品为符合本标准要求。

6 标志、包装、贮存

6.1 标志

按 GB/T 9750 的规定进行。

6.2 包装

按 GB/T 13491 中一级包装要求的规定进行。

6.3 贮存

产品贮存时应保持通风、干燥、防止日光直接照射并应隔绝火源，远离热源。产品应定出贮存期，并在包装标志上明示。

ICS 87.040
G 51

中华人民共和国国家标准

GB/T 25259—2010

过氯乙烯树脂涂料

Perchlorovinyl resin coatings

2010-09-26 发布 2011-08-01 实施

中华人民共和国国家质量监督检验检疫总局
中国国家标准化管理委员会 发布

前　言

本标准由中国石油和化学工业协会提出。

本标准由全国涂料和颜料标准化技术委员会(SAC/TC 5)归口。

本标准起草单位:中海油常州涂料化工研究院、安庆菱湖漆业有限公司。

本标准主要起草人:吴璇、龙毛明。

过氯乙烯树脂涂料

1 范围

本标准规定了过氯乙烯树脂涂料的分类、技术要求、试验方法、检验规则、标志、包装和贮存等内容。

本标准适用于以过氯乙烯树脂为主要成膜物制成的过氯乙烯树脂涂料。主要用于化工设备、管道、机床等表面的保护和装饰。

2 规范性引用文件

下列文件中的条款通过本标准的引用而成为本标准的条款。凡是注日期的引用文件，其随后所有的修改单(不包括勘误的内容)或修订版均不适用于本标准，然而，鼓励根据本标准达成协议的各方研究是否可使用这些文件的最新版本。凡是不注日期的引用文件，其最新版本适用于本标准。

GB/T 1725—2007 色漆、清漆和塑料 不挥发物含量的测定(ISO 3251:2003,IDT)

GB/T 1726—1979 涂料遮盖力测定法

GB/T 1728—1979 漆膜、腻子膜干燥时间测定法

GB/T 1730—2007 色漆和清漆 摆杆阻尼试验(ISO 1522:1998,MOD)

GB/T 1732—1993 漆膜耐冲击性测定法

GB/T 1733—1993 漆膜耐水性测定法

GB/T 1766—2008 色漆和清漆 涂层老化的评级方法

GB/T 3186 色漆、清漆和色漆与清漆用原材料 取样(GB/T 3186—2006,ISO 15528:2000,IDT)

GB/T 6682 分析实验室用水规格和试验方法(GB/T 6682—2008,ISO 3696:1987,MOD)

GB/T 6742—2007 色漆和清漆 弯曲试验(圆柱轴)(ISO 1519:2002,IDT)

GB/T 6753.1—2007 色漆、清漆和印刷油墨研磨细度的测定(ISO 1524:2000,IDT)

GB/T 6753.4—1998 色漆和清漆 用流出杯测定流出时间(eqv ISO 2431:1993)

GB/T 8170 数值修约规则与极限数值的表示和判定

GB/T 9271—2008 色漆和清漆 标准试板(ISO 1514:2004,MOD)

GB/T 9274—1998 色漆和清漆 耐液体介质的测定(eqv ISO 2812:1974)

GB/T 9278 涂料试样状态调节和试验的温湿度(GB/T 9278—2008,ISO 3270:1984,Paints and varnishes and their raw materials—Temperatures and humidities for conditioning and testing,IDT)

GB/T 9286—1998 色漆和清漆 漆膜的划格试验(eqv ISO 2409:1992)

GB/T 9750 涂料产品包装标志

GB/T 9754—2007 色漆和清漆 不含金属颜料的色漆漆膜的 20°、60°和 85°镜面光泽的测定(ISO 2813:1994,IDT)

GB 11121 汽油机油

GB/T 13452.2 色漆和清漆 漆膜厚度的测定(GB/T 13452.2—2008,ISO 2808:2007,IDT)

GB/T 13491 涂料产品包装通则

3 产品分类

本标准将过氯乙烯树脂涂料分为底漆和面漆。

4 技术要求

产品应符合表 1 的技术要求。

表 1 要求

项目		指标	
		底漆	面漆
流出时间/s	≥	35	20
不挥发物含量/%	≥	45	30
细度/μm (含片状颜料,如铝粉等的产品除外)	≤	—	40
遮盖力/(g/m²) (清漆、含有透明颜料的产品除外) 白色 黑色 其他色	≤	—	 60 20 商定
干燥时间(表干)/min	≤	—	20
干燥时间(实干)/min	≤	60	
涂膜外观		正常	
弯曲试验/mm		2	
划格试验/级	≤	2	
硬度	≥	—	0.40
耐冲击性/cm		—	50
光泽(60°)/单位值		—	商定
耐盐水性(3%NaCl 溶液,24 h)		无异常	—
耐油性(SE 15W-40 机油,24 h)		—	无异常
耐水性(24 h)		—	无异常

5 试验方法

5.1 取样

产品按 GB/T 3186 规定取样,也可按商定方法取样。取样量根据检验需要确定。

5.2 试验样板的状态调节和试验环境

除另有商定外,制备好的样板,应在 GB/T 9278 规定的条件下放置规定时间后,按有关检验方法进行性能测试。干燥时间、弯曲试验、划格试验、硬度、耐冲击性、光泽项目应在 GB/T 9278 规定的条件下进行测试,其余项目按相关检验方法标准规定的条件进行测试。

5.3 试验样板的制备

5.3.1 底材的选择及处理方法

除另有商定外,试验用马口铁板、钢板和玻璃板应符合 GB/T 9271—2008 的要求,马口铁板的处理按 GB/T 9271—2008 中 4.3 的规定进行,钢板的处理按 GB/T 9271—2008 中 3.5 的规定进行,玻璃板的处理应按 GB/T 9271—2008 中 7.2 的规定进行。商定的底材材质类型和底材处理方法应在检验报告中注明。

5.3.2 试验样板的制备

除另有商定外,按表 2 的规定制备试验样板。样板漆膜厚度的测试按 GB/T 13452.2 的规定进行。当采用与本标准规定不同的样板制备方法时,应在检验报告中注明。

表 2 试验样板的制备

<table>
<tr><th>检验项目</th><th>底材类型</th><th>底材尺寸/mm</th><th>涂装要求</th></tr>
<tr><td>干燥时间</td><td>马口铁板</td><td>120×50×(0.2～0.3)</td><td>喷涂一道，干膜厚度为(23±3)μm。</td></tr>
<tr><td>涂膜外观</td><td>马口铁板</td><td>120×50×(0.2～0.3)</td><td>喷涂一道，干膜厚度为(23±3)μm，放置 4 h 后测试。</td></tr>
<tr><td>弯曲试验、耐冲击性</td><td>马口铁板</td><td>120×50×(0.2～0.3)</td><td rowspan="4">喷涂一道，干膜厚度为(23±3)μm，放置 24 h 后测试。</td></tr>
<tr><td>划格试验</td><td>钢板</td><td>120×50×(0.45～0.55)</td></tr>
<tr><td>硬度</td><td>玻璃板</td><td>90×120×(1.2～2.0)</td></tr>
<tr><td>光泽</td><td>玻璃板</td><td>150×100×3</td></tr>
<tr><td>耐盐水性</td><td>钢板</td><td>120×50×(0.45～0.55)</td><td>喷涂两道，干膜总厚度为(45±5)μm，间隔 24 h，放置 7 d 后测试。</td></tr>
<tr><td>耐油性、耐水性</td><td>钢板</td><td>120×50×(0.45～0.55)</td><td>可用过氯乙烯面漆喷涂两道，间隔 24 h，干膜总厚度为(45±5)μm；
也可用过氯乙烯面漆和相应配套体系来进行制板，其配套体系涂料品种、涂装道数、涂装间隔时间、涂层厚度等要求由涂料供应商提供。
放置 7 d 后测试。</td></tr>
</table>

5.4 操作方法

5.4.1 流出时间

按 GB/T 6753.4—1998 中 6 号杯的规定进行。

5.4.2 不挥发物含量

按 GB/T 1725—2007 的规定进行，烘烤温度为(85～90)℃，烘烤时间为 2 h，试样量约为 2 g。

5.4.3 细度

按 GB/T 6753.1—2007 的规定进行。

5.4.4 遮盖力

按 GB/T 1726—1979 中乙法的规定进行。

5.4.5 干燥时间

按 GB/T 1728—1979 中的规定进行，表干按乙法的规定进行，实干按甲法的规定进行。

5.4.6 涂膜外观

在自然日光下目视观察样板表面有无桔皮、起皱、色斑、颗粒、缩孔等现象，如无则可评定为“正常”。

5.4.7 弯曲试验

按 GB/T 6742—2007 的规定进行。

5.4.8 划格试验

按 GB/T 9286—1998 的规定进行。

5.4.9 硬度

按 GB/T 1730—2007 中 B 法的规定进行。

5.4.10 耐冲击性

按 GB/T 1732—1993 的规定进行。

5.4.11 光泽

按 GB/T 9754—2007 的规定进行。

5.4.12　**耐盐水性**

按 GB/T 9274—1988 中甲法的规定进行。浸入 3%NaCl 溶液中 24 h。3 块试板中至少有 2 块未出现起泡、开裂、脱落、明显变色、明显光泽变化等涂膜病态现象，则评为“无异常”。如出现以上涂膜病态现象按 GB/T 1766—2008 进行描述。

5.4.13　**耐油性**

按 GB/T 9274—1988 中甲法的规定进行。浸入符合 GB 11121 规定的 SE 15W-40 机油中 24 h。3 块试板中至少有 2 块未出现起泡、开裂、脱落、明显变色、明显光泽变化等涂膜病态现象，则评为“无异常”。如出现以上涂膜病态现象按 GB/T 1766—2008 进行描述。

5.4.14　**耐水性**

按 GB/T 1733—1993 中甲法的规定进行。浸入符合 GB/T 6682 规定的三级水中 24 h。3 块试板中至少有 2 块未出现起泡、开裂、脱落、明显变色、明显光泽变化等涂膜病态现象，则评为“无异常”。如出现以上涂膜病态现象按 GB/T 1766—2008 进行描述。

6　检验规则

6.1　检验分类

6.1.1　产品检验分出厂检验和型式检验。

6.1.2　出厂检验项目包括流出时间、不挥发物含量、细度、遮盖力、干燥时间、涂膜外观。

6.1.3　型式检验项目包括本标准所列的全部技术要求。在正常生产情况下，弯曲试验、划格试验、硬度、耐冲击性、光泽每月至少检验一次。耐盐水性、耐油性、耐水性每半年至少检验一次。

6.2　检验结果的判定

6.2.1　检验结果的判定按 GB/T 8170 中修约值比较法进行。

6.2.2　应检项目的检验结果均达到本标准要求时，该试验样品为符合本标准要求。

7　标志、包装、贮存

7.1　标志

按 GB/T 9750 的规定进行。

7.2　包装

按 GB/T 13491 中一级包装要求的规定进行。

7.3　贮存

产品贮存时应保持通风、干燥、防止日光直接照射并应隔绝火源，远离热源。产品应定出贮存期，并在包装标志上明示。

ICS 83.060
G 35

中华人民共和国国家标准

GB/T 25260.1—2010

合成胶乳　第1部分：羧基丁苯胶乳（XSBRL）56C、55B

Synthetic rubber latex—Part 1: Carboxyl styrene-butadiene rubber latex (XSBRL) 56C, 55B

2010-09-26 发布　　　　2011-08-01 实施

中华人民共和国国家质量监督检验检疫总局
中国国家标准化管理委员会　发布

前言

GB/T 25260《合成胶乳》共分三个部分：

——第1部分：羧基丁苯胶乳(XSBRL)56C、55B；

——第2部分：丁腈胶乳；

——第3部分：氯丁胶乳。

本部分为GB/T 25260的第1部分。

本部分以国外同类产品先进的技术指标和国内产品的实测值为依据制定。

本部分由中国石油和化学工业协会提出。

本部分由全国橡胶与橡胶制品标准化技术委员会合成橡胶分技术委员会归口(SAC/TC 35/SC 6)。

本部分起草单位：日照金马化工有限公司、中国石油天然气股份有限公司石油化工研究院。

本部分参加单位：上海高桥巴斯夫分散体有限公司、浙江浦江天杰胶业有限公司。

本部分主要起草人：马祖余、陈爱砚、孙丽君、刘艳丽、李凡华、侯海云、向远清、张弘强。

合成胶乳　第1部分:羧基丁苯胶乳(XSBRL)56C、55B

1　范围

本部分规定了羧基丁苯胶乳(XSBRL)56C、55B的要求、试验方法、检验规则、标志、包装、贮存、运输。

本部分适用于以苯乙烯、丁二烯、不饱和羧酸为主要单体,采用乳液聚合法制得的造纸用和地毯用羧基丁苯胶乳。

2　规范性引用文件

下列文件中的条款通过GB/T 25260的本部分的引用而成为本部分的条款。凡是注日期的引用文件,其随后所有的修改单(不包括勘误的内容)或修订版均不适用于本部分,然而,鼓励根据本部分达成协议的各方研究是否可使用这些文件的最新版本。凡是不注日期的引用文件,其最新版本适用于本部分。

SH/T 1149—2006　合成橡胶胶乳　取样(ISO 123:2000,MOD)

SH/T 1150—1999(2005)　合成橡胶胶乳pH值的测定(eqv ISO 976:1996)

SH/T 1151—1992(2005)　合成胶乳高速机械稳定性测定(idt ISO 2006:1985)

SH/T 1152—1992(2005)　合成胶乳粘度测定(eqv ISO 1652:1985)

SH/T 1153—1992(2005)　合成胶乳凝固物含量的测定(eqv ISO 706:1985)

SH/T 1154—1999(2005)　合成橡胶胶乳总固物含量测定(eqv ISO 124:1997)

SH/T 1156—1999(2005)　合成橡胶胶乳表面张力测定(eqv ISO 1409:1995)

SH/T 1500—1992(2003)　合成胶乳　命名及牌号规定

SH/T 1608—1995(2003)　丁苯胶乳对钙离子稳定性测定

SH/T 1760—2007　合成橡胶胶乳中残留单体和其他有机成分的测定　毛细管柱气相色谱　直接液体进样法(ISO 13741-1:1998,MOD)

3　牌号划分

牌号划分参考SH/T 1500—1992(2003)的规定,示例如下:

XSBRL　5　6　C

C——造纸用

6——结合苯乙烯含量标称值为60.0%±10.0%

5——总固物含量标称值为50.0%±5.0%

XSBRL——羧基丁苯胶乳

XSBRL　5　5　B

B——地毯用

5——结合苯乙烯含量标称值为50.0%±10.0%

5——总固物含量标称值为50.0%±5.0%

XSBRL——羧基丁苯胶乳

注:结合苯乙烯含量的测定参见SH/T 1593—1994(2003)[1]。

4 要求

4.1 外观

羧基丁苯胶乳(XSBRL)56C、55B为白色乳液,无肉眼可见凝块及机械杂质。

4.2 羧基丁苯胶乳(XSBRL)56C、55B技术指标见表1。

表1 羧基丁苯胶乳(XSBRL)56C、55B技术指标

项目		XSBRL56C			XSBRL55B		
		优等品	一等品	合格品	优等品	一等品	合格品
总固物含量(质量分数)/%		≥48.0			≥48.0		
黏度/(mPa·s)		≤300			≤300		
pH值		6.0~8.0			6.0~8.0		
残留挥发性有机物含量(质量分数)/%		≤0.02	≤0.05	≤0.10	≤0.02	≤0.05	≤0.10
凝固物含量(质量分数)/%	325目	≤0.01	≤0.03	≤0.06	—	—	—
	120目	—	—	—	≤0.01	≤0.03	≤0.06
机械稳定性(质量分数)/%		≤0.01		≤0.05	≤0.01		≤0.05
钙离子稳定性(质量分数)/%		≤0.03	≤0.05	≤0.08	≤0.03	≤0.05	≤0.08
表面张力/(mN/m)		40~55			40~55		

5 试验方法

5.1 外观检测

目测法进行检测。

5.2 总固物含量测定

按SH/T 1154—1999(2005)中6.1的规定进行测定,其中干燥温度为(105±5)℃,干燥时间为2 h。

5.3 黏度测定

按SH/T 1152—1992(2005)的规定进行测定。

5.4 pH值测定

按SH/T 1150—1999(2005)的规定进行测定。

5.5 高速机械稳定性测定

按SH/T 1151—1992(2005)的规定进行测定,其中搅拌时间为15 min,采用325目滤网过滤,平行测定两个结果之差不大于0.002%。

5.6 残留挥发性有机物含量测定

按SH/T 1760—2007的规定进行测定。

5.7 表面张力测定

按SH/T 1156—1999(2005)的规定进行测定。

5.8 钙离子稳定性测定

按SH/T 1608—1995(2003)的规定进行测定,采用325目筛网过滤。

5.9 凝固物含量测定

按SH/T 1153—1992(2005)的规定进行测定,其中,XSBRL56C采用325目滤网过滤,XSBRL55B采用120目滤网过滤,平行测定两个结果之差不大于0.002%。

6 检验规则

6.1 本部分所列项目均为出厂检验项目。

6.2 生产厂应按本部分对出厂的产品进行检验，保证出厂的产品符合本部分的要求。每批产品应附有一定格式的质量证明书。

6.3 出厂检验时，按 SH/T 1149—2006 的规定进行取样，并对所取样品进行全项检验。检验结果中任何一项不符合相应等级的质量要求时，应重新加倍取样，对该项进行复检，并以复检结果作为该批产品质量判定的依据。

6.4 供需双方如发生质量争议，可协商解决或由质量仲裁单位按本部分进行仲裁检验。

6.5 需仲裁检验时，根据 SH/T 1149—2006 抽取规定的样本数对质量争议项目检验，并按照本部分进行质量判定。

7 包装、标志、贮存、运输

7.1 包装

羧基丁苯胶乳(XSBRL)56C、55B 可使用塑料桶包装，或其他形式包装。

7.2 标志

包装物上应有牢固、清晰的标志。其内容包括：生产厂名称、地址、产品名称、型号、批号、生产日期、净含量、注册商标及标准编号等。

7.3 贮存

羧基丁苯胶乳(XSBRL)56C、55B 应贮存在通风、干净、干燥、避光的库房内，贮存温度为 5 ℃～30 ℃，桶(槽)装胶乳应尽可能一次用完，如果不能一次用完，则应在使用后迅速盖上盖子并拧紧，避免长期接触空气。

7.4 运输

羧基丁苯胶乳(XSBRL)56C、55B 属于非危险化学品，可以采用桶装运输、槽车运输或其他形式运输。运输时应防冻、防曝晒、防泄漏，避免包装破损和杂物混入。

7.5 质量保证期为自生产日期起 6 个月。

参 考 文 献

[1] SH/T 1593—1994(2003) 丁苯胶乳中结合苯乙烯含量的测定(neq ISO 4655:1985)。

ICS 87.040
G 51

中华人民共和国国家标准

GB/T 25261—2010

建筑用反射隔热涂料

Solar heat reflecting insulation coatings for buildings

2010-09-26 发布 2011-08-01 实施

中华人民共和国国家质量监督检验检疫总局
中国国家标准化管理委员会 发布

前　言

本标准的附录 A 为资料性附录。

本标准由中国石油和化学工业协会提出。

本标准由全国涂料和颜料标准化技术委员会(SAC/TC 5)归口。

本标准负责起草单位:江苏晨光涂料有限公司、中海油常州涂料化工研究院。

本标准参加起草单位:北京航材百慕新材料技术工程股份有限公司、中国建筑科学研究院、大金氟涂料(上海)有限公司、立邦涂料(中国)有限公司、杭州法莱莉化工有限公司、浙江三普节能建筑涂料有限公司。

本标准主要起草人:缪国元、苏春海、陆丕禾、李运德、马捷、薛亚波、裴道海、陆峥、古春艳、楼红龙、何金汉。

建筑用反射隔热涂料

1 范围

本标准规定了建筑用反射隔热涂料的术语和定义、要求、试验方法、检验规则、标志、包装和贮存等内容。

本标准适用于建筑物表面隔热保温用涂料。

2 规范性引用文件

下列文件中的条款通过本标准的引用而成为本标准的条款。凡是注日期的引用文件，其随后所有的修改单(不包括勘误的内容)或修订版均不适用于本标准，然而，鼓励根据本标准达成协议的各方研究是否可使用这些文件的最新版本。凡是不注日期的引用文件，其最新版本适用于本标准。

GB/T 3186 色漆、清漆和色漆与清漆用原材料 取样(GB/T 3186—2006,ISO 15528:2000,IDT)

GB/T 8170—2008 数值修约规则与极限数值的表示和判定

GB/T 9271 色漆和清漆 标准试板(GB/T 9271—2008,ISO 1514:2004,MOD)

GB/T 9278 涂料试样状态调节和试验的温湿度(GB/T 9278—2008,ISO 3270:1984,Paint and varnish and their raw materials—Temperatures and humidities for conditioning and testing,IDT)

GB/T 9750 涂料产品包装标志

GB/T 13491 涂料产品包装通则

GJB 2502—1996 卫星热控涂层试验方法

3 术语和定义

下列术语和定义适用于本标准。

3.1

建筑用反射隔热涂料 solar heat reflecting insulation coatings for buildings

建筑用反射隔热涂料是指具有较高太阳热反射比和半球发射率，可以达到明显隔热效果的涂料。

3.2

太阳光反射比 solar reflectance

反射的与入射的太阳辐射能通量之比值。

3.3

半球发射率 hemispherical emittance

热辐射体在半球方向上的辐射出射度与处于相同温度的全辐射体(黑体)的辐射出射度之比值。

3.4

反射隔热涂料等效涂料热阻 heat reflective coating equivalence

指采用反射隔热涂料时，与采用普通涂料相比，增强了墙体的隔热保温性能，该增加的隔热保温性能依据其节能效果折算为反射隔热涂料等效涂料热阻。

4 要求

4.1 建筑用反射隔热涂料的性能应符合表1的要求。

表 1 建筑用反射隔热涂料的性能

序号	项 目	指 标
1	太阳光反射比,白色	≥0.80
2	半球发射率	≥0.80
注:太阳光反射比和半球发射率在涂料等效热阻计算中的应用,参见附录 A。		

4.2 产品的性能除应满足表 1 的要求外,产品的耐人工气候老化性能和耐沾污性能应满足国家或行业标准的最高等级要求,其他性能还应满足相应国家或行业标准的要求。

5 试验方法

5.1 取样

产品取样按照 GB/T 3186 的规定进行。取样量根据检验需要而定。

5.2 试验环境

涂料试样的状态调节和试验的温湿度应符合 GB/T 9278 的规定。

5.3 试板制备

5.3.1 试板基材和表面处理按照 GB/T 9271 的规定进行。

5.3.2 按照产品的配套要求制备试板。涂布量、涂装间隔时间、稀释剂种类和稀释比例等应按产品要求进行。涂膜表面应光滑平整,无明显气泡、裂纹等缺陷。

5.3.3 太阳光反射比和半球发射率试板制备:

将搅拌混合均匀的涂料刮涂或喷涂一至两道,在尺寸为 40 mm×40 mm×1 mm 的铝板表面,养护 7 d。干膜厚度根据产品的要求而定,最低干膜膜厚 80 μm。共 3 块。

5.4 太阳光反射比

按 GJB 2502—1996 中的方法 210 的规定进行。

5.4.1 测试装置、仪表及要求

5.4.1.1 测试装置

测试装置示意图见图 1,其主要组件要求如下:

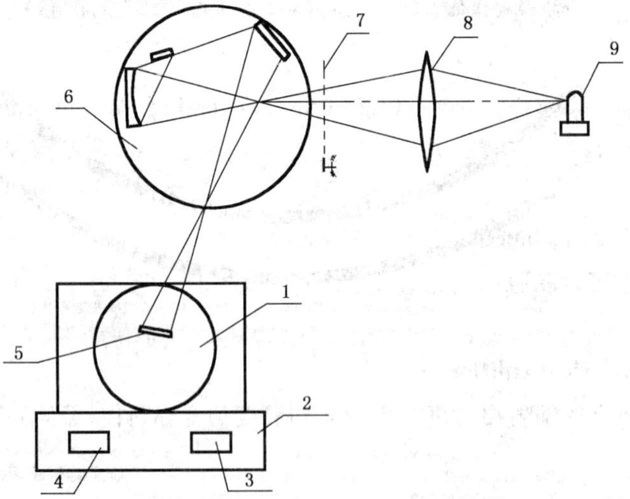

1——积分球;
2——暗箱;
3——光电倍增管;
4——光敏电阻;
5——试样;
6——单色仪;
7——调制器;
8——聚光镜;
9——碘钨灯。

图 1 太阳吸收比光谱测试法测试装置示意图

a) 单色仪：波长范围 250 nm～2 500 nm，波长精度±2 nm；

b) 积分球：内径 50 mm～150 mm，内壁熏制氧化镁；

c) 光电倍增管：响应范围 180 nm～875 nm，灵敏度不低于 15 μA/lm；

d) 硫化铅光敏电阻：响应范围 750 nm～3 200 nm，响应率不低于 2.0 μV/μW。

5.4.1.2 主要仪表

a) 光电倍增管电源：0.5 kV～1.5 kV(可调)，电压稳定度±0.5%；

b) 硫化铅光敏电阻电源：0 V～30 V(可调)，电压稳定度±1%；

c) 交流放大器：放大倍数 5～10，噪声不大于 10 μV；

d) 直流数字电压表：0.2 V～20 V，灵敏度 10 μV。

5.4.2 检测步骤

a) 接通装置电源，预热 20 min 后，检查仪器。

b) 接通光源电源。

c) 把试样安装在试样架上，放入积分球内。

d) 在(250～2 500)nm 波长范围内，选择不少于 50 个测试点，逐点测试试样的光谱反射比 $\rho_{\lambda i}$ 值。

5.4.3 结果计算

太阳光反射比计算见式(1)：

$$\rho_s = \frac{\sum_{i=1}^{n} \rho_{\lambda i} E_s(\lambda_i) \Delta\lambda_i}{\sum_{i=1}^{n} E_s(\lambda_i) \Sigma\lambda_i} \qquad \cdots\cdots(1)$$

式中：

ρ_s——试样的太阳光反射比；

$\rho_{\lambda i}$——波长为 λ_i 时试样的光谱反射比；

$\Delta\lambda_i$——波长间隔 $\Delta\lambda_i = 1/2(\lambda_{i+1} - \lambda_{i-1})$，单位为纳米(nm)；

$E_s(\lambda_i)$——在波长 λ_i 处的太阳辐射照度的光谱密集度，单位为纳米瓦每平方米($W/m^2 \cdot nm$)(可从 QJ 1954表 2 中查得)；

n——在波长 250 nm～2 500 nm 范围内的测试点数目，一般大于 50。

太阳光反射比试验结果以 3 个试板的算术平均值表示，计算精确至 0.01。

5.5 半球发射率

按 GJB 2502—1996 中的方法 310 的规定进行。

5.5.1 测试设备、装置及要求

5.5.1.1 稳态量热计法半球发射率测定装置

测定装置主要包括：

a) 真空罩；

b) 热沉：内表面喷涂无光黑漆，其半球发射率不小于 0.90；

c) 主加热器和辅助加热器；

d) 高真空机组；

e) 液氮容器或恒温器；

f) 高压氮气钢瓶。

5.5.1.2 主要仪表

a) 直流稳压电源：0 V～45 V(可调)，电压稳定度 0.05%；

b) 数字电压表：0.2 V～20 V，分辨率 1 μV；

c) 控温仪：0 ℃～600 ℃，控温精度±0.05 ℃；

d) 铜-康铜热电偶(或铁-康铜热电偶):−40 ℃～200 ℃,精度±0.1 ℃;

e) 标准汞温度计:0 ℃～50 ℃,精度±0.05 ℃;

f) 标准电阻:10 Ω,精度±0.05%;

g) 真空计。

5.5.1.3 稳态量热计法半球发射率测定装置示意图和测试系统示意图分别见图2和图3。

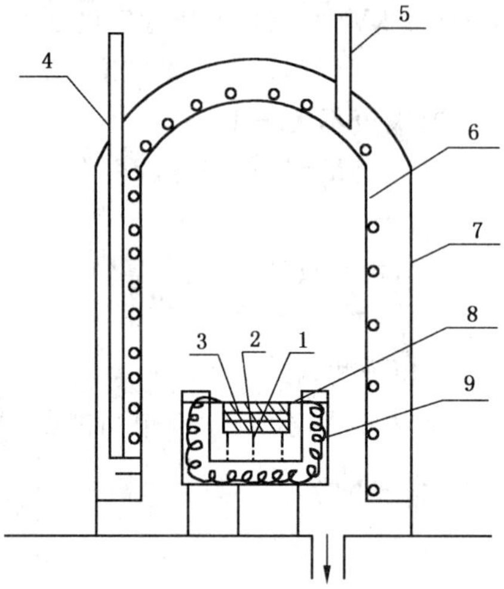

1——主加热器;
2——均热板;
3——试样;
4——冷却介质入口;
5——冷却介质出口;
6——热沉;
7——真空罩;
8——压板;
9——辅助加热器。

图2 稳态量热计法半球发射率测定装置示意图

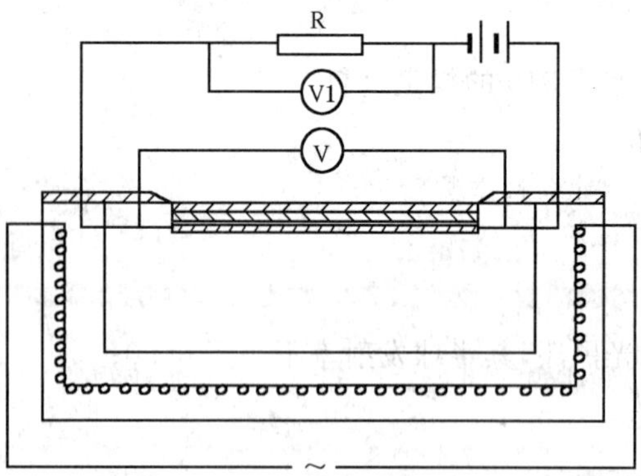

图3 稳态量热计法半球发射率电功率测试系统示意图

5.5.2 测试条件

a) 真空室压力不高于 1.0×10^{-3} Pa。

b) 热沉冷却介质为液氮(用于标准试样测定)或水(用于一般试样测定),热沉温度均匀度优于1 ℃。

c) 热沉内表面面积与试样辐射面积之比应不小于100。

5.5.3 **检测步骤**

a) 在试样的表面或背面装上测温热电偶,然后将试样放置并固定在主加热器的均匀热板上。

b) 连接好测温电缆,盖上真空罩。

c) 检查调试真空系统、电加热系统、测温系统,使处于正常状态。

d) 按操作规程启动真空机组、抽真空,向热沉加注冷却介质。

e) 向热沉加注冷却介质时,监视试样的温度,并调节主、辅加热器的加热功率,使试样温度接近技术文件要求的温度。

f) 当试样的主加热器和辅加热器得到补偿,试样温度达到技术文件要求的温度且处于热稳定状态(在20 min内,试样温度波动不大于0.1 ℃)时,连续3次测量试样温度 T,热沉温度 T_0(通水时记录进出口水的温度,取其平均值),主加热器的端电压 V_0 和标准电阻的端电压 V_1。

g) 完成上述温度条件下的测试后,调节主、辅加热器功率,使试样温度升高到另一个温度点(温升应小于10 ℃)。在此温度点重复测试。

5.5.4 **结果计算**

半球发射率计算见式(2):

$$\varepsilon_H = \frac{\frac{V_1}{R} V_0}{\sigma S (T^4 - T_0^4)} \quad \cdots\cdots(2)$$

式中:

ε_H——试样的半球发射率;

V_0——主加热器的端电压(连续3次测量的平均值),单位为伏(V);

V_1——标准电阻的端电压(连续3次测量的平均值),单位为伏(V);

R——标准电阻的电阻值,单位为欧(Ω);

S——试样辐射表面积,单位为平方米(m^2);

T——试样温度(连续3次测量值平均值),单位为开(K);

T_0——热沉内表面平均温度(连续3次测量值平均值),单位为开(K);

σ——斯忒藩-玻耳兹曼常数,$\sigma = 5.67 \times 10^{-8}$ W/($m^2 \cdot K^4$)。

试样表面的半球发射率的测定结果,以二个温度点的测定值的算术平均值表示,取小数点后两位有效数。

半球发射率试验结果以3个试板的算术平均值表示,计算精确至0.01。

6 检验规则

6.1 检验分类

产品检验分出厂检验和型式检验。

6.1.1 **出厂检验**

出厂检验项目包括各相关行业的国家或行业标准规定的出厂检验项目。

6.1.2 **型式检验**

型式检验项目包括第4章中规定的全部项目,在正常生产情况下,每年至少进行一次型式检验。

6.2 检验结果的判定

6.2.1 检验结果的判定按GB/T 8170—2008中修约值比较法进行。

6.2.2 应检项目的检验结果均达到本标准要求时,该试验样品为符合本标准要求。

7 标志、包装和贮存

7.1 标志

按 GB/T 9750 的规定进行。

7.2 包装

按 GB/T 13491 中二级包装要求的规定进行。

7.3 贮存

产品贮存时应保证通风、干燥。防止日光直接照射。水性涂料冬季应采取防冻措施，应根据产品类型定出贮存期，并在包装标志上明示。

附　录　A
（资料性附录）
等效涂料热阻计算方法

A.1　等效涂料热阻按式(A.1)计算

$$Re=(\frac{1}{\varepsilon}-1)\times(R+0.15) \qquad \cdots\cdots(\text{A}.1)$$

式中：

Re——反射隔热涂料等效涂料热阻，单位为平方米开每瓦($m^2 \cdot K/W$)；

R——涂料基层墙体热阻，单位为平方米开每瓦($m^2 \cdot K/W$)；

ε——反射隔热涂料的年传热修正值。

A.2　反射隔热涂料的年传热修正值 ε

反射隔热涂料的年传热修正值 ε 按式(A.2)计算。

$$\varepsilon=\frac{\varepsilon_s\sum^{s}h_s\Delta t_s+\varepsilon_w\sum^{w}h_w\Delta t_w}{\sum^{s}h_s\Delta t_s+\sum^{w}h_w\Delta t_w} \qquad \cdots\cdots(\text{A}.2)$$

式中：

$h_s(h_w)$——夏(冬)季空调(采暖)时间；

$\Delta t_s(\Delta t_w)$——夏(冬)季空调(采暖)温差；

$\sum^{s(w)}h_{s(w)}\Delta t_{s(w)}$——类似于空调(采暖)度时数；

ε_w——冬季传热系数修正值；

ε_s——夏季传热系数修正值。

A.3　冬、夏季传热系数修正值计算

冬季传热系数修正值：

$$\varepsilon_w=\frac{\sum_i^w\left(t_{\sigma w}-t_{ewi}-\frac{\rho_r I_{wi}}{\alpha}\right)}{\sum_i^w\left(t_{\sigma w}-t_{ewi}-\frac{\rho I_{wi}}{\alpha}\right)} \qquad \cdots\cdots(\text{A}.3)$$

式中：

$t_{\sigma w}$——冬季室内采暖温度，单位为摄氏度(℃)；

t_{ewi}——冬季室外空气温度，单位为摄氏度(℃)；

I_{wi}——冬季太阳辐射照度，单位为瓦每平方米(W/m^2)；

$\sum_i^w$——积分符，表示对整个冬季累加；

α——外表面换热系数，取 19.0 $W/(m^2 \cdot K)$。

夏季传热系数修正值：

$$\varepsilon_s=\frac{\sum_i^s\left(t_{ei}-t_o+\frac{\rho_r I_i}{\alpha}\right)}{\sum_i^s\left(t_{ei}-t_o+\frac{\rho I_i}{\alpha}\right)} \qquad \cdots\cdots(\text{A}.4)$$

式中：

t_o——夏季室内采暖温度，单位为摄氏度（℃）；

t_{ei}——夏季室外空气温度，单位为摄氏度（℃）；

I_i——夏季太阳辐射照度，单位为瓦每平方米（W/m²）；

$\sum_{i}^{s}$——积分符，表示对整个夏季累加；

α——同式 A.3；

ρ——太阳辐射吸收系数，反射隔热涂料的热工效果主要通过该系数体现。

根据建筑节能体系计算，当太阳反射率和半球发射率为达到 0.80 时，反射隔热涂料具有明显的隔热性能。例如：以南京地区气候为代表：当太阳反射率和半球发射率为 0.80 时，等效涂料热阻为可以达到（0.16～0.20）m²·K/W（根据朝向、基层墙体不同有区别）；以广州地区气候为代表：当太阳反射率和半球发射率为 0.80 时，等效涂料热阻为（0.15～0.28）m²·K/W（根据朝向、基层墙体不同有区别）。

ICS 83.060
G 40

中华人民共和国国家标准

GB/T 25262—2010/ISO 23794:2003

硫化橡胶或热塑性橡胶磨耗试验指南

Rubber, vulcanized or thermoplastic—Abrasion testing—Guidance

(ISO 23794:2003, IDT)

2010-09-26 发布　　2011-08-01 实施

中华人民共和国国家质量监督检验检疫总局
中国国家标准化管理委员会　发布

前　言

本标准等同采用ISO 23794:2003《硫化橡胶或热塑性橡胶　磨耗试验指南》(英文版)。

本标准第2章中用GB/T 2941取代了ISO 471、ISO 4648、ISO 4661-1。GB/T 2941等同采用ISO 23529:2004,ISO 23529:2004同时取代了ISO 471、ISO 4648、ISO 4661-1。在技术内容上,GB/T 2941与ISO 23529,与ISO 471、ISO 4648、ISO 4661-1没有差异。

为便于使用,本标准做了下列编辑性修改:

a) "本国际标准"改为"本标准";

b) 删除国际标准前言。

本标准由中国石油和化学工业协会提出。

本标准由全国橡胶与橡胶制品标准化技术委员会通用试验方法分技术委员会(SAC/TC 35/SC 2)归口。

本标准起草单位:贵州轮胎股份有限公司、北京橡胶工业研究设计院、西北橡胶塑料研究设计院。

本标准主要起草人:冯萍、谢君芳、丁晓英、朱伟。

硫化橡胶或热塑性橡胶
磨耗试验指南

1 范围

本标准给出了硫化橡胶或热塑性橡胶磨耗试验指南,包括致密的和松散的两种摩擦材料。

提出本标准的目的在于帮助使用者选择适当的测试方法和测试条件,以用于评价材料和评估其产品在磨耗方面的适宜性。本标准考虑到影响实验室磨耗试验和产品实际使用性能之间相关性的因素,但不涉及为特定橡胶制品而研发的磨耗试验,例如轮胎拖车试验。

2 规范性引用文件

下列文件中的条款通过本标准的引用而成为本标准的条款。凡是注日期的引用文件,其随后所有的修改单(不包括勘误的内容)或修订版均不适用于本标准,然而,鼓励根据本标准达成协议的各方研究是否可使用这些文件的最新版本。凡是不注日期的引用文件,其最新版本适用于本标准。

GB/T 2941 橡胶物理试验方法试样制备和调节通用程序(GB/T 2941—2006,ISO 23529:2004,IDT)

3 术语和定义

下列术语和定义适用于本标准。

3.1

磨耗 abrasion

由于摩擦力引起的材料表面的损失。

[GB/T 9881—2008]

3.2

耐磨性 abrasion resistance

抵抗由于机械作用使材料表面产生磨损的性能。

注:耐磨性用耐磨指数表示。

[GB/T 9881—2008]

3.3

耐磨指数 abrasion resistance index

在相同的规定条件下测量的标准橡胶与试验橡胶的体积磨耗损失之比,用百分数表示。

[GB/T 9881—2008]

3.4

相对体积磨损量 relative volume loss

在相同的规定条件下,使标准橡胶产生固定质量损失的摩擦材料作用于试验橡胶所产生的体积磨耗损失。

4 磨耗机理

橡胶在运动中与另一种材料接触而产生的磨耗机理是复杂的,但产生磨耗的主要因素是切割和疲劳。磨耗机理可以通过多种方式分类,而通常按以下方法区分:

——磨蚀磨耗；

——疲劳磨耗；

——粘附磨耗；

——卷曲磨耗，有时被认为有单独的磨耗机理。

磨蚀磨耗是尖锐体急剧地切割橡胶而引起的磨耗。

疲劳磨耗是由于动态应力作用于橡胶局部而造成的橡胶粒子分离而产生的磨耗。

粘附磨耗是由于两表面之间粘附力的作用使橡胶转移到另一个表面而产生的磨耗。

卷曲磨耗是橡胶表面层不断地被撕裂破坏、起卷而产生的磨耗。

还有由于橡胶表面受到直接的化学作用而产生的腐蚀性磨耗。

侵蚀磨耗这一术语有时用于表示液体流中的粒子对橡胶的磨耗作用。

在任何一个特定的磨耗形式中，通常不止涉及一种磨耗机理，但总有一种机理起主导作用。磨蚀磨耗要求摩擦材料有坚硬的、锋利的切割刀口和高的摩擦力。疲劳磨耗产生在光滑或粗糙且钝的摩擦表面，但不需要高的摩擦力。粘附磨耗很少见，可发生在光滑的表面。卷曲磨耗要求摩擦表面具有高的摩擦力和材料相对较低的撕裂强度。在与运动方向成 90°角的方向上卷曲磨耗产生特有的磨损凸凹图纹。

磨蚀磨耗或卷曲磨耗比疲劳磨耗的磨耗速度快。磨耗机理和对应的磨耗速率都有可能会随诸如接触压力、运行速度和温度这些条件的变化而突然改变。在任何实际的橡胶磨耗过程中，磨耗机理是复杂的，并且紧密地依赖于一定的条件。因此，如果要得到良好的相关性，测试的关键是测试条件应本质上再现实际的使用情况。如果磨耗主导机理在测试中与实际使用条件下是不相同的，那么即使比较两个橡胶之间的耐磨性能也可能是无效的。轮胎使用中遇到的磨耗条件变化范围是非常复杂的，因此单一测试不可能与实际结果相吻合。

由此得出结论：不可能有一个统一的标准橡胶磨耗测试方法，但应选择合适的测试方法和测试条件以符合产品的最终应用。同时，如果测试中可提供一个很大的加速度，那么要多加注意选择测试方法和测试条件。

5 磨耗试验类型

现已开发出大量的磨耗测试仪器，其中一些具有国家标准化水平的仪器已应用于橡胶磨耗的测试。大部分的橡胶磨耗测试使用相对锐利的摩擦材料并被设计用于轮胎胎面胶的磨耗测试。

磨耗试验主要分为两大类型：一种采用松散的摩擦材料，另一种采用致密的摩擦材料。

松散的粉状摩擦材料适用于注压喷砂机的方式，这样可以合理地模拟沙粒或类似的摩擦材料对橡胶在使用中的碰撞作用。松散的摩擦材料也可在两个滑动面之间应用，传输带和罐槽衬里都是受到松散材料磨耗的示例。汽车轮胎的磨耗是一种综合磨耗的示例，它既有与道路这种致密粗糙摩擦材料的磨耗，也有与以细沙石形式自由流动的摩擦材料间的磨耗。在磨耗试验中，使用致密的摩擦材料产生碎屑时，也会出现以上的综合磨耗。

致密的摩擦材料可由不同材质组成，但通常有：砂轮（玻璃基质或弹性基质）、砂纸或砂布和金属刀。主要的磨耗类型都是胶料与另一个固体摩擦材料接触运动而产生的磨耗。

依据试样和磨擦材料相互摩擦的主要几何结构，可区分磨耗的类型。可能有各种各样的几何结构，一些常见的几何结构见图 1～图 8。

图 1：试样相对于块状摩擦材料作往复直线运动（或者使移动的条状摩擦材料经过一个固定的试样）。

图 2：可旋转的摩擦材料盘作用于固定的试样（反之亦然）。

图 3：试样和摩擦材料都是轮子，均可以旋转。

图 4：砂轮通过旋转的扁平圆盘试样驱动。

图 5:试样和摩擦材料都旋转。

图 6:试样紧贴在一个旋转的摩擦辊筒上。

图 7:刀具作用于旋转的试样。

图 8:试样和磨料在旋转的空心圆桶中相互作用。

如果磨耗是单向的,磨耗图纹会逐步显现并会对磨耗量产生极大的影响。

6 摩擦材料

摩擦材料可分为以下类型:

——砂轮;

——砂纸和砂布;

——金属刀;

——光滑表面的材料;

——松散的摩擦材料。

由于成本低和力学稳定性好以及通过简单的修复即可恢复均匀表面使得砂轮成为最为方便的摩擦材料。砂轮是以耐磨粒子的种类、大小、锐利度、砂轮结构及与摩擦材料的粘结方式(玻璃基质或弹性基质)等特性表征。因此是被广泛应用的摩擦材料。

砂纸较砂布便宜并且使用简便,其缺点是损坏速度相对较快。它们同样由耐磨粒子的种类、粒子大小、锐利度来表征。

金属刀有各种各样的几何形状,包括在砂轮上带网格和凸纹的形式。其主要特性是接触胶料的刀口的锐利度,但保持相同的锐利度有一定难度。

光滑表面的特性由材料表面的光滑程度以及材料的摩擦力水平来表征。

松散的摩擦材料是用于制造砂轮或砂纸的相同材料的普通颗粒,其特性取决于颗粒大小和锐利度。

选择摩擦材料首先应考虑与实际使用条件保持最好的相关性,但也应考虑摩擦材料的使用方便性和其产品的可复制性。

综上所述,砂轮、砂纸或砂布更有利于模拟尖锐粗糙表面的切割。选择合适的粗糙度和锐利度也是必需的。例如像织物和金属平面的材料更适用于其他应用。光滑的摩擦材料通常磨耗相对较慢,提高摩擦速度会引起滑行表面温度上升过快。由于这些因素,在光滑摩擦材料不适于评估使用性能时,砂轮和砂纸是最常用的摩擦材料。

7 试验条件

7.1 温度

尽管温度对磨耗速率有非常大的影响,并且是影响实验室测试和实际使用条件相关性的重要因素之一,但在试验过程中控制温度是非常困难的。磨耗试验通常在标准实验室温度下进行。然而,由于摩擦表面的温度比环境温度更重要,摩擦表面温度的高低取决于如 7.2~7.5 所述的几个试验因素。

7.2 滑动程度与速度

在带有一个固定的摩擦材料的磨耗结构中,摩擦材料与试样之间存在相对运动或滑动,其滑动程度是确定磨耗速率的主要因素。如图 1 和图 6 是 100%滑动,其滑动速度与摩擦材料和试样之间的运动速度是一样的,而图 3 中,滑动程度可通过改变轮子间的角度而变化。在图 2、图 4 和图 5 中,滑动程度取决于试样与中心线的距离。在各种情形下,滑动速度将取决于从动构件的运转速度。滑动速度的增加也将产生大量的热,从而导致温度上升。

7.3 接触压力

试样与摩擦材料间的接触压力是另一个重要的影响磨耗速率的因素。在有些情况下,磨耗速率大致与接触压力成正比,但随着压力的变化,如果磨耗机理发生改变,那么磨耗速率将会发生突然改变,这种变化是由于温度大幅上升引起的。

除分别考虑接触压力和滑动速度的影响外，作为在磨耗试验中另一个重要的测量项目，试样与摩擦材料间运动所消耗的能量也应考虑。能量的消耗取决于摩擦材料与试样表面之间的摩擦力，并将决定温度上升的程度。

7.4 连续或间断接触

如图1和图4所示的试验机的重要差异是，在图1中，试样和摩擦材料是完全和连续的接触，在接触表面产生的热是没有机会散发的。

7.5 润滑剂和污染物

任何接触表面状态的改变都会影响磨耗速率，这包括磨耗过程中的摩擦材料和试样表面的改变。除此之外，还包括接触表面间的杂质，意外的污染物、摩擦材料和试样产生的碎屑。

为模拟如汽车轮胎运行在较脏的路面的实际使用条件，可在磨耗接触面放置一些颗粒物质。同样地，可使用润滑剂，比如水。只有很少的试验仪器可以在这样的条件下运行。

在试验中常规做法是用刷子连续地刷试样或用压缩空气清除磨耗碎屑。在用压缩空气清除磨耗碎屑的过程中，应确保空气不被油或水污染。摩擦材料的结渣或被填平，是砂轮和砂纸的一个普遍问题，这种情况一旦发生，将导致试验结果无效。这通常是由于接触表面的温度过高引起的，尽管有时可通过在接触面间撒粉使其影响降低，但这表明测试条件是不适宜的，应进行处置。如果试验确需在高温下进行，就应选择可连续使用的新型摩擦材料。

如果要求实验室试验与实际使用条件具有相关性，应仔细地选择试验条件，使之能够与实际使用条件相吻合。

8 磨耗试验机

现已开发出大量的磨耗试验机，以下列举的试验机并不是代表全部但包括了橡胶和塑料工业的主要类型(表1中列出了这些试验机的主要特性)：

——阿克隆磨耗试验机 Akron：轮-轮组合结构，其显著特征是通过改变轮子间的相对角度而使滑动程度改变。

注1：使用该方法的例子可参考 BS903 第 A9 部分。

——格拉西里磨耗试验机 DuPont(Grasselli)：一对小的、扁平的方形模压试样在旋转的砂纸盘上进行磨耗。

注2：使用该方法的例子可参考 BS903 第 A9 部分。

——Frick 泰伯磨耗试验机 Frick Taber：砂轮与带有外加的磨耗粉末流的圆盘状试样。用于模拟地板磨耗。

注3：使用该方法的例子可参考 EN 660-2。

——实验室磨耗试验机 100 Laboratory Abrasion Tester100(System Dr Grosch)：计算机精密控制仪器，允许几个参数变化，轮-圆盘结构。

——兰伯恩磨耗试验机 Lambourn(Dunlop)：试样和砂轮均可通过旋转电流制动产生滑动而运动。

——改进型兰伯恩磨耗试验机 Improved Lambourn：改进了设计，试样和砂轮可分别运动。

——马丁代尔磨耗试验机 Martindale：圆形试样置于砂布盘上，两者相对运动形成一个由多方向摩擦产生的 Lissajous 图纹。这是测试涂层织物(胶布)的标准方法。

注4：使用该方法的例子可参考 ISO 5470-2。

——NBS 磨耗试验机(鞋类磨耗机)：小方形试样与裹着砂纸的旋转圆筒接触，主要用于鞋类产品的磨耗测试。

注5：使用该方法的例子，主要是鞋底和鞋后跟部，可参考 ASTM D 1630。

——皮克磨耗试验机 Pico：旋转的圆盘试样与一对涂有均匀的隔离剂的钨刀接触磨耗。

注 6：使用该方法的例子可参考 ASTM D 2228。

——DIN 旋转滚筒磨耗机 Rotating Cylindrical Drum(DIN，Conti)：小圆盘试样在表面包贴砂纸的滚动圆筒上来回运动，圆筒表面包贴大面积的砂纸提供较大的摩擦面或试验区域。

注 7：使用该方法的例子可参考 ISO 4649。

——旋转滚筒磨耗试验机 Rotating Cylindrical Mill：许多材料包括试样(通常是圆盘状)和摩擦材料颗粒在旋转的空心辊筒内一起滚动，该动作模拟自由流动的摩擦材料的运动。

——希费尔磨耗试验机 Schiefer(WIRA)：如图 5 中所示，试样和摩擦材料是两个圆盘，其运动可以产生多方向的磨耗。可以选用各种不同的摩擦材料，包括锯齿状的金属面。

——泰伯磨耗试验机 Taber：一对砂轮同时接触运动的扁平圆盘试样，砂轮与摩擦材料的压力和磨料的特性易于改变，并且试验可以在有液体的情况下进行。

注 8：该方法应用于涂覆织物可参考 ISO 5470-1。

表 1　磨耗仪器一览表

磨耗试验机的主要类型	试样	摩擦材料类型	运动方式	相对滑动	滑动速度/(m/s)	摩擦连续性	图号
Akron	轮	砂轮	试样转动	可变	0.2～0.35	断续	3
DuPont	模压或从试片裁切	砂纸	砂纸旋转	100%	0.19～0.3	连续	2
Frick Taber	扁平圆盘	砂轮＋粉末	试样旋转	100%	0.25	断续	4
LAT 100	轮	砂盘	圆盘旋转	可变	可变	断续	4
Lambourne	轮	砂轮	试样/摩擦材料转动	可变	0.21	断续	3
Improved Lambourne	轮	砂轮	试样/摩擦材料转动	可变	0.15～3.6	断续	3
Martindale	圆盘	多种	试样以某种形式被转动	100%	多种	连续	1 的改型
NBS	试片上裁切的正方形	砂纸	旋转辊筒	100%	0.3～0.4	连续	6
Pico	圆盘	钨刀	试样旋转	100%	1.7～5.3	连续	7
DIN	圆盘	砂纸	旋转辊筒	100%	0.31	连续	6
Mill	圆盘	耐磨粒子	圆筒内滚动	不适用	不适用	连续	8
Schiefer	圆盘	多种	试样/摩擦材料转动	100%	多种	连续	5
Taber	扁平圆盘	多种砂轮	圆盘旋转	100%	0.045	断续	4

9　参比材料

由于确保摩擦材料和试验条件的可重复性是非常困难的，通常做法是采用参比材料的结果与试验材料的结果来对比。

一些工作人员倾向于用参比橡胶标定摩擦材料。当确定摩擦材料是同一来源时，是非常有用的，但这种情况下无法修正由试验机和摩擦材料老化带来的误差。

另一个可选方法就是将试样的结果及同一时间内参比橡胶的试验结果相比较以消除由于名义上的同一设备和摩擦材料之间的不同造成的差异。

以上两种方法的缺点是很难获得准确的可复制的参比橡胶，确定最具稳定性和可复制的摩擦材料或参比橡胶，可能也是困难的。

参比橡胶可以通过一个来源制备和确认，可根据给出的配方、技术规范、内部或用户经过评价的有代表性的参比胶料在当地生产(制造)。

最常用的参比橡胶采用一种轮胎胎面胶配方，但鞋底类材料配方也被广泛运用。参比橡胶都是通过一些特定的磨耗试验方法标准而予以指定的，但是没有指定通用的参比材料。

除橡胶以外的一些材料也可用作参比材料，并具有良好的再现性。已建议使用非常软的金属或塑料，但一直没有被广泛运用。

10 试验步骤

选择试验方法和试验条件的主要目的是为了获得与实际使用条件的相关性。只有在摩擦材料和试验条件可再现实际使用的基本条件，尤其是再现实际的磨耗机理时，才可能获得良好的相关性。如果实际使用条件不好确定时，建议选用一系列范围内的摩擦材料和试验条件进行试验。

事实上，由于磨耗机理的复杂性和实际使用条件中气候的多样性，获得较好的相关性通常是非常困难或不可实现的。

即使纯粹以质量控制为目的，也有必要选择与实际情况相类似的摩擦材料和试验条件进行测试，尽管通常试验只用一种摩擦材料和一组规定的试验条件。

磨耗图纹尽管不很可靠，但它是一种很好的磨耗机理的指示方法，通过检查试样和产品磨损表面可以反映实际使用条件与实验室测试条件的匹配程度。

即使没有定量的相关性，但如果在测试中提供与实际使用中一系列相同的材料，也可能获得有价值的结果。例如，如果耐磨性取决于材料的硬度、回弹性或摩擦系数，试验应显示出相似的相关性。有时疲劳磨耗在试验和实际使用条件下可以通过在橡胶中加入的抗降解剂的种类不同而发生变化。

为探寻相关性，除试验条件和磨耗机理外，还应考虑其他影响因素。这些因素包括产品大小的影响，应用过程中膨胀作用的影响，产品和试样之间硫化程度差异的影响，产品老化的影响。因此，有时需适当地考查硫化或老化对试验性能相关性的影响。

通常试验步骤应遵循特定的试验方法标准或仪器制造商的使用说明。GB/T 2941 中规定了试样调节、试样尺寸和试样制备的要求，应按规定执行。

对于一些试验方法，建议做些预试验以确定适合的试验条件。

有必要清理摩擦材料表面或更新摩擦材料，并设计各试验材料的测试顺序，以减少因摩擦材料随时间改变所产生的影响。理想的情况是每次测试使用一个新的摩擦材料，清理摩擦材料表面或更新摩擦材料的频次，取决于摩擦材料的特性和被测材料的性质。通常做法是为研究的目的，在材料测试的间隔期间，测试参比材料，并且逆序重复测试同一组试样。

大多数的测试方法是基于测定磨耗前和磨耗后的试样质量的差异。应特别注意，在显微镜下如果看见试验材料表面被刮擦的碎屑仍粘附在试样上，其结果是不准确的。

11 结果表述

在磨耗试验中，尽管在一定条件下测量试样厚度的变化更为方便，但通常是测量试样的质量损耗。因为，质量损耗除以密度可换算成磨损体积。磨损体积可以表示为单位距离内试样通过摩擦材料的损耗量，或表示为仪器每旋转 1 000 转试样的损耗量，还可以表示为其他单位时间内或单位距离内的损耗量。以磨耗过程中消耗单位能量所产生的磨耗量来表示的方法很少用，但有时也用于表示耐磨性，并通过 WLF 方程式来表示与相对滑动速率的关系。体积损失量也可以表示为单位表面积内的特定磨耗速率。

无论如何表示，测试结果用损耗来表示，由于试样的不均匀性、试样表面的变化或摩擦材料性能的逐步改变，磨耗速率不可能恒定。为研究试样的结果，可以画出对应试样运行转数或行驶距离产生的磨耗速率的图形。可按照第 10 章中描述的做法降低摩擦材料的影响。

耐磨性可以通过磨损体积的倒数来计算。

如果采用参比材料的试验结果来表示试验橡胶的磨耗性能，相对体积磨耗量 V_{RVL} 可通过以下公式获得：

$$V_{RVL}=\frac{V_{test}\times V_{const}}{V_{ref}}$$

式中：

V_{test}——试验橡胶的体积磨耗量；

V_{const}——标准橡胶的固定体积磨耗量；

V_{ref}——标准橡胶测试的体积磨耗量。

如果用参比橡胶的体积磨耗量作为标准，则耐磨指数 V_{ARI} 可通过以下公式计算：

$$V_{ARI}=\frac{V_{ref}}{V_{test}}\times 100$$

上述方法测定的耐磨性都不是橡胶的基本性质，只是与特定的试验条件有关。

如果将磨耗量作为一个以速度、温度、滑动程度、能量消耗等为参数的函数进行计算，也许可能形成一个多边相关分析并获得耐磨性的综合测算。对于大多数磨耗仪器进行以上分析是不可能的或至少是极其繁复的，但用 Laboratory Abrasion Tester 100(System Dr Grosch)试验机则可以自动完成。

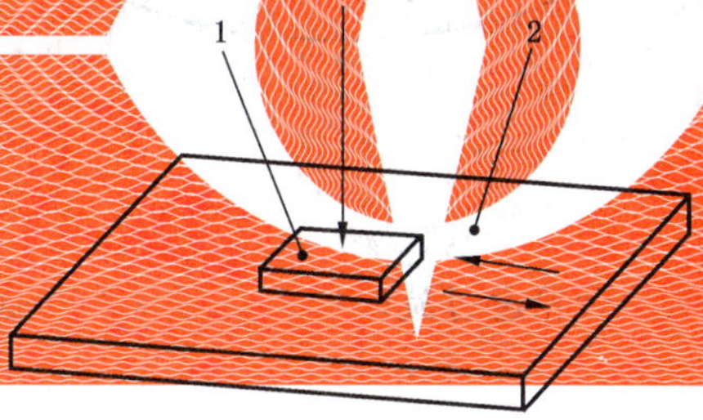

1——试样；

2——摩擦材料。

图 1　试样相对于块状摩擦材料作往复直线运动

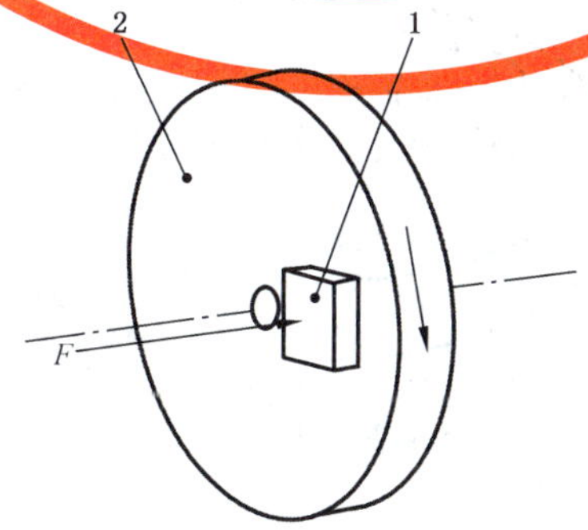

1——试样；

2——摩擦材料。

图 2　可旋转的摩擦材料盘作用于固定的试样

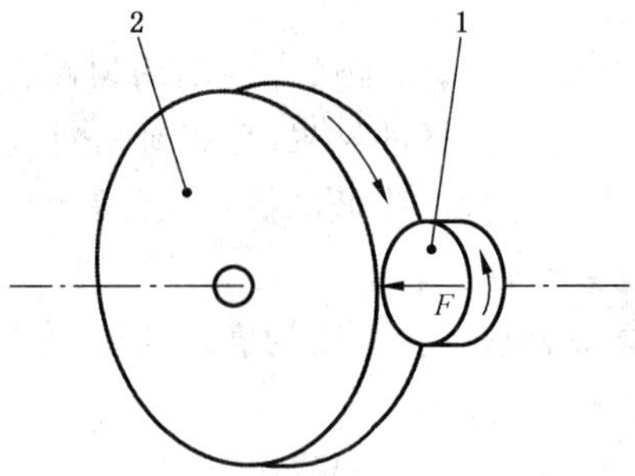

1——试样；
2——摩擦材料。

图 3 试样和摩擦材料都是轮子，均可以旋转

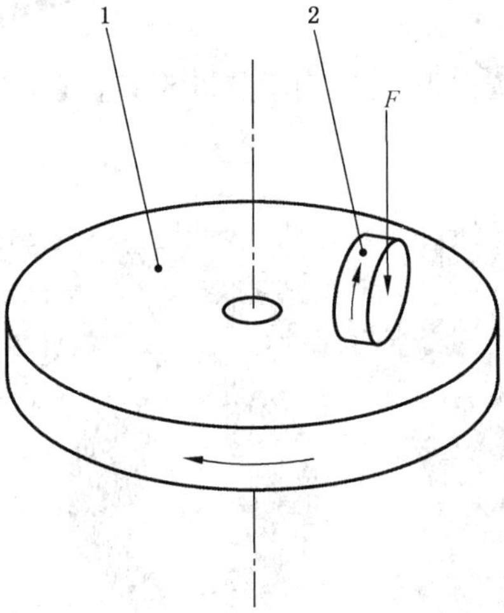

1——试样；
2——摩擦材料。

图 4 砂轮通过旋转的扁平圆盘试样驱动

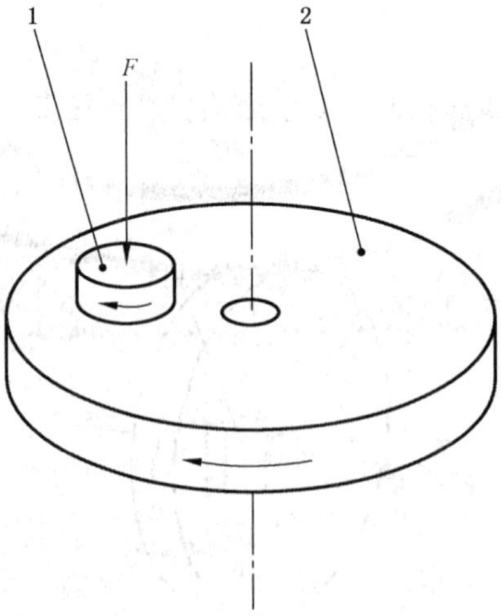

1——试样；
2——摩擦材料。

图 5 试样和摩擦材料都旋转

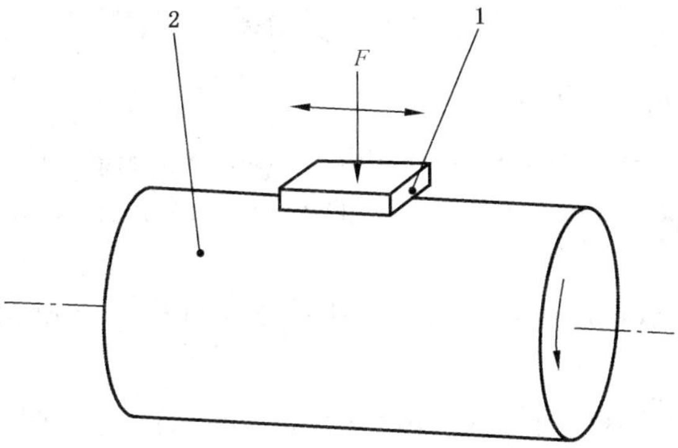

1——试样；
2——摩擦材料。

图6 试样紧贴在一个旋转的摩擦辊筒上

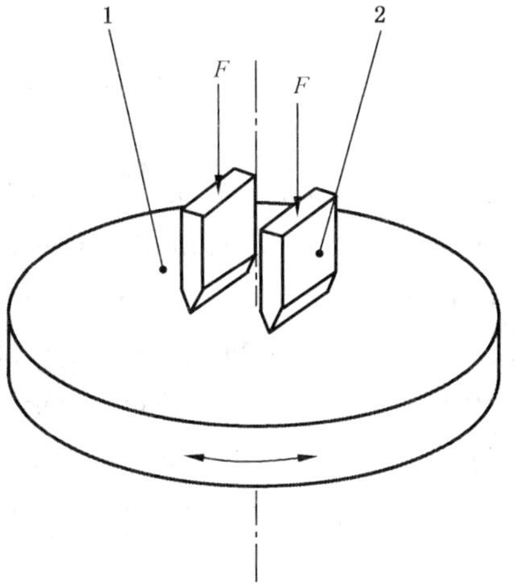

1——试样；
2——摩擦材料。

图7 刀具作用于旋转的试样

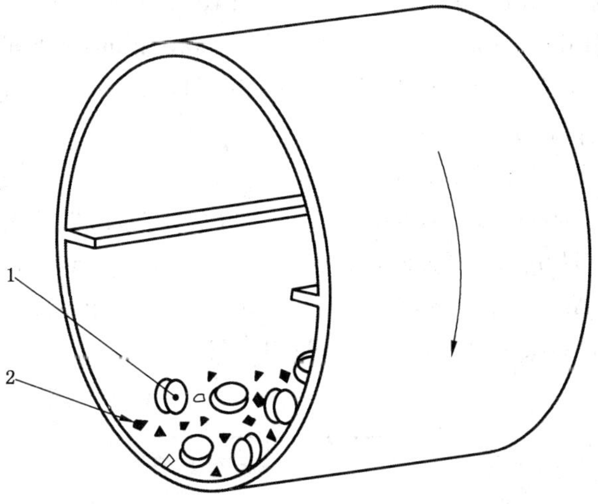

1——试样；
2——摩擦材料。

图8 试样和磨料在旋转的空心圆桶中相互作用

参 考 文 献

[1] ISO 1382:2002,Rubber—Vocabulary.

[2] BS 903 Part A9,Physical testing of Rubber—Determination of abrasion resistance.

[3] EN 660-2, Restilient floor coverings—Determination of wear resistance—Part 2: Frick-Taber test.

[4] ISO 5470-2,Rubber-or platics-coated fabric—Determination of abrasion resistance—Part 2: Martindale abrader.

[5] ASTM D 1630 Standard Test Method for Rubber Property—Abrasion Resistance(Footwear Abrader).

[6] ASTM D 2228 Standard Test Method for Rubber Property—Ralative Abrasion Resistance by the Pico Abrader Method.

[7] ISO 4649,Rubber,Vulcalized or thermoplastic—Determination of abrasion resistance using a rotating cylindrical drum device.

[8] ISO 5470-1, Rubber- or plastics-coated fabrics—Determination of abrasion resistance—Part 1: Taber abrader.

[9] KRAGELSKII,I. V. (Ed.),Fricktion and Wear,John Wiley and Sons,1965.

[10] SCHALLAMACH,A. ,Friction and abrasion of rubber,Wear,1(1958),p. 384.

[11] SCHALLAMACH,A. ,Abrasion of rubber Ⅰ,Int. polym Sci. Tech. ,6(1)(1979),T44.

[12] SCHALLAMACH,A. ,Abrasion of rubber Ⅱ Int. polym Sci. Tech. ,6(1)(1979),T63.

[13] SCHALLAMACH,A. ,Progress in Rubber Technology,Elsevier,1984.

[14] LANCASTER ,J. K. ,Abrasive wear of polymers,Wear,14(1969),p. 223.

[15] LANCASTER ,J. K. ,Basic mechanisms of friction and wear of polymers, Plastics and Polymers, Dec. 1973.

[16] UCHIYAMA, Y. ,and TANAKA,K,Junkatsu,20(1)(1975),p. 28(in Japanese).

[17] GILTROW,J. P. ,A relationship between abrasive wear and the cohesive energy of materials,Wear,15(1970),p. 71.

[18] UCHIYAMA,Y. ,Nippon Gomu Kyokai shi fil,1998,p. 315(in Japanese).

[19] JAMES,D. I. (Ed),Abrasion of Rubber,Maclaren,London,1967.

[20] KRAGELSKII,I. V. ,and NEPOMNYASHCHI,E. F. ,Fatigue wear under elatic contact conditions,Wear,8(1965),p. 303.

[21] UCHIYAMA,Y. ,Nippon Gomu Kyokai shi fil,2(1985),p. 47(in Japanese).

[22] MUHR,A. H. ,and Roberts,A. D. ,Wear,158(1992),p. 213.

[23] BROWN,R. P. ,Physical Testing of Rubber,Chapman and Hall,London,1996.

[24] GROSCH,K. A. ,A new method to evalulate traction and wear properties of the tread compounds,ACS Rubber Division Meeting,Cleveland OH,October 1997.

ICS 87.040
G 51

中华人民共和国国家标准

GB/T 25263—2010

氯化橡胶防腐涂料

Chlorinated rubber anticorrosive coatings

2010-09-26 发布　　2011-08-01 实施

中华人民共和国国家质量监督检验检疫总局
中国国家标准化管理委员会　发布

前　言

本标准由中国石油和化学工业协会提出。

本标准由全国涂料和颜料标准化技术委员会(SAC/TC 5)归口。

本标准起草单位:中海油常州涂料化工研究院、海洋化工研究院、北京航材百慕新材料技术工程股份有限公司、永记造漆工业(昆山)有限公司、上海开林造漆厂、中华制漆(深圳)有限公司、广州珠江化工集团有限公司、杭州油漆有限公司、武汉双虎工业涂料有限公司、福建百花化学股份有限公司、西安利澳科技股份有限公司、宁波飞轮造漆有限责任公司、宁波大达化学有限公司、浙江飞鲸漆业有限公司、江苏冠军涂料实业有限公司、太仓市开林油漆有限公司、江苏兰陵高分子材料有限公司、江苏金陵特种涂料有限公司、湖南湘江涂料集团有限公司。

本标准主要起草人:苏春海、钱叶苗、李运德、王海洋、欧伯兴、陈云、廖瑞莹、姜方群、黄涛、吴远光、晏立宇、方指利、丁示波、潘海洋、谢海、徐锦明、陈建刚、卞大荣、刘胜飞。

氯化橡胶防腐涂料

1 范围

本标准规定了氯化橡胶防腐涂料产品的要求、试验方法、检验规则、标志、包装和贮存。

本标准适用于以氯化橡胶为主要成膜物质，加入增塑剂、颜料、溶剂等制成的底漆、中间层漆、面漆防腐涂料。

2 规范性引用文件

下列文件中的条款通过本标准的引用而成为本标准的条款。凡是注日期的引用文件，其随后所有的修改单(不包括勘误的内容)或修订版均不适用于本标准，然而，鼓励根据本标准达成协议的各方研究是否可使用这些文件的最新版本。凡是不注日期的引用文件，其最新版本适用于本标准。

GB/T 1725—2007　色漆、清漆和塑料　不挥发物含量的测定(ISO 3251:2003,IDT)

GB/T 1726—1979　涂料遮盖力测定法

GB/T 1728—1979　漆膜、腻子膜干燥时间测定法

GB/T 1766—2008　色漆和清漆　涂层老化的评级方法

GB/T 1771—2007　色漆和清漆　耐中性盐雾性能的测定(ISO 7253:1996,IDT)

GB/T 1865—2009　色漆和清漆　人工气候老化和人工辐射曝露　滤过的氙弧辐射(ISO 11341:2004,IDT)

GB/T 3186—2006　色漆、清漆和色漆与清漆用原材料　取样(ISO 15528:2000,IDT)

GB/T 5210—2006　色漆和清漆　拉开法附着力试验(ISO 4624:2002,IDT)

GB/T 6742—2007　色漆和清漆　弯曲试验(圆柱轴)(ISO 1519:2002,IDT)

GB/T 6753.1—2007　色漆　清漆和印刷油墨　研磨细度的测定(ISO 1524:2000,IDT)

GB/T 8170　数值修约规则与极限数值的表示和判定

GB/T 8923　涂装前钢材表面锈蚀等级和除锈等级(GB/T 8923—1988,eqv ISO 8501-1:1988)

GB/T 9271—2008　色漆和清漆　标准试板(ISO 1514:2004,MOD)

GB/T 9274—1988　色漆和清漆　耐液体介质的测定(eqv ISO 2812:1974)

GB/T 9278　涂料试样状态调节和试验的温湿度(GB/T 9278—2008,ISO 3270:1984,IDT)

GB/T 9286—1998　色漆和清漆　漆膜的划格试验(eqv ISO 2409:1992)

GB/T 9750　涂料产品包装标志

GB/T 9754—2007　色漆和清漆　不含金属颜料的色漆漆膜的 20°、60°和 85°镜面光泽的测定(ISO 2813:1994,IDT)

GB/T 13288.1　涂覆涂料前钢材表面处理　喷射清理后的钢材表面粗糙度特性　第 1 部分：用于评定喷射清理后钢材表面粗糙度的 ISO 表面粗糙度比较样块的技术要求和定义(GB/T 13288.1—2008,ISO 8503-1:1988,IDT)

GB/T 13452.2　色漆和清漆　漆膜厚度的测定(GB/T 13452.2—2008,ISO 2808:2007,IDT)

GB/T 13491　涂料产品包装通则

GB/T 15608　中国颜色体系

3 要求

产品性能应符合表 1 的规定。

表1 性能要求

<table>
<tr><th colspan="2" rowspan="2">项目</th><th colspan="3">指标</th></tr>
<tr><th>底漆</th><th>中间层漆</th><th>面漆</th></tr>
<tr><td colspan="2">在容器中的状态</td><td colspan="3">搅拌混合后,无硬块,呈均匀状态</td></tr>
<tr><td colspan="2">细度[a]/μm ≤</td><td colspan="2">60</td><td>40</td></tr>
<tr><td colspan="2">施工性</td><td colspan="3">施涂无障碍</td></tr>
<tr><td colspan="2">遮盖力/(g/m²) ≤
白色和浅色[b]
其他色</td><td colspan="2">—</td><td>160
商定</td></tr>
<tr><td colspan="2">不挥发物含量/% ≥</td><td colspan="2">50</td><td>45</td></tr>
<tr><td colspan="2">漆膜外观</td><td colspan="3">正常</td></tr>
<tr><td colspan="2">干燥时间/h ≤
表干
实干</td><td colspan="3">1
8</td></tr>
<tr><td colspan="2">弯曲试验/mm ≤</td><td colspan="2">6</td><td>10</td></tr>
<tr><td colspan="2">耐盐水性(3%NaCl溶液,168 h)</td><td>无异常</td><td colspan="2">—</td></tr>
<tr><td colspan="2">耐碱性[c](0.5%NaOH溶液,48 h)</td><td>—</td><td colspan="2">无异常</td></tr>
<tr><td colspan="2">划格试验/级 ≤</td><td>1</td><td colspan="2">—</td></tr>
<tr><td colspan="2">附着力(拉开法)/MPa ≥</td><td colspan="2">—</td><td>3.0</td></tr>
<tr><td colspan="2">光泽(60°)/单位值</td><td colspan="2">—</td><td>商定</td></tr>
<tr><td colspan="2">耐盐雾性,600 h</td><td colspan="2">—</td><td>不起泡、不生锈、不脱落</td></tr>
<tr><td rowspan="2">耐人工气候老化性,300 h</td><td>白色和浅色[b]</td><td colspan="2" rowspan="2">—</td><td>不起泡、不剥落、不开裂、不生锈,变色≤2级,粉化≤2级。</td></tr>
<tr><td>其他色</td><td>不起泡、不剥落、不开裂、不生锈,变色≤3级,粉化≤2级。</td></tr>
<tr><td colspan="5">a 含片状颜料和效应颜料,如铝粉、云母氧化铁、玻璃鳞片、珠光粉等的产品除外。
b 浅色是指以白色涂料为主要成分,添加适量色浆后配制成的浅色涂料形成的涂膜所呈现的浅颜色,按GB/T 15608中规定明度值为6到9之间(三刺激值中的 Y_{D65}≥31.26)。
c 铝粉面漆除外。</td></tr>
</table>

4 试验方法

4.1 取样

产品按GB/T 3186—2006规定取样。取样量根据检验需要确定。

4.2 试验环境

试板的状态调节和试验的温湿度应符合GB/T 9278的规定。

4.3 试验样板的制备

4.3.1 底材及底材处理

除另有商定外,试验用底材应符合GB/T 9271—2008的要求。施工性、漆膜外观、干燥时间、弯曲试验项目底材为马口铁板,马口铁板的处理按GB/T 9271—2008中4.3的规定进行。其余项目用钢板，钢板的处理按 GB/T 9271—2008 中 3.5 的规定进行。附着力(拉开法)、耐盐雾性底材为喷砂钢板，其除锈等级达到 GB/T 8923 中规定的 Sa 2½级，表面粗糙度达到 GB/T 13288.1 中规定的中级，即丸状磨料为 *R*y(40～70)μm，棱角状磨料为 *R*y(60～100)μm。商定的底材材质类型和底材处理方法应在检验报告中注明。

4.3.2 样板的制备

样板的制备按表 2、表 3、表 4 的规定进行。当涂料供应商对其配套体系涂料品种、涂装道数、涂装间隔时间、涂层干膜厚度等有特殊要求时，按其要求制备试板。涂层厚度的测定按 GB/T 13452.2 的规定进行。

4.3.2.1 底漆样板的制备按表 2 进行。

表 2 底漆样板的制备

检验项目	底材类型	底材尺寸/mm	漆膜厚度/μm	涂装要求
施工性	马口铁板	200×100×(0.2～0.3)	30±5	施涂一道
漆膜外观	马口铁板	200×100×(0.2～0.3)	30±5	施涂一道
干燥时间	马口铁板	120×50×(0.2～0.3)	30±5	施涂一道
弯曲试验	马口铁板	120×50×(0.2～0.3)	30±5	施涂一道，养护 48 h
耐盐水性	钢板	150×70×(0.8～1.5)	60±10	施涂两道，每道间隔 24 h，养护 7 d
划格试验	钢板	150×70×(0.8～1.5)	30±5	施涂一道，养护 48 h

4.3.2.2 中间层漆样板的制备按表 3 进行。

表 3 中间层漆样板的制备

检验项目	底材类型	底材尺寸/mm	漆膜厚度/μm	涂装要求
施工性	马口铁板	200×100×(0.2～0.3)	30±5	施涂一道
漆膜外观	马口铁板	200×100×(0.2～0.3)	30±5	施涂一道
干燥时间	马口铁板	120×50×(0.2～0.3)	30±5	施涂一道
弯曲试验	马口铁板	120×50×(0.2～0.3)	30±5	施涂一道，养护 48 h
耐碱性	钢板	150×70×(0.8～1.5)	60±10	施涂一道底漆一道中间层漆或两道中间层漆，每道间隔 24 h，养护 7 d

4.3.2.3 面漆样板的制备按表 4 进行。

表 4 面漆样板的制备

检验项目	底材类型	底材尺寸/mm	漆膜厚度/μm	涂装要求
施工性	马口铁板	200×100×(0.2～0.3)	30±5	施涂一道
漆膜外观	马口铁板	200×100×(0.2～0.3)	30±5	施涂一道
干燥时间	马口铁板	120×50×(0.2～0.3)	30±5	施涂一道
弯曲试验	马口铁板	120×50×(0.2～0.3)	30±5	施涂一道，养护 48 h
耐碱性	钢板	150×70×(0.8～1.5)	60±10	施涂一道底漆一道中间层漆一道面漆，每道间隔 24 h，养护 7 d。或施涂两道面漆，每道间隔 24 h，养护 7 d
附着力	喷砂钢板	150×70×(3～5)	90±10	施涂一道底漆一道中间层漆一道面漆，每道间隔 24 h，养护 7 d

表 4（续）

检验项目	底材类型	底材尺寸/mm	漆膜厚度/μm	涂装要求
光泽	钢板	150×70×(0.8～1.5)	30±5	施涂一道，养护 48 h
耐盐雾性	喷砂钢板	150×70×(3～5)	240±20	依次施涂底漆、中间层漆、面漆，间隔 24 h，养护 7 d
耐人工气候老化性	钢板	150×70×(0.8～1.5)	240±20	依次施涂底漆、中间层漆、面漆，间隔 24 h，养护 7 d

4.4　在容器中的状态

打开容器用调刀或搅拌棒搅拌，允许容器底部有沉淀，若经搅拌易混合均匀，则评为“搅拌混合后无硬块，呈均匀状态”。

4.5　细度

按 GB/T 6753.1—2007 规定进行。

4.6　施工性

如施涂过程中无明显阻力，无明显拉丝、气泡、流挂等现象，可评定为“施涂无障碍”。

4.7　遮盖力

按 GB/T 1726—1979 的第 2 章中甲法进行。

4.8　不挥发物含量

按 GB/T 1725—2007 的规定进行。烘烤温度为(80±2)℃，烘烤时间为 2 h，试样量约 2 g。

4.9　漆膜外观

使用做完 4.6 试验的样板，于涂完漆后，在温度为(23±2)℃，相对湿度为(50±5)%的环境条件下放置 24 h 进行评定。在散射日光下目视检查涂漆面，漆膜应平整，无异常现象，则认为“正常”。

4.10　干燥时间

按 GB/T 1728—1979 的规定，表干按乙法进行，实干按甲法进行。

4.11　弯曲试验

按 GB/T 6742—2007 规定进行。

4.12　耐盐水性

按 GB/T 9274—1988 中甲法进行。

将三块试验样板浸于 3%NaCl 溶液后，如三块试板中有二块未出现起泡、开裂、剥落、掉粉、明显变色、明显失光等涂膜病态现象，则评为“无异常”。如出现以上涂膜病态现象按 GB/T 1766—2008 进行描述。

4.13　耐碱性

按 GB/T 9274—1988 中甲法进行。

将三块试验样板浸于 0.5%NaOH 溶液后，如三块试板中有二块未出现起泡、开裂、剥落、掉粉、明显变色、明显失光等涂膜病态现象，则评为“无异常”。如出现以上涂膜病态现象按 GB/T 1766—2008 进行描述。

4.14　划格试验

按 GB/T 9286—1998 规定进行。

4.15　附着力

按 GB/T 5210—2006 规定进行。使用直径为 20 mm 试柱。

4.16　光泽

按 GB/T 9754—2007 规定进行。

4.17 耐盐雾性

按 GB/T 1771—2007 规定进行(试板不划线)。如出现起泡、生锈、脱落等涂膜病态现象,按 GB/T 1766—2008 进行描述。

4.18 耐人工气候老化性

按 GB/T 1865—2009 中方法 1 中循环 A 的规定进行,结果评定按 GB/T 1766—2008 的规定进行。

5 检验规则

5.1 检验分类

5.1.1 产品检验分为出厂检验和型式检验。

5.1.2 出厂检验项目

5.1.2.1 底漆的出厂检验包括在容器中的状态、细度、施工性、不挥发物含量、漆膜外观、干燥时间、弯曲试验、划格试验八项。

5.1.2.2 中间层漆的出厂检验包括在容器中的状态、细度、施工性、不挥发物含量、漆膜外观、干燥时间、弯曲试验七项。

5.1.2.3 面漆的出厂检验包括在容器中的状态、细度、施工性、遮盖力、不挥发物含量、漆膜外观、干燥时间、弯曲试验、光泽九项。

5.1.3 型式检验项目包括本标准所列的全部技术要求。在正常生产情况下,耐盐雾性、耐人工气候老化性每两年检验一次,其他项目每年至少进行一次检验。

5.2 检验结果的判定

5.2.1 检验结果的判定按 GB/T 8170 中修约值比较法进行。

5.2.2 应检项目的检验结果均达到本标准要求时,该试验样品为符合本标准要求。

6 标志、包装和贮存

6.1 标志

按 GB/T 9750 的规定进行。

6.2 包装

按 GB/T 13491 中一级包装要求的规定进行。

6.3 贮存

产品贮存时应保证通风、干燥,防止日光直接照射并应隔绝火源,远离热源。产品应根据类型定出贮存期,并在包装标志上明示。

ICS 87.040
G 51

中华人民共和国国家标准

GB/T 25264—2010

溶剂型丙烯酸树脂涂料

Solvent-based acrylic resin coatings

2010-09-26 发布 2011-08-01 实施

中华人民共和国国家质量监督检验检疫总局
中国国家标准化管理委员会 发布

前 言

本标准由中国石油和化学工业协会提出。

本标准由全国涂料和颜料标准化技术委员会(SAC/TC 5)归口。

本标准起草单位:中海油常州涂料化工研究院、深圳市展辰达化工有限公司、浙江天女集团制漆有限公司、福建百花化学股份有限公司、陕西宝塔山油漆股份有限公司、永记造漆工业(昆山)有限公司、中华制漆(深圳)有限公司、杭州传化涂料有限公司、杜邦中国集团有限公司上海高性能涂料分公司、西安利澳科技股份有限公司、广州珠江化工集团有限公司、宁波大达化学有限公司、深圳松辉化工有限公司、湖南湘江涂料集团有限公司。

本标准主要起草人:沈苏江、陈寿生、姚珪铭、吴远光、夏克龙、王海洋、陈云、汤情文、王悦宏、杜宏印、吴服兵、丁示波、陈晓华、刘寿兵。

溶剂型丙烯酸树脂涂料

1 范围

本标准规定了溶剂型丙烯酸树脂涂料的分类、要求、试验方法、检验规则、标志、包装和贮存等。

本标准适用于以丙烯酸酯树脂为主要成膜物质的溶剂型单组分面漆。产品主要用于各类金属及塑料等表面的装饰与保护。

本标准不适用于辐射固化丙烯酸树脂涂料。

2 规范性引用文件

下列文件中的条款通过本标准的引用而成为本标准的条款。凡是注日期的引用文件，其随后所有的修改单(不包括勘误的内容)或修订版均不适用于本标准，然而，鼓励根据本标准达成协议的各方研究是否可使用这些文件的最新版本。凡是不注日期的引用文件，其最新版本适用于本标准。

GB/T 1722—1992　清漆、清油及稀释剂颜色测定法

GB/T 1725—2007　色漆、清漆和塑料　不挥发物含量的测定(ISO 3251:2003,IDT)

GB/T 1726—1979　涂料遮盖力测定法

GB/T 1727—1992　漆膜一般制备法

GB/T 1728—1979　漆膜、腻子膜干燥时间测定法

GB/T 1732—1993　漆膜耐冲击测定法

GB/T 1735—2009　色漆和清漆　耐热性的测定(ISO 3248:1998,Paints and varnishes—Determination of the effect of heat,MOD)

GB/T 1766—2008　色漆和清漆　涂层老化的评级方法

GB/T 3186　色漆、清漆和色漆与清漆用原材料　取样(GB/T 3186—2006,ISO 15528:2000,IDT)

GB/T 6682　分析实验室用水规格和试验方法(GB/T 6682—2008,ISO 3696:1987,MOD)

GB/T 6739—2006　色漆和清漆　铅笔法测定漆膜硬度(ISO 15184:1998,IDT)

GB/T 6742—2007　色漆和清漆　弯曲试验(圆柱轴)(ISO 1519:2002,IDT)

GB/T 6753.1—2007　色漆、清漆和印刷油墨　研磨细度的测定(ISO 1524:2000,IDT)

GB/T 6753.4　色漆和清漆　用流出杯测定流出时间(GB/T 6753.4—1998,eqv ISO 2431:1993)

GB/T 8170　数值修约规则与极限数值的表示和判定

GB/T 9271—2008　色漆和清漆　标准试板(ISO 1514:2004,MOD)

GB/T 9274—1988　色漆和清漆　耐液体介质的测定(eqv ISO 2812:1974)

GB/T 9278　涂料试样状态调节和试验的温湿度(GB/T 9278—2008,ISO 3270:1984,Paint and varnish and their raw materials—Temperatures and humidities for conditioning and testing,IDT)

GB/T 9286　色漆和清漆　漆膜的划格试验(GB/T 9286—1998,eqv ISO 2409:1992)

GB/T 9750　涂料产品包装标志

GB/T 9754—2007　色漆和清漆　不含金属颜料的色漆漆膜的20°、60°和85°镜面光泽的测定(ISO 2813:1994,IDT)

GB/T 10009　丙烯腈-丁二烯-苯乙烯(ABS)塑料挤出板材

GB/T 13452.2　色漆和清漆　漆膜厚度的测定(GB/T 13452.2—2008,ISO 2808:2007,IDT)

GB/T 13491　涂料产品包装通则

SH 0004—1990(1998)　橡胶工业用溶剂油

3 分类

本标准规定的溶剂型丙烯酸树脂涂料分为以下两个类型：

Ⅰ型：以热塑型丙烯酸酯树脂为主要成膜物质，可加入适量纤维素酯等成膜物改性而成的单组分面漆。Ⅰ型产品又可分为A类和B类两个类别，其中A类产品主要适用于金属表面，B类产品主要适用于塑料表面。

Ⅱ型：以热固型丙烯酸酯树脂为主要成膜物质，加入氨基树脂交联剂等调制而成的单组分面漆。产品主要适用于金属表面。

4 要求

4.1 Ⅰ型产品应符合表1的要求。

表1 Ⅰ型产品要求

项目	要求			
	A类		B类	
	清漆	色漆	清漆	色漆
在容器中状态	搅拌混合后无硬块，呈均匀状态			
原漆颜色[a]/号 ≤ （铁钴比色计）	2	—	2	—
细度[b]/μm ≤ 光泽(60°)≥80 光泽(60°)<80	—	 20 40	—	 20 40
遮盖力[c]/(g/m^2) ≤ 白色 其他色	—	 110 商定	—	 110 商定
流出时间/s ≥ （ISO 6号杯）	20	40	20	40
不挥发物含量/% ≥	35	40	35	40
干燥时间 ≤ 表干/min 实干/h	 30 2			
漆膜外观	正常			
弯曲试验/mm 光泽(60°)≥80 光泽(60°)<80	 2 商定		—	
划格试验/级 ≤	1			
铅笔硬度(擦伤) ≥	HB			
光泽(60°)/单位值	商定			
耐汽油性[符合SH 0004—1990(1998)的溶剂油，1 h]	不发软，不发粘，不起泡		—	
耐水性(8 h)	不起泡，不脱落，允许轻微变色			

表 1（续）

项目	要求			
	A类		B类	
	清漆	色漆	清漆	色漆
耐热性 [(90±2)℃,3 h]	不鼓泡,不起皱		—	
与底材的适应性	—		通过	

a 不透明液体除外。

b 含效应颜料,如珠光粉、铝粉等的产品除外。

c 含有透明颜料的产品除外。

4.2 Ⅱ型产品应符合表 2 的要求。

表 2 Ⅱ型产品要求

项目	要求	
	清漆	色漆
在容器中状态	搅拌混合后无硬块,呈均匀状态	
原漆颜色[a]/号 ≤ (铁钴比色计)	2	—
细度[b]/μm ≤ 光泽(60°)≥80 光泽(60°)<80	— 	 20 30
遮盖力[c]/(g/m²) ≤ 白色 其他色	 — 	 110 商定
流出时间/s ≥ (ISO 6 号杯)	20	40
不挥发物含量/% ≥	35	40
干燥时间/h (实干)	通过	
漆膜外观	正常	
弯曲试验/mm	2	
划格试验/级 ≤	1	
耐冲击性/cm	50	
铅笔硬度(擦伤) ≥	H	
光泽(60°)/单位值	商定	
耐汽油性[符合 SH 0004—1990(1998)的溶剂油,3 h]	不发软,不发粘,不起泡	
耐水性(24 h)	不起泡,不脱落,允许轻微变色	

a 不透明液体除外。

b 含效应颜料,如珠光粉、铝粉等的产品除外。

c 含有透明颜料的产品除外。

5 试验方法

5.1 取样

产品按 GB/T 3186 的规定取样，也可按商定方法取样。取样量根据检验需要确定。

5.2 试验样板的状态调节和试验环境

除另有规定外，制备好的样板，应在 GB/T 9278 规定的条件下放置规定的时间后，按有关检验方法进行性能测试。干燥时间、漆膜外观、弯曲试验、划格试验、耐冲击性、铅笔硬度和光泽项目应在 GB/T 9278 规定的条件下进行测试，其余项目按相关检验方法标准规定的条件进行测试。

5.3 试验样板的制备

5.3.1 底材的处理

除另有商定外，试验用马口铁板和玻璃板应符合 GB/T 9271—2008 的要求，马口铁板的处理按 GB/T 9271—2008 中 4.3 的规定进行，玻璃板的处理应按 GB/T 9271—2008 中 7.2 的规定进行。塑料板使用前应擦去表面的浮灰和污垢。商定的底材材质类型和底材处理方法应在检验报告中注明。

5.3.2 试验样板的制备

除光泽项目外，漆膜制备方法按 GB/T 1727—1992 中的喷涂法进行。所有制板项目均以单一涂料类型制板，即分别以清漆或色漆制板。Ⅰ型中 A 类产品和Ⅱ型产品各项目检验用底材及涂装要求见表 3。Ⅰ型中 B 类产品各项目检验用底材及涂装要求见表 4。也可采用商定的其他方式进行涂装。若使用与本标准规定不同的样板制备条件，应在试验报告中注明。漆膜厚度的测定按 GB/T 13452.2 规定进行。

表 3 Ⅰ型中 A 类产品和Ⅱ型产品制板要求

项 目	底材	尺寸/mm	涂装要求
干燥时间、漆膜外观、弯曲试验、划格试验、耐冲击性、铅笔硬度、耐汽油性、耐水性、耐热性	马口铁板	50×120×(0.2～0.3)	喷涂一道，清漆干漆膜厚度为(13±3)μm，色漆干漆膜厚度为(18±3)μm。除干燥时间和漆膜外观项目外，Ⅰ型产品放置 24 h 后测试，Ⅱ型产品在商定的烘烤条件下烘烤后放置 1 h 测试。
光泽	玻璃板[a]	100×150×3	用规格为 150 μm 的漆膜涂布器刮涂一道，Ⅰ型产品放置 24 h 后测试，Ⅱ型产品在商定的烘烤条件下烘烤后放置 1 h 测试。

a 清漆测光泽时采用已喷有无光黑漆的玻璃板。

表 4 Ⅰ型中 B 类产品制板要求

项 目	底材	尺寸/mm	涂装要求
干燥时间、漆膜外观、划格试验、铅笔硬度、耐水性、与底材的适应性	塑料板[a]	50×120×(1～3)	喷涂一道，清漆干漆膜厚度[b] 为(13±3)μm，色漆干漆膜厚度[b] 为(18±3)μm。除干燥时间和漆膜外观项目外，放置 24 h 后测试。
光泽	玻璃板[c]	100×150×3	用规格为 150 μm 的漆膜涂布器刮涂一道，放置 24 h 后测试。

a 本标准推荐使用符合 GB/T 10009 要求的 ABS 塑料板。如使用其他类型的塑料板，应在试验报告中注明。

b 以同时喷涂钢板的厚度为参考来控制样板漆膜厚度。

c 清漆测光泽时采用已喷有无光黑漆的玻璃板。

5.4 测试方法

5.4.1 在容器中状态

打开容器，用调刀或搅拌棒搅拌，允许容器底部有沉淀，若经搅拌易于混合均匀，可评定为“搅拌混合后无硬块，呈均匀状态”。

5.4.2 原漆颜色

按 GB/T 1722—1992 中甲法的规定进行。

5.4.3 细度

按 GB/T 6753.1—2007 规定进行。

5.4.4 遮盖力

按 GB/T 1726—1979 中甲法的规定进行。

5.4.5 流出时间

按 GB/T 6753.4 的规定进行。

5.4.6 不挥发物含量

按 GB/T 1725—2007 的规定进行。烘烤温度为(125±2)℃，烘烤时间为 1 h，试样量约 1 g。

5.4.7 干燥时间

表干按 GB/T 1728—1979 中表干乙法规定进行。实干按 GB/T 1728—1979 中实干甲法规定进行。Ⅱ型产品在商定的温度和时间下进行烘烤，如实干则评为“通过”。

5.4.8 漆膜外观

将实干后的样板放在散射日光或 D65 标准光源下目视观察样板表面有无桔皮、起皱、色斑、颗粒、缩孔等现象，如无则可评定为“正常”。

5.4.9 弯曲试验

按 GB/T 6742—2007 的规定进行。

5.4.10 划格试验

按 GB/T 9286 的规定进行。

5.4.11 耐冲击性

按 GB/T 1732—1993 的规定进行。

5.4.12 铅笔硬度

按 GB/T 6739—2006 的规定进行。铅笔为中华牌 101 绘图铅笔。

5.4.13 光泽

按 GB/T 9754—2007 的规定进行。对于闪光漆和珠光漆，本方法不适用，仅作为参考方法。

5.4.14 耐汽油性

按 GB/T 9274—1988 中 5.4 的规定进行。浸入符合 SH 0004—1990(1998)要求的溶剂油中，至规定的时间取出样板，放置 10 min 后观察，结果的评定按 GB/T 1766—2008 进行。

5.4.15 耐水性

按 GB/T 9274—1988 中 5.4 的规定进行，浸入符合 GB/T 6682 要求的三级水中，至规定的时间取出样板观察，结果的评定按 GB/T 1766—2008 进行。

5.4.16 耐热性

按 GB/T 1735—2009 的规定进行，试验温度为(90±2)℃，试验时间为 3 h，结果的评定按 GB/T 1766—2008 进行。

5.4.17 与底材的适应性

样板在散射日光或 D65 标准光源下目视观察，如果样板表面未出现起皱、咬起、发花和光泽不均等现象，则可评定为“通过”。

6 检验规则

6.1 检验分类

6.1.1 产品检验分出厂检验和型式检验。

6.1.2 Ⅰ型、Ⅱ型清漆产品出厂检验项目包括在容器中状态、原漆颜色、流出时间、干燥时间、漆膜外观和光泽共6项；Ⅰ型、Ⅱ型色漆产品出厂检验项目包括在容器中状态、细度、遮盖力、流出时间、干燥时间、漆膜外观和光泽共7项。

6.1.3 型式检验项目包括本标准所列的全部技术要求。在正常生产情况下，不挥发物含量、弯曲试验、划格试验、耐冲击性、铅笔硬度和与底材的适应性每半年至少检验一次；耐水性、耐汽油性和耐热性每年至少检验一次。

6.2 检验结果的判定

6.2.1 检验结果的判定按GB/T 8170中修约值比较法进行。

6.2.2 应检项目的检验结果均达到本标准要求时，该试验样品为符合本标准要求。

7 标志、包装和贮存

7.1 标志

按GB/T 9750的规定进行。

7.2 包装

按GB/T 13491中一级包装要求的规定进行。

7.3 贮存

产品贮存时应保证通风、干燥，防止日光直接照射并应隔绝火源，远离热源。夏季气温过高时，应设法降温。产品应根据类型定出贮存期，并在包装标志上明示。

ICS 37.040.20
G 80

中华人民共和国国家标准

GB/T 25265.1—2010/ISO 18055-1:2004

摄影和成像　喷墨介质:分类、命名和尺寸
第1部分:照相级介质(纸和胶片)

Photography and imaging—Inkjet media:classification, nomenclature and dimensions—Part 1:Photo-grade media (paper and film)

(ISO 18055-1:2004, IDT)

2010-09-26 发布　　2011-08-01 实施

中华人民共和国国家质量监督检验检疫总局
中国国家标准化管理委员会　发布

前　言

GB/T 25265《摄影和成像　喷墨介质:分类、命名和尺寸》分为如下两个部分:

——第1部分:照相级介质(纸和胶片);

——第2部分:非照相级介质(纸、胶片和其他基材)。

本部分为GB/T 25265的第1部分。

本部分等同采用ISO 18055-1:2004《摄影和成像　喷墨介质:分类、命名和尺寸　第1部分:照相级介质(纸和胶片)》(英文版)。

本部分等同翻译ISO 18055-1:2004。

为便于使用,本部分做了以下编辑性修改:

a) "本国际标准"一词改为"本部分",

b) "ISO 18055本部分"一词改为"本部分";

c) 用小数点"."代替作为小数点的逗号",";

d) 删除ISO 18055-1:2004的前言,重新编写本部分的"前言";将国际标准的引言直接翻译作为本部分的引言。

本部分的附录A、附录B、附录C、附录D、附录E均为资料性附录。

本部分由中国石油和化学工业协会提出。

本部分由全国数码影像材料与数字印刷材料标准化技术委员会(SAC/TC 432)归口。

本部分起草单位:中国乐凯胶片集团公司。

本部分起草人:唐志健、程媛。

引　言

在快速发展的喷墨领域里，需要建立清晰明确的分类、关于描述产品类型、版式/尺寸、厚度/克重和常规命名。所有喷墨市场的参与者(即制造商、加工行业、贸易和终端用户)达成市场所有要素统一、一致的理解，是非常重要的。

本部分的目的即是建立关于照相级介质的此种理解。

摄影和成像　喷墨介质:分类、命名和尺寸 第1部分:照相级介质(纸和胶片)

1　范围

GB/T 25265 的本部分规定了照相级喷墨打印纸和胶片关于命名、尺寸和厚度/克重的分类方法。

它不包括非照相级介质、非纸/胶片介质、或是激光打印机专用介质。

2　规范性引用文件

下列文件中的条款通过 GB/T 25265 的本部分的引用而成为本部分的条款。凡是注日期的引用文件,其随后所有的修改单(不包括勘误的内容)或修订版均不适用于本部分,然而,鼓励根据本部分达成协议的各方研究是否可使用这些文件的最新版本。凡是不注日期的引用文件,其最新版本适用于本部分。

ISO 1:2002　产品几何量技术规范(GPS)　产品几何量技术规范和检验的标准参考温度

ISO 216:1975　书写纸和某些印刷纸　裁切后尺寸　A 和 B 系列

ISO 554:1976　调节和/或试验用标准大气　规格

3　术语和定义

下列术语和定义适用于本部分。

3.1

喷墨打印　inkjet printing

在接受层上通过墨滴(通常非常微细)的非接触式应用构建图像的过程。

用非接触方式,将墨滴(通常非常微细)施加到接受层上形成图像的工艺技术。

3.2

喷墨介质　inkjet medium

可渗透或不可渗透液体的基材(纸或胶片),其表面通过化学处理或借助于合适的接受层的方式具备接受和保持喷墨图像的性能。

3.3

优选尺寸　preferred size

工业标准尺寸,是由大多数频繁使用者的要求(单位数量)和产品容量(平方米)决定的。

注:鼓励新设备的制造商尽可能使用优选尺寸。

3.4

认可尺寸　recognized size

在工业用途中重要的尺寸,但是不像优选尺寸那样被广泛选用。

注:此类别帮助读者理解某些尺寸的要求,像是曾经选用但是越来越不常用,或是新的但越来越普遍的尺寸。

3.5

标称尺寸　nominal size

在产品标签和产品目录上出现的参考尺寸。

3.6

轴芯　core

作为卷筒纸或胶片的中心部分的物理支持体,在其两端没有固定边缘,并且通常是圆柱形状的。

注:供卷筒纸或胶片使用的带边缘的轴芯称为片轴。

3.7

涂塑 RC　resin coated

在基材(通常是纸)两面都涂覆一种树脂,通常是聚乙烯,以帮助基材防水。

注:PE 符号有时使用和 RC 同义。

3.8

铸涂　cast coated

在纸基的图像接受面涂覆一种无机金属氧化物和明胶或是类似聚合物的高黏度混合剂,然后经高度抛光的鼓挤压产生光泽,得到透水性的图像接受层。

3.9

打底　barrier coated

在纸和墨水接受层之间涂布不透水聚合物隔层。

注:隔层通常由乳胶组成,它仅能阻隔液体水和染料的渗透,水蒸气和溶剂会慢慢渗透到纸浆中。

4　喷墨介质的命名和分类

4.1　照相级介质

照相级介质是具有图像接受层的纸或胶片,当在其上打印时,能制作出在分辨力、颗粒性、锐度、影调再现和色彩再现上,可与传统照片相比的图像质量。照相级介质具有在硬度、质量、质地、耐久性方面,可与传统照片介质相比的物理特性。并且对照相级图像的喷墨打印品,通常适用于高质量照相影像和指定应用场合的喷墨打印。

注 1:以上列举的物理特性未必详尽,并且不排除在将来的产品中,其他特性变得重要。

注 2:图像接受层通常涂覆在一面,它能完全保持大量墨水,且不丢失图像质量及其功能。防卷层可涂覆在另一面上。

照相级介质能分类为以下种类之一:

a) 涂塑照片纸(RC 照片纸),在图像层下具有防水树脂层。它的表观范围从高光泽到完全无光泽;

b) 打底照片纸,在图像层下具有防水隔层。它的表观范围从高光泽到完全无光泽;

c) 涂布照片纸,在图像层下具有水渗透层。有铸涂或微孔型。它的表观范围从高光泽到完全无光泽;

d) 照相级胶片的组成是在聚合性不透水片基(支持体)(例如聚酯,乙烯)的一面涂覆图像接受层,防卷层可涂覆在另一面上。有如下三种照相级胶片:

   1) 不透明胶片(白色胶片),具有染成白色的支持体(颜料分散、微孔或是涂覆染色层)。适用于具有反射照明的场合。它的表观通常有光泽,但是范围可从光泽到无光泽。

   2) 半透明胶片(背光胶片),不是具有半透基材(通过放入少量颜料填充实现),就是透明基材的图像层有轻微的染色。应用于透射照明的场合。它可以是正面涂覆(适用于从无图像面照明)或是背面涂覆(适用于从图像面照明)。它的表观通常有光泽,但是范围可从光泽到无光泽。

   3) 透明胶片,具有可随意透过入射光的未染色基材。适用于在直接(如通过漫射板的背光)或间接(如投射在观看表面上)的透射光下观看。它的表观通常有光泽,但是范围可从光泽到无光泽。

4.2　非照相级介质

非照相级介质通常不如照相级介质质量高,并且更适宜于设计的制定要求应用。一些这样的材料甚至不是明确为喷墨用户设计的。非照相级介质在本部分范围之外,但是此处包含它以作对照。

5 尺寸和厚度的测量条件

在本部分中说明的尺寸和容差在制造时应用，在温度(23±2)℃和相对湿度(50±5)%的大气条件下测量，如在 ISO 554:1976 中的说明(参见附录 B)。

所有测量仪器的标定都在温度 23 ℃，相对湿度 50%的条件下进行。

6 尺寸

6.1 片材尺寸

优选片材尺寸的目标和容差值应与表 1 中给出的规格一致。

认可的片材尺寸的目标和容差值应与表 2 中给出的规格一致。

6.2 卷材尺寸

6.2.1 卷宽

优选卷材宽度，连同其裁切容差，应与表 3 中给出的数值一致。

对于卷材的宽度不遵从表 3 中的规格时，它们的目标和容差规格应与表 4 中给出的一致。

6.2.2 卷长

在本部分内容中，未对卷长做规范性说明。但为了催进有利的标准化程度，在附录 A 中给出了建议的卷长。实际长度不能小于标称长度，但是增加的长度可由制造商决定。

表 1 优选片材标称大小和尺寸

标称 cm(in)	目标值[a] mm	容差值 mm
9×13 (3.5×5)	89×127	±1.0 ±1.0
10.0×14.8	100×148	±1.0 ±1.0
A6	105×148	±1.0 ±1.0
12.7×17.8 (5×7)	127×178	±1.0 ±1.0
13.0×18.9	130×189	±1.0 ±1.0
A5	148×210	±1.0 ±1.0
A4	210×297	±1.0 ±1.0
20.3×25.4 (8×10)	203×254	±1.0 ±1.0
US“A”,信纸 (8.5×11)	215.9×279.4	±1.0 ±1.0
A3	297×420	±1.0 ±1.0
30.5×45.7 (12×18)	304.8×457.2	±1.0 ±1.0
大 A3	329×483	±1.0 ±1.0
38.1×55.9 (15×12)	381×558.8	±1.0 ±1.0
A2	420×594	±1.5 ±1.5
55.9×76.2 (22×30)	558.8×762	±1.5 ±1.5
A1	594×841	±1.5 ±1.5
61.0×61.0 (24×24)	609.6×609.6	±1.5 ±1.5
A0	841×1 189	±2.0 ±2.0

[a] ISO “A”系列尺寸从 ISO 216:1975 给出的规格中获取。

表 2 认可片材标称大小和尺寸

标称 cm(in)	目标值 mm	容差值 mm
10.2×15.2 (4×6)	101.6×152.4	±1.0　±1.0
12.7×19 (5×7.5)	127×190.5	±1.0　±1.0
JIS B5(日本)	182×257	±1.0　±1.0
全景 (8.3×23.4)	210×594	±1.0　±1.0
US"法定" (8.5×14)	215.9×355.6	±1.0　±1.0
JIS B4(日本)	257×364	±1.0　±1.0
US"照片" (11×14)	279.4×355.6	±1.0　±1.0
US"B" (11×17)	279.4×431.8	±1.0　±1.0
US"超级 B" (13×19)	330.2×482.6	±1.0　±1.0
38.1×52.1 (15×20.5)	381×520.7	±1.0　±1.0
US"C" (17×22)	431×558.8	±1.0　±1.0
52.1×76.2 (20.5×30)	520.7×762	±1.5　±1.5
US"D" (22×34)	558.8×863,6	±1.5　±1.5
62.2×62.2(24.5×24.5)	622.3×622.3	±1.5　±1.5
US"E" (34×44)	863.6×1 117.6	±2.0　±2.0
86.4×118.9(34×46.81)	863.6×1 189	±2.0　±2.0

表 3 优选卷材标称宽度和尺寸

标称宽度 cm(in)	目标值 mm	容差值 mm
8.9	89.0	±0.5
10.0	100.0	±0.5
12.7 (5)	127.0	±0.5
21.0	210.0	±0.5
30.5 (12)	304.8	±1.0
32.9	329.0	±1.0
42.0	420.0	±1.0
43.2 (17)	431.8	±1.0
55.9 (22)	558.8	±1.0
61.0 (24)	609.6	±1.0
90	900.0	±1.0
91.4 (36)	914.4	±1.0
106.7 (42)	1 066.8	±1.0
111.8 (44)	1 117.6	±1.0
127.0 (50)	1 270.0	±1.0
132.1 (52)	1 320.8	±1.0
137.2 (54)	1 371.6	±1.0
152.4 (60)	1 524.0	±1.0
182.9 (72)	1 828.8	±1.0

表 4 未列入表 3 中的宽度值的目标和容差规律

标称宽度 cm	目标值 mm	容差值 mm
小于或等于 26	标称	±0.5
大于 26	标称	±1.0

7 厚度和克重

完成品(最终品)优选厚度应在表 5 给出的数值范围内,表 5 同时给出相对于标称厚度的容差。因为一些制造商和使用者仍然更熟悉英制值,表中还列出相应的英制值。

本部分内容中克重(每平方米的质量)未作详细说明,因为就它们本身而言通常不如厚度重要。但是对于某些应用和历史原因,有需要给出大致对应值。为此参见附录 D。

表 5 优选厚度(终端制造商)

喷墨介质类型	标称范围 μm (mil[a])	容差值 μm (mil)
照片纸	110～360 (4.3～14)	±10.0 (±0.4)
照相级胶片	110～200 (4～8)	±10.0 (±0.4)
a 1 mil=25.4×10^{-6} m。		

8 垂直度和边缘平直度(片材)

指定尺寸的垂直度、边缘平直度、形状和尺寸符合度的检验,应将片材同时与两个独立放置的真正矩形,一个按本部分的最小尺寸容差,另一个按最大容差。片材周长上的点不应在最小矩形内或是最大矩形外。

9 轴芯尺寸

标称轴芯直径规定应为内径(如"76.2 mm ID")。实际内径不应小于标称值,也不可大于标称值 1.0 mm。

轴芯宽度更适宜等于或小于卷材的宽度,最大到 2.0 mm。但是如果轴芯宽于卷材,它不应在任一边突出超过 1.0 mm。

10 缠绕参数(卷材)

10.1 缠绕外形

卷筒的整个宽度(包含横向偏差)不应超过材料标称宽度 2 mm。

10.2 缠绕方向

材料的卷筒可以图像接受层在里边或图像接受层在外边的方式缠绕。卷筒应合适的贴标签清楚说明使用那种方向缠绕。

10.3 轴芯附着物

本部分内容中不需要轴芯上有附着物,但也没有排除附着物。如果需要使用附着物,它的附着方式在卷筒使用时应很容易从轴芯上取下来。

10.4 卷筒直径

全长缠绕卷筒的整体最大直径应在制造商处容易获得,并且最好在包装上标明,这样对于特定喷墨打印机,该卷筒的物理兼容性很容易确定。

鼓励喷墨打印机制造商测量和发布他们设备的最大卷筒直径。

11 包装标记

11.1 数据

应在产品的包装上提供充分的数据告知使用者正确的使用和处理。

为了说明，产品包装应如下标记：

——产品名称和尺寸；

——喷墨介质类型；

——标称产品尺寸，米制单位（如果要求可加上可选英寸尺寸），小尺寸的列在前面；

——包装中的件数；

——轴芯的标称内径（仅限卷材）；

——缠绕方向指示，可能的话（仅限卷材[1]）。

产品包装上也可选用如下标记：

——运输和储存条件；

——产品标称厚度，用微米表示（如果要求可加上“密耳”厚度）；

——产品标称质量，用 g/m^2（克重）表示；

——衬料的存在情况，如果适宜；

——墨水兼容性；

——加工兼容性；

——打印机兼容性；

——轴芯内部合适标签（仅限卷材），在包装丢弃后用于辅助识别。

组成产品大包装的每个小包装，宜按如下标记项[2]：

——产品名或商品名；

——制造商和（或）供应商名称或是商标；

——制造商或是供应商目录识别号；

——条码信息；

——废弃包装回收信息；

——批号和（或）专利号；

——失效期或“有效”期或库存控制编码；

——制造商或供应商推荐储存条件[3]；

——有否轴芯附着物，如果可适用[3]；

——缠绕卷筒的整体最大直径（仅限卷材）。

11.2 符合性

如果需要用本部分说明产品符合性，可以用以下用语：

——符合 GB/T 25265.1。

1） 可以通过文字描述或是代号来说明。

2） 在某些国家也许有法定要求其他数据标记在包装上。

3） 这可用词语或代码来说明。

附 录 A
（资料性附录）
推 荐 卷 长

表 A.1 优选和认可卷筒长度

优选卷筒标称长度 m	认可卷筒标称长度 m(ft)
7	—
—	7.62 (25)
—	9.2 (30)
—	10.7 (35)
—	12.2 (40)
—	15.2 (50)
20	—
—	22.9 (75)
30	—
—	30.5 (100)
35	—
45	—
—	45.7 (150)
50	—
90	—
100	—

附 录 B
（资料性附录）
尺寸稳定性

规定的尺寸和容差是在制造时，在ISO 554:1976规定的标准大气条件[温度(23±2)℃和相对湿度(50±5)%]下平衡后，测量数值。

这些尺寸也许会由于大气的相对湿度和温度变化引起的持久的老化收缩和暂时伸缩而改变。

然而，在产品保证期，打开包装的时候，在温度(23±2)℃和相对湿度(50±5)%的大气条件下测量的尺寸不会比制造时偏离±0.10%(胶片介质)和±0.20%(纸介质)。

对于非涂塑纸，在相对湿度变化10%时，暂时的尺寸变化能达到3%。

在标准大气条件下的样品调节，胶片最少需要4 h，非涂塑纸需要1 d，涂塑纸需要7 d(见ISO 18903:2002,5.3)。

附 录 C
（资料性附录）
定量包装(片材)

推荐片材喷墨胶片或纸在一个独立包装中，或是在复合包装的一个单元中的数量，片数在如下列项中选择：

——5；

——10；

——15；

——20；

——25；

——30；

——50；

——100；

——250；

——500。

附 录 D
（资料性附录）
克 重

尽管本部分内容中未详细说明照相级喷墨介质的克重(每平方米克重质量),但对于一些应用克重和厚度的大致对应值是有用的。最常用的一些在表 D.1 中给出。注意提到的引用数值是指最终成品。

表 D.1 厚度和克重的比较

厚度 μm	介质类型	近似克重 g/m^2
110	照片纸	100～125
150	照片纸	145～165
175	照片纸	175～190
235	照片纸	235～255
320	照片纸	330～350
100	照相级胶片	125～150
125	照相级胶片	150～170
175	照相级胶片	235～265

表 D.1 中给出的对应值仅给出指导,不过这些数值在大多数情况下可以很合理的起作用。尽管如此,应注意介质涂层中具有各种空隙、间隙基团、微孔物质和其他稀有物质,整体质量明显小于表 D.1 中的近似克重。

附　录　E
（资料性附录）
喷墨墨水、打印机和打印技术

E.1　概述

尽管本部分中的规范内容仅涉及照相级喷墨介质（纸和胶片），但它给出了一些介质使用背景的信息，对于读者将喷墨系统作为整体理解有帮助。

E.2　墨水类型

喷墨系统用墨水被分为如下之一：

——染料墨水：某些化学物质溶解在溶剂中的清澈彩色溶液；这些物质以化学法附着在它们染色的材料上。

——颜料墨水：光在其上散射和吸收的分散化学物质；散射和吸收的相对量决定了打印颜料介质的不透明性和色彩。颜料不附着，并且需要粘合剂固定其在基材上。

E.3　打印机类型

喷墨系统使用的打印机如下：

——桌上打印机；

——宽幅打印机；

——大型打印机。

E.4　打印技术类型

喷墨系统打印技术分类如下：

——连续式：使用连续墨滴流的喷墨打印是通过对墨滴施加高压穿过喷嘴的方式实现的。

——压电式：此技术使用压电效应，微小电子推动力传输到合适的晶体材料上使其膨胀。压力脉冲在墨水中产生，小墨滴依据接收到的电信号间歇地产生。

——热喷式：一个小的加热元件在墨水贮液腔里根据需求产生压力小墨滴，少量墨水被加热，墨水沸腾，产生促使大量小墨滴以高速穿过喷嘴的气泡。

参 考 文 献

[1] ISO 534:2005 纸和板材 厚度、密度和比容的测量

[2] ISO 11093-4:1997 纸和板材 轴芯测试 第四部分:尺寸测量

[3] ISO 18903:2002 成像材料 胶片和相纸 尺寸变化的测量

ICS 87.040
G 50

中华人民共和国国家标准

GB/T 25266—2010

涂料 用安德森滴管法测定涂料填充物颗粒粒度的分布

Paints—Determination of the particle size distribution of paint fillers by the ANDREASEN pipette method

2010-09-26 发布 2011-08-01 实施

中华人民共和国国家质量监督检验检疫总局
中国国家标准化管理委员会 发布

前　言

本标准等同采用 NF T30-044—1968《涂料　用安德森滴管法测定涂料填充物颗粒粒度的分布》(法文版)。

本标准由中国石油和化学工业协会提出。

本标准由全国涂料和颜料标准化技术委员会(SAC/TC 5)归口。

本标准起草单位:中国检验检疫科学研究院、中海油常州涂料化工研究院、深圳市金硕特仪器有限公司。

本标准主要起草人:李蕾、郑国娟、宋乃宁、王立峰、王叔孙。

涂料　用安德森滴管法测定涂料填充物颗粒粒度的分布

1　范围

本标准规定了涂料及其相关产品填充物颗粒粒度分布的测定方法。

本方法适用于测定斯托克斯直径范围大于 2 μm 颗粒粒子的质量分数。

注：在任何情况下，通过本方法所得出的所有结果都与其他方法得到的结果没有可比性。

2　方法原理

根据不同颗粒粒度的粒子沉降速度不同的原理，在特定时间内用安德森滴管取样，烘干后称量，并计算不同(斯托克斯直径)颗粒粒度的粒子的质量分数。

方法如下：首先配置水溶性样品，并在样品加入分散剂分散，沉积物达到确定深度后，在特定时间用安德森滴管进行采样，测定采样的干燥沉积物的质量并计算其质量分数。

3　试验设备

3.1　容积 10 mL 的安德森滴管(见图 1)包括：

3.1.1　毛细管 A：内径为 1.0 mm～1.3 mm，其入口在玻璃澄清器的 0 刻度位置。

3.1.2　毛玻璃连接头 B：带气孔，可以插入到玻璃澄清器上端口。

3.1.3　横向排放管 C。

3.1.4　双向阀门 D。

3.1.5　有刻度的容器 E。

3.1.6　小管 F：内径为 4.0mm～4.5mm。

3.1.7　橡胶管 G。

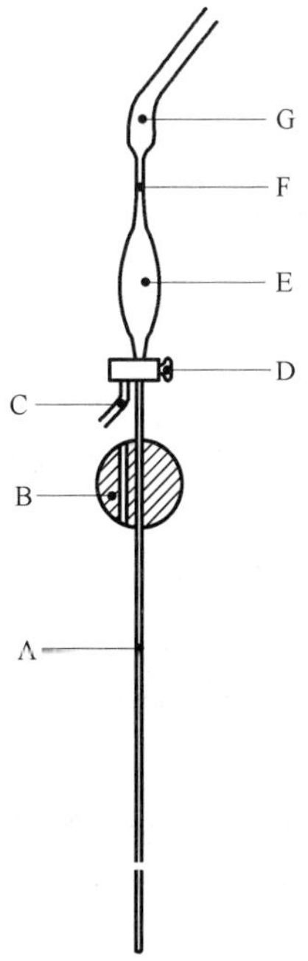

图 1　实验室日常及特殊设备

3.2 玻璃澄清器(沉淀容器):内径约 5.6 cm~5.9 cm,最小刻度 0 cm,最大刻度 20 cm。0 刻度应位于玻璃澄清器底部或澄清器底部上方 2.5 cm 处。刻度 20 cm 所对应的容积应为 550 mL~620 mL(容器高度约 28 cm 以上)。

注:为了能够准确的比较,需注意容器壁对实验的影响。对于直径不到 10 cm 的容器,必须使用相同的容器或两个容积相同的容器。

3.3 透明壁恒温槽:容积 15 L 以上,能够浸没到玻璃澄清器的最大刻度(水深 24 cm 以上)。

3.4 抽真空机:能够与 3.5 真空机械搅拌器配套,提供约 30 MPa 的真空度。

3.5 真空机械搅拌器:转速可达到 500 r/min~1 000 r/min。

3.6 分散容器。

3.7 天平:精度为 0.1 mg。

3.8 烘干炉:温度可达 105 ℃~110 ℃。

3.9 称量瓶:容积≥20 mL,可供蒸馏;或实验室离心机用的离心管,容积≥10 mL,最好能达到 20 mL。

3.10 秒表。

4 采样和分散

进行两次重复试验。

分散容器中加入 1 000 mL 蒸馏水,加入分散剂(或反絮凝剂)将样品在真空下分散,机械搅拌,最终得到浓度大约为 1%~3%的样品,试验开始时将分散好的样品转移至玻璃澄清器中。

注:分散剂通常是焦磷酸或聚磷酸盐类,根据实验条件的不同,浓度也相应调整,从 0.1%~0.5%不等。

5 操作方法

5.1 滴管容量的校准

加入适量蒸馏水将滴管洗净并干燥。调节阀门 D 于采样状态,用连接到橡胶管 G 的抽气装置(如容量大于 20 mL 的针筒)将蒸馏水采样至容器 E 的刻度线,扭转阀门 D 至排放状态,将采样的蒸馏水从 C 口排出,收集到称量过的量杯。量杯质量称量精确到 0.001 g,计算流出的蒸馏水体积,即滴管容量 V_p,单位为 mL。

5.2 计算澄清时间

在第一次取样之前计算第一次澄清时间:

$$t_1 = \frac{18\eta h}{(\sigma-\rho)gd_1^2} \times 10^7 \quad \cdots\cdots(1)$$

式中:

η——实验温度下样品的分散绝对黏度,单位为帕·秒(Pa·s);

ρ——实验温度下样品的分散密度,单位为克每立方厘米(g/cm^3);

σ——实验温度下样品的颗粒密度,单位为克每立方厘米(g/cm^3);

h——取样深度,单位为厘米(cm);

g——重力加速度,单位为厘米每二次方秒(cm/s^2);

d_1——第一次试验选择的斯托克斯直径范围,单位为微米(μm)。

注 1:在试验条件下,η 和 ρ 可使用测试样品的绝对黏度和水的密度。

注 2:σ 颗粒密度可根据 NF T 30-043 中描述的方法计算 4 ℃水的密度。

注 3:取样过程中深度 h 的取值随着取样的次数的增加而逐渐减小。例如,玻璃澄清器中样品初始深度为 20 cm,每次取样深度 h 减少 0.4 cm,第一次取样后,样品应剩余 19.6 cm,而用于计算初始直径的深度应为 19.8 cm,如此类推随之第二次取样后应为 19.4 cm。

可依次按选择的斯托克斯直径 d_n,求出第二次……第 n 次采样的时间:t_n(n=2,3,…,n)。

5.3 试验过程

5.3.1 试验温度应控制在 25 ℃～30 ℃之间，误差在 0.25 ℃左右。

5.3.2 玻璃澄清器中装满分散好的样品。常温下放至可淹没澄清器最高刻度 20 cm 的恒温槽中，最终达到恒温时记录此温度。

5.3.3 当达到热平衡后，充分混合全部材料。启动秒表。

5.3.4 用安德森滴管从玻璃澄清器中采取一系列的 V_p(mL)样品，从澄清器的 20 cm 刻度到 0 cm 刻度，在到达先前计算出的时间 t_1 时完成第一次取样，其他的取样时间为 $t_2, t_3, \cdots, t_n$，时间与所选颗粒直径的 2 次方成反比。

5.3.5 滴管必须在 20 s 内抽吸贮满。利用双向阀门将滴管内的采样从 C 全部注入称量过的称量瓶中，再在滴管 E 内注入 5 mL～7 mL 水，将样品充分冲洗至称量瓶中。最后将采到的一系列样品的称量瓶置于烘干炉中，蒸发至出现最大量沉积物，测量干燥残留物量 m_n($n=1,2,3,\cdots,n$)，精确到 0.1 mg。

5.3.6 重复试验，将分散好的样品再注到玻璃澄清器中至 20 cm 刻度，重复采样、干燥、称重。

6 结果的表述

6.1 斯托克斯直径范围的计算方式

如果采样过程没有很好地遵守先前计算好的累计计算时间间距 $t_2, t_3, \cdots, t_n$，那么每一个实际的时间间距 t_n($n=1,2,3,\cdots$)相对应的所有的斯托克斯直径范围都需要重新计算。

$$d_n = \left[\frac{18\eta h}{(\sigma-\rho)gt_n}\right]^{1/2} \times 10^4 \qquad \cdots\cdots(2)$$

式中：

d_n——对应的斯托克斯直径范围，单位为微米(μm)，其余符号代表的意义同式(1)。

6.2 粒子质量百分比的计算

用烘干后干燥物的质量来计算每个区间 f_n 的粒子质量分数 w_n。

$$w_n = \frac{m_n}{m \times V_p} \times 10^5 \qquad \cdots\cdots(3)$$

式中：

m_n——干燥残留物量(m 为每次取样烘干后干燥物减去分散剂的质量)，n 为取样次数，单位为克(g)；

m——总取样量，单位为克(g)；

V_p——滴管容量，单位为毫升(mL)。

6.3 重复试验

重复试验，如果试验结果相对误差大于 4%，则需重新试验。

6.4 表述

图解表述试验结果，用斯托克斯颗粒直径 d_n(以 μm 为单位)作为横坐标，粒子质量分数 w_n 作为纵坐标(量)，从曲线上读取与规定的直径级数相对应的百分比量，并记录此数值。

7 实验记录

实验记录除需要指出试验结果和试验温度之外，还要指出标准中没有规定的操作细节(取样量，分散剂……)，以及其他所有可能影响试验结果的条件。

ICS 87.040
G 50

中华人民共和国国家标准

GB/T 25267—2010

涂料中滴滴涕(DDT)含量的测定

Determination of DDT in coatings

2010-09-26 发布　　2011-08-01 实施

中华人民共和国国家质量监督检验检疫总局
中国国家标准化管理委员会　发布

前　言

本标准的附录A、附录B和附录C为资料性附录。

本标准由中国石油和化学工业协会提出。

本标准由全国涂料和颜料标准化技术委员会(SAC/TC 5)归口。

本标准起草单位:广东省产品质量监督检验中心(国家涂料产品质量监督检验中心(广东))、中海油常州涂料化工研究院、佛山市顺德区容桂万顺实业有限公司、广东嘉宝莉化工有限公司、海洋化工研究院。

本标准主要起草人:刘唐书、黄宁、黎军、陈纪文、梁锦华、王代民、钱叶苗。

涂料中滴滴涕(DDT)含量的测定

警告:使用本标准的人员应有正规实验室工作的实践经验。本标准并未指出所有可能的安全问题。使用者有责任采取适当的安全和健康措施,并保证符合国家有关法规规定的条件。

1 范围

本标准规定了涂料中滴滴涕(DDT)含量的测定方法。

本标准适用于各类涂料中滴滴涕(DDT)含量的测定,滴滴涕(DDT)的相关信息见附录A。

气相色谱法检出限:在取样量为2 g,最终体积为2 mL,进样体积为1 μL时,*p*,*p*'-DDE、*o*,*p*'-DDT、*p*,*p*'-DDD(TDE)、*p*,*p*'-DDT(DDT)依次为4.0 μg/kg、4.0 μg/kg、8.0 μg/kg、10.0 μg/kg。

气相色谱-质谱联用法检出限:在取样量为2 g,最终体积为2 mL,进样体积为1 μL时,*p*,*p*'-DDE、*o*,*p*'-DDT、*p*,*p*'-DDD(TDE)、*p*,*p*'-DDT(DDT)依次为2.0 μg/kg、2.5 μg/kg、3.0 μg/kg、2.5 μg/kg。

2 规范性引用文件

下列文件中的条款通过本标准的引用而成为本标准的条款。凡是注日期的引用文件,其随后所有的修改单(不包括勘误的内容)或修订版均不适用于本标准,然而,鼓励根据本标准达成协议的各方研究是否可使用这些文件的最新版本。凡是不注日期的引用文件,其最新版本适用于本标准。

GB/T 3186 色漆、清漆和色漆与清漆用原材料 取样(GB/T 3186—2006,ISO 15528:2000,IDT)

GB/T 6682 分析实验室用水规格和试验方法(GB/T 6682—2008,ISO 3696:1987,MOD)

3 取样

按GB/T 3186的规定取样。

第一法 气相色谱法

4 方法原理

本法采用丙酮和正己烷溶剂提取样品,经净化、氮吹定容后直接注入气相色谱仪,电子捕获检测器(ECD)检测,以外标法定量。

5 试剂和材料

除特殊规定外,本标准所用试剂均为色谱纯,水应符合GB/T 6682一级水要求。有机溶剂经色谱验证无干扰物质存在后方可使用。

5.1 正己烷。

5.2 丙酮。

5.3 提取液:正己烷-丙酮混合溶剂(体积比22∶3)。

5.4 磷酸:分析纯。

5.5 无水硫酸钠:分析纯。500 ℃烘4 h,在高温烘箱中冷至约200 ℃,放入干燥器中冷却后密封备用。

5.6 脱脂棉:用丙酮浸泡30 min后,倾去丙酮再用正己烷浸泡30 min,弃去正己烷晾干备用。

5.7 色谱标准样品:*p*,*p*'-DDE、*o*,*p*'-DDT、*p*,*p*'-DDD(TDE)、*p*,*p*'-DDT(DDT),纯度至少为99%(质量分数),或已知浓度的标准溶液。

5.8 载气:高纯氮,纯度至少为99.99%。

6 仪器设备

实验室常用仪器设备及以下仪器设备：

6.1 分析天平：感量 0.1 mg。

6.2 电动振荡器或超声波提取器。

6.3 筒形漏斗：内径 2 cm、高 5 cm。

6.4 高速离心机：3 000 r/min～15 000 r/min。

6.5 气相色谱仪：配备电子捕获检测器(ECD)。

6.6 色谱柱：30 m 柱长×0.25 mm 内径×0.25 μm 膜厚毛细管柱，涂以 14%丙基苯氰和 86%二甲基聚硅氧烷混合固定液；或中等极性固定相的毛细管柱(如：ZB-50、DB-1701、OV-17、SE-54)。

6.7 微量进样器：10 μL。

7 分析步骤

所有试验进行二次平行测定。

7.1 提取

7.1.1 油性涂料提取

准确称取试样约 2 g，精确到 0.1 mg，置于 100 mL 具塞试管中。

加入提取液(5.3)20 mL，并滴加磷酸(5.4)4 滴～5 滴摇匀后塞紧，在电动振荡器(6.2)振摇 30 min(60 次/min～80 次/min)或超声波提取器(6.2)提取 15 min。取出试管，放入高速离心机(6.4)内，在转速 3 000 r/min～15 000 r/min 下分离 20 min～30 min，达到明显分离。抽取试管上层溶液，置于 100 mL 棕色容量瓶中。重复上述操作三次，合并试管上层溶液于 100 mL 棕色容量瓶中备用。

7.1.2 水性涂料提取

准确称取试样约 2 g，精确到 0.1 mg，置于 100 mL 具塞试管中。

加入丙酮(5.2)6 mL 搅拌摇匀后，再加入正己烷(5.1)14 mL 摇匀后塞紧，在电动振荡器(6.2)振摇 30 min(60 次/min～80 次/min)或超声波提取器(6.2)提取 15 min；取出试管，放入高速离心机(6.4)内，在转速 3 000 r/min～15 000 r/min 下分离 20 min～30 min，达到明显分离；抽取试管上层溶液，置于 100 mL 棕色容量瓶中。重复上述操作三次，合并试管上层溶液于 100 mL 棕色容量瓶中备用。

7.2 净化

提取液(7.1)经过塞有少许脱脂棉(5.6)及 1 cm 厚无水硫酸钠(5.5)的筒型漏斗(6.3)脱水后，用氮气吹至近干，用正己烷定容至 2 mL，即为试样净化液。

7.3 色谱测定操作

注：也可根据所使用仪器性能和待测样品状态选择合适的测定条件。

7.3.1 仪器操作条件

7.3.1.1 汽化室温度：270 ℃；

7.3.1.2 检测器温度：280 ℃；

7.3.1.3 程序升温：初始温度 100 ℃，以 15 ℃/min 的速度升至 210 ℃，保持 2 min，再以 7 ℃/min 的速度升至 270 ℃，保持 10 min；

7.3.1.4 载气流速(N_2)：毛细管 1.5 mL/min，或根据仪器的情况选用；

7.3.1.5 进样方式：不分流进样，1 min 后打开分流。

7.3.2 标准溶液

7.3.2.1 滴滴涕(DDT)标准贮备液

准确称取 *p*,*p*'-DDE、*o*,*p*'-DDT、*p*,*p*'-DDD(TDE)、*p*,*p*'-DDT(DDT)各 10 mg，精确到 0.1 mg，分别移入 100 mL 棕色容量瓶中，以正己烷定容，混匀，在 4 ℃下保存待用。或使用已知浓度的标准制备液。

7.3.2.2 滴滴涕标准工作溶液

分别用移液管移取滴滴涕(DDT)标准贮备液(7.3.2.1),逐步稀释后制得至少五种不同浓度的系列滴滴涕(DDT)标准工作溶液(见表1),在4 ℃下保存待用。

表1 滴滴涕系列混合标准工作溶液的质量浓度　　单位为微克每升

标准工作溶液	p,p'-DDE	o,p'-DDT	p,p'-DDD	p,p'-DDT
1号	10.0	20.0	10.0	20.0
2号	20.0	40.0	20.0	40.0
3号	50.0	100	50.0	100
4号	100	200	100	200
5号	200	400	200	400

7.3.3 仪器性能检查

7.3.3.1 仪器灵敏度检查

进1号标准工作溶液(7.3.2.2)1 μL,分别读出4个峰的峰面积或峰高,并记下相应的保留时间(RT),DDT及其衍生物出峰顺序:p,p'-DDE、o,p'-DDT、p,p'-DDD(TDE)、p,p'-DDT(DDT)(见附录B)。

7.3.3.2 仪器线性响应范围

进1~5号标准工作溶液各1 μL,采用电子捕获检测器(ECD)检测,确定仪器线性响应范围。

7.3.4 气相色谱测定

7.3.4.1 基线校正

按7.3.1设置色谱条件,进正己烷溶剂(5.1)1 μL,进行基线校正,正己烷溶剂的保留时间约为0.89 s。

7.3.4.2 滴滴涕(DDT)含量测定

按7.3.1设置色谱条件,进试样净化液(7.2)1 μL,进行测定。根据保留时间(RT)定性,并记下其峰面积(A_s)。

8 结果的计算和表述

8.1 结果的计算

试样中滴滴涕(DDT)及其衍生物的单一含量 ω,以质量分数(μg/kg)表示,按式(1)计算:

$$\omega = \frac{A_s \times m_{st} \times V}{A_{st} \times m \times V_i} \times 10^9 \qquad \cdots\cdots (1)$$

式中:

A_s——试样净化液中该组分的峰值(峰面积或峰高);

A_{st}——与 A_s 峰值相对应的滴滴涕(DDT)及其衍生物标准工作溶液中该组分的峰值(峰面积或峰高);

m_{st}——与 A_{st} 相对应的标准工作溶液中该组分的质量,单位为毫克(mg);

m——试样质量,单位为克(g);

V——试样净化液定容体积,单位为毫升(mL);

V_i——试样净化液进样体积,单位为微升(μL);

10^9——换算系数。

滴滴涕(DDT)总量按式(2)计算:

$$\omega_{DDT} = \omega_{p,p'\text{-DDE}} + \omega_{o,p'\text{-DDT}} + \omega_{p,p'\text{-DDD}} + \omega_{p,p'\text{-DDT}} \qquad \cdots\cdots (2)$$

8.2 结果的表述

试样中滴滴涕(DDT)及其衍生物的含量以"μg/kg"表述。组分含量低于10 μg/kg,以1位有效数字表述;组分含量在 10 μg/kg～100 μg/kg 范围内,以 2 位有效数字表述;组分含量高于或等于 100 μg/kg,以 3 位有效数字表述。

9 重复性

两次平行测定结果允许相对偏差值见表 2。

表 2 两次平行测定结果允许相对偏差值

含量/(μg/kg)	允许相对偏差/%
<10	≤25
10～100	≤20
>100	≤10

第二法 气相色谱-质谱联用法

10 原理

本法采用丙酮和正己烷溶剂提取样品,经净化、氮吹定容后直接注入气相色谱-质谱联用仪,以保留时间和定性离子丰度比定性,外标法定量。

11 试剂和材料

同第一法(第 5 章)。

12 仪器设备

12.1 气相色谱-质谱联用仪(GC-MS)。

12.2 色谱柱:同第一法(6.6)。

12.3 其他仪器同第一法(第 6 章)。

13 分析步骤

13.1 提取和净化方法

同第一法(第 7 章)。

13.2 仪器操作条件

选择离子、监测离子分组和标准质谱图见附录 C。

注:也可根据所使用仪器性能和待测样品状态选择合适的测定条件。

13.2.1 进样口温度:270 ℃。

13.2.2 程序升温:初始温度 100 ℃,以 15 ℃/min 的速度升至 210 ℃,保持 2 min,再以7 ℃/min 的速度升至 270 ℃,保持 10 min。

13.2.3 载气:高纯氦气,1.5 mL/min。

13.2.4 接口温度:280 ℃。

13.2.5 电离方式:EI(+)。

13.2.6 电离能量:+70 eV。

13.2.7 离子源温度:230 ℃。

13.2.8 四级杆温度:150 ℃。

13.2.9 进样方式:不分流进样,1.0 min 后打开分流阀。

13.2.10 进样量:1 μL。

13.3 标准溶液

同第一法(7.3.2)。

13.4 仪器测定

在仪器最佳工作条件下,对标准工作溶液(13.3)分别进样,以滴滴涕(DDT)定量离子的积分面积为纵坐标、标准工作溶液浓度为横坐标绘制标准工作曲线,用标准工作曲线对样品进行定量测定,试样净化液(13.1)中待测物的浓度均应在仪器测定的线性范围内。

14 结果的计算和表述

14.1 结果的计算

试样中 DDT 及其衍生物的单一含量 ω,以质量分数(μg/kg)表示,按式(3)计算:

$$\omega=\frac{f\times C\times V}{m} \qquad (3)$$

式中:

ω——试样中单种滴滴涕(DDT)的量,单位为微克每千克(μg/kg);

C——仪器工作站计算出的试样净化液中单种滴滴涕(DDT)的浓度,单位为微克每升(μg/L);

m——样品质量,单位为克(g);

V——试样净化液定容体积,单位为毫升(mL);

f——试液稀释因子。

滴滴涕(DDT)总量按式(2)计算。

14.2 结果的表述

同第一法(8.2)。

15 重复性

在重复性条件下获得的两次独立测定结果的绝对差值不得超过算术平均值的 20%。

附　录　A
（资料性附录）
滴滴涕（DDT）化合物名称

表 A.1　滴滴涕（DDT）化合物名称

通用名	ISO 1750 通用名	化学名称（IUPAC）	CAS＃
滴滴涕（DDT）	DDT	二氯二苯基三氯乙烷（有下列四种衍生物）	
对，对'-滴滴依	*p*，*p*'-DDE	1，1-二氯-2，2-双（4-氯苯基）乙烯	72-55-9
邻，对'-滴滴涕	*o*，*p*'-DDT	1，1，1-三氯-2-（2-氯苯基）-2-（4-氯苯基）乙烷	789-02-6
对，对'-滴滴滴	*p*，*p*'-DDD（TDE）	1，1-二氯-2，2-双（4-氯苯基）乙烷	72-54-8
对，对'-滴滴涕	*p*，*p*'-DDT（DDT）	1，1，1-三氯-2，2-双（4-氯苯基）乙烷	50-29-3

附　录　B
（资料性附录）
气相色谱法测定的色谱图

色谱柱采用ZB-50毛细管柱，按7.3.1仪器操作条件，气相色谱法测定滴滴涕（DDT）的色谱图见图B.1。

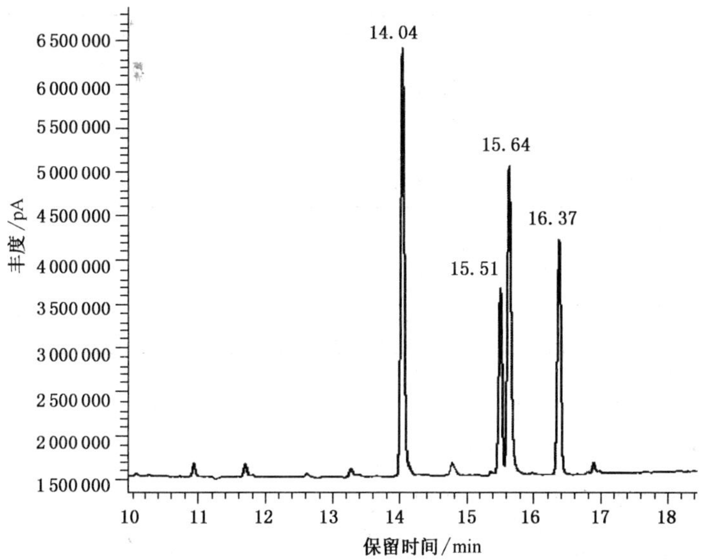

出峰顺序	化合物	保留时间/min
1	*p*,*p*'-DDE	14.04
2	*o*,*p*'-DDT	15.51
3	*p*,*p*'-DDD	15.64
4	*p*,*p*'-DDT	16.37

图B.1　气相色谱法测定滴滴涕（DDT）的色谱图（色谱柱：ZB-50）

注意：不同色谱柱的出峰顺序略有不同，应以单个标样校对。

附　录　C
（资料性附录）
气相色谱-质谱联用法测定参考条件

C.1　滴滴涕(DDT)选择离子列表

名　　称	代　　号	定性离子/(m/z)	定量离子/(m/z)
对,对'-滴滴依	*p*,*p*'-DDE	246,316,318	246
邻,对'-滴滴涕	*o*,*p*'-DDT	165,235,237	235
对,对'-滴滴滴	*p*,*p*'-DDD(TDE)	165,235,237	235
对,对'-滴滴涕	*p*,*p*'-DDT(DDT)	165,235,237	235

C.2　滴滴涕(DDT)监测离子分组表

组　　别	监测时间/min	监测离子/(m/z)	驻留时间/ms
1	10	246,316,318	100
2	14.5	165,235,237	100

C.3　气相色谱-质谱联用法测定滴滴涕(DDT)的总离子流色谱图

色谱柱采用DB-1701毛细管柱，按13.2仪器操作条件，按C.1选择离子和C.2监测离子条件，气相色谱-质谱联用法测定滴滴涕(DDT)的总离子流色谱图见图C.1。

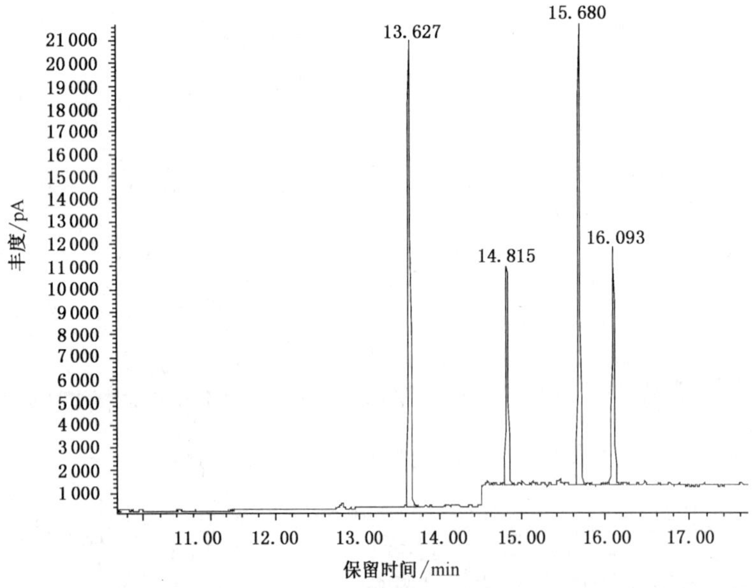

出峰顺序	化合物	保留时间/min
1	*p*,*p*'-DDE	13.627
2	*o*,*p*'-DDT	14.815
3	*p*,*p*'-DDD	15.680
4	*p*,*p*'-DDT	16.093

图C.1　气相色谱-质谱联用法测定滴滴涕(DDT)的总离子流色谱图(色谱柱:DB-1701)

C.4 滴滴涕(DDT)的标准质谱图

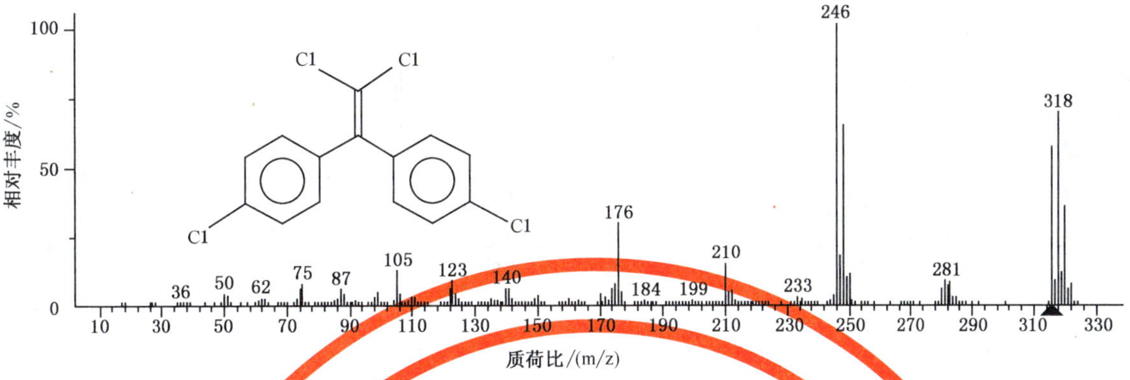

图 C.2 *p*,*p*'-DDE(CAS＃72-55-9)的标准质谱图

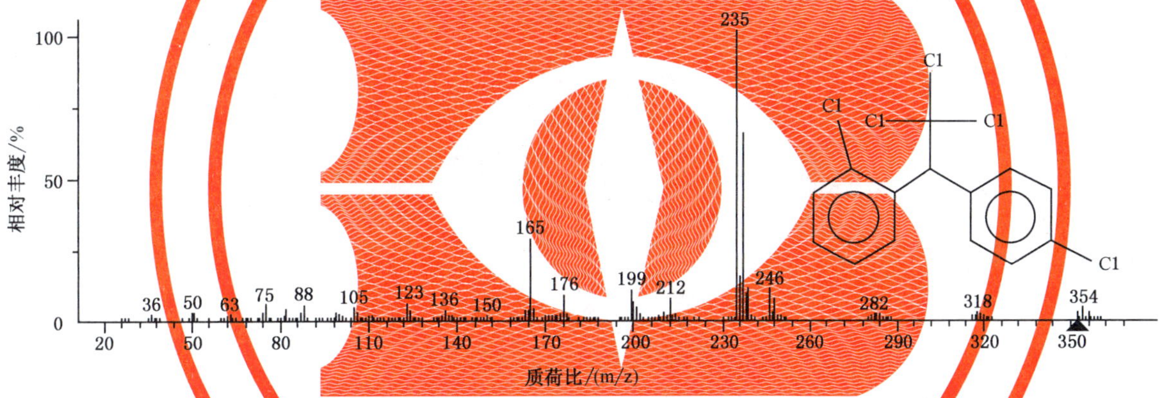

图 C.3 *o*,*p*'-DDT(CAS＃789-02-6)的标准质谱图

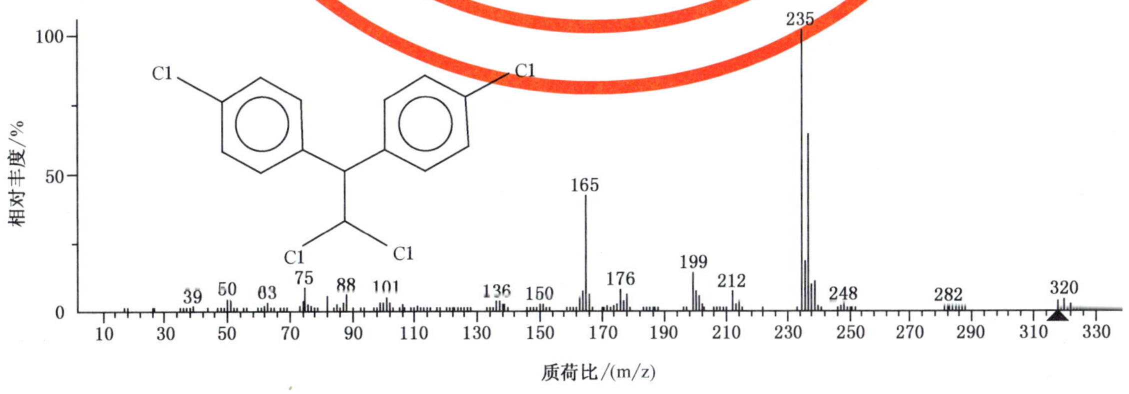

图 C.4 *p*,*p*'-DDD(TDE)(CAS＃72-54-8)的标准质谱图

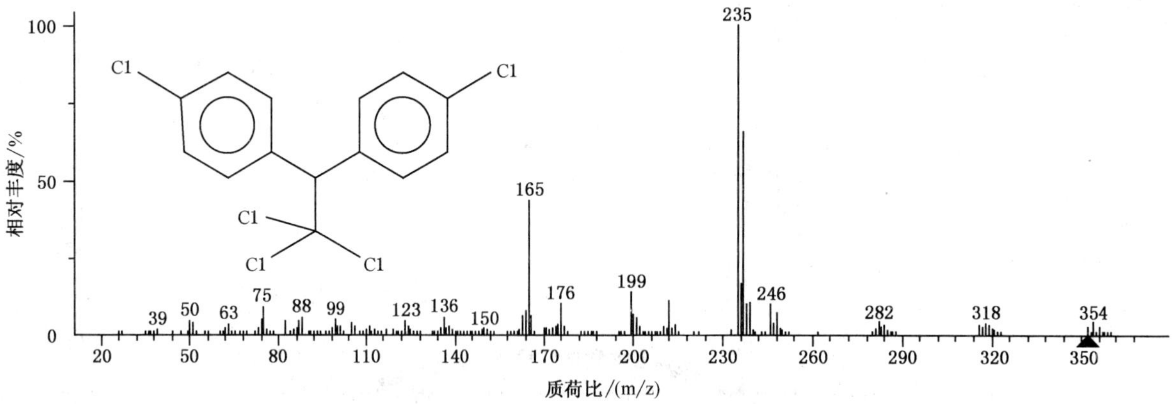

图 C.5 *p*,*p*'-DDT(DDT)(CAS#50-29-3)的标准质谱图

ICS 83.060
G 40

中华人民共和国国家标准

GB/T 25268—2010/ISO 6502:1999

橡胶　硫化仪使用指南

Rubber—Guide to the use of curemeters

(ISO 6502:1999,IDT)

2010-09-26 发布　　2011-08-01 实施

中华人民共和国国家质量监督检验检疫总局
中国国家标准化管理委员会　发布

前　言

本标准等同采用 ISO 6502:1999《橡胶　硫化仪使用指南》(英文版)。

本标准等同翻译 ISO 6502:1999。

为便于使用,本标准做了下列编辑性修改:

a) “本国际标准”一词改为“本标准”;

b) 用小数点“.”代替作为小数点的逗号“,”;

c) 删除国际标准的前言。

本标准的附录 A、附录 B 和附录 C 为资料性附录。

本标准由中国石油和化学工业协会提出。

本标准由全国橡胶与橡胶制品标准化技术委员会通用试验方法分技术委员会(SAC/TC 35/SC 2)归口。

本标准起草单位:北京市友深电子仪器有限公司、北京橡胶工业研究设计院。

本标准起草人:李杰。

引　言

目前大量不同种类的硫化仪正在使用，并较以往有了重大的发展，特别是无转子硫化仪。单独详述无转子硫化仪，可能会限制其将来的发展，所以需要制定更通用的文件。因此，决定提供本指南，以便于对一般硫化仪的设计和使用。

橡胶　硫化仪使用指南

警告——使用本标准的人员应有正规实验室工作的实践经验。本标准并未指出所有可能的安全问题。使用者有责任采取适当的安全和健康措施,并保证符合国家有关法规规定的条件。

1　范围

本标准给出了用硫化仪测定橡胶混炼胶硫化特性的指南。

2　规范性引用文件

下列文件中的条款通过本标准的引用而成为本标准的条款。凡是注日期的引用文件,其随后所有的修改单(不包括勘误的内容)或修订版均不适用于本标准,然而,鼓励根据本标准达成协议的各方研究是否可使用这些文件的最新版本。凡是不注日期的引用文件,其最新版本适用于本标准。

GB/T 9869　橡胶胶料硫化特性的测定(圆盘振荡硫化仪法)(GB/T 9869—1997,ISO 3417:1991,IDT)

GB/T 9881　橡胶　术语(GB/T 9881—2008,ISO 1382:2008,MOD)

3　术语和定义

GB/T 9881 确立的以及下列术语和定义适用于本标准。

3.1

圆盘振荡硫化仪　ocscillating-disc curemeter

ODC

施加于橡胶混炼胶的力由嵌入试样里的振荡圆盘产生,而试样置于带压的密封模腔内的一种硫化仪。

3.2

无转子硫化仪　rotorless curemeter

RCM

由构成放置试样的模腔的两模之一振动产生施加到橡胶混炼胶上的力的一种硫化仪。

注:无转子硫化仪的类型列于第 5 章,图见图 3～图 7。

3.3

模量递增硫化　marching-modulus cure

在硫化温度下,模量迅速升高,但未达到最大值时即转为持续缓慢升高的硫化类型。

3.4

硫化特性　vulcanization characteristics

硫化曲线上反映出的特性(见图 1)。

注:进一步的说明在第 4 章中给出。

3.5

刚度　stiffness

表示模量或抗应力性的一般术语。

注:因为力和转矩具有普遍认可的科学含义,所以这里不再详细说明。

4　基本原理

混炼胶的特性在硫化过程中会发生改变,硫化特性作为时间和温度的函数可由测量混炼胶的特性得到。硫化特性通常采用硫化仪来测定，硫化仪将周期性的应力或应变作用于试样上并测得对应的应变或应力。通常测试在预置的恒温下完成，并持续记录随时间变化的刚度。

在硫化过程中橡胶试样的刚度逐渐增大。当所记录的刚度上升到稳定值或上升到最大值然后下降时硫化结束（见图1），后者刚度的下降是由返原引起的。在刚度持续上升的情况下（模量递增硫化），硫化在规定的时间后视为结束。获得硫化曲线所需的时间是一个关于测试温度和橡胶混炼胶特性的函数。如图1的曲线取自可测量应变的硫化仪。

从刚度-时间曲线上可得到下列硫化特性（见图1）：

——力或转矩的最小值：F_L 或 M_L；

——规定时间 t 的力或转矩：F_t 或 M_t；

——焦烧时间（初期硫化时间）：t_{SX}；

——从最小力或转矩达到完全硫化的 y%的硫化时间：$t'_c(y)$；

——达到稳定值的力或转矩：F_{HF} 或 M_{HF}；

——力或转矩（返原硫化）的最大值：F_{HR} 或 M_{HR}；

——规定时间后所达到力或转矩（模量递增硫化）：F_H 或 M_H。

力或转矩的最小值 F_L 或 M_L 表征在硫化温度下未硫化胶料的刚度。

焦烧时间（初期硫化时间）是衡量胶料加工安全性的物理量。

时间 $t'_c(y)$ 和其对应的力或转矩是反映硫化过程的参数。正硫化通常取 $t'_c(90)$。

力或转矩的最大值是衡量在硫化温度下硫化胶的刚度的物理量。

注：F 表示力，M 表示转矩。

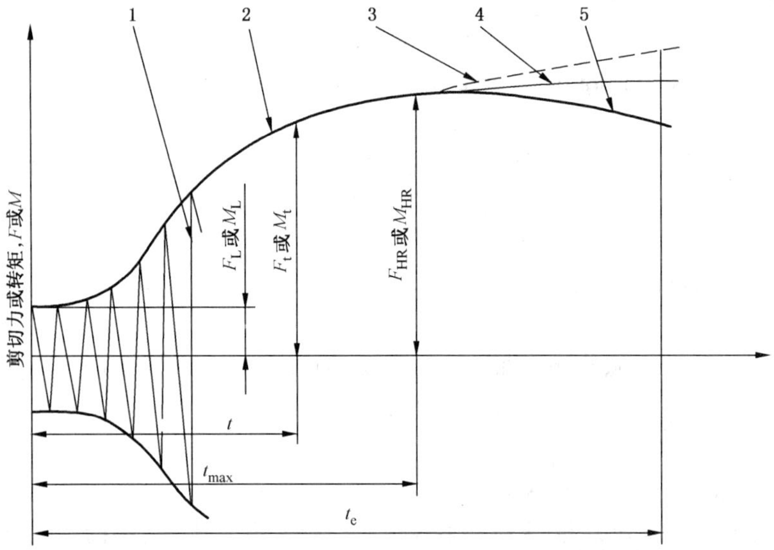

1——正弦曲线；

2——包络线；

3——测试结束 t_e 时，F 或 M 稳定上升到 F_H 或 M_H 的硫化曲线（模量递增硫化）；

4——在 F_{HF} 或 M_{HF} 处趋于平坦的硫化曲线（平坦硫化）；

5——在 t_{max} 时达到最大值 F_{HR} 或 M_{HR} 的硫化曲线（返原硫化）。

a) 硫化曲线（F 或 $M=f(t)$）

图1　典型的硫化曲线与评价方法

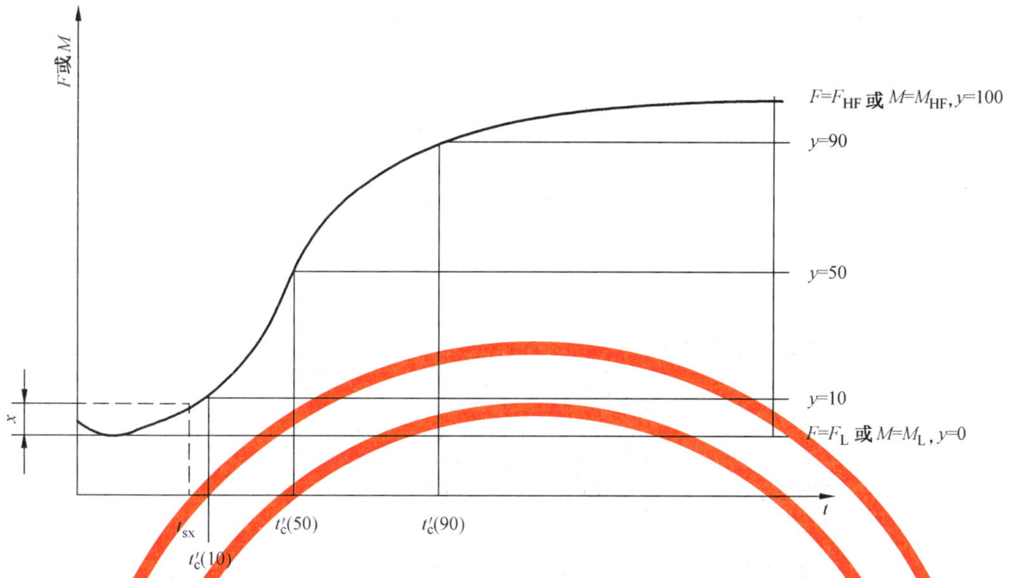

b) 评价方法

图 1（续）

5 硫化仪类型

已被广泛使用的三种硫化仪：

——圆盘振荡硫化仪；

——往复叶片硫化仪；

——无转子硫化仪。

往复叶片硫化仪曾经是主流，但现在已很少使用，本指南不做进一步说明。

无转子硫化仪可细分为三种形式：

——往复式（线性应变）；

——不密封振荡（扭转）式；

——密封振荡（扭转）式。

振荡类型的硫化仪可具有一个双锥形模，一个平板模或者是一个有顶盖的部件。

也可是其他的几何形式，例如用摆动的探头或针状物。

圆盘振荡硫化仪是多年来应用最广泛的，但是最近无转子型硫化仪越来越普及。无转子硫化仪的主要优点是在试样放入模腔后能在很短的时间内达到设定温度，而且试样中有较好的温度分布（参见附录A）。

6 仪器

6.1 概要

硫化仪包含有两个可被加热的模子，它们在一定的压力下闭合形成容纳试样的模腔。使模腔内的转子振荡，或者使其中一个模子相对于另一个模子振荡或摆动，测量并记录产生相对运动的力或转矩，或测量并记录由给定的力或转矩产生的位移。另外，在密封的无转子转矩系统中，还可测得作用在固定模子上的相反于运动模子的反扭矩。

圆盘振荡硫化仪和无转子硫化仪的一般结构示意图见图2～图7。

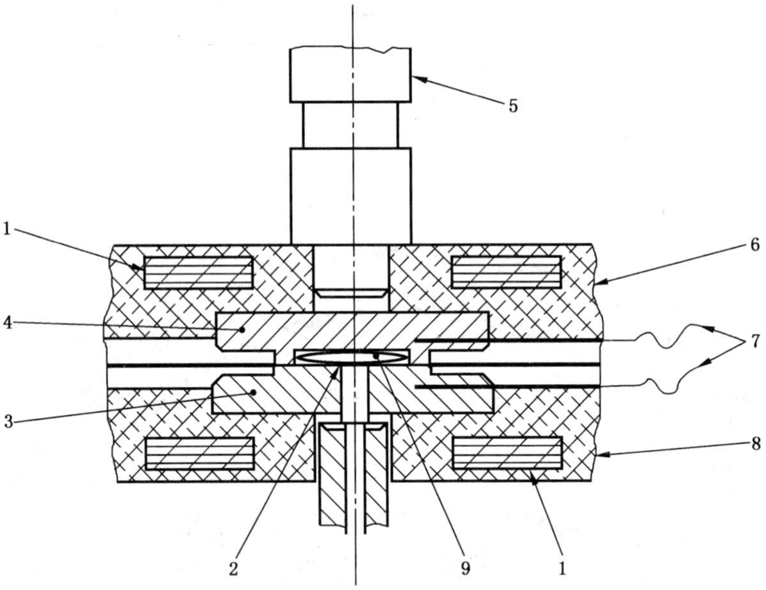

1——加热器；
2——密封圈；
3——下模；
4——上模；
5——气缸活塞杆；
6——上平板；
7——标准温度传感器；
8——下平板；
9——双锥形圆盘。

图 2 典型的圆盘振荡硫化仪

单位为毫米

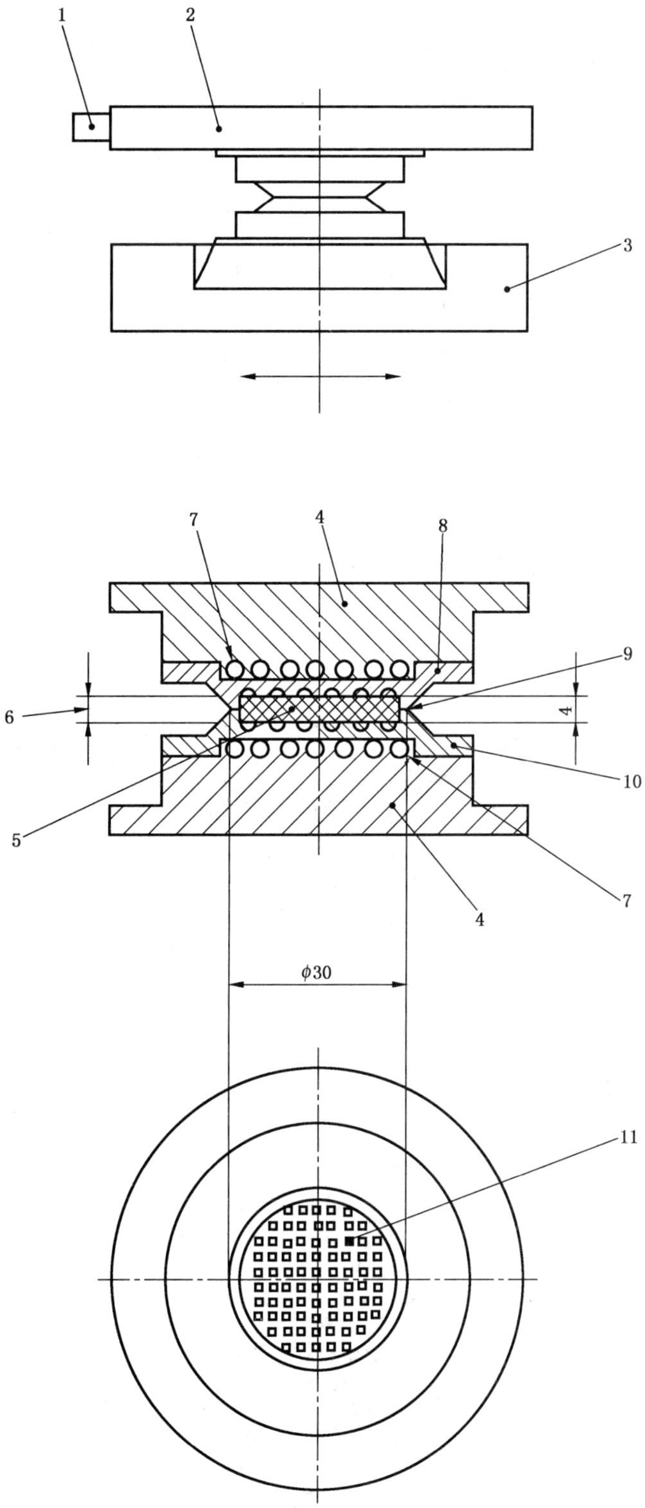

1——测力系统；

2——固定模；

3——振荡模；

4——温度传感器；

5——试样；

6——模腔间隙；

7　加热器，

8——上模；

9——溢料；

10——下模；

11——沟槽。

图 3　典型的线性剪切硫化仪

单位为毫米

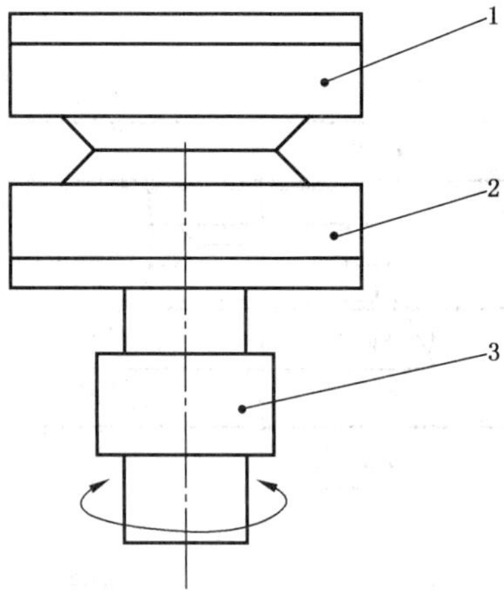

1——固定模；
2——振荡模；
3——转矩测量系统。

a）测量原理

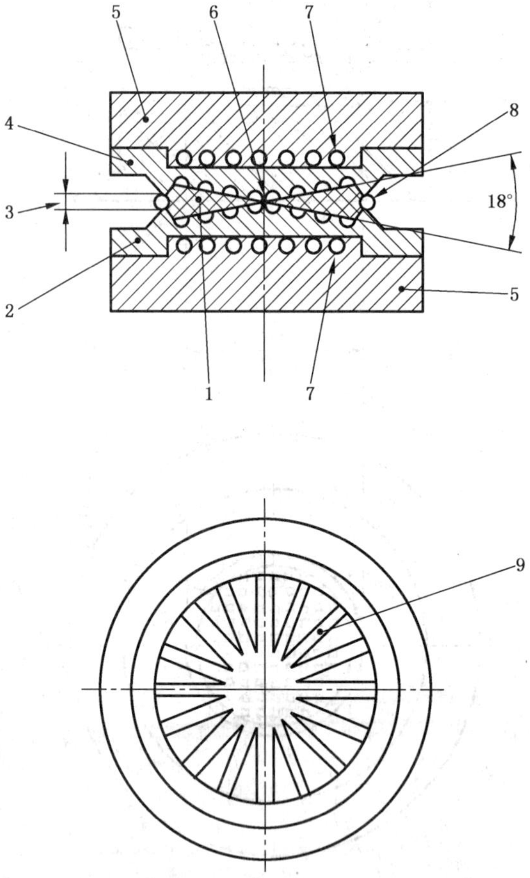

1——试样；
2——下模；
3——模腔间隙；
4——上模；
5——温度传感器；
6——模腔隙距（>0.5 mm）；
7——加热器；
8——溢料；
9——沟槽。

b）模子的结构

图 4　典型的无密封转矩剪切硫化仪

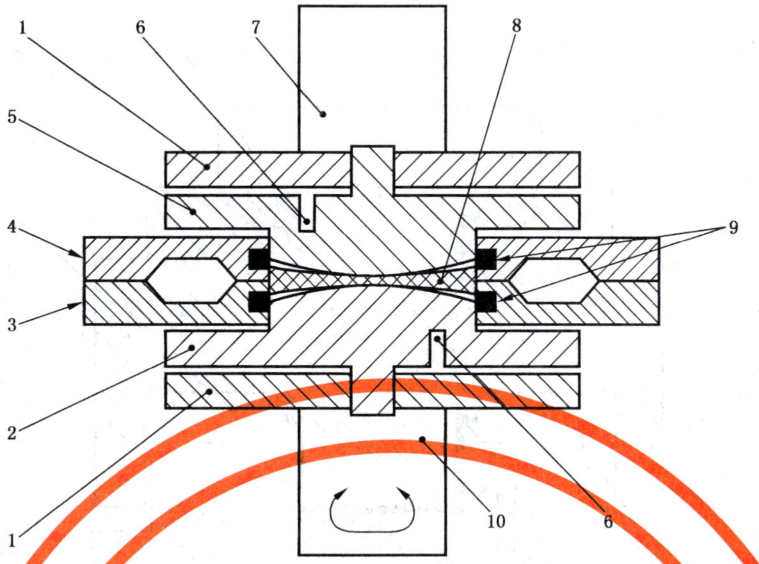

1——加热器；
2——下模；
3——下密封板；
4——上密封板；
5——上模；
6——温度传感器；
7——转矩测量系统；
8——试样；
9——密封圈；
10——振荡驱动系统。

a）测量原理

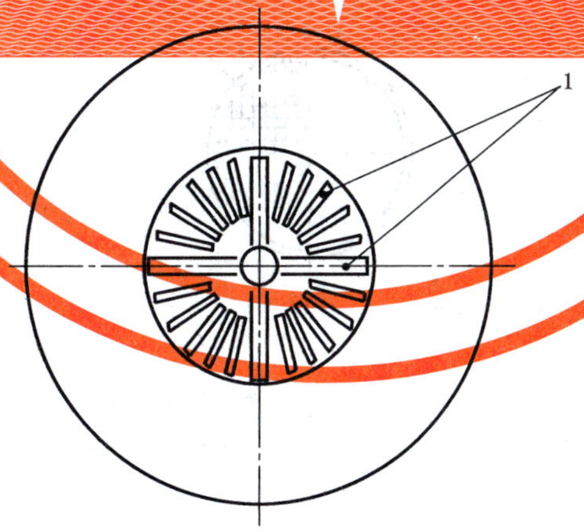

1——沟槽。

b）模子（上模和下模）

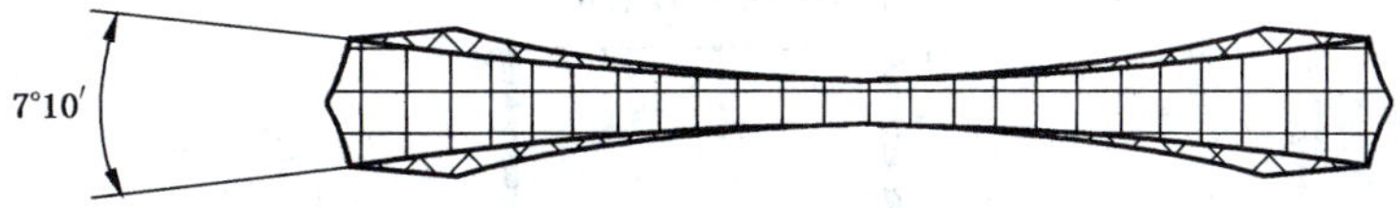

c）试样

图 5　典型的具有双锥形模结构的密封转矩剪切无转子硫化仪

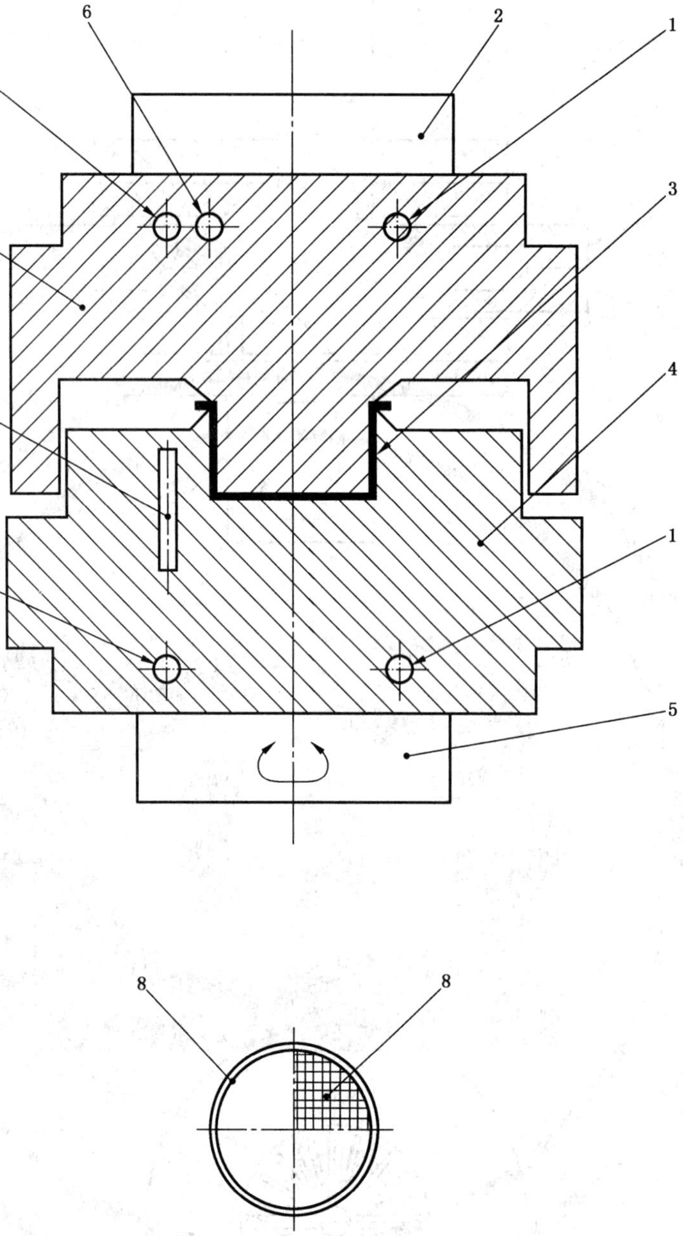

1——加热器；
2——转矩测量系统；
3——试样；
4——下模；
5——振荡驱动系统；
6——温度传感器；
7——上模；
8——沟槽。

a）模子的结构

b）试样

图 6　典型的具有顶盖部件的无转子硫化仪

单位为毫米

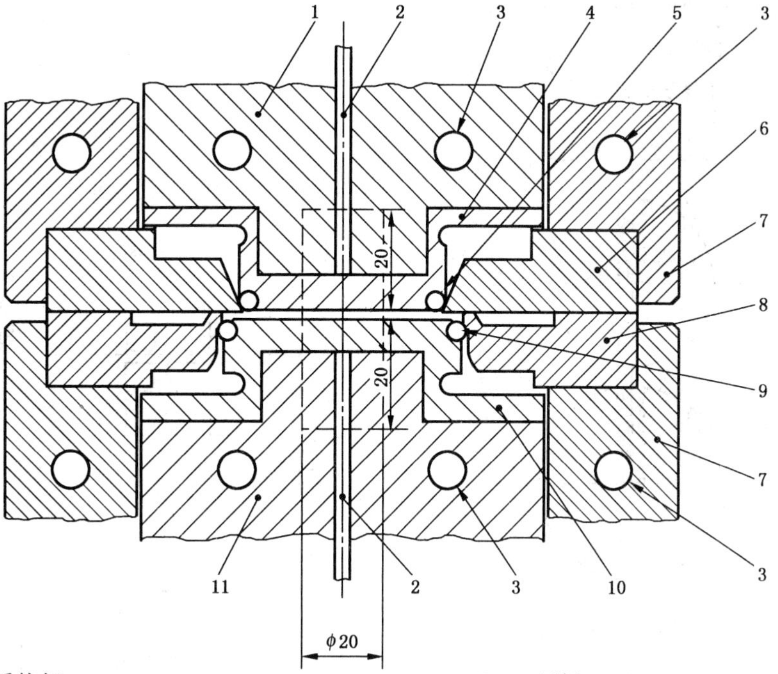

1——转矩测量系统杆；

2——温度传感器；

3——加热器；

4——上模；

5——上密封圈；

6——上密封板；

7——压板；

8——下密封板；

9——下密封圈；

10——下模；

11——驱动杆。

单位为毫米

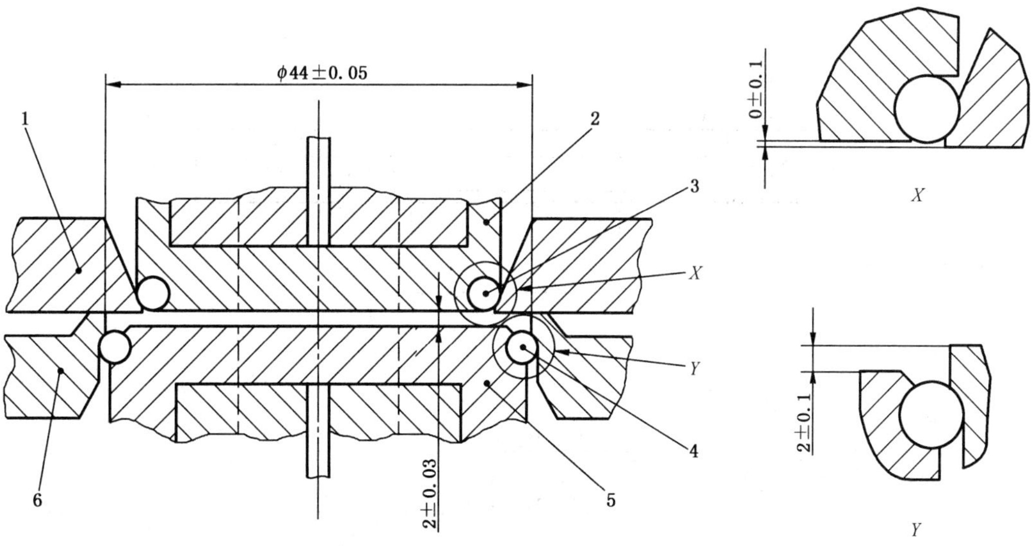

1——上密封板；

2——上模；

3——上密封圈；

4——下密封圈；

5——下模；

6——下密封板。

图 7　典型的密封式转矩剪切平板无转子硫化仪

单位为毫米

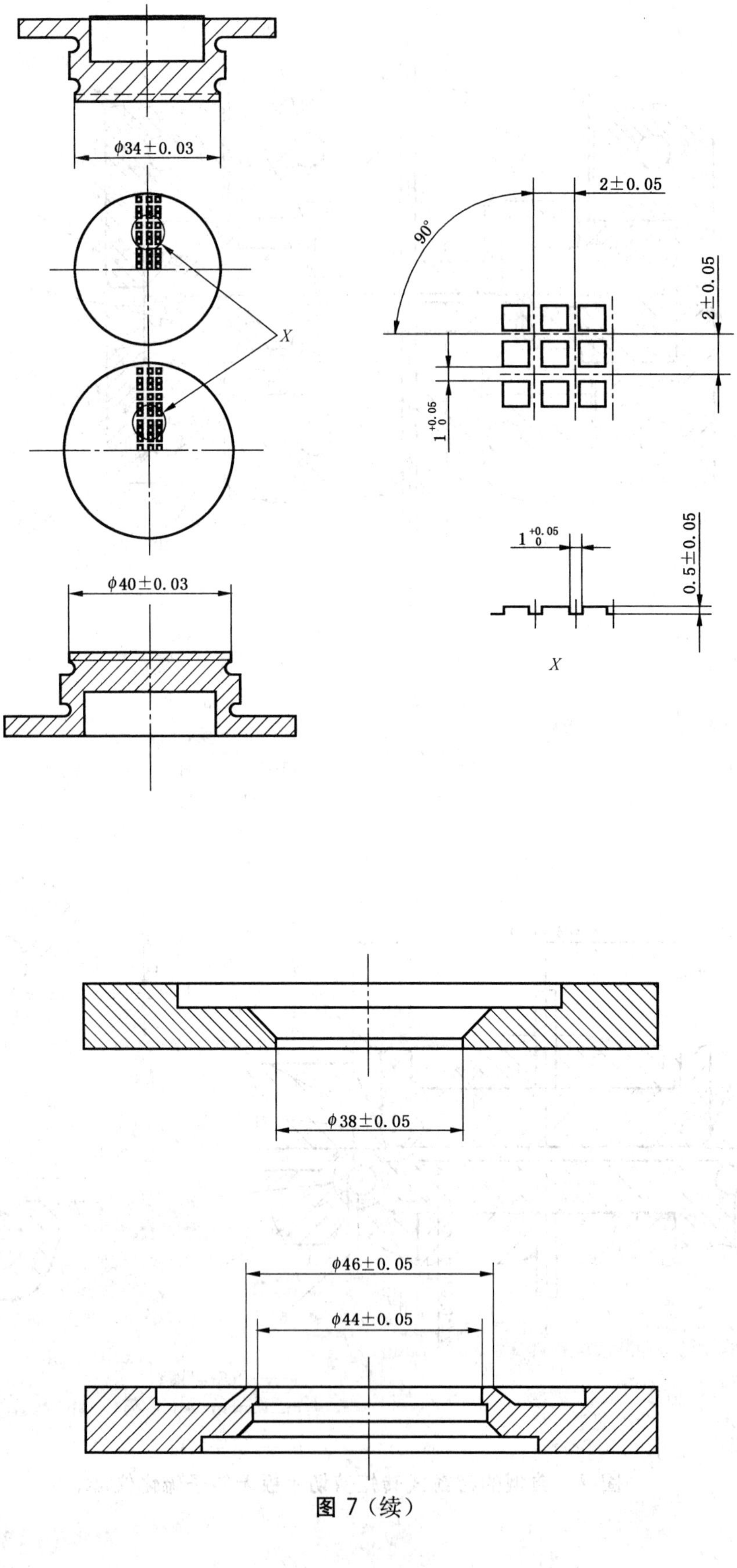
φ34±0.03
X
90°
2±0.05
2±0.05
1 +0.05 0
1 +0.05 0
0.5±0.05
X
φ40±0.03
φ38±0.05
φ46±0.05
φ44±0.05

图 7（续）

6.2 模腔

模腔应由不易变形的材料制成。模腔的表面应能尽量减小污染的影响并且足够坚硬以防止磨损。建议采用洛氏硬度不低于 50 HRC 的材料。两模的尺寸公差依具体的设计而定,但一般说来,模腔的尺寸公差应控制在±0.2%。

模腔的上下表面应刻有足够充分的沟槽以便能够防止橡胶试样打滑。

上下模应有用来插入温度传感器的插孔。传感器相对于模腔的位置应能保证测量结果的重复性。

在振荡圆盘硫化仪中,一个模的中心应开有一个可插入转子轴杆的小孔。在这个小孔中应安装一个摩擦系数较低且恒定的密封件,以阻止胶料由模腔泄露。

适宜的方法是通过对模或其他器件的设计,在整个试验过程中对试样施加压力,以减小转子与胶料间的滑动。适当的压力还可排除空气以避免空气影响过氧化物硫化胶等胶料的硫化,并且可防止橡胶产生微孔。

模腔尺寸可通过测量硫化试样的尺寸来检测。对于双锥形无转子硫化仪而言,应特别注意试样中心薄的部分,它的厚度取决于模子的间隙。对于圆盘振荡硫化仪而言,硫化试样应从中间被切成相等的两半,并确定其对称性,任何不对称都预示转子的高度位置不正确。

因为受收缩的影响,模腔和硫化试样的尺寸并不完全相同。

6.3 模子的闭合

模子通过气缸等动力装置闭合,并在试验过程中保持闭合状态。

对于模间接触面大约为 1 400 mm^2 的圆盘振荡硫化仪,推荐使用 11 kN±0.5 kN 的压力。

在不密封的无转子硫化仪中,模子并非完全闭合,而是有 0.05 mm~0.2 mm 的小间隙。对于密封的模腔,模腔边缘不应有间隙。所需要的最小闭合压力取决于间隙范围,作为指南,推荐最小压力为 7 kN~8 kN。

6.4 活动部件

在圆盘振荡硫化仪中的模子应采用硬度不低于 50 HRC 的不易变形的材料制成。模腔的上下表面应刻有沟槽,以防止橡胶试样打滑。

圆盘应呈双锥状以便形成均匀的剪切速率,其直径的公差控制在±0.03%,锥角的公差控制在±1.3%。

无转子硫化仪只有一个模子运动,其中往复式硫化仪的模腔形状应是平面圆板,振动式硫化仪的模腔形状可是双锥形、平板式或顶盖式,这便于产生充分均匀的剪切速率。

传动杆应有足够的刚度以防止发生较大的变形。

6.5 运转

模子振荡或往复运动的频率应在 0.05 Hz~2 Hz 之间,可选择两个或更多的频率进行试验。如果选择单一频率,推荐使用 1.7 Hz±0.1 Hz。

通常使用大振幅可得到较高的灵敏度,但是,若实际使用的振幅过大,则会造成试样与模子表面或试样与转子之间产生滑动。

对于圆盘振荡硫化仪,推荐使用振幅为±1°,使用±3°也是可以的,在某些情况下甚至更好。

对于无转子硫化仪,振幅范围可在±0.1°~±2°之间,对于往复式硫化仪,应在±0.01 mm 和±0.1 mm之间。

除了在 GB/T 9869 中涉及的硫化仪外,振幅公差应为±2%。驱动装置应具有足够的动力和刚度,以便在负载下保持振幅。

6.6 刚度测量

测量力或转矩的装置应与模子或转子刚性联接,测量精度应达到力或转矩值的 1%。公差应包括由测量装置及其联轴器、输出装置等器件的变形所造成的误差。

持续记录力或转矩的记录仪对满量程输出(满刻度偏转)的响应时间应不多于 1 s。

6.7 加热和温度控制

加热和温度控制系统应能够为模子提供重复性好、分布均匀的温度，并且试样放入模腔后能够快速、准确地恢复温度。为了准确测量硫化特性应精确控制这些指标。

温度测量系统在100 ℃～200 ℃范围内的测量分辨率应达到±0.1 ℃。温度控制器在稳态下对模子温度的控制精度应达到±0.3 ℃。对于双锥形无转子硫化仪，模子的温度在放入23 ℃±5 ℃的试样后应在3 min内恢复到设定温度，误差小于0.3 ℃。对于平板无转子硫化仪，在试验温度为150 ℃时，恢复时间应在1.5 min内，误差小于±1 ℃。

温度分布对于测量硫化速度的影响在附录A中讨论。

6.8 校准

硫化仪的校准应按照制造厂的说明进行。对力或转矩的检定，应在使用范围内检定几个点，另外，在设备使用过程中进行检定也是有必要的。

也可用标准胶料定期测试硫化仪的稳定性。

7 试样

试样应均匀且尽可能没有气泡。试样的体积应稍大于模腔的体积，这样当模腔闭合时在模的边缘会有少量胶料挤出。经过初步试验确定合适的试样体积，体积相等的试样有利于获得重复性较好的试验结果。试样过大会使模腔在试验早期过度冷却。

试样应使用专用设备冲压片状胶料取得，以保证试样体积恒定。

通常从每个橡胶样品上取一个试样，但如果这不能代表一批样品，则应取更多的试样。

8 硫化温度

硫化温度的选择应适于试验胶料的预定加工工艺。推荐温度范围为100 ℃～200 ℃。

9 试样调节

试验前橡胶试样应在23 ℃±5 ℃条件下调节至少3 h。

10 试验步骤

10.1 试验准备

随着模腔的关闭，两个模子的温度应能达到测试温度并保持稳定，对于圆盘振荡硫化仪，圆盘应处在正确的位置并保持稳定。

装入试样前，应对力或转矩的测量设备进行必要的调零和量程选择。

10.2 装载试样

装载试样和闭合模腔应尽快完成。在装入试样后应立即关闭模腔，从打开到关闭的时间不应超过20 s。

硫化时间应在模腔完全闭合时开始记录。活动模或圆盘应在模腔关闭时或关闭前启动。

在取出硫化试样后，如果模腔温度偏差保持在设定值±0.3 ℃范围内，则可立即装入另一试样。否则应闭合模腔，使温度重新达到设定值。

部分胶料的沉积物可能粘附在模腔和圆盘上，这可能会影响最终的转矩值。可通过使用标准胶料来检查这种情况是否发生。如果胶料沉积物太多，可用柔软磨料轻轻磨去，或者用超声波清洗，或者用无腐蚀性的清洗剂清洗。清洗应非常小心，应遵循制造厂的建议。如果用清洗剂，清洗后的前两个试样应作废。可用天然胶料来清除残余物。有些情况下可使用保护模来防止沉积物淤积。对于模腔密封型的双锥形无转子硫化仪，强烈推荐使用保护膜(聚酯保护膜厚度＜0.03 mm)。

11 结果表述

第 4 章中给出的所有或部分硫化特性应从硫化曲线上得到。时间用 min 表示，力用 N 表示，转矩用 N·m 表示。

焦烧时间 t_{SX}是力或力矩从 F_L 增加 x 个单位所需要的时间。焦烧可定义为整个硫化程度的一个给定的百分比，例如 2％或 5％。

从最小的力上升到完全硫化的一个百分比 y 的时间 $t'_c(y)$，是力或力矩达到以下值的时间：

$$F_L+0.01y(F_{HF}-F_L) \text{或} M_L+0.01y(M_{HF}-M_L)$$

$t'_c(10)$ 是初始硫化时间。

$t'_c(50)$ 用来指示硫化曲线上斜率最大的点。

$t'_c(90)$ 经常用于作为正硫化点。

硫化速度用硫化曲线的上升斜率的平均值来表示，用 $100/[t'_c(y)-t_{SX}]$来计算。

12 试验报告

试验报告应包括以下内容：

a) 使用的标准。

b) 样品描述：

 1) 样品及其来源的完整描述；

 2) 试样的制备方法。

c) 试验细节：

 1) 所用硫化仪的型号；

 2) 振荡幅度；

 3) 振荡频率；

 4) 力或转矩的使用量程；

 5) 预热时间；

 6) 硫化温度。

d) 测试结果：

 1) 如果需要，画出以力和时间为刻度记录的硫化曲线；

 2) 按照要求，由硫化曲线得出参数值。

e) 试验日期。

附 录 A
（资料性附录）
热量参数对测量硫化特性的影响

A.1 概述

硫化是橡胶工业中产品形成的重要工艺过程。为了详细判断硫化情况，进而得出最佳硫化时间，应知道恒温下胶料的硫化时间和硫化温度之间的关系。当今工业惯例是通过硫化仪来测定胶料的基本硫化参数。这些仪器测定的是大致与热剪切模量成比例的刚度这一特征。试样在交联发生前都有刚度，刚度在硫化过程中由从最小值增加到最大值，增长曲线如大家熟知的S形状。在某一温度下的硫化时间是刚度变化达到90%时的时间。胶料的特性需要在不同温度下测量后得到。

A.2 偏离恒温条件

大多数硫化仪并不是在恒温条件下运转，这是由于试样达到热平衡需要一定时间。在这段加热时间内，试样的刚度减小（见图1b）。凭经验，1 mm厚的样片从两个表面加热大约需要6 s达到热平衡。加热时间随试样厚度的平方值的增大而增大，6 mm厚的样片加热到热平衡大约需要4 min。因此，一台硫化仪的加热时间与试样的厚度有关。当设定温度较高时，加热时间占硫化时间的比重较大，因而尤为重要。

对于带转子的硫化仪还有一个问题。由于转子向驱动轴的热传导，热量不停地消耗导致转子比平板的温度低。因此试样的平均温度低于设定温度，硫化过程变慢。

无转子硫化仪平板间应设定间距，使试样在测量过程中始终处在一定压力下。这不仅可解决微孔的问题，而且据研究缺少压力会使硫化时间增长（见参考文件[1]）。压力可直接影响硫化反应速度，或影响平板表面和试样之间的热传输。

如果硫化仪仅用于质量监控，可不必考虑以上事项，除非不同类型仪器的实验结果要进行比较。为了适应这种情况，可进行如下操作。为了取得与GB/T 9869中描述的圆盘振荡硫化仪相一致的硫化特性，无转子硫化仪的加热器应调整到能在6 min内使试样加热到规定温度。这对于许多具有合适填充物的重要橡胶品种已取得一致性结果。这个流程应非常谨慎地采用。

另一方面，如果硫化仪的结果用于计算硫化时间，操作员应知道偏离恒温的大小及其影响（见参考文件[2]）。例如在150 ℃圆盘振荡硫化仪受大约2种因素影响而过长估计硫化时间（见参考文件[3]、[4]）。高温时影响因素会增多。其关系为非线性，要用实验的方法来测定。

A.3 计算硫化时间

在不同的温度下，获得近于恒温的硫化数据后，还需要两类信息来计算制品内任何一点的硫化水平。一是当温度随时间而发生变化时，应测量或计算出制品内的温度值。二是应具有硫化过程的模型。

从经济方面考虑，加热和降温的周期应尽可能短，但是为保证成品的均匀性，硫化过程中应通过增加周期时间而尽量减小温度的变化速率。由于对试样中心的加热时间与试样厚度的平方成比例，所以这种矛盾对于大制品尤为严重。对于在高温下硫化的小制品，同样存在这种矛盾。

厚制品不仅加热时间长，而且从模子中取出后冷却时间也长，有些情况下甚至在冷却时间内试样中心位置发生的硫化会超过整个硫化的50%，这应在计算中予以考虑（见参考文件[5]）。还应确保加热阶段结束后模腔中的制品达到足够的硫化程度以避免解除压力时产生微孔（见参考文件[6]），同时要确保制品表面不出现过多的过硫现象。

下表给出了当采用模压硫化法两面加热试样时，试样中心温度达到与表面相同温度时所需的大致加热时间，当制品从模腔中取出时，由于试样表面因素不同，冷却的时间将变长。

厚度	时间
1 mm	6 s
6 mm	3.6 min
12 mm	14.4 min
18 mm	32.4 min

对于要求不高的应用情况，常根据经验估计硫化时间。对于给定的试样厚度的增量，应在硫化仪所得到的结果中加入一个系数。仅仅在硫化时间的基础上延长加热时间会导致过硫。显然，硫化时间、硫化仪固有的误差会影响这个系数，另外还要考虑在冷却期间发生的硫化。如果所用硫化仪的型号发生变化，则应采用另外的经验法则。

对于要求较高的应用情况，应计算温度的分布。假设橡胶胶料的热扩散率已知，可根据已公布的运用热传导方程的分析解决方案（见参考文件[7]），或者利用计算机来计算温度的分布。后者应用范围更广，可用于多种形状的胶料（见参考文件[8]、[9]）。

在注塑成型过程中，胶料进入模腔加热，需要较短的时间就可达到均匀的温度分布。然而，由于其过程较模压复杂，注塑成型的分析最好采用计算机仿真完成（见参考文件[10]、[11]）。

硫化反应中任何时刻的硫化速度都是温度和瞬时硫化程度的函数。计算机软件包可用于分析恒温硫化仪得到的数据，从而得到该函数的表达形式。它与任一点的历史温度记录相结合可得到该点的硫化速度（见参考文件[12]、[13]）。

如果没有可用的计算机软件包，通常的方法是将硫化程度和温度对硫化速度的影响分开来分析。然而，硫化程度对应硫化速度的函数形式通常是不可知的。解决这个问题的常用方法是设法得到任意参考温度所对应的硫化时间。那么函数的形式就变得不重要了。

温度特性可用活化能或温度系数来描述。温度系数方法易于应用且通常精确度高。它定义一种胶料在硫化温度相差 10 ℃时，达到相等硫化程度所用不同硫化时间的比值。温度系数的经验值是 2。实际值应从记录的恒温硫化时间对温度的曲线上获得。活化能可从记录的恒温硫化时间与绝对温度的倒数的图形上获得。中心处的硫化就近似等同于表面硫化和硫化仪上的理想硫化（见参考文件[14]）。

A.4 参考文件

[1] NORMAN, R. H.: Polymer testing, 1, (4), p. 247(1980).

[2] MICHAELI, W., TIETZ, W., HR. HARMS, R., and KALWA, M.: Kaut. u. Gummi Kunst., 43 (10), p. 899(1990).

[3] HANDS, D., NORMAN, R. H., and STEVENS, P.: Kaut. u. Gummi Kunst., 39 (4), p. 330(1986).

[4] SEZNA, J. A.: Rubber World, 205(4), p. 21 (1992).

[5] KHOUIDER, A., and VERGNAUD, J. M.: J. Appl. Polym. sci., 32 (6), p. 5301 (1986).

[6] FLETCHER, W.: J. I. R. I., 5 (6), p. 249 (1971).

[7] CARSLAW, H. S., and JAEGER, J. C.: Conduction of Heat in Solids, 2nd Edition, Oxford (1959).

[8] HAND, D., and HORSFALL, F.: ACS Rubb. Div., 124th meeting, Oct. 1983, paper 11.

[9] HAERTEL, V., and STEINMETZ, G.: Kaut. u. Gummi Kunst., 38(1), p. 34 (1985).

[10] THOMAS, M. D. H., HORSFALL, F., and DOLBEY, P. C.: Computer simulation of Thermoset, Thermoplastic and Rubber Injection Moulding, Plastics Injection Moulding in the 1990s, Conf., Rapra Technology Ltd, Nov. 1990.

[11] KREHWINKEL, T., and SCHNEIDER, C.: Kaut. u. Gummi Kunst., 41 (2), p. 164 (1988).

[12] DENG, J. S.: ACS Rubb. Div., 140th meeting, Oct. 1991, paper 55.

[13] KREHWINKEL, T., and SCHNEIDER, C.: Kaut. u. Gummi Kunst., 41(6), p. 564(1988).

[14] HILLS, D. A.: Heat Transfer and Vulcanization of Rubber, Elsevier(1971).

附 录 B
（资料性附录）
圆盘振荡硫化仪的具体要求

圆盘振荡硫化仪的具体要求见 GB/T 9869。

附　录　C
（资料性附录）
无转子硫化仪的具体要求

C.1　模腔

模腔容积应不大于 5 cm^3。对于双锥形硫化仪建议使用 1.5 cm^3～2.5 cm^3，以便达到接近恒温的状态。

典型尺寸应为直径 30 mm、高 4 mm，以方便替换。振荡双锥形硫化仪应为直径 40 mm、角度 7°～18°、中心间隙高≥0.5 mm，平板振荡硫化仪应为直径 44 mm，厚度 2 mm，顶盖部件振荡硫化仪应为外缘直径 2 mm、高 15 mm、模间隙 0.5 mm。

C.2　加热和温度控制

应提供一套工具以便把温度传感器插入测试区域检查温度分布情况。

仪器设备应能在闭合模腔后 1.5 min 内使试验区域加热到给定的硫化温度，试验区域内各点温度差应不大于±1 ℃。有的仪器可能要求 0.5 min 内使试验区域达到试验温度。测得的模子内温度参考值和试验区域平均温度值之差不应超过 2 ℃。

ICS 83.060
G 40

中华人民共和国国家标准

GB/T 25269—2010/ISO 18899:2004

橡胶　试验设备校准指南

Rubber—Guide to the calibration of test equipment

(ISO 18899:2004,IDT)

2010-09-26 发布　　2011-08-01 实施

中华人民共和国国家质量监督检验检疫总局
中国国家标准化管理委员会　发布

前　　言

本标准等同采用国际标准ISO 18899:2004《橡胶　试验设备校准指南》(英文版)。

本标准等同翻译ISO 18899:2004。

为便于使用,本标准做了下列编辑性修改:

a) “本国际标准”改为“本标准”;

b) 删除国际标准前言。

本标准附录A为资料性附录。

本标准由中国石油和化学工业协会提出。

本标准由全国橡胶和橡胶制品标准化技术委员会通用试验方法分技术委员会归口。

本标准负责起草单位:北京友深仪器有限公司、北京橡胶工业研究设计院。

本标准主要起草人:何成。

橡胶 试验设备校准指南

1 范围

本标准确立了校准原则,给出了测量的溯源性综合要求指南,同时也确立了校准时间间隔和测量不确定度评定的基本原则。

橡胶试验设备的各种参数的校准方法引用了相对应的相关标准。

2 规范性引用文件

下列文件中的条款通过本标准的引用而成为本标准的条款。凡是注日期的引用文件,其随后所有的修改单(不包括勘误的内容)或修订版均不适用于本标准,然而,鼓励根据本标准达成协议的各方研究是否可使用这些文件的最新版本。凡是不注日期的引用文件,其最新版本适用于本标准。

GB/T 19000 质量管理体系 基础和术语(GB/T 19000—2008,ISO 9000:2005,IDT)

GB/T 19022 测量管理体系 测量过程和测量设备的要求(GB/T 19022—2003,ISO 10012:2003,IDT)

GB/T 27025 检测和校准实验室能力的通用要求(GB/T 27025—2008,ISO 17025:2005,IDT)

3 术语和定义

GB/T 19000 和 GB/T 19022 确立的用于计量单位的术语和定义及下列术语和定义适用于本标准。

注:本标准中的术语和定义与 GB/T 15000.2 中给出的术语和定义相一致。

3.1

校准 calibration

为确定测量仪器所指示的量值,与对应的由参考仪器所复现的量值之间关系的一组操作。

3.2

验证 verification

对测量或试验设备进行指定的测试或校准并且使之在规定的允许误差限度内。

3.3

计量确认 metrological confirmation

为确保测量设备符合预期使用要求所需要的一组操作。

3.4

校准体系 calibration system

质量体系中包括试验设备的校准、计量确认和任何有效的参考标准部分。

4 校准原则

计量确认通常包括校准和各种必要的调整、维修及随后的再校准、封印或标签。确认也可以包括对一台试验仪器中一个特征值的验证,例如一个长度值。在常用术语里,整个确认的过程被认为是校准实验室执行的一种服务,经常校准试验设备的行为是为了更恰当的提供计量确认以保证它符合规定的要求。

校准是建立在这样的原则上的:用参考标准(有时叫传递标准)进行值的测量,可以与其他的测量进行比较。校准值的传递从国际认可的标准到国家认可的标准(常叫原级标准),到一系列的次级标准或传递标准,到测量或试验设备,按顺序传递。测量的溯源性通过不间断的校准链或比较链与相应的原级标准相连接。

校准通过向下比较链的传递的每个阶段导致测量不确定度的增加，因此保证了一个较低的准确度。因此，建立不确定度充分小的测量标准是必要的。

5 校准体系

GB/T 19022 中给出了对测量过程和测量设备的要求，GB/T 27025 中给出了检测实验室运行的通用要求。

检测实验室在执行其自己的校准时，应运行一个符合 GB/T 19022 的管理体系。当一个对外的校准实验室运行时，无论在什么情况下它都应该被相关的国家认可机构认可。

注：检测和校准实验室的认可信息可以从国家认可机构获取。

6 溯源性

无论在什么情况下测量仪器的校准结果都应追溯到国家标准。

7 校准时间间隔

试验设备和测量标准的校准时间间隔应根据设备/标准的稳定性、用途和使用频率来确定。校准的时间间隔应确保测量结果的可靠性。

由于试验设备的性能和使用频率等的差异，不可能在所有的情况下都给出具体的时间间隔。然而，本标准中给出了下列 3 类公认的校准时间间隔：

a) 初始的校准；

b) 标准的时间间隔；

c) 使用中。

无论哪种类别的时间间隔，在任何可能改变设备准确度的情况下，比如干扰、移动或因损坏、磨损后的修复等情况，都应对设备的校准时间间隔重新进行核实。

使用中的校准是在使用试验设备时的校准，通常是在试验测量之前进行。

标准的时间间隔应遵从 GB/T 19022 给出的指导。一些通常公认的校准时间间隔参见本标准附录 A。

8 记录

所有的测量设备的记录都应按照 GB/T 19022 中规定的保存，所有的校准都应按照 GB/T 19022 中规定的执行。

注 1：一台仪器的其中一个参数的校准证书不能作为对整个试验设备校准的确认，即使这个证书出自一个认可实验室。

注 2：标准样品证书的内容参见 GB/T 15000.4。

9 不确定度评定

无论校准操作的如何娴熟，结果总是受相关的不确定度的影响。为了保证每次校准都符合指定的要求，每次校准都要求进行不确定度的评定。不确定度的评定应使用公认的分析方法，并结合随机误差和系统误差；同时不确定度因素的评定还应包括由测试标准、人员、程序和环境因素带来的误差。

注：不确定度的评定在《测量不确定度表示指南》中给出。

一个对于检测实验室有用的指南：传递标准的测量不确定度至少小于待校试验设备要求的不确定度的五分之一。

10 调节

测量标准和测量设备应确保在有效测量的环境下进行校准和使用。应考虑温度、温度变化率、湿度、照明、振动、清洁度(包括灰尘的控制)和其他影响测量的因素。应监控和记录这些有关的因素,必要时,应对测量数据进行补偿修正。

通常对聚合物试验的环境温度要求是(23±2)℃,对仪器进行校准也应在这个温度下进行。然而,通常实际的校准是在环境温度(20±2)℃下进行的。在该温度下进行聚合物试验设备校准对于正常范围的试验来说是符合要求的。被校准的仪器和测量标准应在校准温度下调节足够的时间以保证温度达到平衡。

11 程序

校准应按照一个规定的程序进行。一台仪器的每一个参数有它自己的程序,这些程序可以组合成整台仪器的一个单独的程序。本标准给出了用于每一个参数的方法,并按照相关的测量类型(例如:力、电)以章节形式排列,这些给出的信息将作为检测实验室的内容。单个实验室应明确的指出详细的工作程序,包括使用的特殊的校准设备和传递标准、依据的方法和保存的记录。

每次校准重复测量的次数由具体的环境决定,并应在详细的程序中规定。通常要求一次到五次的重复测量。由于测量步骤引起的不确定度分量的评定要求重复进行的测量次数至少三次,最好五次。但是,此不确定度经单独试验评定后,只做一次测量就已足够了。

注意校准一台测量仪器和验证一个量值的区别(例如:一个测微仪和一台试验设备的一个元件规定的长度的区别)。通常给出的程序适用于测量仪器或装置的部件,例如:伏特计或压力表。然而,在适当的情况下,程序也可能论述对一个量值的测量。一个量值通常用测量仪器来验证。

12 结果的表达

如果需要,应对获得的读数进行修正。当两台仪器(被校准的仪器和标准仪器)做比对时,两台仪器读数的差别应以标准仪器读数为准制成表格。如果有要求,可以把差别细分,制成校准曲线。当测量一个量值的时候,应该记录读数,计算出不确定度的评定。

注:有时在测量误差和修正值之间有些混淆,例如:如果误差是-3单位,那么修正值是$+3$单位。

13 校准记录

记录的信息应该包括:

a) 使用本标准,例如 GB/T 25269;
b) 设备校准的记述和唯一的证明;
c) 测量的参数;
d) 使用的测量程序;
e) 校准标准使用的唯一的证明和可溯源到国际认可标准的标准,例如:一个校准证书;
f) 每次测量完成的日期;
g) 校准结果包含之前或之后所作的任何相关的调整与矫正;
h) 指定的校准时间间隔;
i) 允许误差的规定限度;
j) 相关的环境条件和在该条件下所作的必要的更正声明;
k) 测量结果的不确定度评定;
l) 所做的维修、调整、修理或更改的细节;

m） 执行测量人员的确认；

n） 确保记录信息的正确性的相关人员的确认。

14 电测量

14.1 电流

电流测量主要应用于电学和化学的试验。有各种类型的电流表，并且电流级别和准确度范围相当宽。在特殊情况下，一些方法要求测量非常小的电流，这样就会要求特殊的程序和校准标准以满足必要的较低级别的不确定度。

电流表与一台标准仪器或一个标准电流源做比较。

参见 GB/T 7676.1 和 GB/T 7676.9。

14.2 电压

电压测量主要应用于电学和化学的试验。有各种类型的电压表，并且电压级别和准确度范围相当宽。在特殊情况下，一些方法要求测量非常小的电压，这样就会要求特殊的程序和校准标准以满足必要的较低级别的不确定度。

电压表与一台标准仪器或一个标准电压源做比较。

参见 GB/T 7676.1 和 GB/T 7676.9。

14.3 频率和带宽

通常频率测量中要求对频率发生器进行验证，但是也可能需要校准一台频率计。这两种情形下的校准原则是相同的。

用标准频率计进行比较。

参见 GB/T 7676.1 和 GB/T 7676.9。

14.4 电阻

电阻测量主要应用于电学的试验。通常情况下可用校准过的电阻计对电阻器或电阻桥进行校准。除了使用电阻计，也可以用电桥电路中的标准电阻器装置来测量电阻。

仪器用于测量标准电阻器。

参见 GB/T 7676.1 和 GB/T 7676.9。

14.5 功率

在试验中有时要求测量功率损耗，但通常用于监控正在运行的设备。可以选择使用功率表或电能表来测量电压和电流。

功率表与一台标准仪器作比较。

参见 GB/T 7676.1 和 GB/T 7676.9。

14.6 图表记录仪

图表记录仪的应用很广泛，并且不同型号和灵敏度的图表记录仪也很多。例如在某些情况下，校准与力值传感器相联的记录仪的刻度是必不可少的。

记录仪与一个标准信号或与一台标准仪器作比较。

X-t 记录仪参见 GB/T 17860.1、GB/T 17860.2；X-Y 记录仪参见 IEC 61028。

15 尺寸测量

15.1 长度测量仪器

用于聚合物长度测量的仪器种类从带分度线的显微镜到卷尺，因此，量级和准确度所覆盖的范围很广，要相应地选用可追溯的校准标准。

测量仪器与一个标准仪器、标准量块或等价物作比较。

参见：

——坐标测量机　　GB/T 16857.2；

——测微仪　　ISO 463；

——高度测微仪　　GB/T 20427；

——外径千分尺　　ISO 3611；

——圆度仪(铁笔型)　　ISO 4291；

——游标卡尺　　ISO 3599 和 ISO 6906。

15.2 线性尺寸

根据环境、尺寸量级和准确度的需要，游标卡尺、坐标测量机、高度测微仪、移动显微镜、测微仪和索具、直尺等均可用于验证尺寸。尽管在大多数情况下验证很简单，然而在某些情况下，准确度适合的仪器有可能满足不了测量位置对仪器的要求。

15.3 外形

要求验证的外形有多种，依具体情况选择合适的校准仪器和技术。在很多情况下，一个带有标准模板的投影系统可以更方便地进行校准。

15.4 伸长、压缩、弯曲

几种常用类型伸长计的张力范围都相当大。另外测微仪或者其他的传感器或试验机的横梁运动可以用于监控伸长、压缩或弯曲的情况。

测量装置与一台标准仪器或长度标准作比较。

参见 GB/T 17200。

15.5 光洁度、粗糙度和平面度

当按照规定要求对表面光洁度进行验证时，应使用表面粗糙度仪来验证。但对于测量一个大的表面的平面度时，则可以用一台坐标测量机、直尺、量块、塞尺或者测微仪来测绘表面的外观情况。

表面粗糙度仪通常用标准量块来校准和调整。

参见：平板 GB/T 22095 和 GB/T 20428，表面结构 GB/T 3505。

15.6 筛网，网孔和小孔

可能会遇到从相对粗糙的大孔筛网到非常精细的小孔筛网，这就可能需要不止一种的校准方法。

应根据其网孔尺寸的大小采用相应的标准仪器对其测量。

参见：筛网 GB/T 6003.2，带刻度的显微镜 GB/T 22062。

15.7 面积

面积是通过对相应尺寸的测量来计算的，但在某些情况下，使用外型模板比对会更方便。

15.8 体积

除了玻璃器皿和类似的容器外，体积通常是根据测量的相应尺寸或其容纳液体(例如：水)的质量来计算的。见 19.1 玻璃器皿。

15.9 角度

在试验设备里会遇到许多角度，这些角度是固定的，并作为物体外形的一部分呈现，或者可以通过计算相关的测量尺寸来验证。当涉及到各种角度时，应对刻度尺进行校准。

角度用一个校准过的角度规或等效的仪器来测量。

15.10 水平度

通常情况下，待测仪器要求水平放置。

水平面和/或水平指示读数通过标准水平面来验证。

15.11 撞击中心

实际上，撞击中心的规格受碰撞试验器的限制，并可以通过使用标准公式计算摆的适当参数找到。一些试验方法标准中给出了指南。

16 流体:流量、压力和密度测量

16.1 流量计

流量计可以用于对空气、其他气体或液体流量的测定,用流量计对流体流动速率进行测量是一种有效的方法。

流量计与一台标准仪器作比较。

参见 ISO 7066-2。

16.2 特定流率产生装置

该装置用校准过的流量计来验证,如果合适,也可以通过测量在给定时间内通过的流量来验证。

16.3 空气置换率

空气置换率是为试验箱(如老化箱)设定的参数。首选的验证方法是使用流量计测量空气在箱体中的流速。然而对于有些设计来说这是不可能的,因为有许多入口点或不可接近的入口点。准确度评定的可选程序是:在正常的空气流动下和阻挡空气进入的情况下测量老化箱的能量消耗;或是测量系在空气出口处柔软袋子里充满空气的时间。

16.4 压力传感器

压力表在工艺设备中的应用比在试验仪器中的使用更加普遍,必要时可以用于气压或液压的测量。可能遇到更宽范围的容量。

压力传感器与一台标准仪器作比较。

16.5 压力计

当使用压力计而不是压力传感器时,通常通过测量相关的尺寸来进行压力计的校准,也可以和标准压力表进行比较。

16.6 特定压力产生装置

在一些试验方法中需通过一种装置产生压力,例如通过重力产生。对这样的装置要求用一个夹具和适用于特殊仪器的校准过的压力传感器直接测量产生的压力进行校准。这些装置由于摩擦的作用可能要经常进行验证。在一些情况下,也可通过测量装置的相关参数来计算压力。

16.7 密度

测量密度通常要用到天平,在一些情况下,还要用到已知容量的或可测量尺寸的容器。因此,要校准的仪器是天平,也可是一个容器和可测量尺寸的仪器。常见特殊设计的密度天平另外需要通过和已知质量的砝码进行比较从而验证读数和测定程序。

密度计在使用中用标准参比浮标进行校准。

17 光学测量

17.1 辐照度

辐照度的测量用于耐候老化试验法,并规定被测辐射度的波长范围。用一个校准过的辐射计在相对光源的一个指定位置测量辐射度,非选择性辐射计应校准并追溯到世界辐射基准,辐射计的选择应用国际照明委员会(CIE)第 64 号出版物给出的方法筛选。

17.2 折射仪

在测定折射性能时,阿贝折射计或显微镜浸湿法最为常用。当使用折射计时,折射计的刻度用已知折射率的标准参考液体来校准;当使用显微镜法时,使用的标准液体应与试验方法标准中规定的相一致。

17.3 颜色测量仪器

目前没有测量橡胶产品颜色变化的国家标准,因此,本标准没有给出校准程序。

18 温度测量

在所有的试验方法中，均规定了试验的温度条件和试样调节的温度条件。用于温度测量的仪器有多种，可以是便携式的或者内嵌式的。此处所说的温度计包括所有类型的仪器。有两种分开的情况：A)校准温度计；B)校准区域温度。

程序 A)——在一个严格受控的空间里温度计与一台标准仪器作比较。

程序 B)——在实验室或封闭的空间内用温度计测量整体范围内选定点的温度。

19 化学分析和参考物质

19.1 玻璃器皿

许多规定仅要求玻璃器皿具有被认可的标准等级，无需进一步校准。

注：如果要求校准，可依据 GB/T 12810 给出的程序进行校准。

19.2 pH 计

各种不同准确度水平的 pH 计和指示剂已被普遍应用。就大多数场合来说，通过缓冲溶液进行校准就足够了。但对于高准确度的应用要求来说，对 pH 计的校准应包括对标准毫伏电源输入信号的校准。

pH 计与标准缓冲溶液或与校准过的毫伏电源作比较。

19.3 参考物质

很多化学分析方法均依赖标准试剂和参考物质进行，使用这些物质可有效地对试验程序进行校准。但对参考物质的校准不包括在本标准之内。

20 相对湿度测量

在许多试验方法中，均规定了试验的相对湿度条件和试样调节的相对湿度条件。用于测量相对湿度的仪器可以是便携式的或者嵌入在实验室或试验箱的。进行湿度校准可分为两种情况：A)校准测量仪器；B)校准区域相对湿度。

注：尽管一些试验方法指定的允差范围是±2%，但是，一般仪器和校准标准是不能达到的。

程序 A)——在一个严格受控的空间内，相对湿度仪与一台标准仪器或标准大气比较。

程序 B)——在实验室或试验箱中用相对湿度仪测量整体范围内选定点的湿度。

21 力的测量

21.1 拉伸、弯曲、压缩试验机

测量拉伸、压缩和弯曲特性试验机的校准可通过对基本参数的验证来进行。

参见 GB/T 17200。

21.2 力传感器

力传感器通常装配在拉力试验机里，但也可以装配在其他类型的仪器里。在拉伸和压缩两种模式中力传感器可有较多的量程和一些功能。

力传感器与一台标准校对装置作比较。

21.3 特定力产生装置

在一些试验方法中规定一个力由一个装置产生，例如通过重力产生。对这样的装置要求用一个夹具和适用于特殊仪器的校准过的力传感器直接测量产生的力进行校准。这些装置由于摩擦的作用可能需要经常进行验证。在一些情况下，也可通过测量装置的相关参数来计算力。

21.4 扭矩

通常不要求对扭矩进行测量，但对于某些低温附着力法和对一些装配有扭力扳手的试验中需要对

扭矩进行测定。扭矩通过砝码和滑轮系统产生,校准通常通过计算砝码的质量和滑轮系统的尺寸来实现。校准扭力扳手的程序参见 GB/T 6036(吉门试验)。

扭矩传感器与一台标准仪器作比较。

参见 GB/T 15729。

21.5 能量

在试验中对能量(包括碰撞能量)的数值是有规定的。碰撞装置产生的能量通过计算测量仪器的相关参数来验证。在一些情况下,有必要对摩擦力做出修正。

21.6 惯量

如果要求校准仪器的一些元件的惯量,可通过计算测量仪器相关参数来验证。

22 质量测量

22.1 天平

许多试验方法都要求对质量进行测量,并且对质量测量要求有较宽范围的、指定的准确度。然而,多数测量是采用读数到 1 mg 的实验室天平进行。

天平通过测量标准砝码进行校准。

参见 GB/T 17613.1。

22.2 砝码

在许多试验方法中会用到各种砝码。多数情况下,用一个支架和(或)由不止一个砝码来验证物体。砝码可通过与标准砝码比对来进行校准,但是对于以试验为目的的常规程序中使用的砝码是通过用一个校准过的天平进行称量校准的。

23 其他测量

23.1 定时器、时钟等

在多种试验方法中都会用到定时器、时钟等,并且要求这些定时器和时钟有宽的准确度等级和时间间隔。校准原则在所有情况下都是一样的,但是可能要求校准标准分为几种不同等级。然而,对于大多用途来说,用电话报时即可满足校准要求。

定时器与一个标准时间信号比较。

23.2 时间间隔

时间间隔通常是规定的,并且通常用定时器、时钟等测量。当时间间隔是自动设置时,通过用一台校准过的定时装置来验证。在某些情况下,定时装置可以方便地作为一台频率计数器使用。

23.3 频率和计数器

许多试验方法涉及对频率事件(包括由旋转式元件来执行的旋转)或对这样的事件进行计数。一般的校准方法是通过计算在一个设定的时间周期中事件数量来进行的,但它是如何计算的要依靠具体的情况而定。

对低频来说,验证可以手动完成,但是一般的仪器会和机械或电子的计数器相结合,在这种情况下,尽管对机械装置正确操作的简单核查是令人满意的,但计数器仍可以通过在一个机械或电子源中输入已知的频率来验证。

23.4 速率

在许多试验中都规定了速率(速度),不同速率(速度)的量级和准确度的要求是不一样的。选择合适的仪器,并具有所要求的准确度来测定时间和位移,然后通过计算来实现速率的验证。

以恒温箱中空气的速率为例,它通常由计算体积流率和恒温箱的尺寸来验证。

23.5 转速表

通常,一个固定的角速度是规定的,并且要求用一个校准过的转速表来验证。当涉及各种速度时,转速表可能作为仪器的一部分要求校准。

转速表与一台标准仪器作比较。

23.6 加热率或冷却率

加热率或冷却率通过测量作为时间函数的温度来验证。很多情况下,可方便地通过测量一段时间间隔内温度的变化图形来进行。

24 校准时间表

对于在每个试验方法标准中指定的试验设备,应草拟一份校准时间表,内容包括:需要验证的参数、验证要求、指定的校准程序文件和校准频率。

附 录 A
（资料性附录）
校准时间间隔

对大多数设备来说，初始时间间隔1年是符合要求的，但在不确定的情况下，要求初始时间间隔为6个月。

对于一些测量，下面给出了一般可以接受的最大时间间隔：

砝码：F1及以下等级	1年
E2及以上等级	2年
称重仪器	1年加使用前检查
温度计：水银玻璃类	5年加每年的检查
铂电阻类	1年
硬度计	1年加使用中检查
湿度计	1年
拉力机	1年
伸长计	1年
扭矩传感器	1年
钢尺	5年加每年的检查
硬度块	6个月
模拟表	1年
电桥	1年
数字表	1年
电压标准器	1年
电位计	1年
记录仪	6个月
信号发生器	1年
电表	3个月
加速计	2年
测微计、游标卡尺和测微仪	2年
机械极限量规（间隙、插栓、环状、螺杆等）	3年
平板	3年
压力和真空表	1年

除了常规校准，在相关试验方法标准中，一些参数被规定或推荐要进行更频繁的性能试验。对于在实验室外使用的便携式仪器在使用前和归还实验室时，应进行适当的性能试验。

参 考 文 献

[1] GB/T 3505 产品几何技术规范(GPS) 表面结构 轮廓法 术语、定义及表面结构参数(GB/T 3505—2009,ISO 4287:1997,IDT)

[2] GB/T 6003.2 金属穿孔板试验筛(GB/T 6003.2—1997,eqv ISO 3310-2:1990)

[3] GB/T 6036 硫化橡胶或热塑性橡胶 低温刚性的测定(吉门试验)(GB/T 6036—2001,idt ISO 1432:1988)

[4] GB/T 7676.1 直接作用模拟指示电测量仪表及其附件 第1部分:定义和通用要求(GB/T 7676.1—1998,idt IEC 60051-1:1984(97))

[5] GB/T 7676.9 直接作用模拟指示电测量仪表及其附件 第9部分:推荐的试验方法(GB/T 7676.9—1998,idt IEC 60051-9:1988(95))

[6] GB/T 12810 实验室玻璃仪器 玻璃量器的容量校准和使用方法(GB/T 12810—1991,idt ISO 4787:1984)

[7] GB/T 15000.2 标准样品工作导则(2) 标准样品常用术语及定义(GB/T 15000.2—1994,neq ISO Guide 30:1991)

[8] GB/T 15000.4 标准样品工作导则(4) 标准样品证书和标签的内容(GB/T 15000.4—2003,ISO Guide 31:2000,IDT)

[9] GB/T 15729 手用扭力扳手通用技术条件(GB/T 15729—2008,ISO 6789:2003,MOD)

[10] GB/T 16857.2 产品几何技术规范(GPS) 坐标测量机的验收检测和复检检测 第2部分:用于测量尺寸的坐标测量机(GB/T 16857.2—2006,ISO 10360-2:2001,IDT)

[11] GB/T 17200 橡胶塑料拉力、压力和弯曲试验机(恒速驱动) 技术规范(GB/T 17200—2008,ISO 5893:2002,IDT)

[12] GB/T 17613.1 用称重法测量封闭管道中的液体流量 装置的检验程序 第1部分:静态称重系统(GB/T 17613.1—1998,idt ISO 9368-1:1990)

[13] GB/T 17860.1 电测量仪器 X-t记录仪 第1部分:定义和要求(GB/T 17860.1—1999,idt IEC 61143-1:1992)

[14] GB/T 17860.2 电测量仪器 X-t记录仪 第2部分:推荐的附加试验方法(GB/T 17860.2—1999,idt IEC 61143-2:1992)

[15] GB/T 20427 可调高度测微仪及其垫高块(GB/T 20427—2006,ISO 7863:1984,IDT)

[16] GB/T 20428 岩石平板(GB/T 20428—2006,ISO 8512-2:1990,MOD)

[17] GB/T 22062 显微镜 目镜分划板(GB/T 22062—2008,ISO 9344:1996,NEQ)

[18] GB/T 22095 铸铁平板(GB/T 22095—2008,ISO 8512-1:1990,IDT)

[19] ISO 463,Geometrical Product Specifications (GPS)—Dimensional measuring equipment—Design and metrological characteristics of mechanical dial gauges

[20] ISO 3599,Vernier callipers reading to 0.1 mm and 0.05 mm

[21] ISO 3611,Micrometer callipers for external measurement

[22] ISO 4291,Methods for the assessment of departure from roundness—Measurement of variations in radius

[23] ISO 6906,Vernier callipers reading to 0.02 mm

[24] ISO 7066-2,Assessment of uncertainty in the calibration and use of flow measurement devices—Part 2:Non-linear calibration relationships

[25] IEC 61028, Electrical measuring Instruments—X-Y-recorders

[26] Guide to the expression of uncertainty in measurement, published jointly by BIPM, IEC, IFCC, ISO, IUPAC, IUPAP and OIML, 1995

[27] CIE Publication No. 64, Determination of the spectral responsivity of optical radiation detectors

ICS 87.040
G 51

中华人民共和国国家标准

GB/T 25271—2010

硝基涂料

Nitrocellulose coatings

2010-09-26 发布　　　　2011-08-01 实施

中华人民共和国国家质量监督检验检疫总局
中国国家标准化管理委员会　发布

前　言

本标准由中国石油和化学工业协会提出。

本标准由全国涂料和颜料标准化技术委员会(SAC/TC 5)归口。

本标准起草单位:中海油常州涂料化工研究院、上海富臣化工有限公司、南京长江涂料有限公司、浙江环达漆业集团有限公司、佛山市美涂士化工有限公司、中华制漆(深圳)有限公司、江苏大象东亚制漆有限公司、广州珠江化工集团有限公司、深圳松辉化工有限公司、四川省危险化学品质量监督检验所。

本标准主要起草人:刘琳、周琼辉、张浩君、邱玉清、刘湘智、朱会明、杨少武、蔡敏钊、张定德、王晓云。

硝 基 涂 料

1 范围

本标准规定了硝基涂料的分类、要求、试验方法、检验规则及标志、包装和贮存等内容。

本标准适用于以硝酸纤维素为主要成膜物质，加入醇酸树脂、改性松香树脂、丙烯酸树脂等改性而成的涂料。产品主要适用于金属、塑料、木质等表面的保护与装饰。

本标准不适用于室内装饰装修(包括工厂化涂装)用木器制品表面的保护与装饰。

2 规范性引用文件

下列文件中的条款通过本标准的引用而成为本标准的条款。凡是注日期的引用文件，其随后所有的修改单(不包括勘误的内容)或修订版均不适用于本标准，然而，鼓励根据本标准达成协议的各方研究是否可使用这些文件的最新版本。凡是不注日期的引用文件，其最新版本适用于本标准。

GB/T 1722—1992 清漆、清油及稀释剂颜色测定法

GB/T 1725—2007 色漆、清漆和塑料 不挥发物含量的测定(ISO 3251:2003，IDT)

GB/T 1726—1979 涂料遮盖力测定法

GB/T 1728—1979 漆膜、腻子膜干燥时间测定法

GB/T 1735—2009 色漆和清漆 耐热性的测定(ISO 3248:1998，Paints and varnishes—Determination of the effect of heat，MOD)

GB/T 1762—1980 漆膜回粘性测定法

GB/T 1766—2008 色漆和清漆 涂层老化的评级方法

GB 1922—2006 油漆及清洗用溶剂油

GB/T 3186 色漆、清漆和色漆与清漆用原材料 取样(GB/T 3186—2006，ISO 15528:2000，IDT)

GB/T 6682 分析实验室用水规格和试验方法(GB/T 6682—2008，ISO 3696:1987，MOD)

GB/T 6753.1—2007 色漆、清漆和印刷油墨研磨细度的测定(ISO 1524:2000，IDT)

GB/T 8170 数值修约规则与极限数值的表示和判定

GB/T 9271—2008 色漆和清漆 标准试板(ISO 1514:2004，MOD)

GB/T 9274—1988 色漆和清漆 耐液体介质的测定(eqv ISO 2812:1974)

GB/T 9278 涂料试样状态调节和试验的温湿度(GB/T 9278—2008，ISO 3270:1984，Paints and varnishes and their raw materials—Temperatures and humidities for conditioning and testing，IDT)

GB/T 9286—1998 色漆和清漆 漆膜的划格试验(eqv ISO 2409:1992)

GB/T 9750 涂料产品包装标志

GB/T 9754—2007 色漆和清漆 不含金属颜料的色漆漆膜的20°、60°和85°镜面光泽的测定(ISO 2813:1994，IDT)

GB/T 13452.2—2008 色漆和清漆 漆膜厚度的测定(ISO 2808:2007，IDT)

GB/T 13491 涂料产品包装通则

JB/T 7499—2006 涂附磨具 耐水砂纸

3 产品分类

硝基涂料分为硝基底漆与硝基面漆两大类，其中硝基面漆分为清漆和色漆。

4 技术要求

4.1 硝基底漆

产品性能应符合表1的技术要求。

表1 硝基底漆要求

项目	指标
在容器中状态	搅拌混合后无硬块，呈均匀状态
不挥发物含量/% ≥	35
干燥时间/min ≤ 表干 实干	 10 50
涂膜外观	正常
施工性	施涂无障碍
划格试验/级 ≤	2
与面漆的适应性	对面漆无不良影响
打磨性(用400号水砂纸打磨30次)	易打磨

4.2 硝基面漆

产品性能应符合表2的要求。

表2 硝基面漆要求

项目	指标	
	清漆	色漆
在容器中状态	搅拌混合后无硬块，呈均匀状态	
原漆颜色[a]/号 ≤	9	—
细度[b]/μm ≤ 光泽(60°)≥80 光泽(60°)<80	—	 26 36
不挥发物含量/% ≥	28	30
遮盖力[c]/(g/m²) ≤ 黑色 白色 其他色	—	 20 60 商定
施工性	施涂无障碍	
干燥时间/min ≤ 表干 实干	 10 50	
涂膜外观	正常	
光泽(60°)/单位值	—	商定
回粘性/级 ≤	2	
渗色性[d]	—	不渗色

表 2（续）

项目	指标	
	清漆	色漆
耐热性 清漆[(115～120)℃/2 h] 色漆[(100～105)℃/2 h]	无起泡、起皱、裂纹，允许颜色和光泽有轻微变化	
耐水性	18 h 无异常	24 h 无异常
耐挥发油性 (2 h)	无异常	
[a] 非透明液体除外。 [b] 含片状颜料和效应颜料，如含铝粉、珠光粉等的产品除外。 [c] 含有透明颜料的产品除外。 [d] 白色、红色、银色漆除外。		

5 试验方法

5.1 取样

产品按 GB/T 3186 规定取样，也可按商定方法取样。取样量根据检验需要确定。

5.2 试验样板的状态调节和试验环境

除另有规定外，制备好的样板，应在 GB/T 9278 规定的条件下放置规定的时间后，按有关检验方法进行性能测试。干燥时间、涂膜外观、光泽、划格试验应在 GB/T 9278 规定的条件下进行测试，其余项目按相关检验方法规定的条件进行测试。

5.3 试验样板的制备

5.3.1 底材的处理

除另有商定外，试验用钢板、马口铁板、玻璃板应符合 GB/T 9271—2008 的要求，钢板的处理按 GB/T 9271—2008 中 3.5 的规定进行，马口铁板的处理按 GB/T 9271—2008 中 4.3 的规定进行，玻璃板的处理应按 GB/T 9271—2008 中 7.2 的规定进行。商定的底材材质类型和底材处理方法应在检验报告中注明。

5.3.2 试验样板的制备

除另有商定外，按表 3 制备样板，样板涂膜厚度的测定按 GB/T 13452.2 中规定进行，当采用与本标准规定不同的涂膜制备方法时，应在检验报告中注明。

表 3　试验样板的制备

检验项目	底材类型	底材尺寸 mm	涂装要求
施工性 涂膜外观	马口铁板	200×100×(0.2～0.3)	底漆一道：(23±3)μm 清漆两道：(30±5)μm(每道间隔 30 min) 色漆两道：(35±5)μm(每道间隔 30min) 其中涂膜外观放置 24 h 后测试
与面漆的适应性	钢板或商定	200×100×(0.2～0.3)	底漆一道：(23±3)μm，配套面漆厚度商定，放置 48 h 后测试
干燥时间	马口铁板	120×50×(0.2～0.3)	底漆一道：(23±3)μm
			清漆一道：(15±3)μm
			色漆一道：(23±3)μm

表 3（续）

检验项目	底材类型	底材尺寸 mm	涂装要求
划格试验	钢板	120×50×(0.45～0.55)	底漆一道：(23±3)μm，放置 24 h 后测试
光泽	玻璃板	150×100×3	色漆一道：(23±3)μm，放置 24 h 后测试
渗色性 耐热性	玻璃板	90×120×(2～3)	色漆两道：(35±5)μm(每道间隔 30 min)，放置 24 h 后测试
			清漆两道：(30±5)μm(每道间隔 30 min)放置 24 h 后测试
回粘性 打磨性	马口铁板	120×50×(0.2～0.3)	清漆两道：(30±5)μm(每道间隔 30 min)，干燥及养护详见检验方法规定
			色漆一道：(23±3)μm，放置 24 h 后测试
			底漆一道：(23±3)μm，放置 24 h
耐水性 耐挥发油性	马口铁板	120×50×(0.2～0.3)	清漆两道：(30±5)μm(每道间隔 30 min)，干燥及养护详见检验方法规定
			色漆两道：(35±5)μm(每道间隔 30 min)，其中耐水性放置 24 h 后测试，耐挥发油性干燥及养护均详见检验方法规定

5.4 容器中状态

打开容器，用调刀或搅拌棒搅拌，允许容器底部有沉淀，若经搅拌易于混合均匀，可评为“搅拌混合后无硬块，呈均匀状态”。

5.5 原漆颜色

按 GB/T 1722—1992 中的甲法进行。

5.6 细度

按 GB/T 6753.1—2007 的规定进行。

5.7 不挥发物含量

按 GB/T 1725 — 2007 中的规定进行。烘烤温度为(80±2)℃，烘烤时间为 1 h，称样量(1±0.1)g。

5.8 遮盖力

按 GB/T 1726—1979 中乙法进行。

5.9 施工性

除另有商定外，用配套稀释剂将涂料稀释至施工黏度，若无配套稀释剂则用表 4 的配比稀释，将试样喷涂至试板上，在第一道喷涂操作后在规定条件下放置 1 h，喷涂第二道，如喷涂过程中无明显阻力，无明显拉丝、气泡、流挂等现象，可评定为“施涂无障碍”。

试验用稀释剂配置表见表 4。

表 4

原料名称	配比
乙酸乙酯	15
乙酸丁酯	15
丁醇	5
甲苯	65

5.10 干燥时间

按 GB/T 1728—1979 中的规定进行，表干、实干均按甲法的规定进行。

5.11 涂膜外观

在自然日光下目视观察样板表面有无桔皮、起皱、色斑、颗粒、缩孔等现象，如无则可评定为“正常”。

5.12 划格试验

在(60±2)℃烘 1 h，再按 GB/T 9286—1998 中的规定进行。

5.13 与面漆的适应性

在处理好的底材上施涂一道受试底漆，自干 24 h 后施涂一道与底漆配套的面漆。面漆涂膜厚度商定。评定与面漆的适应性时，首先应评定在底漆上施涂面漆是否无障碍，然后再于施涂面漆后 48 h，在自然日光下目视检查涂膜，若无剥落、开裂、起皱、缩孔、色斑和光泽不均等现象时，可评定为“对面漆无不良影响”。

5.14 打磨性

在(60±2)℃烘 1 h，用符合 JB/T 7499—2006 标准规定的 P400(400 号)水砂纸打磨 30 次，如涂膜易打磨成平整光滑的表面，则评为“易打磨”。

5.15 光泽

按 GB/T 9754—2007 中规定进行。

5.16 回粘性

5.16.1 清漆样板在规定的条件下干燥 1 h，放入(80±2)℃的烘箱中加热 30 min，取出样板，在规定条件下再放置 1 h，按 GB/T 1762—1980 中规定进行。

5.16.2 色漆样板按 GB/T 1762—1980 中规定进行。

5.17 渗色性

将同类白色硝基涂料喷涂至已经干燥的色漆涂膜上，在规定条件下放置 30 min 后，在自然日光下目视观察受试产品是否渗到白色涂膜中并引起颜色变化，如无此现象则可评为“不渗色”。

5.18 耐热性

按 GB/T 1735—2009 的规定进行耐热性的测定，其中清漆样板在(115～120)℃的烘箱中加热 2 h；色漆样板在(100～105)℃的烘箱中加热 2 h，取出在规定条件下放置 1 h 后观察。

5.19 耐水性

5.19.1 清漆样板在规定的条件下干燥 1 h，放入(80±2)℃的烘箱中加热 30 min，取出样板，在规定条件下再放置 1 h，按 GB/T 9274—1988 中浸泡法的规定进行，浸入符合 GB/T 6682 的三级水中 18 h 取出，恢复 2 h，检查涂膜。3 块样板中至少有 2 块未出现皱纹、起泡、开裂、剥落，明显变色、明显光泽变化等涂膜病态现象，评定为“无异常”。

5.19.2 色漆样板按 GB/T 9274—1988 中浸泡法的规定进行，3 块样板中至少有 2 块未出现皱纹、起泡、开裂、剥落，明显变色、明显光泽变化等涂膜病态现象，并允许涂膜轻微发白、失光、起泡、在 2 h 内恢复，评定为“无异常”。

如出现以上涂膜病态现象按 GB/T 1766—2008 的规定进行。

5.20 耐挥发油性

样板在规定的条件下干燥 1 h，放入(80±2)℃的烘箱中加热 30 min，再在规定条件下放置 1 h，作为试验样板。按 GB/T 9274—1988 中的浸泡法的规定进行。浸入符合 GB 1922—2006 规定的 3 号普通型油漆及清洗用溶剂油中 2 h，恢复 2 h，3 块样板中至少有 2 块未出现皱纹、起泡、开裂、剥落，明显变色、明显光泽变化等涂膜病态现象，液体的混浊程度也不大时，评定为“无异常”。

如出现以上涂膜病态现象按 GB/T 1766—2008 的规定进行。

6 检验规则

6.1 检验分类

6.1.1 产品检验分为出厂检验和型式检验。

6.1.2 出厂检验项目包括在容器中状态、不挥发物含量、原漆颜色、细度、遮盖力、施工性、干燥时间、涂膜外观、光泽、划格试验、打磨性。

6.1.3 型式检验项目包括本标准所列全部技术要求。在正常生产情况下回粘性、渗色性、耐水性、耐热性、耐挥发油性，与面漆的适应性每年至少检验一次。

6.2 检验结果的判定

6.2.1 检验结果的判定按 GB/T 8170 中修约值比较法进行。

6.2.2 应检项目的检验结果均达到本标准要求时，该试验样品为符合本标准要求。

7 标志、包装和贮存

7.1 标志

按 GB/T 9750 的规定进行。

7.2 包装

按 GB/T 13491 中一级包装要求的规定进行。

7.3 贮存

产品贮存时应保证通风、干燥，防止日光直接照射，并隔离火源，远离热源。产品应定出贮存期，并在包装标志上明示。

ICS 87.040
G 51

中华人民共和国国家标准

GB/T 25272—2010

硝基涂料防潮剂

Moisture-proof agents for nitrocellulose coatings

2010-09-26 发布 2011-08-01 实施

中华人民共和国国家质量监督检验检疫总局
中国国家标准化管理委员会 发布

前　言

本标准由中国石油和化学工业协会提出。

本标准由全国涂料和颜料标准化技术委员会(SAC/TC 5)归口。

本标准主要起草单位:中海油常州涂料化工研究院、中华制漆(深圳)有限公司。

本标准主要起草人:陈刚、朱会明。

硝基涂料防潮剂

1 范围

本标准规定了硝基涂料防潮剂的要求、试验方法、检验规则及标志、包装、贮存等内容。

本标准适用于由沸点较高、挥发速度较慢的酯类、醇类、酮类等有机溶剂混合而成的硝基涂料防潮剂。该防潮剂与硝基涂料稀释剂配合使用时，可在湿度大的环境下施工，以防止硝基涂料发白。

2 规范性引用文件

下列文件中的条款通过本标准的引用而成为本标准的条款。凡是注日期的引用文件，其随后所有的修改单(不包括勘误的内容)或修订版均不适用于本标准，然而，鼓励根据本标准达成协议的各方研究是否可使用这些文件的最新版本。凡是不注日期的引用文件，其最新版本适用于本标准。

GB/T 1722—1992 清漆、清油及稀释剂颜色测定法

GB 1922—2006 油漆及清洗用溶剂油

GB/T 3186 色漆、清漆和色漆与清漆用原材料 取样(GB/T 3186—2006,ISO 15528:2000,IDT)

GB/T 6743 塑料用聚酯树脂、色漆和清漆用漆基部分酸值和总酸值的测定(GB/T 6743—2008,ISO 2114:2000,IDT)

GB/T 8170 数值修约规则与极限数值的表示和判定

GB/T 9278 涂料试样状态调节和试验的温湿度(GB/T 9278—2008,ISO 3270:1984,Paints and varnishes and their raw materials—Temperatures and humidities for conditioning and testing,IDT)

GB/T 9750 涂料产品包装标志

GB/T 13491 涂料产品包装通则

HG/T 3858—2006 稀释剂、防潮剂水分测定法

HG/T 3859—2006 稀释剂、防潮剂白化性测定法

HG/T 3860—2006 稀释剂、防潮剂挥发性测定法

HG/T 3861—2006 稀释剂、防潮剂胶凝数测定法

3 要求

产品性能应符合表1的要求。

表1 要求

项　　目		要　　求
颜色(铁钴比色计)/号		≤1
外观		清澈透明，无机械杂质
酸值(以 KOH 计)/(mg/g)	≤	0.1
水分		不浑浊、不分层
挥发性/倍		商定
胶凝数/mL	≥	60
白化性		漆膜不发白及没有无光斑点

4 试验方法

4.1 取样

产品按 GB/T 3186 规定取样，也可按商定方法取样。取样量根据检验需要确定。

4.2 试验的一般条件

试样的状态调节和试验的温湿度应符合 GB/T 9278 的规定。

4.3 颜色

按 GB/T 1722—1992 中甲法规定进行。当样品颜色比 1 号更浅时，则评为“＜1”。

4.4 外观

目视观察。

4.5 酸值

按 GB/T 6743—2008 方法 A 中指示剂法规定进行。试样量为 25 g～30 g，稀释剂为无水乙醇，加入量为 20 mL～30 mL。

注：测定贮存中的防潮剂酸值时，取出的试样在 35 ℃～40 ℃水浴中加热 30 min，以便除去溶解其中的气体。

4.6 水分

按 HG/T 3858—2006 中 3 规定进行。

4.7 挥发性

按 HG/T 3860—2006 规定进行。

4.8 胶凝数

按 HG/T 3861—2006 中甲法规定进行，滴定剂为符合 GB 1922—2006 标准规定的 3 号普通型油漆及清洗用溶剂油。

4.9 白化性

按 HG/T 3859—2006 规定进行。按硝基涂料稀释剂的质量计，加入 25％的硝基涂料防潮剂，以 1∶1与黑硝基外用磁漆混合后，在温度(23±2)℃、相对湿度不小于 85％的条件下，喷涂于马口铁板上，干燥后观察。

5 检验规则

5.1 检验分类

5.1.1 产品检验分出厂检验和型式检验。

5.1.2 出厂检验项目包括颜色、外观、酸值和水分共 4 项。

5.1.3 型式检验项目包括本标准所列的全部技术要求。在正常的情况下，挥发性、胶凝数和白化性每年至少检验一次。

5.2 检验结果的判定

5.2.1 检验结果的判定按 GB/T 8170 中修约值比较法进行。

5.2.2 所有项目的检验结果均达到本标准要求时，该试验样品为符合本标准要求。

6 标志、包装、贮存

6.1 标志

按 GB/T 9750 规定进行。

6.2 包装

按 GB/T 13491 中一级包装要求的规定进行。

6.3 贮存

产品贮存时应保证通风、干燥、防止日光直接照射，并隔离火源，远离热源，夏季温度过高时应设法降温。产品应定出贮存期，并在包装标志上明示。

ICS 71.080.99
G 15

中华人民共和国国家标准

GB/T 25273—2010

液晶显示器(LCD)用薄膜　雾度测定方法　积分球法

Films for liquid crystal display(LCD)—Determination of haze with integrating sphere

(ISO 14782:2005,NEQ)

2010-09-26 发布　　2011-08-01 实施

中华人民共和国国家质量监督检验检疫总局
中国国家标准化管理委员会　发布

前　言

本标准按照 GB/T 1.1—2009 给出的规则起草。

本标准与 ISO 14782:2005《塑料　透明材料模糊性的测定》一致性程度为非等效。

本标准由中国石油和化学工业协会提出。

本标准由全国光学功能薄膜材料标准化技术委员会(SAC/TC 431)归口。

本标准起草单位:中国乐凯胶片集团公司。

本标准主要起草人:孙志英、刘新省、许丽丽、张希堂。

液晶显示器(LCD)用薄膜　雾度测定方法　积分球法

1　范围

本标准规定了液晶显示器(LCD)用薄膜雾度的测定方法。

本标准适用于液晶显示器(LCD)用三醋酸纤维素酯(TAC)膜、聚乙烯醇(PVA)膜和光学级聚对苯二甲酸乙二醇酯(PET)膜雾度的测定。本标准也适用于眼镜片用不同厚度三醋酸纤维素酯(TAC)膜雾度的测定。

2　规范性引用文件

下列文件对于本文件的应用是必不可少的。凡是注日期的引用文件,仅注日期的版本适用于本文件。凡是不注日期的引用文件,其最新版本(包括所有的修改单)适用于本文件。

GB/T 2918　塑料试样状态调节和试验的标准环境

3　术语和定义

下列术语和定义适用于本文件。

3.1

雾度　haze

透过试样而偏离入射光方向的散射光通量与透射光通量之比,用百分数表示(对于本标准来说,仅把偏离入射光方向2.5°以上的散射光通量用于计算雾度)。

4　仪器

试验仪器为积分球式雾度计。应满足下列各项要求:

a)　积分球:用于收集透过的光通量。只要总出入口的面积不超过积分球内反射表面积的4%,任何直径的球均可适用。

b)　出口窗和入口窗的中心在球的同一最大圆周上,两者的中心与球的中心构成的角度在170°以上,光电池置于与入口窗中心和球心成90°±10°的球面上。出口窗的直径与入口窗的中心构成角度在8°以内。

c)　反射面:积分球内表面、挡板和反射标准板,应具有基本相同的反射率。应在整个可见光波长区具有高反射率和无光泽。

d)　聚光透镜:照射在试样上的光束,应基本上是单向平行光线,不能偏离光轴3°以上。光束的中心和出口窗的中心是一致的,这个光束在出入窗口不应引起光晕。

在出口窗处光束的截面近似圆形,边界分明;对应入口中心构成角度与出口窗对入口中心构成1.3°±0.1°的环带。

e)　陷阱:无试祥和标准板的时候,能够全部吸收光。

f)　光电池:球内光的强度用光电池测定。其输出在使用光强范围内和入射光强度成比例,并具有

1%以内的精度。当积分球在暗色时检流计无偏转。光电池组合光谱响应为1931CIE标准色度观测者。

g) 检流计:刻度为100等分。

h) 光源:标准C光源。

5 雾度测试原理

5.1 如图1所示,入射光线 I_0 经过试样,光线的一部分被吸收,剩余的部分经过试样的散射作用后,会产生平行光线 I_p 及散射光线 I_d 进入到积分球中。

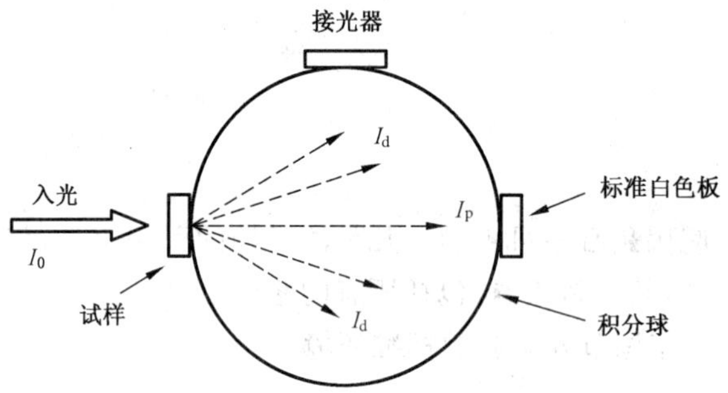

图1 积分球式雾度计原理图

5.2 进入积分球的光线经过反射后,其强度由光电池检出。

5.3 试样雾度 H 通过式(1)计算:

$$H=\frac{I_d/I_0}{(I_p+I_d)/I_0}\times 100 \quad\cdots\cdots(1)$$

式中:

I_d ——散射光强度;

I_0 ——入射光强度;

I_p ——平行光强度。

注:能够获得同样结果的其他测试仪器也可使用。

6 试样

裁切试样按样品的状态而定,应符合以下要求:

a) 对成轴薄膜应先弃去外层2~3层,再取样,一般试样尺寸50 mm×50 mm。如需要,可在样品长度方向1 m处取样。

b) 对于散页薄膜,按需要取一张或数张作为试样,也可在产品标准中另行规定。

c) 试样应均匀,不应有气泡,折痕,两测量表面应平整光滑且平行,无划伤,无异物和油污等。除非有特殊要求,可按产品标准规定。

d) 每组试样不少于3个。

e) 试样一般不进行预处理,特殊情况按产品标准规定,或按供需双方商定的条件进行预处理后再试验。

7 试验条件

7.1 在试样测量前应按 GB/T 2918 规定的标准环境状态 23 ℃±2 ℃和相对湿度 50%±5%下平衡至少 2 h。

7.2 环境应防尘。仪器不应受强光直射，周围无强磁场、电场干扰，无强气流及腐蚀性气体。

7.3 仪器工作台应稳固、平整。

7.4 试样和测量仪的各测量面无油污、灰尘等污染。

7.5 如有其他要求按供需双方协商确定。

8 步骤

8.1 接通电源，旋下三个保护盖，使仪器预热 30 min 以上。

8.2 当读数窗口出现“P”、“H”显示，仪器发出鸣叫声时，在空白下按测试开关。

8.3 当读数窗口出现“P100.00”、“H0.00”显示时，再使仪器稳定数分钟，按测试开关。

8.4 仪器进行自身数据采集后，再度出现“P”、“H”显示并发出鸣叫，即可进行测量。

8.5 将薄膜样片置于磁性夹具间并拉平，按下测试钮，不久在指示屏上即出现雾度数据。

8.6 依次对三个试样进行测量，记录其数值，并取平均值作为样品雾度结果，结果保留两位有效数字。

9 试验报告

试验报告应包含以下内容：

a) 本标准号；

b) 识别样品所需要的详细说明，如试样名称、规格、牌号，来源、制造厂家等；

c) 一组试样的雾度和雾度的算术平均值；

d) 试验温度和相对湿度；

e) 所使用的试验仪器和光源；

f) 试验人员、日期。

ICS 71.080.99
G 15

中华人民共和国国家标准

GB/T 25274—2010

液晶显示器(LCD)用薄膜紫外吸收率测定方法

Films for liquid crystal display (LCD)—Determination of ultraviolet absorbance

2010-09-26 发布 2011-08-01 实施

中华人民共和国国家质量监督检验检疫总局
中国国家标准化管理委员会 发布

前　言

本标准按照 GB/T 1.1—2009 给出的规则起草。

本标准由中国石油和化学工业协会提出。

本标准由全国光学功能薄膜材料标准化技术委员会(SAC/TC 431)归口。

本标准起草单位:中国乐凯胶片集团公司。

本标准主要起草人:孙志英、刘新省、李保民、许丽丽。

液晶显示器(LCD)用薄膜
紫外吸收率测定方法

1 范围

本标准规定了液晶显示器用(LCD)用薄膜紫外吸收率的测定。

本标准适用于液晶显示器用(LCD)薄膜,包括偏光片和眼镜片用不同厚度三醋酸纤维素酯(TAC)膜、显示器件用聚对苯二甲酸乙二醇酯(PET)膜及聚乙烯醇(PVA)膜紫外吸收特性的定性和定量测定方法。

2 规范性引用文件

下列文件对于本文件的应用是必不可少的。凡是注日期的引用文件,仅注日期的版本适用于本文件。凡是不注日期的引用文件,其最新版本(包括所有的修改单)适用于本文件。

GB/T 2918 塑料试样状态调节和试验的标准环境

GB/T 13966 分析仪器术语

3 术语和定义

GB/T 13966 中界定的以及下列术语和定义适用于本文件。

3.1

光谱 spectrum

电磁辐射按波长、波数或频率的顺序排列。

3.2

吸收光谱 absorption spectrum

波长连续分布且能量按波长分布已知的光透过试样时,某些波长的光被试样吸收,得到的连续光谱背景上的暗线光谱。

3.3

光谱分布曲线 spectral distribution curve

某种物质,在发射(或吸收)的绝对(或相对)辐射功率曲线。它是波长、频率或任何直接有关参数的函数。

3.4

吸光度 absorbance

以 10 为底透射比的倒数的对数。

3.5

紫外吸收光谱 ultraviolet absorption spectrum

用波长(波数)和吸光度描绘物质在紫外区域所得的吸收曲线。

3.6

紫外吸收特性 ultraviolet absorption characteristic

指在 200 nm～400 nm 波段薄膜对光的吸收性,一般以不同波长下膜的透过率表示。

4 仪器

4.1 仪器名称

紫外-可见分光光度计,波长范围 190 nm～700 nm,波长准确度:±0.5 nm,波长重复性:0.5 nm。

4.2 仪器组成

4.2.1 光源

常用碘钨灯和氘灯。

4.2.2 单色器

将复合光分解为单一色波长的光,并通过狭缝将单色光投射到比色槽的装置。

4.2.3 狭缝

有入光狭缝和出光狭缝,调节单色光的强度和纯度。

4.2.4 比色装置

本标准中为固态薄膜样品,不使用比色皿,而直接采用比色架上放置薄膜的方式。

4.2.5 检测系统

包括光电转换元件和测定光电流强度的组件。前者包括光电池、光电管、电子管或光电倍增管;后者是测定该系统产生的电流的组件。

4.2.6 记录仪

采用自动记录仪,并配有数据处理系统。

5 试样

5.1 对成轴薄膜应先弃去外层 2～3 层,再取样;如需要,可在样品长度方向 1 m 处取样。一般试样尺寸 20 mm×50 mm 或 50 mm×50 mm,亦可按具体要求确定。

5.2 散页薄膜,按需要取一张或数张作为试样。

5.3 试样应均匀,不应有气泡,折痕,两测量表面应平整光滑且无划伤,无异物、无油污等。

5.4 试样一般不进行预处理,特殊情况执行产品标准的规定进行预处理,或按供需双方商定的条件进行预处理后再试验。

6 试验条件

6.1 在试样测量前,应按 GB/T 2918 规定的标准环境状态 23 ℃±2 ℃和相对湿度 50%±5%下平衡至少 2 h。

6.2 环境应防尘。仪器不应受强光直射,周围无强磁场、电场干扰,无强气流及腐蚀性气体。

6.3 仪器工作台应稳固、平整。

6.4 试样和测量仪的各测量面无油污、灰尘等污染。

6.5 如有其他需要，可在产品标准中另行规定，或按供需双方协商确定。

7 步骤

7.1 接通电源，依次开启紫外-可见分光光度计、打印机和微机。并使仪器稳定 30 min 以上。

7.2 微机在系统下运行后，首先进行自检。自检结束后，仪器即可进入工作状态。

7.3 运行仪器校准程序，对基线和零点进行校准。

7.4 打开样品舱盖，将裁切好的试样放入检测通道的比色架中，参比为空气。

7.5 选择测试条件，对试样进行全波段扫描测试。

7.6 测试完成后，得到试样在 300 nm～700 nm 区间的光谱吸收曲线，并重点记录 300 nm、380 nm 和 400 nm 波长下的透过率数值。

7.7 依据测试软件，进行薄膜试样的光谱吸收曲线及其在 300 nm、380 nm 和 400 nm 波长下的透过率数值、Lab 值的数据输出，并进行紫外吸收特性的判定及不同薄膜间紫外吸收特性的对比。

7.8 测试完成，将测试样品取出，关闭好样品舱盖，关闭电源。

8 试验报告

试验报告应包含以下内容：

a) 本标准号；

b) 识别样品所需要的详细说明，如试样名称、规格、牌号、来源、制造厂家等；

c) 试样的光谱吸收曲线；

d) 300 nm、380 nm 和 400 nm 波长下的透过率数值；

e) Lab 色调值；

f) 试验温度和相对湿度；

g) 所使用的试验仪器和光源；

h) 试验人员、日期。

ICS 71.080.99
G 15

中华人民共和国国家标准

GB/T 25275—2010

液晶显示器(LCD)用偏振片光学性能和耐候性能测试方法

Polarizing film for liquid crystal display (LCD)—Method of test for the properties of photics and weather resistance

2010-09-26 发布　　2011-08-01 实施

中华人民共和国国家质量监督检验检疫总局
中国国家标准化管理委员会　发布

前 言

本标准按照 GB/T 1.1—2009 给出的规则起草。

本标准由中国石油和化学工业协会提出。

本标准由全国光学功能薄膜材料标准化技术委员会(SAC/TC 431)归口。

本标准起草单位:中国深圳市盛波光电科技有限公司。

本标准主要起草人:钟伟宏、邱韶华、陈敏、刘洪雷、吴金颖、钱琨、田进涛。

液晶显示器(LCD)用偏振片光学性能和耐候性能测试方法

1 范围

本标准规定了液晶显示器(LCD)用偏振片的光学性能和耐候性能的测试方法。

本标准适用于液晶显示器(LCD)用偏振片的光学性能和耐候性能的测试,同时也适用于偏振片原材料膜的光学性能测试。

2 规范性引用文件

下列文件对于本文件的应用是必不可少的。凡是注日期的引用文件,仅注日期的版本适用于本文件。凡是不注日期的引用文件,其最新版本(包括所有的修改单)适用于本文件。

GB/T 2423.1—2008 电工电子产品环境试验 第2部分:试验方法 试验A:低温

GB/T 2423.2—2008 电工电子产品环境试验 第2部分:试验方法 试验B:高温

GB/T 2423.3—2006 电工电子产品环境试验 第2部分:试验方法 试验Cab:恒定湿热试验

GB/T 2423.17—2008 电工电子产品环境试验 第2部分:试验方法 试验Ka:盐雾

GB/T 7921—2008 均匀色空间与色差公式

GB/T 16422.3—1997 塑料实验室光源暴露试验方法 第3部分:荧光紫外灯

GB/T 16585—1996 硫化橡胶人工气候老化(荧光紫外灯)试验方法

3 术语和定义

下列术语和定义适用于本文件。

3.1

偏振片 polarizing film

也叫偏光片。是将自然光转化成偏振光的光学元件。主要由原光片、保护膜、压敏胶层及其他功能性光学薄膜层压而成的复合光学薄膜材料。主要部分为原光片,其由PVA膜(聚乙烯醇膜)和上下各一层TAC膜(三醋酸纤维素酯膜)组成。

3.2

光学性能 optical property

偏振片的光学性能主要包括透过率 T、偏振度 P、色调 H。

3.2.1

偏振度(P) degree of polarization

表示偏振光偏振程度的物理量。

3.2.2

透过率(T) transmittance

光束通过偏振片前后能量之比,用百分数表示。透过率又分为单体(single)透过率、平行(parallel)透过率和直交(orthogonal)透过率。

单体透过率(T_s):光束通过单片偏振片所测得的透过率。

平行透过率($T_{/\!/}$):光束通过两片吸收轴互相平行的偏振片所测得的透过率。

直交透过率($T_{\perp}$):光束通过两片吸收轴互相垂直的偏振片所测得的透过率。

3.2.3

色调(色相) hue

表示偏振片颜色的特性。采用 CIE 国际照明委员会 1976 $L^* a^* b^*$ 色度坐标系统。

3.2.4

二色性比 dichroic ratio

透过偏振片的光能量与被吸收的光能量之比。

3.3

耐侯性 weather resistance property

主要指偏振片的耐高低温性、耐湿热性、耐紫外性等。

4 测试方法

4.1 光学性能

4.1.1 要求

4.1.1.1 试样要求

以 PVA 膜拉伸方向(也即光学轴)为基准边,沿 45°方向将样品裁切成 40 mm×30 mm 大小原光片两片,样品的两侧表面应平整且平行,无灰尘、气泡、顶伤、划痕、条纹等肉眼可见的缺陷,同时需撕去保护膜。

对于偏振片的测试,需要将其他层压功能性薄膜去掉,同时除去压敏胶层,保留单独的原光片进行测试。

不能玷污膜面,保持膜面干净。

4.1.1.2 环境要求

除非另有规定,试验室温度为 20 ℃～30 ℃,相对湿度为 50%～70%。

4.1.2 材料

切纸刀;

无尘纸。

4.1.3 仪器与设备

一般采用分光光度计,其检测装置如图 1 所示。

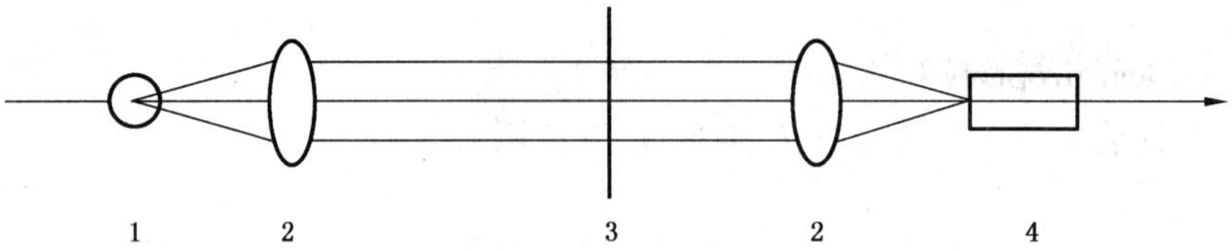

说明:

1——光源;

2——棱镜;

3——样品;

4——检出器。

图 1 光学性能检测装置示意图

4.1.4 测试步骤

4.1.4.1 打开已经预热好的分光光度计样品室盖子，将单片样品放入样品测试架上，盖好样品室盖子，以空气为参比，扫描间隔为 1 nm，进行光波长为 400 nm～700 nm 之间的光谱扫描，得到此范围内各波长下的相应单体透过率。

4.1.4.2 将两片样品的光学轴平行后再放入样品测试架上，重复 4.1.4.1 的操作，得到光波长为 400 nm～700 nm范围内各波长下的相应平行透过率。

4.1.4.3 将两片样品的光学轴垂直后再放入样品测试架上，重复 4.1.4.1 的操作，得到光波长为 400 nm～700 nm范围内各波长下的相应直交透过率。

4.1.5 结果的计算与表述

4.1.5.1 透过率

计算方法采用等波长间隔法，一般为 5 nm 或 10 nm，计算公式见式(1)：

$$T=\frac{\sum_{\lambda=400}^{700}T_{\lambda}}{n} \qquad \cdots\cdots(1)$$

式中：

λ ——波长；

T_{λ}——各波长下的透过率，%；

T ——平均透过率，%；

n ——波长数，如：400 nm～700 nm，以 5 nm 为间隔，一共有 $n=\frac{700-400}{5}+1=61$。

通过此法，可以得出原光片在 400 nm～700 nm 之间的平均单体透过率 T_s、平行透过率 $T_{/\!/}$ 和垂直透过率 $T_{\perp}$。最后结果以三次测得的平均值表示。

4.1.5.2 偏振度

对于每个试样，以百分数%表示的偏振度按式(2)计算：

$$P=\sqrt{\frac{T_{/\!/}-T_{\perp}}{T_{/\!/}+T_{\perp}}}\times 100 \qquad \cdots\cdots(2)$$

式中：

P ——偏振度，%；

$T_{/\!/}$——平行透过率，%；

$T_{\perp}$——直交透过率，%。

4.1.5.3 色调

本标准采用国际照明委员会 CIE 1976 $L^*a^*b^*$ 色度坐标系统来表示样品的颜色。$L^*a^*b^*$ 是由明度(L^*)和有关色彩的 a^*、b^* 三要素组成。a^* 表示从红色至绿色的范围，b^* 表示从黄色至蓝色的范围。$L^*a^*b^*$ 值是由 CIE XYZ 三刺激值系统通过数学方法转换得到。具体的计算过程，按照 GB/T 7921—2008 执行。

4.1.5.4 二色性比

对于每个试样的二色性比按式(3)计算：

$$Rd=\frac{\lg[T_s\times(1-P)]}{\lg[T_s\times(1+P)]} \quad \cdots\cdots(3)$$

式中：

Rd ——二色性比；

T_s ——单体透过率，%；

P ——偏振度，%。

4.2 耐候性能

4.2.1 方法原理

人工模拟外界环境条件，加速样品的老化，考察样品老化前后的光学性能、外观质量以及压敏胶层性能的变化。

LCD 用偏振片的耐候性试验主要分为两部分，即原光片的耐候性试验与偏振片成品的耐候性试验，前者主要考察老化前后光学性能的变化，后者主要考察产品外观质量及其压敏胶层老化前后的变化。

4.2.2 试剂与材料

——无水乙醇(分析纯)；

——ITO 玻璃(>1.0 cm×1.0 cm)；

——切纸刀；

——压辊(质量为 250 g，直径 3 cm)；

——无尘纸；

——老化架(PBT 材料，长×宽×高，30 cm×15 cm×4 cm，倾斜角度为 45°)如图 2 所示。

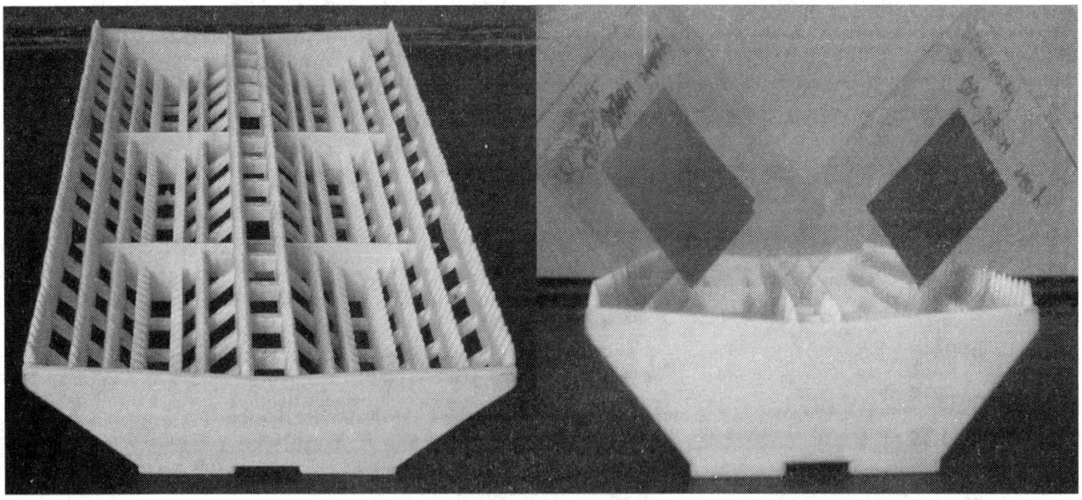

图 2 老化架结构及其样品放置示意图

4.2.3 仪器与设备

高温试验箱，应满足 GB/T 2423.2—2008 中第 4 章的有关规定。

盐雾试验箱，应满足 GB/T 2423.17—2008 中第 2 章的有关规定。

紫外光老化试验箱，应满足 GB/T 16422.3—1997 中第 5 章与 GB/T 16585—1996 中第 4 章的有关规定。

高低温交变试验箱，应满足 GB/T 2423.1—2008 中第 4 章与 GB/T 2423.2—2008 中第 4 章的有关规定。

低温试验箱，应满足 GB/T 2423.1—2008 中第 4 章的有关规定。

恒温恒湿试验箱，应满足 GB/T 2423.3—2006 中第 4 章的有关规定。

4.2.4 样品处理

将样品沿光轴 45°方向裁成大小 20 mm×60 mm～100 mm×100 mm。原光片直接放置在老化架上，偏振片成品则需贴合到适宜大小的 ITO 玻璃上。

贴合之前，ITO 玻璃需事先用无水乙醇清洗干净，并完全干燥。贴片时要保证无气泡。

耐候性能试验的时候，需撕去保护膜。

4.2.5 测试步骤

4.2.5.1 高温耐候性

4.2.5.1.1 按 4.2.4 处理样品。在试验开始之前，按 4.1 先测试原光片的各光学性能指标，包括偏振度、透过率和色调。

4.2.5.1.2 将样品置于老化架上，然后连同老化架放入高温试验箱中，设置试验条件为 70 ℃(普通型偏振片)或 80 ℃(中耐久型偏振片)，试验时间为 500 h。在整个试验过程中，每隔 24 h 观察偏振片表观质量的变化，看其是否发生色变、翘曲、PVA 回缩等现象，并随时记录观察结果。

4.2.5.1.3 试验结束后，将样品取出，测试原光片的光学性能指标。

4.2.5.2 低温耐候性

4.2.5.2.1 按 4.2.4 处理样品。在试验开始之前，按 4.1 先测试原光片的各光学性能指标，包括偏振度、透过率和色调。

4.2.5.2.2 将样品置于老化架上，然后连同老化架放入低温试验箱中。设置条件为－30 ℃，试验时间为 240 h。在试验过程中，每隔 24 h 观察样品表观质量的变化，看其是否发生色变、翘曲、PVA 回缩等现象，并随时记录观察结果。

4.2.5.2.3 试验结束后，将样品取出，测试原光片的光学性能指标。

4.2.5.3 湿热耐候性

4.2.5.3.1 按 4.2.4 处理样品。在试验开始之前，按 4.1 先测试原光片的各光学性能指标，包括偏振度、透过率和色调。

4.2.5.3.2 将样品置于老化架上，然后连同老化架放入恒温恒湿试验箱中。设置条件为 40 ℃、相对湿度 90%(普通型偏振片)和 60 ℃、相对湿度 90%(中耐久型偏振片)，试验时间为 500 h。在试验过程中，每隔 24 h 观察样品表观质量的变化，看其是否发生色变、翘曲、PVA 回缩等现象，并随时记录观察结果。

4.2.5.3.3 试验结束后，将样品取出，测试原光片的光学性能指标。

4.2.5.4 高低温循环耐候性

4.2.5.4.1 按 4.2.4 处理样品。在试验开始之前，按 4.1 先测试原光片的各光学性能指标，包括偏振度、透过率和色调。

4.2.5.4.2 将样品置于老化架上，然后连同老化架放入高低温交变试验箱中。条件设置为 45 ℃(2 h)、70 ℃(2 h)、－20 ℃(2 h)、45 ℃(2 h)(五个循环，对于普通型偏振片)和 60 ℃(2 h)、80 ℃(2 h)、

−40 ℃(2 h)、60 ℃(2 h)(五个循环,对于中耐久型偏振片)环境中老化。在试验过程中,每隔 24 h 观察样品表观质量的变化,看其是否发生色变、翘曲、PVA 回缩等现象,并随时记录观察结果。

4.2.5.4.3 试验结束后,将样品取出,测试原光片的光学性能指标。

4.2.5.5 盐雾环境耐候性

4.2.5.5.1 按 4.2.4 处理样品。在试验开始之前,按 4.1 先测试原光片的各光学性能指标,包括偏振度、透过率和色调。

4.2.5.5.2 将样品置于老化架上,然后连同老化架放入盐雾试验箱中。条件设置为 45 ℃、相对湿度 90%(盐水浓度 10%)(对于普通型偏振片)和 60 ℃、相对湿度 90%(盐水浓度 10%)(对于中耐久型偏振片)环境中 100 h 老化。在试验过程中,每隔 24 h 观察样品表观质量的变化,看其是否发生色变、翘曲、PVA 回缩等现象,并随时记录观察结果。

4.2.5.5.3 试验结束后,将样品取出,测试原光片的光学性能指标。

4.2.5.6 紫外环境耐候性

4.2.5.6.1 按 4.2.4 处理样品。在试验开始之前,按 4.1 先测试原光片的各光学性能指标,包括偏振度、透过率和色调。

4.2.5.6.2 将样品置于老化架上,然后连同老化架放入紫外光老化试验箱中。条件设置为 25 ℃、500 mW 紫外照射(对于普通型偏振片)和 25 ℃、1 000 mW 紫外照射(对于中耐久型偏振片)环境中 50 h 老化。在试验过程中,每隔 24 h 观察样品表观质量的变化,看其是否发生色变、翘曲、PVA 回缩等现象,并随时记录观察结果。

4.2.5.6.3 试验结束后,将样品取出,测试原光片的光学性能指标。

4.2.6 计算与表述

对于两个样品或同一样品试验前后(如耐候试验)颜色的对比,用色差表示。色差计算见式(4)、式(5)及式(6):

$$\text{明度差}: \Delta L^* = L_1^* - L_2^* \quad \cdots\cdots (4)$$

$$\text{色调差}: \Delta a^* = a_1^* - a_2^* \quad \cdots\cdots (5)$$

$$\Delta b^* = b_1^* - b_2^* \quad \cdots\cdots (6)$$

透过率与偏振度的变化按照式(7)和式(8)进行计算:

$$\Delta T = T_1 - T_2 \quad \cdots\cdots (7)$$

$$\Delta P = P_1 - P_2 \quad \cdots\cdots (8)$$

式中:

T_1——最终透过率,%;

T_2——初始透过率,%;

P_1——最终偏振度,%;

P_2——初始偏振度,%。

平行试验 3 次。各性能指标变化不大于 3%即为合格。

5 测试报告

测试报告应包含以下内容:

——样品来源;

——测试项目名称;

——环境条件；
——测试日期；
——测试设备；
——测试结果；
——测试人。

ICS 71.080.99
G 15

中华人民共和国国家标准

GB/T 25276—2010

液晶显示器(LCD)用三醋酸纤维素酯(TAC)膜　厚度测定方法

Triacetyl cellulose (TAC) films for liquid crystal display (LCD)—Determination of thickness

(ISO 4593:1993,NEQ)

2010-09-26 发布　　2011-08-01 实施

中华人民共和国国家质量监督检验检疫总局
中国国家标准化管理委员会　发布

前　　言

本标准按照 GB/T 1.1—2009 给出的规则起草。

本标准与 ISO 4593:1993《塑料　薄膜和薄片　机械扫描法厚度的测定》一致性程度为非等效。

本标准由中国石油和化学工业协会提出。

本标准由全国光学功能薄膜材料标准化技术委员会(SAC/TC 431)归口。

本标准起草单位:中国乐凯胶片集团公司。

本标准主要起草人:孙志英、刘新省、许丽丽、李保民。

液晶显示器(LCD)用三醋酸纤维素酯(TAC)膜　厚度测定方法

1　范围

本标准规定了液晶显示器(LCD)用三醋酸纤维素酯(TAC)膜厚度的测定方法。

本标准适用于用机械测量法和射线法对液晶显示器用 TAC 膜厚度的测定。也适用于眼镜片用 TAC 膜厚度的测定。不适用于 TAC 膜压花边厚度的测定。

2　规范性引用文件

下列文件对于本文件的应用是必不可少的。凡是注日期的引用文件,仅注日期的版本适用于本文件。凡是不注日期的引用文件,其最新版本(包括所有的修改单)适用于本文件。

GB/T 2918　塑料试样状态调节和试验的标准环境

3　术语和定义

下列术语和定义适用于本文件。

3.1

光学功能薄膜　optical functional films

具有优良光学性能主要用于平板显示器的各种原膜和功能膜。

4　仪器

4.1　机械式厚度测量仪

应达到以下精度:

——100 μm 内(包括 100 μm)精度为 1 μm;

——100 μm 到 250 μm(包括 250 μm)精度为 2 μm;

——250 μm 以上精度为 3 μm。

注 1:当上述测量仪不能胜任要求更高的精度时,不应使用本方法,而应选用更适合的测量仪或测量方法。ISO 4591《塑料　薄膜和薄片　样品平均厚度的测量,卷材平均厚度和产量的测量　重量测量法(重量分析厚度)》中规定了应用称量法测定厚度。

测量仪应有一个表面为平面的下测量面和一个表面为平面或凸面的上测量面,所有测量面应是抛光的。

上下测量面为平面/平面时,每一测量面直径应在 2.5 mm 至 10 mm 之间,两平面不平行度小于 5 μm。下测量面应可调节以满足上述要求。测量面对试样施加的负荷应在 0.5 N 至 1.0 N 之间。

上下测量面为凸面/平面时,上测量面的曲率半径应在 15 mm 至 50 mm 间,下测量面的直径应不小于 5 mm,测量面对试样施加的负荷应在 0.1 N 至 0.5 N 之间。

注 2:测量值的传递输出可以采用机械法(使用千分尺)、光学法(使用镜式仪表)或电学法(电感法)等多种方法。

4.2 非接触式厚度测定仪——射线厚度测定仪

精度要求：

——100 μm 内(包括 100 μm)精度为 0.1 μm；

——100 μm 到 250 μm(包括 250 μm)精度为 0.5 μm；

——250 μm 以上精度为 1 μm。

注：射线厚度仪测试精度较高，通常用于膜厚较薄的材料的测定，如 LCD 用偏光片用膜材料厚度的测定，可对薄膜的中控分析给予更详尽的指导，更能保证最终产品的品质。机械式厚度测量仪精度亦可满足 LCD 用偏光片用膜材料厚度的测定要求，实际应用中，此种方法对眼镜片用 TAC 膜厚度的测定使用较多。

5 试样

裁切试样尺寸根据样品的状态而定，应符合以下要求：

a) 对成轴薄膜应先弃去外层 2～3 层，再全宽取样，试样宽度不小于 100 mm；也可在样品长度方向不小于 1 000 mm 处取样，试样宽度不小于 100 mm。取样示意图见图 1；

b) 分切为小卷的薄膜，在每卷薄膜的片尾取样，每个试样长度不小于 100 mm；单独测量每卷薄膜的厚度时，沿长度方向取不小于 1 000 mm 作为试样；

c) 散页薄膜，根据需要取一张或数张作为试样，也可在产品标准中另行规定；

d) 样品应无折痕或其他缺陷；

e) 使用射线厚度计进行测量时，还需准备不小于 200 mm 长同宽度牵引片一条。

单位为毫米

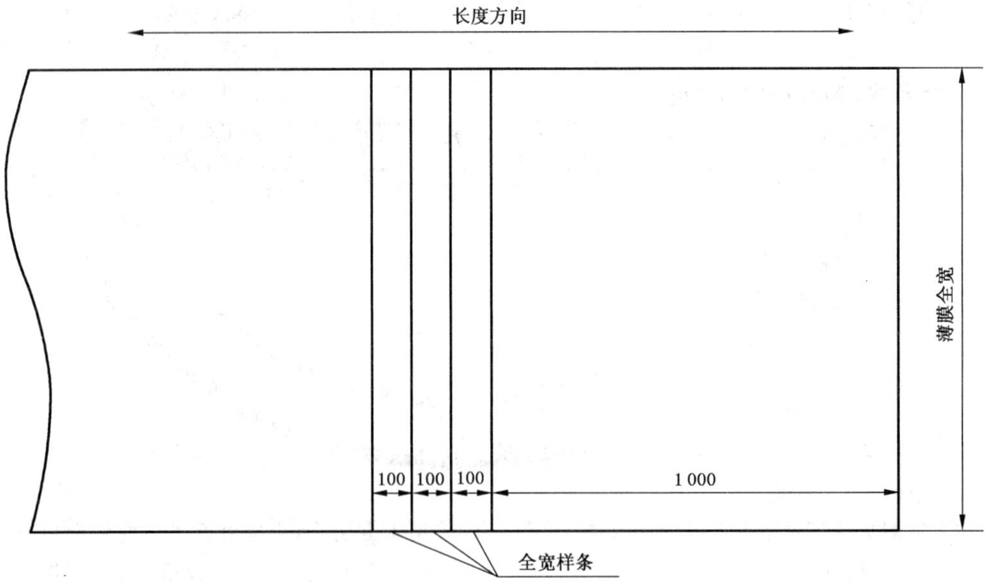

图 1 试样裁取示意图

6 试验条件

6.1 在试样测量前，按照 GB/T 2918 规定的标准环境状态 23 ℃±2 ℃和相对湿度 50%±5%下平衡至少 2 h。

6.2 环境要防尘。仪器不应受强光直射,周围无强磁场、电场干扰,无强气流及腐蚀性气体。

6.3 仪器工作台应稳固、平整。

6.4 试样和测量仪的各测量面无油污、灰尘等污染。

6.5 射线厚度仪各导轴间平行度好,运转平稳。

6.6 如有其他需要,按供需双方协商确定。

7 步骤

7.1 采用机械式测量仪进行测试时,采取以下步骤:

a) 调节反光镜,使光线对准入射窗口,同时观察影屏,直至屏面亮度均匀一致;

b) 调节“调零手轮”,使刻线零位与投影屏上的指标线相重合;

c) 抬高测量头,将试样平整地放在测量头和工作台之间;

d) 通过数据读取窗口读出相应测量点厚度值;

e) 依次进行试样不同位置厚度的测量及不同试样的厚度测量;

f) 在每组试样测量后应重新检查其零点;

g) 测量时应平缓放下测头,避免试样变形。

7.2 采用射线厚度仪进行测试时,采取以下步骤:

a) 开启电源开关,使仪器稳定 30 min;

b) 根据需要设定好测定的上下限范围和所需数据类型;

c) 将待测的薄膜接上牵引片,卷到纸轴上,穿过传感器;

d) 按动面板上的按钮,使夹辊夹住薄膜,然后脚踩启动开关;

e) 数据测量并按要求输出结果;

f) 依次进行试样不同位置厚度的测量及不同试样的厚度测量。

8 结果表示

沿试样长度方向等间距测量下述规定的点厚度并进行最大值、最小值、标准偏差、平均值统计。

a) 样品宽度小于 300 mm,测量 10 个点;

b) 样品宽度 300 mm～1 500 mm,测量 20 个点;

c) 成轴薄膜距片边和压花边 50 mm 以外测定。

试样测试点示意图见图 2。

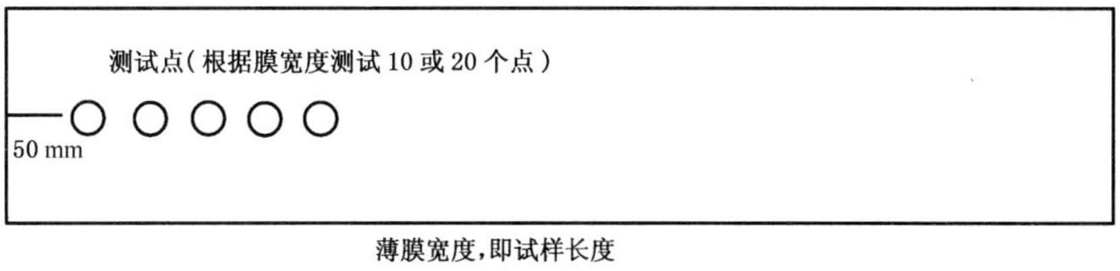

图 2 薄膜测试点示意图

9 试验报告

试验报告应包含以下内容:

a） 本标准号；

b） 识别样品所需要的详细说明；

c） 使用测量表面的形状和施加的力；

d） 试样的长度；

e） 所测试样的数量；

f） 测量试样的平均厚度，该平均厚度为所有测量值的算术平均值，精确至 1 μm(0.001 mm)。如果需要，报告中还应给出每一个测量值；

g） 所测试样的厚度最大值、最小值及厚度极差；

h） 根据需要，报告中给出测量总点数和标准偏差。

ICS 83.080.20
G 31

中华人民共和国国家标准

GB/T 25277—2010

塑料　均聚聚丙烯(PP-H)中酚类抗氧剂和芥酸酰胺爽滑剂的测定　液相色谱法

Plastics—Determination of phenolic antioxidants and erucamide slip additives in polypropylene homopolymer formulations—Liquid chromatography(LC)

2010-09-26 发布　　2011-08-01 实施

中华人民共和国国家质量监督检验检疫总局
中国国家标准化管理委员会　发布

前　言

本标准修改采用美国材料与试验协会标准 ASTM D6042—2004《液相色谱测定均聚聚丙烯中酚类抗氧剂和芥酸酰胺爽滑剂的试验方法》(英文版)。

本标准根据 ASTM D6042—2004 重新起草。在附录 A 中列出了本标准章条编号与 ASTM D6042—2004 章条编号的对照一览表。在附录 B 中给出了这些技术性差异及其原因的一览表以供参考。

为便于使用,本标准做了下列编辑性修改:

——增加了国家标准的前言;

——修改了“规范性引用文件”。

本标准的附录 A、附录 B、附录 C 为资料性附录。

本标准由中国石油化工集团公司提出。

本标准由全国塑料标准化技术委员会石化塑料树脂产品分会(SAC/TC 15/SC 1)归口。

本标准负责起草单位:中国石油化工股份有限公司北京燕山分公司树脂应用研究所。

本标准参加起草单位:北京加成助剂研究所。

本标准主要起草人:邓郑祥、孙书适、李景清、王晓丽、杨春梅、吴彦瑾、杨黎黎、王灵肖。

塑料　均聚聚丙烯(PP-H)中酚类抗氧剂和芥酸酰胺爽滑剂的测定　液相色谱法

1　范围

本标准规定了用液相色谱法测定均聚聚丙烯(PP-H)中一些常用添加剂。这些添加剂用二氯甲烷/环己烷混合溶剂回流萃取后,用液相色谱分离,在200 nm波长下测定其紫外吸收,用内标法定量。

本标准适用于均聚聚丙烯中芥酸酰胺爽滑剂和酚类抗氧剂:α-生育酚或3,4-二氢-2,5,7,8-四甲基-2-(4,8,12-三甲基十三基)-2H-1-苯并呋喃-6-酚乙酸酯(以下简称维生素E)、三(2,4-二叔丁苯基)亚磷酸酯(以下简称抗氧剂168)、三(3,5-二叔丁基-4-羟基苯基)异氰尿酸酯(以下简称抗氧剂3114)、四[(3,5-二叔丁基-4-羟基苯基)丙酸]季戊四醇酯(以下简称抗氧剂1010)和(3,5-二叔丁基-4-羟基苯基)丙酸正十八碳醇酯(以下简称抗氧剂1076)含量的测定。本标准也可用于其他抗氧剂的检测,如抗氧剂Ultranox 626,抗氧剂Ethanox 330,抗氧剂Santanox R和抗氧剂BHT,但对于这些抗氧剂的适用性未做研究。

在最佳检测条件下,酚类抗氧剂的检测限可达到2 mg/kg。

注:能有效地将添加剂从塑料中萃取出来的其他方法包括薄膜萃取法、微波萃取法、超声波萃取法和超临界流体萃取法。其他分离添加剂的有效方法包括超临界流体色谱法(SFC)和毛细管气相色谱法(GC)。

2　规范性引用文件

下列文件中的条款通过本标准的引用而成为本标准的条款。凡是注日期的引用文件,其随后所有的修改单(不包括勘误的内容)或修订版均不适用于本标准,然而,鼓励根据本标准达成协议的各方研究是否可使用这些文件的最新版本。凡是不注日期的引用文件,其最新版本适用于本标准。

GB/T 6682—2008　分析实验室用水规格和试验方法(ISO 3696:1987,MOD)

GB/T 12806—1991　实验室玻璃仪器　单标线容量瓶(eqv ISO 1042:1983)

GB/T 12808—1991　实验室玻璃仪器　单标线吸量管(eqv ISO 648:1977)

3　方法提要

聚合物的使用性能和其组成相关,测定聚丙烯中的添加剂是必要的。由于PP-H不溶于液相色谱常使用的溶剂,其中的添加剂能被溶剂有效萃取出来。将样品研磨成850 μm(20目)～425 μm(40目)大小的颗粒,用二氯甲烷/环己烷(体积比为75/25)混合溶剂回流萃取。萃取液使用反相液相色谱进行分离检测,紫外检测器200 nm检测波长,内标法定量。

4　注意事项

4.1　洗脱时间与被测定的添加剂的保留时间相同或相近的任何物质,都会导致错误的结果。溶剂不纯是影响因素的主要来源,应在使用前按7.1的条件在高效液相色谱(HPLC)系统中检验溶剂萃取所用溶剂是否含被检测物质,将影响减到最小。

4.2　抗氧剂168的氧化产物有时会与保留时间处于抗氧剂1010和抗氧剂168之间组分产生色谱峰的重叠,此情况下,测试已知的标准物质,确保欲分析的组分不与抗氧剂168的氧化产物发生共流出。

4.3　抗氧剂168是一种亚磷酸酯抗氧剂,亚磷酸酯既能发生氧化反应又能发生水解反应。由于抗氧剂

168在聚合物生产过程中易氧化，检测结果会比实际添加量低。高效液相色谱(HPLC)能分离抗氧剂168，其氧化产物和水解产物。如果能获取抗氧剂168的氧化和水解产物标准物，其氧化和水解产物就能定量测量。本标准提及的添加剂萃取技术或分离过程，在试验中都没有观察到抗氧剂168降解的现象。

5 试剂与材料

5.1 维生素E(Vitamin E)：工业试剂。

5.2 抗氧剂168：工业试剂。

5.3 抗氧剂3114：工业试剂。

5.4 芥酸酰胺：工业试剂。

5.5 抗氧剂1010：工业试剂。

5.6 抗氧剂1076：工业试剂。

5.7 Tinuvin P：2(2′-羟基-5′-甲基苯基)苯并三唑，工业试剂。

5.8 二氯甲烷：液相色谱级。

5.9 环己烷：液相色谱级。

警告——二氯甲烷和环己烷是有毒、易燃物品，萃取操作应该在通风橱中进行。

5.10 含内标物的二氯甲烷/环己烷混合溶剂：二氯甲烷与环己烷体积比为75/25，内标物Tinuvin P的浓度为51.8 mg/L。

5.11 水：GB/T 6682—2008，一级。

5.12 乙腈：液相色谱级。

5.13 异丙醇：液相色谱级。

6 仪器

6.1 液相色谱仪：配有可变波长的紫外检测器或二极管阵列检测器，柱温箱和梯度洗脱装置。

6.2 色谱柱：C_{18}柱，5 μm，150 mm×4.6 mm。

6.3 色谱工作站或积分仪。

6.4 剪切式研磨机：配有20目的筛子。

6.5 分析天平：精确至±0.000 1 g。

6.6 单标线移液管：容量50 mL，GB/T 12808—1991 A类。

6.7 回流萃取装置：由冷凝管(玻璃磨口)、125 mL平底烧瓶(玻璃磨口)及带磁力搅拌的加热板等组成(见图1)。

6.8 过滤装置：由聚四氟乙烯膜(适用于非水溶液，微孔孔径0.45 μm或更小)和5 mL玻璃注射器组成。

注：空白溶剂过滤后，空白试验不产生鬼峰。

6.9 单标线容量瓶：容量1 000 mL，GB/T 12806—1991 A类。

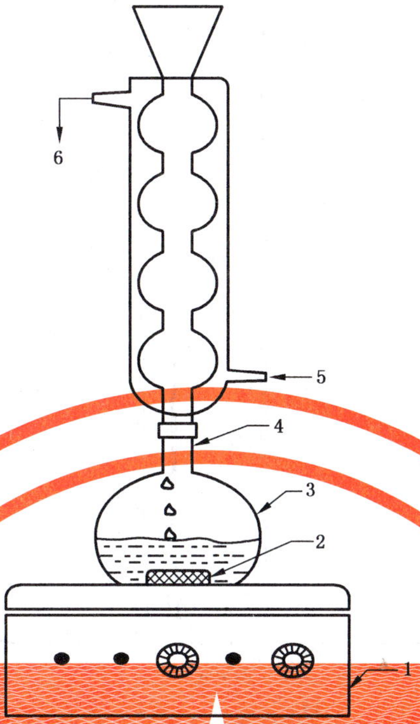

1——加热板/磁力搅拌；
2——磁力搅拌棒；
3——125 mL 平底烧瓶；
4——20/40 磨口；
5——入水口；
6——出水口。

图 1 样品回流萃取装置

7 试验步骤

7.1 液相色谱工作条件

推荐按照表 1 设定液相色谱工作条件(样品色谱图参看图 2)。

表 1 液相色谱工作条件

名 称	工 作 条 件
色谱柱	C_{18}柱,5 μm,150 mm×4.6 mm(6.2)
检测器	紫外检测器或二极管阵列检测器,波长设为 200 nm
柱温	50 ℃
进样量	10 μL 或更少,取决于样品浓度和仪器
流速	1.5 mL/min
梯度洗脱程序	a) 初始流动相条件.乙腈/水(体积比)—75/25 或其他适合色谱柱使用并确保 Tinuvin P 在色谱柱中保留时间比溶剂长的溶剂比例。 b) 终止流动相条件:100%乙腈。 c) 梯度长度:5 min 或可使添加剂完全分离并使总的色谱分析时间为 20 min 或更短的时间长度。梯度曲线:直线。 d) 保持 100%乙腈 10 min 或可使所有添加剂洗脱流出来的时间。 e) 在 15.1 min 流动相调回到乙腈/水=75/25,保持 5 min。

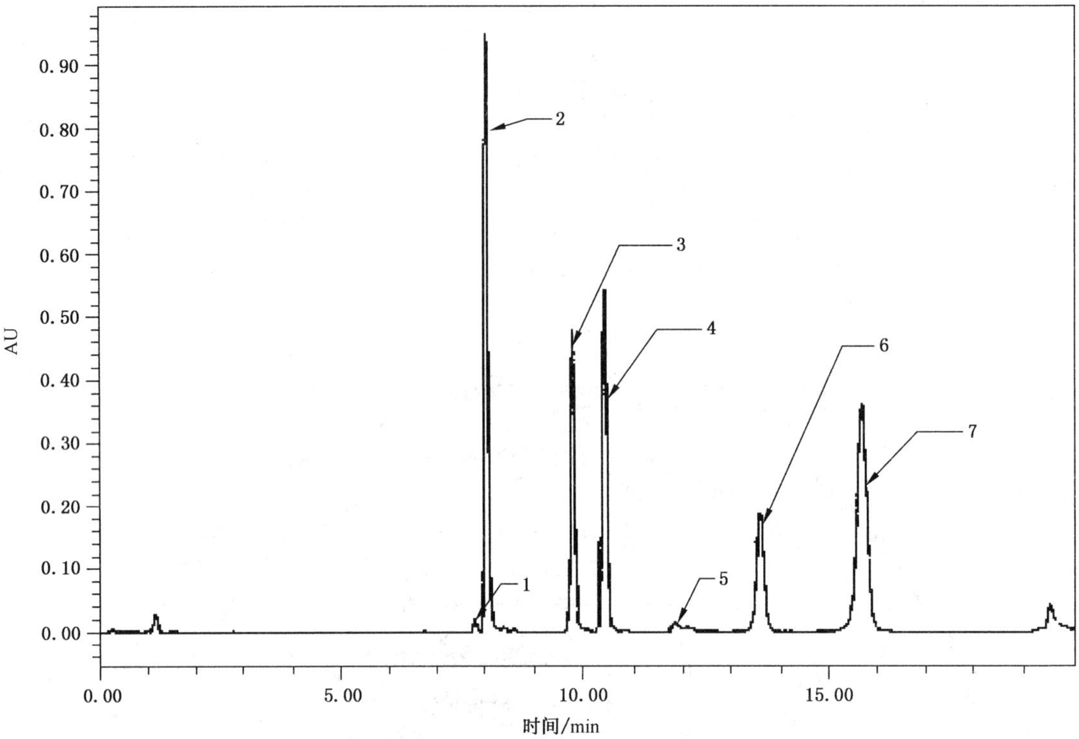

1——芥酸酰胺；

2——抗氧剂 3114；

3——抗氧剂 1010；

4——维生素 E；

5——抗氧剂 168 的氧化物；

6——抗氧剂 1076；

7——抗氧剂 168。

图 2　6 种添加剂的液相色谱分离图

7.2　样品制备

7.2.1　将 7 g～8 g PP-H 样品用液氮浸泡冷却 10 min，放入研磨机(6.4)中研磨成 850 μm(20 目)～425 μm(40 目)大小的颗粒。研磨时，尽可能缩短研磨时间，以避免聚合物中的添加剂热降解。

7.2.2　回流萃取：称取 7.2.1 所得试样 5 g±0.01 g 于 125 mL 平底烧瓶中，放入搅拌棒，用移液管(6.6)加入 50.0 mL 含内标物的二氯甲烷/环己烷混合溶剂(5.10)，用回流萃取装置(6.7)搅拌回流下煮沸 90 min。

7.2.3　将平底烧瓶连带冷凝管从加热板移开，将溶液冷却至室温。

7.2.4　将过滤盘连接到 5 mL 玻璃注射器上，慢慢倒出或用吸管移取适量萃取液到上面注射器中，插入注射器活塞，小心推压，将萃取液过滤到样品瓶中(样品萃取的最后制备见图 3)。

7.3　相对响应因子的测定

7.3.1　标准溶液配制：分别精确称取 50 mg±1 mg 待测的每种添加剂于 125 mL 平底烧瓶中，加入 51.8 mg Tinuvin P。用适量热的异丙醇(5.13)溶解，溶解完全后，冷却至室温，将溶液转移至 1 000 mL 容量瓶(6.9)中，用异丙醇稀释至刻度，盖上容量瓶，充分摇匀。Vitamin E(5.1)必须当天配制使用，或储存在褐色瓶中，以防光降解。

7.3.2　按 7.1 设定液相色谱条件，进 10 μL 的标准溶液(7.3.1)进行测定。

7.3.3　按式(1)计算出相对响应因子 f_i：

$$f_i = \frac{C_i \times A_{is}}{C_{is} \times A_i} \quad \cdots\cdots(1)$$

式中：

f_i——添加剂 i 的相对响应因子；

C_i——添加剂 i 的浓度，单位为毫克每升(mg/L)；

C_{is}——内标物浓度，单位为毫克每升(mg/L)；

A_i——添加剂 i 的峰面积；

A_{is}——内标物峰面积。

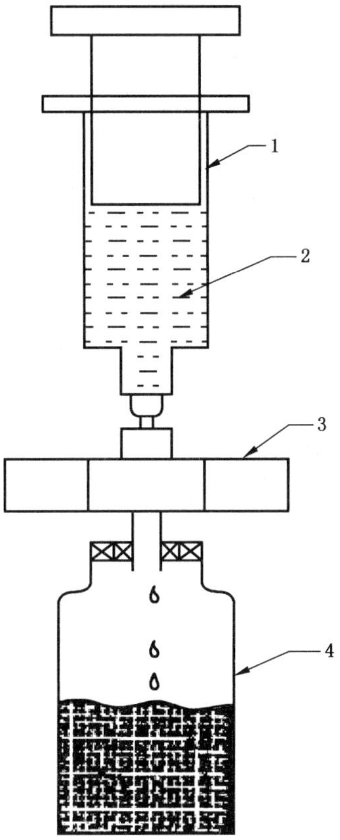

1——5 mL 注射器；

2——萃取溶液；

3——过滤器；

4——5 mL 样品瓶。

图 3 样品萃取的最后制备

7.3.4 重复进样 3 次，计算 3 次进样得到的 f_i 的平均值。

注：当 Tinuvin P 是样品中要分析的添加剂时，不能作为内标物使用。

7.4 样品测定

7.4.1 按 7.1 设定液相色谱工作条件。

7.4.2 进 10 μL 样品溶液(7.2.4)进行测定，重复进样 2 次。

8 计算

8.1 用 7.3 中测得的响应因子 f_i，按式(2)计算添加剂含量：

$$X_i = \frac{A_i \times f_i \times C_{is} \times V}{W \times A_{is}} \qquad (2)$$

式中：

X_i——待测添加剂 i 的含量，用质量分数表示，单位为毫克每千克(mg/kg)；

A_i——添加剂 i 峰面积；

f_i——添加剂 i 的相对响应因子；

C_{is}——内标物浓度，单位为毫克每升(mg/L)；

V——萃取溶液体积(含 Tinuvin P)，单位为毫升(mL)；

W——萃取样品质量，单位为克(g)；

A_{is}——内标物峰面积。

9 精密度和偏差

因为尚未获得实验室间的试验数据，所以无法得知本试验方法的精密度和偏差，当获得实验室间的数据后，在下次修订中将增加精密度和偏差的说明。

ASTM D6042—2004 精密度做为资料性附录列出，以供参考(见附录 C)。

10 试验报告

试验报告应包含下列内容：

a) 注明对本标准的引用；

b) 样品标识，包括所有相关的样品信息；

c) 报告测试样品的质量；

d) 报告试验结果(PP-H 中添加剂的含量)；

e) 试验人员；

f) 试验日期。

附 录 A
（资料性附录）
本部分章条编号与 ASTM D6042—2004 章条编号对照

表 A.1 中给出了本标准章条编号与 ASTM D6042—2004 章条编号对照一览表。

表 A.1 本标准章条编号与 ASTM D6042—2004 章条编号对照

本标准章条编号	对应的 ASTM D6042—2004 章条编号
1	1.1,5.1 中第二句至结尾,5.3
1 中的注	注 2
2	2
3	5.1 中第一句,5.2,4
4.1	6.1,6.2
4.2	6.3
4.3	5.4
5	3.5 至 3.10,8
警告	1.2,9
6	7
6.1	7.1
6.2	7.2
6.3	7.3
6.4	7.4
6.5	7.9
6.6	无
6.7	7.6
6.8	7.8
6.8 中的注	注 4
6.9	无
7	10～13
7.1	10
7.2	11
7.2.1	11.1
7.2.2	11.2
7.2.3	11.4

表 A.1（续）

本标准章条编号	对应的 ASTM D6042—2004 章条编号
7.2.4	11.5,11.6,11.7
7.3	12
7.4	13
8	14
9	16
10	15
附录 A	无
附录 B	无
附录 C	表 1

附 录 B
（资料性附录）
本标准与 ASTM D6042—2004 技术差异及其原因

表 B.1 中给出了本标准与 ASTM D6042—2004 技术差异及其原因的一览表。

表 B.1 本标准与 ASTM D6042—2004 技术差异及其原因

本标准章条编号	技术性差异	原 因
1	将 ASTM D6042—2004 中 5.1 中“本标准提供了一种检测 PP 样品中芥酸酰胺爽滑剂”至“但对于这些抗氧剂的适用性未做研究。”内容和 5.3 编入本标准第 1 章。 删除 ASTM D6042—2004 的注 1，ASTM D6042—2004 的注 2 列为本标准第 1 章的注	适用我国标准编写的要求，便于标准的引用
3	ASTM D6042—2004 的 5.1 中第一句和 5.2 修改为“聚合物的使用性能和其组成相关，测定聚丙烯中的添加剂是必要的。由于 PP-H 不溶于液相色谱常使用的溶剂，其中的添加剂能被溶剂有效萃取出来。”编入本标准第 3 章	试验原理更加清晰、明了，反映实际
	“将 PP 研磨成 20 目(850 μm)的小颗粒”修改为“将样品研磨成 850 μm(20 目)～425 μm(40 目)大小的颗粒”	适合我国技术条件，增加可操作性
4.1	将 ASTM D6042—2004 的 6.1，6.2 合并成一条技术要求	ASTM D6042—2004 中这两条，其技术要求的实质是一致的，合并可精减标准文本，同时增加标准的可操作性
5.11	“HPLC 级或紫外纯级试剂，用高纯氦气脱气或通过真空过滤脱气”修改为“GB/T 6682—2008，一级”	符合 GB/T 6682—2008 的要求
6.1	删除“配有进样器”	进样器是仪器必备，删除可精减标准文本
	“可变波长的紫外检测器”修改为“配有可变波长的紫外检测器或二极管阵列检测器”	适合我国技术条件
6.4	“Wiley 研磨机：配有 20 目的筛子和水冷的夹套，以防止抗氧剂热降解。”修改为“剪切式研磨机：配有 20 目的筛子。”	适合我国技术条件
6.6	单标线移液管：容量 50 mL，GB/T 12808—1991 A 类	增加可操作性
6.9	单标线容量瓶：容量 1 000 mL，GB/T 12806—1991 A 类	增加可操作性
7.2.1	“用带水冷的 Wiley 研磨机将样品研磨成 20 目的颗粒。”修改为“将 7 g～8 gPP-H 样品用液氮浸泡冷却10 min，放入研磨机(6.4)中研磨成 850 μm(20 目)～425 μm(40 目)大小的颗粒。研磨时，尽可能缩短研磨时间，以避免聚合物中的添加剂热降解。”	适合我国技术条件，增加可操作性
7.2.4	“4 mL”修改为“适量”	增加标准的灵活性和可操作性
7.3.1	“待测的添加剂”修改为“待测的每种添加剂”	要求明确具体，增加可操作性
	“5 mL～10 mL”修改为“适量”	增加标准的灵活性和可操作性

附　录　C
（资料性附录）
ASTM D6042—2004 的精密度

表 C.1 给出了 ASTM D6042—2004 的精密度。

表 C.1　超声波或回流萃取聚丙烯中的添加剂含量的精密度　　单位为 mg/kg

材料	目标值	平均值	S_r [a]	S_R [b]	r [c]	R [d]
维生素 E	1 000	1 110	64.2	64.2	180	180
芥酸酰胺	1 000	1 040	50.7	40.5	142	113
抗氧剂 168	1 000	1 060	94.9	94.9	266	266
抗氧剂 1010	1 000	891	24.8	173	69.5	483
抗氧剂 1076	1 000	1 110	42.5	127	119	355
抗氧剂 3114	1 000	1 150	39	103	109	288
注：完成了回流萃取研究的实验室是 8 个。						

[a] S_r 表示指明材料的实验室内测试结果标准偏差，其值是加和所有参加试验的实验室的实验室内测试结果标准偏差获得的。$S_r=[(S_1)^2+(S_2)^2+\cdots+(S_n)^2]^{1/2}$。

[b] S_R 表示实验室间的重现性，结果用标准偏差表示。$S_R=(S_{fr}{}^2+S_L{}^2)^{1/2}$。

[c] r 表示重复性限，是指在重复性条件下，两次测试结果的绝对差不超过此数的概率为 95%。$r=2.8\times S_r$。

[d] R 表示再现性限，是指在再现性条件下，两次测试结果的绝对差不超过此数的概率为 95%。$R=2.8\times S_R$。

ICS 83.080.01
G 31

中华人民共和国国家标准

GB/T 25278—2010

塑料　用毛细管和狭缝口模流变仪测定塑料的流动性

Plastics—Determination of the fluidity of plastics using capillary and slit-die rheometers

(ISO 11443:2005,MOD)

2010-09-26 发布　　2011-08-01 实施

中华人民共和国国家质量监督检验检疫总局
中国国家标准化管理委员会　发布

前　言

本标准修改采用 ISO 11443:2005《塑料　用毛细管和狭缝口模流变仪测定塑料的流动性》(英文版)。

本标准与 ISO 11443:2005 的主要技术性差异为：

——第 2 章增加了规范性引用文件:GB/T 6379.2—2004；

——第 9 章改为我国精密度数据，将 ISO 11443:2005 的精密度作为本标准的资料性附录 D。

为便于使用，本部分做了下列编辑性修改：

——删除了 ISO 11443:2005 的前言；

——增加了国家标准的前言；

——对 ISO 11443:2005 中引用的国际标准，用已被采用为我国的标准代替对应的国际标准，未被采用为我国标准的直接引用国际标准。

本标准的附录 A、附录 B、附录 C 和附录 D 为资料性附录。

本标准由中国石油化工集团公司提出。

本标准由全国塑料标准化技术委员会石化塑料树脂产品分会(SAC/TC 15/SC 1)归口。

本标准负责起草单位：中国石油化工股份有限公司北京燕山分公司树脂应用研究所。

本标准参加起草单位：天津大学。

本标准主要起草人：郑慧琴、杨黎黎、李景庆、曾伟丽、王晓丽、李景清、王灵肖。

塑料　用毛细管和狭缝口模流变仪测定塑料的流动性

1　范围

本标准规定了在塑料加工工艺的剪切速率和温度条件下，测定剪切应力作用下熔体流动性的方法。由于塑料熔体的流动性不仅依赖于温度，而且依赖于其他参数，尤其是剪切应力和剪切速率，因此建立该方法十分必要。

本标准适用于测定的熔体黏度范围为 10 Pa·s～10^7 Pa·s，这依赖于压力和(或)力传感器的测量范围以及流变仪的机械及物理特性，挤出式流变仪产生的剪切速率范围为 1 s^{-1}～10^6 s^{-1}。

口模入口的拉伸效应引起口模出口的挤出胀大，本标准也包括了评定挤出胀大的方法。

本标准所涉及的流变测试技术不只限于表征壁粘附的热塑性塑料，如有“壁滑移”效应的热塑性塑料[1],[2]，也能适用于热固性塑料的表征。本标准不适用于非壁粘附材料的剪切速率和剪切黏度测定，但能够用于表征此类流体在具有一定几何形状流道中的流变行为。

注：试验过程中不能发生固化反应。

2　规范性引用文件

下列文件中的条款通过本标准的引用而成为本标准的条款。凡是注日期的引用文件，其随后所有的修改单(不包括勘误的内容)或修订版均不适用于本标准，然而，鼓励根据本标准达成协议的各方研究是否可使用这些文件的最新版本。凡是不注日期的引用文件，其最新版本适用于本标准。

GB/T 3505—2009　产品几何技术规范(GPS)　表面结构　轮廓法　术语、定义及结构参数(ISO 4287:1997,IDT)

GB/T 3682—2000　热塑性塑料熔体质量流动速率和熔体体积流动速率的测定(idt ISO 1133:1997)

GB/T 4340.1—2009　金属　维氏硬度试验　第1部分:试验方法(ISO 6507-1:2005,MOD)

GB/T 6379.2—2004　测量方法与结果的准确度(正确度和精密度)　第2部分:测定标准测量方法重复性与再现性的基本方法(ISO 5725-2:1994,IDT)

ISO 11403-2:2004　塑料　可比多点数据的获得和表示　第2部分:热性能和加工性能

3　术语和定义

下列术语及定义适用于本标准。

3.1

牛顿流体　Newtonian fluid

黏度不依赖于剪切速率和时间的流体。

3.2

非牛顿流体　non-Newtonian fluid

黏度随剪切速率和(或)时间变化而变化的流体。

注：本标准中定义的非牛顿流体仅指黏度随剪切速率变化的流体。

3.3

表观剪切应力　apparent shear stress

τ_{ap}

熔体在口模壁上受到的非真实剪切应力。

注：由口模截面积与壁表面积之比乘以试验压力计算得到。τ_{ap}用帕斯卡(Pa)表示。

3.4

表观剪切速率　apparent shear rate

$\dot{\gamma}_{ap}$

假定熔体为牛顿流体，由体积流动速率得到的对应于口模壁上的非真实剪切速率。

注：$\dot{\gamma}_{ap}$用每秒(s^{-1})表示。

3.5

真实剪切应力　true shear stress

τ

熔体在管壁上受到的实际剪切应力。

注1：该值用经过入口和出口压力损失修正后的试验压力 p 估算；或者由流道中熔体的压力梯度确定。

注2：不带下角标的符号表示真实值。τ 用帕斯卡(Pa)表示。

3.6

真实剪切速率　true shear rate

$\dot{\gamma}$

考虑熔体流动行为对牛顿流体的偏离程度，将表观剪切速率 $\dot{\gamma}_{ap}$进行修正(见8.2.2的注)得到的剪切速率。

注：不带下角标的符号表示真实值。$\dot{\gamma}$ 用每秒(s^{-1})表示。

3.7

黏度　viscosity

η

稳态剪切流动中，黏度为真实剪切应力 τ 与真实剪切速率 $\dot{\gamma}$ 之比 $\tau/\dot{\gamma}$。

注：η 用帕斯卡秒(Pa·s)表示。

3.8

表观黏度　apparent viscosity

η_{ap}

表观剪切应力 τ_{ap}与表观剪切速率 $\dot{\gamma}_{ap}$之比 $\tau_{ap}/\dot{\gamma}_{ap}$。

注：η_{ap}用帕斯卡秒(Pa·s)表示。

3.9

Bagley 修正的表观黏度　Bagley corrected apparent viscosity

η_{apB}

真实剪切应力 τ 与表观剪切速率 $\dot{\gamma}_{ap}$之比 $\tau/\dot{\gamma}_{ap}$。

注：η_{apB}用帕斯卡秒(Pa·s)表示。

3.10

Rabinowitsch 修正的表观黏度　Rabinowitsch corrected apparent viscosity

η_{apR}

表观剪切应力 τ_{ap} 与真实剪切速率 $\dot{\gamma}$ 之比 $\tau_{ap}/\dot{\gamma}$。

注：该术语适用于可忽略入口效应的大长径比单口模的试验。η_{apR} 用帕斯卡秒(Pa·s)表示。

3.11

体积流动速率　volume flow rate

Q

单位时间内流经口模的熔体体积。

注：Q 用立方毫米每秒(mm^3/s)表示。

3.12

室温下的胀大比　swell ratio at room temperature

S_a

在室温下测量的挤出物直径与毛细管口模直径之比。

3.13

试验温度下的胀大比　swell ratio at test temperature

S_T

在试验温度下测量的挤出物直径与毛细管口模直径之比。

3.14

室温下的胀大率　percent swell at room temperature

s_a

在室温下测量的挤出物直径与毛细管口模直径之差与毛细管口模直径的百分比。

3.15

试验温度下的胀大率　percent swell at test temperature

s_T

在试验温度下测量的挤出物直径与毛细管口模直径之差与毛细管口模直径的百分比。

注：可根据挤出物胀大厚度和相应的狭缝口模厚度，推导出等同的狭缝口模挤出物胀大术语。

3.16

预热时间　preheating time

完成料筒加料到开始测量之间的时间间隔。

3.17

停留时间　dwell time

完成料筒加料到结束测量之间的时间间隔。

注：某些特定情况下，用一筒料进行多次测量时，有可能需要在每次测量结束后记录停留时间。

3.18

挤出时间　extrusion time

在某一给定剪切速率下进行测量的相应时间。

3.19

临界剪切应力　critical shear stress

τ_c

出现下列任一情况时口模壁上的剪切应力值：

——在剪切应力与流动速率或剪切速率关系曲线上的突变点；

——挤出物离开口模时变得粗糙(或有波纹)。

注：τ_c 用帕斯卡(Pa)表示。

3.20

临界剪切速率 critical shear rate

$\dot{\gamma}_c$

与临界剪切应力相对应的剪切速率。

注：$\dot{\gamma}_c$ 用每秒(s^{-1})表示。

4 基本原理

塑料熔体被挤压通过已知尺寸的毛细管口模或狭缝口模，能够使用以下两种主要方法：

——方法 1：规定试验压力 p，测定体积流动速率 Q；

——方法 2：规定体积流动速率 Q，测定试验压力 p。

这些方法均能用于毛细管口模(方法 A)和狭缝口模(方法 B)。试验方法的完整命名见表 1。

表 1 试验方法的命名

口模截面	预定参数	
	压力 p	体积流动速率 Q
圆形(毛细管口模)	A1	A2
矩形(狭缝口模)	B1	B2

使用预定参数范围值进行测定(设定方法 1 的试验压力或者设定方法 2 的体积流动速率)。

若使用狭缝口模，沿口模长度方向安装压力传感器，并且传感器的排序方向与口模入口方向相逆，能够测得入口和出口的压力降；若使用半径相同但长度不同的毛细管口模，能测得入口和出口压力降之和。

沿口模长度方向装有压力传感器的狭缝口模特别适用于在线计算机评价的自动测量。

试验采用的毛细管口模尺寸、流动速率和温度的推荐值见以下相关条款或 ISO 11403-2:2004。

注：使用狭缝口模时，其厚度 H 与宽度 B 之比 H/B 要小，否则需要修正(见附录 A)，修正值受修正公式假设条件的影响，与弹性效应无关。

5 仪器

5.1 试验仪器

5.1.1 概述

试验仪器应由加热料筒组成，其内膛底部用可互换的毛细管口模和狭缝口模封住。试验压力应通过柱塞、螺杆或使用气压施加到料筒内的熔体上。图 1 和图 2 为典型示例，允许有其他尺寸。

单位为毫米

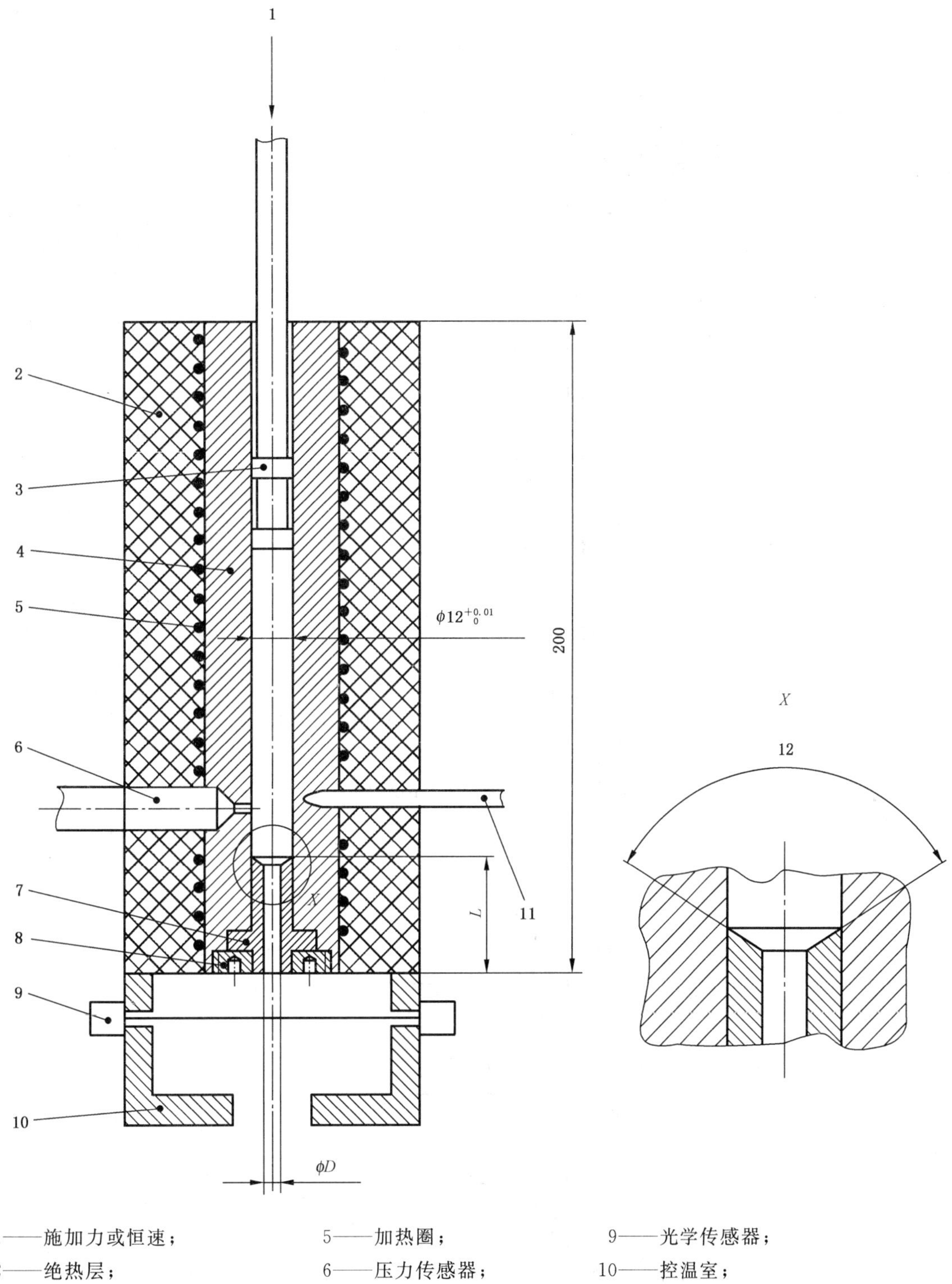

1——施加力或恒速；	5——加热圈；	9——光学传感器；
2——绝热层；	6——压力传感器；	10——控温室；
3——柱塞；	7——毛细管口模；	11——温度计；
4——料筒；	8——口模锁紧螺母；	12——入口角。

图 1　毛细管口模挤出流变仪的典型示例

单位为毫米

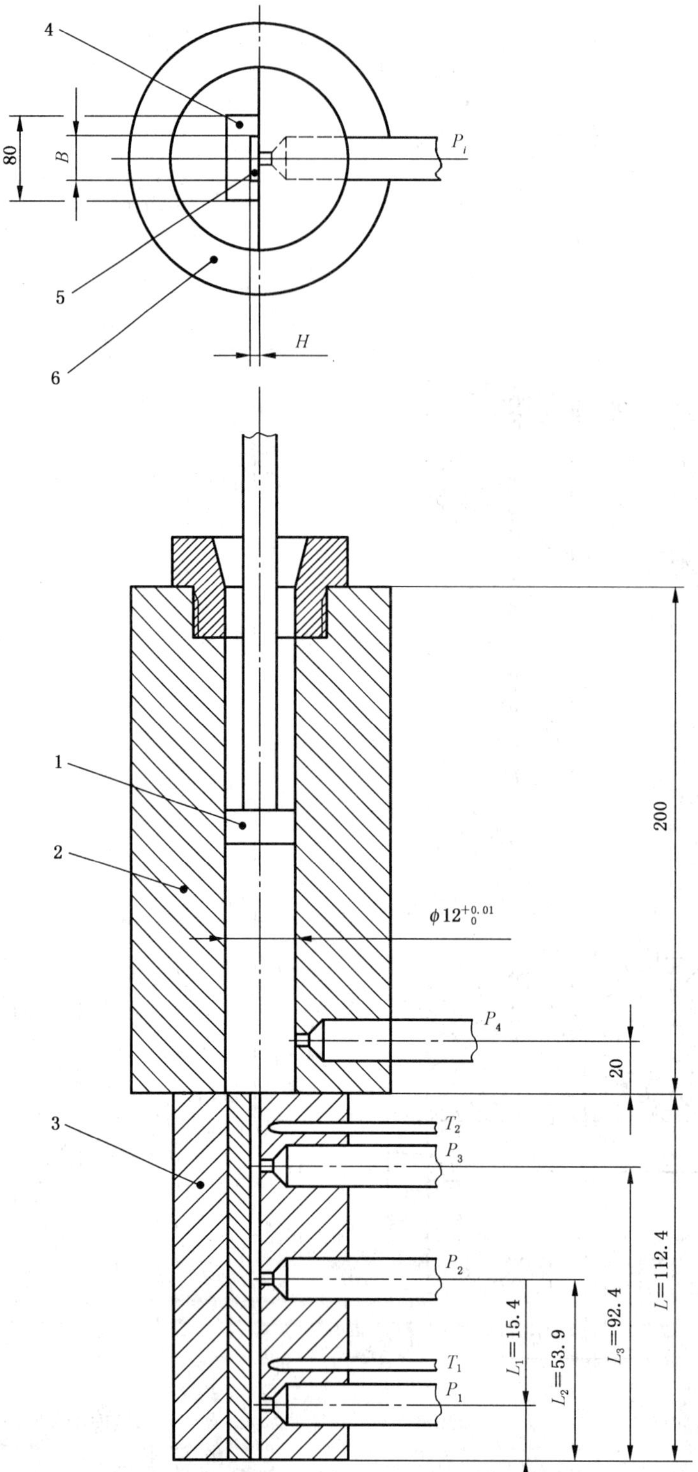

1——柱塞；

2——料筒；

3——口模；

4——可更换部件；

5——流道；

6——加热器；

P_i——压力传感器；

T_i——温度计；

B——狭缝口模的宽度；

H——狭缝口模的厚度。

图 2 狭缝口模挤出流变仪的典型示例

5.1.2 流变仪的料筒

料筒应由能够在加热系统的最高温度下抗磨损和抗腐蚀的材料制成。

料筒内靠近口模入口处可有一侧孔，以插入熔体压力传感器。

料筒整个长度上平均内膛直径的允许偏差应少于±0.007 mm。

料筒应使用维氏硬度至少为 800 HV 30 的材料进行加工(见 GB/T 4340.1—2009 和注 1)，并且表面粗糙度 *Ra* 小于 0.25 μm(算术平均偏差，见 GB/T 3505—2009)。

注 1：氮化钢材料适于高达 400 ℃的温度。硬度值虽然低于规定值，但足以抗腐蚀和磨损的材料，同样可用于制作料筒和口模组件。

注 2：料筒内膛直径的增大，增加了单个料筒试验能够测量的次数以及增大了仪器的剪切速率范围。但较大内膛直径的料筒需用的样品量大，且样品达到温度平衡所需的时间长。商业化流变仪的料筒内膛直径范围为 6.35 mm～25 mm。

5.1.3 毛细管口模(方法 A)

5.1.3.1 毛细管口模壁的整个长度上直径(*D*)的机加工精度应为±0.007 mm，长度(*L*)的机加工精度应为±0.025 mm(见图 1)。

毛细管口模应使用维氏硬度至少为 800 HV 30 的材料进行加工(见 GB/T 4340.1—2009 和 5.1.2 中的注1)，并且表面粗糙度 *Ra* 小于 0.25 μm(算术平均偏差，见 GB/T 3505—2009)。

毛细管孔不应有明显的机械加工痕迹和偏心。

注 1：通常使用的毛细管口模直径范围为 0.5 mm～2 mm，使用不同的口模长度来获得所要求的长径比 *L*/*D*。测定填充材料可能需要较大直径的口模。

注 2：最常用的口模材料为硬化钢、碳化钨、钨铬钴合金和硬化不锈钢。

注 3：能够测得的毛细管尺寸的精度取决于毛细管的半径和长度。对直径小于 1.25 mm 的毛细管，难以得到规定的精度(±0.007 mm)。由于流动数据对毛细管尺寸极其敏感，对已知的或测量的毛细管尺寸及其精度，有必要在试验报告中加以说明，这同样也适用于狭缝口模的尺寸(厚度、宽度和长度)(见 5.1.4)。

5.1.3.2 用单个毛细管口模测定表观剪切速率 $\dot{\gamma}_{ap}$ 和表观剪切应力 τ_{ap}，其长径比 *L*/*D* 至少应为 16，入口角为 180°，除非相关标准另有规定。使用入口角(±1°)、长度(±0.025 mm)和直径(±0.007 mm)均相同的毛细管获得的数据才有可比性。入口角的定义见图 1。

推荐使用长度 16 mm 或 20 mm、直径 1 mm、入口角 180°的口模(见注 1)。当推荐值不适合时，例如对高填充材料，允许选择直径为 0.5 mm、2 mm 或 4 mm 的口模。对直径不是 1 mm 的口模，如有可能，推荐长径比(*L*/*D*)应与 1 mm 口模的长径比相同。

注 1：最常用的口模长度是 16 mm 和 20 mm，其选择常依赖并受限于仪器的设计。

注 2：对某一给定表观剪切速率，使用较小直径的毛细管口模会减少熔体剪切热的影响。

5.1.3.3 测定真实剪切速率 $\dot{\gamma}$ 和真实剪切应力 τ 时，要求用相同直径(±0.007 mm)、相同入口角(±1°)的毛细管口模，从推荐系列 *L*/*D* 为 0.25、1、5、10、16、20、30 和 40 中至少选两个不同长径比的口模(见 8.4.2)，并满足下列条件。

当用附加口模(见 8.4)对每一类别样品预先确定了试验条件，并且在这样的条件下获得的 Bagley 作图结果基本为线性(不是显著的非线性)时，允许只使用两个直径(±0.007 mm)和入口角(±1°)均相同、*L*/*D* 小于或等于 5 和 *L*/*D* 大于或等于 16 的口模，并且两个口模的长径比之差应至少为 15。

当只使用两个口模测定修正了入口压力降效应的剪切黏度时，推荐使用短口模长径比范围为 0.25～1，长口模长径比范围为 16～20，口模直径均为 1 mm，入口角 180°。当 1 mm 的推荐值不适合时，如对高填充材料，应允许选择直径为 0.5 mm、2 mm 或 4 mm 的口模。对直径不是 1 mm 的口模，如有可能，推荐长径比(*L*/*D*)应与 1 mm 口模的长径比相同。

注：修正入口压力降效应(见 8.4)的方法是把数据外推到口模长度为零，而不是采用短口模上产生的入口压力降做近似值。

5.1.4 狭缝口模(方法 B)

5.1.4.1 狭缝口模整个长度上厚度的机加工精度应为±0.007 mm，宽度的机加工精度应为

±0.01 mm，长度的机加工精度应为±0.025 mm。各压力传感器中心与出口平面之间的距离应测量至±0.05 mm(见5.1.3.1的注3)。

口模应使用维氏硬度至少为800 HV 30的材料进行加工(见GB/T 4340.1—2009和5.1.2中的注1)，并且表面粗糙度 Ra 小于0.25 μm(算术平均偏差，见GB/T 3505—2009)。

注：狭缝口模使用的材料见5.1.2中的注1和5.1.3.1中的注2。

5.1.4.2 测定表观剪切速率 $\dot{\gamma}_{ap}$ 和表观剪切应力 τ_{ap} 时，狭缝口模的厚度 H 与宽度 B 之比 H/B 应不超过0.1，且入口角应为180°，除非相关标准另有规定。使用入口角(±1°)、厚度(±0.007 mm)、宽度(±0.01 mm)和长度(±0.025 mm)均相同的狭缝口模获得的数据才有可比性。

5.1.4.3 测定真实剪切速率 $\dot{\gamma}$ 和真实剪切应力 τ 时，对符合5.1.4.1和5.1.4.2规定的狭缝口模，可使用与毛细管口模一致的方法，即使用对应修改的Bagley修正方法(见8.4)。沿狭缝口模流道长度方向安装压力传感器也能够测得真实剪切应力值。

5.1.5 柱塞

如果使用柱塞，其直径应比料筒内膛直径小0.040 mm±0.005 mm。为减少熔体在柱塞上的回流，可安装断开的或完整的密封圈。柱塞的硬度应比料筒的低，但不应低于375 HV 30(见GB/T 4340.1—2009)。

5.2 温度的控制

对于任何设定的料筒温度，在整个试验过程中，从毛细管口模或狭缝口模到可允许加料高度整个范围内的温度都应得到有效控制，在筒壁所测温度的差异和变化不得超过表2规定的范围。

表2 随距离和时间变化的最大允许温差

试验温度 θ ℃	随距离的温差[a] ℃	随时间的温差[a] ℃
≤200	±1.0	±0.5
200<θ≤300	±1.5	±1.0
>300	±2.0	±1.5
[a] 在整个试验过程中，从毛细管口模或狭缝口模到可允许加料高度整个范围内的所有位置。		

试验仪器应设计能以1 ℃或更小的间隔设置试验温度。

5.3 温度的测量和校准

5.3.1 试验温度

5.3.1.1 方法A：毛细管口模

使用毛细管口模时，试验温度应是料筒中毛细管入口附近熔体的温度，若不可能，则用毛细管入口附近料筒壁的温度，最好在口模入口上方不大于10 mm的位置进行测定(见5.3.2)。

5.3.1.2 方法B：狭缝口模

使用狭缝口模时，应测量口模壁的温度作为试验温度。在表2规定的与距离和时间相关的温度允差范围内，这一温度应相当于料筒中测到的温度(见5.3.1.1和5.3.2)。

5.3.2 试验温度的测定

温度测量装置的顶端应与熔体接触，若不可能，则与料筒的金属部分或距离熔体流道小于1.5 mm的口模壁接触。温度计中可使用热传导流体来更好地提高传导，温度计最好是热电偶或者铂电阻传感器，可按图1和图2进行安装。

5.3.3 温度的校准

试验中使用的温度测量装置应读至0.1℃内，并通过误差限度为±0.1℃的标准温度计进行校准。校准时该温度计应遵照规定浸入一定的深度，为此，料筒可用低黏度熔体填满。

校准时应使用不污染口模、料筒或影响随后测量的流体做导热介质，如硅油。

5.4 压力的测量和校准

5.4.1 试验压力

试验压力应是熔体上的压力降，试验中测量的是熔体进入毛细管口模或狭缝口模前的压力和出口压力之差。如有可能，试验压力应使用安放在毛细管口模入口附近的熔体压力传感器测量，在所有试验的情况下，压力传感器到口模入口面之间的距离应保持不变，且最好不大于20 mm(见注)。否则，试验压力应通过施加在熔体上的力来测量，如通过柱塞，其力通过柱塞上方的力值传感器测得(见附录B的B.1)。

注：对于所有试验，口模入口面到压力传感器的距离保持恒定是很重要的，否则将影响压力降的测量。口模入口面上方的环流会引起压力波动，在口模入口面到料筒直径的等距离上使用压力传感器，测量压力时可减少这种波动。

如果试验在压力大于大气压的流道或容器中进行，应测量口模的出口压力，最好使用直接安装在口模出口下方的压力传感器测量。

力或压力测量装置应在其公称能力的1%～95%范围内使用。

5.4.2 沿狭缝口模长度方向上的压力降

使用狭缝口模时，应通过口模壁上与壁部平齐安装的熔体压力传感器来测量沿口模长度上的压力分布。

当使用未装熔体压力传感器的狭缝口模时，通过使用为狭缝口模修订的Bagley法来考虑进出口压力损失之和(见8.4.3)。

5.4.3 校准

熔体压力传感器可用外部液压式试验仪进行校准，力值传感器应按照仪器厂家的使用说明书进行校准。压力传感器或负荷单元的读数最大允差均应小于或等于满量程的1%和小于或等于绝对值的5%，熔体压力传感器的校准应最好在规定的试验温度下进行。

5.5 体积流动速率的测定

体积流动速率应由柱塞的喂料速率确定，或者通过称量一定测量时间内挤出的试样质量来确定。

如果进行称量，体积流动速率应采用常用试验温度下的熔体密度来换算。静压力对密度的影响可以忽略。

体积流动速率的测量误差应不超过1%。

为提供可比较数据，试验中使用的表观剪切速率及流动速率，推荐在ISO 11403-2:2004中规定的真实剪切速率下通过插值法得到的数据。表观剪切速率应按平均分布设定，并且当使用对数作图时，每个数量级上应至少取两点。

注：只有满足了设想条件，其中之一就是柱塞和料筒间泄漏量足够少的要求，才能符合由柱塞喂料速率确定体积流动速率而规定的最大允许误差。经验表明，若料筒与柱塞间的间隙不超过0.045 mm，则能够达到目的(见5.1.5)。

6 取样

应从试验材料中取有代表性的样品作为试样。料筒中每次加料后能够测量的次数取决于试验条件下的模塑材料，并且相关方应协调一致。准备试样的温度应低于测试的温度。

7 步骤

7.1 试验仪器的清洗

试验前，确保料筒、必要时压力传感器的插入孔、柱塞和毛细管口模或狭缝口模上无粘附异物，目视检查其清洁度。

如果用溶剂清洗，确保其对料筒、柱塞、毛细管口模或狭缝口模不会造成可影响试验结果的污染。

注：经证明，用铜锌合金(黄铜)圆刷子或亚麻布可达到满意的清洗目的。而当测试聚乙烯和聚丙烯材料时，使用含铜的材料可能加速聚合物的降解。清洗也能用小心烧净的方式进行。用石墨涂在螺纹上，试验后便于松开。

警告——试验过程中选择的操作条件可能使材料部分分解，或排出有害挥发物，本标准的使用者应知道可能发生的危险，应采取适当的防护措施，避免或尽量把危险降至最低。

7.2 试验温度的选择

为给比对或建模提供数据，推荐获取三个温度下的数据(见 ISO 11403-2:2004)。对任一给定类型材料，所用温度之一应最好与适当的材料命名或规范标准中用于熔体流动速率试验的规定相一致(见 GB/T 3682—2000)，其他两个温度建议采用 20 ℃的温度间隔(见注 1 和注 2)。另两个温度均可高于或低于熔体流动速率试验所使用的推荐温度(GB/T 3682—2000)，或者一个高于另一个低于。而根据材料的特定牌号和所要求数据的实际应用，可以且最好使用其他温度。

注 1：来自 CAMPUS 数据库的分析报告，测定剪切黏度使用的平均温度间隔范围为 10 ℃～30 ℃，与材料牌号有关。

注 2：表 3 给出了几种材料的典型试验温度，仅作为信息列出。最有用的数据通常在材料的加工温度下获得，所用的剪切应力和剪切速率也应尽量接近实际加工过程。

表 3 典型的试验温度

材料	温度/℃	材料	温度/℃
聚缩醛	190～220	聚苯乙烯(PS)和苯乙烯共聚物	180～280
聚丙烯酸酯	140～300	聚氯乙烯(PVC)	170～210
丙烯腈-丁二烯-苯乙烯共聚物(ABS)	200～280	聚对苯二甲酸丁二酯(PBT)	245～270
纤维素酯	190	聚对苯二甲酸乙二酯(PET)	275～300
聚酰胺(PA66)	250～300	聚甲基丙烯酸甲酯(PMMA)及共聚物	180～300
聚酰胺(非 PA66)	190～300	聚偏二氟乙烯	195～240
聚三氟氯乙烯	265	聚偏二氯乙烯	150～170
聚乙烯(PE)、乙烯共聚物和三元共聚物	150～250	乙烯/乙烯醇共聚物	190～230
聚碳酸酯(PC)	260～300	聚醚酮	340～380
聚丙烯(PP)	190～260	聚醚砜	360

7.3 试样的准备

在熔体流动性受残留单体量、气体含量和(或)湿度等因素影响的情况下，依照参考标准和/或相关材料标准进行预处理或状态调节。

注：可能有特殊准备要求的材料，如聚对苯二甲酸乙二醇酯、聚对苯二甲酸丁二醇酯和聚碳酸酯。

适用时，对口模施加最终扭矩之前，让各部件在试验温度下达到热平衡，之后开始装料(见 7.1 的警告)。

将样品少量分次加入料筒，立即用柱塞压实以防止带入空气。装料至离料筒顶部约 12.5 mm，并在 2 min 内完成。

7.4 预热

加料后立即开始预热计时，在恒压下挤出少部分的筒料(方法 1)，或在恒流动速率下挤出至有明显压力或负荷(方法 2)，然后停止挤出或流动。除非相关标准另有规定，至少预热 5 min。检查所用预热时间能否使整筒试样充分达到热平衡，在恒定的试验条件下，对每种试验材料确保增加预热时间测量值(体积流动速率或试验压力)变化不超过±5%；或者将温度计插到料筒内的试样中，在规定的预热时间内，确保试样的温度不超过表 2 规定的与距离相关的允差范围。然后挤出少量试样，停止柱塞移动，1 min 后进行测量。

7.5 最大允许试验时间的测定

为了检验降解或其他作用不影响测量，在同一筒料的试验临近结束时，采用与试验开始相同的试验条件，进行一次重复测量。比较起始与最终的结果，数值不同则表示降解或其他作用对测试结果有影响。

或者对每个试样和试验温度，在实际试验前，使用几个不同的预热时间通过试验测定从把材料装入料筒后算起的整个时间作为最大允许的试验周期。包括在恒定的试验条件下测量数值(体积流动速率或试验压力)变化不超过±5%(见7.4)。

如果在一次试验的最大允许试验时间内不可能测得所要求的试验压力或体积流动速率的全部数据，用同种样品装几次料来分段测量(见7.8的注1)。

注：对不稳定材料，为减少测量变化的影响，建议采用剪切速率(或流动速率)由高到低的减速试验，试样的压紧程度也可影响其稳定性。

7.6 恒体积流动速率下试验压力的测定：方法2

如果测定恒体积流动速率下的试验压力(见5.4.1和7.8)，使用下列方法之一(见表1)：

方法A2，用毛细管口模；

方法B2，用狭缝口模。

7.7 恒试验压力下体积流动速率的测定：方法1

作为7.6的另一选择，若测定给定试验压力下的体积流动速率，用下列方法之一(见表1)：

方法A1，用毛细管口模；

方法B1，用狭缝口模。

7.8 测量中的等待时间

每次测量应等待一段时间(如15 s)使试验压力(方法A2或方法B2)或体积流动速率(方法A1或方法B1)达到恒定(如±3%)。

注1：在用一筒料的情况下一般可测得几组体积流动速率和试验压力的数据。

注2：建议选择重复性好的测量来检查其重复性。

7.9 挤出胀大的测量

7.9.1 概述

在挤出过程中的试验温度下或在挤出料条冷却到室温下测定挤出胀大。

注：挤出物的直径与流动速率、试验温度、料条从口模挤出后的时间、冷却方式(对室温下的胀大率)、挤出物的长度、毛细管口模长度、直径、入口角度以及料筒直径有关，测量技术的细节对测量结果的影响显著。只有所有试验条件一致时，数据才有可比性。

下面给出了测量挤出胀大的步骤，也能用其他的方法。尽管所描述的步骤是针对毛细管口模，也可类推用于狭缝口模。

7.9.2 室温下的测量

挤出料条直径用测微计测量。为使重力影响最小，按以下步骤：

——尽可能靠近口模，切下毛细管口模上粘连的挤出物；

——挤出一段不超过5 cm的料条并切下，在起始端做标记；

——当切下一定长度的挤出料条时，用镊子夹住，让其悬在空气中充分冷却到室温；

——测量料条上靠近标记端的直径(避开因切除和作标记有变形的区域)。

7.9.3 试验温度下的测量

用摄像或光学方法测量，可避免与料条接触。为使重力影响最小，按以下步骤：

——尽可能靠近口模，切除毛细管口模上粘连的挤出物；

——挤出一段不超过5 cm的料条；

——在低于口模出口的一个固定点用摄像或光学技术测量料条的直径。

注：在测量挤出胀大时，为使挤出料条冷却速率最小，可以把料条挤出在一个有温控的空气箱中，如图1所示。

8 结果表示

8.1 体积流动速率

计算体积流动速率 Q(mm^3/s)可用下面公式之一：

$$Q = Av \qquad \cdots\cdots(1)$$

$$\text{或 } Q = \frac{\dot{m}}{\rho} \qquad \cdots\cdots(2)$$

式中：

A——柱塞的横截面积，单位为平方毫米（mm^2）；

v——柱塞的下降速度，单位为毫米每秒（mm/s）；

$\dot{m}$——试样的质量流动速率，单位为克每秒（g/s）；

ρ——试样在试验温度下的密度，单位为克每立方毫米（g/mm^3）。

8.2 表观剪切速率

8.2.1 概述

适用时，用式(3)和式(4)计算口模壁上的表观剪切速率 $\dot{\gamma}_{ap}$，用每秒（s^{-1}）表示。

8.2.2 方法 A：毛细管口模

$$\dot{\gamma}_{ap} = \frac{32Q}{\pi D^3} \qquad \cdots\cdots(3)$$

式中：

D——口模直径，单位为毫米（mm）；

Q——体积流动速率，单位为立方毫米每秒（mm^3/s）（见 8.1）。

注：在牛顿流体情况下，式(3)给出的是毛细管壁的真实剪切速率。由于塑料熔体一般不遵从牛顿流体行为，此公式的计算值为表观剪切速率 $\dot{\gamma}_{ap}$，真实剪切速率 $\dot{\gamma}$ 需通过修正表观剪切速率 $\dot{\gamma}_{ap}$ 来获得（见 8.5.1）。

8.2.3 方法 B：狭缝口模

$$\dot{\gamma}_{ap} = \frac{6Q}{BH^2} \qquad \cdots\cdots(4)$$

式中：

B——口模宽度，单位为毫米（mm）；

H——口模厚度，单位为毫米（mm）；

Q——体积流动速率，单位为立方毫米每秒（mm^3/s）（见 8.1）。

见 8.2.2 的注。

注：式(4)只对厚度、宽度之比（H/B）无限小的口模才严格适用，若 $H/B<0.1$，式(4)的计算结果比表观剪切速率高，但不超过 3%。与式(4)有关的近似值修正及详细分析的步骤见附录 A。

8.3 表观剪切应力

8.3.1 概述

用 8.3.2 或 8.3.3 给出的式(5)和式(6)计算口模壁的表观剪切应力 τ_{ap}（Pa）。

8.3.2 方法 A：毛细管口模

$$\tau_{ap} = \frac{pD}{4L} \qquad \cdots\cdots(5)$$

式中：

p——试验压力，单位为帕斯卡（Pa）；

L——口模长度，单位为毫米（mm）；

D——口模直径，单位为毫米（mm）。

8.3.3 方法 B：狭缝口模

$$\tau_{ap} = \frac{HB}{2(H+B)} \times \frac{p}{L} \qquad \cdots\cdots(6)$$

式中：

p——试验压力，单位为帕斯卡（Pa）；

L——口模长度，单位为毫米（mm）；

B——口模宽度，单位为毫米(mm)；

H——口模厚度，单位为毫米(mm)。

注：用式(5)和式(6)计算出的剪切应力是表观值，因为口模长度上的压力降低于试验压力 p。试验压力 p 是口模入口、口模以及口模出口的总压力损失之和，通过近似修正试验压力 p 或口模长度 L 能够确定真实剪切应力(见8.4)。

8.4 真实剪切应力

8.4.1 概述

真实剪切应力能够使用Bagley修正法获得[3](见8.4.2或8.4.3)；或者用安装了压力传感器的狭缝口模(方法B1和B2)直接测定(见8.4.4)。

如果获得了非线性的Bagley图或者狭缝口模的压力降与距离的关系图，试验报告中应说明其影响。这些情况下应使用短口模，除非另有协议，应在试验报告中说明其步骤。

注：用毛细管或狭缝口模挤出式流变仪测量塑料的剪切黏度，黏性损耗以及黏度对压力的依赖性能够影响试验结果，结果可能是非线性的。

8.4.2 毛细管口模的Bagley修正(方法A)

用下列方法测定入口压力和出口压力损失之和。

a) 方法A1，至少用两个、最好用多个直径和入口角度都相同但长径比 L/D 不同的口模如 $(L/D)_1<(L/D)_2$，测定毛细管壁的表观剪切速率 $\dot{\gamma}_{ap}$ 作为试验压力 p 的函数(见图3)。

b) 方法A2，至少用两个、最好用多个直径和入口角度都相同但长径比 L/D 不同的口模如 $(L/D)_1<(L/D)_2$，测定试验压力 p 作为毛细管壁的表观剪切速率 $\dot{\gamma}_{ap}$ 的函数。

c) 使用从a)或b)得到的数据绘出不同表观剪切速率 $\dot{\gamma}_{ap}$ 时试验压力 p 作为不同长径比 L/D 的关系图(见图4)。这样的结果即所谓的Bagley线，其斜率为真实剪切应力的四倍。

当使用长毛细管口模时，如果由于压力对熔体黏度的影响或由于黏性损耗的影响使直线偏移，则使用短口模测量，除非协议另有规定，协议方法应在试验报告中说明(见8.4.1的注)。

注：Bagley修正可用适当的计算机程序进行，不必再用上述数据画图法。然而，如果用计算机修正测量数据，输出的Bagley线图形能够使操作者估计一下所做假设的正确性(即检查Bagley线是否为直线)。

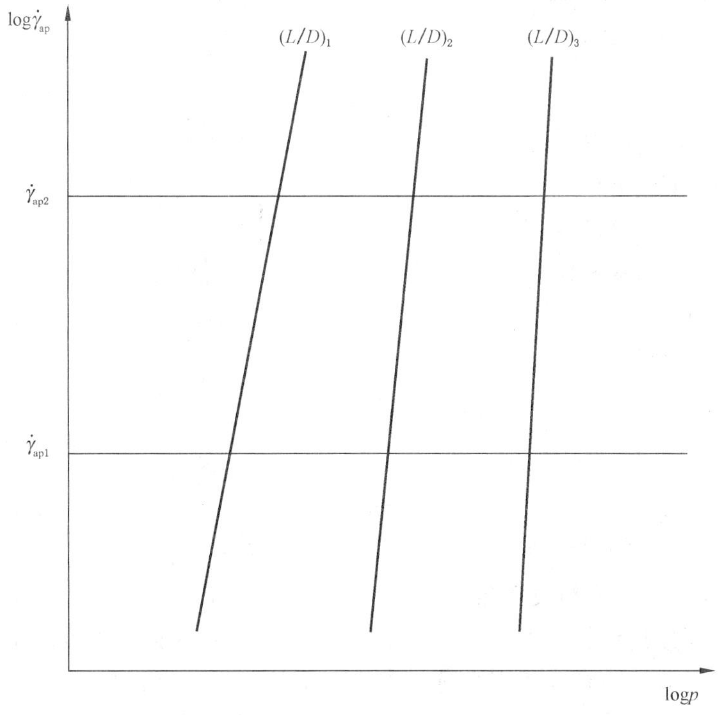

图3 Bagley修正法的应用[3]——不同 L/D 的表观剪切速率 $\dot{\gamma}_{ap}$ 作为试验压力 p 的函数关系图

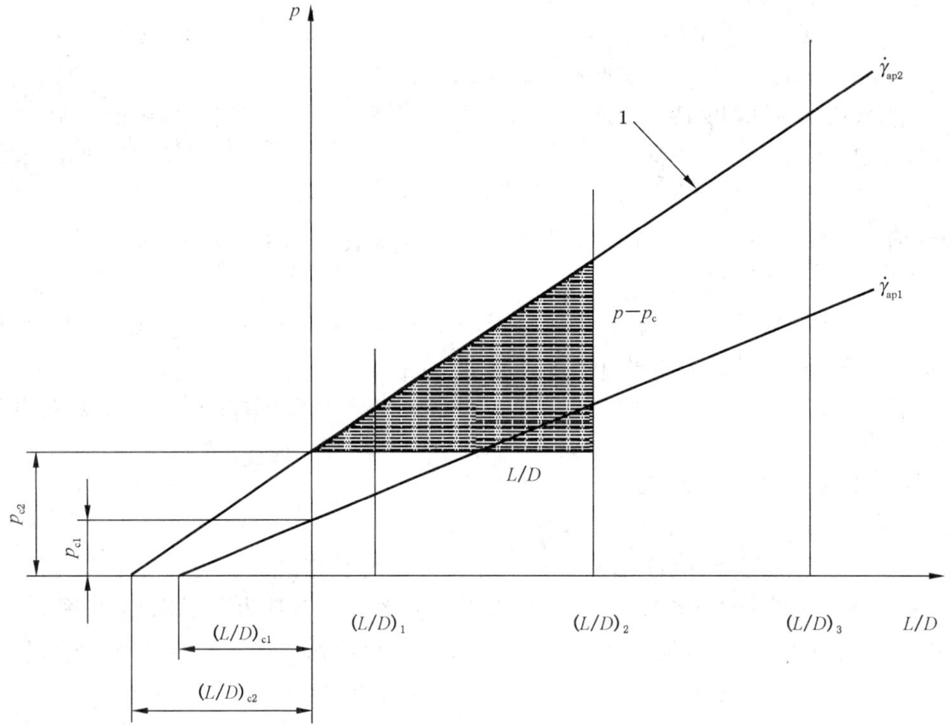

1——斜率=4τ。

图 4　毛细管口模的 Bagley 修正示意图

（不同表观剪切速率 $\dot{\gamma}_{ap}$ 下，熔体压力 p 作为相同直径的 L/D 的函数关系图）

每个表观剪切速率 $\dot{\gamma}_{ap}$ 下将 Bagley 线压力外推到零（见图 4），纵坐标上的截距 p_c 相当于对应的表观剪切速率 $\dot{\gamma}_{ap}$ 下的口模入口和出口压力损失之和。

计算表观剪切速率 $\dot{\gamma}_{ap}$ 下的真实剪切应力 τ 如式(7)或式(8)所示：

$$\tau=(p-p_c)\frac{D}{4L} \qquad \cdots\cdots(7)$$

式中：

p——试验压力，单位为帕斯卡(Pa)；

p_c——压力修正项，单位为帕斯卡(Pa)；

D——口模直径，单位为毫米(mm)；

L——口模长度，单位为毫米(mm)。

由于口模直径 D 恒定，横坐标上的 $(L/D)_c$ 代表了口模长度的修正项。这样，计算表观剪切速率 $\dot{\gamma}_{ap}$ 下的真实剪切应力 τ 的式(7)可用式(8)替代。

$$\tau=\frac{p}{4[(L/D)+(L/D)_c]} \qquad \cdots\cdots(8)$$

式中：

$(L/D)_c$——口模长度的修正项(无量纲)。

8.4.3　狭缝口模的 Bagley 修正(方法 B)

用下列方法测量进出口压力损失之和：

a)　方法 B1，至少用两个，最好用多个入口角度、宽度、厚度都相同但长度却不同如 $L_1<L_2$ 的狭缝口模，测定毛细管壁的表观剪切速率 $\dot{\gamma}_{ap}$ 作为试验压力 p 的函数。

b)　方法 B2，至少用两个，最好用多个入口角度、宽度、厚度都相同但长度却不同如 $L_1<L_2$ 的狭缝口模，测定试验压力 p 作为毛细管壁的表观剪切速率 $\dot{\gamma}_{ap}$ 的函数。

c) 使用从 a)或 b)得到的数据绘出不同表观剪切速率 $\dot{\gamma}_{ap}$ 时试验压力 p 作为不同 $L(H+B)/(HB)$ 的函数关系图(见图 5)。这样的结果即所谓的 Bagley 线，其斜率为真实剪切应力的两倍。

当使用长狭缝口模时，如果由于压力对熔体黏度的影响或由于黏性损耗的影响使直线偏移，则使用短口模测量，除非协议另有规定，协议方法应在试验报告中说明(见 8.4.1 的注和 8.4.2 的注)。

每个表观剪切速率 $\dot{\gamma}_{ap}$ 下将 Bagley 线压力外推到零(见图 4)，纵坐标上的截距 p_c 相当于对应的表观剪切速率 $\dot{\gamma}_{ap}$ 下的口模入口和出口压力损失之和。

可用式(9)或式(10)计算表观剪切速率 $\dot{\gamma}_{ap}$ 下的真实剪切应力 τ：

$$\tau=\frac{HB}{2(H+B)}\times\frac{(p-p_c)}{L} \quad \cdots\cdots(9)$$

式中：

H——口模厚度，单位为毫米(mm)；

B——口模宽度，单位为毫米(mm)；

p——试验压力，单位为帕斯卡(Pa)；

p_c——压力修正项，单位为帕斯卡(Pa)；

L——口模长度，单位为毫米(mm)。

因口模的 H 和 B 为固定尺寸，横坐标上的截距 $L_c(H+B)/(HB)$ 代表口模长度的修正项，这样，可用式(10)替代式(9)计算表观剪切速率 $\dot{\gamma}_{ap}$ 下真实剪切应力 τ：

$$\tau=\frac{p}{2(L+L_c)}\times\frac{HB}{(H+B)} \quad \cdots\cdots(10)$$

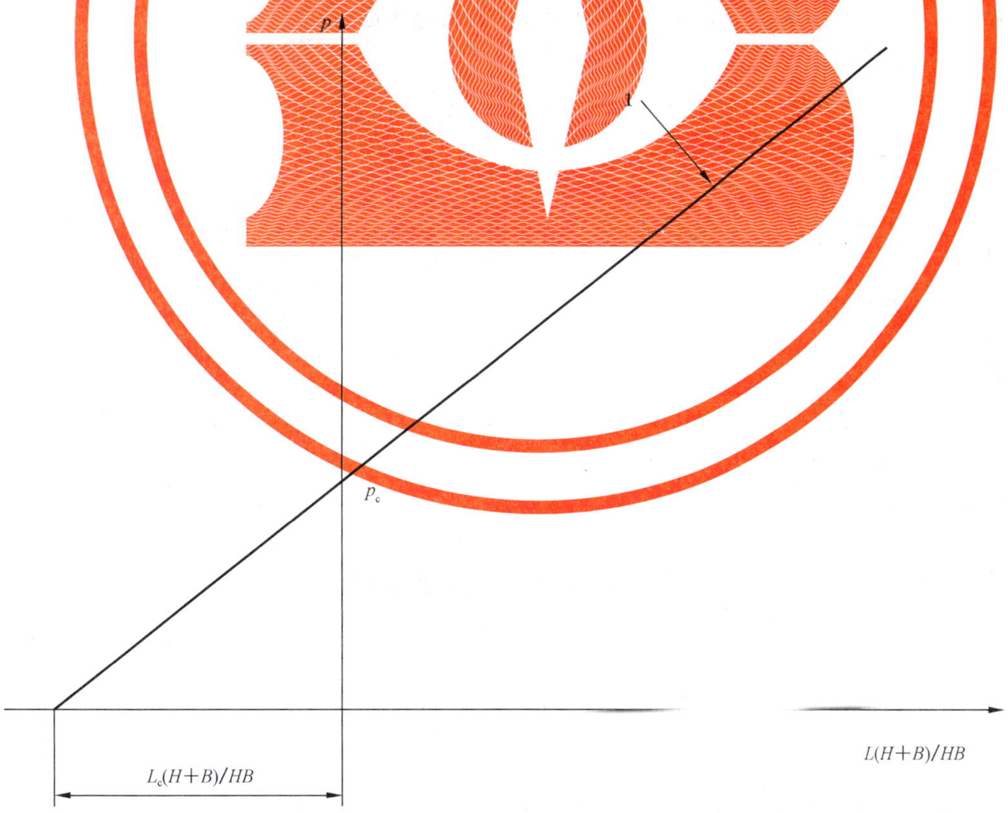

1——斜率＝2τ。

图 5 狭缝口模的 Bagley 线示意图

(单个表观剪切速率 $\dot{\gamma}_{ap}$ 下，试验压力 p 作为相同宽度 B 和厚度 H 口模的不同 $L(H+B)/HB$ 的函数关系图)

8.4.4 直接的狭缝口模测量(方法 B)

用沿狭缝口模长度方向上安装的压力传感器测量纵向的压力梯度 $\mathrm{d}p/\mathrm{d}L$,然后用式(11)计算口模壁上的真实剪切应力 τ:

$$\tau=\frac{HB}{2(H+B)}\times\frac{\mathrm{d}p}{\mathrm{d}L} \quad\cdots\cdots(11)$$

式中:

$\mathrm{d}p/\mathrm{d}L$——纵向压力梯度,单位为帕斯卡每毫米(Pa/mm);

B——口模宽度,单位为毫米(mm);

H——口模厚度,单位为毫米(mm)。

8.5 真实剪切速率

8.5.1 概述

应用 Weissenbery-Rabinowitsch 修正方法,由表观剪切速率计算毛细管口模或狭缝口模壁上的真实剪切速率 $\dot{\gamma}$[4]。方法 A 用式(12)(见 8.5.2)、方法 B 用式(13)(见 8.5.3)。

8.5.2 方法 A:毛细管口模

$$\gamma=\frac{\dot{\gamma}_{\mathrm{ap}}}{4}\times\left(3+\frac{\mathrm{dlog}\dot{\gamma}_{\mathrm{ap}}}{\mathrm{dlog}\tau}\right) \quad\cdots\cdots(12)$$

式中:

$\frac{\mathrm{dlog}\dot{\gamma}_{\mathrm{ap}}}{\mathrm{dlog}\tau}$——曲线 $\log\dot{\gamma}_{\mathrm{ap}}=f(\log\tau)$的斜率。

注:应注意,使用这种修正方法,尤其是选择用于拟合 $\log\dot{\gamma}_{\mathrm{ap}}$对 $\log\tau$ 数据的函数及由此确定的斜率,或用另一方法确定数据的斜率时,剪切速率的修正(真实)值以及真实剪切黏度的结果都会有很大的误差。特别在曲线的斜率很大或所选择的曲线不能很好地拟合数据的情况下,例如最高或最低的剪切速率点。

8.5.3 方法 B:狭缝口模

$$\gamma=\frac{\dot{\gamma}_{\mathrm{ap}}}{3}\times\left(2+\frac{\mathrm{dlog}\dot{\gamma}_{\mathrm{ap}}}{\mathrm{dlog}\tau}\right) \quad\cdots\cdots(13)$$

式中:

$\frac{\mathrm{dlog}\dot{\gamma}_{\mathrm{ap}}}{\mathrm{dlog}\tau}$——曲线 $\log\dot{\gamma}_{\mathrm{ap}}=f(\log\tau)$的斜率。

见 8.5.2 的注。

8.6 黏度

黏度为剪切应力与剪切速率之比。

若不是通过真实剪切应力和剪切速率推导出的比值,得到的应该是一系列的表观黏度其中之一,这些表观黏度已在 3.8～3.10 的定义中被命名并用下脚标加以区分。

8.7 挤出胀大的测定

8.7.1 室温下的测定

用式(14)和式(15)计算室温下的挤出胀大比 S_{a} 和室温下的胀大率 s_{a}:

$$S_{\mathrm{a}}=\frac{D_{\mathrm{a}}}{D} \quad\cdots\cdots(14)$$

$$s_{\mathrm{a}}=\frac{D_{\mathrm{a}}-D}{D}\times 100\% \quad\cdots\cdots(15)$$

式中:

D_{a}——室温下测量的挤出物直径,单位为毫米(mm);

D——口模直径,单位为毫米(mm)。

8.7.2 试验温度下的测定

用式(16)和式(17)计算试验温度下的挤出胀大比 S_{T} 和试验温度下的胀大率 s_{T}:

$$S_T = \frac{D_m}{D_T} \quad \cdots\cdots (16)$$

$$s_T = \frac{D_m - D_T}{D_T} \times 100\% \quad \cdots\cdots (17)$$

式中：

D_m——试验温度下测量的挤出物直径，单位为毫米(mm)；

D_T——试验温度下测量的毛细管口模直径，单位为毫米(mm)。

注：当使用狭缝口模时，分别用挤出物的厚度(或宽度)、口模的厚度(或宽度)替代式(14)～式(17)中的挤出物的直径、毛细管口模的直径，便能够进行计算。挤出胀大可在宽度和厚度方向上不同，最好应在这两个方向上都测定。

9 精密度

9.1 2008年在九个实验室对高密度聚乙烯、线型低密度聚乙烯和聚丙烯三个样品进行了精密度试验，使用了两种类型流变仪和相同的测量步骤：

——测量毛细管入口挤出压力的流变仪(七个实验室)和测量柱塞力的流变仪(两个实验室)；

——试验中所用剪切速率均按照数量级递增进行。

高密度聚乙烯和线型低密度聚乙烯的试验温度为190 ℃、聚丙烯为230 ℃，料筒直径与口模直径之比为9.55～20。

对每个样品在几个不同剪切速率下测定的剪切黏度进行了精密度计算，结果见表4、表5和表6。

注1：本方法的精密度按GB/T 6379.2—2004进行计算，用 r 和 R 表征。表4中数据只是有限的试验结果，并不能覆盖所有材料、批号、试验条件及实验室，因此，严格地说，不能将其视为判别接收或拒收的依据。

注2：按本标准进行的毛细管挤出流变试验剪切黏度的测量不确定度见附录C。

注3：ISO 11443:2005的精密度见附录D。

表4 高密度聚乙烯(MFR:5.6 g/10 min，密度:0.952 g/cm³)剪切黏度的精密度数据

剪切速率/s^{-1}	15	30	60	150	300	600	900
平均值 X/(Pa·s)	3 338.7	2 331.4	1 604.9	921.7	594.7	378.1	286.0
重复性标准差 S_r/(Pa·s)	91.9	68.9	42.8	14.4	9.1	6.5	4.6
再现性标准差 S_R/(Pa·s)	200.8	151.9	89.0	59.7	42.2	26.2	19.8
重复性限 r/(Pa·s)	257.3	193.0	120.0	40.3	25.4	18.3	12.9
再现性限 R/(Pa·s)	562.3	425.4	249.1	167.1	118.0	73.4	55.3
(r/X)/%	8	8	7	4	4	5	4
(R/X)/%	17	18	16	18	20	19	19

表5 线型低密度聚乙烯(MFR:2.0 g/10 min，密度:0.922 g/cm³)剪切黏度的精密度数据

剪切速率/s^{-1}	20	50	100	200	500	1 000
平均值 X/(Pa·s)	2 339.9	1 771.7	1 369.9	982.2	576.6	372.4
S_r/(Pa·s)	66.1	31.1	29.4	21.5	11.0	11.3
S_R/(Pa·s)	179.1	122.6	117.8	86.0	43.3	30.7
r/(Pa·s)	185.0	87.1	82.5	60.3	30.9	31.5
R/(Pa·s)	501.6	343.3	329.8	240.9	121.3	86.0
(r/X)/%	8	5	6	6	5	8
(R/X)/%	21	19	24	25	21	23

表 6 聚丙烯(MFR:3.2 g/10 min,密度:0.905 g/cm³)剪切黏度的精密度数据

剪切速率/s^{-1}	20	50	100	200	400	500
平均值 X/(Pa・s)	1 308.3	820.2	550.9	358.3	226.8	195.4
S_r/(Pa・s)	51.1	23.6	12.7	7.7	5.1	3.0
S_R/(Pa・s)	129.7	57.7	37.0	25.3	15.7	14.5
r/(Pa・s)	143.2	66.2	35.7	21.6	14.4	8.3
R/(Pa・s)	363.2	161.6	103.7	70.9	44.0	40.5
(r/X)/%	11	8	6	6	6	4
(R/X)/%	28	20	19	20	19	21

9.2 重复性限(r)——在重复性试验条件下(即:由同一个操作者、在同一天、用同一台设备对相同材料进行的两次测试结果进行比较)所得两次测试结果,如果两值之差大于 r 值,则认为两个结果不一致。其中,$r=2.8\ Sr$。

9.3 再现性限(R)——在再现性试验条件下(即:由不同的操作者、用不同的设备、在不同的实验室对相同材料进行的两次测试结果进行比较)所得两次测试结果,如果两值之差大于 R 值,则认为两个结果不一致。其中,$R=2.8\ S_R$。

9.4 任何重复性和再现性的判定都有接近 95%的置信概率。

10 试验报告

10.1 概述

试验报告应包括以下内容:

a) 注明参照本标准和任何涉及标准;

b) 10.2、10.3、10.4 中规定的信息;

c) 试验日期。

10.2 试验条件

a) 试验材料的说明;

b) 任何状态调节、材料或样品的准备的详细说明,如干燥或混合;

c) 采用的方法(A1、A2、B1 或 B2);

d) 流变仪的说明及其料筒直径 D_b;

e) 毛细管口模的直径 D、长度 L 和长径比 L/D 及其测量的精密度;

f) 狭缝口模的厚度 H、宽度 B 和长度 L 及其测量的精密度;

g) 毛细管口模或狭缝口模入口角形状的说明;

h) 测量挤出物胀大的方法(采用的技术说明);

i) 试验温度;

j) 在口模出口下面的挤出压力不同于大气压力时,说明测量该压力的方法及其测量的精密度,可行时;

k) 样品的预热时间;

l) 停留时间;

m) 材料外观发生变化的停留时间;

n) 最大允许的试验周期;

o) 挤出时间;

p) 任何偏离本标准的要求和可能影响试验结果的详细说明。

10.3 流动特性

10.3.1 概述

报告剪切速率、剪切应力和黏度的"表观"值或"真实"值。

若 Bagley 图或压力降与距离的关系图为非线性时，报告测定黏度的方法。

非壁粘附的塑料，结果以表观剪切应力 τ_{ap} 作为流动速率 Q 的函数关系图表示，反之亦可。

10.3.2 图形表示法

必要时包括下列图形：

a) 剪切应力对剪切速率的双对数关系图，反之亦可；

b) 黏度对剪切应力或者剪切速率的双对数关系图；

c) 在恒剪切应力或恒剪切速率下的黏度对数对绝对温度倒数的关系图；

d) 在恒剪切应力或恒剪切速率下的黏度对数对摄氏温度关系图；

e) 发生外观变化时的临界剪切应力对数或临界剪切速率对数(见 3.19 和 3.20)对绝对温度倒数的关系图；

f) 发生外观变化时的临界剪切应力对数或临界剪切速率对数(见 3.19 和 3.20)对摄氏温度的关系图；

g) 体积流动速率对剪切应力的双对数关系图，反之亦可；

h) 压力对口模长度的关系图；

i) 压力对压力传感器到口模出口(狭缝口模)距离的关系图；

j) 修正压力对剪切应力或剪切速率或体积流动速率的双对数关系图；

k) 毛细管口模或狭缝口模进出口压力损失对剪切应力或剪切速率或体积流动速率的关系图；

l) 室温或试验温度下的胀大比对剪切速率或体积流动速率的关系图；

m) 室温或试验温度下的胀大率对剪切速率或体积流动速率的关系图。

亦可用剪切速率、剪切应力和黏度的表观值和/或真实值表示。

10.3.3 单点值

必要时对于规定的系列试验条件，可给出以下数值：

a) 剪切应力，Pa；

b) 剪切速率，s^{-1}；

c) 黏度，Pa·s；

d) 室温下胀大比；

e) 室温下胀大率；

f) 试验温度下的胀大比；

g) 试验温度下的胀大率。

亦可用剪切速率、剪切应力和黏度的表观值和/或真实值表示。

10.4 目测

如果可能进行目测，报告挤出物表面的任何变化(如熔体破裂、挤出畸变)，记录发生这些变化时的试验条件。

这些变化可能与临界剪切应力相关，在试验报告中记做临界剪切应力的"目测"值。

另外，若材料颜色发生变化，报告相应的停留时间。

附 录 A
(资料性附录)
修正 *H/B* 对表观剪切速率影响的方法

8.2.3 中给出的计算表观剪切速率的式(4)只对无限宽的狭缝口模有效,假设在口模宽度和厚度的方向不发生流动、宽度 B 上流过体积流动速率为 Q 时,该公式才成立。在限定的 H/B 下,式(4)仍近似适用,如图 A.1 所示。该图显示在相同体积流动速率 Q 下,由式(4)和式(A.1)中获得的表观剪切速率之比,参考文献[5]给出了修正公式。

$$\dot{\gamma}_{ap}^{c}=\frac{QBH}{2(B+H)\left[\frac{BH^{3}}{12}-\frac{16H^{4}}{5}\sum_{n=1}^{5}\left(\frac{1}{n^{5}}\tanh\frac{n\pi B}{2H}\right)\right]} \qquad \cdots\cdots(\text{A}.1)$$

式中:

n——奇数;

$\dot{\gamma}_{ap}^{c}$——修正了 H/B 影响的表观剪切速率。

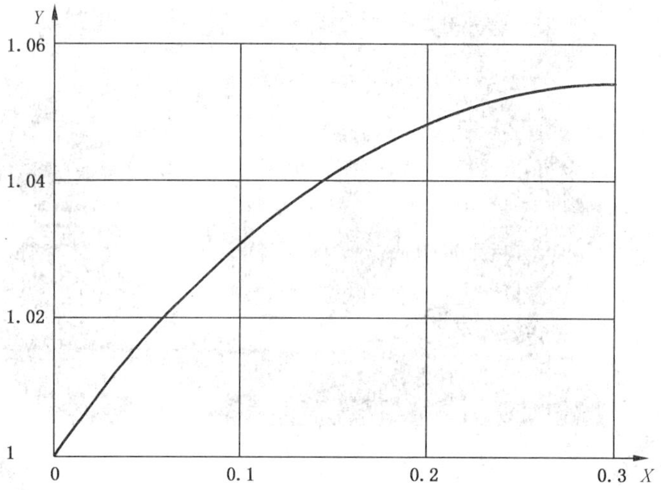

X——厚宽比 H/B;

Y——剪切速率比 $\dot{\gamma}_{ap}/\dot{\gamma}_{ap}^{c}$。

图 A.1 剪切速率比 $\dot{\gamma}_{ap}/\dot{\gamma}_{ap}^{c}$ 对厚宽比 H/B 的关系图

用式(4)除以式(A.1)得到式(A.2):

$$\frac{\dot{\gamma}_{ap}}{\dot{\gamma}_{ap}^{c}}=\left(1+\frac{H}{B}\right)\left[1-0.627\,4\frac{H}{B}\sum_{n=1}^{5}\left(\frac{1}{n^{5}}\tanh\frac{n\pi B}{2H}\right)\right] \qquad \cdots\cdots(\text{A}.2)$$

式(A.2)表示修正前后的表观剪切速率之比是厚宽之比 H/B 的函数。

当 $H/B\leqslant 0.3$,式(A.2)的加和项之和为 1.004 4,管壁处的表观剪切速率的修正值可由式(A.3)[用式(4)和式(A.2)推导出]计算:

$$\dot{\gamma}_{ap}^{c}=\frac{6Q}{BH^{2}}\left[\left(1+\frac{H}{B}\right)\left(1-0.630\frac{H}{B}\right)\right]^{-1} \qquad \cdots\cdots(\text{A}.3)$$

对于厚度之比小于 0.1 的口模,用式(4)代替式(A.3)所产生的误差小于 3%。

附 录 B
（资料性附录）
测 量 误 差

B.1 柱塞摩擦产生的误差

柱塞与料筒接触时产生摩擦，通常摩擦力的影响与作用在毛细管或狭缝口模上的压力降相比可以忽略不计，但应确认试验温度下空载运行时的摩擦力可忽略不计。

如果恒速下测量，用离口模入口很近的压力传感器测定压力，上述警示可以忽略。

B.2 材料回流产生的误差

柱塞头与料筒之间的缝隙会使得少量试样在柱塞上回流，而未流进毛细管或狭缝口模，造成测量的剪切速率低于由柱塞速度计算的结果，这种误差通常忽略不计。但在特定条件下，特别是当柱塞在高负荷下低速运行时，有必要进行修正。收集回流柱塞顶部的材料并称重，其质量与相同时间内挤出的质量相比，以测定回流产生的百分误差。

B.3 熔体可压缩性产生的误差

某些流体的可压缩性很大，由于口模壁处的剪切速率是由柱塞的下降速率计算而来，所以流体静压沿口模长度方向下降会产生误差(因此密度降低)。流体密度降低、流动速率增大，导致口模出口处的剪切速率增加。

B.4 口模壁处的流体速度不为零产生的误差

口模中与流动相关的计算是基于流体在口模壁处速度为零的假设。对于高黏性聚合物熔体，聚合物与口模壁之间可能发生滑移。

附 录 C
（资料性附录）
毛细管挤出流变试验剪切黏度的测量不确定度

C.1 不确定度分析

被测量 y（被测的量）的合成不确定度 $u_c(y)$ 能够从函数 $y=f(x_i)$ 的偏导数和参数 x_i 的不确定度 $u(x_i)$ 得到。假设各不确定度的来源互不相关，合成不确定度 $u_c(y)$ 由和的平方根计算：

$$u_c(y)=\sqrt{\sum_{i=1}^{m}[c_i u(x_i)]^2} \quad \cdots\cdots(C.1)$$

式中：

c_i——与 x_i 有关的灵敏系数（偏导数）；

$u(x_i)$——x_i 的不确定度。

合成不确定度 $u_c(y)$ 与标准偏差一致，其相关的置信水平约 68%。假设正态分布，相当于 95% 的置信水平，包含因子取 2，得到扩展不确定度 U，即合成不确定度的两倍。相对不确定度是某个参数的不确定度与参数值之比。

为测定不确定度，必须从式（3）、式（7）和式（12）、条款 3.7 和以下公式中先推导出与剪切黏度相关的测量参数的表达式：

$$\gamma=\dot{\gamma}_{ap}\left[\frac{3n+1}{4n}\right] \quad \cdots\cdots(C.2)$$

$$n=\left[\frac{\mathrm{dlog}\dot{\gamma}_{ap}}{\mathrm{dlog}\tau}\right]^{-1} \quad \cdots\cdots(C.3)$$

$$\dot{\gamma}_{ap}=\frac{32Q}{\pi D^3} \quad \cdots\cdots(C.4)$$

$$Q=\frac{v\pi D_b^2}{4} \quad \cdots\cdots(C.5)$$

经入口压力降和非牛顿速度分布（Weissenberg-Robinowitsch 修正）修正的剪切黏度由式（C.6）给出：

$$\eta=\frac{D^4}{(32LvD_b^2)}\times\left(\frac{4n}{3n+1}\right)\times(p-p_c) \quad \cdots\cdots(C.6)$$

式中：

$\dot{\gamma}_{ap}$——表观剪切速率，单位为每秒（s^{-1}）；

Q——体积流动速率，单位为立方毫米每秒（mm^3/s）；

D——毛细管直径，单位为毫米（mm）；

v——柱塞速度，单位为毫米每秒（mm/s）；

D_b——料筒直径，单位为毫米（mm）；

p——挤出压力，单位为帕斯卡（Pa）；

p_c——压力修正项，单位为帕斯卡（Pa）；

L——毛细管长度，单位为毫米（mm）。

因此，用式（C.1）、式（C.2）和式（C.6）测定剪切黏度的合成不确定度 $u_c(\eta)$ 可由式（C.7）给出：

$$u_c(\eta)=\eta\sqrt{\left[\frac{4u(D)}{D}\right]^2+\left[\frac{u(L)}{L}\right]^2+\left[\frac{u(v)}{v}\right]^2+\left[\frac{2u(D_b)}{D_b}\right]^2+\left[\frac{u(p)^2+u(p_c)^2}{(p-p_c)^2}\right]+\left[\frac{u(n)}{u(3n+1)}\right]^2} \quad \cdots\cdots(C.7)$$

剪切速率 $u_c(\dot{\gamma})$ 的合成不确定度由式(C.8)给出：

$$u_c(\dot{\gamma}) = \dot{\gamma}\sqrt{\left[\frac{3u(D)}{D}\right]^2 + \left[\frac{u(v)}{v}\right]^2 + \left[\frac{2u(D_b)}{D_b}\right]^2 + \left[\frac{u(n)}{n(3n+1)}\right]^2} \quad \cdots\cdots\cdots\cdots (C.8)$$

不确定度 $u(x_i)$ 与 x_i 之比为该参数的相对不确定度，即 $u(D)/D$ 是 D 的相对不确定度。

黏度的温度依赖性和降解的影响可作为附加项并入式(C.7)中，这样：

$$u_c(\eta) = \eta\sqrt{\left[\frac{4u(D)}{D}\right]^2 + \left[\frac{u(L)}{L}\right]^2 + \left[\frac{u(v)}{v}\right]^2 + \left[\frac{2u(D_b)}{D_b}\right]^2 + \left[\frac{u(p)^2 + u(p_c)^2}{(p-p_c)^2}\right] + \left[\frac{u(n)}{n(3n+1)}\right]^2 + f(d)^2 + f(\theta)^2} \quad \cdots\cdots\cdots\cdots (C.9)$$

式中：

$f(d)$——由降解产生的相对不确定度；

$f(\theta)$——由黏度的温度依赖性和试验温度误差的综合影响产生的相对不确定度。

$f(\theta)$ 可表示如式(C.10)所示：

$$f(\theta) = \frac{\partial \eta}{\partial \theta} u(\theta) \quad \cdots\cdots\cdots\cdots (C.10)$$

式(C.9)用于给出了各分量不确定度值的测定剪切黏度不确定度的评定，式(C.7)和式(C.9)用于经修正入口效应和非牛顿速度分布(Weissenberg-Rabinowitsch)的真实剪切黏度的不确定度评定，式(C.8)用于真实剪切速率的不确定度评定。从这些公式中去掉 n 和 $u(n)$，能够推导出表观剪切黏度和表观剪切速率的不确定度评定所用的公式[设定 $u(n)$ 为 0]，在式(C.7)中用表观剪切黏度 η_{ap} 代替真实剪切黏度 η，在式(C.8)中用表观剪切速率 $\dot{\gamma}_{ap}$ 代替真实剪切速率 $\dot{\gamma}$。同样，去掉式(C.7)中的 $u(p_c)$ 和 p_c 两项，能够得到未经修正入口效应的表观剪切黏度的不确定度评定[令 $u(p_c)$ 和 p_c 为 0]。

C.2 工作示例

对于特定样品，基于本标准规定的允差和假设，计算了测定剪切黏度不确定度的各种因素不确定度值，结果列于表 C.1。为避免不确定度分析过度复杂，用两个口模的剪切黏度测量进行分析：一个 20 mm 的长口模和一个可以忽略长度的短口模，短口模用来确定入口压力降。

对特定仪器进行不确定度分析时，最好利用校准数据来确定实际量的范围，采用正态分布优于矩形分布。

表 C.1 测定剪切黏度的不确定分量及其评定

分量、符号和单位	评定类型[a]	概率分布[b]	除数[c]	分量的估计值，m	分量的置信区间[d]	标准不确定度 $u(x)$[e]	相对不确定度 $u(x)/m$
毛细管长度 L/mm	B	R	$\sqrt{3}$	20	±0.025	0.014	0.000 7
毛细管直径 D/mm	B	R	$\sqrt{3}$	1	±0.007	0.004	0.004 0
料筒直径 D_b/mm	B	R	$\sqrt{3}$	15	±0.007	0.004	0.000 27
压力测量 p/Pa	B	R	$\sqrt{3}$	变化的	量程范围±1%		0.005 8[f]
压力校准 p_c/Pa	B	R	$\sqrt{3}$	变化的(假设 $p_c=0.2p$)	量程范围±1%	—	0.005 8[f]
流动速率测量 Q/(mm^3/s)	B	R	$\sqrt{3}$	—	±1%	—	—
柱塞速度 v/(mm/s)	B	R	$\sqrt{3}$	—	±1%[g]	—	0.005 8[g]

表 C.1(续)

分量、符号和单位	评定类型[a]	概率分布[b]	除数[c]	分量的估计值,m	分量的置信区间[d]	标准不确定度 $u(x)$[e]	相对不确定度 $u(x)/m$
$\log\tau/\log\dot{\gamma}_{ap}$ 斜率,n	A	N	1	0.4	0.03[h]	0.03	0.075
温度 θ/℃ (对于 $\theta\leqslant$200 ℃)	B	R	$\sqrt{3}$	—	±1.5 ℃	0.87	0.008 7[i]
温度 θ/℃ (200 ℃<$\theta\leqslant$300 ℃)	B	R	$\sqrt{3}$	—	±2.5 ℃	1.4	0.014[j]
温度 θ/℃ (θ>300 ℃)	B	R	$\sqrt{3}$	—	±3.5 ℃	2.0	0.020[j]
由于降解效应挤出压力随时间的变化	B	R	$\sqrt{3}$	—	±5%	—	0.029[k]

a,b A类不确定度分量用统计分析的方法评定,基于观测值的变化并假设呈正态分布(N)。B类不确定度分量按本标准给出的允差进行评定。B类分量均按矩形分布(R)进行评定,即实际值落在提供的允差范围内有均等的几率。

c,d,e 标准不确定度是分量的置信区间(d)除以假设的概率分布(b)下的除数(c)。

f 提供的数值是在满量程使用压力传感器,当使用其低量程部分时,该值必须乘以一个系数,如在量程的50%,相对不确定度应为两倍(0.012)。挤出压力 p 和修正压力 p_c 的测量不确定度采用相同的值,规定为压力传感器满量程的1%,也可假设修正压力 p_c 的大小是长口模的挤出压力的五分之一,即 $p_c=0.2p$。该假设意味着在每个长、短口模上用适当范围的不同传感器。两种情况下用相同的传感器,p_c 的不确定度会很大,用接近5的系数评定。

g 由于料筒直径的相对不确定度的贡献可忽略不计,柱塞速度的不确定度与流动速率的近似相同。

h 评估 n 分量的置信区间是一个标准偏差。

i,j 剪切速率的测量不确定度与测试样品的温度依赖性有关,对实验室间比对使用的高密度聚乙烯和玻纤填充聚丙烯样品,基于不同温度下的测量,剪切黏度的温度依赖性因子是1%/℃。对于温度的依赖性因子不同于此的聚合物,相对不确定度值须乘以一个系数,如对于一种温度依赖性为2%/℃的材料,在温度 $\theta\leqslant$200 ℃下,相对不确定度是0.028,假设分量的置信区间等于在空间和时间上温度变化的允差之和。

k 在测定可能发生降解的剪切黏度测量不确定度时,按照本标准,假设试验是在挤出压力(黏度)变化不超过5%的一段时间进行的。

表C.1中规定了这些假设的数值,对于不同温差和温度依赖性、只利用压力传感器的部分量程、有和没有降解效应的贡献,分别计算得到的剪切黏度扩展不确定度见表C.2。假设5%的降解效应,其计算值见括弧内。

表 C.2 测量真实剪切黏度的扩展不确定度

黏度的温度依赖性 %/℃	温度误差 ℃	黏度测量的扩展不确定度(95%的置信水平)[b] %			
		用压力传感器量程的100%	用压力传感器量程的50%	用压力传感器量程的20%	用压力传感器量程的10%
0	—	7.9(9.7)	8.7(10.4)	11.1(12.6)	21.8(22.5)
1	±1.5	8.1(9.9)[a]	8.8(10.6)	11.3(12.7)	21.9(22.6)
1	±2.5	8.4(10.2)	9.1(10.8)	11.5(12.9)	22.0(22.7)
3	±1.5	9.5(11.1)	10.0(11.6)	12.3(13.6)	22.4(23.1)

注:提供的数据用1位小数表示数据趋势,不作为该数据的精密度。

a 与表C.1列出的相对不确定度一致,温度的相对不确定度用0.008 7。

b 由于只使用压力传感器量程的一部分,不包括降解效应[括弧里的值包含了5%的降解效应,$f(d)=0.05$]

计算出表观剪切速率的扩展不确定度(95%置信水平)约 2.7%,真实剪切速率的扩展不确定度约为 7%,由于对非牛顿速度分布进行 Weissenherg-Rabinowitsch 修正产生的差异以及不确定度均与此相关(通过斜率 n 即 $\log\tau/\log\gamma_{ap}$ 的不确定度)。该修正也是在 Weissenherg-Rabinowitsch 修正真实剪切黏度中对所有不确定度贡献显著的一个因素,以上例子中,这一因素单独规定了一个扩展不确定,为真实剪切黏度的 6.8%。

表 C.2 可明显看出,仅用压力传感器量程较低部分的重要影响,只在量程的 10%使用传感器时,不确定度能以 3 倍的系数增加。

不确定度值不考虑由于黏性热和黏度对压力的依赖性引起的误差。这些因素将增大测量不确定度和结果的再现性,特别是不同试验条件下得到的类似剪切速率下的黏度,例如用不同尺寸的口模。

附 录 D
（资料性附录）
ISO 11443:2005 的精密度

已经进行了两次实验室间的精密度试验。第一次于 1990 年完成，包括七个实验室、两种材料（PP 和 PVC）。

在第一次实验室间比对中，使用了两类仪器和两种测量步骤：

——测量毛细管入口挤出压力的流变仪（四个实验室）和测量柱塞力的流变仪（两个实验室）；

——试验用剪切速率按照数量级递减（两个实验室）或递增（四个实验室）进行。

由两个实验室进行了重复性测验，结果表明测量毛细管入口处压力优于测量作用在柱塞上的力，并且在低剪切速率（$<100\ s^{-1}$）不及在高剪切速率（$>100\ s^{-1}$），估计重复性分别为±10%和±5%。若使用长口模（$L/D>20$），入口角≥90°时，入口处几何形状的影响可忽略。

由七个实验室进行了方法再现性的评估，测量了 180 ℃和 190 ℃下 PVC 的黏度以及 210 ℃和 240 ℃下 PP 的黏度。结果表明低剪切速率的再现性较高剪切速率的再现性差，分别为±20%和±10%。

测验结果表明，再现性受以下因素影响：

——在单次试验中被检不同剪切速率的顺序；

——所用的压力传感器或力传感器的灵敏度：用相同的传感器在高压力（高剪切速率）和低压力（低剪切速率）下不能进行相同精密度的测量；

——测定剪切应力的方法：优先在毛细管入口处测量压力，因为这种测量方法更准确。

试验中，毛细管清洁度对结果的影响尚未进行研究。

1996 年，由 20 个实验室使用聚乙烯（PE）和玻纤填充聚丙烯（GFPP）完成了第二次实验室间精密度试验[6]。测定挤出压力、入口压力降和剪切黏度的精密度数据见表 D.1，其中剪切黏度经过了入口效应和非牛顿流体速率分布两种修正。所示值为 95%的置信水平、对标准偏差计算值取包含因子为其 2.8 倍而确定。

注 1：收缩比定义为料筒直径与口模直径之比。

注 2：根据参考文献[7]确定标准偏差、重复性限和再现性限（95%置信水平）。

注 3：见附录 A 至 C。

表 D.1 挤出流变仪精密度数据

挤出压力的测量		
材料	PE	GFPP
试验温度/℃	190	230
重复性（95%置信水平）	20%	38%

剪切黏度的测量[经过入口压力降和非牛顿速度分布的修正（Weissenberg-Rabinowitsch 修正）]		
材料	PE	GFPP
试验温度/℃	190	230
重复性（95%置信水平）	20%	24%
再现性（95%置信水平）	28%	34%

入口压力降的测量			
材料	PE	PE	GFPP
试验温度/℃	190	190	230
收缩比	15	9.55～15.5	15
再现性（95%置信水平）	42%	50%	56%

参 考 文 献

[1] CHUNG,B. ,COHEN,C. Glass Fiber-Filled Thermoplastics,I. Wall and Processing Effects on Rheological Properties. Polym. Eng. Sci. [J],1985,25:1001-1007.

[2] LUPTON,J. M. ,REGISTER,J. W. Free radical polymerization of methyl methacrylate at high temperatures. Polymer Engineering & science[J]. 1985;25(4):232-244.

[3] BAGLEY,E. B. J. Appl. Physics,1957,28:624.

[4] EISENSCHITZ,R. ,RABINOWITSCH,B. ,WEISSENBERG,K. Mitt. Dtsch. Mat. -Prf. -Anst. (Bulletin of German Materials—Testing Institution),Sonderheft 9,1929:91.

[5] MCKELVEY,J. M. Polymer Processing. John Wiley and Sons,New York/London,1962.

[6] RIDES,M. ,ALLEN,C. R. G. Capillary extrusion rheometry intercomparison using polyethylene and glass-fibre filled polypropylene melts:measurement of shear viscosity and entrance pressure drop,NPL Report CMMT(A)25,May 1996,National Physical Laboratory,Teddington,Middlesex,United Kingdom,TW11 0LW.

[7] ISO document TC 61/SC 5/WG 21 N18 E 14,Determination of the precision of a test method—Practical guide.

ICS 07.100.20
J 77

中华人民共和国国家标准

GB/T 25279—2010

中空纤维帘式膜组件

Hollow fiber flat-plat membrane module

2010-09-26 发布 2011-08-01 实施

中华人民共和国国家质量监督检验检疫总局
中国国家标准化管理委员会 发布

前　言

本标准由全国分离膜标准化技术委员会提出并归口。

本标准起草单位:天津膜天膜科技有限公司、山东招金膜天有限责任公司、天津膜天膜工程技术有限公司。

本标准主要起草人:刘建立、王爱民、环国兰、乔宝文、唐小珊、王薇。

中空纤维帘式膜组件

1 范围

本标准规定了中空纤维帘式膜组件的分类与型号、要求、检测方法、检验规则及标志、包装、运输和贮存。

本标准适用于中空纤维帘式膜组件的生产、科研、使用和管理。

2 规范性引用文件

下列文件中的条款通过本标准的引用而成为本标准的条款。凡是注日期的引用文件，其随后所有的修改单(不包括勘误的内容)或修订版均不适用于本标准，然而，鼓励根据本标准达成协议的各方研究是否可使用这些文件的最新版本。凡是不注日期的引用文件，其最新版本适用于本标准。

GB/T 191 包装储运图示标志(GB/T 191—2008,ISO 780:1997,MOD)

GB/T 2828.1 计数抽样检验程序 第1部分:按接收质量限(AQL)检索的逐批检验抽样计划(GB/T 2828.1—2003,ISO 2859-1:1999,IDT)

GB/T 4456 包装用聚乙烯吹塑薄膜

GB 5749 生活饮用水卫生标准

GB/T 6543 运输包装用单瓦楞纸箱和双瓦楞纸箱

GB/T 9174 一般货物运输包装通用技术条件

GB/T 9969 工业产品使用说明书 总则

GB/T 14436 工业产品保证文件 总则

GB/T 20103 膜分离技术 术语

GB/T 20502 膜组件及装置型号命名

3 术语和定义

GB/T 20103 界定的以及下列术语和定义适用于本标准。

3.1

中空纤维帘式膜组件 hollow fiber flat-plat membrane module

由中空纤维膜、集水管、浇铸槽及封端用树脂浇铸而组成的器件。

3.2

产水量 productivity

在规定的运行条件下，膜元件、组件或装置单位时间内所生产的产品水的量。

4 分类与型号

4.1 分类

中空纤维帘式膜组件分为中空纤维帘式微孔滤膜组件和中空纤维帘式超滤膜组件两类。

4.2 型号

4.2.1 型号构成

中空纤维帘式膜组件的型号按 GB/T 20502 的规定编写，由大写英文字母和阿拉伯数字组成，包括中空纤维帘式膜组件代号、公称有效膜面积、膜孔径、中空纤维膜外径、膜材质代号五部分，各部分之间以连字符“-”连接。五部分表述格式如下：

FP-□-□-□-□

- 膜材质代号
- 中空纤维膜外径
- 膜孔径
- 公称有效膜面积
- 帘式膜组件代号

中空纤维帘式膜常用膜材质代号见表1。

表1 中空纤维帘式膜常用膜材质代号

膜材质	膜材质代号
聚偏氟乙烯	PVDF
聚丙烯	PP
聚砜	PSF
聚乙烯	PE
聚醚砜	PES
聚氯乙烯	PVC

4.2.2 型号标记示例

示例1：

FP-20-0.20-1.2-PVDF

表示：有效膜面积为20 m^2，膜孔径为0.20 μm，中空纤维膜外径为1.2 mm，膜材质为聚偏氟乙烯的中空纤维帘式微孔滤膜组件。

示例2：

FP-10-6000-1.0-PSF

表示：有效膜面积为10 m^2，切割分子量为6 000，中空纤维膜外径为1.0 mm，膜材质为聚砜的中空纤维帘式超滤膜组件。

4.3 组件结构示意图

中空纤维帘式膜组件结构示意如图1所示。

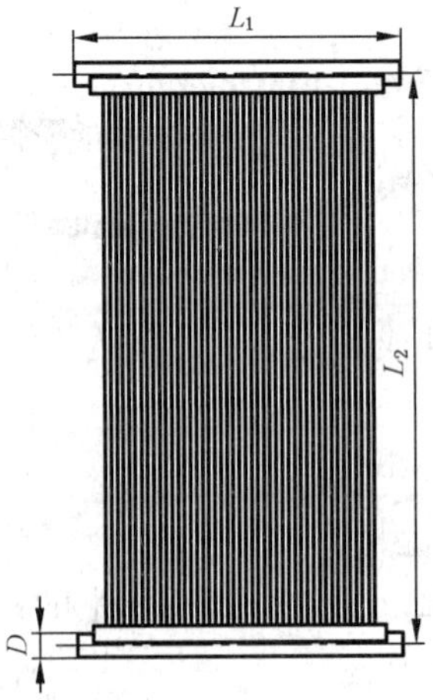

D——集水管外径，单位为毫米(mm)；

L_1——集水管长度，单位为毫米(mm)；

L_2——两端集水管中心距，单位为毫米(mm)。

图1 中空纤维帘式膜组件结构示意图

5 要求

5.1 外观

中空纤维帘式膜组件外观应清洁；中空纤维膜应无折断；集水管应无裂痕、划伤、变形；浇铸面与浇铸槽口平面应保持平齐。

5.2 外形尺寸

应以集水管外径(D)、集水管长度(L_1)和两端集水管中心距(L_2)的相乘式 $D \times L_1 \times L_2$ 表示，常用规格见表 2。

表 2 常用中空纤维帘式膜组件规格　　单位为毫米

规　格	允许偏差		
$D \times L_1 \times L_2$	D	L_1	L_2
40×534×1 010	±0.2	±1.0	+5.0
40×534×1 510	±0.2	±1.0	+5.0
40×500×1 200	±0.2	±1.0	+5.0
40×500×1 800	±0.2	±1.0	+5.0
25×300×450	±0.2	±1.0	+2.0

5.3 无渗漏性

在 0.05 MPa 气体压力下，中空纤维帘式膜组件应整体试压无渗漏。

5.4 产水量

当出口压力保持在－0.02 MPa、测试水温为 25 ℃±0.5 ℃时，在稳定运行的状态下，中空纤维帘式膜组件的产水量应不小于 0.04 $m^3/(m^2 \cdot h)$。

6 检测方法

6.1 外观

外观应采用目视的检查方法。

6.2 外形尺寸

6.2.1 长度测量器具

钢卷尺：分度值 1 mm；游标卡尺：分度值 0.02 mm。

6.2.2 方法

膜组件外型尺寸的测量方法如下：

a) D 的测量

将集水管放在平台上，把集水管一端的外周长平分为六等分；用游标卡尺测量六等分点形成的三条外径的长度，取其平均值作为该端集水管的外径(D)值，单位为毫米(mm)。按同样操作方法测量另一端集水管的外径值。

b) L_1 的测量

将集水管放在平台上，用钢卷尺测量集水管从左端口至右端口的距离；不同位置测量三次，取平均值作为该支集水管的长度(L_1)值，单位为毫米(mm)。按同样方法测量另一支集水管的长度值。

c) L_2 的测量

将中空纤维帘式膜组件吊挂在固定的支架上，使其保持自然下垂状态。用钢卷尺测量一侧上端集水管下边与下端集水管下边的距离；测量三次，取平均值作为该侧集水管的两端中心距(L_2)，单位为毫米(mm)。按同样方法测量另一侧的中心距。

6.3 无渗漏性

6.3.1 检测装置

检测前应确保检验所需的压力表、安全装置、阀门等附件配置齐全，且检验合格。压力表的准确度等级不小于1.5级，且在检定周期内。

6.3.2 检测方法

a) 集水管与浇铸槽粘接无渗漏性检测

将中空纤维帘式膜组件的一端吊挂在检验架上。吊挂高度应使集水管待检端浸入水中，且没过集水管与浇铸槽粘接处。封住集水管的三个端口，并将未封住的待检端与气源（所用气体为压缩空气或氮气）连接。将待验端的集水管浸入水中，水应没过集水管与浇铸槽粘接处。接通气体，使充气压力增至0.05 MPa。保持1 min，观察集水管与浇铸槽粘接处有无气泡。若无气泡，则集水管与浇铸槽粘接无渗漏。按同样操作方法，对另一端集水管进行检验。

b) 中空纤维膜无渗漏性检测

将中空纤维帘式膜组件平放在检验台上，将集水管的三个端口封闭；从未封闭的端口进行充气（所用气体为压缩空气或氮气），使压力表的示值为0.05 MPa；关闭气源，保持1 min；观察压力表示值；如压力表示值保持在0.04 MPa～0.05 MPa之间，即判定中空纤维膜无渗漏。

6.4 产水量

6.4.1 检测装置

检测前应确保检测装置所需的压力表、安全装置、阀门等附件配置齐全，且检验合格。压力表的准确度等级不小于1.5级，流量计的准确度等级不小于2.5级，且均应在检定周期内。产水量检测装置示意如图2所示。

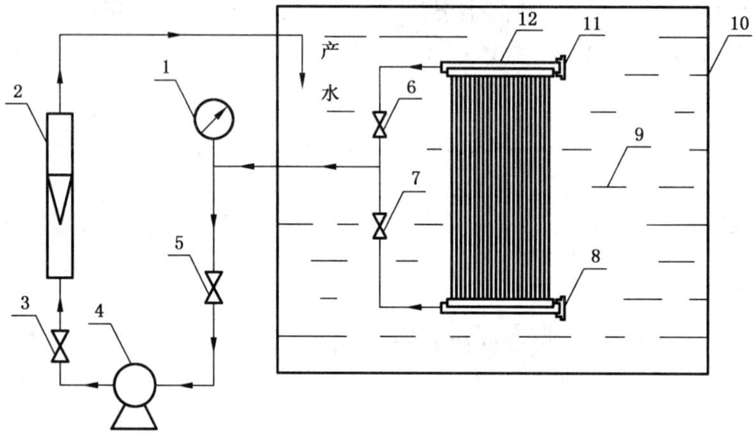

1——压力表；

2——流量计；

3、5、6、7——阀门；

4——真空泵；

8、11——堵头；

9——自来水；

10——箱体；

12——中空纤维帘式膜组件。

图2 产水量检测装置示意图

6.4.2 检测方法

产水量检测方法如下：

a) 按图2所示，将中空纤维帘式膜组件与设备连接。连接完毕后，注入符合GB 5749要求的自来水，并在其浸泡2 h。自来水温度应控制在25 ℃±0.5 ℃；

b) 缓慢调节阀门3、阀门5,使中空纤维帘式膜组件的出口压力表1的数值保持在−0.02 MPa;

c) 检测系统稳定运行20 min后,读取设备流量计读数V_i。

6.4.3 结果计算

单位膜面积初始产水量按下式计算:

$$V_p = \frac{V_i}{S} \quad \cdots\cdots(1)$$

式中:

V_p——单位膜面积产水量,$m^3/(m^2 \cdot h)$;

V_i——由设备产水流量计读出的流量数值,m^3/h;

S——中空纤维帘式膜组件的公称有效膜面积,m^2。

7 检验规则

7.1 出厂检验

7.1.1 检验项目

每批中空纤维帘式膜组件的外观、外形尺寸和无渗漏性均应按照表3的规定进行逐个检查。对中空纤维帘式膜组件的产水量进行抽样检查。

表3 检验项目

检验项目	要求	检测方法	出厂检验	型式检验
外观	5.1	6.1	全检	全检
外形尺寸	5.2	6.2	全检	全检
无渗漏性	5.3	6.3	全检	全检
产水量	5.4	6.4	抽检	全检

7.1.2 组批原则

每日生产的同一型号中空纤维帘式膜组件为一批。

7.2 型式检验

7.2.1 在下列情况之一时,应进行型式检验:

a) 新产品定型鉴定或老产品转产鉴定时;

b) 结构、材料或工艺有较大改变时;

c) 停产一年以上,恢复生产时;

d) 出厂检验与上次型式检验有较大差异时;

e) 正常生产时每隔一年进行一次;

f) 国家质量技术监督机构提出进行型式检验的要求时。

7.2.2 检验项目

型式检验项目应按表4的规定。

7.2.3 抽样方法

按GB/T 2828.1规定的计数抽样检验程序进行抽样检验。

7.3 判定规则

出厂检验和型式检验项目均符合表3的要求时,判定该产品合格。若有任一项检验项目不合格时,则判定该产品不合格。

8 标志、包装、运输和贮存

8.1 标志

产品出厂时应有标志,标志的字迹应清晰,且牢固不易擦掉。标志内容应包括下列内容:

——商标；
——产品名称；
——型号；
——生产日期；
——产品编号；
——生产企业的名称和地址；
——产品执行标准号。

8.2 包装

8.2.1 内包装

每个中空纤维帘式膜组件用符合 GB/T 4456 规定的高密度聚乙烯吹塑薄膜包装，并固定在箱内。

8.2.2 外包装

中空纤维帘式膜组件的外包装应符合 GB/T 9174 的规定；包装箱用符合 GB/T 6543 的规定的单瓦楞纸箱；外包装上的储运标志应符合 GB/T 191 的规定。

8.2.3 包装箱

包装箱内应附有装箱单、产品合格证、使用说明书等文件。合格证应按照 GB/T 14436 的规定。产品使用说明书应按照 GB/T 9969 编写。

8.3 运输

运输、装卸过程中不应受到剧烈的撞击、颠簸、抛掷及重压。

8.4 贮存

8.4.1 应放置于室内，室内温度不低于 4 ℃，并要求室内通风干燥，清洁，无腐蚀，无污染，远离冷、热源。

8.4.2 产品使用前禁止打开内包装。

ICS 93.080.30
R 87

中华人民共和国国家标准

GB 25280—2010

道路交通信号控制机

Road traffic signal controller

2010-11-10 发布　　2011-05-01 实施

中华人民共和国国家质量监督检验检疫总局
中国国家标准化管理委员会　发布

前　言

本标准中 5.3.4、5.4.2、5.4.4、5.4.5、5.5.2、5.5.3.1、5.5.3.2、5.7 **为强制性的，其余为推荐性的**。

本标准由中华人民共和国公安部提出并归口。

本标准负责起草单位：公安部交通管理科学研究所、公安部交通安全产品质量监督检测中心。

本标准参加起草单位：南京蓝泰交通设施有限责任公司、泰尔文特布鲁盾高新技术（北京）有限公司。

本标准主要起草人：何广进、陆海峰、方学新、苑雷、俞春俊、胡家彬、严晓东、沈标、齐晓东。

道路交通信号控制机

1 范围

本标准规定了在道路上使用的交通信号控制机(以下简称为信号机)的分类、要求、试验方法、检验规则、标志、标签和包装等。

本标准适用于道路交通信号控制机。

2 规范性引用文件

下列文件中的条款通过本标准的引用而成为本标准的条款。凡是注日期的引用文件,其随后所有的修改单(不包括勘误的内容)或修订版均不适用于本标准,然而,鼓励根据本标准达成协议的各方研究是否可使用这些文件的最新版本。凡是不注日期的引用文件,其最新版本适用于本标准。

GB/T 2423.1 电工电子产品环境试验 第2部分:试验方法 试验A:低温(GB/T 2423.1—2001,idt IEC 60068-2-1:1990)

GB/T 2423.2 电工电子产品环境试验 第2部分:试验方法 试验B:高温(GB/T 2423.2—2001,idt IEC 60068-2-2:1974)

GB/T 2423.3 电工电子产品环境试验 第2部分:试验方法 试验Cab:恒定湿热试验(GB/T 2423.3—2006,IEC 60068-2-78:2001,IDT)

GB/T 2423.6 电工电子产品环境试验 第2部分:试验方法 试验Eb和导则:碰撞(GB/T 2423.6—1995,idt IEC 60068-2-29:1987)

GB/T 2423.10 电工电子产品环境试验 第2部分:试验方法 试验Fc:振动(正弦)(GB/T 2423.10—2008,IEC 60068-2-6:1995,IDT)

GB/T 2423.38 电工电子产品环境试验 第2部分:试验方法 试验R:水试验方法和导则(GB/T 2423.38—2008,IEC 60068-2-18:2000,IDT)

GB 4943 信息技术设备的安全(GB 4943—2001,idt IEC 60950-1:1999)

GB/T 17626.2 电磁兼容 试验和测量技术 静电放电抗扰度试验(GB/T 17626.2—2006,IEC 61000-4-2:2001,IDT)

GB/T 17626.4 电磁兼容 试验和测量技术 电快速瞬变脉冲群抗扰度试验(GB/T 17626.4—2008,IEC 61000-4-4:2004,IDT)

GB/T 17626.5 电磁兼容 试验和测量技术 浪涌(冲击)抗扰度试验(GB/T 17626.5—2008,IEC 61000-4-5:2005,IDT)

GB/T 17626.11 电磁兼容 试验和测量技术 电压暂降、短时中断和电压变化的抗扰度试验(GB/T 17626.11—2008,IEC 61000-4-11:2004,IDT)

GA 489 道路交通信号控制机安装规范

3 术语和定义

下列术语和定义适用于本标准。

3.1

道路交通信号控制机 road traffic signal controller

能够改变道路交通信号顺序、调节配时并能控制道路交通信号灯运行的装置。

3.2

周期　cycle time

信号灯色按设定的相位顺序显示一周所需的时间。

3.3

信号灯组　signal light group

一个完整的车辆红、黄、绿三头灯或行人红、绿二头灯的组合。

3.4

信号组　signal group

具有同一灯色序列的所有信号灯组的集合。

3.5

相位　phase

在一个信号周期内，同时获得通行权的一个或多个交通流的信号显示状态。

3.6

相位差　offset

协调控制中，指定的参照交叉路口与协调交叉路口相位的起始时间或结束时间之差。

3.7

控制方案　control plan

路口关于相位设置、相位序列设置、信号配时的有序集合。

3.8

最小绿灯时间　minimum green time

相位绿灯信号必须开启的最短安全时间。

3.9

最大绿灯时间　maximum green time

相位绿灯信号允许开启的最长时间。

3.10

绿冲突　green conflict

规定不允许同时放行的绿色信号灯与允许放行的绿色信号灯同时点亮。

3.11

全红状态　all red

所有信号灯组灯色均显示为红色的信号状态。

3.12

黄闪控制　flashing yellow control

所有信号灯组的黄灯信号均以固定频率闪烁的控制方式。

3.13

多时段定时控制　multiple intervals fixed-time control

根据交通需求变化情况，把一天的时间分成若干个控制时段，随时间的推移，按预置的方案自动运行。

3.14

感应控制　vehicle actuated control

交叉路口信号机根据车辆检测器测得的交通流数据来调节信号显示时间的控制方式。

3.15

协调控制　coordinated control

通过调整起始和放行时间，把二个或二个以上路口的交通信号灯协调起来加以控制的方式。

3.16

线协调控制　main street coordinate control

在一条道路上实施协调控制的控制方式。

3.17

区域协调控制　area coordinate control

在一个区域内多个交叉路口实施协调控制的控制方式。

3.18

无电缆协调控制　cableless linking control

信号机之间没有通信链路，根据时钟同步，通过设定相位差来实现交叉路口交通信号协调的控制方式。

3.19

上位机　control center

在交通信号控制系统中，能和多台信号机通信并对其进行控制和监视的上端设备。

4　分类

4.1　按功能分类

信号机按功能可分为四类：

一类：行人请求式信号机；

二类：多时段定时式信号机；

三类：感应控制式信号机(二类＋感应控制)；

四类：协调控制式信号机(三类＋上位机控制)。

4.2　按安装环境分类

信号机按安装环境可分为室内机和室外机。

室内机安放在室内、室外机箱等非露天环境中工作，室外机直接安装在室外露天环境工作。

5　技术要求

5.1　物理结构性能要求

5.1.1　外观

信号机机柜内、外表面及控制面板应光洁、平整，不应有凹痕、划伤、裂缝、变形等缺陷。机柜表面应有牢固的防锈、防腐蚀镀层或漆层，金属零件不应有锈蚀及其他机械损伤，各滑动或转动部件活动应灵活，紧固部件不松动，机柜的外部表面不应有可能导致伤害的尖锐的突起或拐角。

5.1.2　机柜结构设计

信号机机柜结构设计应满足：

——信号机机柜内部空间应足够大，应有利于信号机的散热和安装、使用、维修；

——信号机机柜设计应能防雨并且尽可能降低灰尘及有害物质的侵入，机柜和安装机箱的设计还要防止顶面积水；

——机柜的结构设计应使信号机具有足够的机械强度，能承受正常条件下可预料到的运输、安装、搬运、维护等过程中的操作，并且通过一般工具不应轻易打开；

——信号机机柜内部设计应采用标准尺寸机架安装。

5.1.3　材料

信号机机柜应采用防锈、防腐蚀材料或做过防锈、防腐蚀处理的材料。信号机内部的印刷电路板材料及部件应进行防潮、防腐、防盐雾的处理。

5.1.4 门

5.1.4.1 机柜门

室外机机柜门的尺寸应尽可能接近机柜的外部尺寸，机柜门的最大开启角度应大于120°角。门应设有牢固的门锁以防止被非法打开，门锁上应有保护装置。机柜门接缝处应有耐久并且有弹性的密封垫，密封垫应连续设置，不应有间断缺口。

机柜门锁上之后，不应有松动、变形现象。

5.1.4.2 资料盒

信号机机柜内侧应设有存放用户手册、说明书、接线图、维修记录等资料的存储盒，存储盒应能存放A4版面资料，厚度至少为20 mm。

5.1.4.3 手动控制门

室外机机柜门上或外侧应设有手动控制门，使用者应在不打开主机柜门的情况下实施手动控制。

手动控制门及门锁设置要求同5.1.4.1，其尺寸应与机柜结构尺寸相适应。手动控制门应设置在机柜的中、上部位置。

5.1.5 输入、输出接线位置

对于室外机，所有的输入、输出接线电缆均应从信号机机柜底部的接线孔穿出，接线孔的直径至少为200 mm。

接线孔不得有锋利的边缘，接线孔位置应靠近机柜底部的中心。

5.2 文字、图形和标志要求

5.2.1 一般要求

所有以下所要求标出的标志、文字、图形应耐久、醒目，不应轻易被除掉，不应出现卷边。操作面板、设置界面、说明和标志中的文字应使用中文，根据需要也可以同时使用其他文字。

5.2.2 操作面板

信号机的操作面板或手持式终端应用清晰、符合规范的文字、图形、标志等来表明其功能作用。在参数设置时，操作面板或手持式终端应能显示信号机的工作方式、工作状态、信号控制参数的设置情况，应有提示、引导各种控制参数的输入项目及内容。

5.2.3 开关、按键、熔断器

开关、按键及指示灯上或其就近处均应用清晰、符合规范的文字、图形等来表明其功能、作用、接通/断开状态。在使用熔断器处应清晰地标出熔断器的额定电流值。

5.2.4 接线端子

应对输出灯信号接线端子组上的每个端子依据信号类别或信号灯色，用文字或代码、编号进行标识。代码、编号的详细含义应在用户手册中说明，以便接线。信号交流零线、保护接地及信号公共接地均应用规范的符号或文字标出。

对正常使用信号机时操作人员容易触及的超过安全特低电压(交流峰值不超过42.4 V、直流电压不超过60 V)的带电部件，在其显著位置应设置“触电危险”标志并采取有效防护措施。

5.2.5 插座

信号机上设置的标准电源插座应在其就近处标出输出电压及允许接入的最大负载值。

5.2.6 铭牌

信号机应有铭牌。铭牌应牢固安装在信号机机内侧的醒目位置，铭牌尺寸应与信号机结构尺寸相适宜。

铭牌上应标出制造厂厂名、注册商标或识别标记、产品中文名称、规格型号、种类、制造地、可识别的唯一性编号、制造日期等内容。还应标出电源额定电压范围、额定频率范围等主要电气参数。

5.3 电源及电气装置要求

5.3.1 一般要求

信号机内部电气装置及部件的布局应合理，使操作人员在安装、使用、维修时安全、方便，所有机架安装设备的布置要做到在拆除时不会影响其他邻近设备。

地面安装室外机内部的任何电气部件距机柜底部的距离应不小于 200 mm。

5.3.2 电源

信号机主电源额定电压：交流(220±20%)V、50 Hz±2 Hz。

5.3.3 开关

信号机应安装具备过载、短路保护功能的电源总开关，开关的额定电压、额定电流值应符合交流 380 V、20 A 的最低容量要求。信号机应有独立的、具备过载、短路保护功能的灯具驱动输出回路开关，开关额定电压及额定电流应符合交流 380 V、20 A 的最低容量要求。信号机应提供单独的备用主电源接入端子，备用主电源通过转换开关接入电源总开关，转换开关的额定电压、额定电流应符合 AC380V、20 A 的最低容量要求。

5.3.4 避雷装置

信号机的电源输入端及灯控信号输出端应安装避雷装置及元件，或采取其他避雷措施。

5.3.5 灯控器件

输出信号的灯控器件应采用光电耦合器、固态继电器或其他器件，使输出的灯控强电信号与内部电路有效隔离。在灯具驱动输出的每一回路中应安装熔断器，在短路时保护灯控器件。

5.3.6 内部照明装置

室外机在机柜内应设有照明装置，满足机柜内部照明要求。

5.3.7 接线端子

灯控信号组输出端的接线端子应符合交流 220 V、5 A 的最低额定容量要求。接线端子排(组)应牢固固定于信号机机柜或机架上。在进行接、拆信号线等正常操作时，接线端子排(组)不应有松动现象。信号输出端子应采用压线式接线端子、接插件端子等可靠方式连接。在连接完毕后，导线不应有松动现象，在不借助工具的情况下应不能松开导线。

在正常使用中，当机柜门打开及所有面板和盖板处于正常位置时所暴露出来的承载交流 220 V 电压的接线端子或带电部件，应采取包括凹入式保护、固定挡板、绝缘包覆或其他方式进行防护，这些防护措施应无法被轻易拆除，设备维修情况除外。

5.3.8 导线

信号机内的导线均应使用铜线，其中电源导线至少应有 20 A 的电流容量，信号机接地端子连接导线应有 40 A 的电流容量。

5.3.9 布线

信号机的内部导线应有适当保护，以保证这些导线不会接触到可能会引起导线绝缘损伤的部件，当导线需穿越金属孔时，金属穿线孔应进行倒角，不得有锋利的边缘，导线应装有衬套。所有终端和设施接线要布置整齐，使用线夹、电缆套、电缆卷或管道固定好，线束内的线路要编扎好，走线安排要做到任何接线总成的拆除不会影响到与该总成无关的线缆。

5.3.10 接地

信号机内应设有专门的接地端子，接地端子应与大地有效连接，室内机的安装机箱也应设有接地端子，接地端子应与大地有效连接。信号机机柜、内部电路单元固定支架、固定螺栓等在正常使用操作中易触及到的金属零部件均应接地，还应保证各部件接地的连续性。

所有承载交流 220 V 电压部件的金属外壳应接地。

所有的保护接地线均应使用绿/黄双色导线。

机内避雷器的接地线不应直接与机内的保护接地端子连接，安装时应符合 GA 489 要求。

5.3.11 负载要求

信号机在输出驱动阻性、容性、感性负载的信号灯时均应工作正常。在驱动以上形式负载的情况下，信号机驱动关闭时，信号灯应熄灭并且输出端电压应小于交流 30 V。

5.4 基本功能要求

5.4.1 一般要求

信号机的基本功能一般要求如下：

——信号机内部的日历时钟，在 0 ℃～40 ℃条件下，误差不超过±20 s/10 d。

——如无特殊规定，下文中信号持续时间的调节步长均为 1 s。

——黄闪信号频率为 55 次/min～65 次/min，其中信号亮暗时间比为 1∶1。其中，卤钨灯光源的闪光信号频率允许降低，不得低于 30 次/min，信号亮暗比不大于 1∶1。

——绿闪信号频率、信号亮暗比同黄闪信号。

——在控制方式转换、配时方案变化时，信号显示状态应实现平滑过渡。

5.4.2 启动时序

当信号机通电开始运行时信号机应先进行自检，然后按如下时序启动：

a) 相位应先进入黄闪信号，持续时间至少 10 s；

b) 黄闪信号结束后应进入全红状态，持续时间至少 5 s；

c) 启动时序结束后，信号机按预设置的方式运行。

5.4.3 信号转换

5.4.3.1 基本转换序列

机动车、非机动车、行人过街信号基本转换序列如下：

a) 机动车信号：红→绿→黄→红；

b) 非机动车信号：红→绿→黄→红；

c) 行人过街信号：红→绿→红。

5.4.3.2 信号持续时间

绿信号、红信号持续时间应根据路口实际情况设置。黄信号持续时间可调，至少持续 3 s。

5.4.4 手动控制

应能够通过手动控制装置控制信号机的运行。

5.4.5 控制方式转换

信号机自动控制与手动控制进行相互转换时应符合如下要求：

a) 信号机从自动控制方式转入手动控制方式时，手动开关作用以后，应保持原有相位的最小绿灯时间，最小绿灯时间根据路口实际情况设定；

b) 从手动控制方式转入自动控制方式时，信号状态不应突变，各相位信号应保持转换时刻的状态，并从当前信号状态开始以自动控制方式开始运行。

5.4.6 设置功能

信号机应能通过操作面板或手持终端进行控制方式的设置和信号参数的调整，并按设置的控制方案正常运行。在进行协调控制时，协调控制式信号机可以通过通信接口接受并执行上位机的各项控制指令。

5.5 故障监控功能要求

5.5.1 一般要求

信号机应具备完备的故障监测和自诊断功能，故障发生后应采取适当措施，并发出故障警示信号。

5.5.2 黄闪控制装置

信号机无法正常工作时，应能通过独立的黄闪控制装置将信号输出切换为黄闪状态，保证路口通行安全。

5.5.3 故障处理

5.5.3.1 严重故障

发生以下严重故障，信号机应立即进入黄闪或关灯状态：

a) 绿冲突故障；

b) 信号组所有红灯均熄灭；

c) 信号灯组红灯、绿灯同时点亮；

d) 影响道路交通安全的其他严重故障。

5.5.3.2 一般故障

发生以下故障，信号机应能够在功能降级的情况下继续运行：

a) 黄灯、绿灯故障；

b) 通信故障；

c) 检测器故障；

d) 影响信号机正常运行的其他故障。

5.5.4 故障信息存储

协调控制式信号机应能对所有在运行期间采集的故障信息进行存储记录。在发现故障时，应能上传故障信息。所存储的信息应能在信号机或与信号机相连的外部设备(该设备可检索并显示储存信息)上显示、查阅。信号机至少应能连续记录 3 000 条故障信息，记录采用循环覆盖的方式，应能对故障记录信息进行人工清除。

5.5.5 故障信息内容

故障信息的内容应包括：

a) 以代码或文本形式记录下来的故障类型与细节；

b) 故障发生的时间与日期；

c) 故障清除的时间与日期。

5.6 信号机的控制功能要求

5.6.1 行人请求式信号机

行人请求式信号机应能实现如下功能：

a) 具备黄闪(机动车信号)、多时段定时、行人请求三种工作方式；

b) 能实现至少 2 个相位控制；

c) 能提供至少 2 个独立的信号组输出；

d) 能提供至少 2 个行人按钮检测器接口；

e) 行人请求方式、响应时间、放行时间可设定；

f) 信号机出现故障应能按如下顺序降级：

行人请求→多时段定时控制→黄闪(机动车信号)→关灯。

5.6.2 多时段定时式信号机

多时段定时式信号机应能实现如下功能：

a) 能设置至少 10 个时段，10 种以上控制方案；

b) 能实现至少 4 个相位控制；

c) 能提供至少 4 个独立信号组输出；

d) 能根据不同周日类型对方案进行调整，机内应存有日历；

e) 能够设置调节相位差参数，具备无电缆协调控制功能；

f) 信号机出现故障应能按如下顺序降级：

无电缆协调控制→多时段定时控制→黄闪(机动车信号)→关灯。

5.6.3 感应控制式信号机

感应控制式信号机应能实现如下功能：

a) 应具备多时段定时式信号机的全部功能；

b) 具备车辆感应功能，能提供至少8个车辆检测器接口；

c) 最大绿灯时间和最小绿灯时间应可根据交叉路口的实际情况进行设置；

d) 能提供至少2个行人按钮检测器接口；

e) 信号机出现故障应能按如下顺序降级：

感应控制→多时段定时控制→黄闪(机动车信号)→关灯。

5.6.4 协调控制式信号机

5.6.4.1 基本要求

协调控制式信号机应能实现如下功能：

a) 具备感应控制式信号机的全部功能；

b) 带有通信接口，可与上位机或其他信号机联接，构成线协调或区域协调控制系统；

c) 能实现至少6个相位控制；

d) 能提供至少6个独立信号组输出；

e) 能进行机动车流量统计，并记录统计数据；

f) 协调式信号机的故障降级顺序可由上位机设定。

5.6.4.2 通信接口

通信接口电路应采用通用的标准接口，机柜中应留有通讯控制设备的安装空间，至少应提供以下接口形式的一种：

——二个 EIA RS-232C(DB-9)和一个 10/100 Base-T Ethernet 以太网接口(RJ-45)通讯接口；

——一个 EIA RS-232C(DB-9)、一个 EIA RS-485 和一个 10/100 Base-T Ethernet 以太网接口(RJ-45)通讯接口。

5.6.4.3 通信内容

5.6.4.3.1 上传

上传信息至少包含如下信息：

——车辆检测器检测到的车辆通行信息；

——信号机的工作状态、车辆检测器的状态、信号灯的状态，如有故障发生，应实时向上位机发送故障信息及故障发生变化后的信息，记录的故障信息内容应符合5.5.4的要求；

——当前交叉路口信号灯灯色状态及每一次的灯色变化等信息；

——信号配时方案等信号机运行所需主要参数；

——包括“年、月、周、日、时、分、秒”的信号机当前实时时间信息。

5.6.4.3.2 下载

下载信息至少包含如下信息：

——用于校准信号机的时间信息，应包括“年、月、周、日、时、分、秒”；

——用于查询信号机的当前工作状态及故障情况的信息；

——用于更新信号机的配时方案等主要工作参数的信息；

——用于设定、改变信号机工作方式的信息，如感应、定时、黄闪等；

——其他人工指定命令。

5.7 电气安全要求

5.7.1 电源适应性要求

在表1所示的各种供电电源情况下，信号机的各项功能均应正常，不应出现任何异常现象。

表 1 电源适应性试验

序 号	供电电源	工作时间
1	264 V、48 Hz	1 h
2	264 V、52 Hz	1 h
3	176 V、48 Hz	1 h
4	176 V、52 Hz	1 h

5.7.2 绝缘要求

信号机电源电极或与电源电极相连的其他导电电路和机柜、安装机箱等易触及部件(不包括避雷器)间的绝缘电阻应不小于 10 MΩ,经恒温恒湿试验后,绝缘电阻不应低于 5 MΩ。

5.7.3 耐压要求

在电源电极或与之相连的其他导电电路和机柜、安装机箱等易触及部件(不包括避雷器)之间施加 1 500 V、50 Hz 试验电压,试验中不应出现击穿现象,试验后信号机应无电气故障,功能应正常。

5.8 电磁抗扰度性能要求

试样在静电放电、电快速瞬变脉冲群、浪涌、电压短时中断等电磁骚扰环境下不应出现电气故障,试验结果评定应符合 GB/T 17626.2、GB/T 17626.4、GB/T 17626.5、GB/T 17626.11 系列标准中 2 级要求,即允许其基本功能暂时降低或丧失,但在试验结束后应能自行恢复正常。信号机内贮存的方案数据不应丢失。

5.9 气候环境适应性要求

信号机气候环境适应性应符合以下要求:

a) 信号机在承受高温高电压、低温低电压、低温启动、恒温恒湿等各项气候环境试验时,试验中及试验后应无任何机械损伤和电气故障,功能应保持正常;

b) 信号机在雨淋试验中及试验后,工作均应正常,机柜内应无渗水或积水现象;

注:雨淋试验仅适用于室外机。

c) 信号机在承受盐雾试验后,工作应正常,机柜、内部机架等金属部件不应有严重锈蚀情况;

d) 信号机在承受粉尘试验中及试验后,工作均应正常,机柜内应无大量积尘。

注:粉尘试验仅适用于室外机。

5.10 机械环境适应性要求

信号机在承受振动、冲击试验后,应保持其物理结构的完整性,信号机及其内部结构单元不应产生永久的结构变形、机械损伤、电气故障,紧固部件不松动。信号机内部线路、电路板、接口等接插件不应有脱落、松动或接触不良现象。试验中及试验后功能应保持正常。

5.11 机械强度要求

机柜在承受钢球冲击试验后,外壳表面的损坏不应触及危险零部件、不应影响信号机正常工作及使用操作,不应影响安全及信号机的防水性能。

5.12 连续工作稳定性

信号机接信号灯(要求为白炽灯)负载连续通电工作 240 h,不应出现任何故障。

6 试验方法

6.1 一般要求

如未标明特殊要求,所有试验均在下述条件下进行:

——温度:0 ℃~40 ℃;

——相对湿度:45%~90%;

——信号机供电电源:交流 220 V、50 Hz。

6.2 外观及结构检查

目视及用必要的器具检查信号机的外观及结构。

6.3 文字、图形和标志检查

根据信号机文字、图形和标志的要求，检查内容如下：

a) 目视检查信号机的外包装及标志、标签及产品检验合格证；

b) 目视检查信号机铭牌、操作面板、开关、按键、接线端子等标有文字、图形、标志的地方；

c) 分别用蘸有水及90号以上汽油的棉布分别连续擦拭信号机文字、图形、标志15 s，目视检查文字、图形、标志。

6.4 电源及电气装置检查

目视(必要时应使用器具)检查信号机的电源、插座、开关、避雷装置、灯控器件、内部照明装置、接线端子、导线、布线、接地等。

6.5 负载要求检测

信号机接符合要求的信号灯，信号机正常工作，在信号灯熄灭期间，用交流电压表测量信号机输出到该信号灯的电压。

6.6 功能测试

6.6.1 黄闪频率测试

将信号机设定在黄闪工作状态，用秒表测量一分钟内黄闪信号的亮暗次数。

6.6.2 启动时序检查

信号机通电开始运行或由待命模式转为自动及手动控制模式时，目视检查信号机的启动时序。

6.6.3 信号转换检查

信号机正常工作时，目视检查信号的基本转换序列。

6.6.4 控制方式转换检查

信号机由手动控制转为自动控制或由自动控制转为手动控制方式时，目视检查控制方式转换过程。

6.6.5 控制功能检查

根据信号机的不同分类，检查下列各种控制功能设置及运行情况：

——将信号机设置为手动工作方式，按一次手动按钮，信号灯状态改变一次，检查信号显示是否按预先设置好的相位序列推进；

——通过操作面板设置三个时段的控制方案，检查信号机在时段过渡时控制方案是否平滑转换；

——通过按动行人按钮，检查行人请求功能；

——将模拟车辆检测器输出信号随机输入被测信号机，检查被测信号机是否按感应控制策略运行，检查信号机最小绿灯时间和最大绿灯时间；

——设定2台信号机的相位差，并对其时钟进行校准，让2台信号机在相同的配时方案不间断持续工作72 h，试验期间信号机不更换配时方案，然后检查2台信号机的绿灯起始运行时间之差是否与设定的相位差相符。

6.6.6 通信接口检查

6.6.6.1 上传信息检查

将信号机通过通信接口与测试用上位机连接，上位机中应含有接口通信及测试软件，按5.6.4.3.1的要求，通过上位机查询、测试信号机的上传信息。

6.6.6.2 下载信息检查

将信号机通过通信接口与测试用上位机连接，按5.6.4.3.2的要求通过上位机对信号机进行信息下载设定，检查信号机是否能够接受上位机指令，并按指令运行。

6.7 故障监控功能测试

将信号机设置在正常工作情况下，人为模拟5.5.3中所示的各项故障，检查信号机的故障处理、记录存储功能。

6.8 电气安全测试

6.8.1 电源电压适应性

6.8.1.1 试验装置

试验装置为变频变压电源，分辨率为0.1 V。

6.8.1.2 试验步骤

信号机用变频变压电源供电，电源电压及频率均设置为信号机额定值，信号机接信号灯在定周期方式下正常工作30 min后，按表1设置信号机电源电压值、频率值及工作时间，检查信号机的各项功能。

6.8.2 绝缘测试

断开信号机电源，信号机处于非工作态，所有开关置于接通位置。分别在电源电极或其他导电电路和机柜、安装机箱等易触及部件(不包括避雷器)之间及施加直流500 V试验电压，稳定1 min后，测量绝缘电阻。

6.8.3 耐压测试

断开信号机电源，信号机处于非工作态，所有开关置于接通位置。分别在电源电极或与其他导电电路和机柜、安装机箱等易触及部件(不包括避雷器)之间施加交流1 500 V、50 Hz试验电压，试验电压应在5 s～10 s中逐渐上升到规定值，在规定的电压上保持1 min。

6.9 电磁抗扰度测试

6.9.1 静电放电抗扰度测试

6.9.1.1 试验条件及装置

气候条件应满足以下要求：

——环境温度：10 ℃～35 ℃；

——相对湿度：45%～80%。

试验用静电放电发生器应符合GB/T 17626.2的要求。

6.9.1.2 试验方法

受试信号机通电正常工作，信号机机柜按使用要求接地。放电点选择为在正常使用信号机时操作人员易触及的一些点和表面，如外壳、控制面板、操作键盘等处进行接触放电试验，试验速率为2 s放电1次，每个放电点应对正极性或负极性各放电10次，试验电压为4 kV。

6.9.2 电快速瞬变脉冲群抗扰度测试

6.9.2.1 试验条件及装置

气候条件应满足以下要求：

——环境温度：10 ℃～35 ℃；

——相对湿度：45%～80%。

试验用电快速瞬变脉冲群发生器应符合GB/T 17626.4要求。

6.9.2.2 试验方法

受试信号机通电正常工作，信号机机柜接地。试验室的布置应符合GB/T 17626.4的要求，试验电压极性选择正或者负，试验持续时间为2 min，耦合的端口为信号机主供电电源端口，试验电压要逐次加在每一根交流电源线与地线之间，试验电压为2 kV(峰值)，重复频率5 kHz。

6.9.3 浪涌抗扰度测试

6.9.3.1 试验条件及装置

气候条件应满足以下要求：

——环境温度：10 ℃～35 ℃；

——相对湿度：45%～80%。

试验用雷击浪涌发生器和耦合/去耦网络均应符合GB/T 17626.5的要求。

6.9.3.2 试验方法

受试信号机通电正常工作，信号机机柜接地。试验配置应符合 GB/T 17626.5 的要求。试验部位选定为电源端口，试验电压要逐次加在电源相线之间及电源线与地线之间，线—线试验电压为 1 kV(峰值)，线—地试验电压为 2 kV(峰值)，正负极性的干扰各加 5 次，每次浪涌的重复率为 1 次/30 s。

6.9.4 电压短时中断抗扰度测试

6.9.4.1 试验条件及装置

气候条件应满足以下要求：

——环境温度：10 ℃～35 ℃；

——相对湿度：45%～80%。

试验用信号发生器应符合 GB/T 17626.11 的要求。

6.9.4.2 试验方法

受试信号机通电正常工作，信号机机柜接地。试验配置应符合 GB/T 17626.11 的要求，短时中断试验等级为 0%U_T，持续时间为 20 个电压周期，共进行 5 次试验，每次试验之间最小间隔为 25 s。

6.10 气候环境试验

6.10.1 高温高电压试验

6.10.1.1 试验装置

试验装置应符合 GB/T 2423.2 的要求。

6.10.1.2 试验方法

信号机按正常工作方式接信号灯，将信号机放入高温试验箱，信号机电源设置为交流 264 V、50 Hz，将信号机设定在定时方式下正常工作，并按下列步骤调节试验箱：

a) 在 25 ℃±2 ℃保持 30 min；

b) 升温至 70 ℃±2 ℃，保持 8 h；

c) 断开信号机电源，降温至 25 ℃±2 ℃后，取出信号机，将信号机在 6.1 规定的大气条件下恢复 2 h，进行外观、结构及功能检查。

6.10.2 低温低电压试验

6.10.2.1 试验装置

试验装置应符合 GB/T 2423.1 的要求。

6.10.2.2 试验方法

信号机按正常工作方式接信号灯，根据信号机标称的工作耐温等级，试验按 A、B 两种等级进行。

a) A 级耐温性信号机：

将信号机放入低温试验箱，信号机电源设置为交流 176 V、50 Hz，将信号机设定在定时方式下正常工作，并按下列步骤调节试验箱：

1) 在 25 ℃±2 ℃保持 30 min；

2) 降温至−40 ℃±3 ℃，保持 8 h；

3) 升温至 25 ℃±2 ℃，取出信号机。

信号机在 6.1 规定的大气条件下恢复 2 h 后，进行外观、结构及功能检查。

b) B 级耐温性信号机：

将连接完毕的信号机放入低温试验箱，信号机电源设置为交流 176 V、50 Hz，将信号机设定在定时方式下正常工作，并按下列步骤调节试验箱：

1) 在 25 ℃±2 ℃保持 30 min；

2) 降温至−20 ℃±3 ℃，保持 8 h；

3) 升温至 25 ℃±2 ℃，取出信号机。

信号机在 6.1 规定的大气条件下恢复 2 h 后，进行外观、结构及功能检查。

6.10.3 低温启动试验

6.10.3.1 试验设备

试验装置应符合 GB/T 2423.1 的要求。

6.10.3.2 试验方法

信号机按正常工作方式接任意型号的信号灯。根据信号机的标称工作耐温等级，试验按 A、B 两种等级进行。

a) 耐温性 A 级信号机：

将连接完毕的信号机放入低温试验箱，不通电源，并按下列步骤调节试验箱：

1) 在 25 ℃±2 ℃保持 30 min；

2) 降温至−40 ℃±3 ℃，保持 8 h 后，通电。

进行外观、结构及功能检查。

b) 耐温性 B 级信号机：

将连接完毕的信号机放入低温试验箱，不通电源，并按下列步骤调节试验箱：

1) 在 25 ℃±2 ℃保持 30 min；

2) 降温至−20 ℃±3 ℃，保持 8 h 后，通电。

进行外观、结构及功能检查。

6.10.4 恒温恒湿试验

6.10.4.1 试验装置

试验装置应符合 GB/T 2423.3 的要求。

6.10.4.2 试验方法

将连接完毕并处于不通电状态的信号机放入试验箱。信号机在干球温度为 40 ℃±2 ℃，相对湿度为 90%～95%环境中保持 24 h 后，接通信号机电源，将信号机设定在定周期方式下正常工作，再保持 24 h，试验后立即按 6.8.2 和 6.8.3 进行绝缘电阻和耐压测试。

取出信号机，在 6.1 规定的大气条件下恢复 2 h 后，按照 5.9a)的要求进行检查。

6.10.5 雨淋试验

6.10.5.1 试验装置

试验装置应符合 GB/T 2423.38 的要求。

6.10.5.2 试验方法

接通信号机电源，将信号机设定在定周期方式下正常运行，信号机按正常工作位置放置在试验中心位置，雨淋试验喷水量为 24.5 L/h，雨淋试验摆管以不小于 120°的角度来回摆动，摆动周期为 5 s±2 s，持续时间为 2 h。试验后信号机在 6.1 规定的大气条件下恢复 1 h 后，按照 5.9b)的要求进行检查。

6.10.6 盐雾试验

将试样以正常工作位置放入试验箱内。试验箱温度为 35 ℃±2 ℃，盐雾溶液质量百分比浓度为 5%±0.1%，盐雾沉降率为 1.0 mL/h · 80 cm^2～2.0 mL/h · 80 cm^2，在 48 h 内每隔 45 min 喷雾 15 min进行试验。试验后用流水清洗掉信号机机柜表面的沉积物，洗涤水温不应超过 35 ℃，试验后信号机在 6.1 规定的大气条件下恢复 1 h 后，按照 5.9c)的要求进行检查。

6.10.7 粉尘试验

将未通电的信号机放入粉尘试验箱，试验箱温度应保持在 0 ℃～35 ℃，相对湿度为 45%～80%，试验箱中保持 5 kg 水泥(525 号)或滑石粉，每 10 min 扬尘 5 s，持续 2 h 后取出。试验后信号机在 6.1 规定的大气条件下恢复 1 h 后，按照 5.9d)的要求进行检查。

6.11 机械环境试验

6.11.1 振动试验

6.11.1.1 试验装置

试验装置应符合 GB/T 2423.10 的要求。

6.11.1.2 试验方法

将非工作状态的信号机安装在振动试验台上，在信号机的任意一方向上进行定频振动试验，振动频率为 33 Hz，频率误差为±2%，振动加速度值 1 *g*，持续时间为 1 h。试验结束后按照 5.10 要求进行检查。

6.11.2 碰撞试验

6.11.2.1 试验装置

试验设备应符合 GB/T 2423.6 的要求。

6.11.2.2 试验方法

将连接完毕并处于工作状态的信号机按正常工作安装位置紧固在碰撞试验台上，以峰值加速度 10 *g*，脉冲持续时间为 16 ms 的半正弦波脉冲对信号机连续碰撞 100 次，试验结束后按照 5.10 要求进行检查。

6.12 钢球冲击试验

按 GB 4943 的要求进行试验，试验后按照 5.11 的要求进行检查。

6.13 连续工作稳定性试验

将信号机设定在多时段定时工作方式下，接信号灯(100 W 白炽灯负载)连续通电工作 240 h，试验中及试验后信号机不应出现任何故障。

试验前校准信号机日历时钟，试验后按照 5.4.1 要求，检查信号机日历时钟精度。

7 检验规则

7.1 型式检验

信号机的型式检验在以下几种情况下进行：

——产品新设计试生产；

——转产或转厂；

——停产后复产；

——结构、材料或工艺有重大改变；

——国家有关产品质量监督机构提出要求或合同规定等。

7.2 出厂检验

型式检验合格后，在产品出厂前，应逐台对信号机进行出厂检验，以保证出厂产品质量符合本标准的要求。

7.3 合格判定

7.3.1 型式检验合格判定

按表 2 的规定进行型式检验，如果有一项试验不符合要求，则判定该型号信号机型式检验不合格。

表 2 试验项目和试验顺序表

序号	试验项目	试验方法条款	型式检验	出厂检验
1	外观及结构检查	6.2	√	√
2	文字、图形和标志符号检查	6.3	√	√
3	电源及电气装置检查	6.4	√	√
4	负载要求检测	6.5	√	√
5	功能测试	6.6	√	√
6	故障监控功能测试	6.7	√	√
7	电气安全测试	6.8	√	√

表 2（续）

序号	试验项目	试验方法条款	型式检验	出厂检验
8	电磁抗扰度测试	6.9	√	
9	气候环境试验	6.10	√	
10	机械环境试验	6.11	√	
11	钢球冲击试验	6.12	√	
12	连续工作稳定性试验	6.13	√	√
注：表中“√”表示进行此项试验。				

7.3.2 出厂检验合格判定

按表 2 的规定进行出厂检验，如果有一项试验不符合要求，则判定该台信号机出厂检验不合格，应进行返工或返修后重新检验。

8 标志、标签和包装

8.1 标志、标签

信号机的外包装应体现如下内容：

——中文产品名称、规格型号、种类、耐温等级、电源电压、频率等主要电气参数、结构尺寸、整机重量；

——制造商名称、详细地址、产品产地、商标；

——产品所执行的、符合的标准编号及标准名称。

8.2 检验合格证

每台出厂的信号机必须要有产品检验合格证，检验合格证应有如下内容：

——产品名称、型号、种类；

——制造单位名称；

——执行的产品标准编号；

——出厂检验结论、检验日期；

——检验员签名或检验代号。

8.3 包装

包装箱应符合防潮、防尘、防震的要求。

单个包装箱内应有使用说明书、保修卡、产品检验合格证或检验标志及其他附件，包装好的产品均应能承受汽车、火车、轮船和飞机等的运输。

参 考 文 献

［1］ GB/T 17618—1998 信息技术设备抗扰度限值和测量方法.

［2］ GB 14887—2003 道路交通信号灯.

［3］ 欧洲标准 EN 12675:2001 交通信号控制机 功能安全要求.

［4］ 全美电气制造商协会标准 NEMA TS2—2003 符合全美智能交通运输协议(NTCIP)要求的交通信号控制器.

［5］ 澳大利亚国家标准 AS 2578.1—1998 交通信号控制机 第1部分:机械结构和电气性能.

［6］ 澳大利亚国家标准 AS 4191—1994 移动式交通信号系统.

ICS 03.220.20
R 04

中华人民共和国国家标准

GB/T 25281—2010

道路作业人员安全标志服

The vest with safety sign for the working people on roads

2010-11-10 发布　　2011-03-01 实施

中华人民共和国国家质量监督检验检疫总局
中国国家标准化管理委员会　发布

前　言

本标准由全国交通工程设施(公路)标准化技术委员会(SAC/TC 223)提出并归口。

本标准起草单位:交通部公路科学研究院、国家交通安全设施质量监督检验中心、北京中交华安科技有限公司。

本标准主要起草人:奚必仁、苏文英、陆宇红、马骏。

道路作业人员安全标志服

1 范围

本标准规定了道路作业人员安全标志服(以下简称标志服)的式样和规格、技术要求、试验方法、检验规则和标志、包装、运输及贮存的要求。

本标准适用于在道路上进行养护、施工、路政、环卫等作业的人员应穿着的标志服。其他需要穿着标志服的工作人员可参照执行。

2 规范性引用文件

下列文件中的条款通过本标准的引用而成为本标准的条款。凡是注日期的引用文件,其随后所有的修改单(不包括勘误的内容)或修订版均不适用于本标准,然而,鼓励根据本标准达成协议的各方研究是否可使用这些文件的最新版本。凡是不注日期的引用文件,其最新版本适用于本标准。

GB/T 3978 标准照明体和几何条件

GB/T 3979 物体色的测量方法

GB/T 4669 纺织品 机织物 单位长度质量和单位面积质量的测定(GB/T 4669—2008,ISO 3801:1977,MOD)

GB/T 4745 纺织织物 表面抗湿性测定 沾水试验(GB/T 4745—1997,eqv ISO 4920:1981)

GB/T 8427 纺织品 色牢度试验 耐人造光色牢度:氙弧(GB/T 8427—2008,ISO 105 B02:1994,MOD)

GB/T 8629—2001 纺织品 试验用家庭洗涤和干燥程序(eqv ISO 6330:2000)

GB/T 13772.1 纺织品 机织物接缝处纱线抗滑移的测定 第1部分:定滑移量法(GB/T 13772.1—2008,ISO 13936-1:2004,IDT)

GB/T 18833 公路交通标志反光膜

GA 732—2007 警服材料 锦丝搭扣带

JTG E50—2006 公路工程土工合成材料试验规程

3 标志服式样和规格

3.1 标志服的式样

3.1.1 服装分类

标志服分普通型和网格型两种。普通型标志服宜白天作业时穿着;网格型标志服宜夜间工作时穿着。

3.1.2 普通型标志服

3.1.2.1 普通型标志服包括V字领的标志背心和标志帽,其式样见图1。

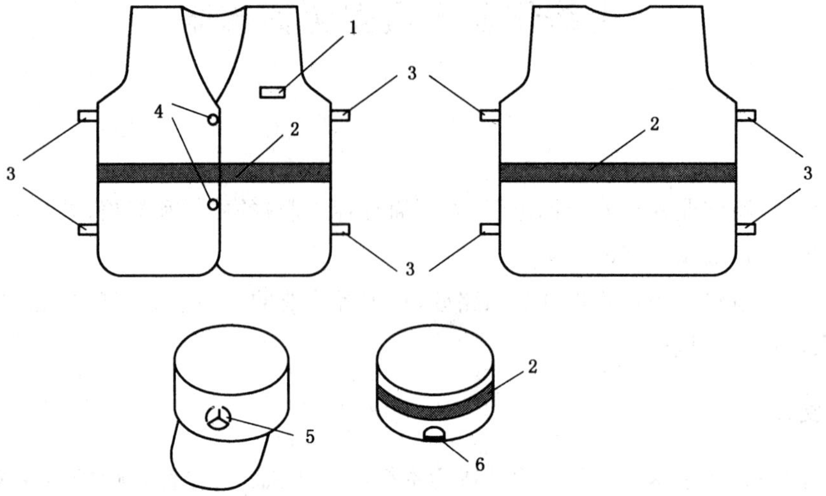

1——标记；

2——反光材料；

3——锦丝搭扣带；

4——行业专用扣；

5——行业标记；

6——松紧带或搭扣。

图 1 普通型标志服式样示意图

3.1.2.2 普通型标志服由荧光桔红色的织物缝制而成。标志背心的左胸前可缝制行业标记，如公路行业，可缝有如图 2 所示的白底红字的公路标记。其腰围一圈，水平缝有反光材料如反光布或反光带至少一条。前后片在腋下，通过缝制锦丝搭扣带连接。正前方使用两颗金色行业专用扣。

图 2 公路标记示意图

3.1.2.3 标志帽为普通工作帽式样，正前方可印黑色行业标记，正后方水平缝有反光材料一条，底边有松紧带或搭扣，调节帽围的大小。

3.1.3 网格型标志服

3.1.3.1 网格型标志服包括网格背心和标志帽，其式样见图 3。

3.1.3.2 网格背心由荧光桔红色的涤纶网眼布缝制而成。其左胸前可缝制行业标记；胸围一圈应水平缝有三条平行的反光材料。在前片左右下方和后片的搭攀上，缝有锦丝搭扣带，连接前后片，并可调节胸围和腰围的大小。

3.1.3.3 标志帽为普通工作帽式样如图 1 或图 3。可用荧光桔红色的涤纶网眼布制作，也可与普通标志帽相同。

3.2 标志服的规格

普通型标志服分成特大、大、中、小等四个型号。网格背心无大小型号之分。

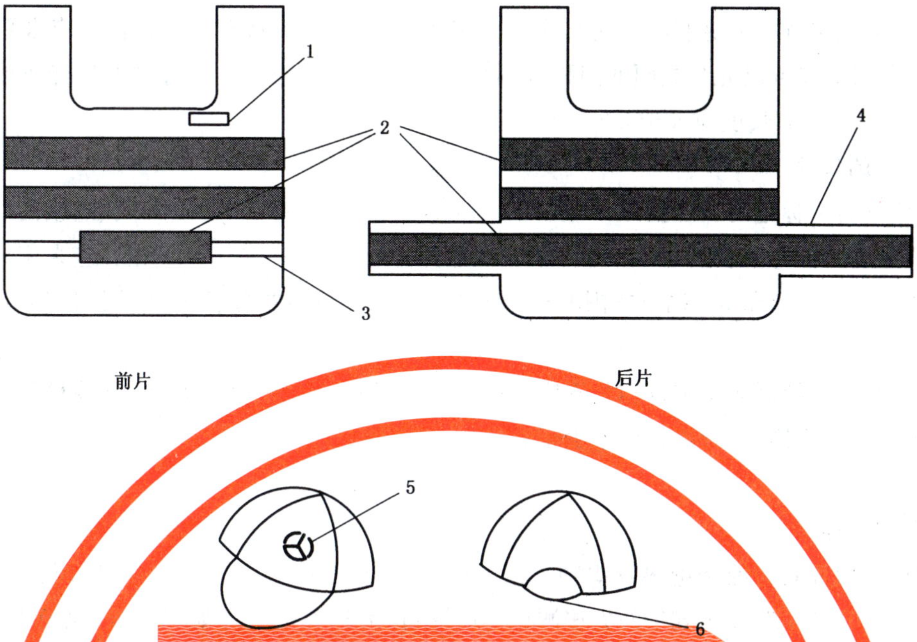

1——标记；
2——反光材料；
3——锦丝搭扣带；
4——搭攀；
5——行业标记；
6——松紧带或搭扣。

图 3 网格型标志服式样示意图

4 技术要求

4.1 标志服的外观和尺寸

4.1.1 外观

标志服应缝制、熨烫平整，颜色均匀一致。普通型标志服面料上不应有明显的色差、跳丝、破洞、污斑、油渍等缺陷；前、后片应整片裁剪，不应有拼接。网格背心的涤纶网眼布上不应有花针、漏针、横路、拉毛、断头或颜色不均匀等疵点；网格背心的周边和拼接处，应使用颜色相近的织物滚边。缝制在标志服上反光材料的表面应平滑光洁，不应有划伤、漏涂、颜色不均匀或逆反射性能不均匀等缺陷。每件标志服上反光材料的拼接缝不应多于一处。

4.1.2 标志服的尺寸

4.1.2.1 服装的尺寸

普通型标志服的长度、胸围和帽围的尺寸及允差应符合表 1 的规定。

网格背心的长度应为 60 cm±2 cm，宽度 45 cm±2 cm。后片上的搭攀长度应不少于 20 cm，宽度应为 8 cm±0.5 cm。

表 1 标志服尺寸规格表

单位为厘米

型　号	部　位		
	衣长	胸围	帽围
特大	75±2	126±3	62±1
大	70±2	120±3	60±1
中	65±2	114±3	60±1
小	60±2	108±3	58±1

4.1.2.2　**反光材料的尺寸**

标志背心和网格背心上缝制的反光布或反光带宽度应为 50 mm±2 mm，长度应水平覆盖背心的腰围；两条平行反光布或反光带之间的间距应不小于 50 mm。标志帽上所缝制的反光布或反光带的宽度应为 25 mm±1 mm，长度应大于 270 mm。

4.1.2.3　**辅料的尺寸**

标志服胸前行业标记的长度宜为 50 mm±5 mm，宽度宜为 20 mm±2 mm。连接前后片的锦丝搭扣带应"勾""绒"搭配，每条长度应不少于 80 mm，宽度应为 25 mm±2 mm。钮扣应采用金色行业专用扣，直径应为 22 mm±2 mm。调节帽围的松紧带松弛状态长度或搭扣长度应不小于 40 mm。

4.2　**缝制**

标志服各部位的缝制应平整、美观，不应有抽皱、扭曲等缺陷。针码要均匀，缝线松紧合适，不出套，不跳线，首尾回针应牢固，回针部位应不少于五针。

4.3　**面料**

4.3.1　**材质和规格**

普通型标志服面料为纯涤纶斜纹织物。按 GB/T 4669 规定的方法测试，单位面积质量应不低于 140 g/m^2。按 GB/T 13772.1 规定的方法测试，其纱线抗滑移性应达到如下要求：当标志服面料织物中纱线经向和纬向的滑移量为 6 mm 时，其经向滑移阻力不应小于 250 N、纬向滑移阻力不应小于 300 N。

网格背心用涤纶网眼布制作。涤纶网眼布单位面积质量不应低于 100 g/m^2，其经向和纬向每 5 cm 长度内，孔数应不少于 13 个。按 JTG E50—2006 中 T1126CBR 顶破强力试验规定的方法测试，其顶破强力应不低于 800 N。

4.3.2　**色度性能**

标志服面料的颜色应采用荧光桔红色。普通型标志服面料颜色色品坐标和亮度因数应在表 2 规定的范围内，颜色色品图见图 4。

表 2　普通型标志服面料颜色各角点的色品坐标

色品坐标									亮度因数
角点坐标	x	y	x	y	x	y	x	y	
荧光桔红色	0.610	0.390	0.544	0.376	0.579	0.341	0.655	0.344	>0.25

4.3.3　**荧光性能**

普通型标志服面料的亮度值不应低于 20 cd/m^2。

4.3.4　**日晒牢度**

按 GB/T 8427 规定的方法测试，标志服面料的耐光色牢度应不低于五级。

4.4　**反光材料**

反光材料分反光布和反光带两种。

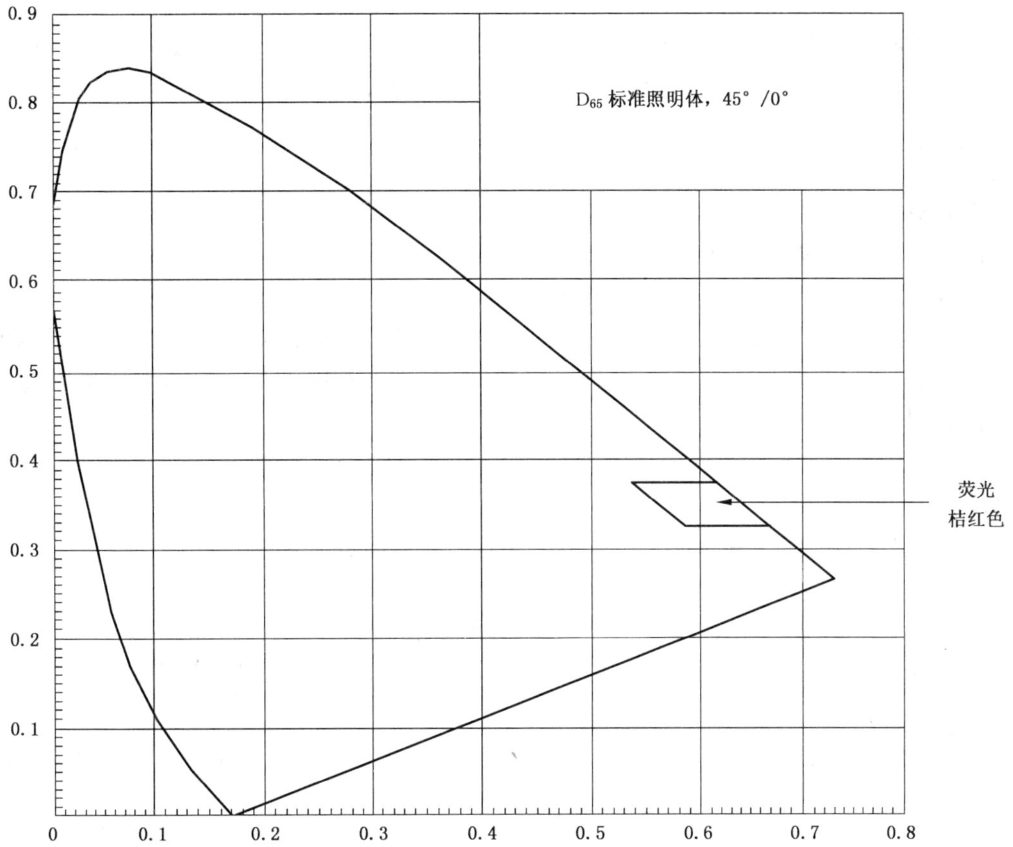

图 4 荧光桔红色色品图

4.4.1 逆反射系数 *R'*

用于标志服上反光材料的逆反射系数值不应低于表 3 的规定。

4.4.2 洗涤后反光材料的性能

洗涤后，反光布的涂层与基布之间不应出现起泡、起皱或分离的现象；反光带也不应出现起泡、起皱或层间分离的痕迹。各级反光材料在观测角为 0.2°、入射角为 −4°时的逆反射系数值不应低于表 3 相应值的 70%。

4.4.3 表面抗湿性

按 GB/T 4745 规定的方法测试，反光布的沾水等级不应低于四级。

表 3 反光材料的逆反射系数

观测角	入射角	最小逆反射系数/($cd \cdot lx^{-1} \cdot m^{-2}$)	
		一级	二级
0.2°	−4°	330	250
	15°	300	200
	30°	180	150
0.33°	4°	250	180
	15°	210	150
	30°	170	100
1°	−4°	25	20
	15°	18	15
	30°	12	9.0

4.5 锦丝搭扣带

标志服使用的锦丝搭扣带的颜色应与面料相近。按 GA 732—2007 规定的方法测试，其撕揭强度不应小于 1.3 N/cm、扣合强度不应小于 7.0 N/cm、耐用扣合强度应不小于 6.0 N/cm。

5 试验方法

5.1 试样的制备

根据不同情况，随机抽取下列物品制备各种试样：

a) 标志服生产厂制作的标志服产品，作为产品试样；

b) 制作标志服的面料织物或反光布，裁取 150 mm×150 mm，制成面料试样或反光布试样；

c) 标志服上的反光带或反光布，其宽度不应小于 50 mm，长度为 200 mm，制成反光带或条状反光布试样；

d) 其他被测物料，按试验方法的要求，裁取相应尺寸，制成该试验的试样。

5.2 状态调节

试样应在相应的测试环境中，放置 24 h 后，方可进行各种测试工作。

5.3 试验条件

5.3.1 一般光学性能的测试工作宜在温度 23 ℃±2 ℃，相对湿度 50%±5%的环境中进行。

5.3.2 织物质量的测试工作宜在温度 20 ℃±2 ℃，相对湿度 65%±4%的环境中进行。

5.4 外观

在白天光线明亮的条件下或在正上方安装了一只 60 W 日光灯的工作台上，目测检查标志服的外观质量、或用钢板尺等工具测量尺寸和缝制的要求。

5.5 色度性能

将试样平整放置在一平面上，采用 GB/T 3978 规定的 D_{65} 标准照明体及 45°/0°的照明观测条件，按 GB/T 3979 规定的方法，测出面料试样光谱的反射比，然后计算出该颜色的色品坐标。再测出试样和标准漫反射白板的光亮度，由两者之比值计算出亮度因数；或用直读式色度计直接测得各种颜色的色品坐标和亮度因数。

5.6 荧光性能

在暗室里，把面料试样平整地置于一平台上，用中心波长为 365 nm 的紫外线光源垂直照射在该试样上，调节照射距离，使试样表面的紫外线辐照度为 285 $\mu W/cm^2$，用亮度计从样品的 45°入射角方向测量试样的亮度值。

5.7 逆反射系数

按 GB/T 18833 规定的逆反射系数的测试方法，分别测出反光布、条状反光布或反光带试样在观测角分别为 0.2°、0.33°和 1°、入射角分别为－4°、15°和 30°时的逆反射系数。

5.8 反光材料的洗涤

把符合逆反射系数要求的反光布、条状反光布或反光带试样缝制在标志服面料上，制成反光材料洗涤试样。按 GB/T 8629—2001 的要求，投入 A 型水平转鼓型洗衣机(即滚筒式洗衣机)内，标准洗涤剂浓度为 1 g/L，洗涤程序为 GB/T 8629—2001 表 5 中的 2A。每经一个洗涤程序计为一次，共操作十次，然后取出试样晾干，测试其在观测角 0.2°、入射角－4°时的逆反射系数。

6 检验规则

6.1 检验的分类和要求

对标志服质量的检验分出厂检验和型式检验两种形式。

6.1.1 出厂检验

标志服产品出厂前，应随机抽取足够数量的样品，按表 4 的要求进行检验，检验合格后方可出厂。

表 4 出厂检验项目

序号	检验项目	技术要求	试验方法	备 注
1	外观要求	4.1	5.4	—
2	缝制要求	4.2	5.4	—
3	标志包装	7.1,7.2	目测和钢板尺	—

6.1.2 型式检验

6.1.2.1 定型检验

标志服生产厂在新产品投入批量生产前,应提供足够数量、具有代表性的新产品和原材料,做本标准规定的全套性能试验。试验结果全部合格后,才能开始批量生产。需方或上级质量监督部门有权按本标准或供需双方合同的规定,对标志服的质量进行抽检或复查。

6.1.2.2 周期检验

标志服生产厂在发生下列情况之一者,应进行周期检验:

a) 老产品转厂生产时;

b) 停产一年或一年以上的产品再生产时;

c) 正常生产的产品每经历两年生产时;

d) 产品的设计、工艺或材料的变化可能影响产品性能时。

周期检验应随机抽取足够数量的样品,做本标准规定的全套性能试验;或在产品的设计、工艺或材料的改变影响产品部分性能时,仅对受影响的项目进行检验。

6.2 检验结果处理

每项性能试验至少取样三个,试样测试结果全部合格即试验结果合格。三个(或三个以上)试样测试结果的算术平均值为试验结果。若某一试样的测试结果不符合标准的要求,则应从同一批产品中再抽取双倍数量的试样进行该不合格项目的复验,若复验结果全部合格,则整批产品合格;若复验结果(包括该项试验所要求的任一指标)即使有一个指标不合格,则整批产品为不合格产品。

7 标志、包装、运输及贮存

7.1 出厂的每一件标志服背心上应缝有包括生产厂家名称或商标、标志服的规格型号及反光布等级等内容的标记。

7.2 每套标志服应用无色透明的、厚度不小于 30 μm 的塑料袋包装。塑料袋正面应印有“中华人民共和国道路作业人员统一安全标志服”的黑色字样。

7.3 每批标志服产品,厂方应提供产品质量等级检验合格证。

7.4 成批产品应用纸箱包装或按购销合同要求进行包装运输。每个包装箱外壁应标有产品名称、制造厂名称、地址、电话、产品批号、规格、数量、反光布等级、出厂日期等。

7.5 标志服装箱时,应随箱附有产品使用说明书及质量等级检验合格证。

7.6 标志服产品应存放在阴凉通风处,保存期一般不超过两年。

ICS 73.080
D 53

中华人民共和国国家标准

GB/T 25282—2010

土壤和沉积物　13个微量元素形态顺序提取程序

Soil and sediment—Sequential extraction procedure of speciation of 13 trace elements

2010-11-10 发布　　2011-02-01 实施

中华人民共和国国家质量监督检验检疫总局
中国国家标准化管理委员会　发布

前　言

本标准的附录A为资料性附录。

本标准由中华人民共和国国土资源部提出。

本标准由全国国土资源标准化技术委员会归口。

本标准起草单位:国家地质实验测试中心。

本标准主要起草人:王亚平、许春雪、王苏明、王岚、安子怡、黄毅。

本标准为首次发布。

引　　言

元素的形态是生态地球化学调查与评价的重要内容之一，是研究元素迁移和转化等循环规律的重要基础。大量研究表明，重金属等痕量元素的毒性和迁移能力主要取决于它们特定的化学形态和结合状态。由于实际工作中很难严格测定样品中元素的形态，故通常采用顺序提取这种替代方案测定元素的形态。

顺序提取方案相对来说是一种实验操作意义上的概念，它模拟自然的和人为的环境条件变化，按试剂提取能力从弱到强的原则，合理使用一系列选择性试剂连续溶解不同吸持痕量元素的矿物相，将样品中不同赋存状态的元素解析出来。欧共体标准局顺序提取方案（BCR sequential extraciton procedure）是目前国际上应用最为广泛的方案之一。

欧共体标准局顺序提取方案（BCR sequential extraciton procedure）分三步完成土壤和沉积物中元素形态顺序提取程序，第一步为乙酸提取的弱酸提取态，第二步为盐酸羟胺溶液提取的可还原态，第三步为过氧化氢和乙酸铵溶液提取的可氧化态。该方案经历了20多年的实践检验，进行了多次有20多个欧盟著名实验室参加的比对实验，是比较成熟的土壤和沉积物元素形态分析顺序提取方案。

为了解决顺序提取流程各异，数据缺乏可比性的问题，本标准以欧共体标准局顺序提取方案为基础，结合生态地球化学调查与评价的需求和特点，在其顺序提取弱酸提取态、可还原态和可氧化态三个形态的基础上，增加残渣态和水溶态。增加的水溶态单独取样提取，以不破坏原欧共体标准局顺序提取方案的完整性。

土壤和沉积物　13 个微量元素
形态顺序提取程序

警示:本标准可能涉及到有害物质和设备安全操作,但标准内对使用中的有关安全问题没有说明。本标准的使用者有责任制定合适的卫生和安全规程,并在使用前就应明确其适用范围。

1　范围

本标准规定了土壤和沉积物中砷(As)、镉(Cd)、钴(Co)、铬(Cr)、铜(Cu)、汞(Hg)、钼(Mo)、锰(Mn)、镍(Ni)、铅(Pb)、锑(Sb)、硒(Se)和锌(Zn)13 个元素弱酸提取态、可还原态、可氧化态、残渣态和水溶态五个形态顺序提取条件和提取程序。

本标准适用于土壤和沉积物中上述 13 个元素之五个形态的提取。

2　规范性引用文件

下列文件中的条款通过本标准的引用而成为本标准的条款。凡是注日期的引用文件,其随后所有的修改单(不包括勘误的内容)或修订版不适用于本标准,然而,鼓励根据本标准达成协议的各方研究是否可使用这些文件的最新版本。凡是不注日期的引用文件,其最新版本适用于本标准。

GB/T 6682　分析实验室用水规格和试验方法

GB/T 14506.1　硅酸盐岩石化学分析方法　第 1 部分:吸附水量测定

3　术语和定义

下列术语和定义适用于本标准。

3.1

顺序提取　sequential extraction

根据物理性质(如粒度、溶解度等)或化学性质(如结合状态、反应活性等)不同,把样品中一种或一组被测定物质进行分类依次提取的过程。

3.2

形态　speciation

一种元素的形态即该元素在一个体系中特定化学形式的分布。

3.3

弱酸提取态　mild acido-soluble fraction

乙酸溶液提取的元素形态。主要指被静电吸附在土壤和沉积物颗粒表面,可被离子交换释放的元素形态,以及束缚在碳酸盐中的元素形态。

3.4

可还原态　reducible fraction

盐酸羟胺溶液提取的元素形态。主要指被氧化铁、氧化锰等吸持的元素形态。

3.5

可氧化态　oxidisable fraction

过氧化氢溶液和乙酸铵溶液提取的元素形态。主要指与有机质活性基团结合的元素形态,以及硫化物被氧化为可溶性硫酸盐形式的元素形态。

3.6

残渣态 residual fraction

盐酸-硝酸-氢氟酸-高氯酸溶液提取的元素形态。主要指存在于硅酸盐晶格中的元素形态。

3.7

水溶态 water-soluble fraction

水溶液提取的元素形态。主要指被较弱吸附、易被植物直接吸收和利用的元素形态。

4 符号

下列符号适用于本标准。

L1:顺序提取程序第一步(弱酸提取态)的提取液。

R1:顺序提取程序第一步(弱酸提取态)提取后的固体剩余物。

L2:顺序提取程序第二步(可还原态)的提取液。

R2:顺序提取程序第二步(可还原态)提取后的固体剩余物。

L3:顺序提取程序第三步(可氧化态)的提取液。

R3:顺序提取程序第三步(可氧化态)提取后的固体剩余物。

L0:顺序提取程序水溶态的提取液。

R0:顺序提取程序水溶态提取后的固体剩余物。

5 原理

按四步程序对土壤和沉积物中13个微量元素形态进行顺序提取:

第一步为乙酸提取弱酸提取态(包括离子交换态和碳酸盐结合态);

第二步为盐酸羟胺溶液提取可还原态(铁、锰、铝氧化态);

第三步为过氧化氢和乙酸铵溶液提取可氧化态(包括有机结合态和硫化物);

第四步为盐酸-硝酸-氢氟酸-高氯酸混合酸溶解残渣态。

以上步骤完成后,另称一份试料单独提取水溶态。

6 试剂

除非另有说明,在顺序提取程序中所用试剂均为优级纯,所用水应符合GB/T 6682的要求或为二次离子交换水(蒸馏水)和超纯水(为蒸馏水经Milli-Q纯化系统纯化)。

6.1 盐酸(ρ1.19 g/mL)。

6.2 高氯酸(ρ1.68 g/mL)。**警告:易爆品,小心操作!**

6.3 氢氟酸(ρ1.15 g/mL)。**警告:氢氟酸有毒并有腐蚀性,操作时应戴手套,防止皮肤接触。**

6.4 硝酸(ρ1.42 g/mL)。

6.5 硝酸(1+7)。

6.6 硝酸(1+3)。

6.7 乙酸溶液[$c(HAc)=0.11$ mol/L]:在1 L聚乙烯容量瓶中加入约0.5 L水,移取25.00 mL乙酸,用水稀释至刻度,摇匀。移取配制好的溶液250.0 mL于1 L聚乙烯容量瓶中,用水稀释至刻度,摇匀。

6.8 盐酸羟胺溶液[$c(NH_2OH \cdot HCl)=0.50$ mol/L]:准确称取34.75 g盐酸羟胺置于烧杯中,加入约400 mL水溶解。溶解后移入1 L聚乙烯容量瓶中,加25.00 mL硝酸(6.5),用水稀释至刻度,摇匀。新鲜配制。

6.9 过氧化氢溶液(H_2O_2):用硝酸(6.4)调节过氧化氢溶液酸度为pH值2~3,摇匀。

6.10 乙酸铵溶液[$c(NH_4Ac)=1.000$ mol/L]:准确称取77.08 g乙酸铵置于烧杯中,加入约800 mL水溶解,溶解后移入1 L聚乙烯容量瓶中,用硝酸(6.4)调节pH值至2.0,用水稀释至刻度,摇匀。

7 设备

7.1 具盖聚乙烯离心杯(250 mL)。

7.2 往复式自动振荡器,指定振荡频率为 180 r/min±20 r/min。

7.3 离心机 离心力大于 4 500g。

注:离心力计算公式为:$G=r\times 11.18\times 10^{-6}\times v^2$,其中 G 代表离心力,单位为克(g);r 为有效离心半径,即从离心机轴心到离心管桶底的长度,单位为厘米(cm);v 为离心机每分钟的转速,单位为转每分钟(r/min)。

7.4 可调式电热恒温水浴锅,指定温度为 85 ℃±2 ℃。

7.5 天平,三级,感量 0.1 mg。

8 提取条件

8.1 所有的实验容器(包括离心杯)应使用硼硅酸盐玻璃、聚丙烯、聚乙烯或者聚四氟乙烯容器。

8.2 盛装试料或试剂的容器应使用硝酸(6.6)浸泡过夜,使用前用水反复冲洗。

8.3 室温为 22 ℃±5 ℃。

8.4 离心机的离心条件:在第一步至第四步中,离心力为 3 000g,离心 20 min;水溶态提取步骤中,离心力为 4 500g,离心 30 min。

8.5 试剂在使用前均应平衡到规定室温(8.3)。

8.6 离心杯使用前需 60 ℃恒重,记录质量。

8.7 振荡过程中应确保试料始终处于悬浮状态。

9 试样

9.1 土壤和沉积物试样粒径应小于 100 μm。

9.2 试样应在 60 ℃预干燥 2 h~4 h,置于干燥器中,冷却至室温。

9.3 称样时,同时称取两份试料,其中一份按 GB/T 14506.1 进行吸附水的测定,最终以干态计算结果。另一份按以下的顺序提取程序进行元素各形态的提取。

10 提取步骤

10.1 空白试验

空白容器进行全程的清洗后,从每一批中取出 1 个~2 个,随同试料从第一步开始进行顺序提取。

10.2 顺序提取程序

10.2.1 第一步(弱酸提取态)

称取 1 g 试料于离心杯(7.1)中,加入 40.00 mL 乙酸溶液(6.7),边加边摇匀,盖上盖子,在本标准规定的室温下(8.3,下同)于往复式自动振荡器(7.2)上振荡 16 h,并在规定离心条件下离心(8.4)。将离心杯(7.1)中上层液体,即提取液 L1 倾析至聚乙烯容器中。当天测定提取液 L1 中 13 个微量元素,或将提取液 L1 贮于 0 ℃~4 ℃的冰箱中待测。

注:元素分析方法参见附录 A,下同。

在离心杯(7.1)中加入 20 mL 水,盖上盖子,摇匀。在规定室温下(8.3)于往复式自动振荡器(7.2)上振荡 15 min,并在规定离心条件下离心(8.4)。离心后,倒掉离心杯(7.1)中的上层液体(不能将任何固体剩余物倒出),离心杯(7.1)中为固体剩余物 R1。

10.2.2 第二步(可还原态)

在装有固体剩余物 R1 的离心杯(7.1)中加入 40.00 mL 盐酸羟胺溶液(6.8),边加边摇匀,盖上盖子,在规定室温下(8.3)于往复式自动振荡器(7.2)上振荡 16 h,在规定离心条件下离心(8.4)。将离心杯(7.1)中上层液体,即提取液 L2 倾析至聚乙烯容器中。当天测定提取液 L2 中 13 个微量元素,或将提取液 L2 贮于 0 ℃～4 ℃的冰箱中待测。

在离心杯(7.1)中加入 20 mL 水，盖上盖子，摇匀。在规定室温下(8.3)于往复式自动振荡器(7.2)上振荡 15 min，在规定离心条件下离心(8.4)。离心后，倒掉离心杯(7.1)中的上层液体(不能将任何固体剩余物倒出)，离心杯(7.1)中为固体剩余物 R2。

10.2.3　第三步(可氧化态)

在装有固体剩余物 R2 的离心杯(7.1)中分(3～4)次缓慢加入 10.00 mL 过氧化氢(6.9)，盖上盖子，室温下消化 1 h，消化过程中每 10 min 手动摇晃一次。继续在可调式电热恒温水浴锅(7.4)中消化 1 h，每 10 分钟手动摇晃一次。然后移去盖子，继续加热控制体积少于 3 mL。在可调式电热恒温水浴锅(7.4)取出离心杯，冷却。分(3～4)次小心加入 10.00 mL 过氧化氢(6.9)，盖上盖子，在可调式电热恒温水浴锅(7.4)中加热消化 1 h，每 10 分钟手动摇晃一次。然后移出盖子，继续加热控制体积约 1 mL(不要蒸干!)。取下离心杯，冷却。向离心杯中加入 50.00 mL 乙酸铵溶液(6.10)，边加边摇匀，盖上盖子，在规定室温下(8.3)于往复式自动振荡器(7.2)上振荡 16 h，在规定离心条件下离心(8.4)。将离心杯(7.1)中上层液体，即提取液 L3 倾析至聚乙烯容器中。当天测定提取液 L3 中 13 个微量元素，或将提取液 L3 贮于 0 ℃～4 ℃的冰箱中待测。

在离心杯(7.1)中加入 20 mL 水，盖上盖子，摇匀。在规定室温下(8.3)于往复式自动振荡器(7.2)上振荡 15 min，在规定离心条件下离心(8.4)。离心后，倒掉离心杯(7.1)中的上层液体(不能将任何固体剩余物倒出)，离心杯(7.1)中为固体剩余物 R3。

10.2.4　第四步(残渣态)

将装有固体剩余物 R3 的离心杯(7.1)放入约 60 ℃的可调式电热恒温水浴锅(7.4)中水浴，直至固体剩余物 R3 蒸干，取下放置。60 ℃恒重后，将固体剩余物 R3 彻底转移至样品袋中。固体剩余物 R3 经玛瑙研钵研磨后保存在干燥器中备用。

分取 0.1 g～0.2 g 固体剩余物 R3，用盐酸-硝酸-氢氟酸-高氯酸混合酸溶解，测定 13 个微量元素。

10.3　水溶态提取

称取 1 g 试料于离心杯(7.1)中，加入 20.00 mL 经煮沸冷却、pH 值为 7.0 的水，摇匀，盖上盖子，在规定室温下(8.3)于往复式自动振荡器(7.2)上振荡 16 h，在规定离心条件下离心(8.4)。将离心杯(7.1)中上层液体，即提取液 L0 倾析至聚乙烯容器中。提取液 L0 过 0.45 μm 的滤膜。当天测定提取液 L0 中 13 个微量元素，或将提取液 L0 贮于 0 ℃～4 ℃的冰箱中待测。

附 录 A
（资料性附录）
分析方法

推荐下列分析方法测定13个待测元素，列表于A.1中。应根据提取液中待测元素各形态的含量选择合适的分析方法。

表A.1 推荐的分析方法

分析方法	测定元素
ICP-MS	铜(Cu)、铅(Pb)、锌(Zn)、锰(Mn)、钴(Co)、镍(Ni)、镉(Cd)、铬(Cr)、钼(Mo)、砷(As)
ICP-AES	铜(Cu)、铅(Pb)、锌(Zn)、锰(Mn)、钴(Co)、镍(Ni)、镉(Cd)、铬(Cr)
GFAAS	铜(Cu)、铅(Pb)、锌(Zn)、锰(Mn)、钴(Co)、镍(Ni)、镉(Cd)
AFS	砷(As)、锑(Sb)、汞(Hg)、硒(Se)

注：ICP-MS:电感耦合等离子体质谱法；
ICP-AES:电感耦合等离子体发射光谱法；
GFAAS:石墨炉原子吸收光谱法；
AFS:原子荧光光度法。

参 考 文 献

[1] G. Rauret, J. F. López-Sánchez, D. Lück, et al. BCR sequential extraction procedure. EUR 19775 EN. 2001. 71-73.

[2] A. M. URE, Davison. Chemical speciation in the environment. Blackwell. 2002.

[3] 王亚平，黄毅，王苏明，等. 土壤和沉积物中元素的化学形态及其顺序提取法. 地质通报. 2005 (24), 8: 728-734.

[4] 王亚平，许春雪，王苏明，等. 土壤和沉积物重金属顺序提取形态国家一级标准物质研制报告. 2006. 9.

ICS 73.020
D 10

中华人民共和国国家标准

GB/T 25283—2010

矿产资源综合勘查评价规范

Specification for comprehensive exploration and evaluation of mineral resources

2010-11-10 发布　　2011-02-01 实施

中华人民共和国国家质量监督检验检疫总局
中国国家标准化管理委员会　发布

前　言

本标准的附录A、附录B、附录C、附录D、附录E、附录F、附录G、附录H、附录I、附录J、附录K、附录L、附录M、附录N、附录O、附录P、附录Q、附录R均为资料性附录。

本标准由中华人民共和国国土资源部提出。

本标准由全国国土资源标准化技术委员会(SAC/TC 93)归口。

本标准起草单位:国土资源部地质勘查司、矿产资源储量司、矿产资源储量评审中心、中国地质调查局、国土资源标准化研究中心、中国冶金地质总局、有色金属矿产地质调查中心、中国煤炭地质总局、中国人民武装警察部队黄金指挥部、中化地质矿山总局、中国建筑材料工业地质勘查中心、核工业地质局、中国石油勘探与生产公司。

本标准起草人:杨强、邓善德、袁琦、唐正国、邵厥年、徐金芳、雍卫华、万会、白冶、余中平、熊军、王炳铨、杨兵、张子光、苗建华、张金带、程永才。

引　　言

本标准是根据《中华人民共和国矿产资源法》第二十四条、第二十五条等条款，依据GB/T 17766—1999《固体矿产资源/储量分类》、GB/T 13908—2002《固体矿产地质勘查规范总则》，参照DZ/T 0199—2002《铀矿地质勘查规范》等18个矿种(类)规范，以及相关法律、法规、规范编制。

矿产资源综合勘查评价规范

1 范围

本标准规定了矿产资源勘查各阶段和矿山地质工作中，综合勘查评价的目的和任务、基本原则及工作要求、共生伴生矿产资源储量类型的确定和估算等。

本标准适用于矿产资源勘查各阶段和矿山地质工作的综合勘查评价，可作为评审、验收矿产资源勘查成果，估算、核实、评价共生伴生矿产资源储量，以及矿产资源勘查开发监督的技术依据之一。

2 规范性引用文件

下列文件中的条款通过本标准的引用而成为本标准的条款。凡是注日期的引用文件，其随后所有的修改单(不包括勘误的内容)或修订版均不适用于本标准，然而，鼓励根据本标准达成协议的各方研究是否可使用这些文件的最新版本。凡是不注日期的引用文件，其最新版本适用于本标准。

GB/T 17766　固体矿产资源/储量分类

DZ/T 0130(所有部分)　地质矿产实验室测试质量管理规范

3 术语和定义

下列术语和定义适用于本标准。

3.1

综合勘查　comprehensive exploration

按照主矿产地质勘查规范要求勘查某种主矿产的同时，根据本规范及相关规定，对共生伴生(以下简称共伴生)矿产进行的勘查工作(参见附录A、附录B、附录C)。

3.2

综合评价　comprehensive evaluation

在对主矿产进行勘查评价的同时，对共伴生矿产的赋存形式、分布规律、品位指标、可利用性、经济意义、矿产资源储量估算等进行研究评价，为综合开发和综合利用提供依据。

3.3

共生矿产　coexisting minerals

同一矿床或矿区内，存在两种或两种以上有用组分(矿石、矿物、元素，下同)，分别达到工业品位，或虽未达到工业品位，但已达到边界品位以上，经论证后可以制定综合工业指标的一组矿产，即为共生矿产。

其中经济社会价值较高或资源储量规模较大的矿产可确定为主矿产，其他则为共生矿产。共生矿产又分为同体共生矿产和异体共生矿产。

3.4

同体共生矿产　multi-mineral orebody

同一矿体中，在其三维方向上赋存有或衍变为两种及两种以上有用组分，分别达到工业品位，或虽未达到工业品位，但已达到边界品位以上，经论证后可以制定综合工业指标的矿产。

3.5

异体共生矿产　coexisting mineral in different orebody

同一矿床或矿区内，在不同的空间部位、矿段、区段，赋存有另一种或多种有用组分达到工业品位，或虽未达到工业品位但已达到边界品位以上，经论证后可以制定综合工业指标，并可分别单独圈出矿体的矿产。

3.6

伴生矿产　associated minerals

在主矿产矿体中赋存的未达到工业品位但已达到综合评价参考指标，或虽未达到综合评价参考指标，但可在加工选冶过程中单独出产品或可在主矿产的精矿及某一产品中富集且达到计价标准，通过开采主矿产可综合回收利用的其他有用组分矿产。

3.7

边界品位　cutoff grade (boundary tenor)

矿体圈定时对单个矿样中有用组分含量的最低要求，以作为区分矿石与围岩的一个最低界限。

3.8

工业品位　industrial grade

圈定矿体、估算矿产资源储量的一项指标。一般是指在当前的技术经济条件下可利用的、按单个工程（或块段）计算的有用组分含量的最低要求。

3.9

低品位矿　low-grade mineral

介于边界品位与工业品位之间、在当前技术经济条件下不具开采价值的矿产。

3.10

综合工业品位　comprehensive industrial grade

在同一矿床或矿体中存在两种或两种以上达不到工业品位一般要求的有用组分、但多种组分综合回收在技术经济上可行，或虽然有的组分达到工业品位一般要求、但因不同组分不均匀交互变化不宜分采分选，或多种组分综合回收后可降低工业品位要求的，经论证后综合确定的各有用组分的最低工业品位要求，或按等价原则折算为某一主组分的最低工业品位要求。

按相同原则，可同时制定相应的综合边界品位。

3.11

工业指标　industrial index

又称矿产工业要求。是通过技术经济论证提出的用于矿床勘查、圈定矿体、划分矿石类型、品级、估算矿产资源储量的技术标准或要求。主要包括矿石质量及开采技术条件方面的要求，如边界品位、工业品位、可采厚度、夹石剔除厚度、边坡角、剥采比以及某些矿产的矿石、矿物的物理技术性能等。

4　综合勘查评价的目的和任务

通过各勘查阶段及矿山地质工作中的矿产资源综合勘查评价工作，研究有用组分在矿床中的赋存状态、分布规律及可利用性，为资源评价、矿山建设设计、矿山生产提供矿产资源综合开发利用必要的地质资料，科学、合理地利用矿产资源。

4.1　预查阶段

全面收集区域矿产地质及物探、化探等资料，通过综合研究、类比、预测及初步的野外观察、极少量的工程验证，初步了解预查区内矿产资源远景，提出可供普查的矿化潜力较大地区，在勘查主矿产的同时，初步研究可能存在的共伴生矿产种类。

4.2　普查阶段

通过对矿化潜力较大地区开展地质、物探、化探工作，投入数量有限的工程和采样，对已知矿化区做出初步评价，在大致查明主矿产的分布、规模、产状和矿石质量的同时，进行必要的可选性试验，大致了解共伴生矿产的物质组成、赋存状况及回收途径，并对共伴生矿产的综合开发利用做出初步评价。

4.3　详查阶段

采用各种有效的勘查方法和手段，系统的勘查工程和取样，控制矿体总体分布范围，基本控制主矿体、矿体特征及空间分布，圈出勘探区范围，做出是否具有工业价值的评价。基本查明主矿产、基本查明

(特定条件下也可大致查明)共生矿产、大致查明伴生矿产的地质特征、矿石质量、物质组成、赋存状态,划分主矿产和共生矿产的矿石类型;进行矿石加工选冶性能试验研究,对主矿产、共伴生矿产的综合开发利用做出评价。

4.4 勘探阶段

在详查阶段工作的基础上,通过加密各种勘查工程及采用其他方法技术手段,详细查明主矿产、详细或基本查明共生矿产、基本查明伴生矿产的矿产地质特征,深入进行矿石物质组成、赋存状态、矿石类型、矿石质量、矿石加工选冶性能试验研究,对主矿产、共伴生矿产的综合开发利用做出详细评价,以满足矿山建设设计的需要。

对供矿山建设设计利用的详查报告,若共伴生矿产资源储量规模达中型及以上,其矿石加工选冶性能试验研究、共伴生矿产综合评价的程度应达到勘探阶段要求。

4.5 矿山地质工作阶段

在深化对矿床地质特征认识的同时,应加强对共伴生矿产的评价及综合开发利用研究,进一步提高共伴生矿产资源利用率。

5 综合勘查评价基本原则及工作要求

5.1 共伴生矿产综合勘查评价的基本原则

5.1.1 根据经济、社会发展需要和矿床实际,确定综合勘查评价的有用组分。

5.1.2 根据各勘查阶段的要求,对共伴生矿产应同时进行相应的勘查和评价,并按要求估算资源储量。

5.1.3 具有多种用途的矿产,应根据需要按相应用途的工业要求进行研究评价。

5.1.4 妥善处理经济效益、社会效益和环境效益之间的关系。

5.2 共生矿产勘查的工作要求

同体共生矿产应随主矿产一起进行综合勘查评价工作,其提交的矿产资源储量类别,按相应矿种(类)规范执行。对达到工业利用要求、矿产资源储量规模达到中型及以上的同体共生矿产,当主矿产勘查程度达不到共生矿产相应要求时,可根据实际需要和可能,按该矿种的勘查规范适当增加勘查工程或进行专门的勘查工作。

异体共生矿产的勘查工作,一般情况下应根据需要,利用揭露主矿产的工程或增加适当工作量,对矿体进行勘查和评价;对矿产资源储量规模达到中型及以上、揭露主矿产的工程达不到相应控制程度的,应根据实际需要和可能,按该矿种的勘查规范进行专门的勘查和评价工作。

5.3 测试

5.3.1 测试及样品采取

5.3.1.1 采样原则

主矿产及共伴生矿产的采样方法和测试项目应一并综合考虑,按矿石类型、品级、结构、构造特征分别采样,采样点的布置在空间分布上应力求合理,具有代表性,以满足综合勘查评价任务和矿产资源储量估算的要求。

5.3.1.2 光谱全分析

目的是了解或大致了解矿石及围岩中有用、有益、有害元素的种类及其含量。

光谱全分析样可在矿体不同部位、不同矿石类型中采取,也可以采用具代表性地段的基本分析副样和组合分析副样。

光谱全分析结果是确定基本分析、组合分析、全分析项目的依据。

5.3.1.3 基本分析

目的是查定矿石中有用组分含量,为圈定矿体、划分矿石类型和品级、估算矿产资源储量提供依据。

基本分析样可在各项探矿工程中按矿体(分矿石类型、品级)对可能含矿的岩石、矿化带及夹石连续取样,使所取样品能控制矿体、矿化带的顶底板界限。样品长度以不大于矿体最低可采厚度为宜。

对用于圈定矿体和参与综合工业指标计算的主要组分、共生组分以及能在矿石加工选冶过程中单独回收利用的伴生组分，应做基本分析。

对矿体圈定、产品质量有严重影响的有害组分，也应做基本分析。当经过一定数量的基本分析，表明某些有害组分含量变化不大时，可改做组合分析。

5.3.1.4 组合分析

目的是查定矿石中伴生组分的含量，研究其在矿体中的分布规律，为制定综合工业指标、评价伴生有用有益组分的综合利用价值、有害组分的影响程度提供依据。

组合样品应按工程、分矿体、矿石类型、品级，依基本分析副样按比例进行组合，并尽可能与主矿产的资源储量估算块段保持一致。对伴生组分分布均匀的零星小矿体，可视具体情况按矿体进行组合。

对参与矿产资源储量估算的伴生组分，应系统进行组合分析。

5.3.1.5 化学全分析

主要是全面查定不同岩石、矿石类型中各种组分的含量。

在光谱全分析的基础上，按主要岩石、主要矿体、分矿石类型（或品级）从组合分析副样中采取，或单独采取有代表性的样品，一般每种矿石类型（或品级）应采取（1～2）件样品。

5.3.1.6 物相分析

主要是了解矿床自然分带。应自矿体顶部至深部进行分析。

物相分析可与基本分析同时进行，分析样品可在基本分析副样中抽取或专门采集。

5.3.1.7 单矿物分析

主要是查明伴生、分散元素的分布特征，测定其在矿物中的含量，研究其分布规律。每一种矿石类型的单矿物分析应在矿石类型划分的基础上进行，样品应具有代表性。

单矿物样所包含的被选矿物应不少于90％。

5.3.2 共伴生组分测试的内、外检要求

共生组分测试的内、外检要求与主矿产相同，即内检样品由送检单位分期分批从基本分析样品的副样中抽取10％，编密码送同一有资质的测试单位进行分析，两次加工试样质量检查的总体合格率应不低于90％；外检样品应从测试单位内检合格样品的正余样中，抽取基本分析样品总数的5％送同级或更高级资质的测试单位进行外检分析，外检合格率应不低于90％。各组分测试误差要求按DZ/T 0130执行。

有特殊要求的伴生组分测试的内、外检样品比例可与主组分相同或适当降低。

5.4 共伴生矿产综合评价研究

5.4.1 共伴生矿产的物质组成研究

对矿床内的各类矿石，应查证共伴生矿产的矿石矿物组成、粒度、结构构造特征，有用、有益和有害组分的赋存状态，矿物之间的共生关系。对呈分散状态存在的组分，应查明载体矿物及赋存形式（如呈类质同象、呈固熔体或微晶分散状态的包裹体、呈离子或络合离子状态吸附于矿物表面、胶体等），并加强工艺矿物学的研究，以指导选择合理的加工选冶方法和流程条件。

我国部分矿种各主要矿床类型可能存在的共伴生矿产参见附录D。

5.4.2 矿石加工选冶试验研究

主要是研究共伴生组分综合回收利用的技术可行性和经济合理性。

呈独立矿物形式存在的共伴生组分，通过矿石加工选冶试验研究，查证其分离、富集、制备得到合格产品的可能性。

呈分散状态存在的共伴生组分，通过矿石加工选冶试验研究，了解其富集规律和回收利用的途径。

共伴生矿产的加工选冶样品采取应考虑矿石类型、品级、结构特征和空间分布，以及各有用、有益、有害组分的代表性，能分采、分选的应分类型采集，否则可采混合样。实验室流程试验、扩大连续试验及半工业试验的样品采集，应考虑开采时的矿石贫化。样品采集应符合相关技术规程规范的要求。

5.4.2.1 **矿石加工选冶试验样品的矿石物质组成研究**

矿石加工选冶试验物质组成研究样品采自相应的矿石加工选冶试验类型样或综合样，其矿石物质组成研究内容参照5.4.1。

5.4.2.2 **矿石加工选冶试验程度要求**

根据下列不同勘查阶段要求，应对共伴生矿产进行相应的矿石加工选冶试验研究，查明其回收利用途径，综合评价其经济效益、环境效益和社会效益。

a) 预查阶段可通过类比研究，对可能存在的共伴生矿产种类做出预测和初步判断；
b) 普查阶段对工业利用技术已成熟的易加工选冶的矿石，应在进行矿石物质组成、结构构造、粒度、嵌布特征、品位、有害组分等类比研究的基础上，进行可选性验证试验；对工业利用尚有难度的矿石，应进行可选性试验；对组分复杂、矿物粒度细、品位低，在国内工业利用尚存问题的难加工选冶或有找矿前景的新类型矿石，应进行实验室流程试验。本阶段应对共伴生矿产是否可利用做出初步评价；
c) 详查阶段对邻近有可类比生产矿山的易加工选冶的矿石，应在类比研究验证基础上，进行可选性试验；对加工选冶性能一般的矿石应进行实验室流程试验；对矿产资源储量规模为大型、难加工选冶的矿石或国家急需的战略资源，应进行实验室扩大连续试验。本阶段应对共伴生矿产的回收利用途径及可行性做出评价；
d) 勘探阶段对邻近有可类比生产矿山的易加工选冶矿石，应进行实验室流程试验；对加工选冶性能一般、综合利用价值较高、新类型矿石，应进行实验室扩大连续试验；对矿产资源储量规模为大型、难加工选冶的矿石，应进行半工业试验，必要时进行工业试验。本阶段应为共伴生矿产工业回收利用工艺流程的确定提供依据。

5.4.3 **低品位矿及尾矿的利用研究与评价**

应根据国家的资源开发利用政策、市场需求、矿产品价格及矿产开发的各种因素，对低品位矿及尾矿中有利用价值的有用组分适时进行利用研究与评价。

5.4.4 **零星分散的共伴生矿石矿产评价**

对零星分散存在的共伴生矿石矿产，应根据地质因素的查明程度、综合回收利用的途径及可行性，做出是否具有工业价值的评价。

6 矿产资源储量估算与分类

预查、普查阶段，共生矿产的综合评价采用该矿种地质勘查规范规定的矿产工业指标一般要求；伴生矿产的综合评价可参照主矿产地质勘查规范中所列的综合评价参考指标。

详查、勘探阶段，应对主矿产、共生矿产的工业指标进行论证，并根据矿石加工选冶试验结果确定伴生矿产综合评价指标；对易选矿石，详查阶段伴生矿产的综合评价可采用主矿产地质勘查规范中所列的综合评价参考指标。

6.1 共伴生矿产资源储量估算原则与方法

6.1.1 同体共生矿产各有用组分品位均达到工业品位要求时，可根据矿床特征确定采用相应矿种的工业品位或综合工业品位，按相应矿种矿产资源储量估算的原则与方法进行估算。

6.1.2 异体共生矿产分别按相应矿种矿产资源储量估算的原则与方法进行估算。

6.1.3 对有用组分分布不均匀或极不均匀的共生矿产，可采用块段或矿体的综合工业品位估算矿产资源储量。

6.1.4 达到边界品位未达到工业品位，经论证采用综合工业指标的共生矿产，应按综合工业指标圈定矿体并估算矿产资源储量。

6.1.5 达到边界品位未达到工业品位且未能参与综合工业指标制定的有用组分，按伴生矿产处理。

6.1.6 达到综合评价参考指标的伴生有用组分，矿产资源储量估算依照主组分估算的原则和方法进行。除平均品位要单独确定外,其余估算参数均与主组分的参数一致。伴生有用组分矿产资源储量估算方法可采用传统估算法、相关分析法,对于有条件的生产矿山,还可以采用单矿物法和精矿法等(参见附录 E)。

6.1.7 对未列入或未达到综合评价参考指标中的伴生组分,可根据矿石加工选冶试验结果或矿山生产实际,或参照相近矿种地质勘查规范中所列的伴生组分综合评价参考指标估算矿产资源储量,其中:

a) 以分散状态存在、可在主矿产的精矿或某一产品中富集且达到计价标准的伴生有用组分,可根据其在精矿中的品位折算为原矿中的品位进行评价,或按其在精矿或某一产品中的含量直接计量;

b) 以独立矿物存在的伴生有用组分,按综合回收状况确定评价指标;

c) 在矿石加工选冶过程中可单独出产品的伴生组分,按实际回收状况确定评价指标。

6.1.8 达到综合评价参考指标的伴生组分,经矿石加工选冶试验或生产实际确定当前不能回收利用的,不予估算资源量。

6.2 伴生矿产品位的确定

6.2.1 伴生组分种类与品位确定的原则

6.2.1.1 各勘查阶段应按工作程度要求,相应查明伴生组分的种类、数量、质量、赋存状态、分布规律、技术经济条件等,确定可回收利用的组分种类。

6.2.1.2 伴生矿产的综合评价参考指标,一般情况下采用单一品位指标。

6.2.1.3 对于品位变化较大、需单独设立加工选冶流程的伴生组分,应根据回收该组分的综合效益确定块段平均品位指标。

6.2.2 伴生组分综合评价参考指标

伴生组分综合评价参考指标参见附录 F、附录 G、附录 H、附录 I、附录 J、附录 K、附录 L、附录 M、附录 N、附录 O,汇总指标参见附录 P。

6.3 综合工业品位的制定

6.3.1 基本原则和方法

6.3.1.1 充分考虑矿床的成因类型,矿体的形态、产状、规模、矿石结构构造,有用、有益、有害组分的赋存状态、分布规律等。

6.3.1.2 充分考虑国家资源政策、市场需求及发展趋势、矿床开采技术条件、矿山开采方式、矿石加工选冶性能、外部建设条件、(3~5)年的矿产品平均价格和经济效益,经过多方案比较,制定合理的综合工业品位。

6.3.1.3 在地质、技术、经济综合论证的基础上进行综合研究,可采用综合指标评价法,研究选择适合该矿区地质特征的综合指标体系,综合圈定矿体并估算矿产资源储量。

6.3.1.4 根据各有用组分含量高低、开采条件、加工选冶回收状况、产品价格及矿产资源储量规模等条件,划分主要有用组分和次要有用组分,进行综合论证,确定各有用组分的最低品位指标,或将矿石中的有用组分按等价原则折算成主矿产的综合品位指标,用于圈定矿体(参见附录 Q、附录 R)。

6.3.2 制定综合工业品位的前提

6.3.2.1 已查明或基本查明矿石的矿物成分、结构构造,有用组分的赋存状态、含量及其变化规律。

6.3.2.2 已按照不同地质勘查阶段的要求,通过矿石加工选冶试验查明了有用组分的回收方式、富集途径,确定了主组分和共生组分;对于可供矿山建设设计利用的,已确定了工业回收利用的工艺流程、产品方案及产品数质量。

6.3.2.3 已取得参与综合工业品位计算的各种组分的技术经济参数。

6.4 共伴生矿产资源储量类型的确定

6.4.1 主矿产和共生矿产的资源储量类型的确定,应按 GB/T 17766 及相应矿种(类)有关规范的原则和要求进行。

6.4.2 当伴生矿产的研究达到以下要求，并进行了基本分析，其矿产资源储量类型的确定可与主矿产相同：

a) 地质研究程度要求：伴生矿产的质量、赋存状态、分布规律等达到与主矿产相同的查明程度；

b) 矿石加工选冶试验要求：伴生矿产的物质组成与回收利用的加工选冶试验研究等达到与主矿产相应的查明程度；

c) 可行性评价要求：不同勘查阶段的可行性评价中，对伴生矿产综合回收的经济意义做出了相应评价。

6.4.3 当伴生矿产进行了基本分析但未能满足其他条件时，应降低资源储量类别。

6.4.4 当伴生矿产只进行了组合分析而未做基本分析时，归类为推断的资源量。

6.4.5 未达到综合评价指标要求的伴生组分，可单独出产品，或在精矿及某一产品中可以富集回收利用的，归类为推断的资源量。

6.4.6 伴生组分虽达到综合评价参考指标要求，但其赋存状态和回收情况尚未查清的，只作定性的综合评价，不予估算资源量。

6.5 低品位矿产资源储量类型的确定

低品位矿产资源量类型的确定按 GB/T 17766 的原则和要求进行。

附 录 A
（资料性附录）
共伴生矿石矿产

共伴生矿石矿产是指与主矿产一起产出的矿石矿产，或在主要矿产的围岩或剥离层内形成独立的矿产，但由于有用组分品位低或矿层厚度薄，达到或未达到工业开采指标，矿石零星分散，达到或未达到资源储量规模，经济上不具单独开采价值，综合开采能增加效益，可随同主矿产一起开发利用的各种矿石。

例如露采境界内的有用剥离岩石和可混采混用的低品位夹层；煤矿床中的耐火粘土、陶瓷粘土；铝土矿床中的铁矿石、耐火粘土；多金属矿床中的硫铁矿石、重晶石矿石、萤石矿石；呈零星分散状态存在的其他各种矿产的矿巢、透镜体等。这些不具单独开采价值的共伴生矿石矿产产于主要矿产的矿体及围岩中，能在开采主矿产（矿体）的同时，综合开发利用。由于开发利用这类共伴生矿石矿产的主要费用已列入主矿产开发成本，降低了对其开发利用的直接成本，虽未“达标”或未“成型”，也能合理地开发利用，故需对这些共伴生矿石进行综合勘查评价。

部分矿产的主要共伴生矿石矿产如下：

a) 高岭土：黄铁矿、明矾石、菱镁矿、叶蜡石、膨润土、瓷土、铝土矿、煤、贵金属、稀有元素；
b) 石膏：岩盐、芒硝、天青石、自然硫；
c) 膨润土：沸石、珍珠岩、高岭土、煤、石膏、白垩；
d) 白云岩：石膏、石灰岩、菱镁矿、磷、方镁石、硅灰石；
e) 重晶石：毒重石、萤石、黄铁矿；
f) 叶蜡石矿床：明矾石、高岭石、红柱石、矽线石；
g) 石灰岩矿床：铁矿石、黄铜矿矿石、方铅矿矿石、闪锌矿矿石、岩金矿矿石；
h) 磷矿：含钾页岩等；
i) 煤矿：天然焦、高灰煤（高炭泥岩）、油页岩、锰铁矿、赤铁矿、菱铁矿、硫铁矿、铝土矿、膨润土、高岭土、耐火粘土、硅藻土、稀散 Ga、Ge、Sc、稀有 Li、稀土元素、陶瓷原料、建筑原料、常规砂岩气（或油）、煤层气、地下水（热水）、铀矿物（沥青铀矿、晶质铀矿、铀黑）等；
j) 金属矿床：硫铁矿石、重金属矿石、萤石矿石等，呈串珠状、囊状赋存的其他矿石。

附 录 B
（资料性附录）
共伴生矿物矿产

共伴生矿物矿产是在矿床中的分布较为普遍，以矿物形式存在并可在加工选冶过程中富集回收的共伴生有用组分。在主矿产的加工选冶流程中，通常可同时选出其合格精矿产品或中间产品；或虽然在矿石中的含量较低，但因特殊需要或经济价值较高，有必要进行加工选别的某些重要矿物，由于可以分选出精矿产品，扩大了矿石组分回收利用的范围，对进一步提高矿床的经济价值具有重要意义。

属于这一类共伴生的矿物种类较多（包括金属矿物和非金属矿物），但在具体矿床中，实际上需要进行加工选别的共伴生矿产的矿物却是比较有限的，通常只有若干种，但砂矿矿床的有用组分多呈矿物形式，需要选别的矿物种类较多。

呈矿物形式的共伴生矿产在各类矿床中的分布，虽受成矿专属性等因素的制约，但由于矿床的形成和演变往往经历漫长的地质年代，各种地质作用的叠加和改造也极其复杂，特别是成矿时代较老的矿床更是如此。因此，在矿床的综合勘查中要因地制宜，按照矿床的实际情况结合技术、经济条件，认真查定，深入研究，并做出合理的评价。

按矿床的工业原料性质进行分类，将其中可能出现的常见的共伴生矿物矿产初步归纳举例如下：

a) 金属矿床的共伴生矿物矿产

1) 铁矿床：钛磁铁矿、铬铁矿、钛铁矿、金红石、方铅矿、闪锌矿、黄铜矿、黄铁矿、磁黄铁矿、镍黄铁矿、钴黄铁矿、黑钨矿、白钨矿、辉钼矿、辉铋矿、辉锑矿、锡石、重晶石、磷灰石、铌钽及稀土矿物、自然金和铂族元素矿物，硼镁铁矿中伴生的晶质铀矿和沥青铀矿等；

2) 锰矿床：钴土矿、硫镍钴矿、黄铁矿、银金矿等；

3) 铬铁矿矿床：磁黄铁矿、镍黄铁矿、钛铁矿、铂族元素矿物等；

4) 铜镍硫化物矿床：黄铜矿、磁黄铁矿、黄铁矿、磁铁矿、铂族元素矿物、碲银矿、自然金、银金矿、硒硫铋矿等；

5) 铜矿床：磁铁矿、磁黄铁矿、黄铁矿、镜铁矿、辉钼矿、方铅矿、闪锌矿、辉钴矿、锡石、黑钨矿、白钨矿、辉铋矿、辉锑矿、辉银矿、碲锑铋矿、自然金、银金矿、磷灰石、重晶石等；

6) 铅锌矿床：黄铁矿、黄铜矿、磁黄铁矿、锡石、辉钼矿、辉铋矿、白钨矿、辉锑矿、菱铁矿、辉银矿、自然金及金矿物、萤石、重晶石等；

7) 钨矿床：锡石、辉钼矿、辉铋矿、绿柱石、铁锂云母、磁黄铁矿、黄铁矿、黄铜矿、方铅矿、闪锌矿、毒砂、辉锑矿、萤石、水晶、黄玉、铌钽矿物、独居石、磷钇矿等；

8) 锡矿床：白钨矿、黑钨矿、黄铜矿、磁黄铁矿、黄铁矿、方铅矿、闪锌矿、辉钼矿、辉铋矿、毒砂、铀矿物、银金矿物、铌钽矿物、绿柱石、锂云母、萤石、黄玉、褐钇铌矿、磷钇矿、独居石、锆石、金红石、磁铁矿、锰结核等；

9) 钼矿床：黄铁矿、黄铜矿、白钨矿、黑钨矿、锡石、辉铋矿、方铅矿、闪锌矿、萤石、黄玉、绿柱石、金和铂族元素矿物等；

10) 汞矿床：辉锑矿、黄铁矿、辉钼矿、沥青铀矿、铀黑、雄黄、雌黄、自然硫、萤石、重晶石等（有时可能还有金）；

11) 稀有及稀土矿床：常见具有工业意义的矿物有锂辉石、锂云母、透锂长石、磷锂铝石、铁锂云母、绿柱石、烧绿石、细晶石、铯榴石、日光榴石、绿层硅铈钛矿、羟硅铍石、金绿宝石、香花石、铌铁矿、钽铁矿、黑稀金矿-复稀金矿、褐钇铌矿、磷钇矿、硅铍钇矿、铌钇矿、氟碳铈矿、锡石、钛铁矿、锆石、斜锆石、异性石、黑钨矿、金红石、独居石、天青石、菱锶矿、磁铁矿等；

12） 金矿床：黄铁矿、毒砂、黄铜矿、砷黝铜矿、辉银矿、方铅矿、闪锌矿、辉钼矿、辉锑矿、辉铋矿、白钨矿、黑钨矿、锡石等；

13） 铀矿床：磁铁矿、黄铁矿、黄铜矿、方铅矿、闪锌矿、辉钼矿、铌钽矿物、羟硅铍石、磷灰石等；

14） 锆英石砂矿床：钛铁石、金红石、独居石、电气石、锐钛矿、石英等；

15） 钛铁矿砂矿床：锆英石、金红石、独居石、石英等；

16） 风化残积型钛铁矿砂矿床：锆英石、金红石、石英、高岭土等；

17） 风化残积型铝土矿矿床：钴土矿（含镓）、蓝刚玉和红锆石（宝石）等；

18） 金红石矿床：石榴子石矿。

b） 非金属矿床的共伴生矿物矿产

1） 磷灰石矿床：磁铁矿、钒钛磁铁矿、黄铁矿、金红石、锆石、霞石、石墨、矽线石、萤石、蛭石、稀土和伴生铀元素等；

2） 硫铁矿矿床：磁铁矿、赤铁矿、方铅矿、闪锌矿、黄铜矿、辉钼矿、金、银、钴、石墨矿物等；

3） 硼矿床：锡矿、黄铁矿、黄铜矿、赤铁矿、磁铁矿、金红石、锆石、稀土矿物、磷灰石等；

4） 明矾石矿床：黄铁矿、磁铁矿、锆石、金红石、刚玉、叶蜡石、黄铜矿、方铅矿、黝铜矿、高岭土、金、银等；

5） 石墨矿床：霞石、锆石、矽线石、磷灰石、金红石、磁铁矿、黄铁矿、黄铜矿、磁黄铁矿、铌钽矿物、稀土矿物等；

6） 云母矿床：长石、石英、磷灰石、绿柱石、铌钽铁矿、锂云母、电气石、锡石、稀土矿物等；

7） 石英砂矿床：钛铁矿、锆英石、金红石、独居石等；

8） 砂质高岭土矿床：石英、长石、云母等；

9） 重晶石矿床：黄铁矿、黄铜矿、方铅矿等；

10） 萤石矿床：石英、方铅矿、内锌矿、重晶石等。

附　录　C
（资料性附录）
共伴生元素矿产及其他

C.1　概述

共伴生元素矿产是指含量低、呈分散状态存在、可以在加工选冶过程中附带回收的共伴生有用组分，包括赋存在其他有用矿物中的类质同象成分、机械混入物、微细包裹体；离子吸附型的有用组分；煤和油页岩中各种可以附带提取的有机化合物；油气藏中的溶解气、凝析气、各种工业气体和元素附产物；固体和液体盐类矿床中的各种共伴生的元素化合物等，有呈固态的，也有呈液态或气态的。它们大多数属于稀有、稀土、分散元素、贵金属和一部分有色、黑色、放射性金属和卤族元素。对其中主要以矿物形式富集和提取的已列入共伴生矿物矿产，例如铍、锆等元素。非工业矿物和散布于各种造岩矿物中的分散元素，目前无法利用，不属于共伴生元素矿产。

共伴生元素矿产提取的方式取决于主矿产的加工选冶方式。需要选矿的矿种，能伴随精矿富集，并可以在加工精矿时提取；矿产原料直接用于冶金、化工、动力生产时，可在生产过程中的某一阶段富集回收或在最终的“废料”中提取。

共伴生元素矿产可细分为贵金属共伴生矿产；稀有、稀土、分散元素共伴生矿产和液体、气体共伴生矿产。

C.2　贵金属共伴生矿产

C.2.1　金(Au)

金和铜、银同属元素周期表中的ⅠB族，通称铜族元素。金的最主要的工业矿物是自然金、银金矿和碲金矿。

金在矿床中一般不形成独立硫化物，而常与黄铜矿或其他硫化物伴生。所有金矿物都含有一些银；以银为主的矿石也含金。伴生金主要赋存于铜矿床、铜镍矿床，其次赋存于汞锑矿床以及铅锌等有色金属矿床、铜铀矿床和磁铁矿床等。几乎各种类型的铜矿石，特别是斑岩铜矿、矽卡岩铜矿、黄铁矿型铜矿、黄铁矿型多金属矿都有伴生金。

C.2.2　银(Ag)

银属铜族亲硫元素，常形成辉银矿等矿物并富集在硫化物中，目前已发现的银矿物有47种，主要的有自然银、辉银矿、硫锑银矿、深红银矿、淡红银矿、硫锑铜银矿、碲银矿、碲金银矿、砷硫银矿、辉银铜矿、角银矿、脆银矿和金银矿等14种。

银与金具有相同的原子半径，故两者极易形成连续的固熔体系。银与铜的离子半径和负电性相近；与铅离子电位相似，因而能和Pb、Cu发生类质同象互换，因此自然界中银大多呈类质同象或微细包裹体存在于铜的硫化物和方铅矿、闪锌矿中；铜的硫化物和方铅矿则是最常见的银的载体矿物。银在矿物中聚集能力的递增次序为：闪锌矿→黄铜矿→方铅矿→黝铜矿。伴生银主要是与有色金属矿床有关，重要的伴生银矿床有斑岩铜矿、砂(页)岩铜矿、块状硫化铜镍矿、交代型铅锌矿、灰岩及白云岩中的层控型铅锌矿床。

C.2.3　铂族(包括Ru、Rh、Pd、Os、Ir、Pt六个元素)

铂族元素具有亲硫性和亲铁性；其亲铁性从属于亲硫性。铂族金属的原子半径(1.34 Å～1.38 Å)极为相近，相互之间的固熔体十分广泛；与铁(1.27 Å)、镍(1.24 Å)和铜(1.28 Å)也很接近，所以也可以相互替换而共生在一起。

铂族元素在自然界产出的形式主要有两种：一是铂族元素与硫、砷、铋、锑呈化合物的铂族矿物，这类矿物很多。但主要的是砷铂矿和铋碲钯矿；二是铂族元素之间以及铂族元素与铁、镍、铜、金等的天然合金或金属互化物。由于铂族元素具有很强的亲硫性，因而常呈类质同象（或显微矿物颗料）赋存在磁黄铁矿、黄铜矿、镍黄铁矿等硫化物中，或为重要的伴生矿产。

铂族元素，尤其是 Pt 和 Pd，不但在与基性、超基性岩有关的岩浆阶段可以富集，而且在与中酸性岩浆有关的热液阶段也能富集。因此，岩浆期后的各种多金属矿，也常有伴生的铂族元素；值得注意的多金属矿床有斑岩铜钼矿床、矽卡岩铜钼矿床和铜矿床、石英脉型金、硫化物铜矿床以及汞、锑、铋矿床等。

此外在表生作用条件下，黑色页岩中也发现有铂、钯富集，例如我国南方下寒武系黑色页岩沉积型镍钼矿床中，含铂、钯并与镍呈正比关系。铂族金属矿物主要是天然合金，化学性质稳定，比重大，在某些砂矿床中也具有工业意义，也是值得注意的伴生矿产之一。

C.3 部分稀有、稀土、分散元素共伴生矿产

C.3.1 稀有、稀土、分散元素伴生矿产特征概述

分散元素很少形成独立矿物，工业上都是从主矿产和共伴生矿产的加工中提取的，其地球化学特性、赋存形式及提取利用情况如下。

C.3.1.1 锗（Ge）

锗的地球化学参数与锌、锡、铁比较接近，锗常呈类质同象在闪锌矿中富集，并在煤层中及煤层上下页岩中富集，有时可形成锗、铀、煤综合矿床。

已知主要的含锗矿物有闪锌矿、黄铜矿、斑铜矿、辉铜矿、斜方硫砷铜矿，砷黝铜矿、锡石、毒砂、磁铁矿、赤铁矿、硬锰矿、菱锌矿和有机岩。上述有色金属硫化物对提取锗具有工业意义；个别锗特别富集的硫化物矿床及煤矿，锗也可以成为主矿产。已知有 50 多种非金属矿物含微量锗，但目前尚无开发利用价值。

目前锗主要从炼锌厂的烟化挥发物中和炼锡厂、炼铜厂的烟尘与升华物中提取，也从燃煤的烟尘中提取。

C.3.1.2 镓（Ga）

镓原子与锌具有类似的电子构型。镓同铝在化学及结晶化学性质上也十分近似，从而决定二者的紧密共生关系。地壳中绝大部分镓都存在于铝的矿物中，对提取镓有实际意义的有铝土矿和霞石。

C.3.1.3 铟（In）

铟在地壳中也处于分散状态，它在矿物中呈类质同象存在。铟主要和 Fe^{2+}、Zn^{2+}、Cd^{2+}、Sn^{4+}、Pb^{2+} 等离子有类质同象关系，常在铁闪锌矿中富集。已知有四种铟矿物；自然铟、硫铟铜矿、铟石和氢氧铟石，但为量甚少。在各种含铟的金属硫化物中，最有意义的是闪锌矿、黄铜矿、锡石，有时还有方铅矿。

目前主要从锌冶炼厂的残渣和烟尘中提取铟。

C.3.1.4 硒（Se）

硒是亲硫元素，离子半径与硫接近，常呈类质同象替换硫，进入硫化物的晶格。硒有 39 种独立矿物，但都很少见；其中硒银矿、硒铅矿、六方硒铜矿、硒铊银铜矿、红硒铜矿、硒铋矿、锥镉硒矿等相对稍多。主要的含硒矿物有：黄铁矿、白铁矿、毒砂、黄铜矿、辉钼矿、辰砂、方铅矿、斑铜矿、铜兰、硫砷铜矿、辉锑矿、镍黄铁矿、闪锌矿等。

目前主要在硫精矿、铜精矿和铅精矿的加工过程中提取硒。

C.3.1.5 碲（Te）

碲的地球化学性质与硫、硒十分相似，常与铜、铅、铋、金、银在一起，也能形成独立矿物。已知含碲矿物约 70 种，独立矿物有 40 多种，但都很少见。较常见的碲矿物为碲银矿、碲金银矿、针碲金矿、辉碲铋矿、叶碲矿。对于提取碲有实际意义的矿物为方铅矿、黄铁矿、磁黄铁矿、黄铜矿、斑铜矿、黝铜矿等。

目前主要从精炼铜、镍、铅、锌和银的电解阳极泥、生产硫酸的酸泥以及硫酸厂收尘器捕集的烟尘中

回收。

C.3.1.6　**镉(Cd)**

镉是亲硫元素,化学性质近似锌,所以与锌关系密切,也常进入铅、锌、铜和铁的硫化物中。

镉的独立矿物已发现有硫镉矿、黄硫镉矿、方镉矿、菱镉矿、锥镉硒矿和非晶硫镉矿等6种;其中以硫镉矿最重要。镉主要在闪锌矿、方铅矿、黄铜矿中富集。

目前镉主要从锌精矿中提取,也可从方铅矿和黄铜矿中提取。

C.3.1.7　**铊(Tl)**

铊具有亲石、亲硫性。化学性质与钾、铷近似,常进入长石和云母中,同时又常与铜、铅、锌、银、锰和砷伴生。

铊的单矿物有五种:硫砷铊锑矿、红铊矿、硒铊银铜矿、硫砷铊铅矿、阿维森纳矿,但都很少见。有利用价值的含铊矿物通常为白铁矿、黄铁矿和方铅矿。

目前铊主要从有色金属加工过程中,特别是炼锌残渣和烟尘、焙烧黄铁矿制酸过程中提取。

C.3.1.8　**铼(Re)**

铼具有亲硫性,地球化学特性近似钼和铜,所以常与其结合在一起。铼又是高度分散的元素,很难形成独立矿物,目前仅发现铼石一种独立矿物,其他含铼的矿物中的含量也都很低。

常见的含铼矿物有:辉钼矿、黄铜矿、黄铁矿、硒铅矿、斑铜矿、辉铜矿、硅铍钇矿等。对提取铼有实际意义的有辉钼矿、黄铜矿及斑铜矿、辉铜矿;所有的钼矿床中几乎都含铼。目前铼主要从斑岩型铜钼矿床的辉钼矿中提取回收。

C.3.1.9　**钪(Sc)**

钪是典型的亲石元素。已知有三种独立矿物:钪钇石、水磷钪石、铁硅钪矿,但都很少见。含钪的矿物有100多种,较为主要的为黑钨矿、褐帘石、锡石、杂铌矿、磷钇矿、铁锂云母、绿柱石、黑稀金矿、钇易解石、烧绿石、独居石、磁铁矿、黝铜矿、钛铌铀矿、褐钇铌矿、锆石和铌钽铁矿等。

目前以黑钨矿、锡石以及某些矿物为提取钪的主要对象。

著名的白云鄂博矿床主东矿的铁铌稀土矿体中,Sc_2O_3 平均品位＞0.01%,有些矿物含钪很高,如硅镁钡石含 Sc_2O_3 2.1%,铌铁金红石含 Sc_2O_3 0.15%。

C.3.1.10　**铪(Hf)**

铪和锆的地球化学性质极为相似,在矿物中毫无例外地紧密伴随同时出现。仅发现铪的独立矿物铪石一种。主要的含铪矿物有:钙钛矿、锕铈钇矿、铌锆黑稀金矿、黑钽铀矿、锆英石、铪钍锆矿、水锆石、曲晶石、锆钽矿、异性石和锡石等,其中具有重要工业意义的是锆石、曲晶石、水锆石和斜锆石。

C.3.2　**稀有、稀土、分散元素伴生矿产富集的一般情况**

上述稀有稀土分散元素在各种不同类型矿床中的富集,也按照组成矿床的矿石矿物共生关系,形成一定的分散元素组合:

a) 多金属矿床中,通常伴生有镉、铟、硒、碲、铊、镓等分散元素的组合(有时含锗);在含锡的多金属矿床中,铟的含量较高;在含铜和砷的铅锌矿床中,锗和铊(有时还有硒和碲)的富集程度相对偏高;

b) 铜矿床通常含有硒和少量的碲、镉、铊、锗、镓、铟;随着其中锌含量的增高,锗、铟和镉的含量往往也随之增加;含铜砂岩往往含铼,其次是锗、硒和铊;铜钼矿床往往含铼、硒、碲,其次是铟、锗和铊;硒、碲可作为铜镍矿床的特征元素,此外含有铊、镓和锗;

c) 锡石硫化物矿床中,铟的含量相对偏高,在石英-锡石和黑钨矿床中钪的含量偏高;钼矿床铼含量相对偏高,此外还含有少量的硒、碲、锗和镓;锑和汞矿床通常含铊和硒;

d) 砷(毒砂)矿床含硒和碲,还有少量的锗、镓和铊;

e) 石英-金矿床往往含碲;含金硫化物矿床中有时有铟、铊、硒和碲;

f) 铝矿床含镓(铝土矿床、明矾石矿床、霞石矿床)和钪(铝土矿床),有的赋存少量金和锗;有的可提取钪、钛、钒、铬、铁、镍、钴、铂、银、铌和钍等；

g) 在有色金属选矿时，其中所含分散元素在选矿产品（精矿或尾矿）中的分布情况，依这些元素的载体矿物的富集情况而定，如：锌精矿含镉、硒、碲、铊、镓，有时含锗；铅精矿含硒、碲、镉、铊及少量铟和锗；铜精矿含硒、锗、碲、铊、镓，有时含有镉和铼；锡精矿含钪、铟、钽；钨精矿含钪、钽；铍精矿含钪；钼精矿含铼；黄铁矿精矿含铊、硒、碲；

h) 在精矿和矿石的冶炼和化学处理时，分散元素同样分布在各种不同的冶炼产品中。在有色金属矿石或精矿冶炼时，分散元素通常聚集在水冶液、烟尘、滤渣、矿泥或电解泥里，一部分进入工厂的主要产品中，一部分丢失在熔渣里，还有一部分随气体逸散到大气中。硫酸厂在处理黄铁矿精矿时，分散元素聚集在矿泥和电解泥里，但大部分损失在黄铁矿灰渣中；

i) 矿石中有一部分分散元素随非金属矿物（石英、石榴石、云母、长石及其他硅酸盐、碳酸盐矿物）以及没有选入精矿中的金属矿物一起进入尾矿中，无法回收利用。

C.4 液体和气体共伴生矿产

C.4.1 石油中往往伴生有凝析气或溶解气，非烃化合物氧、氮、硫三种元素的化合物也不少，有时可达石油重量的30%，含氧化合物有石油酸、酚；含硫化合物如硫化氢（H_2S）、硫醇（RSH）；含氮化合物；沥青也是非烃的一部分，是油渣的主要成分。此外，有时还有钒、镍金属等可以回收，要注意分析。石油中的共伴生液体和气体矿产目前已回收利用的有液化烃、凝析液、碳酸气、硫醇、硫、氮、氦、碘、溴、硼等。

C.4.2 油田水中常含有钾和一些特有的微量元素，如碘、溴、硼、锶、铵等；其中碘和溴含量较高，可作为伴生矿产开采利用，但在油气开采中常因人工注水而稀释，是否具有利用价值，视具体情况确定。

C.4.3 天然气中往往伴生有凝析油及非烃气体（包括 CO_2、N_2、H_2S 以及 He 和 Ar）。它们的含量不高，但个别也有含二氧化碳、硫化氢或氮很高，甚至成为以二氧化碳为主的气藏。He、Ar 等稀有气体，在天然气中含量较少，一般仅千分之几。个别含量也可较高，如美国四角区最高达7.5%。我国四川震旦系的天然气中，亦含相当数量的惰性气体。He 和 Ar 是极其宝贵的工业原料，特别是前者，目前大多数 He 采自天然气中。

C.4.4 煤中共伴生的煤层气是成分以甲烷为主的烃类气体，按有关规定进行煤和煤层气的综合勘查评价。其综合开发利用不仅可提高经济效益，同时可以防止瓦斯所造成的危害，有良好的社会及环境效益。

C.4.5 高矿化度的地下水和某些温泉也常含有碘、溴、钾、镁、硼、锂、铷、铯、锶、锗等，通过取样分析以确定其是否具有利用价值。

C.4.6 固体和液体盐矿床中常有锂、铷和铯的富集，它们和钾、钠的性质相似。铷和铯的离子半径与钾相近，可呈类质同象置换钾，因此在盐类矿床中光卤石常是提取铷和铯的来源。由于钾盐矿床往往资源储量规模巨大，尽管伴生的铷、铯的品位低，仍然具有重要的经济意义。锂常在盐矿床中富集，主要含在层间卤水和晶间卤水中，以晶间卤水最为常见。例如美国加利福尼亚的西尔兹盐湖在结晶盐层内，锂主要充填在晶间空隙和空洞的残余卤水中（LiCl 0.032%）；我国青海大柴旦盐湖的地表卤水和地下晶间卤水中含硼、锂、钾、镁、溴等多种有用组分，均呈离子状态，锂的品位为（700～1 300）mg/L。

C.5 非金属共伴生的矿产

磷矿床中伴生的 F、Cl、I、U 等元素可以在矿石加工过程中提取。

附　录　D
（资料性附录）
我国部分矿种各主要矿床类型共伴生矿产

我国部分矿种各主要矿床类型共伴生矿产见表 D.1。

表 D.1

矿床	矿床类型	可能存在的共伴生矿产	对选冶有害组分
铁	岩浆晚期矿床	黑色 Mn、V、Ti、Cr；有色 Cu、Ni、Co；贵 Pt、Pd；稀土 Sc；稀散 Te、Ga；化工 S、P；放射 U	S、P、SiO_2、Cu、Pb、Zn、As、Sn、F
	火山岩型矿床	黑色 Mn、V；有色 Cu、Co、Pb、Zn；稀散 Ge；化工 S、P	
	矽卡岩型矿床	有色 Cu、Pb、Zn、Ni、Co、W、Sn、Bi、Mo、Sb；贵 Au、Ag、Pt、Pd；稀有 Be、Rb；稀土 Rh；稀散 In、Ga、Cd、Se、Te；化工 S、P、B	
	受变质矿床	黑色 Mn；有色 Cu、Pb、Zn、Co；稀散 Ge	
	沉积型矿床	黑色 Mn、V；有色 Ni、Co、Mo；稀有 Be；化工 P	
	风化型矿床	黑色 Mn、V、Cr、Ti；有色 Pb、Zn、Cu、Co、Ni、W、Bi、Al；稀土 Sc；化工 As、S	
	铁-氟-稀土矿床	黑色 Mn；稀有 Nb、Ta；稀土 Ce；化工 S、P、F	
锰	海相沉积型矿床	黑色 Fe；有色 Cu、Ni、Co；化工 P、B	S、P
	沉积变质型矿床	黑色 Fe；化工 S	
	风化型矿床	黑色 Fe；有色 Cu、Ni、Co、Pb、Zn；贵 Au、Ag；化工 S	
钛	岩浆晚期矿床	黑色 Fe、V	
	滨海沉积型矿床	稀有 Zr(Hf)、Nb、Ta；稀土 Ce、La、Dy	
	风化残积型矿床	稀有 Zr(Hf)、Nb、Ta	
铬	岩浆晚期矿床	黑色 Fe、V、Ti；有色 Ni；贵 Au、Pt、Ir、Os	
铜	变质岩层状矿床	黑色 Fe、V；有色 Al、Pb、Zn、Ni、Co、Mo、Bi；贵 Au、Ag、Pt、Pd；稀散 Ge、Tl、Re、Cd、Se、Te；放射 U、Th；化工 S、As	As、F、Zn、Mg
	斑岩型矿床	有色 W、Sn、Mo、Co、Pb、Zn；贵 Au、Ag；稀散 In、Ge、Tl、Re、Cd、Se、Te；化工 S	
	矽卡岩型矿床	黑色 Fe、V；有色 Mo、Pb、Zn、Co、W、Sn、Bi、Mo；贵 Au、Ag、Pt、Pd、Os；稀有 Be；稀散 Ge、Ga、In、Tl、Re、Cd、Se、Te；放射 U；化工 S	
	超基性岩铜矿床	黑色 Fe；有色 Ni、Co；贵 Au、Ag、Pt、Pd、Rh、Ru；稀散 Ga、Ge、Tl、Se、Te；化工 S	
	火山岩黄铁矿型矿床	有色 Pb、Zn、Mo、Bi、Hg；贵 Au、Ag；稀散 In、Ga、Ge、Cd、Se、Te；化工 S、As	
	砂岩铜矿床	有色 W、Mo；贵 Au、Ag；放射 U；化工 S	
	各类岩石中脉状矿床	有色 Pb、Zn、W、Mo、Co；贵 Au、Ag；化工 S	

表 D.1（续）

矿床	矿床类型	可能存在的共伴生矿产	对选冶有害组分
铅锌	碳酸盐岩型矿床	有色 Cu、Sb；贵 Au、Ag；稀散 Ga、Ge、Cd；化工 S	Cu、As、Fe、F、MgO、Al_2O_3、SiO_2
	沉积-细碎屑岩型矿床	有色 Cu；贵 Au、Ag；稀散 Ga、In、Ge、Cd；稀有 Sr；化工 S；石膏	
	矽卡岩型矿床	有色 Cu、Mo、Ni、Co、Hg、Bi、W、mFe；贵 Au、Ag；稀散 Ga、In、Ge、Tl、Cd、Se、Te；放射 U；化工 S	
	海相火山岩型矿床	有色 Mo、Sn；贵 Au、Ag；稀散 Cd、Tl、Ge、In；化工 S	
	砂、砾岩型矿床	有色 Sb、Bi、Mo、Co；贵 Au；稀散 Cd、Tl、Ge；化工 S	
	各类岩石中脉状矿床	有色 Cu、Sn、Sb、Bi；贵 Au、Ag；稀散 Cd、Ge、In；化工 S	
银	碳酸岩型矿床	有色 Pb、Zn、Cu、Sb；稀散 Ga、Ge、Cd；；化工 S	
	泥岩-碎屑岩型矿床	黑色 V；有色 Sb；贵 Au、铂族元素；稀散 Se、Ge	
	海相火山岩型矿床	有色 Zn、Cu、Sn、Sb；贵 Au；稀散 Ga、Ge、In；化工 S	
	陆相火山岩型矿床	黑色 Mn；有色 Pb、Zn、Bi、Hg；贵 Au；稀散 Se、Te；化工 As	
	千枚岩、页岩型矿床	有色 Pb、Zn、Cu；贵 Au；稀散 Cd；化工 S	
	各类岩石中脉状矿床	有色 Cu、Pb、Zn、Sn、Sb；贵 Au；稀散 Cd、Ge、In、Se	
镍	超基性岩型铜镍矿床	黑色 Fe、Cr；有色 Cu、Co；贵 Au、Ag、Pt、Pd、Rh、Ir、Ru、Os；稀散 Ga、Ge、Tl、Se、Te；化工 S	Pb、Zn、As、F、Cr、Cu、Mn、Sb、Bi
	沉积型硫化镍矿床	黑色 V；有色 Mo、Cu、Pb、Zn、Co；贵 Au、Ag、Pt；稀散 Re；放射 U；化工 S、As	
	脉状硫化镍-砷化镍矿床	有色 Cu、Bi、Sb；贵 Ag；化工 As	
	风化壳型镍矿床	黑色 Fe、Mn；有色 Co、Mg	
钼	斑岩型矿床	有色 Cu、W、Pb、Zn、Co；贵 Au、Ag；稀有 Nb；稀散 Re；化工 S	Cu、Pb、Sn、As、P、Ca、SiO_2
	矽卡岩型矿床	有色 Cu、W、Pb、Zn、Bi；贵 Au、Ag；稀散 Re；化工 S、As	
	沉积型矿床	黑色 Fe、V；有色 Cu、Pb、Zn、Co、Ni；稀散 Ge、Re、Se；放射 U；化工 P	
	脉状钼矿床	有色 Cu、W、Pb；贵 Au、Ag；稀散 Re；化工 S	
钨	石英脉型矿床	有色 Co、Sn、Mo、Bi、Sb；稀有 Li、Nb、Ta、Be；稀土 TR；稀散 Ge、Ga、In、Cd；化工萤石	As、S、Cu、P、Sn、Mo、Ca、Mn、Sb、Bi、Pb、Zn
	矽卡岩型矿床	有色 Mo、Pb、Zn、Cu、Bi、Sn；贵 Au、Ag；化工萤石	
	斑岩型矿床	黑色 Fe；有色 Mo、Pb、Zn、Cu、Bi、Sn；贵 Au、Ag；化工 S	
	云英岩型矿床	有色 Mo、Bi、Sn	
	硅质岩型矿床	黑色 Fe；有色 Cu、Mo、Bi；贵 Au、Ag；化工 S	
锡	矽卡岩型矿床	黑色 Fe、Mn；有色 Cu、Pb、Zn；化工 S、F	As、Bi、Cu、Fe、Pb、Sb
	斑岩型矿床	有色 W、Mo	
	锡石硅酸盐型矿床	有色 W、Pb、Zn、Cu、Bi；稀散 In	

表 D.1（续）

矿床	矿床类型	可能存在的共伴生矿产	对选冶有害组分
锡	锡石硫化物脉型矿床	有色 W、Pb、Zn、Cu、Bi；贵 Au；稀散 In	As、Bi、Cu、Fe、Pb、Sb
	石英脉及云英岩型矿床	有色 W、Bi；稀有 Nb、Ta、Be、Li；稀土 Sc	
锑	层状矿床	有色 Hg；化工 As	S
	脉状矿床	有色 Cu、Pb、Zn、Ni、Co、W、Sn、Bi、Hg；贵 Au、Ag；化工 As、$BaSO_4$、CaF_2；稀散 Se	
汞	层状矿床	有色 Sn、Cu、Pb、Zn；稀散 Te	S
	脉状矿床	有色 Sn、Cu、Pb、Zn、Bi；化工 As	
铝土矿	沉积型矿床	黑色 Fe、Ti、V_2O_5；稀散 Ga、Ge；稀有 Li、Ta；稀土 Ce、Sc；非金属石灰岩、硫铁矿、耐火粘土、煤等	Fe_2O_3、S
	风化型矿床	黑色 Fe；稀散 Ga	
金	石英脉型矿床	有色 Cu、Pb、Zn、W、Mo；稀散 Cd、In、Ga、Ge	
	蚀变岩型矿床	有色 Cu、Pb、Zn；贵 Ag	
	斑岩型矿床	有色 Cu；贵 Ag	
	矽卡岩型矿床	黑色 Fe；有色 Cu、Pb、Zn、Bi	
	角砾岩型矿床	有色 Cu；贵 Ag；化工 S	
	硅质岩层中金矿床	有色 Co；化工 As	
	微细浸染型矿床	有色 Sb、Hg	
稀有	钠长石锂云母花岗岩型钽铌锂铷铯矿床	稀有 Be、Zr、Hf	
	钠长石铁锂云母花岗岩型钽铌矿床	稀有 Li、Rb、Cs、Zr、Hf	
	钠长石白云母花岗岩型钽铌矿床	有色 W、Sn；稀有 Be	
	钠长石锂白云母花岗岩型钽铌稀土矿床	有色 W、Sn；稀有 Zr、Hf、Li、Rb、Cs	
	钠长石黑磷云母花岗岩型钽铌矿床	稀有 Hf；稀土 Y；放射 Th	
	钠长石钠闪石花岗岩型铌稀土矿床	稀土元素	
	碱性岩-碳酸盐岩铌稀土矿床	稀有 Zr、Ta、Sr	
	花岗伟晶岩型钽铌锂铷铯铍矿床	稀有 Zr、Hf；有色 Sn；非金属长石、石英、云母	
	云英岩型铍矿床	有色 W、Mo	

表 D.1（续）

矿床	矿床类型	可能存在的共伴生矿产	对选冶有害组分
铀	花岗岩型矿床	黑色 Fe；有色 Cu、Pb、Zn、Ni、Co、W、Mo、Bi；稀土 La、Ce、Y	
	火山岩型矿床	有色 Mo、Cu、Pb、Zn；贵 Au、Ag；放射 Th；化工 S、P；稀有 Be、Nb、Ta；稀散 Ga、Cd、Tl	
	沉积矿床	黑色 V；有色 Cu、Pb、Zn、Re、Hg；化工 P、S；燃料煤；贵 Ag；稀散 Ge、Ga、In、Te	
	岩浆岩型矿床	黑色 V、Cr；有色 Al、Mo；稀土 Ce、Y；稀散 Ga、Se、Te；放射性 Th；稀有 Zr	
磷	沉积型（磷块岩）矿床	黑色 V；有色 Mo、Ni；稀有 Sr；稀土 TR；放射 U；冶辅 F；化工 K、Cl、I、明矾；燃料石煤	Fe_2O_3、Al_2O_3、MgO、CaO、CO_2、SiO_2
	变质型（磷灰岩）矿床	黑色 Fe、Mn、Ti、V；有色 Co；稀散 Ga；放射 U；冶辅 F；化工 K、明矾	
	岩浆岩型（碱性基性-超基性）磷灰石矿床	黑色 Fe、V、Ti；有色 Cu、Co、Hg；稀有 Ta、Zr；稀土 La、Ce、Ho、Tm、Ln、Y；化工 K、S；建材蛭石	
硫铁	煤系沉积型矿床	黑色 Fe；有色 Al；稀散 Ga；冶辅耐火粘土；燃料煤、油页岩	制硫酸：As、Fe、Pb、Zn、C、Ca、Mg
	沉积变质型矿床	黑色 Fe；稀散 Tl、Se、Te、Cd	
	火山岩、矽卡岩型矿床	黑色 Fe；有色 Cu、Pb、Zn、Mo、Ni、Co；贵 Au、Ag、Pt；稀散 Ga	
石膏、硬石膏	海相沉积矿床	稀有 Sr；化工 B、S、盐类	
	湖相沉积矿床	化工 S、盐类	
耐火粘土	沉积矿床	黑色 Fe、Ti；有色 Al、Zr；燃料煤	K_2O、Na_2O、MnO_2、TiO_2、Fe
	残积矿床	黑色 Fe；有色 Al	
萤石	内生矿床	有色 Pb、Zn；化工 重晶石、石英	冶金：S、P、SiO_2 化工：SiO_2、S
	沉积矿床	建材 石膏	
石墨	晶质矿床	黑色 V；稀有 Zr、Sr；冶辅蓝晶石；化工 S、P	Fe、S、SiO_2、Al_2O_3、CaO、MgO
	非晶质石墨	稀散 Ge；建材 瓷土	
盐类	海相沉积矿床 湖相沉积矿床 卤水矿床	稀有 Li、Rb、Cs、Sr；稀散 Ga、Ge；化工 B、I、Br；气体 N、He、CO_2	As、Fe、Mg、F、Ba、Cu、Pb、Zn
煤	海相沉积矿床 湖相沉积矿床	天然焦、高灰煤（高炭泥岩）、油页岩、锰铁矿、赤铁矿、菱铁矿、硫铁矿、铝土矿、膨润土、高岭土、耐火粘土、硅藻土、稀散 Ga、Ge、Sc、稀有 Li、稀土元素、陶瓷原料、建筑原料、常规砂岩气（或油）、煤层气、地下水（热水）、铀矿物（沥青铀矿、晶质铀矿、铀黑）等	S、SiO_2、Al_2O_3

附　录　E
（资料性附录）
伴生组分资源储量估算方法

E.1　传统估算法

在主组分矿产资源储量估算的基础上，利用系统组合分析或基本分析得到的伴生组分的平均品位，乘以主组分矿石量，即得出伴生组分的资源储量。

估算矿产资源储量的平均品位，是由全部组合样品或基本分析样品平均求得，不作特高品位处理。当个别样品品位为零时，以零值参加平均品位计算。

这种方法简便，应用普遍，尤其在主组分和伴生组分之间无明显相关性时，宜用此法。

E.2　相关分析法

当伴生组分与主组分之间存在相关性时，可用统计相关分析法估算矿产资源储量。其步骤如下：

a)　按式(E.1)计算矿体中伴生组分与主组分之间的相关系数(γ)。

$$\gamma=\frac{\sum_{i=1}^{n}(X_i-\overline{X})(\gamma_i-\overline{\gamma})}{\sqrt{\sum_{i=1}^{n}(X_i-\overline{X})^2\sum_{i=1}^{n}(Y_i-\overline{Y})^2}} \quad\cdots\cdots(\text{E.1})$$

式中：

γ_i——某组分样品中伴生组分与主组分品位间的相关系数；

$\overline{\gamma}$——伴生组分与主组分品位间的相关系数的平均值；

n——样品数；

X_i——某组分样品中伴生组分的品位；

$\overline{X}$——各组合样中主组分的平均品位；

Y_i——某组分样品中主组分的品位；

$\overline{Y}$——各组合样中伴生组分的平均品位。

相关性判别：当 $\gamma=0$ 时，则无相关；$\gamma>0$ 时，则正相关；$\gamma<0$ 时，则负相关；当 $\gamma=\pm1$ 时，则完全相关。在实践中，γ 的绝对值大于某一定值，才能认为两者相关性明显，否则不能用线性相关分析估算资源储量，判别方法是：计算相关系数后，查相关系数检验表(见表 E.1)来加以判别。当 $|\gamma\pm\alpha|\geqslant0.5$ 时，可确定主组分与伴生组分具有相关性。

例：当 $n=10$，$\gamma=0.82$，所需求的相关系数信度 α 为 5%，查表中 $n-2=8$ 那一行，得 0.632，而 $0.82>0.632$，说明相关明显，可以用线性相关分析法估算资源储量。

b)　求每一具体块段的伴生组分的品位 X，用直线回归方程式(E.2)计算。

$$X=\gamma\frac{\delta_X}{\delta_Y}(Y-\overline{Y})+\overline{X} \quad\cdots\cdots(\text{E.2})$$

为了使块段平均品位计算得更准确，常用联合回归方程式(E.3)、式(E.4)、式(E.5)同时计算。

$$X=\frac{1}{2}\left(\gamma+\frac{1}{\gamma}\right)\frac{\delta_X}{\delta_Y}(Y-\overline{Y})+\overline{X} \quad\cdots\cdots(\text{E.3})$$

$$\delta_X=\sqrt{\frac{\Sigma(X_i-X)^2}{n-1}} \quad\cdots\cdots(\text{E.4})$$

$$\delta_Y=\sqrt{\frac{\Sigma(Y_i-Y)^2}{n-1}} \quad\cdots\cdots(\text{E.5})$$

式中：

$\overline{X}$——所计算块段伴生组分的平均品位；

$\overline{Y}$——所计算块段主组分的平均品位；

δ_X——伴生组分品位的均方差；

δ_Y——主组分品位的均方差。

用直线回归方程和联合回归方程计算的结果若有差值，是因为 X 和 Y 之间并非完全相关(即为非函数关系)，差值愈大，相关性愈不明显。这种差值说明伴生组分和主组分之间有部分不相关。

c) 根据块段矿石量 Q 按式(E.6)求出伴生组分资源储量 P：

$$P=Q\cdot\overline{X} \qquad \text{(E.6)}$$

表 E.1

$n-2$	$\alpha=5\%$	$\alpha=1\%$	$n-2$	$\alpha=5\%$	$\alpha=1\%$	$n-2$	$\alpha=5\%$	$\alpha=1\%$
1	0.997	1.000	16	0.468	0.590	35	0.325	0.418
2	0.950	0.990	17	0.456	0.575	40	0.301	0.393
3	0.878	0.959	18	0.444	0.561	45	0.288	0.372
4	0.811	0.917	19	0.433	0.549	50	0.273	0.354
5	0.754	0.874	20	0.423	0.537	60	0.250	0.325
6	0.707	0.834	21	0.413	0.526	70	0.232	0.302
7	0.666	0.798	22	0.404	0.515	80	0.217	0.283
8	0.623	0.765	23	0.396	0.505	90	0.205	0.267
9	0.602	0.735	24	0.388	0.496	100	0.195	0.254
10	0.576	0.708	25	0.381	0.487	125	0.175	0.228
11	0.553	0.684	26	0.374	0.478	150	0.159	0.208
12	0.532	0.661	27	0.367	0.470	200	0.138	0.181
13	0.514	0.641	28	0.361	0.463	300	0.113	0.148
14	0.479	0.623	29	0.355	0.456	400	0.098	0.128
15	0.482	0.606	30	0.349	0.449	1 000	0.062	0.080

E.3 单矿物法

伴生组分呈类质同象状态赋存于某种或某些有用矿物中，而主组分矿物比较单纯时，可通过对某些单矿物样品的分析得到其中伴生组分的品位，其具体操作是将矿物样碎至适当粒度后，在双筒放大镜下挑选出含有伴生元素的单矿物，然后通过分析测试获得单矿物中各组分的含量。

用单矿物中伴生组分品位估算资源储量为式(E.7)：

$$P_i=P_0\,\frac{b}{e}\cdot C_i\cdot h \qquad \text{(E.7)}$$

式中：

P_i——伴生组分的资源储量；

P_0——主组分的资源储量；

b——单矿物分子量；

e——单矿物中主组分(元素)的原子量；

C_i——单矿物中伴生组分 i 的平均品位；

h——单矿物纯度(单矿物中各组分含量之和,%)。

E.4 精矿法

根据实际选矿生产资料,利用获得的主组分精矿按式(E.8)估算伴生组分的资源量。

$$P_i = \frac{P_0}{C_0} \cdot \overline{C} \qquad \cdots\cdots(E.8)$$

式中:

P_i——伴生组分的资源储量;

P_0——主组分的资源储量;

C_0——精矿中主组分平均品位;

$\overline{C}$——精矿中伴生组分平均品位。

精矿法适用伴生组分基本赋存于主组分矿物中的矿产,为此,在选用此种方法前,需要进行各组分在矿物中的配比计算,其公式为式(E.9)和式(E.10):

$$C_i = a \cdot b \qquad \cdots\cdots(E.9)$$

$$d_i = \frac{C_i}{\Sigma C_i} \qquad \cdots\cdots(E.10)$$

式中:

C_i——矿物中某一组分的配分量;

a——某矿物含量;

b——某矿物中某组分的品位;

d_i——某组分在某矿物中的配分量;

ΣC_i——各矿物中某组分配分量总和。

理论上 ΣC_i 等于矿样的实测分析品位,如误差较大时,重新检查分析其单矿物的纯度和样品加工质量,以确定矿物分析数量的精度,并按式(E.11)求出组分的配分误差系数:

$$\gamma = \frac{C - \Sigma C_i}{C} \times 100\% \qquad \cdots\cdots(E.11)$$

式中:

C——矿物中某组分的含量。

一般认为:γ 在±10%时为合格。

附 录 F
（资料性附录）
铀矿床伴生组分综合评价

花岗岩型铀矿床多为单一元素矿床。火山岩型、砂岩型、碳硅泥岩型和地浸砂岩型等铀矿床一般含有钼(Mo)、铼(Re)、银(Ag)、铅(Pb)、锌(Zn)、铜(Cu)、镍(Ni)、锗(Ge)、硒(Se)、氟(F)、磷(P)、钒(V)、铍(Be)等有用元素，在勘查铀矿同时要注意综合研究和评价。铀矿床伴生组分综合评价参考指标见表 F.1。

表 F.1

伴生元素	含量		伴生元素	含量
	%	10^{-6}		%
金		0.5	钼	0.01
银		5	钒(V_2O_5)	0.08
钴	0.01		磷(P_2O_5)	8
镍	0.02		钽(Ta_2O_5)	0.01
铋	0.01		铌(Nb_2O_5)	0.01
铁(mFe)	6		锗、硒、碲	0.001
铜	0.1		铟	0.000 2
铅	0.3		镓	0.001
锌	0.3		铼	0.000 02～0.001
汞	0.03		铊	0.003
钨	0.08～0.1		镉	0.002
铍	0.04			

附 录 G
（资料性附录）
铁锰铬矿床伴生组分综合评价

G.1 铁矿床综合评价

铁矿床中常伴生有钒(V)、钛(Ti)、钴(Co)、铜(Cu)、镍(Ni)、铅(Pb)、锌(Zn)、锡(Sn)、钼(Mo)、铝(Al)、硫(S)、磷(P)、镓(Ga)、锗(Ge)、硼(B)、铂(Pt)族元素、稀有稀土元素及铀(U)等。不同的矿床伴生有不同的组分。一些组分当其超过一定限量时，成为有害组分，但若这些有害组分通过选、冶途径可以分离出来综合回收时，它又变成了有用组分。因此，在铁矿勘查过程中需查明伴生组分的含量、赋存状态、分布规律、综合利用途径、回收的难易程度等，以便做出确切的评价。

铁矿床中的伴生元素达到铁矿石中伴生组分综合评价参考指标(见表G.1)的含量要求时，注意综合评价。

当某些矿床中的伴生组分含量虽低于表G.1的要求，但在选矿后的尾矿中能高度富集时，需进行评价。

表 G.1

伴生组分		Co	Ni	Zn	Ag	S	Au	Pb	Cu	B
含量	%	0.02	0.1～0.2	0.2		2～4		0.2	0.1～0.2	1～2
	10^{-6}				5		0.1～0.2			
伴生组分		P_2O_5	Sn	V_2O_5	Nb_2O_5	Mo	TR_2O_3	TiO_2	U	
含量/%		1～2	0.1	0.15～0.20	0.05	0.02	0.5	3～5	0.005	

伴生有用组分综合评价参考指标表说明：

a) 表中Co、Cu、Ni、Pb、Zn、Mo、S、Au、Ag系指这些元素赋存于硫化物中的含量；

b) V_2O_5 指赋存于有用铁矿物中的含量；

c) P_2O_5 指磷灰石状态时的含量；

d) U指以晶质铀矿、方钍石等独立矿物存在时的含量；

e) Nb_2O_5 指以铌铁矿矿物为主的含量；

f) TR_2O_3 指以独居石、氟碳铈矿矿物为主时的含量；

g) Sn指富集在铁精矿中的锡，当铁精矿还原焙烧时，锡被挥发，可在烟道中回收或在铁尾矿中呈锡石单独矿物的含量；

h) TiO_2 指钒钛磁铁矿床中，可被选出的粒状钛铁矿中的含量；

i) 铁矿石中其他有用组分，如铬、镓、锗、硼等达到多少含量即时综合回收，目前尚无成熟经验，在工作中可据具体情况与有关部门商定；

j) 表中含量一般为块段平均品位。

G.2 锰矿床综合评价

G.2.1 锰矿石的用途不同，对矿石的含锰量等的要求亦不同，特别是矿石中 MnO_2 含量高、可用于制作干电池的，在勘查中要特别注意，单独圈出，以便优质优用。

G.2.2 在锰矿中常有铁(Fe)、钴(C)、镍(Ni)及有色、贵金属等伴生，在勘查中需注意评价。根据有关试验成果，采用化学选矿工艺，综合回收效果较好，技术经济上可行，可提高锰矿石利用价值，需根据加工选冶试验结果制订合理的工业指标。锰矿石中伴生组分综合评价参考指标见表G.2。

表 G.2

元素或组分		Co	Ni	Cu	Pb	Zn	Au	Ag	B_2O_3	S
含量	%	0.02～0.03	0.1～0.2	0.1～0.2	0.4	0.4			1～3	2～4
	10^{-6}						0.2	5		

G.2.3　锰矿石中伴生元素多成细微粒分散、包裹，或与锰铁矿物结合的状态存在。

G.3　铬矿床综合评价

在铬矿中常伴生有铂族(Pt)[以锇(Os)、铱(Ir)、钌(Ru)为主]及钴(Co)、镍(Ni)等元素，当铂族总量$>0.2\times10^{-6}$、Co>0.02%、Ni>0.2%时，需作出评价。铬矿体的围岩纯橄榄岩、斜方辉岩、蛇纹岩，可做耐火材料和制作钙镁磷肥的配料，围岩里有时还见有石棉、滑石、水镁石、菱镁矿等，勘查工作中需注意评价。

附 录 H
（资料性附录）
钨、锡、汞、锑矿床伴生组分综合评价

H.1 钨矿床综合评价

钨矿床中伴生组分有锡(Sn)、钼(Mo)、铋(Bi)、铜(Cu)、铅(Pb)、锌(Zn)、锑(Sb)、铍(Be)、钴(Co)、金(Au)、银(Ag)、铌(Nb)、钽(Ta)、稀土(TR)、锂(Li)、砷(As)、硫(S)、磷(P)、压电水晶和熔炼水晶、萤石等。这些组分大多数对钨的冶炼工艺和钨制品而言是有害杂质，但经选冶富集综合回收，可成为有用组分。

据当前技术经济条件，当钨矿床中伴生组分达到了钨矿床伴生组分综合评价参考指标(见表H.1)的含量时，要注意综合评价。

表 H.1

元素	含量		元素	含量/%
	%	10^{-6}		
Cu	0.05		Ta_2O_5	0.01
Zn	0.2		Nb_2O_5	0.02
Pb	0.2		BeO	0.03
Co	0.01		Sb	0.3
Sn	0.03		Li_2O	0.3
Mo	0.01		TR_2O_3	0.03
Bi	0.03		S	4
In	0.001		Ga	0.001
Au		0.1	Ge	0.001
Ag		1	Cd	0.001

H.2 锡矿床综合评价

原生锡矿中常伴生钨(W)、铅(Pb)、锡(Sn)、铜(Cu)、锑(Sb)、铌(Nb)、钽(Ta)、铍(Be)、铋(Bi)等，有时还有硫(S)、砷(As)和铁(Fe)。砂锡矿中通常共生、伴生有自然金、黑钨矿、白钨矿、独居石、金红石、白铅矿、闪锌矿、黄铜矿、方铅矿等有用矿物，以及铌、钽等稀有元素，要注意综合评价。锡矿床伴生有用组分综合评价参考指标见表H.2。

表 H.2

元素	Cu	Pb	Zn	Bi	WO_3	Mn	mFe	S
含量/%	0.2	0.4	0.4	0.01	0.02	4	3～6	6

H.3 汞矿床综合评价

汞矿常伴生有分散元素硒、放射性元素铀等，在勘查中要注意综合评价，同时对具有综合利用价值的共生矿产或上覆、下伏的有用矿产，需阐明其矿物种类、含量变化、分布规律及其回收情况等。

一定数量的砷在冶炼时会随辰砂升华而降低水银的纯度，一定数量的辉锑矿也易于结焦而影响汞回收率；因此，评价中要确定其含量，查明伴生组分对矿石加工选冶的有益或不利影响。

H.4 锑矿床综合评价

我国锑矿石往往与金(Au)、钨(W)、铅(Pb)、锌(Zn)、汞(Hg)，以及锡(Sn)、铜(Cu)、铋(Bi)、砷(As)、硫

(S)、铁(Fe)、镍(Ni)、钴(Co)、锰(Mn)、镉(Cd)、铂(Pt)、钯(Pd)、钌(Ru)、硒(Se)等相伴生。当杂质砷超过0.05%、铁超过0.02%、硫超过0.04%、铜超过0.01%,或者杂质总量超过0.15%,不符合我国金属锑标准化学成分的工业要求时,则要系统地确定综合评价参考指标。锑矿床中伴生组分综合评价参考指标见表H.3。

表H.3

伴生组分	含量		伴生组分	含量	
	%	10^{-6}		%	10^{-6}
Au		0.1	Sn	0.08	
Zn	0.2		Ag		2
WO_3	0.05		Bi	0.05	
Hg	0.005		Se	0.001	
Pb	0.2		Co	0.01	
As	0.2		Ni	0.1	
S	4		CaF_2	5	
Cu	0.1		$BaSO_4$	8	

附 录 I
（资料性附录）
铝土矿、冶镁菱镁矿矿床伴生组分综合评价

I.1 铝土矿综合评价

铝土矿矿石中含有镓(Ga)、钒(V)、钽(Ta)、钛(Ti)、铈(Ce)、锂(Li)及放射性元素等有用组分，目前已综合利用的有镓。沉积型铝土矿层常常相变为耐火粘土，其上部、下部常常共生多种有用矿产，如铁矿、硫铁矿、熔剂灰岩、煤矿、高岭土、陶瓷土、铁矾土等；红土型铝土矿常共生有钴土矿等。对具有价值的共伴生矿产，需注意综合评价。

I.2 镁矿床综合评价

镁质碳酸盐岩层中的菱镁矿矿床内共伴生矿产一般有镁化白云岩、白云岩滑石、石棉、透闪石和石料等。超基性岩中的菱镁矿床还要注意镍(Ni)、镉(Cd)、铬(Cr)、铂(Pt)、钴(Co)及蛇纹岩。

菱镁矿常与白云岩、大理岩、蛇纹岩、石棉、滑石、石膏、盐矿等矿产共生，尤其是产在超基性岩蛇纹石中的菱镁矿，可能伴生有镍(Ni)、镉(Cd)、铬(Cr)、铂(Pt)、钴(Co)，需注意综合评价。

附　录　J
（资料性附录）
稀有金属矿产伴生组分综合评价

J.1　锂矿床综合评价

锂(Li)常与铌(Nb)、钽(Ta)、铍(Be)、铷(Rb)、铯(Cs)、云母、长石、萤石伴生；盐湖锂矿常伴生有钠盐、钾、芒硝、镁盐、天然碱、硼、溴、碘等。在矿床勘查时要注意综合评价。

J.2　铍矿床综合评价

铍矿床中常有锂(Li)、钽(Ta)、铌(Nb)、铯(Cs)、钨(W)、锡(Sn)、铅(Pb)、锌(Zn)及云母等伴生组分，要注意综合评价。BeO在花岗伟晶岩类矿床及气成-热液矿床中≥0.04%；在碱性钠长石花岗岩类矿床中≥0.04%～0.06%即有意义。

J.3　铌钽矿床综合评价

铌钽常与锂(Li)、铍(Be)、铷(Rb)、铯(Cs)、锆(Zr)、锡(Sn)、钍(Th)等元素伴生，在砂矿中常与独居石、锡石、金红石、锆英石、钛铁矿等伴生，除上述金属矿物伴生外，还有一些非金属矿物如长石、石英等，在花岗伟晶岩型的矿床中常产有各种宝石、玉石、彩石矿物和石材等，因此要注意综合评价。伴生锂铍铌钽综合评价参考指标见表J.1。

表J.1

矿床类型	铍	锂	铌　钽	
	BeO %	Li_2O %	$(Ta,Nb)_2O_5$ % (Ta_2O_5/Nb_2O_5>0.4)	Ta_2O_5 %
花岗伟晶岩矿床与气成-热液矿床	0.04	0.2	0.007～0.01	0.003
碱性长石花岗岩矿床	0.04～0.06	0.03	0.01～0.015	0.005

附　录　K
（资料性附录）
岩金矿床伴生组分综合评价

金矿床中伴生有用组分多，在岩金矿床中常伴生有银(Ag)、铜(Cu)、锌(Zn)、铅(Pb)、钨(W)、锑(Sb)、钼(Mo)、硫(S)、铋(Bi)、钇(Y)矿、白钨矿、独居石、刚玉等。为了综合利用矿产资源，当伴生组分达到岩金矿床中伴生组分综合评价参考指标(见表K.1)时，需做出综合评价。

表 K.1

元素或组分		Cu	Pb	Zn	WO_3	Sb	Mo	As	Co	S	Ag
含量	%	0.1	0.2	0.2	0.05	0.3	0.01	0.2	0.01	2.0	
	10^{-6}										2

附 录 L
（资料性附录）
铜铅锌银镍钴钼矿床伴生组分综合评价

L.1 铜矿床综合评价

当铜矿床中伴生组分达到铜矿床伴生组分综合评价参考指标（见表 L.1）所列含量时，要认真进行取样分析研究，作出综合评价。

表 L.1

元素或组分		Pb	Zn	Mo	Co	WO_3	Sn	Ni	S	Bi	Au	Ag	Cd、Se、Te、Ga、Ge、Re、In、Tl
含量	%	0.2	0.2	0.01	0.01	0.05	0.05	0.1	1	0.05			0.001
	10^{-6}										0.1	1	

L.2 铅锌矿床综合评价

在铅锌矿床中常伴生多种具有综合利用价值的伴生组分，如铜（Cu）、钨（W）、锡（Sn）、钼（Mo）、铋（Bi）、砷（As）、汞（Hg）、钴（Co）、镍（Ni）、金（Au）、银（Ag）、铂（Pt）、稀有金属、稀散元素、铀以及硫铁矿、磁铁矿、萤石、天青石、重晶石等，需注意综合评价。铅锌矿床伴生组分综合评价参考指标见表 L.2。

表 L.2

元素		Cu	WO_3	Sn	Mo	Bi	S	Sb	CaF_2	Au	Ag	As
含量	%	0.06	0.06	0.08	0.02	0.02	4	0.3	5			0.2
	10^{-6}									0.1	2	
元素		U	Cd	In	Ga	Ge	Se	Te	Tl	Hg	mFe	
含量/%		0.02	0.01	0.001	0.001	0.001	0.001	0.001	0.001	0.005	3～6	

L.3 银矿床综合评价

在勘查银矿床时，注意对金（Au）、铅（Pb）、锌（Zn）、铜（Cu）、硫（S）、镉（Cd）、锰（Mn）、锗（Ge）、镓（Ga）等伴生组分的综合评价工作。另外，银经常伴生于铜矿、多金属矿床。因此，在勘查多金属矿床时，要重视综合评价银及其他伴生组分，银矿床伴生组分综合评价参考指标（见表 L.3）；当银的平均含量达到 40×10^{-6}～50×10^{-6}，也可按主矿产进行评价。

表 L.3

元素		Au	Pb	Zn	Cu	S	Cd	Mn
含量	%		0.2	0.2	0.1	2	0.005	4
	10^{-6}	0.1						

L.4 镍矿床综合评价

硫化镍矿床普遍含铜，常称含铜硫化镍矿床。镍矿体中铜无需单独制定指标和圈定矿体，当镍品位达不到指标而铜可形成单独矿体时，其指标可按铜执行。除铜外，一般常伴生有铁（Fe）、铬（Cr）、钴

(Co)、锰(Mn)、铂(Pt)族元素、金(Au)、银(Ag)及硒(Se)、碲(Te)等。镍矿床伴生组分综合评价参考指标见表 L.4。

表 L.4

元素	Pt、Pd	Os,Ru,Rh,Ir	Au	Ag	Co	Se	Te
含量/10^{-6}	0.03	0.02	0.05～0.1	1.0	100	6	2

在蛇纹岩、滑石等矿床中含有较高的镍,常有回收价值,在评价该类矿床时要注意综合评价。

L.5 钴矿床综合评价

单独的钴矿床较少。钴大量分散在矽卡岩型铁矿、钒钛磁铁矿、热溶多金属矿、各种类型铜矿、沉积钴锰矿、硫化铜镍矿、硅酸镍等矿床中。其品位虽低,但规模往往较大,是提取钴的主要来源。

复合矿床选冶性能较好的矿石,当含钴品位大于 0.01%,钴精矿品位达 0.2%时便有价值。

L.6 钼矿床综合评价

钼矿床中常伴生有钨(W)、铋(Bi)、铜(Cu)、铅(Pb)、锌(Zn)、钴(Co)、铁(Fe)、金(Au)、铌(Nb)、铍(Be)、铼(Re)、铟(In)、硒(Se)、碲(Te)、铀(U)、硫(S)等,尤其是铼主要伴生在辉钼矿中,为提取钼时的重要副产品。当钼矿床伴生组分达到钼矿床伴生组分评价参考指标(见表 L.5)要求时,要注意综合评价。

表 L.5

元素		WO_3	Cu	Pb	Zn	mFe	S	Bi	Re
含量	%	0.06	0.1	0.2	0.2	3～6	1	0.03	
	10^{-6}								10

伴生有用组分评价参考指标表说明:

a) 矿石中伴生元素含量大于表 L.5 中指标时,需研究回收利用途径;

b) 表中"S"含量指标系指黄铁矿中硫在矿石中的含量;

c) 伴生元素中的 Cu、WO_3、Pb、Zn、Sn、Mo、Fe、Bi、CaF_2、Sb 等主要是对能形成独立的有用矿物,通过加工选矿能选出单独精矿产品而言的,如:Pb、Zn、Cu 主要系指赋存于硫化矿物中者;WO_3 主要系指赋存于白钨矿、黑钨矿中者;Sn 主要系指赋存于锡石中者;Mo 主要系指赋存于辉钼矿中者;CaF_2 主要指赋存于萤石中者;Sb 主要系指赋存于硫锑铅矿和脆硫锑铅矿中者;Fe 主要系指赋存于磁铁矿中者;Bi 主要系指赋存于辉铋矿中者;

d) Ge、Ga、In、Se、Te、Cd 等分散元素,经选矿一般富集在铜、铅、锌的精矿中,通过冶炼回收。

附　录　M
（资料性附录）
硫铁矿磷矿床伴生组分综合评价

M.1　硫铁矿矿床综合评价

硫铁矿常与多金属矿共、伴生。共、伴生矿产主要有：铁(Fe)、铅(Pb)、锌(Zn)、铜(Cu)等矿产和金(Au)、银(Ag)、钴(Co)、硒(Se)、碲(Te)、镉(Cd)等元素，以及其他金属和某些非金属矿产，要注意综合评价。在沉积矿床中，黄铁矿常与煤、铝土矿、耐火粘土等共生，需注意综合勘查，综合评价，供综合开发利用。硫铁矿伴生组分综合评价参考指标见表 M.1。

表 M.1

组　分		Cu	Pb	Zn	Co	Se	Te	Cd	Au	Ag
含量	%	0.1～0.2	0.2～0.4	0.2～0.4	0.01～0.02	0.001	0.005	0.001		
	10^{-6}								0.2	5

M.2　磷矿床综合评价

在磷矿床中常伴生有氟(F)、碘(I)、稀土元素，放射性元素，以及锰、含钒钛磁铁矿、钛铁矿、黄铜矿、黄铁矿、石墨、蛭石等矿产，在评价磷矿床时，要注意综合评价。当磷矿石中的伴生元素含量达到：U>0.02%～0.03%、I>0.004%～0.005%、mFe>3%～6%时，需考虑综合回收。

附　录　N
（资料性附录）
盐类盐湖矿床地热水伴生组分综合评价

N.1　钾盐矿床综合评价

钾盐矿床常与岩盐、镁盐、芒硝、石膏等伴（共）生，并常伴生有硼(B)、锂(Li)、碘(I)、溴(Br)、铯(Cs)、铷(Rb)等元素，需注意综合评价。

N.2　芒硝矿床综合评价

芒硝是蒸发作用使水介质中的可溶盐发生化学沉淀形成的蒸发岩型矿床，和其他盐类矿物有密切关系。在碳酸盐类型的盐湖中，常与天然碱、苏打等形成矿物组合；在硫酸盐类型的盐湖中，常与石膏、石盐、白钠镁矾等形成矿物组合；在一些盐湖卤水和晶间卤水中，可含硼(B)、锂(Li)、溴(Br)、碘(I)、锶(Sr)等稀有元素，需注意综合评价。

N.3　石膏和硬石膏矿床综合评价

石膏和硬石膏矿床综合评价遵循以下原则：

a)　石膏矿床的生成条件与盐类矿床（如钾盐、岩盐等）极为相似，有时以石膏、硬石膏为主，成为石膏矿床，有时则以岩盐为主，成为重要的岩盐矿床，或者膏盐均有工业价值，需综合勘查、综合评价；
b)　某些石膏的膏层及粘土质膏层中，常含较多天青石矿物（含锶），要注意分析测试与评价；
c)　由于硬石膏可代替含水石膏，用于生产硅酸盐水泥的缓凝剂，因此，要重视对硬石膏的评价和利用。

N.4　重晶石矿床综合评价

重晶石常与各种硫化物（黄铁矿、黄铜矿、方铅矿、闪锌矿）及其氧化产物以及石英、碧玉、菱镁矿、菱锰矿、天青石、萤石等矿物共生，在铜铅锌等有色金属矿床中常伴生重晶石，在金银稀土矿床中重晶石是主要脉石矿物，需注意综合评价。

N.5　天然碱矿床综合评价

天然碱矿床常伴生有盐、芒硝、无水芒硝等矿产，并含有少量钾、硼、碘、溴等元素，要注意综合评价。

盐类矿产伴生组分综合评价参考指标见表 N.1。

表 N.1

组　分		KCl	$MgCl_2$	NaCl	LiCl	Li_2O	Na_2SO_4
含量 %	固体	1	5	20		0.06	8～20
	卤水	0.2	1	5	150 mg/L		3
组　分		Na_2CO_3	Br^-	Rb_2O	Cs_2O	I^-	B_2O_3
含量 %	固体	10～15		0.02	0.01	0.005～0.01	0.2～0.5
	卤水	1.5	(50～60)mg/L	50 mg/L	(20～30)mg/L	(15～20)mg/L	400 mg/L

N.6 硼矿床综合评价

硼镁铁矿床常与磁铁矿、硼镁石紧密共生，并伴生磷灰石，放射性铀等；硼镁石矿床共生蛇纹岩，可作含硼的钙镁磷肥的原料。硼镁铁矿床、硼镁石矿床均需进行综合勘查、评价。

盐湖硼矿床共、伴生石盐、芒硝、天然碱、镁盐、钾盐、锂等也可综合利用。

N.7 地热水可以提取伴生元素的最低含量标准

根据热田规模综合评价，地热水可以提取伴生元素的综合评价参考指标见表 N.2。

表 N.2

元　素	碘(I)	溴(Br)	铯(Cs)	锂(Li)	铷(Rb)	锗(Ge)
指标 mg/L	20	50	80	25	200	5

附 录 O
（资料性附录）
煤的勘查中对煤层气及其他有益矿产的勘查评价

O.1 煤的勘查中对煤层气的勘查评价

O.1.1 煤层气的勘查评价工作与煤炭的勘查同时部署，同时进行，并提交煤炭和煤层气综合勘查报告。

O.1.2 在预查阶段，需开展野外和邻近矿井煤层气地质调查，了解煤层割理发育情况及方向，调查邻近矿井瓦斯情况。

O.1.3 在普查阶段要着重了解勘查区内煤层气赋存的基本特征，并对其进一步工作的前景做出评价。

O.1.4 在勘查过程中，当发现勘查区主要可采煤层的煤层气含量达到《煤层气资源/储量规范》规定指标时，适当加密采样进行控制。

O.1.5 在详查、勘探阶段，当发现勘查区主要可采煤层的煤层气平均含量达到《煤层气资源/储量规范》规定指标时，选择钻孔对主要可采煤层施工参数井。

O.1.6 在勘探阶段，大、中型煤炭矿产地的主要可采煤层，煤层气含量高于《煤层气资源/储量规范》规定指标且具备规模化地面抽采条件时，通过试采工程进行煤层气抽采试验。

O.1.7 当勘查区主要可采煤层的煤层气含量达到规定指标时，按照《煤层气资源/储量规范》估算煤层气资源储量。

O.2 煤的勘查中对其他有益矿产的勘查评价（参见附录 D）

O.2.1 预查和普查阶段，在详细研究区内和邻区有关资料的基础上，对已知的矿层和可能具有某种工业意义的岩层，进行描述、鉴定和采样分析测试，大致了解有益矿产的种类及其分布范围、厚度和品位。对具有含矿特征的岩层和可能用作建筑材料的岩层、松散沉积物等，进行详细的分层描述，并采取样品进行分析试验。选择部分探槽、探井、小煤矿和少量钻孔，对所有煤层（包括夹矸和顶底板）、炭质泥岩进行系统采样，先做光谱分析，然后根据微量元素的含量进行定量分析。还需选择一至两个钻孔，对所有岩层分别采样作光谱分析，发现有价值的元素做定量分析。

O.2.2 在详查阶段，对已初步确定达到工业品位的矿产，利用自然露头、小煤矿和钻孔，布置一定数量的采样点进行采样分析，初步查明其厚度和品位变化，做出有无工业价值的初步评价。

O.2.3 在勘探阶段，对具有工业价值的有益矿产，圈定符合工业品位和可采厚度要求的范围。根据实际达到的工作程度，估算其资源储量，并对开发利用的可能性和途径做出评价。若需要进行专门性的勘查工作，参照有关矿种规范研究确定。

附 录 P
（资料性附录）
伴生组分综合评价最低品位参考指标汇总表

伴生组分综合评价最低品位参考指标汇总见表 P.1。

表 P.1

伴生组分	铁矿床	锰矿床	铬矿床	钨矿床	锡矿床	钼矿床	铜矿床	镍矿床	铅锌矿床	锑矿床	金矿床	银矿床	铀矿床	硫铁矿床	磷矿床
铁(mFe)/%					3～6	3～6			3～6				6		3～6
锰(Mn)/%					4							4			
钛(TiO_2)/%	3～5														
钒(V_2O_5)/%	0.15～0.2												0.08		
钨(WO_3)/%					0.02	0.06	0.05		0.06	0.05	0.05		0.08～0.1		
锡(Sn)/%	0.1			0.03			0.05		0.08	0.08					0.04
铋(Bi)/%				0.03	0.01	0.03	0.05		0.02	0.05			0.01		
钼(Mo)/%	0.02			0.01			0.01		0.02		0.01		0.01		
铜(Cu)/%	0.1～0.2	0.1～0.2		0.05	0.1	0.1			0.06	0.1	0.1	0.1	0.1	0.1～0.2	
钴(Co)/%	0.02	0.02～0.03	0.02	0.01			0.01	0.01		0.01	0.01		0.01	0.01～0.02	
镍(Ni)/%	0.1～0.2	0.1～0.2	0.2				0.1			0.1			0.02		
铅(Pb)/%	0.2	0.4		0.2	0.4	0.2	0.2			0.2	0.2	0.2	0.3	0.2～0.4	
锌(Zn)/%	0.2	0.4		0.2	0.4	0.2	0.2			0.2	0.2	0.2	0.3	0.2～0.4	
砷(As)/%									0.2	0.2	0.2				
锑(Sb)/%				0.3					0.3		0.3				
汞(Hg)/%									0.005	0.005			0.03		
碘(I)/%															0.004
金(Au)10^{-6}	0.1～0.2	0.2		0.1			0.1	0.05～0.1	0.1	0.1		0.1	0.5	0.2	
银(Ag)10^{-6}	5	5		1			1	1	2	2	2		5	5	

表 P.1（续）

伴生组分	铁矿床	锰矿床	铬矿床	钨矿床	锡矿床	钼矿床	铜矿床	镍矿床	铅锌矿床	锑矿床	金矿床	银矿床	铀矿床	硫铁矿床	磷矿床
铂族(总量)10^{-6}			0.2					0.02							
锂(Li_2O)/%				0.3											
铍(BeO)/%				0.03									0.04		
铌(Nb_2O_5)/%	0.05			0.02									0.01		
钽(Ta_2O_5)/%				0.01									0.01		
镓(Ga)/%				0.001			0.001		0.001				0.001		
锗(Ge)/%				0.001			0.001		0.001				0.001		
镉(Cd)/%				0.001			0.001		0.01			0.005	0.002	0.001	
铟(In)/%				0.001			0.001		0.001				0.000 2		
铼(Re)10^{-6}						10	10						0.2～10		
铊(Tl)/%							0.001		0.001				0.003		
硒(Se)/%							0.001	0.000 6	0.001	0.001			0.001	0.001	
碲(Te)/%							0.001	0.000 2	0.001				0.001	0.005	
稀土(REO)/%(TR_2O_3)/%	0.5			0.03											
铀(U)/%	0.005								0.02						0.02
钡($BaSO_4$)/%										8					
硼(B_2O_3)/%	1～2	1～3													
磷(P_2O_5)/%	1～2												8		
硫(S)/%	2～4	2～4		4	6	1	1		4	4	2	2			
氟(CaF_2)/%									5	5					

附　录　Q
（资料性附录）
伴生组分综合评价品位计算公式

Q.1　以独立矿物存在的伴生有用组分品位计算公式[见式(Q.1)]

$$C \geqslant \frac{\beta \cdot \alpha}{(1-\gamma) \cdot \varepsilon \cdot \rho} \quad \cdots\cdots(Q.1)$$

式中：

C——某伴生组分的品位(%)；

β——伴生组分精矿产品品位(%)；

α——回收伴生组分的直接成本，单位为元每吨(元/t)；

γ——采矿贫化率(%)；

ε——伴生组分选矿回收率(%)；

ρ——伴生组分精矿产品价格，单位为元每吨(元/t)。

Q.2　综合最低品位的计算公式[见式(Q.2)]

$$C = C_Z + \sum_{1}^{n} K \cdot C_C \quad \cdots\cdots(Q.2)$$

式中：

C——将次要有用组分品位折算成主要有用组分的品位后的矿石综合最低品位(%)；

C_Z——主要有用组分品位(%)；

C_C——次要有用组分品位(%)；

n——矿石中伴生有用组分种类数；

K——品位折算系数。

K 的确定方法：

a)　价格比法[见式(Q.3)]

$$K = \frac{J_C}{J_Z} \quad \cdots\cdots(Q.3)$$

式中：

K——折算系数；

J_C——次要有用组分产品销售价格，单位为元每吨(元/t)；

J_Z——主要有用组分产品销售价格，单位为元每吨(元/t)。

b)　产值比法[见式(Q.4)]

$$K = \frac{J_C \cdot C_C \cdot \varepsilon_C \cdot \beta_C}{J_Z \cdot C_Z \cdot \varepsilon_Z \cdot \beta_Z} \quad \cdots\cdots(Q.4)$$

式中：

K——折算系数；

J_C——次要有用组分产品销售价格，单位为元每吨(元/t)；

C_C——次要组分地质品位(%)；

ε_C——次要组分选矿回收率(%)；

β_C——次要组分最终产品组分品位(%)；

J_Z——主要有用组分产品销售价格，单位为元每吨(元/t)；

C_Z——主要组分地质品位(%)；

ε_C——主要组分选矿回收率(%)；

β_Z——主要组分最终产品组分品位(%)。

c) 利润比法[见式(Q.5)]

$$K=\frac{(J_C-Ch_C)\cdot C_C\cdot \varepsilon_C\cdot \beta_C}{(J_Z-Ch_Z)\cdot C_Z\cdot \varepsilon_Z\cdot \beta_Z} \qquad \cdots\cdots\cdots\cdots (Q.5)$$

式中：

Ch_C——次要组分的产品成本，单位为元每吨(元/t)；

Ch_Z——主要组分的产品成本，单位为元每吨(元/t)。

Q.3 矿产综合评价品位

在制定综合工业品位时，品位指标有可能比只利用其中某一单项矿产的指标有所降低。

a) 综合品位评价矿产的实例

河南某钽铌共生的矿床，采用钽+铌的综合品位为：

——钽及铌氧化物总量：$(Ta,Nb)_2O_5>0.02\%$；

——氧化钽及氧化铌比值：$Ta_2O_5:Nb_2O_5>1:3$；

——可回收的铌钽重矿物、人工重砂$>200\times10^{-6}$。

b) 用金属折算等值系数评价矿产的实例

江西某钨、锡矿床	1 Sn=0.6 WO_3。
江西某铜矿	1 S=0.016 Cu。
江西某钨、铋矿床	1 Mo=0.77 WO_3；
	1 Bi=0.59 WO_3；
	1 Bi=0.44 MO。
江西某铜铁矿床	1 Cu=60 S。
安徽某铜矿床	1 Fe=0.004 7 Cu。
福建某钨矿床	1 WO_3=0.56 MO。
吉林某铜矿床	Ag 1×10^{-6}=Cu 0.18%；
	0.2 Li_2O=0.01$(Ta,Nb)_2O_5$。
江西某钨铍矿床	Be 1%=0.5% WO_3；
	Bi 1%=0.1% WO_3；
	Zn 1%=0.013 WO_3。
中南某花岗伟晶岩矿床	Li_2O 0.2%=0.01%$(Ta,Nb)_2O_5$。
内蒙某银铅锌矿床	Pb 1%=Ag 50×10^{-6}。

注1：某有色冶金设计院对于不能分别开采的伴生有用组分，用等值比方法，提出一个换算的参考公式，供参考。
等值系数 K=主元素金属价格×主元素实收率/伴生元素金属价格×伴生元素实收率。

注2：文中采用的矿产品价格、精矿价格均以最近3年～5年的平均价格为准。

附　录　R
（资料性附录）
共伴生矿产综合经济评价计算方法

R.1　共生矿产综合经济评价计算方法

可采用总利润法计算其在全采期的期望总利润值，其公式如式(R.1)所示：

$$I_{共}=K\sum_{j=1}^{n}Q_j\varepsilon_j(P_j-G_j)-R_{共} \quad \cdots\cdots(R.1)$$

式中：

$I_{共}$——全采期共生矿产开发利用的期望总利润(万元)；

K——可采资源储量系数；

n——共生矿产种类数；

Q_j——各种共生矿产资源储量(万吨)；

ε_j——不同共生矿产采选冶回收率(%)；

P_j——不同共生矿产的产品售价，单位为元每吨(元/t)；

G_j——不同共生矿产的单位综合成本，单位为元每吨(元/t)；

$R_{共}$——共生矿产开发总投资。

以上公式可用于：

a) 计算包括主矿产在内的整个矿床开发的期望总利润；

b) 若赋予符号的不同含义，也可以计算不包括主矿产的其余所有共生矿产的期望总利润。此时，G_j 则表示不包括主矿产的其他共生矿产的单位综合成本，$R_{共}$ 中也减去开发主矿产的总投资；

c) 当 $R_{共}$ 仅表示开发某种共生矿产的投资，G_j 表示开发某种共生矿产的单位成本时，以上公式又可以计算开发某种共生矿产的期望利润。

R.2　伴生矿产综合经济评价计算方法中的期望总利润法

伴生矿产综合经济评价使用期望总利润的基本步骤分二步：

第一步，确定某种伴生组分综合利用是否合算。其评价公式可分不计时评价和计时评价两种。

a) 不计时评价公式[见式(R.2)]

$$I=Z-S-J \quad \cdots\cdots(R.2)$$

式中：

I——回收某种伴生组分期望总利润，应≥0；

Z——回收某种伴生组分的产值；

S——回收某种伴生组分的直接生产费用；

J——追加的基建投资。

b) 计时评价公式[见式(R.3)]

$$\Delta R=\sum_{i=1}^{n}(\Delta Z_i-\Delta S_i)\alpha_t-\Delta J\geqslant 0 \quad \cdots\cdots(R.3)$$

式中：

ΔR——回收某种伴生组分贴现总利润，应≥0；

ΔZ_i——相应年产值增量；

ΔS_i——相应年直接生产费用增量；

ΔJ——相应年基本建设投资增量；

α_t——现值换算系数；

n——回收年限。

第二步，用期望总利润法评价矿床综合利用伴生组分的经济效果。

用期望总利润法进行评价的计算公式如式(R.4)所示：

$$I_{伴} = KQ_{主}\ \varepsilon_{采} \sum_{i=1}^{n} \beta_i \varepsilon_i (P_i - G_i) - R_{伴} \quad \cdots\cdots\cdots\cdots (R.4)$$

式中：

$I_{伴}$——全采期综合利用期望总利润(万元)；

K——地质可靠程度系数；

$Q_{主}$——地质查明主组分资源储量(万吨)；

$\varepsilon_{采}$——采矿回收率(%)；

n——伴生有用组分个数；

β_i——伴生组分地质品位(%)；

ε_i——伴生组分选冶回收率(%)；

P_i——伴生组分产品售价，单位为元每吨(元/t)；

G_i——伴生组分加工直接成本，单位为元每吨(元/t)；

$R_{伴}$——回收伴生组分所增加的投资(万元)。

参 考 文 献

[1] GB/T 13908—2002 固体矿产地质勘查规范总则
[2] DZ/T 0199—2002 铀矿地质勘查规范
[3] DZ/T 0200—2002 铁、锰、铬矿地质勘查规范
[4] DZ/T 0201—2002 钨、锡、汞、锑矿产地质勘查规范
[5] DZ/T 0202—2002 铝土矿、冶镁菱镁矿地质勘查规范
[6] DZ/T 0203—2002 稀有金属矿产地质勘查规范
[7] DZ/T 0204—2002 稀土矿产地质勘查规范
[8] DZ/T 0205—2002 岩金矿地质勘查规范
[9] DZ/T 0206—2002 高岭土、膨润土、耐火粘土矿产地质勘查规范
[10] DZ/T 0207—2002 玻璃硅质原料、饰面石材、石膏、温石棉、硅灰石、滑石、石墨矿产地质勘查规范
[11] DZ/T 0208—2002 砂矿(金属矿产)地质勘查规范
[12] DZ/T 0209—2002 磷矿地质勘查规范
[13] DZ/T 0210—2002 硫铁矿地质勘查规范
[14] DZ/T 0211—2002 重晶石、毒重石、萤石、硼矿地质勘查规范
[15] DZ/T 0212—2002 盐湖和盐类矿产地质勘查规范
[16] DZ/T 0213—2002 冶金、化工石灰岩及白云岩、水泥原料矿产地质勘查规范
[17] DZ/T 0214—2002 铜、铅、锌、银、镍、钼矿地质勘查规范
[18] DZ/T 0215—2002 煤、泥炭地质勘查规范
[19] DZ/T 0216—2002 煤层气资源/储量规范

ICS 29.130.10
K 43

中华人民共和国国家标准

GB 25284—2010

12 kV～40.5 kV 高压交流自动重合器

High-voltage alternating-current automatic circuit reclosers for rated voltages from 12 kV up to and including 40.5 kV

(IEC 62271-111:2005 High-voltage switchgear and controlgear—Part 111:overhead,pad-mounted,dry vault,and submersible automatic circuit reclosers and fault interrupters for alternating current systems up to 38 kV,MOD)

2010-11-10 发布　　2011-09-01 实施

中华人民共和国国家质量监督检验检疫总局
中国国家标准化管理委员会　发布

前　言

本标准的全部技术内容为强制性。

本标准修改采用 IEC 62271-111:2005(第一版)《高压开关设备和控制设备——第 111 部分:交流系统 38 kV 及以下架空型、柱上型、干窨室型、水下型线路自动重合器和故障开断器》。

本标准与 IEC 62271-111:2005 的主要差别体现在:

——适用范围。根据我国电网的实际情况,去掉了 IEC 62271-111 中额定频率 60 Hz 的有关内容;根据我国重合器的应用情况,适用的电压由“38 kV 及以下”改为“12 kV～40.5 kV”;所适用的产品类型中去掉了“水下型重合器”、“故障开断器”及相关要求的内容。

——正常和特殊使用条件。按 GB/T 11022—1999 第 2 章。

——术语和定义。IEC 62271-111 仅给出“单元操作”的定义,本标准引用和给出的术语大大增加,增加了 C1、C2、E1、E2、M1、M2、S1、S2 级重合器的术语和定义。

——额定值。IEC 62271-111 中“额定最高电压”在本标准中改为“额定电压”。

——额定电压。去掉了与我国电网无关的额定电压数值,按照 GB/T 11022—1999 中所列的电压给出。

——IEC 62271-111 中仅给出“额定雷电冲击耐受电压”,本标准中给出“额定绝缘水平”。

——本标准中还给出了“额定短时耐受电流”、“额定峰值耐受电流”、“额定短路持续时间”、“额定操作顺序”、“额定时间参量”等额定值。

——对额定电流、额定短路开断电流等数值按 R10 数系进行了标准化。

——“温升限值”采用 GB/T 11022—1999 表 3。

——“合、分闸装置、辅助和控制回路的额定电源电压”按 GB/T 11022—1999 规定。

——按 GB/T 11022—1999 的规定对第 5 章“设计与结构”增加了 5.1～5.20 部分的内容。增加了“位置指示”、“外壳的防护等级”、“爬电距离”、“气体和真空的密封”、“液体的密封”、“电磁兼容性”等要求,纳入了 IEC 62271-111 第 9 章的部分内容。

——按 GB/T 11022—1999 的规定,第 6 章“型式试验”增加了“概述”部分的内容。

——按 GB/T 11022—1999 和 GB 1984—2003 重新编写了 6.2 绝缘试验。

——删除了“无线电干扰试验”。

——“开合试验”中删除了“负荷电流开合试验”内容,并参照 GB 1984 对线路和电缆充电电流开合试验进行了全面修改,给出了 C1 级和 C2 级的规定。

——增加的型式试验项目有:主回路电阻测量、延长的机械寿命试验、辅助和控制回路的绝缘试验、异相接地故障电流开断试验、短时耐受电流和峰值耐受电流试验、EMC 试验、压力耐受试验、防护等级检验等。

——增加“试品的分组”、“试品的确认”以及“型式试验报告包含的资料”等内容。

——增加“M1 级重合器试验的说明”。

——增加“延长的机械寿命的重合器(M2 级)”的操作次数及试验方法要求。

——增加“参考的机械行程特性(6.101.1.1)”要求。

——增加“环境试验”内容。

——修改并增加了 6.109.1 振荡和快速瞬变浪涌试验的内容。

——第 7 章“出厂试验”增加了“空载机械操作试验”的详细要求。增加了“主回路电阻测量”。

——删除了 IEC 62271-111 第 8 章“现场试验”内容。

——按 GB/T 11022—1999 增加了第 8 章、第 9 章、第 10 章、第 11 章。

——删除了 IEC 62271-111 附录 C、附录 D、附录 E、附录 F。

——增加了新的附录 C，将 IEC 62271-111 油重合器的额定电流、额定短路开断电流及性能特点的优选值按 R10 数系标准化后纳入。

——增加参考文献。

本标准大部分条文的内容与 IEC 62271-111:2005 相同，不同之处在主要差别中已给予说明。

本标准应与 GB/T 11022—1999 一起使用，除非本标准中另有规定，本标准参照 GB/T 11022—1999。为了简化相同要求的表示，本标准的章条号与 GB/T 11022—1999 所用的相同。对这些章条内容的补充在同一引用标题下给出，而附加的条款从 101 开始编号。

本标准的附录 C 是规范性附录，附录 A、附录 B 是资料性附录。

本标准由中国电器工业协会提出。

本标准由全国高压开关设备标准化技术委员会(SAC/TC 65)归口。

本标准起草单位：西安高压电器研究所、中国电力科学研究院开关所、北京电研华源电力技术有限公司(电力科学研究院农电所)、机械工业高压电器产品质检中心(沈阳)、华仪电器集团有限公司、库柏耐吉(宁波)电气有限公司、宁波天安集团股份有限公司、浙江开关厂有限公司、施耐德(北京)中压电器有限公司、北京科锐配电自动化股份有限公司、四方华能电网控制系统有限公司、宁波耐吉新星自动化设备有限公司。

本标准主要起草人：寇政理、田恩文、吴鸿雁、游一民。

本标准参加起草人：吕广潜、孔祥军、张重乐、杨英杰、祝存春、吴红波、沈忠威、朱佩龙、章树、苏伟民、谭远锋、胡兆明、米建强、汪礼平。

12 kV～40.5 kV 高压交流自动重合器

1 概述

1.1 范围

本标准适用于额定电压 12 kV～40.5 kV、频率 50 Hz 的所有柱上型、干窨室型单极或多极高压交流自动重合器。

注：干窨室是指一种通风的、不会被水淹没的封闭场地。

为尽可能简化本标准，采用术语“重合器”来代替“高压交流自动重合器”。

1.2 规范性引用文件

下列文件中的条款通过本标准的引用而成为本标准的条款。凡是注日期的引用文件，其随后所有的修改单(不包括勘误的内容)或修订版均不适用于本标准，然而，鼓励根据本标准达成协议的各方研究是否可使用这些文件的最新版本。凡是不注日期的引用文件，其最新版本适用于本标准。

GB 1984—2003 高压交流断路器(IEC 62271-100:2001，MOD)

GB 1985—2004 高压交流隔离开关和接地开关(IEC 62271-102:2002，MOD)

GB/T 2900.20 电工术语 高压开关设备(neq IEC 60050)

GB 2536—1990 变压器油(neq IEC 60296:1982)

GB 3804—2004 3.6 kV～40.5 kV 高压交流负荷开关(IEC 60265-1:1998，MOD)

GB 3906—2006 3.6 kV～40.5 kV 交流金属封闭开关设备和控制设备(IEC 62271-200:2003，MOD)

GB 7674—2008 额定电压 72.5 kV 及以上气体绝缘金属封闭开关设备(IEC 62271-203:2003，MOD)

GB/T 7354—2003 局部放电测量(IEC 60270:2000，IDT)

GB/T 8905—1996 六氟化硫电气设备中气体管理和检测导则(neq IEC 60480:1974，IEC 60376:1971)

GB/T 11021—2007 电气绝缘 耐热性分级(IEC 60085:2004，IDT)

GB/T 11022—1999 高压开关设备和控制设备标准的共用技术要求(eqv IEC 60694:1996)

GB/T 12022—2006 工业六氟化硫(IEC 60376:1971，IEC 60376A:1973，IEC 60376B:1974，MOD)

GB/T 12706.1—2002 额定电压 1 kV(U_m=1.2 kV)到 35 kV(U_m=40.5 kV)挤包绝缘电力电缆及附件 第1部分:额定电压 1 kV(U_m=1.2 kV)到 3 kV (U_m=3.6 kV)电缆(eqv IEC 60502-1:1997)

GB/T 12706.2—2002 额定电压 1 kV(U_m=1.2 kV)到 35 kV(U_m=40.5 kV)挤包绝缘电力电缆及附件 第2部分:额定电压 6 kV(U_m=7.2 kV)到 30 kV(U_m=36 kV)电缆(eqv IEC 60502-2:1997)

GB/T 15166.2—2008 高压交流熔断器 第2部分:限流熔断器 (IEC 60282-1:2005，MOD)

GB/T 16927.1—1997 高电压试验技术 第一部分:一般试验要求(eqv IEC 60060-1:1989)

GB/T 14598.10—2007 电气继电器 第22-4部分:量度继电器和保护装置的电气骚扰试验-电快速瞬变/脉冲群抗扰度试验(idt IEC 60255-22-4:2002)

GB/T 14598.13—2008 电气继电器 第22-1部分:量度继电器和保护装置的电气骚扰试验 1 MHz脉冲群抗扰度试验(IEC 60255-22-1:2007，MOD)

GB/T 17626.2—2006 电磁兼容 试验和测量技术 静电放电抗扰度试验(IEC 61000-4-2:2001,IDT)

GB/T 17626.8—2006 电磁兼容 试验和测量技术 工频磁场抗扰度试验(IEC 61000-4-8:2001,IDT)

IEC 61634:1995 高压开关设备和控制设备中六氟化硫的使用与处理

2 正常和特殊使用条件

GB/T 11022—1999 的第 2 章适用。

3 术语和定义

GB/T 2900.20 和 GB/T 11022—1999 中的定义适用,并做以下补充。

3.101

高压交流自动重合器 high-voltage alternating-current automatic circuit recloser

能够按照预定的开断和重合顺序在交流线路中自动进行开断和重合操作,并在其后自动复位或闭锁的具有控制保护功能的高压开关设备。

3.102

自动操作 automatic operation

仅靠控制装置自动完成预定顺序的操作。

3.103

单元操作 unit operation

一个开断操作后紧跟着一个关合操作。操作顺序中的最后一个开断操作也视为一个单元操作。

注:见图 1。

3.104

瞬时(快)分闸操作 instantaneous (fast) opening operation

在重合器控制装置内部不作任何时延的分闸操作,亦称作快操作。

3.105

延时(慢)分闸操作 time-delay (slow) opening operation

在重合器控制装置内部经过预定时延后才发出操作信号的分闸操作,亦称作慢操作。

3.106

时间-电流特性曲线 time-current characheristic curve

重合器的故障通流时间与开断电流之间的关系曲线。

3.107

瞬时(快)时间-电流特性曲线 instantaneous (fast) characheristic curve

在瞬时分闸操作时,以给定开断电流下故障通流时间最大值绘制的时间-电流曲线。一种产品只有一条。

3.108

延时(慢)时间-电流特性曲线 time-delay (slow) characheristic curve

在延时分闸操作时,以给定开断电流下故障通流时间平均值绘制的时间-电流曲线。一种产品可以有多条。

3.109

合闸闭锁 latched closing

将重合器触头闭锁在分闸位置,无法实现合闸的功能。

3.110

分闸闭锁　latched opening

将重合器触头闭锁在合闸位置,无法实现分闸的功能。

3.111

重合间隔　open-close interval

指重合器触头最后一极分离至下一次重合触头最先一极接触之间的时间间隔。

3.112

复位时间　reset time

计时(数)系统返回至其初始状态所需的时间。

3.113

串联脱扣重合器　series release recloser

靠超过规定值的主回路电流流过一个线圈提供直接或间接打开主触头所必需能量的重合器。

3.114

并联脱扣重合器　shunt release recloser

在分闸控制装置和触头分离机构均不直接从主回路取得能量的情况下,由分闸控制装置释放某种储能装置将触头打开的重合器。

3.115

液压控制重合器　hydraulic operated recloser

利用液压机构控制最小启动电流、时间-电流特性、操作顺序、重合间隔和操作次数的重合器。

3.116

电子控制重合器　electronic operated recloser

利用电子电路控制最小启动电流、时间-电流特性、操作顺序、重合间隔和操作次数的重合器。

3.117

最小启动电流　minimum tripping current

重合器可靠启动实现开断的主回路最小电流值。

3.118

C1 级重合器　class C1 recloser

一种重合器,在规定的型式试验验证容性电流开断过程中具有低的重击穿概率。

3.119

C2 级重合器　class C2 recloser

一种重合器,在规定的型式试验验证容性电流开断过程中具有非常低的重击穿概率。

3.120

E1 级重合器　class E1 recloser

一种不属于 3.121 定义的 E2 级重合器范畴内的、具有基本的电寿命的重合器。基本的电寿命是指符合表 1、表 C.3 和表 C.4 规定的参数配合条件下对应于第 6 栏、第 8 栏、第 10 栏、第 11 栏的单元操作次数分别为 8、4、4、16。

3.121

E2 级重合器　class E2 recloser

一种重合器,在其预期的使用寿命期间,主回路中开断用的零件不需要维修,其他零件只需要很少的维修(具有延长的电寿命的重合器),其电寿命完全符合表 1、表 C.3 和表 C.4 规定的参数配合条件下的单元操作次数。

注:很少的维修是指润滑,如果适用时,可以补充气体以及清洁外表面。

3.122

M1 级重合器 class M1 recloser

一种不属于3.123定义的M2级重合器范畴内的、具有基本的机械寿命(2 000次操作的机械型式试验)的重合器。

3.123

M2 级重合器 class M2 recloser

用于特殊使用要求的、频繁操作的和设计要求非常有限的维护且通过特定的型式试验(具有延长的机械寿命的重合器,机械型式试验为10 000次操作)验证的重合器。

注:关于电寿命、机械寿命和容性电流开断过程中的重击穿概率,重合器的不同等级的组合是可能的。对于这些重合器的设计,不同等级的标志应按照字母的顺序组合,例如C1—M2。

3.124

S1 级重合器 class S1 recloser

电缆连接的网络中的重合器,一般情况下,重合器不适用于该场合。

3.125

S2 级重合器 class S2 recloser

用于架空线路中的重合器。

4 额定值

额定值应包括以下项目:

a) 额定电压(U_r);

b) 额定绝缘水平;

c) 额定频率(f_r);

d) 额定电流(I_r);

e) 额定短时耐受电流(I_k);

f) 额定峰值耐受电流(I_p);

g) 额定短路持续时间(t_k);

h) 合、分闸装置、辅助和控制回路的额定电源电压(U_a);

i) 开断和/或绝缘用压缩气源的额定压力(p_{re});

j) 额定最小启动电流;

k) 额定短路开断电流(I_{sc});

l) 额定短路关合电流;

m) 额定线路和电缆充电电流(I_l、I_c);

n) 额定操作顺序。

4.1 额定电压(U_r)

GB/T 11022—1999中的4.1适用。

4.2 额定绝缘水平

GB/T 11022—1999中的4.2适用。

4.3 额定频率(f_r)

GB/T 11022—1999中的4.3适用,重合器额定频率的标准值为50 Hz。

4.4 额定电流(I_r)和温升

GB/T 11022—1999中的4.4适用,并作如下补充:

重合器额定电流的优选值为:400 A,630 A,1 250 A,3 150 A。

注:油重合器额定电流的优选值见附录C。

4.5 额定短时耐受电流(I_k)

GB/T 11022—1999 中的 4.5 适用。

4.6 额定峰值耐受电流(I_p)

GB/T 11022—1999 中的 4.6 适用。

4.7 额定短路持续时间(t_k)

GB/T 11022—1999 中的 4.7 适用,并作如下补充:

对于串联脱扣的重合器不需要规定额定短路持续时间。

4.8 合、分闸装置、辅助和控制回路的额定电源电压(U_a)

GB/T 11022—1999 中的 4.8 适用。

注 1:建议长期连接在直流电源上的合闸、辅助及脱扣装置的线圈应当直接和负极性的控制总线连接以使电解腐蚀最小。

注 2:只有当设备位于电池附近或者采取了措施确保在电池和控制端子间有足够截面的导体时,才推荐使用 24 V 或 48 V 的脱扣、合闸以及辅助功能的装置。

注 3:继电器、电动机和其他辅助装置作为设备的控制功能部分,无论是安装在设备上还是在远方,都应当承受本标准强制的电压限值。

注 4:在一些应用中,重合器有可能承受由于异常条件如线路负荷突变引起的控制电压超过限值的情况。这种应用需要与制造厂商议并进行专门的研究。同样,使用晶体管控制的重合器遭受连续的接近所述的控制电压范围上限值的情况,在应用之前也需要加以重视并与制造厂协商。

注 5:对于自带直流电源的重合器,GB/T 11022—1999 关于脱扣器操作的电源电压范围不适用。

4.9 合、分闸装置和辅助回路的额定电源频率

GB/T 11022—1999 中的 4.9 适用。

4.10 开断和/或绝缘用压缩气源的额定压力(p_{re})

GB/T 11022—1999 中的 4.10 适用,并做如下补充:

除非制造厂另有规定,额定压力的标准值为:

0.1 MPa,0.2 MPa,0.3 MPa,0.4 MPa。

4.101 额定最小启动电流

串联脱扣重合器的额定最小启动电流应为额定电流的两倍,允许误差为±10%。

并联脱扣的重合器,最小启动电流是可变的,并且与额定电流无关,产品技术条件应给出具体数值,其允许误差为±10%。

4.102 额定短路开断电流(I_{sc})

表 1 的第 4 栏给出了重合器额定短路开断电流的优选值。

额定短路开断电流是指在表 1、表 C.3 和表 C.4 的栏 5、栏 7 和栏 9 给出的回路 X/R 值,工频恢复电压等于额定电压、且在 6.104.1.5 规定的瞬态恢复电压条件下重合器开断相应的非对称电流的能力。

注:油重合器额定短路开断电流的优选值见附录 C。

4.103 额定短路关合电流

额定短路关合电流的数值(有效值)应与额定短路开断电流数值相等,且最大非对称度相应于表 1、表 C.3 和表 C.4 栏 9 给出的 X/R 比值。

4.104 额定操作顺序

重合器的额定操作顺序定义为:

O-t_1-CO-t_2-CO-t_3-CO-闭锁。

其中:O 表示分闸,C 表示合闸,CO 表示瞬时或延时的合分闸操作(金短时间取决于时间-电流特性曲线)。t_1,t_2,t_3 分别表示第一、第二、第三次重合间隔,$t_1=0.3$ s,t_2,t_3 一般是可调的,但受下列约束:$t_2 \geqslant 2$ s,$t_3 \geqslant 2$ s。

4.105 额定线路和电缆充电开断电流(I_l、I_c)(适用时)

具有这些能力的重合器优选的线路和电缆充电开断电流额定值在表2中给出。

4.106 额定时间参量

GB 1984—2003 中的4.109(重合闸时间除外)适用。

5 设计与结构

5.1 重合器中液体的要求

GB/T 11022—1999 中的5.1适用。

5.2 重合器中气体的要求

GB/T 11022—1999 中的5.2适用。

5.3 重合器的接地

GB/T 11022—1999 中的5.3适用,并做如下补充:

与重合器独立安装的控制箱或包含有依靠永久接地元件来吸收浪涌的控制箱也应具有接地连接的措施。

适用时重合器的每一组三相电缆入口处应设有附加接地连接。

5.4 辅助设备和控制设备

GB 1984—2003 中的5.4适用。

5.5 动力操作

GB 1984—2003 中的5.5适用。

5.6 储能操作

GB 1984—2003 中的5.6适用。

5.7 不依赖人力的操作

GB/T 11022—1999 中的5.7不适用于重合器。

5.8 脱扣器的操作

GB/T 11022—1999 中的5.8适用。

5.9 低压力和高压力闭锁装置

GB 1984—2003 中的5.9适用。

5.10 铭牌

GB/T 11022—1999 中的5.10适用,并做如下补充:

重合器及其操动机构、控制装置的铭牌应按表3的内容标注。

操动机构的线圈应有一个参考标识,以便用户能从制造厂获得全部数据。

脱扣器应带有适当的数据。

在正常工作和安装位置铭牌均应明显可见。

5.11 联锁装置

GB/T 11022—1999 中的5.11适用。

5.12 位置指示

GB/T 11022—1999 中的5.12适用,并做如下补充:

重合器上提供的位置指示器应易于从外部观察。对于窨室型重合器如果要观察位置指示器可能要求打开围档或盖板。

注:建议字符采用荧光漆喷涂。

5.13 外壳的防护等级

GB/T 11022—1999 中的5.13适用。

5.14 爬电距离

GB/T 11022—1999 中的 5.14 适用。

5.15 气体和真空的密封

GB/T 11022—1999 中的 5.15 适用，并做如下补充：气体封闭压力系统的相对年漏气率标准值为：0.5%。

5.16 液体的密封

GB/T 11022—1999 中的 5.16 适用。

5.17 易燃性

GB/T 11022—1999 中的 5.17 适用。

5.18 电磁兼容性（EMC）

GB/T 11022—1999 中的 5.18 适用。

5.19 X 射线

GB/T 11022—1999 中的 5.19 适用。

5.20 腐蚀

GB/T 11022—1999 中的 5.20 适用。

5.101 单合和单分操作时的极间同期性要求

GB 1984—2003 中的 5.101 适用。

5.102 操作的一般要求

重合器及其操动机构应能在 GB/T 11022—1999 第 2 章确定的温度级别的整个环境温度范围内，按 5.5～5.9 相关的规定完成其额定操作顺序（见 4.104）。

5.103 外壳结构

5.103.1 外壳材料和涂层

外壳和所有的附件应当用防腐材料制成或涂有抗冲击耐腐蚀涂层并适合在无遮盖的地方贮存。

5.103.2 积水问题

外壳或附件的外部部件不应有积水的结构。

5.103.3 外壳支撑

外壳及其固定装置应提供坚固、稳定的支撑。

5.103.4 起吊钩环

重合器应提供起吊钩环，其位置的设置应保证重合器在起吊时保持水平，且应避免起吊索与设备上的附件（套管、操作手柄等）之间的相互影响以及起吊时刮伤或损坏外壳漆层。

5.104 排逸孔

GB 1984—2003 中的 5.104 适用。

5.105 绝缘介质指示

当使用液体或气体作为绝缘介质时，应具有便于运行人员在重合器带电时确定绝缘液体的液位或绝缘气体的状态的指示器。指示器示出设备是否在安全的运行范围内。

5.106 机构储能指示

储能操动机构上使用指示器时，采用服从地方法规或标记要求的下列颜色。

a） 机构已储能用黑色文字“已储能”，黄色背景指示；

b） 机构未储能用黑色文字“未储能”，白色背景指示。

5.107 手动操作规定

重合器上可能需要提供手动操作杆以进行合、分闸操作。操作杆应适合于用带电操作棒来操作。

表 1　重合器额定短路开断电流和性能特点的优选值

序号	额定电压/kV	未使用（注 5）	额定短路开断电流/kA	标准操作方式（注 1 和注 3）T20 额定短路开断电流的百分数 10～20 X/R（注 4）	T20 10～20 单元操作次数	T50 45～55 X/R（注 4）	T50 45～55 单元操作次数	T100 100～110 X/R（注 4）	T100 100～110 单元操作次数	总单元操作次数
第 1 栏	第 2 栏	第 3 栏	第 4 栏	第 5 栏	第 6 栏	第 7 栏	第 8 栏	第 9 栏	第 10 栏	第 11 栏
1	12	—	2.0	2	52	5	68	10	18	138
2			6.3	3	48	7	60	14	16	124
3			8.0	4	44	8	56	（注 2）	16	116
4			12.5							
5			16.0							
6			20.0							
7	24	—	8.0	3	44	8	56	（注 2）	16	116
8			10.0							
9			12.5	4						
10			16.0							
11			20.0							
12	40.5	—	8.0	4	44	8	56	（注 2）	16	116
13			12.5							
14			16.0							
15			20.0							

注 1：这是本标准中作为试验要求的性能特点的描述。

注 2：时间常数为 45 ms 时，X/R 取 14。

注 3：标准操作方式通过测量触头烧蚀来描述半寿命期。对允许的触头烧蚀情况的判断可参考制造厂提供的方法。

注 4：为了试验的目的，X/R 之值为最小值，参阅 4.102 和 6.104.2。

注 5：第 3 栏在表 1 中没有使用；列入是为了与表 C.3 和表 C.4 一致。

表 2　线路和电缆充电开断电流的优选额定值

额定电压/kV	电流/A	
	线路充电电流	电缆充电电流
12	10	10
24	10	31.5
40.5	10	50

表 3　铭牌参数

	缩写	单位	重合器	操动机构	控制装置	条件:仅当需要时才标注
1	2	3	4	5	6	7
制造厂			×	×	×	
型号或系列号			×	×	×	
额定电压	U_r	kV	×			
额定雷电冲击耐受电压	U_p	kV	×			
额定频率	f_r	Hz	Y			对 50 Hz 不适用时
额定电流	I_r	A	×			
额定短路持续时间	t_k	s	Y			不同于 1 s 时
额定短路开断电流	I_{sc}	kA	×			
额定线路充电开断电流	I_l	A	(×)			
额定电缆充电开断电流	I_c	A	(×)			
操作用的额定压力	p_{rm}	MPa		(×)		
开断和/或绝缘用的额定压力	p_{re}	MPa	(×)			
合闸和分闸装置的额定电源电压	U_{op}	V		(×)		
合闸和分闸装置的额定电源频率		Hz		(×)		
额定电源电压		V			Y	电子控制装置有外接电源时
额定电源频率		Hz			Y	电子控制装置有外接电源时
额定输出电压		V			Y	电子控制装置时
额定输出电流		A			Y	电子控制装置时
质量(包括油重合器的油)	M	kg	Y	Y		超过 300 kg 时
开断用流体的质量	m	kg	Y			SF_6 重合器或油重合器时
额定操作顺序			×			
制造年份			×	×	×	
温度等级			Y	Y	Y	不同于:户内 −5 ℃; 户外 −25 ℃

表 3（续）

	缩写	单位	重合器	操动机构	控制装置	条件：仅当需要时才标注
1	2	3	4	5	6	7
分级			Y			不同于 E1 级、C1 级和 M1 级时
标有发布日期的相关标准			×	×	×	

注 1：×表示这些值的标注是强制性的；空格表示此值为零；(×)表示这些值的标注是可选的；Y 表示按照栏 7 中的条件标注的值；

注 2：栏 2 中的缩写可以代替栏 1 中的术语。采用栏中的术语时可不出现“额定”。

5.108 **计数器**

重合器上应装设计数器以记录总的操作次数。

5.109 **导线端子尺寸**

套管端子的尺寸应满足通过重合器的额定电流且温升不超过 4.4 规定值。

注：配有电缆终端的重合器，除非用户另有规定，其套管与电缆终端的配合应符合 GB/T 12706.2—2002 的规定。

5.110 **其他要求**

当合闸送电遇到预伏性故障断开后，重合器的设计必须保证快开断一次后立即闭锁，不得按预定程序自动重合。

6 型式试验

6.1 概述

按 GB/T 11022—1999 第 6 章的规定，并做如下补充：

型式试验的试品应与正式生产产品的图样和技术条件相符合，下列情况下，重合器应进行型式试验：

a) 新试制的产品，应进行全部型式试验；

b) 转厂及异地生产的产品，应进行全部型式试验；

c) 当产品的设计、工艺或生产条件及使用的材料发生重大改变而影响到产品性能时，应做相应的型式试验；

d) 正常生产的产品每隔八年应进行一次温升试验、机械操作试验、短时耐受电流和峰值耐受电流试验以及关合和开断试验（按 T100 方式，进行 1 个额定操作顺序）、额定最小启动电流试验、时间-电流特性验证（快曲线和最慢 1 条曲线）；

e) 不经常生产的产品（停产三年以上），再次生产时应进行 d)规定的试验；

f) 对系列产品或派生产品，应进行相关的型式试验，部分试验项目可引用相应的有效试验报告。

型式试验和验证项目包括：

——强制的型式试验：

a) 绝缘试验；	6.2
b) 主回路电阻的测量；	6.4
c) 温升试验；	6.5
d) 电磁兼容性试验(EMC)；	6.9
e) 机械试验和环境试验；	6.101
f) 关合和开断能力的验证；	6.102、6.103、6.104
g) 异相接地故障开断能力试验；	6.105

h) 最小启动电流试验； 6.106

i) 时间-电流特性试验； 6.108

——适用时，强制的型式试验：

j) 局部放电试验； 6.2.9

k) 短时耐受电流和峰值耐受电流试验； 6.6

l) 防护等级检验； 6.7

m) 密封试验； 6.8

n) 涌流试验； 6.107

o) 浪涌耐受能力试验； 6.109

p) 压力耐受试验； 6.110

——选用的型式试验(根据制造厂和用户之间的协议)

q) 机械撞击试验。 6.7.2

型式试验可能有损于被试部件以后的正常使用，所以，如果没有制造厂和用户之间的协议，型式试验的试品不应投入使用。

6.1.1 试验的分组

GB/T 11022—1999 中的 6.1.1 适用。

6.1.2 确认试品用的资料

GB/T 11022—1999 中的 6.1.2 适用。

6.1.3 型式试验报告包括的资料

GB/T 11022—1999 中的 6.1.3 适用。

6.1.101 试品的状态

试验必须在产品挂网之前进行，并应选用新的、状态良好的重合器。

6.1.102 试品的安装

重合器的安装方式应符合设计要求的正常运行条件。重合器必须带有控制装置进行试验，并满足下列基本要求：

a) 控制装置按制造厂设计的意图安装在重合器上或安置在距受试重合器端子 2 m 内的位置；

b) 重合器与控制装置之间用制造厂提供的电缆连接，电缆长度为制造厂允许的最大长度。

注：如果由制造厂配套的控制装置是与重合器集成为一体安装或安装在重合器内部，上述 a)和 b)的情况可视为零长度控制电缆。

6.1.103 试品的接地

重合器以及所配用的控制装置的所有可接地部件，以及控制装置的接地部件，应通过导线连接到接地端子上接地。

6.1.104 电源频率

电源电压的额定频率的误差应当是额定值的±5%。

6.1.105 控制电压

重合器应在 4.8 规定的控制电压的范围内正常动作。

6.2 绝缘试验

重合器应耐受试验电压且其自身及控制装置不会损坏，试验条件满足 6.1 和下列要求。

重合器的绝缘试验仅在其与系统电压完全隔离的情况下进行。

6.2.1 试验时的周围大气条件

GB/T 11022—1999 中的 6.2.1 适用。

6.2.2 湿试程序

GB/T 11022—1999 中的 6.2.2 适用。

6.2.3 绝缘试验时重合器的状态

GB/T 11022—1999 中的 6.2.3 适用。

6.2.4 通过试验的判据

GB 1984—2003 中的 6.2.4 适用。

6.2.5 试验电压的施加和试验条件

GB/T 11022—1999 中的 6.2.5 适用。

6.2.6 $U_r \leqslant 252$ kV 的重合器的试验

GB/T 11022—1999 中的 6.2.6 适用。

6.2.6.1 工频电压试验

GB/T 11022—1999 中的 6.2.6.1 适用。

6.2.6.2 雷电冲击电压试验

GB/T 11022—1999 中的 6.2.6.2 适用。

6.2.7 $U_r \geqslant 252$ kV 的重合器的试验

GB/T 11022—1999 中的 6.2.7 不适用,本标准的电压范围限于 12 kV～40.5 kV。

6.2.8 人工污秽试验

GB/T 11022—1999 中的 6.2.8 适用。

6.2.9 局部放电试验

GB 1984—2003 中的 6.2.9 适用。

6.2.10 辅助和控制回路的试验

GB/T 11022—1999 中的 6.2.10 适用。

6.2.11 作为状态检查的电压试验

GB/T 11022—1999 中的 6.2.11 适用。

6.3 无线电干扰电压(r.i.v.)试验

不适用。

6.4 主回路电阻的测量

GB/T 11022—1999 中的 6.4 适用。

6.5 温升试验

按 6.1 的规定进行 6.5.1 至 6.5.3 试验时,重合器在额定电流时的状态和温升极限应满足 4.4 的规定。

6.5.1 受试重合器的状态

GB/T 11022—1999 中的 6.5.1 适用。

6.5.2 重合器的布置

GB/T 11022—1999 中的 6.5.2 适用,并作如下补充:

连接到重合器每个端子上的导体最小长度为 1.2 m。对设计采用绝缘电缆的重合器,电缆按重合器的额定电流和额定电压选择。

6.5.3 温度和温升的测量

GB/T 11022—1999 中的 6.5.3 适用。

6.5.4 周围空气温度

GB/T 11022—1999 中的 6.5.4 适用。

6.5.5 辅助和控制设备的温升试验

GB/T 11022—1999 中的 6.5.5 适用。

6.5.6 温升试验的解释

GB/T 11022—1999 中的 6.5.6 适用。

6.6 短时耐受电流和峰值耐受电流试验

GB/T 11022—1999 中的 6.6 适用。并做如下补充：

串联脱扣的重合器不适用。

6.7 防护等级检验

6.7.1 IP 代码的检验

GB/T 11022—1999 中的 6.7.1 适用。

6.7.2 机械撞击试验

GB/T 11022—1999 中的 6.7.2 适用。

6.8 密封试验

GB/T 11022—1999 中的 6.8 适用。

6.9 电磁兼容性(EMC)试验

GB/T 11022—1999 中的 6.9 适用，并作如下补充：

6.9.101 静电放电抗扰度试验

静电放电抗扰度试验应该按照 GB/T 17626.2 进行。试验等级应不低于 3 级。

6.9.102 工频磁场抗扰度试验

工频磁场抗扰度试验应该按照 GB/T 17626.8 进行。试验等级应不低于 3 级。

6.101 机械试验和环境试验

GB 1984—2003 中的 6.101 适用，并作如下补充：

在 6.1.4、6.1.5、6.1.6 规定的条件下进行 6.101.2 试验时，重合器应满足机械性能要求。

6.101.1 机械试验和环境试验的各项规定

6.101.1.1 参考的机械行程特性

GB 1984—2003 中的 6.101.1.1 适用。

6.101.1.2 单元试验

GB 1984—2003 中的 6.101.1.2 适用。

6.101.1.3 试验前后应记录的重合器的特性和整定值

GB 1984—2003 中的 6.101.1.3 适用。

6.101.1.4 重合器在试验中和试验后的状态

GB 1984—2003 中的 6.101.1.4 适用。

6.101.1.5 辅助和控制设备在试验中和试验后的状态

GB 1984—2003 中的 6.101.1.5 适用。

6.101.2 周围空气温度下的机械操作试验

6.101.2.1 概述

机械操作试验应在试验地点的周围空气温度下进行。周围空气温度应记录在试验报告中，应包括作为操动机构组成部件的辅助设备。

重合器应经受最少 2 000 次“合-分”操作而不检修。在 2 000 次操作中，应包括至少 200 次手动操作。试验时将重合器调整到额定操作顺序锁定，如果重合间隔可调，应设定为重合器设计的最小重合间隔。

试验中，允许按照制造厂的说明书进行润滑，但不允许进行机械调整或其他类型的维修。

6.101.2.2 **M1 级重合器试验的说明**

重合器应按表 4 进行试验。

表 4 机械操作试验顺序及次数

操作顺序	控制电压和操作压力	操作顺序数	操作次数
O-t_1-CO-t_2-CO-t_3-CO-t_a-C	最高值	100	400
O-t_1-CO-t_2-CO-t_3-CO-t_a-C	额定值	250	1 000
O-t_1-CO-t_2-CO-t_3-CO-t_a-C	最低值	100	400
C-t_a-O-t_a	手动操作	200	200
注：O 表示分闸，C 表示合闸；t_a 表示两次操作之间的时间间隔；t_1，t_2，t_3 分别表示第一、第二、第三次重合间隔。如果重合间隔可调，试验时应设定为重合器设计的最小重合间隔。			

6.101.2.3 **特殊使用要求下 M2 级重合器的延长的机械寿命试验**

GB 1984—2003 中的 6.101.2.4 适用。

6.101.2.4 **机械操作试验的判据**

GB 1984—2003 中的 6.101.2.5 适用，并作如下补充：

在额定操作电压下对重合器进行操作顺序和功能验证，同时记录重合间隔时间，操作顺序，快或慢动作的时间及施加的电流，进行 5 个额定操作顺序。

注：对于用电流互感器提供电流信号的重合器进行 6.101.2 的试验时，也可以采用按互感器变比折算的二次电流进行模拟试验。

6.101.3 **低温和高温试验**

GB 1984—2003 中的 6.101.3 适用。

6.101.4 **湿度试验**

GB 1984—2003 中的 6.101.4 适用。

6.101.5 **严重冰冻条件下操作的验证试验**

GB 1984—2003 中的 6.101.5 适用。

6.101.6 **端子静负载试验**

GB 1984—2003 中的 6.101.6 适用。

6.102 **开合试验**

开合试验是重合器要求的性能。本部分仅包括与线路和电缆充电相关的容性电流以及空载变压器的励磁电流的开合试验。

6.102.1 **概述**

开合能力用下列术语表述：

a) 试验电压；

b) 试验电流；

c) 试验回路；

d) 操作次数。

6.102.1.1 **试验用重合器的状况**

重合器应当是新的或在良好状态下的。

6.102.1.2 **单相和三相试验**

不允许用单相试验来验证三相的开合性能。

注：本标准限于额定电压为 12 kV～40.5 kV 的范围，多数试验室都能满足本标准的开合试验要求，不需要采用单相试验验证三相性能的方法。

进行三相试验时，负荷侧中性点或者电源侧中性点接地，不能两端都接地。进行单相试验时，试验回路中应当设置一个接地点。

6.102.1.3 试验电流

开断电流应当是具有可忽略直流分量的对称电流。在因关合回路而产生的瞬态电流衰减前，重合器的触头不允许分离。

对于三相试验，电流是所有极开断电流有效值的平均值。每一极的电流与平均值的差异不得超过10%。

试验电流值应等于或大于额定值。

6.102.1.4 工频试验电压

工频试验电压是相间电压的平均值，应在最后一相电弧熄灭后1～1.5个周波的时间内测量。也可以采用相对地电压的平均值乘以1.732来替代。

在三相重合器上进行三相试验或在单相重合器上进行试验时的试验电压应大于或等于重合器的额定电压。每相的电压与平均值的差异不得超过10%。

额定工频试验电压应在熄弧后保持至少0.3 s。

6.102.2 线路充电电流和电缆充电电流开合试验

6.102.2.1 适用性

线路和电缆充电电流的开合与重合器要求的性能有关。线路充电电流开合试验适用于开合空载的三相架空线路的所有重合器，电缆充电电流开合试验适用于开合一定长度的空载铠装电缆的充电电流的重合器。

试验也适用于架空线和一段较短电缆串联的工况。本试验的目的是验证重合器与线路和电缆开断电流额定值有关的容性电流的开合能力。

注：如果总的充电电流不超过架空线充电电流的20%，且与重合器邻近的整段电缆的充电电流不超过架空线充电电流的10%，则电缆可视为短的。无论如何，总的电流应不超过额定线路充电开断电流。

6.102.2.2 概述

容性电流开合试验时允许出现复燃。根据重合器的重击穿性能可以将其分成两级：

——C1级：特定的型式试验(6.102.2.9.2)验证的容性电流开合试验中具有低的重击穿概率。

——C2级：特定的型式试验(6.102.2.9.1)验证的容性电流开合试验中具有非常低的重击穿概率。

6.102.2.3 电源回路的特性

GB 1984—2003中的6.111.3(除电容器组电流开合外)适用。

6.102.2.4 电源回路的接地

GB 1984—2003中的6.111.4(除电容器组电流开合外)适用。

6.102.2.5 被开合的容性回路的特性

GB 1984—2003中的6.111.5.1,6.111.5.2适用。

6.102.2.6 电流波形

GB 1984—2003中的6.111.6适用。

6.102.2.7 试验电压

GB 1984—2003中的6.111.7适用。

6.102.2.8 试验电流

线路和电缆充电开断电流的优选额定值从表2中选取。

6.102.2.9 试验方式

每一个试验系列的试验方式应在不经任何维修的一台试品上进行。采用下述缩写：

——线路充电电流,试验方式 1　　　　　LC1;
——线路充电电流,试验方式 2　　　　　LC2;
——电缆充电电流,试验方式 1　　　　　CC1;
——电缆充电电流,试验方式 2　　　　　CC2。

容性电流开合试验应由表 5 规定的试验方式组成。

6.102.2.9.1　C2 级重合器的试验条件

6.102.2.9.1.1　C2 级试验方式

GB 1984—2003 中的 6.111.9.1.1(除表 17、电容器组电流开合外)适用,并作如下补充:

GB 1984—2003 中的 6.111.9.1.1 规定的预备试验,在本标准中按表 1、表 C.3 和表 C.4 中规定的试验方式 T50 进行。

C2 级试验方式见表 5。

6.102.2.9.1.2　C2 级三相线路充电和电缆充电电流开合试验

GB 1984—2003 中的 6.111.9.1.2 适用。

6.102.2.9.1.3　单相线路充电和电缆充电电流开合试验

GB 1984—2003 中的 6.111.9.1.3 适用。

6.102.2.9.2　C1 级重合器的试验条件

6.102.2.9.2.1　C1 级试验方式

GB 1984—2003 中的 6.111.9.2.1(除表 18、电容器组电流开合外)适用,并作如下补充:

C1 级试验方式见表 5。

6.102.2.9.2.2　单相和三相容性电流开合试验

GB 1984—2003 中的 6.111.9.2.2(除电容器组电流开合外)适用。

6.102.2.9.3　存在接地故障时相应的开断试验条件

GB 1984—2003 中的 6.111.9.3 a)适用。

表 5　容性电流开合试验方式

试验方式	脱扣器的操作电压	操作和开断用的压力	试验电流为额定容性开断电流的百分比/%	操作型式或操作顺序
1(LC1、CC1)	最高电压	C2 级:最低功能压力 C1 级:额定压力	10～40	O
2 (LC2、CC2)	最高电压	额定压力 *	≥100	C2 级:O 和 CO 或 CO C1 级:CO
注 1:在脱扣器的最高操作电压下进行试验是为了便于稳定地控制分闸操作; 注 2:为了试验方便,试验方式 1(LC1、CC1)也可进行 CO 操作。				
* C1 级试验时,如果适用,开断和操作用的压力,应在最低功能压力条件下至少进行 3 次 CO 操作,一次在最短燃弧时间时进行,两次在最长燃弧时间时进行。				

6.102.2.10　规定 TRV 的试验

GB 1984—2003 中的 6.111.10 适用。

6.102.2.11　通过试验的判据

6.102.2.11.1　概述

如果满足下述条件,重合器就成功地通过了试验:

a)　GB 1984—2003 中的 6.111.11.1 a)适用。

b) GB 1984—2003 中的 6.111.11.1 b)适用。

c) 开合试验方式的试验系列后，重合器应符合 6.111 规定的状况。如果试验方式 1 和试验方式 2 中未出现重击穿，外观检查就已足够。

6.102.2.11.2 按 C2 级要求进行试验的重合器重新划分为 C1 级重合器的判据

如果满足 6.102.2.11.1 中项 a)和项 c)，并且满足下述一种条件，则按 C2 级试验程序进行试验的重合器可以看作 C1 级重合器：

a) 满足 C2 级通过试验的判据。

b) 线路充电电流开合试验(LC1 和 LC2)或电缆充电电流开合试验(CC1 和 CC2)中重击穿的总次数不大于：

——第一个操作系列中 2 次，即三相试验时 48 次和单相试验时 96 次，见 6.102.2.9.1.2 和 6.102.2.9.1.3(没有进行重复的试验系列)，或

——第一个操作系列中 1 次，即三相试验时 48 次和单相试验时 96 次，见 6.102.2.9.1.2 和 6.102.2.9.1.3，不考虑重复的试验系列中的重击穿次数。

6.102.3 变压器励磁电流开合试验

正常情况下认为已经通过了 6.104 规定的故障开断试验的重合器也能够开断相当于额定电压 40.5 kV 及以下、额定容量 2 500 kVA 及以下的配电变压器的空载励磁电流，因此，不规定此项试验。如果要求进行试验，推荐开合典型的变压器。

6.103 关合短路电流的能力

6.104.4 中的标准操作方式试验提供了验证重合器关合和承载额定短路开断电流能力的依据。

6.104 额定短路开断电流试验

6.104.1 一般要求

6.104.1.1 被试重合器的状况

重合器应当是新的或处于良好状态的。

6.104.1.2 单相和三相试验

如果重合器的三极由一台共用机构操动或者在开断期间其灭弧介质因燃弧污染对相间绝缘有影响，则应进行三相试验。相反，如果三极分别由独立的机构操动且在开断期间因燃弧污染对相间绝缘没有影响，则允许进行单相试验。

如果进行三相试验，当试验的重合器打算用于多重接地星形系统时，对表 1、表 C.3 和表 C.4 第 6 栏规定的单元操作次数的四分之一，电源和负荷侧的中性点都应接地。否则，三相试验时，或者负荷侧中性点接地，或者电源侧接地，但不能都接地。如果进行单相试验，试验回路中应设置一处接地。

6.104.1.3 试验电流

对于三相试验，电流是所有极开断电流有效值的平均值。每极电流的变化应不超过平均值的 10%。电流应按 GB 1984—2003 规定的方法进行计算。

试验电流应等于或大于额定值。

6.104.1.4 工频试验电压

工频试验电压应依照 GB 1984—2003 计算。

在三极重合器上进行三相试验和单相重合器进行试验时，试验电压应大于或等于重合器的额定电压。每一相的电压变化应不超过平均值的 10%。

6.104.1.5 与额定短路开断电流相关的瞬态恢复电压(TRV)

与额定短路开断电流相关的瞬态恢复电压(TRV)是制定重合器在故障情况下应能耐受的回路预期瞬态恢复电压限值的参考电压。

6.104.1.5.1 **TRV 波形的表示法**

瞬态恢复电压的波形随实际回路的布置而变。在重合器应用于额定电压为 12 kV～40.5 kV 的系统中，瞬态恢复电压近似于一个衰减的单频振荡。该波形可用两参数法确定的两条线段组成的包络线来充分表示，一个电压参数和一个时间参数。该包络线是由典型配电线路产生的具有 1－cos 波形的 TRV 的直线边界。绘制 TRV 包络线的方法见 GB 1984—2003 中的附录 C。

由于重合器电源侧局部电容的影响，在 TRV 的最初几微秒内产生较低的电压上升率。这已通过引入一个时延来加以考虑。

6.104.1.5.2 **TRV 的表示法**

用下列参数表示 TRV：

a) 两参数参考线(见图 2)

u_c＝参考电压(TRV 峰值)，kV[式(1)]；

t_3＝到达 u_c 的时间，μs。

TRV 参数定义为额定电压(U_r)、首开极系数(k_{pp})和振幅系数(k_{af})的函数如下：

$$u_c = k_{pp} \times k_{af} \times U_r \times \sqrt{\frac{2}{3}} \qquad \cdots\cdots(1)$$

式中：

k_{af}——1.54，端子故障；

u_c/t_3——$RRRV$，恢复电压上升率规定为基于典型系统测量的系统电压的函数；

t_3——由 u_c 和恢复电压上升率的规定值 $u_c/t_3=RRRV$ 而导出的。

b) TRV 的延迟线(见图 2)

t_d＝时延，μs；

u'＝参考电压，kV；

t'＝到达 u' 的时间，μs。

时延线始于时间轴上的额定时延 t_d，与额定 TRV 参考线的第一段平行，止于电压 u' 处(时间坐标为 t')。

$t_d=0.15\times t_3$，$u'=u_c/3$，且

t'是由图 2 中的 u、u_c/t_3 和 t_d 导出的，$t'=t_d+u'/RRRV$。

6.104.1.5.3 **与额定短路开断电流相关的 TRV 的标准值**

6.104.1.5.2 中采用两参数法描述了重合器 TRV 的标准值。TRV 峰值 u_c、TRV 恢复电压上升率 $RRRV$ 及到达 TRV 峰值的时间 $t_3=u_c/RRRV$ 的优选值在表 6a)、表 6b)、表 6c)、表 6d)、表 6e)、表 6f)中给出。这些参数可用来规定 TRV。

表 6 不同额定条件下 TRV 值的列表描述

表序号	1 极或 3 极	应　　用	开断电流
表 6a)	3	架空线连接的回路	＞4 kA
表 6b)	1		＞4 kA
表 6c)	3	电缆连接的回路	＞4 kA
表 6d)	1		＞4 kA
表 6e)	3	架空线和电缆连接的回路	≤4 kA
表 6f)	1	架空线和电缆连接的回路	≤4 kA

表 6a） 在架空线路中使用的额定短路开断电流＞4 kA 有效值的三相重合器用两参数表示的预期瞬态恢复电压标准值

额定电压 U_r/kV	试验方式	首开极系数 k_{pp}	振幅系数 k_{af}	TRV 峰值 u_c/kV	时间 t_3/μs	时延 t_d/μs	电压 u'/kV	时间 t'/μs	上升率 u_c/t_3/(kV/μs)
12	T100	1.5	1.54	22.6	29.4	4	7.5	14	0.77
	T50	1.5	1.68	24.7	17.0	3	8.2	8	1.45
	T20	1.5	1.77	26.0	11.8	2	8.7	6	2.21
24	T100	1.5	1.54	45.3	41.5	6	15.1	20	1.09
	T50	1.5	1.68	49.3	24.1	4	16.4	12	2.05
	T20	1.5	1.77	52.1	16.6	2	17.4	8	3.13
40.5	T100	1.5	1.54	76.4	59.7	9	25.5	29	1.28
	T50	1.5	1.68	83.3	34.6	5	27.8	17	2.41
	T20	1.5	1.77	87.8	23.9	4	29.3	12	3.67

表中的规定值	表中的计算值
U_r＝额定电压 k_{pp}＝首开极系数 k_{pp}＝1.5 k_{af}＝振幅系数 k_{af}(T100)＝规定值＝1.54 k_{af}(T50)＝k_{af}(T100)×1.09＝1.68 k_{af}(T20)＝k_{af}(T100)×1.15＝1.77 $RRRV$＝恢复电压上升率 $RRRV$(T100)＝规定值 $RRRV$(T50)＝$RRRV$(T100)×1.88 $RRRV$(T20)＝$RRRV$(T100)×2.87	u_c＝TRV 峰值 $u_c = k_{pp} \times k_{af} \times U_r \times \sqrt{\frac{2}{3}}$ t_3＝达到 u_c 的时间 $t_3 = u_c/RRRV$ t_d＝时延线的时延 $t_d = 0.15 \times t_3$ u'＝时延线的电压点 $u' = u_c/3$ t'＝达到 u' 的时间 $t' = t_d + u'/RRRV$

注：TRV 值是对非接地系统计算的，也适用于接地系统。

表 6b） 在架空线路中使用的额定短路开断电流＞4 kA 有效值的单相重合器用两参数表示的预期瞬态恢复电压标准值

额定电压 U_r kV	试验方式	首开极系数 k_{pp}	振幅系数 k_{af}	TRV 峰值 u_c kV	时间 t_3 μs	时延 t_d μs	电压 u' kV	时间 t' μs	上升率 u_c/t_3 kV/μs
12	T100	1.732	1.54	26.1	33.9	5	8.7	16	0.77
	T50	1.732	1.68	28.5	19.7	3	9.5	10	1.45
	T20	1.732	1.77	30.1	13.6	2	10.0	7	2.21
24	T100	1.732	1.54	52.3	48.0	7	17.4	23	1.09
	T50	1.732	1.68	57.0	27.8	4	19.0	13	2.05
	T20	1.732	1.77	60.1	19.2	3	20.0	9	3.13
40.5	T100	1.732	1.54	88.2	68.9	10	29.4	33	1.28
	T50	1.732	1.68	96.2	39.9	6	32.1	19	2.41
	T20	1.732	1.77	101.4	27.6	4	33.8	13	3.67

表中的规定值	表中的计算值
U_r＝额定电压 k_{pp}＝首开极系数 k_{pp}＝1.732 k_{af}＝振幅系数 k_{af}(T100)＝规定值＝1.54 k_{af}(T50)＝k_{af}(T100)×1.09＝1.68 k_{af}(T20)＝k_{af}(T100)×1.15＝1.77 *RRRV*＝恢复电压上升率 *RRRV*(T100)＝规定值 *RRRV*(T50)＝*RRRV*(T100)×1.88 *RRRV*(T20)＝*RRRV*(T100)×2.87	u_c＝TRV 峰值 $u_c = k_{pp} \times k_{af} \times U_r \times \sqrt{\frac{2}{3}}$ t_3＝达到 u_c 的时间 $t_3 = u_c/RRRV$ t_d＝时延线的时延 $t_d = 0.15 \times t_3$ u'＝时延线的电压点 $u' = u_c/3$ t'＝达到 u' 的时间 $t' = t_d + u'/RRRV$

注：TRV 值是对非接地系统计算的，也适用于接地系统。

表 6c） 在电缆系统中使用的额定短路开断电流>4 kA 有效值的三相重合器用两参数表示的预期瞬态恢复电压标准值

额定电压	试验方式	首开极系数	振幅系数	TRV 峰值	时间	时延	电压	时间	上升率
U_r		k_{pp}	k_{af}	u_c	t_3	t_d	u'	t'	u_c/t_3
kV				kV	μs	μs	kV	μs	kV/μs
12	T100	1.5	1.54	22.6	59.6	9	7.5	29	0.38
	T50	1.5	1.68	24.7	34.5	5	8.2	17	0.71
	T20	1.5	1.77	26.0	23.9	4	8.7	12	1.09
24	T100	1.5	1.54	45.3	83.8	13	15.1	41	0.54
	T50	1.5	1.68	49.3	48.6	7	16.4	23	1.02
	T20	1.5	1.77	52.1	33.6	5	17.4	16	1.55
40.5	T100	1.5	1.54	76.4	119.4	18	25.5	58	0.64
	T50	1.5	1.68	83.3	69.4	10	27.8	33	1.20
	T20	1.5	1.77	87.8	47.7	7	29.3	23	1.84

表中的规定值	表中的计算值
U_r＝额定电压	u_c＝TRV 峰值
k_{pp}＝首开极系数	$u_c=k_{pp}\times k_{af}\times U_r\times\sqrt{\frac{2}{3}}$
$k_{pp}=1.5$	t_3＝达到 u_c 的时间
k_{af}＝振幅系数	$t_3=u_c/RRRV$
k_{af}(T100)＝规定值＝1.54	t_d＝时延线的时延
k_{af}(T50)＝k_{af}(T100)×1.09＝1.68	$t_d=0.15\times t_3$
k_{af}(T20)＝k_{af}(T100)×1.15＝1.77	u'＝时延线的电压点
$RRRV$＝恢复电压上升率	$u'=u_c/3$
$RRRV$(T100)＝规定值＝0.5×架空线路的 $RRRV$	t'＝达到 u' 的时间
$RRRV$(T50)＝$RRRV$(T100)×1.88	$t'=t_d+u'/RRRV$
$RRRV$(T20)＝$RRRV$(T100)×2.87	

注：TRV 值是对非接地系统计算的，也适用于接地系统。

表 6d) 在电缆系统中使用的额定短路开断电流＞4 kA 有效值的单相重合器用两参数表示的预期瞬态恢复电压标准值

额定电压	试验方式	首开极系数	振幅系数	TRV 峰值	时间	时延	电压	时间	上升率
U_r		k_{pp}	k_{af}	u_c	t_3	t_d	u'	t'	u_c/t_3
kV				kV	μs	μs	kV	μs	kV/μs
12	T100	1.732	1.54	26.1	68.8	10	8.7	33	0.38
	T50	1.732	1.68	28.5	39.9	6	9.5	19	0.71
	T20	1.732	1.77	30.1	27.6	4	10.0	13	1.09
24	T100	1.732	1.54	52.3	96.8	15	17.4	47	0.54
	T50	1.732	1.68	57.0	56.1	8	19.0	27	1.02
	T20	1.732	1.77	60.1	38.8	6	20.0	19	1.55
40.5	T100	1.732	1.54	88.2	137.8	21	29.4	67	0.64
	T50	1.732	1.68	96.2	80.2	12	32.1	39	1.20
	T20	1.732	1.77	101.4	55.1	8	33.8	26	1.84

表中的规定值	表中的计算值
U_r＝额定电压 k_{pp}＝首开极系数 k_{pp}＝1.732 k_{af}＝振幅系数 k_{af}(T100)＝规定值＝1.54 k_{af}(T50)＝k_{af}(T100)×1.09＝1.68 k_{af}(T20)＝k_{af}(T100)×1.15＝1.77 *RRRV*＝恢复电压上升率 *RRRV*(T100)＝规定值＝0.5×架空线路的 *RRRV* *RRRV*(T50)＝*RRRV*(T100)×1.88 *RRRV*(T20)＝*RRRV*(T100)×2.87	u_c＝TRV 峰值 $u_c=k_{pp}\times k_{af}\times U_r\times\sqrt{\frac{2}{3}}$ t_3＝达到 u_c 的时间 $t_3=u_c/RRRV$ t_d＝时延线的时延 $t_d=0.15\times t_3$ u'＝时延线的电压点 $u'=u_c/3$ t'＝达到 u' 的时间 $t'=t_d+u'/RRRV$

注：TRV 值是对非接地系统计算的，也适用于接地系统。

表 6e） 在架空线和电缆系统中使用的额定短路开断电流≤4 kA 有效值的三相重合器用两参数表示的预期瞬态恢复电压标准值

额定电压	试验方式	首开极系数	振幅系数	TRV 峰值	时间	时延	电压	时间	上升率
U_r		k_{pp}	k_{af}	u_c	t_3	t_d	u'	t'	u_c/t_3
kV				kV	μs	μs	kV	μs	kV/μs
12	T100	1.5	1.54	22.6	117.6	18	7.5	57	0.193
	T50	1.5	1.54	22.6	117.6	18	7.5	57	0.193
	T20	1.5	1.54	22.6	117.6	18	7.5	57	0.193
24	T100	1.5	1.54	45.3	166.1	25	15.1	80	0.273
	T50	1.5	1.54	45.3	166.1	25	15.1	80	0.273
	T20	1.5	1.54	45.3	166.1	25	15.1	80	0.273
40.5	T100	1.5	1.54	76.4	238.7	36	25.5	115	0.320
	T50	1.5	1.54	76.4	238.7	36	25.5	115	0.320
	T20	1.5	1.54	76.4	238.7	36	25.5	115	0.320

表中的规定值	表中的计算值
U_r＝额定电压 k_{pp}＝首开极系数 $k_{pp}=1.5$ k_{af}＝振幅系数 k_{af}(T100)＝规定值＝1.54 k_{af}(T50)＝规定值＝1.54 k_{af}(T20)＝规定值＝1.54 $RRRV$＝恢复电压上升率 $RRRV$(T100)＝规定值＝0.25×架空线路的 $RRRV$ $RRRV(\text{T50})=RRRV(\text{T100})$ $RRRV(\text{T20})=RRRV(\text{T100})$	u_c＝TRV 峰值 $u_c=k_{pp}\times k_{af}\times U_r\times\sqrt{\frac{2}{3}}$ t_3＝达到 u_c 的时间 $t_3=u_c/RRRV$ t_d＝时延线的时延 $t_d=0.15\times t_3$ u'＝时延线的电压点 $u'=u_c/3$ t'＝达到 u' 的时间 $t'=t_d+u'/RRRV$

注：TRV 值是对非接地系统计算的，也适用于接地系统。

表 6f） 在架空线和电缆系统中使用的额定短路开断电流≤4 kA 有效值的单相重合器用两参数表示的预期瞬态恢复电压标准值

额定电压	试验方式	首开极系数	振幅系数	TRV 峰值	时间	时延	电压	时间	上升率
U_r		k_{pp}	k_{af}	u_c	t_3	t_d	u'	t'	u_c/t_3
kV				kV	μs	μs	kV	μs	kV/μs
12	T100	1.732	1.54	26.1	135.8	20	8.7	66	0.193
	T50	1.732	1.54	26.1	135.8	20	8.7	66	0.193
	T20	1.732	1.54	26.1	135.8	20	8.7	66	0.193
24	T100	1.732	1.54	52.3	191.8	29	17.4	93	0.273
	T50	1.732	1.54	52.3	191.8	29	17.4	93	0.273
	T20	1.732	1.54	52.3	191.8	29	17.4	93	0.273
40.5	T100	1.732	1.54	88.2	275.6	41	29.4	133	0.320
	T50	1.732	1.54	88.2	275.6	41	29.4	133	0.320
	T20	1.732	1.54	88.2	275.6	41	29.4	133	0.320

表中的规定值	表中的计算值
U_r＝额定电压 k_{pp}＝首开极系数 $k_{pp}=1.732$ k_{af}＝振幅系数 k_{af}(T100)＝规定值＝1.54 k_{af}(T50)＝规定值＝1.54 k_{af}(T20)＝规定值＝1.54 *RRRV*＝恢复电压上升率 *RRRV*(T100)＝规定值＝0.25×架空线路的 *RRRV* *RRRV*(T50)＝*RRRV*(T100) *RRRV*(T20)＝*RRRV*(T100)	u_c＝TRV 峰值 $u_c=k_{pp}\times k_{af}\times U_r\times\sqrt{\frac{2}{3}}$ t_3＝达到 u_c 的时间 $t_3=u_c/RRRV$ t_d＝时延线的时延 $t_d=0.15\times t_3$ u'＝时延线的电压点 $u'=u_c/3$ t'＝达到 u' 的时间 $t'=t_d+u'/RRRV$

注：TRV 值是对非接地系统计算的，也适用于接地系统。

这些表中给出的值是试验回路的预期值。适用于一般三相配电系统中的重合器，工作频率为 50 Hz，该系统由变压器、架空线和短电缆组成，或如表 6 所述的电缆连接的系统中。

灭弧室触头同时动作的三极重合器，表中的 TRV 值是针对三相非接地故障的首开相而言的。首开相系数 1.5 用于给首开相施加 1.5 倍线对中性点电压。

对于一起操作但灭弧室触头不同时动作的单极重合器，表中的 TRV 值仍然是针对三相非接地故障的首开相而言的。然而，首开相系数要取 1.732，首开相承受的电压是线对中性点电压的 1.732 倍，是全部的相对相电压。这实际上是因为在灭弧室触头打开时有一个很大的分离时差，其最恶劣的情况就是一个灭弧室上承受了全部的相对相电压。

对于单极重合器的单相运行，是典型的中性点接地的单相线路。在这种情况下，首开相系数取1.0，首开相上施加的电压等于1.0倍的相电压。

对于额定短路开断电流>4 kA有效值且用在架空线路连接的回路中的重合器，TRV值在本质上与断路器标准GB 1984—2003中的规定值一样。这些应用的TRV值列于表6a)和表6b)中。

对于额定短路开断电流>4 kA有效值，但用于电缆线路中的重合器，TRV中的*RRRV*值是架空线路应用情况下的一半。电缆的附加电容降低了TRV的苛刻度，这种情况下的TRV值列于表6c)和表6d)。

对于额定短路开断电流≤4 kA有效值，用于架空线路或者用于电缆线路的重合器，TRV中的*RRRV*值是额定短路开断电流>4 kA有效值且用于架空线路的重合器TRV值的四分之一。额定短路开断电流≤4 kA有效值应用情况下的*RRRV*值源自于熔断器标准GB 15166.2—2008。这种情况下的TRV值列于表6e)和表6f)。

在重合器用于更严酷工作条件的情况下，其TRV值可能不同，尤其对重合器直接连接到变压器低压端的情况，变压器低压侧提供的短路电流近似等于或大于额定短路开断电流的50%，且在重合器与变压器或故障点之间没有明显的附加电容。见GB 1984。

当发生出线端短路故障时，相应于额定短路开断电流的瞬态恢复电压，适用于短路开断电流等于额定值的试验。然而，对于短路开断电流小于100%额定值的试验，TRV达到了一个更高的峰值且具有更快的*RRRV*。短路开断电流小于100%额定值的瞬态恢复电压的其他值在表中也有规定。

6.104.2 开断性能(自动操作)

当按6.1和下列要求进行试验时，重合器应能自动地开断从最小启动电流到包括如表1、表C.3和表C.4所示的额定短路开断电流的所有值的电流。

a) 在相应于表1、表C.3和表C.4的第5栏、第7栏和第9栏给出的X/R值的非对称电流的任意角度。对于电流不同于表列值的情况，最小的X/R值应采用内插值法或外插值法来确定。

b) 在试验中，至少要有工频恢复电压存在。

   1) 单相重合器，为额定电压；

   2) 三相重合器的三相试验，为额定电压。

c) TRV值如表6所示，电源侧和负荷侧都接地的三相试验除外，这种情况下TRV峰值应为表列数值(见6.104.1.2)的0.667倍。

d) 在并联脱扣重合器设计的最低控制电压下进行，此规定不适用于自备直流电源的电子式控制器。

e) 除非装置的线路侧和负荷侧有标识，如高压合闸线圈之类的装置，这种情况下，试品的电源侧必须连接到电源电压。否则可以将任意一端连接到线路中。

试验报告应记录回路的实际固有TRV值，连同每次试验的电压和电流值一起记录。

注：试验室可能不能满足表6a)和表6b)给出的T20电流水平时的t_3值时，应尽可能给出试验回路最小的t_3值，但不得小于表中的规定数值。所采用的数值应在试验报告中陈述。

6.104.3 额定短路开断电流验证

在6.104.4中规定的标准试验方式是额定短路开断电流验证的基础，执行了6.104.2提出的所有要求，且至少有两次开断的初始电流半波中具有按表1、表C.3和表C.4的第9栏X/R数值给以适当的乘数后所确定的最大非对称电流。见附录A。如果操作方式试验中不含有两次这样的开断，应当进行6.104.2规定的附加试验但不必在同一台重合器上进行。

6.104.4 标准操作方式试验；自动操作

6.104.4.1 试验条件

标准操作方式试验应由表1、表C.3和表C.4的第11栏给出的单元操作的总次数组成。并按

表1、表C.3和表C.4的第6栏、第8栏和第10栏分配,在试验中不做维护。

重合器应整定为额定操作顺序,在闭锁操作发生之前,至少包括一次瞬时或快分闸和一次延时或慢分闸操作。如果重合间隔可调,应设定在重合器设计的最小重合间隔,但不要比制造厂在操作手册上给出的推荐值快。

注:术语“快”是指没有被控制器加入延时,附加说明见6.108.3的注。

试验回路的 X/R 值不小于表1、表C.3和表C.4的第5栏、第7栏或第9栏给出的值。

试验回路应能提供如表6a)、表6b)、表6c)、表6d)、表6e)和表6f)给出的固有TRV值。这些TRV值基于试验回路的固有特性,不因重合器的灭弧室而改变。在100 %试验电流下,TRV值应不比表6a)、表6b)、表6c)、表6d)、表6e)和表6f)描述的欠严酷。在最终开断后,工频恢复电压应不下降到表1、表C.3和表C.4给出的额定电压之下,且应保持0.3 s。

6.104.4.2 试验程序

当重合器在合闸位置时,给重合器施加电源,重合器应分闸然后重合闸直至达到闭锁状态为止。这种操作顺序重复足够的次数以达到表1、表C.3和表C.4的第6栏、第8栏和第10栏规定的单元操作次数,对于E1级重合器则达到3.120规定的单元操作次数。

每一个操作顺序的起始电源应进行选相以使第一个电流半波能够产生最大的直流分量,每个操作顺序的后续关合相位允许是随机的。

注:如果电源电压在零度,允许偏差为±10电度,第一个半波的最大直流分量可考虑在规定的短路功率因数或 X/R 的回路中获得。

每个操作顺序的初始电流半波应达到不低于与表中规定的 X/R 值相应的直流分量的90%时的值。并且,至少有一个操作顺序中的初始电流半波能达到与表中规定的 X/R 相应的100%的直流分量。用于表达直流分量的非对称电流值应在电流峰值时测量,对称电流应在每个单元操作触头分离时刻进行测量。

6.104.5 操作方式试验后重合器的状态

在完成6.104.4规定的操作方式试验的试验顺序后,重合器应满足6.111要求的状态。

6.105 异相接地故障试验

GB 1984—2003中的6.108适用,并作如下补充:

试验时重合器应整定为额定操作顺序,在闭锁操作发生之前,至少包括一次瞬时或快分闸和一次延时或慢分闸操作。如果重合间隔可调,应设定在重合器设计的最小重合间隔,但不要比制造厂在操作手册上给出的推荐值快。

试验按额定操作顺序进行一次。

6.106 最小启动电流试验

当按6.1和下列要求对重合器进行试验时,所测得的重合器最小启动电流值与设定值的相对误差应在±10%的范围内。

6.106.1 试验回路

重合器应连接到交流低压电源回路中,回路中的电流应能调节。

6.106.2 试验程序

将重合器整定在瞬时脱扣,快速施加近似于80%的预期最小启动电流,然后,缓慢升流至重合器动作,升流时间应大于10 s,重合器动作时的电流就是最小启动电流。按以上程序重复进行3次,取所测电流的平均值。

6.107 涌流试验

串联脱扣重合器应能经受65 kA峰值、4/10(±10%)μs波形的两次涌流试验。

6.107.1 试验条件

如果需要线圈旁路装置,应当按正常工作时的布置安装在重合器上。

6.107.2 试验程序

按规定值在每一相上施加两次涌流。试验后，施以最小启动电流对重合器进行试验使其完成一个自动操作顺序直到闭锁。

6.107.3 试验后的状况

试验结束后，重合器及线圈旁路装置(如果有的话)应处在下列状况：

a) 机械方面。除线圈旁路装置的一些间隙电极上的较小电弧疤痕外，机械状况与初始情况下基本相同。从线圈旁路装置的端子到重合器的其他零件或重合器的串联线圈，线圈旁路装置应当没有外部闪络的迹象。

b) 电气方面。重合器连同线圈旁路装置(如果使用并连接在其正常操作位置)在分闸位置时，应能耐受额定电压；在合闸位置时，施加过电流应正确完成一个典型的操作顺序到闭锁。

6.108 时间-电流特性试验

6.108.1 试验条件

除了安装和接地要求为非强制性外，试验条件如6.1和下列规定。需要采集数据的电流范围应从最小启动电流到额定短路开断电流，其间取样点不少于6个，每个取样点重复试验次数不少于6次，6次测量结果中时间偏差最大值与最小值之比不得大于1.25。

注：具有液压定时器的重合器试验开始时的油温为25 ℃±2 ℃。

6.108.2 试验程序

时间-电流特性试验按以下程序进行(见图1)。

6.108.2.1 触头分离时间-电流特性试验

试验应在不大于被试重合器的额定电压的任何电压下进行，试验回路应保证流过重合器的每一档测试电流保持恒定。

6.108.2.2 开断时间-电流特性试验

开断时间-电流特性数据可通过方法A或B来获得。

方法A：对6.108.2.1获得的触头分离时间加上燃弧时间。燃弧时间可以从关合开断或操作方式试验的示波图上获得。

方法B：在额定电压下，电流范围从最小启动电流到额定短路开断电流进行的开断试验的示波图中测量总的开断时间。

6.108.2.3 电流的测量

时间-电流特性试验中电流测量按下述要求进行：

a) 持续时间在1 s以上的电流，可以用标准安培表测量；

b) 持续时间小于1 s的电流，可以用示波器或其他合适的仪器测量。含有直流分量的衰减交流分量，应折算为稳态条件。

注：采用为防止指针摆动太大而调停的标准安培表以提高测量精度。

6.108.2.4 时间的测量

时间-电流特性试验中时间测量按下述要求进行：

a) 10 s以上的时间，可用秒表、计时器或其他适当仪器测量；

b) 1 s～10 s的时间，可用同步计时器或其他适当仪器测量；

c) 1 s以下的时间，可用示波器或其他适当仪器测量。

6.108.3 时间-电流特性曲线

时间-电流特性试验的结果应以双对数坐标的时间-电流特性曲线来表示。曲线应给出：

a) 每一个瞬时或快以及延时的时间-电流曲线的开断时间；

b) 按6.108.2.2方法B绘制时应给出试验电压；

c) 曲线数据适用的重合器的类型和额定值；

d） 从最小启动电流到额定短路开断电流的电流范围；

e） 瞬时或快开断时间-电流曲线，应按试验数据的最大值绘制；

f） 延时或慢开断时间-电流曲线，应按试验数据的平均值绘制。时间或电流在曲线上的误差，允许值为±10%；

g） 试验数据应归算到 25 ℃。

注：术语“瞬时”和“快”在此处本质上是相同的。两者均指没有控制器的延时。术语“瞬时”用于电子控制器，而术语“快”用于机械或液压控制器，它们具有固有(非有意的)延时。

6.109 控制装置电子元件的浪涌耐受能力(SWC)试验

控制装置应在电流或电压互感器或者两者连接到控制元件的低压电源回路中以及连接到重合器和控制元件的控制线路中产生的浪涌电压作用下而不损坏。用 6.109.1 和 6.109.2 规定的两项试验来验证这个能力。

6.109.1 振荡和快速瞬变浪涌试验

按表 7 要求进行，试验应符合 GB/T 14598.10—2007 和 GB/T 14598.13—2008。

表 7 振荡和快速瞬变浪涌试验要求

特　　性	振荡波试验		快速瞬变波试验	
波形(量级)	2.5 kV-Ⅲ级		4 kV-Ⅳ级	
脉冲重复频率	不适用		2.5 kHz	
电源阻抗	在 1 MHz 频率下，200 Ω		50 Ω	
耦合/去耦网络-电容	≥33 nF		≥33 nF	
试验模式	共模和差模	共模	共模和差模	共模
试验点-经耦合/去耦网络	电源端子、电压端子、输入/输出端子	电流端子	电源端子、电压端子、输入/输出端子	电流端子
试验点-经耦合夹	不适用	数据通信端口，信号端	不适用	数据通信端口、信号端

6.109.2 模拟浪涌避雷器动作的试验

试验模拟雷电冲击波和因此而感应的出现在重合器和控制元件上的电压变化，这是因为电流的变化率和接地连接的阻抗引起的。

注：模拟浪涌避雷器动作的试验的背景信息见附录 B。

6.109.2.1 试验的布置

下列试验程序描述了浪涌避雷器动作的实验室模拟。

a） 用一个连接电源套管端子到重合器的接地线的棒间隙来模拟浪涌避雷器，见图 3a)。间隙应调整到配用控制元件的重合器额定雷电冲击耐受电压的 80%(±10%)时闪络。浪涌电压应在 1.2 μs(±0.5 μs)内上升到闪络值。试验时，接地线应连接到重合器的正常接地端子上且可能邻近于控制电缆的连接点。

b） 外部涌流发生器的限流阻抗的选择应使得其在间隙闪络后可提供 7 kA(±10%)的浪涌电流，在 2 kA 初始电流以上的电流上升率应在(10～15)kA/μs 之间。

c） 控制电缆与重合器的接地线平行，间距为 15 cm，接地线应选截面为 2.5 mm^2 的铜导线。

1） 在重合器为架空使用的情况下，控制电缆的长度应为 $6^{+0.5}_{0}$ m。

2） 在重合器为柱上或干窨室安装使用的情况下，控制电缆的最大长度为 $6^{+0.5}_{0}$ m。

3） 控制元件的接地线到接地点最长为 1.5 m，该点连接到重合器的接地线和实验室的接地点。

d) 三相装置情况下，采用每个极性的最小1/3的浪涌电压施加于距重合器与控制电缆连接点最近的套管。

e) 当在6.109.1.2d)和e)条件下进行试验时，电源变压器应给控制器正常供电。这可以通过激励原边或通过副边反送来实现。无论在哪种情况下，应注意把变压器与实验室(房间)电源隔离。

注1：如果制造厂打算把控制器始终集成地安装或包含于重合器的内部结构中，则应符合本条款中的c)1)和c)2)且电缆长度为零。

注2：截面为2.5 mm^2 的铜导线在浪涌电流期间会导致重合器和控制器之间更大的电压差，在试验室可以采用截面为14 mm^2 或更大截面的铜线接地。详细情况请参考附录B。

注3：控制接地线越短，试验越严酷。

6.109.2.2 试验程序

对电源侧套管的间隙在下列五种不同情况下，应施加正、负极性各15次浪涌。如果试品自带电源，条件d)和e)可以省略。

a) 加在电源侧套管上，重合器在分闸位置；

b) 加在电源侧套管上，重合器在合闸位置；

c) 加在负荷侧套管上，重合器在合闸位置；

d) 加在适当容量的电压互感器上，连接方法如图3b)所示，重合器在分闸位置；

e) 加在适当容量的电压互感器上，连接方法如图3b)所示，重合器在合闸位置。

6.109.3 试验中和试验后控制器的状况

试验中在下列整定值下控制器应带电并工作：

a) 脱扣电流值(设定值)不超过重合器的额定电流；

b) 重合器设定为额定操作顺序；

c) 正常操作的其他设定与上述a)和b)一致。

在浪涌试验中，控制器不应使分闸位置的重合器合闸，也不应使合闸位置的重合器分闸(脱扣)。没有出现或报告状态发生变化。

注：报告可以包括事件记录、示波图和SCADA。

试验后，重合器及控制装置应能无故障地执行正常的功能。

6.110 压力耐受试验

GB 7674—1997中的7.9和GB 3906—2006中的6.103.1、6.103.2适用。并做如下补充：

本试验仅适用于运行时外壳承受压力的重合器。

6.111 在6.102和6.104的每项试验后，重合器的状态

6.111.1 一般要求

试验期间，在不维护和更换零部件的情况下，重合器功能应正常。

进行了规定的关合和开断试验方式后，重合器应处于下列状态：

a) 机械状态。重合器应如同起始时的机械条件一样能够自动和手动操作。如6.108定义的时间-电流特性应与起始(试验前)值基本相同。弧触头和其他规定的可更换部件可以有磨损。油重合器中用于灭弧的油的质量可以变差且油位可以降低。因灭弧介质的分解而产生的沉淀物可能附着在绝缘件上。

b) 电气状态。重合器应能耐受80%工频干耐受试验电压一分钟，并能承载额定电流，但温升是否超过限值可不要求。在操作方式试验前后测量的回路电阻可用来确定承载额定电流的能力。

对试验后的重合器进行目测和空载操作通常足以检查这些要求。对触头结构不易看到的重合器，应采用100 A直流电流测量触头电阻以确定重合器的载流能力。触头电阻应小于试验前电阻值的

200%。如果增大到200%以上,应在可行的位置安放热电偶进行额定电流下的温升试验,以确保重合器不会出现热失控。

6.111.2 附加试验

如果对重合器是否通过了6.111.1a)和b)规定的试验有疑问,则应对有疑问的部分做进一步试验。附加试验包括以下内容:

a) 温升试验无热失控现象。热失控是指温度不稳定且有不断升高的趋势;

b) 适当的开断试验;

c) 以额定工频干耐受电压的80%进行的干耐压试验,以此评估绝缘能力。

6.111.3 在SF_6气体绝缘设备中的真空灭弧室的特别要求

如果在一个试验系列中的最后一项试验是短时耐受电流试验或开合试验,要求对真空灭弧室的完整性进行检查。因为真空灭弧室漏气会导致其回充SF_6,常规的工频耐压试验检查不出来这个状态,该附加试验是必要的。

真空灭弧室的完整性可通过在额定TRV下的10%或更大的短路开断电流进行一次开断操作来验证。

a) 如果进行三相试验,电源测和负荷侧中性点都应接地;

b) 如果进行单相试验,每一极都应分别进行。

7 出厂试验(例行试验)

除了局部放电试验按7.103规定的方法对部件进行之外,每一台重合器都应由制造厂在工厂最后装配完毕后进行所有适用的出厂试验,出厂试验应包括以下内容:

a) 主回路的绝缘试验;

b) 辅助和控制回路的绝缘试验;

c) 主回路电阻测量;

d) 密封试验(适用时);

e) 设计和外观检查;

f) 最小启动电流试验;

g) 时间-电流特性试验;

h) 操作性能校验;

i) 控制、二次接线及辅助装置的验证试验;

j) 空载机械操作试验。

7.1 主回路的绝缘试验

GB/T 11022—1999中的7.1适用。

7.2 辅助和控制回路的绝缘试验

GB/T 11022—1999中的7.2适用。

7.3 主回路电阻测量

GB/T 11022—1999中的7.3适用。

每台出厂的重合器都应进行主回路电阻的测量,测量值应符合产品标准的要求。

7.4 密封试验

GB/T 11022—1999中的7.4适用。

7.5 设计和外观检查

GB/T 11022—1999中的7.5适用。

7.101 最小启动电流试验

液压控制重合器按重合器所配分闸线圈的所有规格进行校验;电子控制重合器应分别按照其所能

设定的各档电流予以校验。

试验方法参见6.106。

7.102 时间-电流特性试验

液压控制重合器应对其所具备的各种时间-电流曲线予以校验；电子控制重合器则依据其所具备的不同时间系数下的时间-电流曲线予以校验。

试验电流至少取20%、50%、100%额定短路开断电流和最小启动电流四个点。

试验方法参见6.108。

如果适用，与已发布的时间-电流特性曲线的一致性校验，可以在最后装配于重合器前对控制单元组件单独进行校验，但必须考虑所配电流互感器的电流变比特性曲线。

7.103 操作性能校验

重合器应经受下述3个项目的校验；

试验过程中采用方便的电压下的正弦波形电流。

校验可在制造厂认定的合适的顺序下进行。

7.103.1 操作顺序校验

与7.105一并进行。

7.103.2 远方操作特性校验

重合器如有远方操作功能，出厂前应进行远方操作特性校验。校验结果应满足产品安装使用说明书的要求。

7.103.4 其他功能校验

当用户有要求时，制造厂也应提供如复位时间、重合间隔、接地保护、分闸闭锁、合闸闭锁等功能的校验报告，并应符合产品技术条件的要求。

7.104 控制、二次接线及辅助装置的验证试验

对控制、二次接线及辅助装置进行检查以确保所有的连接是正确的。必要时，控制装置应通过切实可行的实际操作进行检查。对不能进行操作的回路应检查其连续性。

7.105 机械操作试验

机械操作试验：

(a) 手动合分操作5次；

(b) 按表8进行电动操作以检查机构、控制装置的性能，应无拒动或误动；

(c) 对所有要求的操作顺序，对合、分闸操作均应进行下述记录：

——动作时间测量；

——操作过程中液体消耗量的测量(适用时)，例如压力差。

应有证据证明机械性能与型式试验时使用的样品的机械性能一致，例如，在出厂试验结束后还应进行一次空载操作，以记录空载触头行程曲线。如果进行了该操作，从触头分离瞬间到触头运动终了时，该曲线应在6.101.1.1定义的参考机械行程特性的包络线内。

如果在机械操作试验过程中需要调整，则在调整后应重复进行完整的试验顺序。

表8 空载的机械操作试验

操作顺序	控制电压和操作压力	操作顺序数	操作次数
C-t_a-O-t_a	最高值	5	5
	额定值	5	5
	最低值	5	5

表 8（续）

操作顺序	控制电压和操作压力	操作顺序数	操作次数
O-t_1-CO-t_a-C	额定值	5	10
O-t_1-CO-t_2-CO-t_a-C	额定值	2	6
O-t_1-CO-t_2-CO-t_3-CO-t_a-C	额定值	4	16
注：O 表示分闸，C 表示合闸；t_a 两次操作之间的时间间隔；t_1，t_2，t_3 分别表示第一、第二、第三次重合间隔。如果重合间隔可调，试验时应设定为重合器设计的最小重合间隔。			

8 选用导则

8.101 概述

选择适合于给定运行方式的重合器时，最好要考虑到负载条件和故障条件要求的各个额定值。额定值的选择应符合本标准的规定，并考虑到系统的特点及其未来发展。额定值的清单列于第 4 章。

也应考虑其他参数，例如，当地的大气和气候条件，以及在海拔超过 1 000 m 的场合。

8.102 额定值的选择

GB 1984—2003 中的 8.102 适用。

8.103 故障条件下额定值的选择

GB 1984—2003 中的 8.103 中 8.103.1、8.103.2、8.103.4、8.103.6 适用。

9 与询问单、标书和订单一起提供的资料

9.101 与询问单和订单一起提供的资料

当询问或订购重合器时，询问者应提供下列信息：

a） 电力系统的信息，即标称电压和最高电压、频率、相数和中性点接地情况的详细说明。

b） 运行条件，包括最低和最高周围空气温度；高于 1 000 m 时的海拔，以及可能存在或出现的任何特殊条件，例如过度地暴露在水蒸气、湿气、烟雾、爆炸性气体、过量灰尘或含盐的空气中。

c） 重合器的特性。

应提供下列资料：

（1） 极数；

（2） 额定电压；

（3） 额定绝缘水平，在与给定的额定电压对应的几个不同的绝缘水平中选择；

（4） 额定频率；

（5） 额定电流；

（6） 额定最小启动电流；

（7） 时间-电流特性（适用时）；

（8） 额定短路开断电流；

（9） 首开极系数；

（10） 要求的出线端故障的瞬态恢复电压（S1 级或 S2 级）；

（11） 要求的短路关合电流；

（12） 额定操作顺序；

（13） 要求的短路持续时间；

（14） 适用时，容性电流开合性能（C1 级或 C2 级）；

① 适用时，额定电缆充电开断电流；

② 适用时，额定线路充电开断电流；

(15) 机械操作的次数(M1 级或 M2 级)；

(16) 适用时，电寿命特性(E1 级或 E2 级)。

d) 重合器的操动机构和辅助设备的特性，特别是：

额定电源电压和额定电源频率。

注：除上述内容外，询问者应提供可能影响投标和订货的特殊条件的资料。

9.102 与标书一起提供的资料

当询问者查询重合器的技术细节时，制造厂应提供下列资料(适用的部分)，并应附有说明和图样：

a) 额定值和特性

(1) 极数；

(2) 额定电压；

(3) 额定绝缘水平；

(4) 额定频率；

(5) 额定电流；

(6) 额定最小启动电流；

(7) 时间-电流特性(适用时)；

(8) 额定短路开断电流；

(9) 首开极系数；

(10) 出线端故障的瞬态恢复电压(S1 级或 S2 级)；

(11) 额定短路关合电流；

(12) 额定操作顺序；

(13) 额定短路持续时间；

(14) 容性电流开合性能(C1 级或 C2 级)；

① 额定电缆充电开断电流；

② 额定线路充电开断电流；

(15) 机械操作的次数 M1 级或 M2 级；

(16) 电寿命的 E1 级或 E2 级。

b) 型式试验：

根据要求提供的证书或报告。

c) 结构特点

如果适用于重合器的设计，应提供下列详细资料：

(1) 不带绝缘、开断和操作用的流体时完整重合器的质量；

(2) 绝缘用的流体的质量/体积，其质量的好坏和工作范围的大小，包括最低功能值；

(3) 开断用的流体(不同于项 b)中述及的流体)的质量/体积，其质量的好坏和工作范围的大小，包括最低功能值；

(4) 密封的规定；

(5) 在运输和贮存过程中，为防止内部元件劣化，每一极中需要充入的流体的质量/体积；

(6) 最小空气间隙：

——极间；

——对地；

(7) 在所要求的周围空气温度下，为保持重合器的额定特性而采取的任何特别措施(例如加热或冷却)。

d) 重合器的操动机构和辅助设备

(1) 操动机构的型式；

(2) 合闸机构的额定电源电压和/或额定压力；
(3) 并联分闸脱扣器的额定电源电压；
(4) 在额定电源电压下并联分闸脱扣器要求的电流；
(5) 在额定电源电压下其他辅助设备要求的电流；
(6) 高低压闭锁装置的整定值。

e) 外形尺寸和其他资料

制造厂应提供有关重合器外形尺寸的资料和基础设计必需的细则。

应提供重合器维护及连接的一般资料。

10 运输、贮存、安装、运行和维护规则

GB/T 11022—1999 中的第 10 章适用，并作如下补充：

10.1 运输、储存和安装的条件

GB/T 11022—1999 中的 10.1 适用。

10.2 安装

GB/T 11022—1999 中的 10.2.1 到 10.2.4 适用，并作如下补充：

10.2.101 交接试验导则

重合器安装完好并完成所有的连接后，推荐进行交接试验。这些试验的目的是在于检查重合器没有因运输和储存而损坏。

10.2.102 交接检查

10.2.102.1 安装后的检查

10.2.102.1.1 一般检查

——符合制造厂的图样和说明书；
——重合器和控制装置的密封性；
——外绝缘以及内绝缘(适用时的)未被损坏且干净；
——油漆和其他防腐保护完好；
——操动机构，尤其是动作脱扣器应没有污损；
——足够和完整的接地连接以及和变电站接地系统连接的接口。

10.2.102.1.2 电路检查

——与接线图的一致性；
——信号装置(位置、报警、闭锁等)的正确动作；
——加热装置和照明装置的正确动作。

10.2.102.1.3 绝缘和/或灭弧流体的检查

油：类型、绝缘强度(GB 2536)、油位。

SF_6：充入的压力/密度和质量检查，应分别和 GB 12022、GB/T 8905 和 IEC 61634 的接受水平一致。

10.2.102.1.4 现场操作

7.104 要求的交接检查和试验程序完成后，以及适用时，应按 10.2.101 的要求另外进行 50 次附加的操作试验。

10.2.102.2 机械试验和测量

10.2.102.2.1 绝缘和/或开断用流体压力特性的测量(适用时)

10.2.102.2.1.1 概述

应进行下列测量，以把它们和出厂试验及制造厂所保证的值进行比较。这些值可作为将来维护和其他检查的参考，还可以用来探测操作特性的任何变化。

适用时，这些测量包括报警和闭锁装置(压力开关、继电器、传感器等)动作的检查。

10.2.102.2.1.2 应进行的测量

a) 适用时，在压力上升阶段：
——分闸/脱扣闭锁的复位值；
——合闸闭锁的复位值；
——自动重合闸闭锁的复位值；
——低压力报警解除值。

b) 适用时，在压力下降阶段：
——低压力报警值；
——自动重合闸闭锁的动作值；
——合闸闭锁的动作值；
——分闸闭锁的动作值。

10.2.102.2.2 额定操作顺序的验证

应验证重合器完成其规定的额定操作顺序的能力。该试验应在储能装置工作的情况下进行，使用现场的电源电压。

应提供证据，以证明闭锁装置的抗扰水平和在额定操作顺序过程中测到的最低操作压力间的配合关系。

现场电源电压是指来自正常现场电源的、适用于重合器的负载电压且应与辅助回路和控制回路的额定电源电压兼容。

10.2.102.2.3 时间参量的测量

合闸时间和分闸时间，时间的分散性

——每一极的合闸时间，极间的时间分散性和可能时的开断单元或每一极各单元组之间的时间分散性；

——每一极的分闸时间，极间的时间分散性和可能时的开断单元或每一极各单元组之间的时间分散性。

在多个脱扣线圈的情况下，应对所有的脱扣线圈进行试验并记录每一个的时间。

应记录动作前和动作中的电源电压。如有三极控制继电器的话，也应记录其带电时刻，以便能够计算出三极操作时总的时间(继电器时间加上合闸时间或分闸时间)。

10.2.102.2.4 机械行程特性的记录

按照7.104的要求，重合器第一次在现场安装后，应记录机械行程特性。通过和6.101.1.1中的参考空载试验得到的参考机械行程特性比较，记录到的机械行程特性应与其达到一致。

10.2.102.3 电气试验和测量

10.2.102.3.1 绝缘试验

应对辅助回路进行绝缘试验，以确认断路器的运输和储存没有损坏这些回路。然而，应认识到这些回路中包含薄弱的元件，施加全部的试验电压并保持全部的持续时间可能会导致损坏。为了避免出现这种情况和试验连接线的临时移开，制造厂应详细规定说明不会出现损坏的试验程序以及根据本试验程序记录试验结果的方法。

10.2.102.3.2 主回路电阻的测量

GB 1984—2003中的10.2.102.3.2适用。

10.3 运行

GB/T 11022—1999中的10.3适用。

10.4 维护

GB/T 11022—1999中的10.4适用。

11 安全性

GB/T 11022—1999 中的第 11 章适用，并做如下补充：

任何已知的化学危害和环境危害应在重合器手册或使用说明中明确。

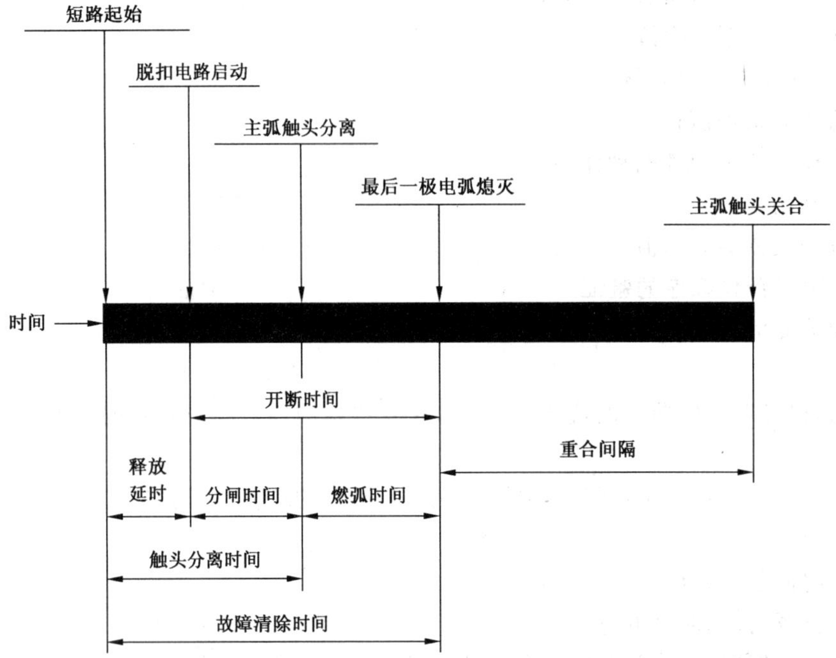

图 1 单元操作

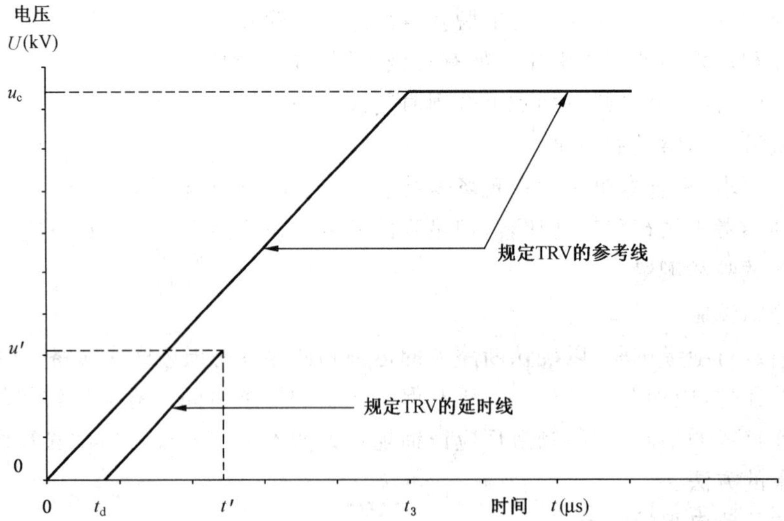

图 2 指定的 TRV 用两参数线和时延线的表示法

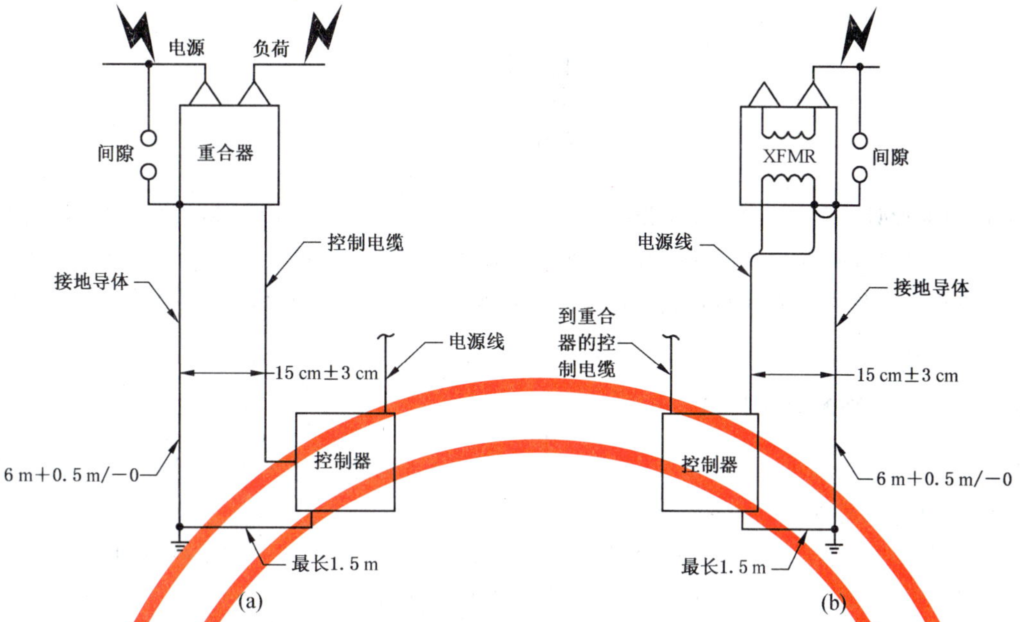
电源
负荷
间隙
重合器
控制电缆
接地导体
电源线
15 cm±3 cm
控制器
6 m+0.5 m/−0
最长1.5 m
(a)
XFMR
间隙
电源线
接地导体
到重合
器的控
制电缆
15 cm±3 cm
控制器
6 m+0.5 m/−0
最长1.5 m
(b)

图 3　浪涌耐受试验回路

附 录 A
（资料性附录）
X/R 的比值

为了正确地设计、试验和应用开关设备，有必要对回路的时间常数（τ_{cc}）和 X/R 比值以及相关联的峰值电流进行一般性的了解。故障耐受电流或故障关合电流相关的机械应力与峰值电流的平方（i_p^2）有关，并且与预击穿或故障电流开断有关的热应力与电弧电压、燃弧时间以及总的电荷（电弧电流的积分）有一个复杂关系。

A.1 时间常数（τ_{cc}）和 X/R 的比值

回路由电感（L 或 X）（$X=2\pi fL$）和电阻串连组成。其时间常数是由 L/R 决定的。X/R 视频率而定（也就是说，其时间常数为 45 ms。50 Hz 时，比值 $X/R=14.1$）。

对于三相故障，应考虑回路的正序分量（$\tau_{cc}=L_1/R_1$，$X/R=X_1/R_1$）。对于相对地故障，应考虑其正序和零序分量（$\tau_{cc}=[2L_1+L_0]/[2R_1+R_0]$，$X/R=[2X_1+X_0]/[2R_1+R_0]$）。

式中：

R_0——零序电阻；

R_1——正序电阻；

L_0——零序电感；

X_0——零序电抗；

L_1——正序电感；

X_1——正序电抗。

A.2 非对称故障电流

最大非对称电流与在电压零点故障开始有关，这可能与闪络、断路器合闸、故障线路上的重合闸或暂时接地有关。如果使用三相开关设备，其中一相将会产生非对称故障电流，其值在最大非对称电流的87%和100%之间。

单相回路的瞬时电流应符合式（A.1）：

$$i=\sqrt{2}I[\sin(\omega t+\theta-\phi)-\sin(\theta-\phi)\mathrm{e}^{-t/\tau_{cc}}] \qquad \cdots\cdots(\text{A.1})$$

式中：

i——瞬时电流；

I——电流有效值；

ω——角频率（$2\pi f$）；

ϕ——电路的相位角$=\tan^{-1}(X/R)$；

θ——电压零点到故障起始间的角度；

t——时间；

τ_{cc}——电路的时间常数（L/R 或 $X/R\omega$）（见 A.1）。

峰值非对称电流（i_P）是此公式中的最大值。峰值系数是 i_P/I。有效值因数可以由式（A.2）计算出：

$$\text{有效值系数}=\sqrt{1+(\sqrt{2}\,\mathrm{e}^{-t_P/\tau_{cc}})^2} \qquad \cdots\cdots(\text{A.2})$$

式中：

t_P——是到达峰值的时间，或到前一个公式最大值的时间。

表 A.1 给出了在一个时间常数范围内，50 Hz 时的 X/R 比值与峰值系数和有效值系数。

表 A.1　X/R 值：峰值系数和有效值系数

时间常数[τ_{cc}]/ms	X/R 值	峰值系数[i_P/I]	有效值系数
10.6	3.3	2.01	1.16
21.2	6.7	2.31	1.35
31.8	10	2.46	1.45
45	14.1	2.55	1.52
60	18.9	2.61	1.56
90	28.3	2.68	1.61
120	37.7	2.72	1.64
150	47.1	2.74	1.66

附　录　B
（资料性附录）
模拟浪涌避雷器动作试验

此试验传统上常用来检验重合器系统操作和其承受快速雷击感应的冲击的能力。这个试验属于通常用于继电保护设备及以下定义的较宽范围的电磁兼容试验：

a) GB/T 17626.2—2006　电磁兼容　试验和测量技术　静电放电抗扰度试验(idt IEC 61000-4-2：1995)
b) GB/T 17626.4—1998　电磁兼容　试验和测量技术　电快速瞬变脉冲群抗扰度试验(idt IEC 61000-4-4：1995)
c) GB/T 17626.8—2006　电磁兼容　试验和测量技术　工频磁场抗扰度试验(idt IEC 61000-4-8：1993)
d) GB/T 17626.12—1998　电磁兼容　试验和测量技术　振荡波抗扰度试验(idt IEC 61000-4-12：1995)
e) IEEE Std C 37.90™—1989　与电源设备有关的继电器和中继系统
f) IEEE Std C 37.90.1™—2002(SWC)　与电力有关的继电器和继电器系统的浪涌耐受能力(SWC)试验
g) IEEE Std C 37.90.2™—1995　(RF 敏感性)无线电收发信机辐射电磁干扰中断系统的抵抗能力
h) IEEE Std C 37.90.3™—2001　保护继电器的静电释放试验

不管这些试验标准间的序号和相似之处处，经验表明，在制造和试验上都满足了上述标准的电子控制单元在配电网中遇到浪涌时仍会发生误动或遭受永久性损坏。看看关于电力系统变电站环境的标准就很容易明白这个问题。在这种环境里，单独的控制装置可能依赖于良好建立的电磁兼容性保护设施，包括：高质量的接地网、屏蔽接地、雷电保护、电站型避雷器、开关设备和控制室间较大的距离以及金属铠装和 GIS 开关设备中的扩大范围的屏蔽。这些方法几乎不可能保护或屏蔽线路中的配电重合器。控制器导线、配电型避雷器和局部接地系统要吸收雷击的所有的冲击。

通过定义所有包括的系统试验，模拟浪涌放电器动作试验填补了这方面的空白。按当前的定义，试验规定了一个快速上升的时间(1.2 μs)、BIL 典型波形以及通过电流和/或电压互感器和设计中出现的任何其他设备的电容耦合施加在基本绝缘上。电压峰值后导致空气间隙闪络放电，将 7 kA 电流流入重合器接地系统。这种放电辐射出很强的电磁场脉冲和快速的电压衰减，此外还加强了电容耦合效应。一旦出现火花放电，很高的电流梯度(di/dt 大于 10 kA/μs)在接地导体(大多数为感性的，大约 1 μH/m)上产生一个压降，因此，应有效地将重合器的接地点与电子控制器隔离。如果不能完全控制，电位差可能会达到 60 kV。

试验可能会以一个大电流的瞬变波形结束。其频率是由重合器接地导体的电感、试验发生器的输出电容和回路阻尼决定的。试验相中异常的大电流会产生高频磁场。然而，di/dt 是更为关键的参数。当电流到达峰值电流 7 kA 时，初始的 di/dt 之后的波形形状就不再是关键因素了。

有五个不同系列的试验。在第一个系列里，重合器在分闸状态，其电源侧耐受浪涌。这个试验施加在重合器本身和可能装备的电源侧 CT 与 PT 的绝缘上。第二系列试验里，重合器在合闸状态下，其电源侧耐受浪涌，允许涌流从装置的载流回路到达负载侧的套管。第三系列试验当火花间隙保留在电源侧的情况下，给负载侧套管施加浪涌。这个试验通过载流回路释放放电电流作用于 CT 线圈。在第四和第五系列试验里，将浪涌电压和浪涌电流施加在给控制器提供电力的变压器上。在重合器分闸与合闸位置时，这两个系列的试验作用于控制器的供电回路。

所有列举的EMI干扰都能够使电子装置的动作中断,尤其是重合器的控制器。它们动作一致,面临各式各样潜在的系统问题,如:伪开断、未经请求的键盘操作、CPU复位、RF敏感性、绝缘破坏、A/D子系统破坏、与间距不足相关的闪络、不适当的接地、供电中断、屏蔽问题、目标失败、显示关闭和更多其他问题。

重要的是要注意到,试验的严酷度主要由快速的电流和瞬态电压的组合以及与此事件联系在一起的电磁干扰决定。与高阻抗结合的7 kA峰值电流和强耦合接地提供能量。对每个试验结构试验15次正极性和15次负极性冲击的系列用来记录复杂的EMI干扰与受试系统的相互作用的统计特征。还应该注意,规定的接地(电线规格、导线间距及其长度)作为试验装置的一部分促成了试验的一致性。例如,以截面为2.5 mm^2的导线在15 cm间距的情况下代表了恶劣的试验情况且比起在实际使用中更普通更适合使用的截面为14 mm^2的导线在30 cm间距下的试验来更容易在实验室里做到。图B.1给出了一典型的试验发生器总体布置图。图B.2表示受试装置两端一个典型的浪涌电压波形。观察放大的电流曲线显示出最初的电流以超过22 kA/μs的上升速率在小于0.1 μs内上升到约2.2 kA。电流也在两个连续的峰值达到7 kA。应该强调的是,DUT是一个系统组合体,这个组合体包括重合器开关装置、重合器控制器、连接电缆和他们各自有效接地的装置。

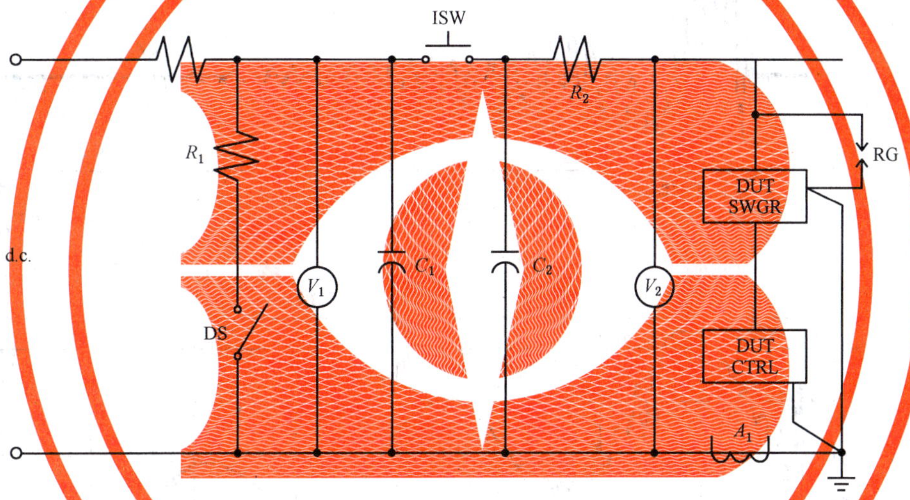

A_1——涌流;

C_1——充电电容器;

C_2——滤波电容器;

DS——放电开关;

DUT CTRL——受试装置(控制器);

DUT SWGR——受试装置(重合器开关设备);

ISW——起动开关(合闸开关);

R_1——放电电阻;

R_2——限流电阻;

RG——棒型放电间隙;

V_1——充电电压;

V_2——试验电压。

图B.1 浪涌试验回路

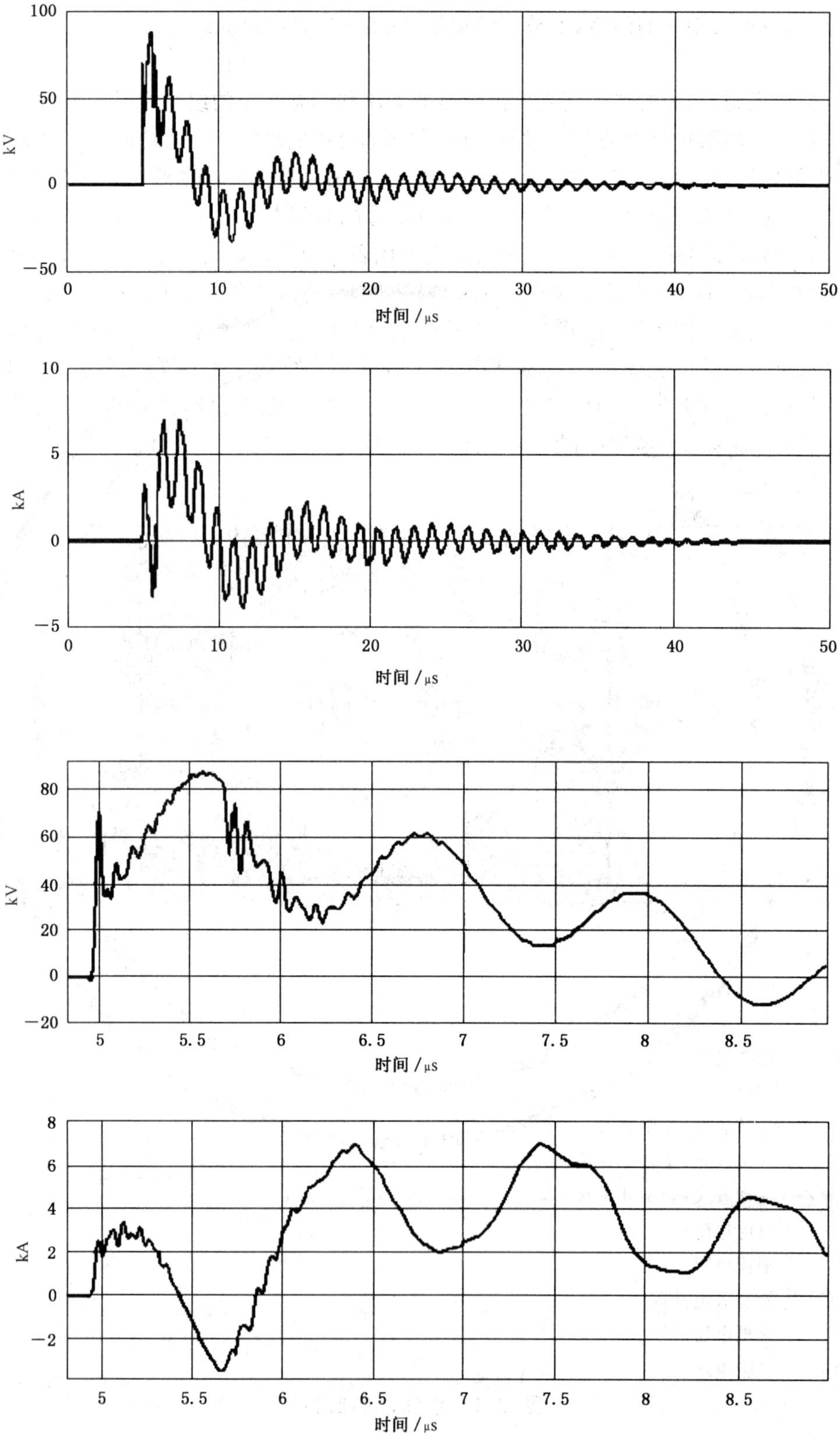

图 B.2 典型的浪涌电压和电流波形

附 录 C
（规范性附录）
油重合器部分额定值的补充及性能特点

C.1 概述

在国外，1960年以前设计的重合器大多是液压控制的串联脱扣重合器，并且这些重合器都采用油灭弧室，后来设计的重合器引入了电子控制装置并采用了真空和 SF_6 灭弧技术。

我国在上世纪八十年代从国外引进了重合器，有些企业一直有油重合器在生产，电力系统中也有一定数量的油重合器在运行，本附录给出油重合器的部分额定参数，供参考使用。

C.2 油重合器的额定值

C.2.1 额定电流优选值

油重合器额定电流的优选值见表C.1。

表C.1 油重合器额定电流的优选值

重合器类型	优选电流额定值/A
串联脱扣重合器	5,10,20,25,40,50,80,100,200,400,630
并联脱扣重合器	50,100,200,400,630,1250

C.2.2 额定短路开断电流优选值

油重合器额定短路开断电流的优选值见表C.2。

表C.2 油重合器额定短路开断电流的优选值

表C.2a 单相重合器

额定电流/A	额定短路开断电流额定值/A						
	重合器序号(对应于表C.3第1栏)						
	1	2	3	4	5	6	7
	额定电压/kV						
	12	12	12	12	24	24	40.5
5	125	200	—	—	200	—	—
10	250	400	—	—	400	—	—
20	400	630	—	—	630	—	—
25	630	1 000	1 600	—	1 000	—	—
40	800	1 600	2 500	—	1 250	1 600	—
50	1 250	2 000	3 150	—	2 000	3 150	—
80		2 000	4 000	—	2 500	4 000	—
100	—	2 000	4 000	6 300	2 500	4 000	6 300
200	—	—	4 000	10 000	—	4 000	8 000
400	—	—	—	10 000	—	—	8 000
630	—	—	—	10 000	—	—	8 000

表 C.2b 三相重合器

额定电流/A	额定短路开断电流额定值/A						
	重合器序号(对应于表 C.4 第 1 栏)						
	1	2	3	4	5 和 9	8	13
	额定电压/kV						
	12	12	12	12	12 和 24	24	40.5
5	125	200	—	—	—	200	—
10	250	400	—	—	—	400	—
20	400	630	—	—	—	600	—
25	630	1 000	1 600	1 600	—	1 000	1 600
40	800	1 600	2 500	2 500	—	1 400	2 000
50	1 250	2 000	3 150	3 150	—	2 000	3 150
80	—	2 000	4 000	4 000	—	2 500	4 000
100	—	2 000	4 000	4 000	6 300	2 500	6 300
200	—	—	4 000	4 000	8 000	—	6 300
400	—	—	—	4 000	8 000	—	6 300
630	—	—	—	4 000	8 000	—	6 300

注：相同重合器序号的性能要求与表 C.3、表 C.4 中相同。

C.2.3 额定短路开断电流和性能特点优选值

油重合器额定短路开断电流和性能特点的优选值见表 C.3、表 C.4。

表 C.3 单相油重合器额定短路开断电流和性能特点的优选值

重合器序号	额定电压/kV	电流额定值/A		标准操作方式（注 1）						
				T20		T50		T100		总单元操作次数
				额定短路开断电流的百分数						
				10～20		45～55		100～110		
		额定电流	额定短路开断电流	X/R（注 3）	单元操作次数	X/R（注 3）	单元操作次数	X/R（注 3）	单元操作次数	
第 1 栏	第 2 栏	第 3 栏	第 4 栏	第 5 栏	第 6 栏	第 7 栏	第 8 栏	第 9 栏	第 10 栏	第 11 栏
1	12	50	1 250	2	40	4	40	8	20	100
2		100	2 000	2	32	5	24	10	12	68
3		200 400	4 000	3	32	6	20	12	12	64
4		630	10 000	4	28	8	20	（注 2）	8	56
5	24	100	2 500	2	32	5	24	12	12	68
6		200	4 000	3	32	6	20	13	12	64
7	40.5	630	8 000	4	28	8	20	（注 2）	8	56

注 1：这是本标准中作为试验要求的性能特点的描述。

注 2：时间常数为 45 ms 时，X/R 取 14。

注 3：为试验的目的，X/R 之值为最小值，参考 4.102 和 6.104.2。

表 C.4 三相油重合器额定短路开断电流和性能特点的优选值

		电流额定值/A		标准操作方式（注 1）						
				T20		T50		T100		总单元操作次数
				额定短路开断电流的百分数						
				10～20		45～55		100～110		
重合器序号	额定电压/kV	额定电流	额定短路开断电流	X/R（注 3）	单元操作次数	X/R（注 3）	单元操作次数	X/R（注 3）	单元操作次数	
第 1 栏	第 2 栏	第 3 栏	第 4 栏	第 5 栏	第 6 栏	第 7 栏	第 8 栏	第 9 栏	第 10 栏	第 11 栏
1	12	50	1 250	2	40	4	40	8	20	100
2		100	2 000	2	32	5	24	10	12	68
3		200	4 000	3	32	6	20	12	12	64
4		400								
5		630	8 000	3	28	7	20	（注 2）	8	56
6		630	16 000	4	28	8	20	（注 2）	8	56
7		1 250								
8	24	100	2 500	2	32	5	24	12	12	68
9		630	8 000	4	28	8	20	（注 2）	8	56
10		630	10 000							
11		1 250	8 000							
12		630	12 500							
13	40.5	630	6 300	4	28	8	24	（注 2）	8	60

注 1：这是本标准中作为试验要求的性能特点的描述。
注 2：时间常数为 45 ms 时，X/R 取 14。
注 3：为试验的目的，X/R 之值为最小值，参考 4.102 和 6.104.2。

参 考 文 献

IEEE Std C 37.90^{TM}—1989 与电源设备有关的继电器和中继系统

IEEE Std C 37.90.1^{TM}—2002(SWC) 与电力装置相关的继电器和中继系统的耐电涌性能(SWC)试验

IEEE Std C 37.90.2^{TM}—1995 (RF 敏感性)无线电收发信机辐射电磁干扰中断系统的抵抗能力

IEEE Std C 37.90.3^{TM}—2001 保护继电器的静电释放试验

JB/T 7570—1994 交流高压自动重合器

JB/T 8738—2008 高压交流开关设备用真空灭弧室

ICS 29.260.20
K 35

中华人民共和国国家标准

GB 25285.1—2010

爆炸性环境　爆炸预防和防护
第1部分:基本原则和方法

Explosive atmospheres—Explosion prevention and protection—
Part 1:Basic concepts and methodology

2010-11-10 发布　　2011-09-01 实施

中华人民共和国国家质量监督检验检疫总局
中国国家标准化管理委员会　发布

前　言

本部分的全部技术内容为强制性。

GB 25285《爆炸性环境　爆炸预防和防护》包含以下两个部分：

——第1部分：基本原则和方法；

——第2部分：矿山爆炸预防和防护的基本原则和方法。

本部分是GB 25285的第1部分。

本部分是参照EN 1127-1:2007《爆炸性环境　爆炸预防和防护　第1部分：基本原则和方法》（英文版）制定的。术语和定义中保留了EN 1127-1:1998的术语和定义。

本部分与EN 1127-1:2007的主要技术差异是：为了与GB 3836.1—2010类型表述趋于一致，本部分将EN 1127-1:2007中的Ⅱ类G级1、2、3级设备分别修改对应于本部分Ⅱ类Ga、Gb、Gc级设备；将EN 1127-1:2007中Ⅱ类D级1、2、3级设备分别对应于本部分Ⅲ类Da、Db、Dc级设备。

本部分的附录A、附录B、附录C均为资料性附录。

本部分由中国电器工业协会提出。

本部分由全国防爆电气设备标准化技术委员会（SAC/TC 9）归口。

本部分主要起草单位：南阳防爆电气研究所、机械科学研究总院中机生产力促进中心。

本部分参加起草单位：国家防爆电气产品质量监督检验中心、南京林业大学光机电仪工程研究所、正星科技有限公司、广西柳工机械股份有限公司、新黎明防爆电器有限公司、创正防爆电器有限公司等。

本部分主要起草人：张刚、李勤、居荣华、王军、张晓飞、刘姮云、林建荣、李晓宁、李一、郑振晓、刘绮映。

本部分于2010年首次发布。

引　言

本部分介绍了爆炸预防和防护的基本原则和方法。

爆炸可能源自：

——设备、防护系统和元件加工或应用的物质或材料；

——设备、防护系统和元件释放的物质；

——设备、防护系统和元件相邻的物质；

——设备、防护系统和元件的制造材料。

由于设备、防护系统和元件的安全不仅取决于设备、防护系统和元件本身，也取决于处理的物质或材料及其用途，本部分涉及预定用途有关的内容，生产商在设计和制造期间，应考虑设备、防护系统和元件如何使用、用途是什么。只有采取这种方法，才能降低设备、防护系统和元件的固有危险。

注：设备、防护系统和元件的使用者，评定工作场所的爆炸危险及选择设备、防护系统和元件时，也可采用标准作为指南。

爆炸性环境　爆炸预防和防护
第1部分:基本原则和方法

1　范围

本部分规定了对可能导致爆炸的危险情况识别和评定的方法,以及与安全要求相适应的设计和结构措施,通过以下方面实现:

——危险识别;

——危险评定;

——消除危险或使危险降至最低程度;

——使用信息。

设备、防护系统和元件的安全,可通过消除危险和/或限定危险来实现,即采取下列方式:

a)　通过设计直接实现,无需安全防护装置;

b)　采用安全防护装置来实现;

c)　如果需要,用通讯设备将信息传达给用户来实现;

d)　采取其他附加预防措施。

与a)(预防)相应的防爆措施和与b)(防护)相应的防爆措施在本部分第6章中涉及。与c)相应的防爆措施在本部分第7章中涉及。与d)相应的防爆措施在本部分中未涉及,它们在GB/T 15706.2—2007的第5章中涉及。

本部分规定的预防和保护措施不提供所要求的安全等级,除非设备、防护系统和元件在其预期使用的范围内运行,并且按照相应的操作规程或要求进行安装和维护。

本部分规定了通用设计和制造方法,帮助设计人员和制造厂设计设备、防护系统和元件时实现防爆安全。

本部分适用于在大气条件下,任何拟用于爆炸性环境的设备、防护系统和元件。这些环境可能是由设备、防护系统和元件处理、使用或释放的可燃性物质造成,或是由设备、防护系统和元件周围的可燃性物质和/或设备、防护系统和元件的构成材料造成。

本部分适用于各个使用阶段的设备、防护系统和元件。本部分适用于除煤矿用设备外的其他场所使用的Ⅱ类和Ⅲ类设备;对于煤矿井下区域用设备以及由瓦斯和/或可燃性煤粉引起危险的煤矿地面设施用设备要求,见GB 25285.2《爆炸性环境　爆炸预防和防护　第2部分:矿山爆炸预防和防护的基本原则和方法》。

本部分不适用于:

——医学环境的医用设备;

——完全是由爆炸物质或不稳定化学物质存在引起的爆炸危险场所使用的设备、防护系统和元件;

——由物质与除大气中的氧气外的其他氧化剂反应产生的爆炸,或者由其他危险反应或非大气条件产生爆炸的场所的设备、防护系统和元件。

2　规范性引用文件

下列文件中的条款通过GB 25285的本部分的引用而成为本部分的条款。凡是注日期的引用文件,其随后所有的修改单(不包括勘误的内容)或修订版均不适用于本部分,然而,鼓励根据本部分达成协议的各方研究是否可使用这些文件的最新版本。凡是不注日期的引用文件,其最新版本适用于本部分。

GB/T 2900.35　电工术语　爆炸性环境用设备(GB/T 2900.35—2008,IEC 60050-426:2008,IDT)

GB 3836.1—2010　爆炸性环境　第1部分:设备　通用要求(IEC 60079-0:2007,MOD)

GB 3836.14　爆炸性气体环境用电气设备　第14部分:危险场所分类(GB 3836.14—2000,IEC 60079-10:1995,IDT)

GB 3836.15　爆炸性气体环境用电气设备　第15部分:危险场所电气安装(煤矿除外)(GB 3836.15—2000,eqv IEC 60079-14:1996)

GB 12476(所有部分)　可燃性粉尘环境用电气设备

GB/T 15706.1—2007　机械安全　基本概念与设计通则　第1部分:基本术语和方法(ISO 12100-1:2003,IDT)

GB/T 15706.2—2007　机械安全　基本概念与设计通则　第2部分:技术原则(ISO 12100-2:2003,IDT)

GB/T 16855.1　机械安全　控制系统有关安全部件　第1部分:设计通则(GB/T 16855.1—2008,ISO 13849-1:2006,IDT)

GB/T 16856.1　机械安全　风险评价　第1部分:原则(GB/T 16856.1—2008,ISO 14121-1:2007,IDT)

GB/T 24626—2009　耐爆炸设备

GB 25286(所有部分)　爆炸性环境用非电气设备

IEC 60079-4　爆炸性气体环境用电气设备　第4部分:点燃温度试验方法(IEC 60079-4:1975)

IEC 60079-28　爆炸性环境　第28部分:光辐射设备和传输系统的保护措施(IEC 60079-28:2006)

3　术语和定义

GB/T 2900.35中的术语和定义及下列术语和定义适用于本部分。

3.1

可燃性物质　flammable substance

当被点燃时,会与空气发生放热反应的气体、蒸气、液体、固体状态或这些形式的混合状态的物质。

3.2

元件　component

"元件"是指对设备和防护系统安全功能至关重要但无独立功能的任一器件。

3.3

爆燃　deflagration

以亚音速传播的爆炸。

3.4

爆轰　detonation

以超音速传播并具有冲击波特性的爆炸。

3.5

设备　equipment

单独或组合使用,用于能量的产生、传输、储存、测量、控制、转换和/或材料处理,而且由于自身的潜在点燃源能引起爆炸的机械、器械、固定式或移动式装置、控制单元、仪器及探测或预防系统。

3.6

爆炸　explosion

导致温度升高和/或压力增大的剧烈氧化反应或分解反应。

3.7

爆炸范围　explosion range

可燃性物质与空气混合能够引起爆炸的浓度范围。

3.8

爆炸极限　explosion limits

爆炸范围的限值。

3.9

爆炸下限　lower explosion limit

LEL

爆炸范围的下限值。

3.10

爆炸上限　upper explosion limit

UEL

爆炸范围的上限值。

3.11

爆炸温度点　explosion points

爆炸下限温度点和上限温度点。

3.12

爆炸下限温度点　lower explosion point

可燃性液体在空气中的饱和蒸气浓度等于爆炸下限时的温度。

3.13

爆炸上限温度点　upper explosion point

可燃性液体在空气中的饱和蒸气浓度等于爆炸上限时的温度。

3.14

耐爆炸　explosion-resistant

容器和设备设计能耐爆炸压力或耐爆炸压力冲击的特性。

3.15

耐爆炸压力　explosion-pressure-resistant

容器和设备设计能承受预期的爆炸压力而不发生永久变形的特性。

3.16

耐爆炸压力冲击　explosion-pressure-shock-resistant

容器和设备设计能承受预期的爆炸压力而无破裂、但允许有永久变形的特性。

3.17

爆炸性环境　explosive atmosphere

在大气条件下，气体、蒸气、薄雾或粉尘状的可燃性物质与空气形成的混合物点燃后，燃烧传播至整个未燃混合物的环境。

3.18

闪点　flash point

在规定的试验条件下，液体蒸发出足够的可燃性气体或蒸气、在有效点燃源的作用下，瞬间点燃时的最低温度。

3.19

危险的爆炸性环境　hazardous explosive atmosphere

如果爆炸会造成危害的爆炸性环境。

3.20

异态混合物　hybrid mixture

不同物理状态的可燃物质与空气的混合物。

注：例如，甲烷、煤尘和空气的混合物或汽油蒸气和汽油微滴与空气的混合物均为异态混合物。

3.21

惰化　inerting

添加惰性物质防止成为爆炸性环境的方法。

3.22

规定用途　intended use

按照 GB 3836.1—2010 和 GB 25286.1—2010 规定的设备类别和保护级别要求，并考虑制造商提供的设备、防护系统和元件安全运行所要求的全部资料来使用设备、防护系统和元件。

3.23

极限氧气浓度　limiting oxygen concentration

LOC

在规定的试验条件下确定的、不会发生爆炸的可燃性物质、空气与惰性气体混合物的最高氧气浓度。

3.24

机械装置　machinery

用于特定用途、由零件或元件连接组成的装备，在控制和电源电路及适当的传动机构作用下至少有一个部分运动，主要用于材料（“材料”相当于“物质”或“产品”）的加工、处理、运送或包装。

术语“机械装置”也包括为达到共同目的、要作为整体运行而安装和控制的机器组合。

3.25

故障　malfunction

设备、防护系统和元件不能完成其规定功能的情况（也可参见 GB/T 15706.1—2007 中的 5.3b））。

注：由于原因的多样性，对于本部分中涉及到的故障原因，还包括：

——功能的改变或加工材料、工件尺寸的改变；

——设备、防护系统和元件的一个（或多个）部件故障；

——外部干扰（例如：冲击、振动、电磁场）；

——设计错误或有设计缺陷（例如：软件出错）；

——电源或其他操作的干扰；

——操作员操作失误（特别是手动式机器和移动式机器）。

3.26

最大试验安全间隙　maximum experimental safe gap

MESG

在规定的试验条件下，试验设备内设腔室里面各种浓度的被试气体或蒸气与空气的混合物点燃后，能够阻止火焰通过内设腔室两部分之间 25 mm 长接合面点燃外部气体混合物的接合面最大间隙。

最大试验安全间隙是相应气体混合物的特性。（参见 GB/T 2900.35）

3.27

最大爆炸压力　maximum explosion pressure

p_{max}

在规定的试验条件下，密闭容器内爆炸性环境爆炸过程中产生的最大压力。

3.28

爆炸压力最大上升速率　maximum rate of explosion pressure rise

$((dp/dt)_{max})$

在规定的试验条件下，密闭容器内可燃性物质在爆炸范围内，所有爆炸性气体爆炸过程中，单位时间内压力上升的最大值。

3.29

最小点燃能量　minimum ignition energy

MIE

在规定的试验条件下，电容器的放电足以有效点燃最易点燃爆炸性环境时，电容器内存贮的最小电能。

3.30

爆炸性环境的最低点燃温度　minimum ignition temperature of an explosive atmosphere

在规定的试验条件下，可燃性气体或可燃性液体蒸气的最低点燃温度，或者粉尘云的最低点燃温度。

3.31

(可燃性气体或可燃性液体的)点燃温度　ignition temperature (of a combustible gas or of a combustible liquid)

在规定的试验条件下，可燃性气体或蒸气与空气混合，点燃时测得的热表面的最低温度。

3.32

粉尘云的最低点燃温度　minimum ignition temperature of a dust cloud

在规定的试验条件下，最易点燃的粉尘、空气混合物被点燃时，测得的热表面的最低温度。

3.33

粉尘层的最低点燃温度　minimum ignition temperature of a dust layer

在规定的试验条件下，粉尘层点燃时热表面的最低温度。

3.34

正常运行　normal operation

设备、防护系统和元件在其设计参数范围内实现预期功能的运行状况。

注1：可燃性物质的少量释放可看作是正常运行。例如：靠泵输送液体时从密封口释放可看作是少量释放。

注2：故障(如泵的密封件、法兰垫片破损或因故障造成物质泄漏)包括紧急维修或停机都不能看作是正常运行。

3.35

潜在爆炸性环境　potentially explosive atmosphere

由于区域条件和工作条件可能形成爆炸的环境。

3.36

防护系统　protective system

指一些设计单元，能够立即停止刚发生的爆炸和/或限制爆炸火焰和爆炸压力的有效范围。防护系统可以装配到设备上，或作为自主系统单独投放市场。

3.37

减压的爆炸压力　reduced explosion pressure

采用泄爆或抑爆方法保护的容器内爆炸性环境爆炸产生的压力。

3.38

堆积粉尘的自燃　self-ignition of dust in bulk

粉尘的氧化和/或分解产生热量的速率大于环境的散热速率引起的粉尘点燃。

4　危险识别

4.1　通则

爆炸危险与设备、防护系统和元件所处理、使用或释放的材料和物质有关，也与制造设备、防护系统和元件的材料有关。一些这样的材料和物质在空气中会经历燃烧过程。燃烧过程通常伴有大量的热释放，同时会产生压力及释放有害物质。与燃烧不同，爆炸基本上是整个爆炸性环境反应区域（火焰）的自行传播。

易燃性和/或可燃性物质应看作是能够形成爆炸性环境的物质，除非对它们的特性研究表明，它们与空气的混合物不能自行传播爆炸。一旦爆炸性环境被有效点燃源点燃，与之有关的潜在危险就释放出来。

4.2、4.3和4.4中列出的安全数据介绍了与安全有关的物质特性。这些数据可通过实验室试验得出，一些情况也可以计算得出。得出的安全数据可用于识别危险。

需要注意，这些安全数据不是物理常量，而是（例如）与测量采用的技术有关。而且对于粉尘来说，列出的安全数据仅作为推荐值，因为这些值与粉尘颗粒大小和形状、湿度及添加剂（甚至微量的浓度）有关。对于特定的使用场所，应对设备中出现的粉尘试样进行试验，用得出的数据识别危险。

4.2 燃烧特性

由于在这里不是用材料本身，而是用粉尘与空气的接触或混合说明潜在危险，因而应确定可燃性物质与空气混合物的特性。这些特性给出关于物质的燃烧特性和是否能够引起燃烧或爆炸的信息。相关数据有：

——闪点；

——爆炸极限（LEL，UEL）；

——极限氧气浓度（LOC）。

4.3 点燃要求

应确定爆炸性环境的点燃特性。相关数据如：

——最小点燃能量；

——爆炸性环境的最低点燃温度；

——粉尘层的最低点燃温度。

4.4 爆炸特性

爆炸性环境点燃后的特性应用下列数据描述：

——最大爆炸压力（p_{max}）；

——最大爆炸压力上升速率（$(dp/dt)_{max}$）；

——最大试验安全间隙（MESG）。

5 危险评定要素

5.1 通则

对每个单独的场所，应根据GB/T 16856.1进行危险评定，危险评定包括下列要素：

a) 危险识别。符合第4章要求的安全数据值，有助于识别危险，表明物质是否是可燃物质，并表明它们易于点燃；

b) 确定是否可能出现爆炸性环境以及出现的量（根据5.2）；

c) 确定能够点燃爆炸性环境的点燃源的出现和点燃的可能性（根据5.3）；

d) 确定爆炸的可能影响（根据5.4）；

e) 评定危险；

f) 考虑把危险降至最低程度的措施（根据第6章）。

危险评定应采用综合评定方法，特别是对于复杂设备、防护系统和元件，构成独立单元的装置，尤其是扩展的装置。这种危险评定方法应考虑下列因素产生的点燃和爆炸危险：

——设备、防护系统和元件本身；

——设备、防护系统和元件与其处理物质之间的相互作用；

——在设备、防护系统和元件内部进行的具体工艺过程；

——在设备、防护系统和元件的不同部件中的各个工艺过程的相互作用；

——设备、防护系统和元件的周围环境及可能与相邻生产工艺过程的相互作用。

5.2 确定爆炸性环境出现的可能性和量

5.2.1 概述

危险爆炸性环境的出现取决于下列方面：

——存在可燃性物质；

——可燃性物质(如气体、蒸气、薄雾、粉尘)的扩散程度；

——可燃性物质与空气的浓度在爆炸范围内；

——引燃后足以造成伤害或破坏的爆炸性环境的量。

在评定危险爆炸性环境出现的可能性时，应考虑现场存在的物质经化学反应、分解和生物过程可能形成的爆炸性环境。

如果无法估计危险的爆炸性环境出现的可能性，除非在这种环境中设置有监控可燃性物质浓度的可靠装置，否则应假定这样的环境始终存在。

注：实际应用中，根据危险的爆炸性环境出现的可能性，将设备、防护系统和元件的内部及其周围环境进行分区，在实践中比较方便(见6.3)。

5.2.2 可燃性物质的扩散程度

气体和蒸气的本质特性决定了它们具有很高的扩散程度并足可以形成爆炸性环境。对于薄雾和粉尘，如果雾滴尺寸或颗粒尺寸小于1 mm，则可足以产生爆炸性环境。

注：在现实中出现的大量薄雾、悬浮微粒和各类粉尘，其微粒尺寸均在0.001 mm和0.1 mm之间。

5.2.3 可燃性物质的浓度

当散布在空气中的可燃性物质的浓度达到最低值(爆炸下限)时，爆炸是可能的。当浓度超过最大值(爆炸上限)时，爆炸将不会发生。

注：有些物质化学性能不稳定，如乙炔和环氧乙烷，即使在缺乏氧气时也能发生放热反应，因此爆炸上限为100%。

爆炸极限随温度和压力不同而变化。通常，爆炸上、下限间的范围随压力和温度的升高而变宽。在可燃性物质与氧气混合的情况下，其爆炸上限远高于空气混合物。

如果可燃性液体的表面温度高于爆炸下限温度点，则能够形成爆炸性环境(见6.2.2.2)。可燃性液体的悬浮微粒和薄雾在温度低于爆炸下限温度点时，也能形成爆炸性环境。

与气体和蒸气相比较，粉尘的爆炸极限有效程度不同。粉尘云通常是不均匀的。由于粉尘在大气中的沉积和扩散、散落，粉尘的浓度波动较大，当存在可燃性粉尘沉积时，通常认为表明爆炸性环境可能形成。

5.2.4 爆炸性环境的量

评定出现的爆炸性环境的量是否存在危险，决定于爆炸的可能效应(见5.4)。

5.3 确定有效点燃源的存在

5.3.1 通则

点燃源的点燃能力应与可燃性物质的点燃特性相比较(见4.3)。

对有效点燃源出现的可能性进行评定，应考虑维护和清洁等作业时可能产生的点燃源。

注：可以采取保护措施，使点燃源失效(见6.4)。

如果有效点燃源出现的可能性无法估计，则应假定有效点燃源始终存在。

应根据下列点燃源可能出现的方式，对点燃源进行分类：

a) 连续或频繁出现的点燃源；

b) 在很少情况下出现的点燃源；

c) 在极少情况下出现的点燃源。

对于使用的设备、防护系统和元件，这种分级应视为等效于下列情况：

a) 正常运行期间出现的点燃源；

b) 仅由于出现故障才可能出现的点燃源；

c) 仅由于出现罕见故障时才可能出现的点燃源。

在5.3.2～5.3.14介绍了各种不同的点燃源。

5.3.2 热表面

如果爆炸性环境触及到受热表面，则可能发生点燃。不仅热表面本身能成为点燃源，而且与热表面接触或被热表面点燃的粉尘层和易燃固体也能成为爆炸性环境的点燃源。

受热表面引起点燃的能力取决于特定物质与空气混合物的类型和浓度。随着温度的升高和受热表面面积的增大，点燃能量增大。另外，触发点燃的温度与受热物体的尺寸和形状，以及邻近表面的浓度梯度有关、某种程度上还与表面的材料有关系。因此，举例来说，在较大的受热空间(大约1 L或更大)内，爆炸性气体或蒸气环境能够被低于按照IEC 60079-4或其他等效方法测定的表面温度点燃。另一方面，对于一个凸面而非凹面的受热体，点燃则需要较高的表面温度；例如球状或管状物体，最低点燃温度随着其直径的减少而增加。当一种爆炸性环境物质流过受热表面时，由于接触时间短，点燃可能需要较高的表面温度。如果爆炸性环境与热表面接触的时间相对较长，则能发生初级反应如冷火焰，从而生成更易点燃的分解产物，加速原来环境的点燃。

除了容易识别的诸如散热器、干燥箱、加热线圈及其他产品的热表面，机械和机器加工过程也能导致危险温度。这些过程也包括把机械能转换成热能的设备、防护系统和元件，即各种摩擦离合器和机械操纵的制动器(例如车辆和离心分离器上)。另外，轴承、轴通道、密封压盖等的所有活动部件，如果没有进行充分地润滑也能成为点燃源。在活动部件的密封壳体内，外物的侵入或轴心偏移也能导致摩擦，进而导致表面温度升高，在某些情况下，温度甚至升高很快。

还应该考虑由于化学反应(例如与润滑剂和清洁剂的化学反应)引起的温度升高。

焊接和切削工作中的点燃危险见5.3.3。

防止来自热表面造成点燃危险的保护措施见6.4.2。

5.3.3 火焰和热气体(包括热颗粒)

温度高于1 000 ℃时的燃烧反应伴有火焰。热气体是反应的产物，并且在含尘和/或烟炭火焰中，还会产生炽热的固体颗粒。火焰及其热反应的产物或其他高温气体能够点燃爆炸性环境。即使是很小的火焰，也是最有效的点燃源。

如果设备、防护系统或元件的内部及外部或者在装置的相邻部件内存在爆炸性环境，并且如果这些地方中有一处发生点燃，则火焰就能够通过开口(如通风管道)传播到其他地方。预防火焰传播需要专门设计的保护措施(见6.5.5)。

焊接或切割时产生的焊屑是具有很大表面的颗粒，因此，它们也是最有效点燃源。

防止火焰和热气体造成的点燃危险的保护措施见6.4.3。

5.3.4 机械产生的火花

由于摩擦、冲击或研磨加工如磨削，能产生与固体材料分离的微粒，并且在分离过程中由于施加能量使颗粒变热。如果这些颗粒含有可氧化的物质，例如铁或钢，则它们能发生氧化过程，从而达到更高的温度。这些颗粒(火花)能够点燃可燃性气体和蒸气以及某些粉尘/空气混合物(尤其是金属粉尘/空气混合物)，在沉积的粉尘中，火花能引起焖燃，从而成为爆炸性环境的引燃源。

应考虑石粒或杂散金属等异物进入设备、防护系统和元件造成火花。

滑动摩擦，即使是在类似的黑色金属之间及在某些陶瓷之间的摩擦，也能产生热点及与磨削火花类似的火花。这些都能引起爆炸性环境点燃。

铁锈和轻金属(例如铝和镁)及其合金之间的撞击能够引起铝热反应，也能引起爆炸性环境点燃。

钛和锆等轻金属与足够坚硬的材料撞击或摩擦时，即使没有铁锈也能够产生引燃火花。

焊接和切削工作中的点燃危险见5.3.3。

防止机械火花引起点燃危险的保护措施见6.4.4。

5.3.5 电气设备

电气设备的电火花和热表面(见5.3.2)能成为点燃源。下列情况下能够产生电火花:

——电路断开和闭合时;

——连接松动;

——杂散电流(见5.3.6)等。

应明确指出,特低电压(ELV,例如小于50 V)是防止人身触电的保护,不是防止爆炸的措施。尽管如此,低于该值的电压仍能产生足够的能量,点燃爆炸性环境。

防止电气设备引起点燃危险的保护措施见6.4.5。

5.3.6 杂散电流、阴极防腐措施

下列原因可使导电系统或系统的导电部件产生杂散电流:

——发电系统的回流电路,尤其是在电气化铁路和大型焊接系统附近,例如:当轨道和敷设在地下的电缆护套等导电系统降低该回路的电阻时的回路电流;

——电气设备故障造成的短路或对地短路;

——磁感应(例如靠近大电流装置或射频装置,见5.3.9);

——雷电(见5.3.8);

——地面架空线感应。

如果能够传导杂散电流的系统部件被断开、被连接或桥接,即使在电位差很小的情况下,也会由于电火花和/或电弧的作用而点燃爆炸性环境。另外,由于这些电流通路发热也能产生点燃(见5.3.2)。

采用外加电流阴极防腐措施,也可能存在上述点燃危险。然而,如果使用阳极保护,则不可能出现电火花引起的点燃危险,除非阳极为铝或镁金属。

防止杂散电流和阴极防腐引起点燃危险的保护措施见6.4.6。

5.3.7 静电

在一定条件下静电能产生易燃放电。绝缘导电部件的电荷放电能够很容易导致易燃火花。对于包含非导电材料组成的带电部件,多数为塑料以及其他材料,也可能出现刷形放电,在特殊情况下,在快速分离过程中(例如,薄膜越过滚筒、传动带或由于导电和非导电材料的组合),也能出现传播型刷形放电,也能出现松散材料造成的锥形放电和电子云放电。

刷形放电几乎能够点燃所有的爆炸性气体和蒸气环境。根据现阶段掌握的知识,不能排除电刷放电产生的极低最小点燃能量点燃可燃性粉尘/空气环境。根据放电能量大小,火花、传播刷形放电、锥形放电和电子云放电,能够点燃各种类型的爆炸性环境。

防止静电引起点燃危险的保护措施见6.4.7。

5.3.8 雷电

如果在爆炸性环境中出现雷电,通常会造成点燃。此外,避雷器达到较高温度时也具有点燃的可能性。

强大电流从雷电击中的地方流过,这些电流能够在冲击点附近生成火花。

即使没有雷电电击,雷暴雨也能够使设备、防护系统和元件产生很高的感应电压。

防止雷电引起点燃危险的保护措施见6.4.8。

5.3.9 10^4 Hz～3×10^{12} Hz 射频(RF)电磁波

所有产生和使用射频电气能量的系统(射频系统)都发射电磁波,例如无线电发射器或用于熔炼、烘干、淬火、焊接、切割等的工业或医疗射频发生器。

位于射频辐射区域内的所有导电部件都具有接收天线的作用。如果辐射区域的功率(场强)足够大,并且接收天线足够长,这些导电部件能够在爆炸性环境中引起点燃。例如,接收到的射频能量在与

导电部件接触或断开过程中，能够使细导线发热或产生火花。接收天线获得的能量能够导致点燃，主要取决于发射器和接收天线之间的距离，以及在特定波长接收天线的规格尺寸和射频功率。

防止射频频谱内电磁波造成点燃危险的保护措施见6.4.9。

5.3.10 3×10^{11} Hz～3×10^{15} Hz 电磁波

该频谱范围内的辐射(光辐射)，尤其是当聚焦时，能够被爆炸性气体或固体表面吸收成为点燃源。例如，如果物体使辐射集中在一起(如起透镜作用的瓶子、聚焦反射器)，则阳光能够引起点燃。

在一定条件下，粉尘颗粒能够大量吸收强光源(持续或闪烁)的辐射，致使这些微粒成为爆炸性气体或沉积粉尘的点燃源。

激光辐射(例如在通讯装置、距离测量装置、勘测仪、光学仪表中)，即使距离很远，未聚焦的射束的能量或功率密度也能够高到足以引起点燃。还有，当激光光束射到固体表面时或当激光光束被环境中或受污透明部件上的粉尘颗粒吸收时，也出现发热过程。

应注意，产生辐射的设备、防护系统和元件(例如灯管、电弧、激光等)，本身就是5.3.2和5.3.5中定义的点燃源。

防止该频谱范围内电磁波引起点燃危险的保护措施见6.4.10。

5.3.11 电离辐射

由于吸收能量原因，例如，X射线管和放射性物质等产生的电离辐射能点燃爆炸性环境(尤其是有粉尘颗粒的爆炸性环境)。此外，由于放射源内部吸收辐射能，导致放射源本身温度升高能超过周围爆炸性环境的最低点燃温度。

电离辐射能造成化学分解或其他反应，导致产生高活性基或不稳定化合物，能引起点燃。

注：这种辐射也能通过分解作用，造成爆炸性环境(例如水电离辐射分解产生氧气和氢气混合物)。

防止电离辐射造成点燃危险的保护措施见6.4.11。

5.3.12 超声波

使用超声波时，电声换能器发射的大部分能量被固态或液态物质所吸收。因此会造成暴露在超声波中的物质温度升高，在极端情况下可能产生点燃。

防止超声波引起点燃危险的保护措施见6.4.12。

5.3.13 绝热压缩和冲击波

在绝热或接近绝热压缩的情况下及在冲击情况下，能够产生高温点燃爆炸性环境(和沉积粉尘)。此类温度的升高主要取决于压缩比，而非压力差。

注1：在空气压缩机的压力管路中和与这些管路连接的容器中，会因润滑油雾压缩点燃而产生爆炸。

例如，在高压气体突然泄压到管道的过程中可产生冲击波。在这个过程中，冲击波以超音速向低压力区域传播，当它们被管道的弯道、缩颈、连接法兰、隔断阀等衍射或反射时，能产生极高的温度。

注2：容装有高氧化性气体(例如纯氧或含氧浓度较高的气体环境)的设备、防护系统和元件，在绝热压缩、冲击波乃至纯气流的作用下，由于润滑剂、密封垫、甚至结构材料能被点燃，设备、防护系统和元件能成为有效点燃源。如果由此导致设备、防护系统和元件破坏，其中一些部件将点燃周围的爆炸性环境。

防止绝热压缩和冲击波造成点燃危险的保护措施见6.4.13。

5.3.14 放热反应(包括粉尘的自燃)

当热量产生速度超过向周围环境的散热速度时，放热反应可成为点燃源。多数化学反应都是放热反应。反应是否能够达到很高温度，取决于反应系统的体积/表面比、环境温度和滞留时间以及其他因素。这种高温能导致爆炸性环境点燃，也能造成焖燃和/或燃烧。

放热反应包括自燃物质与空气的反应、碱金属与水的反应、可燃性粉尘自燃、食品生物加工处理引起自身发热、有机过氧化物的分解或聚合反应。

催化剂也能引起产生能量的反应(例如氢气/空气环境和铂)。

注1：有些化学反应(例如，高温分解和生物加工处理)也能导致产生可燃性物质，它们又与周围空气形成爆炸性环境。

一些结构材料与化学制品(例如,铜与乙炔,重金属与过氧化氢)化合作用时,能发生剧烈反应引起点燃。

某些物质的化合作用,尤其是均匀散布时(例如,铝/铁锈或糖/氯酸盐),受到冲击或摩擦作用时会产生剧烈的反应(见 5.3.4)。

防止化学反应引起点燃危险的保护措施见 6.4.14。

注 2:由于化学反应时的热量不稳定性、反应产生高温和/或快速生成气体,也能产生危险,这些危险在本部分中没有考虑。

5.4 评定爆炸可能产生的效应

如果发生爆炸,应考虑下列因素可能产生的效应,例如:

——火焰;

——热辐射;

——压力波;

——飞出的碎片;

——有危险的物质释放。

上述情况与下列因素有关:

——可燃性物质的物理和化学性质;

——爆炸性环境的量和界限、封闭情况;

——周围环境的几何形状;

——外壳和支承结构的强度;

——受危险危及人员的个体防护设备;

——受危险危及物体的物理性能。

因此,只能针对每种具体的情况,对人员预期受到的损伤或对物体预期造成的破坏及受危险危及的场所的大小进行评定。

6 消除危险或将危险降至最低程度

6.1 基本原理

爆炸发生需要爆炸性环境和有效点燃源同时存在,根据第 5 章描述的爆炸预期的效应,直接得出爆炸预防和爆炸防护的基本原理:

a) 预防:

——避免出现爆炸性环境。主要通过改变可燃性物质的浓度使其处于爆炸范围之外,或者使氧气浓度低于极限氧气浓度值(LOC)来实现;

——避免出现任何潜在的有效点燃源。

b) 防护:

——通过结构性防护措施把爆炸效应限制到容许的程度。与上述两种措施不同,这种措施允许发生爆炸。

可以仅采用一种上述预防或防护原理,消除危险或使危险最小化。也可以综合使用这些方法。

避免出现爆炸性环境始终应当是第一选择。

出现爆炸性环境的可能性越大,对预防有效点燃源措施要求的程度就越高,反之亦然。

为了能够选择适当的措施,对每一种独立的情况都应制定防爆安全方案。

在爆炸预防和爆炸防护措施的计划中,应考虑到正常运行情况,包括起动和停机。此外,还应考虑可能出现的技术故障以及符合 GB/T 15706.1—2007 的可预见误操作。采用爆炸预防和保护措施,需要全面了解实际情况,并且应具有丰富的经验。因此,强烈建议寻求专家的指导。

6.2 避免出现爆炸性环境或减少爆炸性环境的量

6.2.1 概述

爆炸预防的一项基本措施是，用惰性物质置换可燃性物质，或者限制可燃性物质的浓度（限制到爆炸范围之外）。

6.2.2 过程参数

6.2.2.1 置换或减少能够形成爆炸性环境的物质的量

如果可能，应用非可燃性物质或不能形成爆炸性环境的物质替换可燃性物质，例如，用较小的粒状材料替换细小的粉末状材料。

应将易燃材料的量降至合理的最低量，例如，采用连续生产工艺方式，不采用批量生产工艺方式。

6.2.2.2 限制浓度

如果不可避免要处理能够形成爆炸性环境的物质，则可通过采取措施控制可燃性物质的量和/或浓度，防止或限制设备、防护系统和元件内部形成有危险的爆炸性环境的量。

如果不能保证工艺过程中固有的浓度完全在爆炸范围之外，则应对上述这些措施进行监控。

所采取的监控措施，如气体探测器或流量探测器，应与报警装置、其他保护系统或自动应急功能装置相连。

当实施这些控制措施时，可燃性物质的浓度应充分低于爆炸下限或高于爆炸上限。应采取措施，保证在工艺过程中起动或停机时，使浓度在爆炸范围之外。

如果设备、防护系统和元件内部的浓度高于爆炸上限，则内部不存在爆炸危险；然而，如果释放出来，由于与空气掺杂，就可能在设备、防护系统与元件外造成爆炸危险。设备、防护系统与元件内部也可能因空气进入而产生爆炸危险。

对于可燃液体（如果能够排除爆炸性薄雾环境的形成），只要液体表面温度总是充分低于闪点，就可实现保持浓度低于爆炸下限的目标。

注1：需根据可燃液体的化学特性和成分决定低于闪点的必要温度差（安全余量）。

如果是可燃气体的可燃液体溶液，则使用闪点容易造成误导。同样，如果液体在存储温度下可能发生降解或缓慢氧化时（如：沥青、燃料重油），闪点也可能造成误导。

注2：适当选择运行条件，通常有可能使整个设备、防护系统和元件中保持足够高的蒸气浓度，从而使浓度保持在爆炸上限之上。尽管如此，在某些情况下，例如在罐中存放期间及当能够出现冷凝时，上部的浓度会降低，从而成为爆炸性环境。只有在真正不透气的存贮容器中存放相当长的时间之后，并且表面温度大大高于爆炸上限温度点时，整个存贮容器内环境的浓度才能超过爆炸上限。

注3：某些卤代烃液体，尽管不能确定液体的闪点，仍能形成爆炸性环境。

对于可燃性粉尘，由于粉尘-空气混合物通常是不均匀的，所以通过限制浓度避免爆炸性环境很难实现。

用粉尘的总量和设备、防护系统和元件的总容积来计算粉尘的浓度，通常会得出不正确的结果。局部粉尘浓度与总体计算得出的结果相差很大。

6.2.2.3 惰化

添加与所加工的产品相容的不活泼气体（例如，氮气、二氧化碳、惰性气体）、水蒸气或惰性粉状物质（例如，碳酸钙）能防止形成爆炸性环境（惰化）。

当用水蒸气惰化时，应考虑冷凝的影响。

使用惰性气体进行惰化的原理是降低环境中氧气的浓度，从而使该环境不再是爆炸性环境。最高允许氧气浓度为极限氧气浓度乘以适当安全系数得出。

对于不同可燃性物质的混合物，包括异态混合物，在测定最高允许的氧气浓度时，应利用具有最低极限氧气浓度的成分，除非测量表明是其他情况。

通过加入相容的惰性粉尘，也可惰化可燃性粉尘-空气混合物。

注：一般情况，惰性粉尘的质量成分大于50%时就可以惰化，但某些情况下质量成分可能需要大于80%。

6.2.3 设备、防护系统和元件的设计和制造

6.2.3.1 通则

容装可燃性物质的设备、防护系统和元件在进行设计阶段，应努力做到将可燃物质始终封闭在密闭的系统中。

应尽可能使用难燃的材料制造。

通常，连续生产工艺比批量生产工艺更可取。相邻设备中的工艺过程进行方式不应造成危险影响。这可通过将设备在空间上隔离或在设备之间加装防护装置来实现。即使在大流量的可燃物质时，也应始终将可燃物质分成小批量，并且在每处只保持少量可燃物质，这对安全是有利的。户外装置通常比室内装置更为可取，特别是考虑到空气的自然通风。

6.2.3.2 降低可燃性物质释放至最低程度

为了使设备、防护系统和元件外部由可燃性物质泄漏造成的爆炸危险降至最低程度，在设计、制造和操作时应使其不会泄漏并保持密封性。尽管如此，实践表明在某些情况下仍可能出现少量泄漏，例如某些泵的密封圈和采样处。在设备、防护系统和元件设计时应考虑这一情况。应采取措施限制泄漏速率和防止可燃性物质的扩散。必要时，应安装泄漏检测仪。应特别注意下列方面：

——结构材料的选择，包括密封垫、接合件、密封填料和保温材料，并考虑可能的腐蚀、磨损和被处理加工物质相互作用的危险；

——涉及安全性能的配件。应尽可能减少活动连接件的数量和尺寸；

——涉及完整性的管道。可以通过适当防止冲击或适当安放实现；挠性管道应尽可能保持最少；

——设置排放和局部通风装置以控制微量泄漏；

——活动的连接件应设置密封接头；

——填料和清料操作。应考虑使用蒸气平衡系统并且应尽量减少开孔的数量和尺寸。

6.2.3.3 通风稀释

通风对控制可燃性气体和蒸气释放的影响至关重要。它可用于设备、防护系统和元件的内部和外部。

GB 3836.14 中给出了利用通风对气体和蒸气危险场所进行控制和分类的有关内容。

对于粉尘，通常只有当粉尘从起源位置排放(局部排放)并且可靠地防止可燃性粉尘危险沉积时，通风才能提供充分的防护。

应预期粉尘在正常运行或故障期间(例如：在转换点或者在检查和清洗打开操作)从设备、防护系统及元件的开口处释放。既可通过在含有粉尘的设备、防护系统及元件内部建立稍低于环境压力(负压吸入)的方法，也可通过在源头或释放点仔细收集粉尘(局部提取)来实现保护。

6.2.3.4 避免粉尘堆积

为了防止沉积粉尘在空气中扩散形成爆炸性环境，设备、防护系统和元件的结构应尽可能避免可燃性粉尘堆积。

除了 6.2.3.1～6.2.3.4 已经提到的措施外，也还应特别注意下列几点：

——粉尘输送和清除系统的设计应根据流体动力学原则，并特别关注管道走向、流速、表面粗糙度；

——应尽可能减小含尘设备、防护系统及元件的表面，例如：结构件、T 形梁、电缆管道、窗台及所谓的死角。可以通过选择在无法避免的沉积表面加罩或将其倾斜来减小沉积表面的结构件等方法来部分实现这一目的。通过采用光滑表面(例如：铺设瓷砖、使用油漆涂层等)的方法，至少可部分防止粉尘粘附，而且便于清理。采用对比度强的颜色有助于发现粉尘堆积；

——应规定适当的清洗条件(例如：光滑表面、便于清洁时进入的通道、安装中央真空清洁系统、提供移动吸尘器使用的电源)。用户的使用说明应指出应清除受热表面上的粉尘，例如，管道、散热器、电气设备；

——为烘干机、制粒机、筒仓及粉尘收集单元选择适当的清料装置。

6.3 危险场所分区

6.3.1 概述

为了确定避免有效点燃源所需要采取措施的程度，根据危险爆炸性环境出现的频率和持续时间把危险场所分成不同的区。

注：下文使用“气体”或“气体/蒸气”术语时，也包括薄雾环境。

预计爆炸性气体出现的量不要求采取专门预防措施的场所，在本部分意义上应被视为非危险场所。

考虑到粉尘的沉降和粉尘层扩散可能形成爆炸性环境，对气体/蒸气和可燃性粉尘规定了不同的分区。

鉴于这种情况，与可燃性气体/蒸气相比，需要采取其他措施避免可燃性粉尘的有效点燃源。

GB 3836.14 中给出了利用通风装置对气体和蒸气危险场所进行控制和分区的有关信息。

6.3.2 气体/蒸气的分区

0 区

可燃性物质以气体、蒸气或薄雾的形式与空气形成的爆炸性环境，连续出现、或长期存在、或频繁出现的场所。

注 1：这些情况一般出现在容器、管道和储罐等的内部。

1 区

可燃性物质以气体、蒸气或薄雾的形式与空气形成的爆炸性环境，在正常运行条件下偶尔可能出现的场所。

注 2：该区也包括：

——靠近 0 区附近；

——靠近进料口附近；

——靠近投料口和排料口周围；

——由玻璃、陶瓷和类似材料制成的易碎设备、防护系统和元件附近；

——不完全密封衬垫附近，例如带填料函的水泵和阀门上的密封垫。

2 区

可燃性物质以气体、蒸气或薄雾的形式与空气形成的爆炸性环境，在正常运行条件下不可能出现，如果出现也是短时间存在的场所。

注 3：该区也包括 0 区或 1 区周围的场所。

6.3.3 粉尘分区

可燃性粉尘积层、沉积和堆积应视为形成爆炸性环境的另一原因。

20 区

爆炸性环境以空气中可燃性粉尘云的形式，持续地、或长期地、或频繁地存在的场所。

注 1：这些情况一般发生在容器、管道和储罐等的内部。

21 区

爆炸性环境以空气中可燃性粉尘云的形式，在正常运行时偶尔可能出现的场所。

注 2：该区也包括靠近粉末投料和排料点附近的区域，以及在正常运行中可能出现粉尘层，并且可燃性粉尘与空气的混合物可能达到爆炸浓度的场所。

22 区

爆炸性环境以空气中可燃性粉尘云的形式，正常运行时不可能出现，如果出现也是短时间存在的场所。

注 3：该区也包括容装粉尘、并因泄漏形成沉积粉尘的设备、防护系统和元件附近的场所（例如：磨房，粉尘从磨粉机上逸出然后沉积下来）。

6.4 设备、防护系统和元件避免有效点燃源的设计和制造要求

6.4.1 通则

当设备、防护系统和元件用在危险场所时，应根据 5.3 描述的点燃过程，检查并判断是否能出现点燃危险。如果可能有点燃危险，应尽力从危险场所消除点燃源。如果不可能做到这一点，应实施

6.4.1～6.4.14 规定的保护措施，同时注意下述情况：

这些措施应使引燃源变得没有危险，或者减少有效点燃源出现的可能性。通过设备、防护系统和元件适当的设计和结构，通过操作程序，也可以通过适当的测量和控制系统能够实现这一目的(见 6.7)。

防护措施的程度取决于爆炸性环境出现的可能性和潜在爆炸的影响。这可通过区分设备的不同 EPL 保护级别来确定。这些级别反映了不同区域的要求。

下面是确定 EPL 保护级别的依据：

Ga 级和 Da 级：

Ga 级和 Da 级设备，其设计应使之能按照制造商设定的运行参数发挥功能，并能保证具有很高的保护级别。

Ga 级别的设备用于爆炸气体、蒸气、薄雾与空气形成的混合物连续出现、长期存在或频繁出现的爆炸性环境。

Da 级别的设备用于可燃性粉尘与空气形成的混合物连续出现、长期存在或频繁出现的爆炸性环境。

Ga、Da 级别的设备应保证规定水平的保护级别，即使是在设备出现罕见故障的情况下仍能保证保护级别不变，其保护措施如下：

——当一个保护措施失效时，至少有第二个独立的保护措施提供必要的保护级别；或者

——当同时出现两个各自独立的故障时，应保证规定的保护级别。

Gb 级和 Db 级：

Gb 级和 Db 级设备，其设计应使之能按照制造商设定的运行参数发挥功能，并保证具有高的保护级别。

Gb 级别的设备用于可能出现气体、蒸气、薄雾与空气形成的混合物的爆炸性环境。

Db 级别的设备用于可能出现可燃性粉尘与空气形成的混合物的爆炸性环境。

Gb、Db 级别的设备，即使在通常必需考虑的频繁出现的干扰或设备故障情况下，也应保证规定的保护级别。

Gc 级和 Dc 级：

Gc 级和 Dc 级设备，其设计应使之能按照制造商设定的运行参数发挥功能，并保证具有一般的保护级别。

Gc 级别的设备用于不可能出现，即使出现也是偶尔出现或短时间存在的蒸气、薄雾与空气形成的混合物的爆炸性环境。

Dc 级别的设备用于不可能出现，即使出现也是偶尔出现或短时间存在的可燃性粉尘与空气形成的混合物的爆炸性环境。

Gc、Dc 级别的设备保证在正常运行时必要的保护级别。

级别和区之间的关系在附录 B 中说明。

根据爆炸性环境的类型(气体/蒸气/薄雾或可燃性粉尘物质)和设备的类别，应符合下列对设备、防护系统和元件的通用要求：

用于爆炸性气体/空气、蒸气/空气和薄雾/空气环境的设备、防护系统和元件

Gc 级：应避免能连续出现或频繁出现(例如，在设备、防护系统和元件正常运行期间)的点燃源。

Gb 级：除了应避免 Gc 级的点燃源之外，还应避免在罕见情况下(例如，由于设备、防护系统和元件的故障引起)能出现的点燃源。

Ga 级：除了避免 Gb 级的点燃源之外，还应避免仅在非常罕见的情况下(例如，由于设备、防护系统和元件的罕见故障引起)能出现的点燃源。

用于爆炸性粉尘/空气环境的设备、防护系统和元件

Dc 级：应避免能连续出现或频繁出现(例如，在设备、防护系统和元件正常运行期间)的点燃源。这适用于粉尘云以及粉尘层的点燃。也包括限制表面温度防止在长期处于热暴露的沉积粉尘的点燃。

Db 级:除避免 Gc 级所规定的点燃源之外,还应避免仅在罕见情况下能出现(例如,由于设备、防护系统和元件的故障)的点燃源。这也适用于粉尘云以及粉尘层的点燃。

Da 级:除避免 Gb 级所规定的点燃源之外,还应避免仅在非常罕见情况下能出现(例如,由于设备、防护系统和元件的罕见故障)的点燃源。这也适用于粉尘云以及粉尘层的点燃。

所有类别的设备、防护系统和元件

设计这些不同的级别时,也应考虑可燃性物质的不同特性。

如果爆炸性环境含有几种类型的可燃性气体、蒸气、薄雾或粉尘,则通常以专门研究结果为依据制定保护措施。

只有各种类型的点燃源被识别并被有效控制后,才能将避免有效点燃源作为唯一的措施(见 6.4.2～6.4.14)。

6.4.2～6.4.14 中规定了从区域划分到不同级别的设备对避免点燃源的具体要求。

6.4.2 热表面

确定由热表面造成的危险见 5.3.2。

如果由热表面引起的危险已被识别,根据爆炸性环境的类型(气体/蒸气/薄雾或粉尘为可燃性物质)和设备的级别,设备、防护系统和元件应符合下列要求:

用于爆炸性气体/空气、蒸气/空气和薄雾/空气环境的设备、防护系统和元件

Ga 级:所有能够接触爆炸性环境的设备、防护系统和元件表面的温度,即使在出现罕见故障情况下,也不应超过可燃性气体或可燃性液体的最低点燃温度(℃)的 80%。

Gb 级:所有能够接触爆炸性环境的设备、防护系统和元件的表面温度,在正常运行过程中和在故障情况下均不应超过可燃性气体或液体的最低点燃温度(℃)。然而,如果不能排除气体或蒸气能被加热到表面温度,则表面温度不应超过气体的最低点燃温度(℃)的 80%。仅在罕见故障情况下才可能超过这些数值。

Gc 级:所有能够接触爆炸性环境的设备、防护系统和元件的表面温度,在正常运行过程中都不应超过气体或液体的最低点燃温度(℃)。

所有级别的设备、防护系统和元件

在特殊情况下,如果有确切证据证实不会出现点燃,则也可超过上述温度限值。

用于爆炸性粉尘/空气环境的设备、防护系统和元件

Da 级:能接触粉尘云的所有表面的温度,即使在罕见故障情况下也不应超过所涉及的粉尘云的最低点燃温度(℃)的三分之二。此外,能沉积粉尘的表面的温度应该比所涉及的粉尘能形成的最厚粉尘层的最低点燃温度低一个安全值[1];即使在罕见故障情况下也应确保这一点。如果不知道粉尘层的厚度,应假定可预见的最厚的粉尘层。

Db 级:能接触粉尘云的所有表面的温度,即使在故障情况下也不应超过所涉及的粉尘云的最低点燃温度(℃)的三分之二。此外,能沉积粉尘的表面的温度应该比所涉及的粉尘层的最低点燃温度低一个安全值[1];即使在故障情况下也应确保这一点。

Dc 级:能接触粉尘云的所有表面的温度,在正常运行中应不超过粉尘云的最低点燃温度(℃)的三分之二。此外,能沉积粉尘的表面的温度应比所涉及的粉尘层的最低点燃温度低一个安全值[1]。

1) 粉尘层最低点燃温度和设备的表面温度之间通常使用 75 K 的安全裕度。该值是在粉尘层厚度小于或等于 5 mm 情况下测得的,用 5 mm 的粉尘层测量时,允许测得的最低点燃温度有偏差,对于 5 mm 厚的粉尘层的绝热影响,如果不加限制,能得出较高的表面温度。

如果粉尘层的厚度大于 5 mm,则需要较高的安全余量,因为粉尘层的点燃温度随厚度的增加而降低,并且能产生较大的绝热效应,导致设备的表面温度升高。在生产工艺空气温度高于环境空气温度的情况下,也需要不同的安全余量。

所有级别的设备、防护系统和元件

在特殊情况下，如果有确切证据证实不会出现点燃，则也可超过上述温度限值。

6.4.3 火焰和热气体

确定由火焰和热气体引起的危险见 5.3.3。

如果涉及到热固体颗粒(例如，飞溅火花)，参见 6.4.4(机械产生的火花)和 6.5.5 有关火焰传播的要求。

如果由火焰和/或热气体引起的危险已被识别，根据不同的级别，设备、防护系统和元件应该符合下列特定要求。

所有级别：除下述情况之外，不允许出现明火：

Ga、Da 级：除了消除明火之外，火焰形成的气体(例如，用于惰化排出的气体)或其他受热气体也不允许出现，除非采取了特殊的预防措施，例如，限制温度或消除易燃微粒。

Gb、Db 级和 Gc、Dc 级：只有火焰被安全封闭，并且设备部件的外表面温度不超过 6.4.2 规定的温度，才允许装置有火焰。此外，对于封闭火焰的设备、防护系统和元件(例如，特殊加热系统)，应确保外壳能够承受火焰的影响，并且火焰不能扩散至危险场所。

Gb、Db 级和 Gc、Dc 级：只有采用了适当的防护措施防止危险，才可从 1 区、2 区、21 区和 22 区获取燃烧需要的空气(见 6.5.5)。只有确保不能达到爆炸性环境的最低点燃温度，才可引入高温气体。应确保沉积粉尘不被点燃。另外，应采取预防措施(例如，使用阻火器)，确保消除排出气体中的高温固体颗粒。这些要求应列入使用信息中(见第 7 章)。

6.4.4 机械产生的火花

确定机械产生的火花造成的危险见 5.3.4。

如果由机械火花引起的危险已被识别，根据爆炸性环境的类型(气体/蒸气/薄雾爆炸性环境或可燃性粉尘作为物质)和设备的级别，设备、防护系统和元件应符合下列具体要求：

Ga、Da 级：即使在罕见故障情况下能产生可引起点燃的摩擦、冲击或产生研磨火花的设备、防护系统和元件，也不能使用。尤其是，应避免铝或镁(不包括铝含量小于 10%的合金和铝含量小于 25%的涂料和涂层，按质量计算)与铁或钢(不会产生铁锈的不锈钢除外)之间的摩擦。

应避免钛或锆与任何硬质材料之间的摩擦和冲击。

Gb、Db 级：任何可能的情况下宜符合对 Ga、Da 级设备的要求。正常运行情况和故障情况下均应排除火花。

Gc、Dc 级：采取的保护措施足以预防正常运行情况下可引起点燃的摩擦、冲击或研磨火花。

所有级别：如果潜在爆炸性环境含有乙炔、二硫化碳、氢气、硫化氢和环氧乙烷等气体的一种或多种，除非确切证据证实不存在爆炸危险，否则拟用于爆炸性气体/空气、蒸气/空气和薄雾/空气环境、可能产生机械火花的设备不能使用。

对可在爆炸性环境中使用的工具要求应符合附录 A 的规定。

注 1：在某些情况下，有可能通过涂敷防止轻金属与铁锈机械接触，如果涂敷非导电材料如塑料，需要防静电措施。涂敷不宜含有较高的铝成分。

注 2：例如用湿润的方法处理，能降低机械产生的可引起点燃的火花出现的可能性。必须考虑到与润湿介质的可能反应(例如，水与轻金属反应产生氢气)。

注 3：对工业事故和调查结果的分析已经证实，在低速旋转时(速度≤1 m/s)，不存在粉尘/空气混合物被机械火花点燃的危险。

6.4.5 电气设备

确定电气设备引起的危险见 5.3.5。

如果由电气设备引起的危险已被识别，则设备、防护系统和元件应该符合相关防爆安全标准要求。爆炸性环境中的电气设备应按照国家颁布实施的相关标准(如 GB 3836 系列标准和 GB 12476 系列标准等)进行设计、制造、安装和维护(适用时)。

注:有关爆炸性环境用非电气设备的国家标准代号为:GB 25286(系列)。

6.4.6 杂散电流和阴极防腐

确定杂散电流和阴极防腐造成的危险见5.3.6。

如果由杂散电流和/或阴极防腐引起的危险已被识别,根据爆炸性环境的类型(气体/蒸气/薄雾或粉尘状可燃性物质)和设备的级别,设备、防护系统和元件应符合下列特定要求。

所有级别:属于电气设备的一部分或靠近电气设备的系统的所有导电部件应按GB 3836.15进行保护。

应对具有外加电流阴极防腐的系统提供特殊保护措施。

Ga、Da级和Db级:应对设备的所有导电部件,以及按照GB 3836.15对与电气设备不相邻的导电部件进行电位均衡。在属于电位均衡系统的导电墙封闭的位置内,允许与该要求不一致。如果系统的导电部件安装在0区、20区和21区,例如油箱中的通风和吸入管道,应首先把它们加入电位均衡系统中。这些要求应列入使用信息中(见第7章)。

Gb级:应提供与Ga、Da级保护措施等同的保护措施。然而,对于不靠近电气设备的系统的导电部件,例如,当由导电系统的互联部件形成的均衡系统,如管道网或广泛的接地系统已经存在,允许不使用特殊的措施如另加电桥来均衡电位。

在断开或闭合系统导电部件的连接之前,例如拆卸管道的连接件和部件时,如果互相连接的完整性可能受到损害,则应提供横截面足够大的连接线构成的桥路。这些要求应列入使用信息中(见第7章)。

Gc、Dc级:除频繁出现的杂散电流引起电弧或火花之外,一般可不必满足Ga或Da级和Gb或Db级的要求,如电位均衡。

6.4.7 静电

确定静电造成的危险见5.3.7。

如果由静电引起的危险已被识别,根据不同的级别,设备、防护系统和元件应符合下列要求。

所有级别:最重要的保护措施是将所有可能有危险带电的导电部件等电位连接,并且接地。然而,如果有非导电材料,仅有这些保护措施还不够。在这种情况下,应避免包括固体、液体及粉尘在内的非导电部件和材料出现危险带电。这些要求应列入使用信息中(见第7章)。

Ga、Da级:应消除可引起点燃的放电,并且考虑罕见故障。

Gb、Db级:在设备预期使用过程中,包括维修和清理时,或者在出现通常可以预期的故障时,不应出现可引起点燃的放电。

Gc、Dc级:通常,只有当可引起点燃的放电频繁出现时(例如,不能充分导电的传动带情况),才需要采取接地要求以外的措施。

6.4.8 雷电

确定由雷电造成的危险见5.3.8。

如果由雷电引起的危险已被识别,则设备、防护系统和元件应符合下列要求。

所有级别:应采用适当的防雷电措施保护设备。应防止0区和20区之外出现的雷电影响对0区和20区造成破坏,例如可在合适的地方安装过压保护系统。对于接地保护的油罐装置或与油罐电气绝缘的导电系统的元件,应进行等电位连接,并设置一个环形接地电极系统。这些要求应列入使用信息中(见第7章)。

防雷电保护措施不应削弱符合6.4.6规定的阴极防腐措施。

6.4.9 1×10^4 Hz～3×10^{12} Hz射频(RF)电磁波

确定由射频电磁波造成的危险见5.3.9。

如果由射频电磁波引起的危险已被识别,则设备、防护系统和元件应符合下列要求。

所有级别:作为防止电磁波点燃影响的基本安全措施,在可能含有爆炸性环境的场所内最近的发射部件和接收天线之间，各个方向都应保持一个安全距离。

注 1：对于定向模式的发射系统，应注意安全距离与方向有关。还应注意，根据射频源的输出功率、天线增益和工作频率，射频源甚至可能设置在几千米远。如有疑问，应通过测量确定安全距离。

如果不能保证适当的安全距离，应采取特殊保护措施，例如屏蔽。

注 2：例如国家电讯管理部门颁布的电磁干扰水平运行许可证，相应的无线电干扰防护标识或有关无线电干扰等级的资料信息，不能说明该装置或其辐射场是否产生点燃危险。

所有级别的射频系统也应符合 6.4.5 的要求。

6.4.10　3×10^{11} Hz～3×10^{15} Hz 的电磁波

确定由该频谱范围电磁波造成的危险见 5.3.10。

应当注意，产生辐射的设备、防护系统和元件(例如灯管、电弧、激光等)，本身也能是 6.4.2 和 6.4.5 中定义的点燃源。

如果由 3×10^{11} Hz～3×10^{15} Hz 电磁波引起的危险已被识别，根据不同级别，设备、防护系统和元件应该符合下列要求：

所有级别：通过共(谐)振吸收能够引起点燃的装置不允许使用(见 5.3.10)。

Gc、Dc 级：如果满足下列条件，能够产生辐射、并且已被认可或适用于这些区域的电气设备(见 6.4.5)允许使用：

a) 辐射脉冲的能量或连续辐射的能量(功率)限制在不能点燃爆炸性环境的低值；或者

b) 辐射被安全包封屏蔽起来，确保：

1) 安全可靠地防止从外壳泄漏的能够点燃爆炸性环境的辐射进入危险场所，并且不会出现由于辐射原因能够点燃外壳外部爆炸性环境的热表面；和

2) 爆炸性环境不能进入外壳内部，或者外壳内部的爆炸不能传播到危险场所。

正常运行过程中应确保满足这些要求。

Gb、Db 级：在罕见情况下(例如，故障状态)，也应保证上述条件。

Gc、Dc 级：即使出现了非常罕见的情况(例如，罕见的故障状态)，也应保证上述条件。

注：当辐射完全被吸收物吸收时，某些用于气体和蒸气/空气混合物中的光辐射设备，见 IEC 60079-28。

6.4.11　电离辐射

确定电离辐射造成的危险见 5.3.11。

如果由电离辐射引起的危险已被识别，根据不同级别，设备、防护系统和元件应该符合下列要求。

所有级别：对于辐射源运行需要的电气系统，应遵守 6.4.5 的说明。

对激光的保护措施见 6.4.10。

Gc、Dc 级：如果满足下列条件，允许使用产生电离辐射的电气设备：

a) 辐射脉冲的能量或连续辐射的能量(功率)被限定在不能点燃爆炸性气体的低值；或者

b) 辐射被安全密封起来，确保：

1) 安全防止从外壳泄漏的能够点燃爆炸性环境的辐射进入危险场所，并且不会出现由于辐射原因能够点燃外壳外部爆炸性环境的热表面；和

2) 爆炸性环境不能进入外壳内部，或者外壳内部的爆炸不能传播到危险场所。

正常运行过程中应确保满足这些要求。

Gb、Db 级：在罕见的情况下(例如，故障状态)，上述条件也应保证。

Ga、Da 级：在非常罕见情况下(例如，故障状态)，也应保证上述条件。

6.4.12　超声波

确定超声波造成的危险见 5.3.12。

如果由超声波引起的危险已被识别，根据不同的级别，设备、防护系统和元件应该符合下列要求：

所有级别：超声波的频率不允许大于 10 MHz，除非表明没有分子共振吸收，证实在相关情况下不

存在点燃危险。

本条的数据仅适用于由声功率引起的点燃危险。对于关联的电气系统,应参考6.4.5。

对频率不超过10 MHz的超声波适用下列要求。

所有级别:只有确保工作流程安全性的情况下,才可允许有超声波。产生声波场的功率密度应不超过1 mW/mm^2,除非证实在相关情况下不可能引起点燃。

Gb、Db级和Gc、Dc级:在使用常规超声波装置的操作过程中(例如超声波回波测试装置),如果所产生的声波场的功率密度超过1 mW/mm^2,那么需要采取特殊的防护措施防止点燃危险来自超声波本身,除非证明在相关情况下不可能发生点燃。

6.4.13 绝热压缩和冲击波

确定绝热压缩和冲击波造成的危险见5.3.13。

如果由绝热压缩和/或冲击波引起的危险已被识别,根据不同的级别,设备、防护系统和元件应该符合下列要求:

Ga、Da级:应避免可造成点燃的压缩或冲击波的工艺过程。即使在罕见故障情况下也应确保这一点。按照惯例,例如,存在高压力比的系统,如果系统部件之间的滑道和阀能慢慢打开,则能够消除有危险的压力和冲击波。

Gb、Db级:仅在罕见故障情况下才允许能引起绝热压缩或冲击波的操作。

Gc、Dc级:在正常运行过程中应防止出现能够点燃爆炸性环境的冲击波或压缩。

注:如果必须使用含有高氧化气体的设备、防护系统和元件,则应采取特殊措施防止引燃结构材料和辅助材料。

6.4.14 放热反应(包括粉尘自燃)

确定放热反应造成的危险见5.3.14。

如果由放热反应引起的危险已被识别,则设备、防护系统和元件应该符合下列要求[2)]:

所有级别:在任何可能的情况下,应避免具有自燃倾向的物质。

当必须处理这样的物质时,应针对每一具体情况采取必要的保护措施。可采取下列保护措施:

——惰化;

——稳定化;

——改善散热,例如将物质分成小份;

——限定温度和压力;

——低温度储存;

——限定滞留时间。

应避免使用与处理的物质发生危险反应的结构材料。

防止与铁锈蚀和轻金属冲击(例如铝、镁或其合金)和摩擦造成危险的保护措施见6.4.4。

警告:在某些条件下,可能会产生发火花(自燃)的物质,例如,含硫石油产品存储过程中、或者在惰性环境中碾磨轻金属时。

6.5 设备、防护系统和元件降低爆炸效应的设计和制造要求

6.5.1 概述

如果不能采用6.2或6.4规定的措施,或这些措施不适用,则设备、防护系统和元件设计和制造应能将爆炸效应限制在安全水平。采取的措施有:

——耐爆炸设计(见6.5.2);

——泄爆(见6.5.3);

——抑爆(见6.5.4);

——预防火焰和爆炸传播(见6.5.5)。

---

2) 由于潜在化学反应的多样性,在本部分中规定所有需要的预防措施是不现实的。因此,需要寻求专家的指导。

这些措施基本上是减轻设备、防护系统和元件内部爆炸造成危险的效应。

注：对设备、防护系统和元件周围的建筑或物体防护的附加要求可能是必需的，但是，本部分不涉及这些。

警告：在所连接的设备、防护系统、元件、管道系统或长条形容器中，爆炸有可能随着火焰前锋加速传遍整个系统。内置元件或障碍物（例如，测量隔板）会增大湍流并使火焰前锋加速。根据系统的几何形状不同，这样的加速能够导致由爆燃发展到爆轰，产生高压力峰。

6.5.2 耐爆炸设计

6.5.2.1 概述

设备、防护系统和元件的制造结构应能够承受内部的爆炸而不破裂。通常分为以下两种：

——针对最高爆炸压力的设计[3)]；

——结合泄爆（6.5.3）或抑爆（6.5.4）措施针对减压的爆炸压力的设计。

设备、防护系统和元件可采用耐爆炸压力设计，也可采用耐爆炸压力冲击设计（见图 1）：

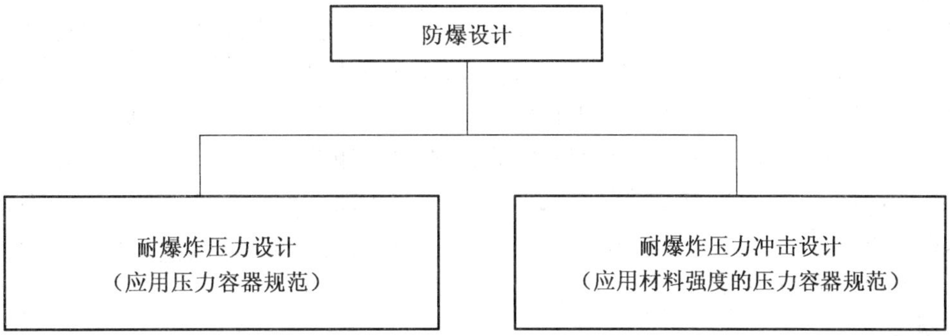

图 1 防爆设计方案

如果设备、防护系统和元件的内部被分成几个单元（例如，用管道连接的储罐），其中一个单元发生爆炸时，设备、防护系统和元件的其他部分的压力将升高。结果是，这些单元中将以较高的初始压力发生爆炸，而且，产生的压力峰值比大气条件下预期的压力高。对这样的设备布局，应采取适当措施，例如充分的耐爆炸设计或万一发生爆炸自动阻隔的结构（见 6.5.5）。

耐爆炸压力和耐爆炸压力冲击设备的要求参见 GB/T 24626。

6.5.2.2 耐爆炸压力设计

耐爆炸压力的设备、防护系统和元件应能承受预期的爆炸压力而不发生永久变形。当计算和制造这样的设备、防护系统和元件时，应符合压力容器的设计和计算的有关规程要求。预期的爆炸压力应作为压力计算的基础。

6.5.2.3 耐爆炸压力冲击设计

耐爆炸压力冲击的设备、防护系统和元件的结构应能够承受预期的爆炸压力，但可以产生永久变形。耐爆炸压力冲击的设备、防护系统和元件的设计和制造，应符合有关的规范和标准。

发生爆炸之后，应检查系统中受到影响的部件，确定设备、防护系统和元件是否仍能安全运行。这些要求应列入使用信息中（见第 7 章）。

6.5.3 泄爆

泄爆的保护原理是，排放燃烧和未燃烧的混合物以及燃烧气体，降低爆炸压力。可通过设置足以防止设备、防护系统和元件破坏的开孔实现这一要求。

例如，破裂盘、通风盖板或防爆门可作为泄压装置。安全阀不适用于此目的。

排放系统需要的泄压缓冲区范围主要取决于：

3） 如果采取适当的措施（例如，限制浓度）确保实际爆炸压力达不到最高的爆炸压力，设备可设计用于较低的实际爆炸压力。

——容器的强度；

——爆炸的烈度(通常用最大压力上升速率和最大爆炸压力表示)；

——泄压装置的动作压力；

——泄压装置的型号和重量；

——容器的容积和几何形状；

——泄压管道的尺寸(如果使用)；

——容器中初始的涡流或感生的涡流。

在任何可能的情况下，压力释放的路径均应短而直。应考虑压力释放造成的反作用力。

压力释放系统的安装应能防止泄压过程对人员造成伤害。因此压力应释放到安全区。

除非确有证据证实工作人员不会被伤害(例如，通过火焰、飞出的碎片或压力波)，否则不允许将爆炸释放到工作室。应考虑释放对环境的影响。

6.5.4 抑爆

抑爆系统是在发生爆炸时，迅速将抑爆介质注入设备、防护系统和元件中，防止爆炸达到最大爆炸压力。这意味着用这种方式保护的设备和元件能够承受减压的爆炸压力。

当采用爆炸抑制时，爆炸的影响基本上被限制在设备、防护系统和元件的内部。

抑爆系统一般由探测初始爆炸的检测系统和由检测系统触发其出口的压力式抑爆器组成。抑爆器的介质迅速注入被保护的设备、防护系统和元件内，并且尽可能均匀散布，以熄灭爆炸火焰、降低爆炸压力，从而保护设备、防护系统和元件的结构。

6.5.5 预防爆炸传播(阻隔爆炸)

6.5.5.1 概述

可以采用主动装置和被动装置来防止爆炸传播，例如通过管道、呼吸装置或通过投料和清空管道。

在火焰传播速度很高的情况下，或者如果预料会发生爆轰，则需要采取特殊措施。某些情况下，更倾向于采用阻火器、液阻塞、爆炸导向器等被动装置，或与主动系统一起使用。

以下装置可用于不同类型的爆炸性环境，例如：气体、蒸气、薄雾、粉尘和有空气的杂混混合物。应证实这些装置适用于规定用途。

6.5.5.2 用于气体、蒸气和薄雾的装置

例如，对于蒸气、气体和薄雾，使用6.5.5.2.1～6.5.5.2.5规定的阻断装置类型。

6.5.5.2.1 阻爆燃型阻火器

这些装置能防止爆炸通过火焰传播，并且能够承受爆炸压力和爆燃的温度应力(阻火器内部包括波纹金属条或烧结金属构成的元件和高速排气阀)。

6.5.5.2.2 用于火焰持续燃烧的阻火器

在阻火器元件或靠近阻火器元件处火焰燃烧稳定的情况下，这些装置能防止爆炸火焰传播。

6.5.5.2.3 阻爆轰型阻火器

这些装置能够承受爆轰的机械应力和热应力并能够防止爆轰的传播，而且能起到爆燃阻火器的作用(例如，带或不带爆轰缓冲器的波纹金属条、浸入型安全装置和液体密封装置)。

6.5.5.2.4 逆燃阻止器

这些装置，利用混合物入口的特殊形状(例如文氏管式)防止火焰逆燃，以及采用一个流速低于某最小值时能够完全阻止混合物流动的装置(例如流量控制阀)来防止火焰逆燃。这些装置用在燃烧室的流动系统上游。

6.5.5.2.5 灭火屏障

为了防止通过管道和导管传播爆炸，可以通过注入灭火剂中止爆炸。由合适的探测器触发注入灭火剂。然而，已经燃烧的混合物产生的压力波传播至屏障处并没有受到影响，应予以考虑(参见6.5.2)。灭火剂应为适用于可燃性物质的特定类型。

应考虑到被处理的物质以及被物质阻塞这些装置的可能性。

6.5.5.3 **粉尘用装置**

由于存在堵塞的危险，6.5.5.2 列出的装置中，其中一些不能用于粉尘环境。为了避免粉尘爆炸通过连接的管道和导管、输送装置等传播，以及避免火焰从设备、防护系统和元件中逸出，例如可采用 6.5.5.3.1～6.5.5.3.6 列出的装置。

6.5.5.3.1 **灭火屏障**

灭火屏障见 6.5.5.2.5。

6.5.5.3.2 **快动阀门和挡板**

为了防止火焰和压力在管道和导管中传播，可以使用瞬时闭合的阀门（活门或蝶形门）或挡板。可通过探测器触发驱动装置或由爆炸压力波本身驱动闭合。

6.5.5.3.3 **旋转阀门**

可用特殊设计的旋转阀防止火焰和压力传播。发生爆炸时，通过探测系统自动停止转子的运动，确保阻止燃烧生成物排出。

6.5.5.3.4 **爆炸导向器**

爆炸导向器是一段特殊类型的管道，它能够通过改变方向防止爆炸传播，并同时释放爆炸压力。典型的管道一般由一个导管组成，沿气流方向，管弯头被同轴引入装有泄压装置且直径较大的管道。

用爆炸导向器不可能总是可靠地防止爆炸传播。不过，可将火焰传播速度降至较低等级。

6.5.5.3.5 **双阀**

带有双阀系统的材料传输机械可以用于阻止爆炸的传播。应适当控制确保其中一个阀始终闭合。

6.5.5.3.6 **节流器（产品作为屏障）**

实际产品能够阻止爆炸的传播，例如通过使用料位控制或者拆除螺杆输送机中的一节螺杆。在这种情况下应能保证物料屏障始终存在。

6.5.5.4 **异态混合物用装置**

由于操作的原因，通常异态混合物要求 6.5.5.3 中所述类型的措施。由于有气态成分，应用受到限制。由于对这样的情况没有标准的解决方法，因此每一种情况应根据自身特征考虑。

6.6 对紧急措施的规定

爆炸的预防和/或防护可能要求特殊的紧急措施，例如：

——全部设备或部分设备紧急停产；

——部分设备紧急清料；

——中断设备部件之间物料流动；

——用合适的物质（例如氮气、水）冲浸部分设备。

在设备、防护系统和元件的设计和制造过程中，应把这些措施纳入爆炸安全方案中（见 6.1）。

6.7 爆炸预防和防护用测量和控制系统的原则

GB/T 16855.1 涉及该领域的一般原则。

6.2、6.4 和 6.5 介绍的爆炸的预防和防护措施，可以采用测量和控制系统实施或监控。这意味着可将过程控制用于爆炸预防和防护的三种基本原理：

——避免爆炸性环境；

——避免有效引燃源；

——降低爆炸效应。

应确定相关的安全参数，适用时应进行监控。采用的测量和控制系统应能产生适当的响应。

注：测量和控制系统的响应时间也是相关的安全参数。

要根据危险评定确定监测和控制系统所需的可靠性。

如果危险评定和爆炸安全方案认为，不采用测量和控制措施会出现高级别危险（例如危险的爆炸性环境连续存在、并且很可能出现有效点燃源)，那么，测量和控制系统的设计应使单一故障不能够导致爆炸安全方案失效。可以利用测量和控制系统的冗余结构或失效保护技术来实现。也可以利用单个测量和控制系统确保防止出现危险的爆炸性环境的措施，另加一个独立的测量和控制系统确保防止产生有效点燃源的措施，通过这两种系统的组合使用也能实现所要求的可靠性。

如果危险评定和爆炸安全方案认为，即使没有任何测量和控制措施，仅出现轻度危险(例如，出现危险的爆炸性环境或有效点燃源的可能性已被降低)，则单个测量和控制程序就可以了。

在所有情况下，降低危险的爆炸性环境出现的可能性和降低有效点燃源出现的可能性，应符合6.1的要求。

测量和控制系统能够(例如)启动警报器或使设备自动停机。测量和控制系统的完整性(包括失效保护技术或冗余等级以及通过它们进行的活动)要依据危险评定确定。评定应保证测量和控制系统的可靠性，在所有运行条件下均能够将危险降低到可允许的程度。

附录C说明了在正常运行情况、故障状态和罕见故障状态下限制出现有效点燃源的测量和控制系统使用的原则。

7 使用信息

7.1 通则

本章规定了使用和维护的信息，应随设备、防护系统和元件一起提供，或者作为使用说明书的一部分(例如使用手册)提供。

应符合GB/T 15706.2—2007规定的要求。特别应注意在爆炸性环境使用的特殊要求。

信息应明确说明设备和防护系统的类别和级别，包括供使用的资料。(参见GB 3836系列标准、GB 12476系列标准和GB 25286系列标准等相关标准)

7.2 设备、防护系统和元件的资料

必要时应提供下列信息资料：

a) 与爆炸防护相关的具体参数。可包括：
   1) 最高表面温度、压力等；
   2) 防止机械危险的保护措施；
   3) 点燃的预防；
   4) 预防和/或限制粉尘堆积。

b) 安全系统。可包括：
   1) 温度监控；
   2) 振动监测；
   3) 火花探测和消除系统；
   4) 惰化系统；
   5) 泄爆系统；
   6) 抑爆系统；
   7) 过程隔离系统；
   8) 由加工而非爆炸产生的过压的排放系统；
   9) 火灾探测和灭火系统；
   10) 爆炸隔断系统；
   11) 紧急停机系统；
   12) 耐爆炸结构。

c) 保证安全运行的具体要求。可包括：
   1) 合适的附件、辅助装置；

2） 与其他设备、防护系统和元件一起使用。

7.3 试运行、维护和修理时防止爆炸的资料

应特别注意提供下列信息资料：

a） 正常运行包括起动和停机的说明；

b） 系统的维护和修理，包括设备、防护系统和元件安全开启的说明；

c） 所要求的清理包括除尘和安全工作过程的清洁说明；

d） 识别故障和采取措施的说明；

e） 设备、防护系统和元件检验以及发生爆炸之后测试的说明；

f） 针对危险而要求措施的信息，如作为危险评价的一部分，应提供已被识别的爆炸性环境可能存在的信息，避免操作员或其他人员的活动成为点燃源。

7.4 资质和培训

应提供有关资质和培训需要的信息，使用户能够选择胜任的工作人员，在能出现爆炸性环境的场所进行作业。

附 录 A
（资料性附录）
爆炸性环境用工具

手持式工具的使用说明书应考虑下列内容。

必须区别两种不同类型的工具：

a) 使用时，仅能引起单次火花的工具（例如，螺丝刀、扳手、冲击螺丝刀）；

b) 切割或磨削过程中产生火花簇射的工具。

在0区和20区，不允许使用能引起火花的工具。

在1区和2区，仅允许使用符合a)项要求的钢质工具。如果能确保工作场所不存在危险的爆炸性环境，允许使用符合b)项要求的工具。

然而，如果由于出现ⅡC组爆炸物质（根据GB 3836.1—2010）（乙炔、二硫化碳、氢气）和硫化氢、环氧乙烷及一氧化碳而存在爆炸危险，在1区绝对不允许使用任何类型的钢质工具，除非在使用这些工具的过程中确保工作场所不存在危险的爆炸性环境。

在21区和22区可允许使用符合a)项的钢质工具。如果工作场所与21区和22区的其他区域隔离，且已采取下列辅助措施，允许使用符合b)项的钢质工具：

——沉积粉尘已经从工作场所清除；或者

——工作场所保持润湿，使粉尘既不可能在空气中弥散，也不能造成任何阴燃过程。

在21区和22区或在其附近区域切割或磨削时，应考虑到产生的火花能飞出很远的距离、并能导致形成可阴燃的微粒。因此，工作场所周围的其他地方也应该采取所提及的保护措施。

在1区、2区、21区和22区使用工具应有“作业批准”体系的制度。这些应列入使用信息中。

附 录 B
（资料性附录）
保护级别和分区之间的关系

从设备、防护系统和元件制造者的角度来看，分级体系如表B.1所示。

表B.1 保护级别和区域之间的关系

级别	用于爆炸性环境的设计类型	用于分区的设计	也适用于分区
Ga	气体/空气混合物 蒸气/空气混合物 薄雾/空气混合物	0	1和2
Da	粉尘/空气混合物	20	21和22
Gb	气体/空气混合物 蒸气/空气混合物 薄雾/空气混合物	1	2
Db	粉尘/空气混合物	21	22
Gc	气体/空气混合物 蒸气/空气混合物 薄雾/空气混合物	2	—
Dc	粉尘/空气混合物	22	—

从使用者的角度来看，可应用的不同级别的设备如表B.2所示。

表B.2 不同区域可应用的设备

区	适用的级别	如果设计用于
0	Ga	气体/空气混合物 蒸气/空气混合物 薄雾/空气混合物
1	Ga或Gb	气体/空气混合物 蒸气/空气混合物 薄雾/空气混合物
2	Ga或Gb或Gc	气体/空气混合物 蒸气/空气混合物 薄雾/空气混合物
20	Da	粉尘/空气混合物
21	Da或Db	粉尘/空气混合物
22	Da或Db或Dc	粉尘/空气混合物

附 录 C
（资料性附录）
利用测量和控制系统避免有效点燃的原则

利用测量和控制系统避免有效点燃的原则在表 C.1 中说明。

表 C.1 避免有效点燃源所必需的附加测量和控制系统

爆炸危及的场所	现有设备、防护系统和元件满足下列要求	必要的附加测量和控制系统
不出现	无特殊要求	无
2 区或 22 区	正常运行过程中预期不会出现点燃源	无
1 区或 21 区	正常运行过程中预期不会出现点燃源	在故障状态下用单个系统消除点燃源
	正常运行和故障状态下预期不会出现点燃源	无
0 区或 20 区	正常运行过程中预期不会出现点燃源	在故障和罕见故障状态下，用冗余系统或失效保护系统避免点燃源
	正常运行和故障状态下预期不会出现点燃源	在罕见故障系统下用单个系统避免点燃源
	正常运行、故障和罕见故障状态下预期不会出现点燃源	无

ICS 29.260.20
K 35

中华人民共和国国家标准

GB 25285.2—2010

爆炸性环境 爆炸预防和防护 第2部分:矿山爆炸预防和防护的基本原则和方法

Explosive atmospheres—Explosion prevention and protection—Part 2:Basic concepts and methodology for mining

2010-11-10 发布 2011-09-01 实施

中华人民共和国国家质量监督检验检疫总局
中国国家标准化管理委员会 发布

前　　言

本部分的全部技术内容为强制性。

GB 25285《爆炸性环境　爆炸预防和防护》包含以下两个部分：

——第1部分：基本原则和方法；

——第2部分：矿山爆炸预防和防护的基本原则和方法。

本部分是GB 25285的第2部分。

本部分是参照EN 1127-2:2002《爆炸性环境　第2部分：矿山爆炸预防和防护的基本原则和方法》(英文版)制定的。

本部分与EN 1127-2:2002技术上的主要差异有：

——为了与GB 3836.1类型表述趋于一致，本部分将原标准中的M1、M2级设备分别对应于本部分的Ma、Mb级设备；

——原标准中与标准使用国法规有关的内容，直接使用我国《煤矿安全规程》的内容，如瓦斯浓度超过1.0%必须停止工作；甲烷传感器的报警浓度、断电浓度和断电的(场所)范围、复电浓度等；

——煤矿手持式仪器仪表、煤电钻外壳用轻金属材料的应用等(6.4.4)。

本部分的附录A为资料性附录，附录B为规范性附录。

本部分由中国电器工业协会提出。

本部分由全国防爆电气设备标准化技术委员会(SAC/TC 9)归口。

本部分主要起草单位：南阳防爆电气研究所、煤炭科学研究总院抚顺分院、国家防爆电气产品质量监督检验中心等。

本部分主要起草人：付淑玲、张刚、陈在学、刘春富、侯彦东、付文俊、温永言、李长录、刘姮云。

本部分于2010年首次发布。

引　言

针对矿山爆炸性环境的特殊考虑，爆炸可能源自：

——设备、防护系统和元件加工或应用的材料，如开采过程中获得的矿物；

——设备、防护系统和元件释放的材料；

——设备、防护系统和元件相邻的材料；

——设备、防护系统和元件的制造材料。

设备、防护系统和元件的爆炸防护，取决于：

——设备、防护系统和元件的设计和制造；

——规定用途；

——环境条件；

——开采和接触到的材料，同时

本部分还涉及一些因素，如在设备、防护系统和元件的设计、制造期间，制造商应考虑它们的用途及如何使用。只有采取这种方法，设备、防护系统和元件的固有危险才能降低。

注：当评价车间的爆炸危险性和选择设备、防护系统和元件时，本部分还可作为设备、防护系统和元件使用者的指南。

矿井是瓦斯矿井还是非瓦斯矿井，决定于开采的矿物或材料以及在开采中是否出现瓦斯。通常，所有煤矿视为瓦斯矿井。然而，非煤矿井也可能出现瓦斯，像在邻近含油层开采矿物、或开采过程对未开采煤层的破坏、或矿井出现可燃气体喷出。

在开采可燃性矿物的矿井中，因为小颗粒的矿物可能被吹入空气，与其形成能迅速燃烧的粉尘空气混合物，它可能有爆炸危险。可燃性粉尘具有爆炸危险性（当形成爆炸性粉尘空气混合物时），或者沉积在井下巷道的地面和侧壁，它们会被瓦斯爆炸冲起来。在后一情况中，由于可燃性粉尘被爆炸波扬起，爆炸猛度成数倍增大，同时，加快火焰沿巷道的传播。

该爆炸性环境危险的出现及其后果，对不同的矿井是不同的，这决定于矿井类型、巷道布置、矿物开采、瓦斯和/或易燃粉尘的出现。

在煤矿，由于采矿活动，与煤天然地联在一起的瓦斯和煤尘将释放出来。由于所采取的预防措施，不可能完全排除爆炸性气体空气混合物和爆炸性粉尘空气混合物的形成，因此，潜在的爆炸危险性是较大的。

瓦斯空气混合物，通常用通风方式稀释，或经采矿巷道排到地面，所以，在正常工作中，可燃气体的量保持在远低于爆炸下限。然而，由于系统失灵（如通风机故障）、突然的大量可燃气体涌出（可燃气体突出）、或由于通风压力下降，或煤产量增大引起的可燃气体释放加大，因此，可能被超过允许的可燃气体浓度。由这种方式引起的爆炸性环境，通过限定空间和/或时间，可能不正好在事发点引起危险，但在逃逸通道、回风道以及在采矿设计中与之相连的其他采矿建筑中，可能构成危险。

煤尘空气混合物，一般通过对粉尘源的洒水、平巷掘进机上的除尘系统抑制，和/或用惰性粉尘处置，以降低潜在的爆炸性。然而，假如爆炸性粉尘可能为空气携带，如煤炭转载点、煤仓及其他运输系统，爆炸危险性还是存在的。

与地面工业不同，在瓦斯矿井中，电气和非电气设备、采矿人员一直与气体和/或粉尘空气混合物接触，在不利条件下，这些混合物可能形成爆炸性环境。因此，出现危险时防止爆炸、人员撤离，需要特别严格的安全要求。由于井下气体/粉尘爆炸可能造成毁灭性影响，井下采矿仅允许在爆炸范围之外进行。

与 GB 25285.1—2010(不包含矿井)不同,地面爆炸性环境中的术语“区”不适用于暴露在爆炸危险中的井下作业场所的分类。因为,通常在地面爆炸性环境中,这一术语代表的是一个稳定的技术装备周围特定空间,如带固定装置的化学车间,及围绕制造过程的特定界限。因此,同时涉及采矿工业和非采矿工业,对于采矿工业用Ⅰ类设备,对于非采矿工业用Ⅱ类、Ⅲ类设备。

在瓦斯矿井中,在特定工作区,决定采矿工人是否能进行作业,取决于特定时间内经常出现的环境条件。传统上采用安全系数,常用做法是,如果环境条件达到相关法规规定的甲烷(瓦斯)在空气中的爆炸下限(LEL)规定的浓度,设备要断电、或进行安全处理,矿工要从工作区撤离。国家《煤矿安全规程》对此有着全面严格规定,例如《煤矿安全规程》(2010)第一百三十六条规定:“采区回风巷、采掘工作面回风巷风流中瓦斯浓度超过 1.0%或二氧化碳浓度超过 1.5%时,必须停止工作,撤出人员,采取措施,进行处理。”关于甲烷传感器报警浓度、断电浓度、复电浓度和断电范围,《煤矿安全规程》(2010)第一百六十八条中表 3 有严格规定。

在本部分中提出了两个危险条件,即:

2 级危险条件(潜在爆炸性环境):空气中甲烷浓度在 0%~低于 LEL(爆炸下限)的范围内,或高于 UEL(爆炸上限)~100%的范围内。

1 级危险条件(爆炸性环境):空气中甲烷浓度在 LEL~UEL 的范围内。

在 1 级危险条件的采矿作业中,仅允许使用 Ma 级设备。Ma 级设备具有很高的固有安全等级,在爆炸性环境中,Ma 级设备(如电话机、可燃气体测量设备)即使在罕见的设备故障条件下也能连续工作,这是由于 Ma 级设备有两个独立的保护措施或双重安全系统确保的。

在 2 级危险条件的采矿作业中,Ma 级和 Mb 级设备都可以使用。Mb 级设备具有高的安全性,适用于采矿工作条件。在爆炸性环境中,Mb 级设备应能断电或进行安全处理。

注 1:设备断电、复电或进行安全处理及其瓦斯浓度限值等必须遵循国家《煤矿安全规程》的规定。

注 2:在特殊条件下,在爆炸性环境中,可能需要短时间内运行 Mb 级设备可能是必需的,如矿工带着点亮的 Mb 级帽灯,从高瓦斯浓度的工作区撤离时、当矿工佩戴救护器做恢复工作或启动瓦斯排放系统时。

Ma 级和 Mb 级设备仅能在制造商规定的功能特性下工作,只有这样,设备才保证相应的安全级别。

煤矿安全生产必须遵循国家《煤矿安全规程》的规定。国家《煤矿安全规程》对矿井瓦斯测定的地点、时间、方法以及对测定结果的处置等,都做了明确规定,假如瓦斯达到规定的限值,手动或自动切断设备电源。与 GB 25285.1—2010 不同,把爆炸性气体和由爆炸性粉尘引起的危险再细分这种方法,对煤矿井下场所不建议使用,因为井下采矿作业的危险可能由瓦斯和可燃性粉尘云同时引起。因此,防爆措施总是涵盖由瓦斯引起的危险和由可燃性粉尘引起的危险。

大量的研究表明,煤尘/空气混合物的最小引燃能量(MIE)是瓦斯空气混合物最小引燃能量的数百倍;煤尘颗粒的最大试验安全间隙(MESG)比瓦斯最大试验安全间隙大一倍。因此,设计制造用于瓦斯空气混合物的设备、防护系统和元件,也适用于煤尘空气混合物。

瓦斯和煤尘试验数据的比较仅相对于大气。当考虑煤尘堆积时,在该情况中,设备堆积有煤尘的表面的最高表面温度,对于Ⅰ类设备限为 150 ℃,它低于瓦斯的最低点燃温度,对此,要求采取附加预防措施。

还应关注,在煤矿和非煤矿山可能存在一些区域没有瓦斯,但却存在可燃性粉尘引起的爆炸危险。

爆炸性环境　爆炸预防和防护
第2部分：矿山爆炸预防和防护的基本原则和方法

1　范围

本部分介绍了矿井设备、防护系统和元件的设计和制造的基本原则和方法，对采矿工业的爆炸预防和防护提供了通用指南。

本部分适用于拟用在矿山井下部分和存在瓦斯和/或可燃性粉尘危险的地面装置部分的Ⅰ类设备、防护系统和元件。

注：关于特定设备、防护系统和元件的详细信息由相应的专业标准规定。防爆措施的设计和实现，需要可燃性物质（材料）和爆炸性环境的相关安全数据。

本部分规定了对可能导致爆炸的危险情况的识别和评定的方法，以及与安全要求相适应的设计和结构措施。这通过以下方面实现：

——危险识别；

——危险评定；

——消除危险或使危险降至最低程度；

——使用信息。

设备、防护系统和元件的安全，可通过消除危险和/或限定危险来实现，即采取下列方式：

a）通过设计降低危险；

b）采用安全防护装置；

c）利用使用信息；

d）采取附加预防措施。

根据GB/T 15706.2—2007第4章的要求，通过设计降低危险，不宜与本部分6.5规定的“设计”相混淆。

与a)(预防)相应的防爆措施和与b)(防护)相应的防爆措施在本部分第6章中涉及，与c)相应的防爆措施在本部分第7章中涉及。与d)相应的防爆措施在本部分中未涉及，它们在GB/T 15706.2—2007的第5章中涉及。

本部分中论述的预防和保护措施不提供所要求的安全等级，除非设备、防护系统和元件在其预期使用的范围内运行，并且按照相应的操作规程或要求进行安装和维护。

本部分适用于任何拟用于潜在爆炸性环境的设备、防护系统和元件。这些环境可能由设备、防护系统和元件处理、使用或释放的可燃性物质造成，或由设备、防护系统和元件周围的可燃性物质和/或设备、防护系统和元件的构成材料造成。

由于爆破能释放潜在爆炸性环境时，本部分也适用于爆破设备，但炸药和雷管除外。

本部分适用于各个使用阶段的设备、防护系统和元件。

本部分不适用于：

——规定用于医学环境的医用设备；

——完全是由爆炸物质或不稳定化学物质存在引起的爆炸危险场所使用的设备、防护系统和元件；

——人员个人防护装备；

——包含要求控制燃烧过程的系统的设计和制造，除非它们在潜在爆炸性环境中能相当于点燃源；

——瓦斯和/或可燃性粉尘不是必然出现的矿山、地面装置(如煤矿的选煤厂、动力厂、焦炉车间等)。在这些地方爆炸性环境可能出现,但它们不是煤矿的部分,它们在 GB 25285.1—2010 中涉及。

2 规范性引用文件

下列文件中的条款通过 GB 25285 的本部分的引用而成为本部分的条款。凡是注日期的引用文件,其随后所有的修改单(不包括勘误的内容)或修订版均不适用于本部分,然而,鼓励根据本部分达成协议的各方研究是否可使用这些文件的最新版本。凡是不注日期的引用文件,其最新版本适用于本部分。

GB/T 2900.35 电工术语 爆炸性环境用设备(GB/T 2900.35—2008,IEC 60050-426:2008,IDT)

GB 3836.1 爆炸性环境 第1部分:设备 通用要求(GB 3836.1—2010,IEC 60079-0:2007,MOD)

GB 3836.2 爆炸性环境 第2部分:由隔爆外壳"d"保护的设备(GB 3836.2—2010,IEC 60079-1:2007,MOD)

GB 3836.3 爆炸性环境 第3部分:由增安型"e"保护的设备(GB 3836.3—2010,IEC 60079-7:2006,IDT)

GB 3836.4 爆炸性环境 第4部分:由本质安全型"i"保护的设备(GB 3836.4—2010,IEC 60079-11:2006,MOD)

GB 3836.5 爆炸性气体环境用电气设备 第5部分:正压外壳型"p"(GB 3836.5—2004,IEC 60079-2:2001,IDT)

GB 3836.7 爆炸性气体环境用电气设备 第7部分:充砂型"q"(GB 3836.7—2004,IEC 60079-5:1997,IDT)

GB 3836.9 爆炸性气体环境用电气设备 第9部分:浇封型"m"(GB 3836.9—2006,IEC 60079-18:2004,IDT)

GB 7957 矿灯安全性能通用要求(GB 7957—2003,IEC 62013-1:1999,NEQ)

GB 7957.2 瓦斯环境用矿灯 第2部分:性能和其他相关安全事项(GB 7957.2—2009,IEC 62013-2:2005,MOD)

GB 12158 防止静电事故通用导则

GB/T 13813 煤矿用金属材料摩擦火花安全性试验方法和判定规则

GB/T 15706.1—2007 机械安全 基本概念与设计通则 第1部分:基本术语和方法(ISO 12100-1:2003,IDT)

GB/T 15706.2—2007 机械安全 基本概念与设计通则 第2部分:技术原则(ISO 12100-2:2003,IDT)

GB/T 16855.1 机械安全 控制系统有关安全部件 第1部分:设计通则(GB/T 16855.1—2008,ISO 13849-1:2006,IDT)

GB/T 16856.1 机械安全 风险评价 第1部分:原则(GB/T 16856.1—2008,ISO 14121-1:2007,IDT)

GB/T 20438(所有部分) 电气/电子/可编程电子安全相关系统的功能安全

GB 20800.3 爆炸性环境用往复式内燃机防爆技术通则 第3部分:存在甲烷和(或)可燃性粉尘的地下矿区巷道用Ⅰ类内燃机

GB 20936.1 可燃性气体探测用电气设备 第1部分:通用要求和试验方法(GB 20936.1—2007,IEC 61779-1:1998,MOD)

GB 20936.2　可燃性气体探测用电气设备　第2部分:显示空气中甲烷体积含量至5%的Ⅰ类探测器的性能要求(GB 20936.2—2009,IEC 61779-2:1998,MOD)

GB/T 20936.3　可燃性气体探测用电气设备　第3部分:显示空气中甲烷体积含量至100%的Ⅰ类探测器的性能要求(GB/T 20936.3—2009,IEC 61779-3:1998,MOD)

GB/T 20936.4　可燃性气体探测用电气设备　第4部分:显示气体体积含量至100%的Ⅱ类探测器的性能要求(GB 20936.4—2008,IEC 61779-5:1998,IDT)

GB 25285.1—2010　爆炸性环境　爆炸预防和防护　第1部分:基本原则和方法

GB 25286.1—2010　爆炸性环境用非电气设备　第1部分:基本方法和要求

IEC 61779-4:1998　可燃气体探测与测量用电气设备　第4部分:显示0～100%爆炸下限的Ⅱ类设备的性能要求

EN 13478　机械安全　火灾预防和防护

EN 50303　用于瓦斯和/或煤尘环境的Ⅰ类M1级设备

《煤矿安全规程》(2010年1月21日发布的国家安全生产监督管理总局令第29号(关于修改《煤矿安全规程》部分条款的决定》,2010年3月1日起施行)

3　术语和定义及缩略语

GB/T 2900.35中确立的及下列术语和定义适用于本部分。

3.1

瓦斯(沼气)　firedamp

出现在矿山中的多种气体的潜在爆炸性混合物或易燃气体。

注:当瓦斯主要由甲烷组成时,在采矿中,常将瓦斯和甲烷作同义词用。

3.2

瓦斯爆炸的预防和防护　protection against firedamp explosions

矿山地下部分、受瓦斯和/或可燃性粉尘影响的矿山地面部分的爆炸预防和防护。

3.3

可燃性物质　flammable substance

以气体、蒸气、液体、固体形态或其混合物形式出现,引燃后能与空气产生放热反应的物质。

3.4

元件　component

对设备和保护系统安全运行至关重要,但无独立功能的器件。

3.5

爆燃　deflagration

以亚音速传播的爆炸。

3.6

爆轰　detonation

以超音速传播并表现为冲击波的爆炸。

3.7

设备　equipment

单独或组合使用,用于能量的产生、传输、储存、测量、控制、转换和/或材料处理,而且由于自身的潜在引燃源能引起爆炸的机械、器械、固定式或移动式装置、控制单元、仪器及探测或预防系统。

3.8

爆炸　explosion

导致温度升高和/或压力增大的剧烈氧化反应或分解反应。

3.9

爆炸极限 explosion limits

爆炸范围的限值。

3.10

爆炸下限 lower explosion limits

LEL

爆炸范围的下限值。

3.11

爆炸上限 upper explosion limits

UEL

爆炸范围的上限值。

3.12

爆炸极限温度点 explosion point

爆炸下限温度点和爆炸上限温度点。

3.13

爆炸下限温度点 lower explosion point

可燃性液体在空气中的饱和蒸气浓度等于爆炸下限时的温度。

3.14

爆炸上限温度点 upper explosion point

可燃性液体在空气中的饱和蒸气浓度等于爆炸上限时的温度。

3.15

爆炸范围 explosion range

可燃性物质与空气混合能够引起爆炸的浓度范围。

3.16

耐爆炸 explosion-resistant

容器和设备设计能耐爆炸压力或耐爆炸压力冲击的特性。

3.17

耐爆炸压力 explosion-pressure-resistant

容器和设备设计能承受预期的爆炸压力而不发生永久变形的特性。

3.18

耐爆炸压力冲击 explosion-pressure-shock resistant

容器和设备设计能承受预期的爆炸压力而无破裂、但允许有永久变形的特性。

3.19

爆炸性环境 explosive atmosphere

在大气条件下，气体、蒸气、薄雾或粉尘状的可燃性物质与空气形成的混合物引燃后，燃烧传播至整个未燃混合物的环境。

3.20

闪点 flash point

在规定的试验条件下，液体蒸发出足够的可燃性气体或蒸气、在有效点燃源的作用下，瞬间点燃时的最低温度。

3.21

危险的爆炸性环境 hazardous explosive atmosphere

如果爆炸会造成危害的爆炸性环境。

3.22

异态混合物　hybrid mixture

不同物理状态的可燃物质与空气的混合物。

注：例如，甲烷、煤尘和空气的混合物或汽油蒸气和汽油微滴与空气的混合物均为异态混合物。

3.23

惰化　inerting

添加惰性物质防止成为爆炸性环境的方法。

3.24

规定用途　intended use

按照 GB 3836.1—2010 和 GB 25286.1—2010 规定的设备的类别和保护级别要求，并考虑制造商提供的设备、防护系统和元件安全运行所要求的全部资料来使用设备、防护系统和元件。

3.25

极限氧气浓度　limiting oxygen concentration

LOC

在规定的试验条件下确定的可燃性物质、空气与惰性气体混合物不会发生爆炸的最高氧气浓度。

3.26

机械装置　machinery

用于特定用途、由零件或元件连接组成的装备，在控制和电源电路及适当的传动机构作用下至少有一个部分运动，主要用于材料（"材料"相当于"物质"或"产品"）的加工、处理、运送或包装。

术语"机械装置"也包括为达到共同目的、要作为整体运行而安装和控制的机器组合。

3.27

故障　malfunction

设备、防护系统和元件不能完成其规定功能的情况（也可参见 GB/T 15706.1—2007 中的 5.3b））。

注：由于原因的多样性，对于本部分中涉及到的故障原因，还包括：

——功能的改变或加工材料、工件尺寸的改变；

——设备、防护系统和元件的一个（或多个）部件故障；

——外部干扰（例如：冲击、振动、电磁场）；

——设计错误或设计缺陷（例如：软件出错）；

——电源或其他操作的干扰；

——操作员控制失误（特别是手动式机器和移动式机器）。

3.28

最大试验安全间隙　maximum experimental safe gap

MESG

在规定的试验条件下，试验设备内设腔室里面各种浓度的被试气体或蒸气与空气的混合物点燃后，能够阻止火焰通过内设腔室两部分之间 25 mm 长接合面点燃外部气体混合物的接合面最大间隙。

最大试验安全间隙是相应气体混合物的特性。（参见 GB/T 2900.35）

3.29

最大爆炸压力　maximum explosion pressure

P_{max}

在规定的试验条件下，密闭容器内爆炸性环境爆炸过程中产生的最大压力。

3.30

爆炸压力最大上升速度　maximum rate of explosion pressure rise

dp/dt_{max}

在规定的试验条件下，密闭容器内可燃性物质在爆炸范围内，所有爆炸性气体爆炸过程中，单位时间内压力上升的最大值。

3.31

最小引燃能量　minimum ignition energy

MIE

在规定的试验条件下，电容器的放电足以有效引燃最易引燃爆炸性环境时，电容器内存贮的最小电能。

3.32

爆炸性环境的最低点燃温度　minimum ignition temperature of an explosive atmosphere

在规定的试验条件下，可燃气体或可燃液体蒸气的最低引燃温度，或粉尘云的最低点燃温度。

3.33

（可燃气体或可燃液体的）点燃温度　ignition temperature (of combustible gas or of combustible liquid)

在规定的试验条件下，可燃气体或蒸气与空气的混合物被点燃时，测得热表面的最低温度。

3.34

粉尘云的最低点燃温度　minimum ignition temperature of a dust cloud

在规定的试验条件下，最易点燃的粉尘、空气混合物被点燃时，测得热表面的最低温度。

3.35

粉尘层的最低点燃温度　minimum ignition temperature of a dust layer

在规定的试验条件下，粉尘层点燃时热表面的最低温度。

3.36

正常运行　normal operation

设备、防护系统和元件在其设计参数范围内实现预期功能的运行状况。

注 1：可燃性物质的少量释放可看作是正常运行。例如：靠泵输送液体时从密封口释放可看作是少量释放。

注 2：故障（如泵的密封件、法兰垫片破损或因故障造成物质泄漏）包括紧急维修或停机都不能看作是正常运行。

3.37

潜在爆炸性环境　potentially explosive atmosphere

由于区域和工作条件可能形成爆炸的环境。

3.38

防护系统　protective system

指一些设计单元，旨在立即停止刚发生的爆炸和/或限制爆炸火焰和爆炸压力的有效范围。防护系统可以装配到设备上，或作自主系统单独投放市场。

3.39

减压的爆炸压力　reduced explosion pressure

采用泄爆或抑爆方法保护的容器内爆炸性环境爆炸产生的压力。

3.40

堆积粉尘的自燃　self-ignition of dust in bulk

粉尘的氧化和/或分解产生热量的速率大于环境的散热速率引起的粉尘点燃。

4　危险识别

危险识别应符合 GB 25285.1—2010 中 4.1～4.4 的要求。

5　危险评定要素

5.1　通则

对每个单独的场所，应根据 GB/T 16856.1 进行危险评定，危险评定包括下列要素：

a) 危险识别。符合第4章要求的安全数据值,有助于识别危险,表明物质是否是可燃物质,并表明它们易于点燃;

b) 确定是否可能出现爆炸性环境以及出现的量(根据5.2);

c) 确定能够点燃爆炸性环境的点燃源的出现和点燃的可能性(根据5.3);

d) 确定爆炸的可能影响(根据5.4);

e) 评定危险;

f) 考虑把危险降至最低程度的措施(根据第6章)。

危险评定应采用综合评定方法,特别是对于复杂设备、防护系统和元件,构成独立单元的装置,尤其是以上全部的扩展装备。这种危险评定方法应考虑下列因素产生的点燃和爆炸危险:

——设备、防护系统和元件本身;

——设备、防护系统和元件与其处理物质之间的相互作用;

——在设备、防护系统和元件内部进行的具体工艺过程;

——在设备、防护系统和元件的不同部件中的各个工艺过程的相互作用;

——设备、防护系统和元件的周围环境及可能与相邻生产工艺过程的相互作用。

5.2 确定爆炸性环境出现的可能性和量

5.2.1 概述

危险爆炸性环境的出现取决于下列方面:

——存在可燃性物质;

——可燃性物质(如气体、蒸气、薄雾、粉尘)的扩散程度;

——可燃性物质与空气的浓度在爆炸范围内;

——引燃后足以造成伤害或破坏的爆炸性环境的量。

在矿山,评定危险的爆炸性环境出现的可能性,主要因素有:

——正在开采的矿物;

——开采矿物的方法;

——邻近地层中瓦斯的存在;

——人的活动对矿山巷道附近地层的影响;

——通风系统能达到的稀释程度。

另外,源自材料通过化学反应,热解和生物过程构成的爆炸性环境应该考虑。

5.2.2 可燃性物质的扩散程度

气体和蒸气的本质特性决定了它们具有很高的扩散程度并足以形成爆炸性环境。对于薄雾和粉尘,如果雾滴或颗粒尺寸小于1 mm,则可足以产生爆炸性环境。

注:在现实中出现的大量薄雾、悬浮微粒和各类粉尘,其微粒尺寸均在0.001 mm~0.1 mm之间。

5.2.3 可燃性物质的浓度

当散布在空气中的易燃物质的浓度达到最低值(爆炸下限)时,爆炸是可能的。当浓度超过最大值(爆炸上限)时,爆炸将不会发生。

爆炸极限随温度和压力不同而变化。通常,爆炸上、下限间的范围随压力和温度的升高而变宽。在可燃物与氧气混合物的情况下,其爆炸上限远高于空气混合物。

如果可燃性液体的表面温度高于爆炸下限温度点,则能够形成爆炸性环境(见6.2.2.2)。可燃性液体的悬浮微粒和薄雾在温度低于爆炸下限温度点时,也能形成爆炸性环境。

与气体和蒸气相比较,粉尘的爆炸极限有效程度不同。粉尘云通常是不均匀的。由于粉尘在大气中的沉积和扩散、散落,粉尘的浓度波动较大,当存在可燃性粉尘沉积时,通常认为表明爆炸性环境可能形成。

5.2.4 爆炸性环境的量

评定出现的爆炸性环境的量是否存在危险，决定于爆炸的可能效应(见5.4)。

5.3 确定有效引燃源的存在

5.3.1 通则

点燃源的点燃能力应与易燃物质的点燃特性相比较(见GB 25285.1—2010,4.3)。

对有效引燃源出现的可能性进行评定，应考虑维护和清洁等作业时可能产生的点燃源。

注：可以采取保护措施，使点燃源失效(见6.4)。

假如有效点燃源出现的可能性无法估计，则应假定有效点燃源始终存在。

不同的点燃源在5.3.2～5.3.14中考虑。

5.3.2 热表面

GB 25285.1—2010中5.3.2的要求适用，但应特别注意内燃机的热表面。

防止来自热表面点燃危险的保护措施见6.4.2。

5.3.3 火焰和热气体(包括热颗粒)

GB 25285.1—2010中5.3.3的要求适用。

防止火焰和热气体点燃危险的保护措施见6.4.3。

5.3.4 机械产生的火花

GB 25285.1—2010中5.3.4的要求适用。在切割矿物时能够产生火花，而且通常是引燃源。

防止机械火花点燃危险的保护措施见6.4.4。

5.3.5 电气设备

GB 25285.1—2010中5.3.5的要求适用。在爆破过程中，电火花可能由点火的发爆器和/或电缆、放炮线的扯断引起。

防止电气设备引起点燃危险的保护措施见6.4.5。

5.3.6 杂散电流

由于下列原因，可使导电系统或系统的导电部件产生杂散电流：

——电源供电系统回路电流的影响；

——电气设备故障造成的短路或对地短路；

——磁感应(例如靠近大电流装置或射频装置，见5.3.9)；

——雷电(见5.3.8)；

——地面架空线感应。

如果能够传导杂散电流的系统部件被断开、被连接或桥接，即使在电位差很小的情况下，也会由于电火花和/或电弧的作用而点燃爆炸性环境。另外，由于这些电流通路发热也能产生点燃(见5.3.2)。

防止杂散电流引燃危险的保护措施见6.4.6。

5.3.7 静电

GB 25285.1—2010中5.3.7的要求适用。

防止静电引燃危险的保护措施见6.4.7。

5.3.8 雷电

GB 25285.1—2010中5.3.8的要求适用。

防止雷电引燃危险的保护措施见6.4.8。

5.3.9 10^4 Hz～3×10^{12} Hz射频(RF)电磁波

GB 25285.1—2010中5.3.9的要求适用。

防止射频电磁波引燃危险的保护措施见6.4.9。

5.3.10 3×10^{11} Hz～3×10^{15} Hz电磁波

GB 25285.1—2010中5.3.10的要求适用。

防止电磁波引燃危险的保护措施见6.4.10。

5.3.11 电离辐射

GB 25285.1—2010中5.3.11的要求适用。

防止电离辐射引燃危险的保护措施见6.4.11。

5.3.12 超声波

GB 25285.1—2010中5.3.12的要求适用。

防止超声波引燃危险的保护措施见6.4.12。

5.3.13 绝热压缩和冲击波

GB 25285.1—2010中5.3.13的要求适用。

防止绝热压缩引燃危险的保护措施见6.4.13。

5.3.14 包括粉尘自燃的放热反应

GB 25285.1—2010中5.3.14的要求适用。在矿山，无论什么时候，对煤自燃应给予特别注意。

防止由于放热反应点燃危险的保护措施见6.4.14。

5.4 评定爆炸可能产生的效应

如果发生爆炸，应考虑下列因素可能产生的效应，例如：

——火焰；

——热辐射；

——压力波；

——飞出的碎片；

——有危险的物质释放。

上述情况与下列因素有关：

——可燃性物质的物理和化学性质；

——爆炸性环境的量和界限、封闭情况；

——周围环境的几何形状；

——外壳和支承结构的强度；

——受危险危及人员的个体防护设备；

——受危险危及物体的物理性能。

因此，只能针对每种具体的情况，对人员预期受到的损伤或对物体预期造成的破坏及受危险危及的场所的大小进行评定。

爆炸性环境危险的出现及其后果，各个矿山是不同的，这决定于矿山的类型、它的布置、矿物的开采、瓦斯和/或易燃粉尘出现的可能性。

6 消除危险或将危险降至最低程度

6.1 基本原理

爆炸发生需要爆炸性环境和有效点燃源同时存在，根据第5章描述的爆炸预期的效应，直接得出爆炸预防和爆炸防护的基本原理：

a) 预防

——避免出现爆炸性环境。主要通过改变可燃性物质的浓度使其处于爆炸范围之外，或者使氧气浓度低于极限氧气浓度值(LOC)来实现；

——避免出现任何潜在的有效点燃源，通过设备、防护系统和元件的适当设计实现；

——达到爆炸性浓度时，含引燃源的设备断电。

b) 防护

——通过结构性防护措施把爆炸效应限制到容许的程度。与上述措施不同，这种措施允许发生爆炸。

可以仅采用一种或多种上述预防或防护原理，消除危险或使危险最小化。

避免出现爆炸性环境始终应当是第一选择。

出现爆炸性环境的可能性越大，对预防有效点燃源措施要求的程度就越高，反之亦然。

为了能够选择适当的措施，对每一种独立的情况都应制定防爆安全方案。

在爆炸预防和爆炸防护措施的计划中，应考虑到正常运行情况，包括起动和停机。此外，还应考虑可能出现的技术故障以及符合GB/T 15706.1—2007的可预见误操作。采用爆炸预防和保护措施，需要全面了解实际情况，并且应具有丰富的经验。因此，强烈建议寻求专家的指导。

6.2 避免出现爆炸性环境或减少爆炸性环境的量

6.2.1 概述

基本的爆炸预防措施（置换可燃性物质、限制浓度和/或惰化）在下面的6.2.2.1～6.2.2.3中说明。

6.2.2 过程参数

6.2.2.1 置换或减少能够形成爆炸性环境的物质的量

如果可能，应用非可燃性物质或不能形成爆炸性环境的物质替换可燃性物质（如润滑机器的矿物油），如液压支架用加水乳化液代替矿物油。

应将易燃材料的量降至合理的最低量，例如，采取瓦斯抽放或粉尘控制措施。

在开采前和开采期间，瓦斯抽放能有效降低空气中的瓦斯含量。

6.2.2.2 限制浓度

如果不可避免要处理能够形成爆炸性环境的物质，或者能够形成爆炸性环境的物质不可避免要出现，可采取措施控制可燃性物质的量和/或浓度，防止或限制设备、防护系统和元件内部形成有危险的爆炸性环境量。

如果不能保证工艺过程中固有的浓度完全在爆炸范围之外，则应对上述这些措施进行监控。

所采取的监控措施，如气体探测器或流量探测器，应与报警装置、其他保护系统或自动应急功能装置相连。

当实施这些控制措施时，可燃性物质的浓度应充分低于爆炸下限或高于爆炸上限。在设备内部，如瓦斯抽放管道内，易燃物质的浓度应在爆炸范围之外。应采取措施，保证在工艺过程中起动或停机时，使浓度在爆炸范围之外。

可在粉尘释放源位置除尘（如通风或喷水），限制沉积粉尘流动（如添加吸湿材料）限制粉尘浓度。

6.2.2.3 惰化/正压

a) 设备内部

   1) 用符合GB 3836.5的正压设备系统；

   2) 添加惰性气体（如氮气、二氧化碳）能防止形成爆炸性环境（惰化）；

   3) 用惰性气体的惰化是基于降低环境中的氧气浓度，使该环境不再是爆炸性环境。最高允许氧气浓度为极限氧气浓度乘以适当安全系数得出；

   4) 对不同可燃性物质的混合物，包括异态混合物，在测定最高允许的氧气浓度时，应采用具有最低极限氧气浓度的成分，除非测量表明是其他情况。

b) 设备外部

   1) 对于危险情况，如消防和防止自燃，上述用于设备内部的技术也可以用于设备外部；

   2) 通过加入相容的惰性粉尘，也可惰化可燃性粉尘-空气混合物。

注：通常，在沉积飘浮的煤尘中及时地加足量的石灰粉。需要的量见国家相关法规规定。

6.2.3 包含易燃性物质的设备、防护系统和元件的设计和制造

6.2.3.1 通则

容装可燃性物质的设备、防护系统和元件在进行设计阶段，应努力做到将可燃物质始终封闭在密闭

的系统中，如瓦斯抽放管道、粉尘排放系统和柴油机油箱。

应尽可能使用难燃材料或阻燃材料(见 EN 13478)。

6.2.3.2 降低可燃性物质释放至最低程度

为了使设备、防护系统和元件外部由可燃性物质泄漏造成的爆炸危险降至最低程度，在设计、制造和操作时应使其不会泄漏并保持密封性。尽管如此，实践表明在某些情况下仍可能出现少量泄漏，例如某些泵的密封圈和采样处。在设备、防护系统和元件设计时应考虑这一情况。应采取措施限制泄漏速率和防止可燃性物质的扩散。必要时，应安装泄漏检测仪。

6.2.3.3 通风稀释

通风对控制可燃性气体和蒸气释放的影响至关重要。它可用于设备、防护系统和元件的内部和外部。

对于粉尘，通常只有当粉尘从起源位置排放(局部排放)并且可靠地防止可燃性粉尘危险沉积时，通风才能提供充分的防护。

6.3 危险环境条件分级

6.3.1 通则

大部分矿山可能同时存在瓦斯和可燃性粉尘的危险，因此，不建议按气体环境和粉尘环境划分危险条件。所以，爆炸预防和防护措施应同时考虑瓦斯危险和粉尘危险。

由于井下瓦斯/粉尘爆炸可能产生灾难性影响，采矿仅应在爆炸范围外进行。传统上采用安全系数，如果环境条件达到国家法规规定的爆炸下限(LEL)的规定百分数，设备要断电或进行安全处理，矿工要从工作区撤离。

注 1：通过矿山的布置和管理、通风额定值测定、瓦斯抽放、通风等措施，来保证在正常作业期间，必须满足国家《煤矿安全规程》规定的有关限值(允许的浓度等)要求。

在非正常条件下，井下通风风流中的瓦斯含量限值，可能在局部暂时被超过。以这种方式形成的潜在的爆炸性环境会因通风而移动，沿排风道使大部分矿井产生危险。

注 2：不可能产生危险爆炸性环境的井下作业区，划分为非危险区。这些区域一般包括进风竖井、围绕这些竖井的井底车场的连续通风作业区。另外，还可包括有证据证明不超过国家法规规定的瓦斯浓度的地方。但是，受井下开采的影响，也可能使这些地方产生危险。

在确定矿井危险分级时不用术语“区”，因为，该术语通常代表一个技术装备周围特定尺寸的空间。

6.3.2 危险环境条件

危险环境条件宜分为以下级别：

1 级危险条件(爆炸性环境) 有瓦斯和/或可燃性粉尘危险的矿山的地下部分，以及与之相关联的地面装置。

注 1：这还包括由于出现故障(如通风机故障)、瓦斯突然大量释放(瓦斯突出)、或瓦斯泄出增加(由于通风压力下降或煤产量增大引起)导致甲烷浓度在爆炸范围之内的那些地方。

2 级危险条件(潜在爆炸性环境) 可能有瓦斯和/或可燃性粉尘危险的矿山的地下部分，以及与之相关联的地面装置。

注 2：通风风流中或瓦斯抽放系统中瓦斯浓度在爆炸范围之外的地下作业区也包括在内。

6.4 设备、防护系统和元件避免有效点燃源的设计和制造要求

6.4.1 通则

实际上，国家法规对矿井瓦斯测定的地点、时间、方法以及对测定结果的处置，都做了明确规定，假如瓦斯达到一定的限值，手动或自动切断设备电源。与 GB 25285.1—2010 不同，把爆炸性气体和由爆炸性粉尘引起的危险再细分这种方法，对煤矿井下场所不建议使用，因为井下采矿作业的危险可能由瓦斯和可燃性粉尘云同时引起。因此，防爆措施总是涵盖由瓦斯引起的危险和由可燃性粉尘引起的危险。

矿井内瓦斯中除甲烷外，还有大量的可燃性气体，设备、防护系统和元件的设计和制造应符合Ⅰ类的要求和Ⅱ类相关气体的要求。

设备、防护系统和元件在危险条件下使用时，考虑GB 25285.1—2010中5.3说明的引燃过程，检查是否出现引燃危险。如果可能有引燃危险，应尽力消除这些地方的引燃源。如果不可能消除引燃源，应考虑下列因素采取6.4.1～6.4.14所述的保护措施。

这些措施应使引燃源变得无害，或应减少有效引燃源出现的可能性。可通过设备、防护系统和元件的设计和制造，通过操作程序，也可通过适当的测量和控制系统实现这些要求(见6.7)。

注：瓦斯浓度超过允许的限值时，也可仅用监控、避免、降低或防止爆炸危险/破坏，或报警、自救或救助受危害人员的设备、防护系统和元件，实现这些要求。

不同级别的设备，考虑了不同环境条件的要求。

下面是确定分级的依据：

Ma级

其设计以及必要时配置特殊附加保护措施，使之能够按照制造商设定的运行参数运行，并能保证具有很高的保护级别。

该级别的设备用于煤矿井下和有煤矿瓦斯气体和/或可燃性粉尘危险的地面装置上。

该级别的设备要求在爆炸性环境出现时，即使在设备出现罕见的故障情况下仍能保持其功能，其保护措施应达到：

——一个保护措施失效时，至少有第二个独立的保护措施提供必需的保护水平；或者

——当同时出现两个各自独立的故障时，仍保证规定的保护级别。

Mb级

其设计应使之能够按照制造商设定的运行参数发挥功能，并能保证具有高的保护级别。

该级别的设备用于煤矿井下和可能有煤矿瓦斯气体和/或可燃性粉尘危险的地面装置上。

该级别的设备计划在爆炸性环境出现时停机。

在正常运行和更加严酷的运行条件下，尤其是粗暴搬运和环境条件改变时，该级别设备的保护措施仍能保证规定的保护级别。

设备级别与环境条件的关系见附录A。

不同级别的设备、防护系统和元件应符合下列通用要求：

Mb级：在正常运行期间，即使在严酷的工作条件下，尤其是在不规范的操作和改变环境条件时，引燃源不应成为有效引燃源。

Ma级：除了避免Mb级规定的引燃源外，仅在罕见情况下出现的引燃源也应避免。

所有级别：如果爆炸性环境中含有几种不同类型的可燃性气体或粉尘，通常以专门研究结果为依据制定保护措施。

只有各种类型的点燃源被确定并被有效控制后，才可用避免有效点燃源作为唯一的措施。

避免不同环境条件下不同类型的点燃源的具体要求在6.4.2～6.4.14中规定。

6.4.2 热表面

确定由热表面引起的危险，见5.3.2。

如果由热表面引起的危险已被识别，根据爆炸性环境的类型(瓦斯和/或可燃性粉尘)和设备的级别，设备、防护系统和元件应符合下列要求：

Ma级：设备、防护系统和元件所有能够接触爆炸性环境的表面的温度，即使在出现罕见故障情况下，也不应超过：

——瓦斯最低引燃温度(℃)的80%，和/或

注1：通常按Ⅰ类设备最高表面温度450 ℃计算。

——相关粉尘/空气混合物最低引燃温度(℃)的2/3。

而且，当表面沉积粉尘时，其表面温度应不超过150 ℃。在设备不常出现的故障情况下，这一点也应保证。

Mb 级：在正常运行中所有能够接触爆炸性环境的设备、防护系统和元件，即使在恶劣的运行条件下，特别是不规范的操作和环境条件改变的情况下，表面的温度也不应超过：

——瓦斯最低引燃温度(℃)的80%，和/或

注2：通常按Ⅰ类设备最高表面温度450 ℃计算。

——相关粉尘/空气混合物最低引燃温度(℃)的2/3。

而且，当表面沉积粉尘时，其表面温度应不超过150 ℃。

注3：对于往复式内燃机，见GB 20800.3。

6.4.3 火焰和热气体

确定火焰和热气体引起的危险，见GB 25285.1—2010中的5.3.3。如果涉及到热固体颗粒(例如，飞溅火花)，参见6.4.4和6.5.5有关火焰传播的要求。

如果由火焰和/或热气体引起的危险已被识别，根据不同的级别，设备、防护系统和元件应该符合下列特定要求：

Mb 级：工作和其他预定目的都不允许出现明火。

除了消除明火之外，火焰形成的气体(例如，用于惰化排出的气体)或其他受热气体也不允许出现，除非采取了特殊的预防措施，例如，限制温度或消除易燃微粒。这适用于正常运行，也适用于恶劣运行条件，尤其是不规范的操作条件下和改变环境条件的情况中。

Ma 级：即使在不常出现的设备故障情况下也应符合对Mb级的要求。

6.4.4 机械产生的火花

确定机械产生的火花造成的危险见5.3.4。

由采煤机截齿在切割含石英或硫化铁的坚硬岩石时引起的摩擦火花总是不能避免的，但是，它们引燃气体/粉尘环境的危险，通过在采煤机上安装适当的喷水系统，或用特别设计的截齿来明显降低。如果确认有这种引燃危险，可在截头周围安装喷水系统，淬灭任何摩擦/撞击火花，减少空气中携带的粉尘量，新鲜空气补充到截齿，稀释开采过程中释放的气体。应对喷水系统进行监控，并与采煤机控制器联锁，确保喷水系统按设计功能和预定的喷洒方式，保证没有喷水，切割不能发生。

如果由机械火花引起的危险已被识别，根据爆炸性环境(瓦斯和/或易燃粉)的类型和不同的级别，设备、防护系统和元件应该符合下列要求：

Ma 级设备：即使在罕见的设备故障情况下，设备、防护系统和元件也不允许产生能爆炸的摩擦、撞击和研磨火花。

Mb 级设备：在正常运行期间，或恶劣工作条件下，尤其是在不规范处理和改变环境影响时，对能产生爆炸的摩擦、撞击和研磨火花的设备、防护系统和元件应有足够的保护措施，防止点燃源变成有效点燃源。

所有级别：假如满足以下条件，表面未加覆盖的设备、防护系统和元件使用轻金属才是允许的：

a) 铝、镁、钛和锆总含量不超过15%，和

b) 镁、钛和锆总含量不超过6%。

Ⅰ类手持式或支架式电钻(及其附带的插接装置)、携带式仪器仪表、灯具的外壳，可采用抗拉强度不低于120 MPa，且按GB 13813规定的摩擦火花试验方法考核合格的轻合金制成。

对用于潜在爆炸性环境的工具，轻金属应用的规定应符合附录B的要求。

注1：在多数情况下，可能通过涂敷防止轻金属与铁锈机械接触。如果涂敷非导电材料如塑料，需要防静电措施。涂敷不宜含有较高的铝成分。

注2：例如用湿润的方法处理，能降低机械产生的可引起点燃的火花出现的可能性。必须考虑到与润湿介质的可能反应(例如，水与轻金属反应产生氢气)。

注3：对工业事件的分析和调查结果已经证实，在低速旋转时(速度≤1 m/s)，不存在机械火花点燃粉尘/空气混合物的危险。

6.4.5 **电气设备**

确定电气设备引起的危险见5.3.5。

如果由电气设备引起的危险已被识别，则设备、防护系统和元件应该符合下列要求：

——GB 3836.1、GB 3836.2、GB 3836.3、GB 3836.4、GB 3836.5、GB 3836.7、GB 3836.9、GB 7957、GB 20936.1、GB 20936.2、GB 20936.3、GB 20936.4、IEC 61779-4；

——EN 50303关于Ma级的要求；

——如果考虑静电危险，GB 12158；

——如果考虑电气和电子电路和元件的可靠性，GB/T 20438。

注1：Ma级设备的国家标准制定正在进行中。可参考的标准EN 50303中规定了有关M1级（对应本部分Ma级）设备的要求。

注2：有关爆炸性环境用非电气设备的国家标准代号为：GB 25286（所有部分）。

6.4.6 **杂散电流和阴极腐蚀保护**

确定杂散电流和阴极防腐造成的危险见5.3.6。

如果由杂散电流引起和/或阴极防腐的危险已被识别，为了防止杂散电流造成电弧或温升引起爆炸，设备、防护系统和元件的所有外部导电部件，应与具有足够电流承载能力的导体等电位联结起来，和/或如果可能与地等电位联结。

6.4.7 **静电**

确定静电造成的危险，GB 25285.1—2010的5.3.7。

如果由静电引起的危险已被识别，GB 25286.1—2010中7.4和GB 3836.1的要求适用。这些信息应包含在使用信息中（见第7章）。

确定由静电引起的危险，见5.3.7。

注：对这一问题的其他信息见GB 12158。

6.4.8 **雷电**

确定由雷电造成的危险，见GB 25285.1—2010的5.3.8。

如果由雷电引起的危险已被识别，应在地面采取措施，利用浪涌分流器、隔离装置，把地下电路和地面电路隔离，防止通过互联装置如管道和/或电缆把雷电冲击传到地下从而把危险降低到可接受的水平。

6.4.9 **10^4 Hz～3×10^{12} Hz射频（RF）电磁波**

确定由射频电磁波造成的危险，见GB 25285.1—2010的5.3.9。

如果由射频电磁波引起的危险已被识别，在可能含有潜在爆炸性环境的场所内最近的发射部件和接收天线之间，各个方向都应保持一个安全距离（见GB 25285.1—2010中的5.3.9）。

注1：对于具有定向特性的发射系统，与方向有关的距离应注意。

如果不能保证适当的安全距离，应采取其他保护措施，例如限定发射器的输出功率或屏蔽。

注2：由国家电讯管理部门颁布的电磁干扰水平运行许可证，相应的无线电干扰防护标识或有关无线电干扰等级的资料，不能说明该装置或其辐射场是否产生点燃危险。

注3：通用无线通讯系统用在采矿中，当输出功率被限制到不会出现电弧放电，射频一般不产生危险。

注4：有关Ma级HF发射器的其他指南，见EN 50303。该标准规定了HF发射器防止引燃的最大输出功率为6 W。

用于潜在爆炸性环境的高频设备和高频系统，还应符合6.4.5的要求。

6.4.10 **3×10^{11} Hz～3×10^{15} Hz电磁波**

确定由频谱范围电磁波造成的危险（光辐射），见GB 25285.1—2010的5.3.10。

应注意，产生辐射能的设备、防护系统和元件（例如灯管、电弧、激光等），本身也能是6.4.2和6.4.5定义的点燃源。

如果由3×10^{11} Hz～3×10^{15} Hz电磁波引起的危险已被识别，根据不同级别，设备、防护系统和元件应该符合下列要求：

所有级别：共(谐)振吸收能引起点燃的设备(见 GB 25285.1—2010 的 5.3.10)，不允许使用。

Mb 级：产生辐射能的电气设备，如果符合下列要求，允许使用：

a) 辐射脉冲的能量，或连续辐射的能量通量(功率)被限制到不能引燃爆炸性环境，或者

b) 辐射能被安全地屏蔽，确保

  1) 从外壳泄漏到危险区域、能引燃爆炸性环境的辐射能被安全地防止，外壳外部的热表面不会由于辐射引燃爆炸性环境。并且，

  2) 爆炸性环境不能进入外壳内部，或者外壳内部的爆炸不会传播到潜在的爆炸性环境。

在正常运行和在较恶劣的运行条件下，这一点应得到保证。

Ma 级：除了 Mb 级的条件外，设备的设计和制造，还应使设备在罕见的设备故障条件下(见 EN 50303 关于对光学激光发射设备允许的功率级别和磁通密度)，引燃源也不会成为有效引燃源。

6.4.11 电离辐射

确定电离辐射造成的危险，见 GB 25285.1—2010 的 5.3.11。

如果由电离辐射引起的危险已被识别，辐射源所需的电系统应符合 6.4.5 的要求。

只有辐射脉冲的能量，或连续辐射的能通量(功率)被限制到不能引燃爆炸性环境的低值，才允许使用产生电离辐射的设备。

6.4.12 超声波

确定超声波造成的危险，见 GB 25285.1—2010 的 5.3.12。

如果由超声波引起的危险已被识别，超声波的频率不允许大于 10 MHz，除非表明没有分子共振吸收，证实在相关情况下不存在点燃危险。

只有确保工作过程的安全性，才可允许有超声波。产生声波场的功率密度应不超过 1 mW/mm^2，除非证实在相关情况下不可能引起点燃。

6.4.13 绝热压缩和冲击波

确定绝热压缩和冲击波造成的危险，见 GB 25285.1—2010 的 5.3.13。

如果由绝热压缩和/或冲击波引起的危险已被识别，根据不同的级别，设备、防护系统和元件应该符合下列要求：

Ma 级：能引起压缩或冲击波、造成点燃的操作过程应予避免。即使在罕见的故障情况下也应确保这一点。按照惯例，例如，存在高压力比的系统，如果系统部件之间的阀能慢慢打开，则能够消除有危险的压力和冲击波。

Mb 级：在正常工作中，能点燃爆炸性环境的绝热压缩和冲击波应当避免。

注：如果使用含有高氧化气体的设备、防护系统和元件，宜采取特殊措施，防止点燃结构材料和辅助材料。

6.4.14 放热反应，包括各种粉尘的自燃

确认放热反应造成的危险，见 5.3.14。

如果由放热反应引起的危险已被识别，要尽可能避免有自燃倾向的物质。如果要处理这样的物质，应对每一具体情况采取必需的保护措施。

如果矿物和地下采出的物质存在自燃危险，应采取足够的预防措施(如排除这种物质、控制化学反应、隔绝独立通风或封闭、通过采空区的空气泄漏最小化)。

6.5 设备、防护系统和元件降低爆炸效应的设计和制造要求

6.5.1 通则

如果 6.2 或 6.4 规定的措施不能实施或不适当，则设备、防护系统和元件设计和制造应采取下列措施，将爆炸效应限制在安全水平：

——耐爆炸设计(见 6.5.2)；

——泄爆(见 6.5.3)；

——抑爆(见 6.5.4);

——预防火焰和爆炸传播(见 6.5.5)。

6.5.2～6.5.5 规定的这些措施基本上是减轻设备、防护系统和元件内部的爆炸造成的危险效应。

注：对设备、防护系统和元件周围的建筑或物体防护的附加要求可能是必需的,但是,本部分不涉及这些。

警告:在所连接的设备、保护系统、元件、管道系统或长条形容器中,爆炸有可能随着火焰前锋的加速传遍整个系统。内置元件或障碍物(例如,测量隔板)会增大湍流并使火焰前锋加速。根据系统的几何形状不同,这样的加速能够导致由爆燃发展到爆轰,产生高压力峰。

在井下采矿(包括相应的地面区域),不应仅考虑设备、防护系统和元件内部。这些设施和井下工作区周围的任何危险爆炸性环境之间的相互作用总是应予以考虑。

在 6.5.2～6.5.5 规定的许多措施能够完全适用于矿山的地面装置,但是,这些措施仅适用于井下限定的范围或采矿有关的特定设计中。因此,井下采矿的爆炸预防和防护,主要应避免引燃源。

6.5.2 耐爆炸设计

如果设备、防护系统和元件是按耐爆炸原理设计的,应符合 GB 25285.1—2010 中 6.5.2 的要求。

6.5.3 泄爆

如果设备、防护系统和元件应用泄爆炸原理设计,应符合 GB 25285.1—2010 中 6.5.3 的要求。

6.5.4 抑爆

如果设备、防护系统和元件应用抑爆原理设计,应符合 GB 25285.1—2010 中 6.5.4 的要求。

6.5.5 避免爆炸传播(阻隔爆炸)

如果设备、防护系统和元件是应用消除爆炸效应的原则设计的,它们应符合 GB 25285.1—2010 中 6.5.5 的要求。

6.5.6 井下专用设备

6.5.6.1 抑爆系统

抑爆系统(如自动消除爆炸装置)应由具有触发单元的自动火焰探测系统和具有灭火剂容器及灭火喷嘴的灭火单元组成。灭火剂容器的介质应迅速注入初始爆炸区并尽可能均匀散开。

6.5.6.2 防爆屏障

应设计防爆屏障防止爆炸峰传播到另一个平巷或另一个地下巷道/工作区,并且,在相关的地下巷道/工作区的全部断面都有效。

6.5.6.3 防爆通风结构

防爆通风结构,包括所有风门和连接通道的其他关闭装置,应能承受爆炸的压力冲击,且不损坏其功能。通风结构应确保爆炸后,人员的逃出和救护仍然是可能的,并且,爆炸的作用至少被降低。

6.6 应急措施提供

爆炸的预防和/或防护要求专门的紧急措施,例如:

——车间或车间的一部分紧急停产;

——车间的一部分紧急撤空;

——车间各部分间的物流中止;

——车间相关部分用适当的物质(如水、氮气)冲浸。

在设备、防护系统和元件的设计和制造过程中,应把这些措施溶入到爆炸安全方案中(见 6.1)。

6.7 爆炸预防和防护用测量和控制系统的原则

关键的安全控制装置的可靠性和完整性水平的通用原则,在 GB/T 16855.1(非电气)和 GB/T 20438 系列标准(电气/电子方案)规定。

6.2、6.4 和 6.5 介绍的爆炸的预防和防护措施,可以采用测量和控制系统实施或监控。这样过程控制能用于下列三种安全原理:

——避免爆炸性环境;

——避免有效引燃源；

——降低爆炸效应。

应确定相关的安全参数并进行监控。采用的测量和控制系统应产生适当的响应。

注：测量和控制系统的响应时间也是相关的安全参数。

要根据危险评定确定监测和控制系统所需的可靠性。

如果危险评定和爆炸安全方案认为，不采用测量和控制措施会出现高级别危险（例如危险的爆炸性环境连续存在、并且很可能出现有效点燃源），那么，测量和控制系统应被设计成，使一个单独故障不会导致安全原理失效。这可能用对测量和控制系统的冗余结构或失效保护技术来实现。也可以利用单个测量和控制系统确保防止出现危险的爆炸性环境的措施，另加一个独立的测量和控制系统确保防止产生有效点燃源的措施，通过这两种系统的组合使用也能实现所要求的可靠性。

如果危险评定和爆炸安全方案认为，即使没有任何测量和控制措施，仅出现轻度危险（例如，出现危险的爆炸性环境或有效点燃源的可能性已被降低），则单个测量和控制程序就可以了。

在所有情况下，降低危险的爆炸性环境出现的可能性和降低有效点燃源出现的可能性，应满足与6.1的要求。

测量和控制系统的完整性，例如，失效保护技术或备用等级（可靠性技术或冗余程度），以及根据危险评定采取的措施，应确保在所有运行条件下，可靠性及所采取的措施均能够将危险降低到允许的程度。

7 使用信息

7.1 通则

本章规定了使用和维护的信息，应随设备、防护系统和元件一起提供，或者作为使用说明书的一部分（例如使用手册）提供。

应符合 GB/T 15706.2—2007 规定的要求。特别应注意在爆炸性环境使用的特殊要求。

信息应明确说明设备和保护系统的类别和级别，包括供使用的资料。

适用时，参考标准应包括：

——如 6.4.5 中给出的电气标准；

——非电气防爆的标准，GB 25286；

——GB/T 16855.1（考虑非电气安全系统和元件的可靠性时）。

7.2 设备、防护系统和元件的资料

必要时应提供下列信息资料：

a) 与爆炸防护相关的具体参数。可包括：
   1) 最高表面温度、压力等；
   2) 防止机械危险的保护措施；
   3) 点燃的预防；
   4) 预防和/或限制粉尘堆积。
b) 安全系统，可包括：
   1) 温度监控；
   2) 振动监测；
   3) 火花探测和消除系统；
   4) 惰化系统；
   5) 泄爆系统；
   6) 抑爆系统；
   7) 过程隔离系统；

8） 由加工而非爆炸产生的过压的排放系统；
9） 火灾探测和消防系统；
10） 爆炸隔断系统；
11） 紧急停机系统；
12） 耐爆炸结构。

c） 保证安全运行的具体要求。可包括：
1） 合适的附件、辅助装置；
2） 与其他设备、防护系统和元件一起使用。

7.3 试运行、维护和修理时防止爆炸的资料

应特别注意提供下列信息资料：

a） 正常运行包括起动和停机的说明；
b） 系统地维护和修理，包括设备、防护系统和元件安全开启的说明；
c） 所要求的清理包括除尘和安全工作过程的清洁说明；
d） 识别故障和采取措施的说明；
e） 设备、防护系统和元件检验以及发生爆炸之后测试的说明；
f） 针对危险而要求措施的信息，如作为危险评价的一部分，应提供已被识别的爆炸性环境可能存在的信息，避免操作员或其他人员的活动成为点燃源。

7.4 资质和培训

制造商应提供需要的技能和培训的信息，使操作者（矿主）可能挑选取得资质和有经验的工作人员，胜任与潜在爆炸性环境的设备、防护系统和元件有关的特殊工作。

附 录 A
（资料性附录）
分级和危险环境条件之间的关系

设备、防护系统和元件的保护级别分级及其使用环境条件之间的关系见表 A.1。

表 A.1 分级和危险环境条件之间的关系

保护级别		设计规定使用的环境条件	同时适用的环境条件
Ma	瓦斯和/或可燃性粉尘	1 级危险条件(爆炸性环境)	2 级危险条件(潜在爆炸性环境)
Mb	瓦斯和/或可燃性粉尘	2 级危险条件(潜在爆炸性环境)	—

附 录 B
（规范性附录）
潜在爆炸性环境用工具

手持式工具的使用说明书应区别下列两种类型的工具：

a） 使用时，仅能引起单次火花的工具（例如，螺丝刀、扳手、冲击螺丝刀）；

b） 切割或磨削过程中产生火花簇射的工具。

在1级危险条件（爆炸性环境）下，不应使用能引起火花的工具。

在2级危险条件（潜在爆炸性环境）下，仅允许使用符合a）项要求的钢制工具。

可以使用符合b）项要求工具的前提条件是，应确保：

——工作场所不会出现有危险的爆炸性环境，和

——沉积粉尘从工作场所清除，或

——工作场所保持潮湿，粉尘不会弥散在空气中，不会形成焖燃点。

切割或磨削时，由于产生的火花能飞出很远的距离、并能导致形成焖燃的微粒，环绕工作区的其他区域也应包括在采取保护措施的范围内。

ICS 29.260.20
K 35

中华人民共和国国家标准

GB 25286.1—2010

爆炸性环境用非电气设备 第1部分:基本方法和要求

Non-electrical equipment for explosive atmospheres—
Part 1:Basic method and requirements

2010-11-10 发布　　2011-09-01 实施

中华人民共和国国家质量监督检验检疫总局
中国国家标准化管理委员会　发布

前　言

本部分的全部技术内容为强制性。

GB 25286《爆炸性环境用非电气设备》包含以下部分：

——第1部分：基本方法和要求；

——第2部分：限流外壳型“fr”；

——第3部分：隔爆外壳型“d”；

——第4部分：固有安全型“g”（正在考虑中）；

——第5部分：结构安全型“c”；

——第6部分：控制点燃源型“b”；

——第7部分：正压型“p”（正在考虑中）；

——第8部分：液浸型“k”。

本部分是GB 25286《爆炸性环境用非电气设备》第1部分，在技术内容上修改采用EN 13463-1：2001《潜在爆炸性环境用非电气设备　第1部分：基本方法和要求》（英文版）制定。

本部分与EN 13463-1：2001的主要区别是：为了与GB 3836.1类型表述趋于一致，本部分将EN 13463-1：2001中的M1、M2级设备分别对应于本部分的Ma、Mb级设备；将EN 13463-1：2001中Ⅱ类G级1、2、3级设备分别对应于本部分Ⅱ类Ga、Gb、Gc级设备；将EN 13463-1：2001中Ⅱ类D级1、2、3级设备分别对应于本部分Ⅲ类Da、Db、Dc级设备；标志也做了相应的改变；另外，增加了规范性附录E取得防爆合格证的检验程序，删除了EN 13463-1：2001中与本部分无关的资料性附录ZA。

本部分的附录A、附录C、附录D和附录E为规范性附录，附录B为资料性附录。

本部分由中国电器工业协会提出。

本部分由全国防爆电气设备标准化技术委员会归口。

本部分主要起草单位：南阳防爆电气研究所、国家防爆电气产品质量监督检验中心、郑州永邦电气有限公司、上海工业自动化仪表研究所、常州电站辅机总厂有限公司、浙江杭叉工程机械股份有限公司。

本部分主要起草人：张刚、王军、刘姮云、张庆强、张显力、徐建平、姜迎新、黄晓平。

本部分于2010年首次发布。

爆炸性环境用非电气设备 第1部分:基本方法和要求

1 范围

本部分规定了用于气体、蒸气、薄雾与空气,以及粉尘与空气形成的潜在爆炸性环境中非电气设备设计、结构、试验和标志的基本方法和要求。

本部分适用于大气压力为0.08 MPa~0.11 MPa,环境温度为-20 ℃~+60 ℃的环境。这样的环境条件也可能出现在设备内部。这是由于设备内部工作压力和/或温度的波动会形成自然呼吸,使外部大气吸入设备内部。

不属于上述使用环境的设备,其设计、结构、试验和标志,也可参照本部分。但在此情况下,设备的点燃危险评定、提供的点燃保护、附加试验(如需要)、制造商技术文件和使用说明书应清楚地证实和说明设备与可能遇到的这些条件相适应。

注1:本部分不包括超出其有效使用范围,如富氧环境的设备的附加标志。

本部分规定了爆炸性环境用Ⅰ类、Ⅱ类和Ⅲ类所有级别设备的设计和结构。

本部分可由以下专用防燃类型标准加以补充。

注2:这些标准是:

爆炸性环境用非电气设备　第2部分:限流外壳型(fr);

爆炸性环境用非电气设备　第3部分:隔爆外壳型(d);

爆炸性环境用非电气设备　第5部分:结构安全型(c);

爆炸性环境用非电气设备　第6部分:控制点燃源型(b);

爆炸性环境用非电气设备　第7部分:正压型(p);

爆炸性环境用非电气设备　第8部分:液浸型(k);

用于瓦斯和/或煤尘环境的Ⅰ类Ma级设备(正在制定中)。

注3:如果不能避免所有有效点燃源,对Ⅱ类设备来说也可通过GB 25285.1中规定的惰性化、抑制、通风或封闭措施,对Ⅰ类设备来说通过GB 25285.2中规定的稀释、泄放、监控和停机等措施来防止爆炸。这些防止爆炸的措施不在本部分范围之内。

注4:本部分规定了由设备对爆炸性环境造成点燃危险的控制方法。对正常工作中外壳内部产生粉尘云的某些类型的粉尘处理设备,这些方法不能满足要求。对这种情况,应采用GB 25285.1—2010中6.5规定的一个或多个保护系统。煤矿系统采取的限制点燃作用的措施见GB 25285.2—2010中6.5的规定。用这种方法保护的设备不属本部分范畴。

2 规范性引用文件

下列文件中的条款通过GB 25286的本部分的引用而成为本部分的条款。凡是注日期的引用文件,其随后所有的修改单(不包括勘误的内容)或修订版均不适用于本部分,然而,鼓励根据本部分达成协议的各方研究是否可使用这些文件的最新版本。凡是不注日期的引用文件,其最新版本适用于本部分。

GB 3836.1—2010　爆炸性环境　第1部分:设备　通用要求(IEC 60079-0:2007,MOD)

GB 3836.2—2010　爆炸性环境　第2部分:由隔爆外壳"d"保护的设备(IEC 60079-1:2007,MOD)

GB 3836.12—2008　爆炸性环境　第12部分:气体或蒸气混合物按照其最大试验安全间隙和最小点燃电流的分级(IEC 60079-12:1978,IDT)

GB 12476.2—2010 可燃性粉尘环境用电气设备 第2部分:选型和安装(IEC 61241-14:2004,IDT)

GB 25285.1—2010 爆炸性环境 爆炸预防和防护 第1部分:基本原则和方法

GB 25285.2—2010 爆炸性环境 爆炸预防和防护 第2部分:矿山爆炸预防和防护的基本原则和方法

GB/T 1690—2006 硫化橡胶或热塑性橡胶耐液体试验方法(MOD ISO 1817:2005)

GB/T 15706.1 机械安全 基本概念与设计通则 第1部分:基本术语和方法(ISO 12100-1:2003,IDT)

GB/T 20138—2006 电器设备外壳对外界机械碰撞的防护等级(IK代码)

EN 50303 用于瓦斯和/或煤尘环境的Ⅰ类M1级设备

《煤矿安全规程》(2010年1月21日发布的国家安全生产监督管理总局令第29号《关于修改〈煤矿安全规程〉部分条款的决定》,2010年3月1日起执行)

3 术语和定义

下列术语和定义适用于本部分。

3.1

设备 equipment

单独或组合使用,用于能量的产生、传输、储存、测量、控制、转换和/或材料加工,而且由于自身的潜在点燃源能引起爆炸的机械、器械、固定式或移动式装置、控制单元、仪器及探测或预防系统。

注:如果提供给用户的设备为一个整体,含有内部连接件,如紧固件、管件等,这些部件被视为设备的一部分。

3.2

设备级别 equipment category

3.2.1

Ⅰ类Ma级设备 equipment group Ⅰ,category Ma

其设计以及必要时配置特殊附加保护措施,使之能够按照制造商设定的运行参数运行,并能保证具有很高的保护级别。

该级别的设备用于煤矿井下和有煤矿瓦斯气体和/或可燃性粉尘危险的地面装置上。

该级别的设备要求在爆炸性环境出现时,即使在设备出现罕见故障情况下仍能保持其功能,其保护措施应达到:

——一个保护措施失效时,至少有第二个独立的保护措施提供必需的保护级别;或者

——同时出现两个各自独立的故障时,仍能保证规定的保护级别。

注:Ⅰ类设备应遵循国家《煤矿安全规程》要求。

3.2.2

Ⅰ类Mb级设备 equipment group Ⅰ,category Mb

其设计应使之能够按照制造商设定的运行参数发挥功能,并能保证具有高的保护级别。

该级别的设备用于煤矿井下和可能有煤矿瓦斯气体和/或可燃性粉尘危险的地面装置上。

该级别的设备在爆炸性环境出现时停机。

在正常运行和更加严酷的运行条件下,尤其是粗暴搬运和环境条件改变时,该级别设备的保护措施仍能保证规定的保护级别。

注:Ⅰ类设备应遵循国家《煤矿安全规程》要求。

3.2.3

Ⅱ类Ga级设备 equipment group Ⅱ,category Ga

其设计应使之能按照制造商设定的运行参数发挥功能,并能保证具有很高的保护级别。

该级别的设备用于爆炸气体、蒸气、薄雾与空气形成的混合物连续出现、长期存在或频繁出现的爆炸性环境。

该级别的设备应保证规定水平的保护级别，即使是在设备出现罕见故障的情况下仍能保证所要求的保护级别，其保护措施应达到：

——一个保护措施失效时，至少有第二个独立的保护措施提供必要的保护级别；或者

——当同时出现两个各自独立的故障时，应保证规定的保护级别。

3.2.4

Ⅱ类 Gb 级设备　equipment group Ⅱ，category Gb

其设计应使之能按照制造商设定的运行参数发挥功能，并保证具有高的保护级别。

该级别的设备用于可能出现气体、蒸气、薄雾与空气形成的混合物的爆炸性环境。

该级别的设备，即使在通常必需考虑的频繁出现的干扰或设备故障情况下，也应保证规定的保护级别。

3.2.5

Ⅱ类 Gc 级设备　equipment group Ⅱ，category Gc

其设计应使之能按照制造商设定的运行参数发挥功能，并保证具有一般的保护级别。

该级别的设备用于不可能出现，即使出现也是偶尔出现或短时间存在的蒸气、薄雾与空气形成的混合物的爆炸性环境。

该级别的设备应保证在正常运行时必要的保护级别。

3.2.6

Ⅲ类 Da 级设备　equipment group Ⅲ，category Da

其设计应使之能按照制造商设定的运行参数发挥功能，并保证具有很高的保护级别。

该级别的设备用于可燃性粉尘与空气形成的混合物连续出现、长期存在或频繁出现的爆炸性环境。

该级别的设备应保证规定水平的保护级别，即使是在设备出现罕见故障的情况下仍能保证保护级别不变，其保护措施应达到：

——一个保护措施失效时，至少有第二个独立的保护措施提供必要的保护级别；或者

——当同时出现两个各自独立的故障时，应保证规定的保护级别。

3.2.7

Ⅲ类 Db 级设备　equipment group Ⅲ，category Db

其设计应使之能按照制造商设定的运行参数发挥功能，并能保证高的保护级别。该级别的设备用于可能出现可燃性粉尘与空气形成的混合物的爆炸性环境。

该级别的设备，即使在通常必需考虑的频繁出现的干扰或设备故障情况下，也应保证规定的保护级别。

3.2.8

Ⅲ类 Dc 级设备　equipment group Ⅲ，category Dc

其设计应使之能够按照制造商设定的运行参数发挥功能，并能保证一般的保护级别。

该级别的设备用于不可能出现，即使出现也是偶尔出现或短时间存在的可燃性粉尘与空气形成的混合物的爆炸性环境。

该级别的设备保证在正常运行时必要的保护级别。

3.3

正常运行　normal operation

设备、防护系统和元件在其设计参数范围内的运行状况。

可燃性物质的少量释放可看作是正常运行。例如：靠泵输送液体时从密封口释放可看作是少量释放。

需要维修或停机的故障(例如:泵的密封件、法兰的密封垫的损坏或因故障造成物质泄漏),不能看作是正常运行。

3.4

故障 malfunction

设备、防护系统和元件不能执行其预定功能的情况。

注:本部分中故障发生的原因很多,包括:

——功能的改变或加工材料、工件尺寸的改变;

——设备、防护系统和元件的一个(或多个)部件故障;

——外部干扰(例如:冲击、振动、电磁场);

——设计错误或有缺陷(例如:软件出错);

——电源或其他操作的干扰;

——操作员控制失误(特别是手动机械)。

3.4.1

预期故障 expected malfunction

在正常运行中出现的设备损坏或失效。

3.4.2

罕见故障 rare malfunction

故障的一种类型。已知要发生,但仅在罕见情况下出现。两个独立的可预见故障,单独出现时不产生点燃危险,但共同出现时产生点燃危险,它们被看作单个罕见故障。

3.5

最高表面温度 maximum surface temperature

在最不利运行条件下(但在认可的误差范围内),设备、防护系统或元件的任何部分或表面产生的最高温度,测定方法见13.3.3。

注1:相应的表面温度可以是内表面温度,也可以是外表面温度,视不同的防燃类型而定。

注2:为避免发生点燃,最高表面温度应低于爆炸性混合物的点燃温度。

注3:有关粉尘层及其点燃见GB 12476.2。

3.6

防燃型式 type of ignition protection

本部分范围中列出的保护型式。

3.7

非电气设备 non-electrical equipment

不使用电能可达到其预定功能的设备。

3.8

点燃源 potential ignition source

可能出现在设备上的任何潜在点燃源。

3.9

有效点燃源 effective ignition source

能点燃爆炸性环境的点燃源。

4 设备类别和保护级别

4.1 设备类别和保护级别

爆炸性环境用设备分为:

——Ⅰ类,煤矿甲烷气体环境用,该类设备按其提供的安全等级不同又分为两个保护级别:

Ma级;

Mb 级。

——Ⅱ类，除煤矿外的其他爆炸性气体、蒸气和薄雾环境用，该类设备按其提供的安全等级不同又分为三个保护级别：

Ga 级；

Gb 级；

Gc 级。

——Ⅲ类，除煤矿甲烷以外的爆炸性粉尘环境用，该类设备按其提供的安全等级不同又分为三个保护级别：

Da 级；

Db 级；

Dc 级。

煤矿用设备，环境中除甲烷气体之外，可能还含有数量可观的其他可燃性气体和/或可燃性粉尘（即：甲烷和煤尘之外的其他可燃性气体和/或可燃性粉尘），其结构和试验应按照Ⅰ类设备的相关要求和与可燃性气体相对应的Ⅱ类设备的要求。这类设备应有适当的标志。

注：用甲烷-空气混合物试验的Ⅰ类设备不需要任何附加试验来验证其适合于爆炸性煤尘环境。

本部分可与第1章中列出的标准中规定的一个或多个防燃型式一起使用，根据5.2对点燃危险进行的评定，来配置所需的保护措施。

4.2 设备类别细分

4.2.1 对一些具体的防燃型式，用于爆炸性气体环境的Ⅱ类设备按其使用场所的爆炸性环境特性可再分为ⅡA、ⅡB和ⅡC三类。

注1：这种分级的依据，对于隔爆型外壳，依据是最大试验安全间隙，对于本质安全型，依据是最小点燃电流（见GB 3836.12）。

注2：标志ⅡB级的设备可用于ⅡA级设备的环境，同样，标志ⅡC级的设备可用于ⅡB或ⅡA级设备的环境。

4.2.2 对一些具体的防燃型式，用于可燃性粉尘环境的Ⅲ类电气设备按照其使用的可燃性粉尘环境的特性可进一步再分为ⅢA（可燃性飞絮）、ⅢB（非导电粉尘）和ⅢC（导电粉尘）三类。

注：标志ⅢB的设备可适用于ⅢA设备的使用条件，标志ⅢC类的设备可用于ⅢB或ⅢA类设备的使用条件。

4.3 特定爆炸性环境

可对设备进行用于某一特定爆炸性环境的试验，对这种情况，设备应有相应的标志。

5 点燃危险评定方法

5.1 通用要求

用于潜在爆炸性环境的设备应符合本部分的要求，如果适用，还要符合GB 25286具体防燃型式标准对本部分的补充。

设备的所有使用条件（例如：粗暴搬运、潮湿影响、环境温度和压力变化、化学试剂影响、腐蚀、振动）应由制造商规定，并在要求的使用说明书中注明（见第15章）。

如果设备的设计和制造具备优良的工艺，点燃危险评定能保证设备在正常运行中不出现任何有效点燃源，设备可划为Gc或Dc级。

同样，点燃危险评定能保证设备在预期故障或罕见故障时不出现任何有效点燃源，设备可分别划为Gb/Db级或Ga/Da级。

应按附录A确定设备保护级别。

5.2 点燃危险评定方法

5.2.1 正式分析

应对所有设备及其部件进行危险分析，形成正式的危险分析报告，评定应确定设备内会出现哪些可能的点燃源，哪些是与设备有关的点燃源，这些点燃源是否可能是潜在点燃源。评定也应列出防止潜在点燃源成为有效点燃源所采取的措施。GB 25285.1 或 GB 25285.2 相应涉及的所有点燃源都要考虑，这些点燃源的实例包括：热表面、明火、灼热气体/液体、机械火花、绝热压缩、振动波、化学反应放热、铝热反应、粉尘自燃、电弧和静电放电。

保护措施/保护类型应按下列顺序进行考虑和/或应用：

——保证不能形成点燃源；

——保证点燃源不能成为有效点燃源；

——阻止爆炸性环境接触点燃源；

——承受爆炸并阻止火焰传播。

5.2.2 Ⅰ类设备的评定

5.2.2.1 Ⅰ类 Ma 级设备

在对Ⅰ类 Ma 级设备进行评定时，应列出所有的潜在点燃源，无论是有效点燃源还是可能成为有效点燃源的点燃源，同时要考虑需要采取很高的保护水平和无论是施加两个故障还是由两个单独保护方法来保护 Ma 级设备均要求安全的这一事实。评定应指出采取的措施，是采用了能阻止两个故障条件的防燃型式，还是采用了符合本部分及本部分范围中所列防燃标准要求的两个单独防燃措施。

5.2.2.2 Ⅰ类 Mb 级设备

在对Ⅰ类 Mb 级设备进行评定时，应列出正常工作和预期故障情况下出现的有效或可能有效的所有的潜在点燃源，同时由于设备设计在出现爆炸性环境时停机而形成的不可忽略的有效点燃源也应列出。评定应指出采用的符合本部分和本部分范围中列出的防燃型式标准要求的防燃措施，在出现爆炸性环境、探测出爆炸性环境到设备停机这段时间内，采取的这些措施最终使这些点燃源无效。

5.2.3 Ⅱ类/Ⅲ类设备的评定

5.2.3.1 Ga/Da 级设备的评定

在对 Ga/Da 级设备评定时，应列出在预期故障和罕见故障时出现的所有有效点燃源或可能成为有效点燃源的点燃源，还应指出已采用的符合本部分和本部分范围中所列防燃型式标准要求的防燃措施。Ga/Da 级设备在正常运行时应不出现有效点燃源或可能成为有效点燃源的点燃源。

5.2.3.2 Gb/Db 级设备的评定

在对 Gb/Db 级设备评定时，应列出在预期故障和正常工作时出现的所有有效点燃源或可能为有效点燃源的点燃源，还应指出符合本部分和本部分范围中所列防燃型式标准要求的防燃措施。

5.2.3.3 Gc/Dc 级设备的评定

在对 Gc/Dc 级设备评定时，应列出在正常工作时出现的所有有效点燃源或可能成为有效点燃源的点燃源，还应指出采用的符合本部分和本部分范围中所列防燃型式标准要求的防燃措施。

5.2.4 故障评定

当设备级别要求包括故障的评定时，评定应包括设备的那些部件，即如果它们发生故障，能点燃设备内部的可燃性物质(例如：润滑油)，随后能够成为或产生一个点燃源的部件。

5.2.5 确定最高表面温度

作为评定的一部分，必须确定设备的最高表面温度。最高表面温度是设备能够暴露在潜在爆炸性环境中或者能形成粉尘层的任何部分的最高表面温度，同时考虑到表面的尺寸及能够形成点燃源的能力。评定还应考虑限制最高表面温度采用的配套装置(例如：在液体联轴器中使用低熔点的可熔性排液插头)。

应在设备满负载及点燃保护类型允许的故障情况下，测量或通过计算确定最高表面温度。对于 Gb、Db 级设备，测量或通过计算来确定最高表面温度应包括预期故障的运行条件，而对于 Ga、Da 级设备来说应包括罕见故障的运行条件。

5.2.6 **活动部件中的粉尘和其他物料**

点燃危险评定应考虑活动部件之间或活动部件与固定部件之间沉积的粉尘或其他物料造成的点燃危险。如果粉尘或其他物料与同一活动部件长时间接触，它们就会变热，进而引起沉积粉尘或其他物料燃烧，随后就会点燃粉尘云。即使转动很慢的部件也会造成很高的温升。

注：在某些粉尘处理设备中，这种点燃危险不能避免，此时，可采用 GB 25285.1 中规定的一种或多种保护措施。

5.2.7 **点燃危险评定实例**

附录 B 中给出了一些设备点燃危险评定的实例。

5.2.8 **点燃危险评定报告**

评定文件根据不同的设备类别和级别而不同，尤其对不同的类别评定文件不同。点燃危险评定的结果应至少包括所有潜在点燃源的信息、采取的防止点燃源成为有效点燃源的措施和采用的防燃类型，结果应以如下表 1 和表 2 所示的表格形成记录。

表 1 Ⅰ类设备评定表

潜在点燃源 (1)	采取的防止点燃源成为有效点燃源的措施 (2)	采用的防燃型式 (3)

注 1：根据定义，Ⅰ类 Mb 级设备要求采用高防燃等级，不管设备在爆炸性环境出现时是否会停机，这意味着必须对有些潜在点燃源要采取防燃措施，尽管这些点燃源在正常工作中不出现，但其成为有效点燃源的危险性不能忽视。

表 2 Ⅱ类/Ⅲ类设备评定表

潜在点燃源(1)			采取的防止点燃源成为有效点燃源的措施(2)	采用的防燃型式 (3)
正常工作(1a)	预期故障(1b)	罕见故障(1c)		

注 2：表中的(1b)和(1c)栏仅在设备不同级别的定义要求在某些等级的故障过程中需要保护时才填写，例如，Gb 级设备或 Ga 级设备。

注 3：以上两表中的 3 栏和 2 栏所采取的措施须与本部分中的一项要求或本部分范围中所列的被认可的一项或多项防燃型式一致。这是为了保证在设备上标志正确的防燃型式标志(见第 14 章标志要求)。

要求的证明符合本部分规定的技术文件中应包括危险评定报告(见 13.2)。

5.3 **外壳的开启**

外壳打开的时间比点燃源降为非有效点燃源(例如：允许内装热部件的表面温度降至温度组别以下或设备标志的温度)所需的时间短时，外壳应标志如下警告标志：

“停机后，延迟 X 分钟开盖”

“X”是所需的延迟分钟数。

也可以用下列警告标志：

“在存在爆炸性环境中不得开盖”

这些要求应写入使用说明书中。

5.4 **Ga 级或 Da 级设备**

当点燃危险评定表明即使是在罕见故障条件下设备也不含有效点燃源，该设备可划为 Ga 或 Da 级设备。

当点燃危险评定表明仅在罕见故障时能出现有效点燃源，则 Ga 或 Da 级设备应至少用一种防燃型式保护。

当在罕见故障和预期故障时可出现有效点燃源时，Ga 或 Da 级设备应由两个独立的防燃型式保护。本文中独立的意思是当一个防燃型式失效时，另一个防燃型式起作用。因此，两种防燃型式应不同，两种防燃型式均应在假定对方承受最严酷故障条件下进行评定，包括确定最高表面温度。

限流外壳保护型不适用于 Ga 和 Da 级设备。

5.5 Ma 级设备

Ma 级设备的要求见附录 A.1.1。

6 温度

6.1 最高表面温度

6.1.1 Ⅰ类设备

Ⅰ类设备的最高表面温度应按 13.2 的要求在有关文件中规定。

Ⅰ类设备的最高表面温度不应超过：

——150 ℃，当设备表面可能堆积煤尘时；

——450 ℃，当预计不会堆积煤尘时(例如具有 IP5X 的外壳)，此时：

　　——设备上标志实际最高表面温度；和

　　——设备上标志符号“X”，并应在使用说明书中说明特殊的安全使用条件。

注：当选择Ⅰ类设备时，如果煤尘可能堆积在温度超过 150 ℃的表面上，用户应考虑煤尘的影响和焖燃温度。

6.1.2 Ⅱ类设备

Ⅱ类设备应：

——按表 3 给出的最高表面温度确定温度组别；

——或者，由设备实际的最高表面温度确定；

——或者，如果适用，限定使用的特定气体、蒸气或薄雾；对于这种情况，最高表面温度应不超过特定气体、蒸气或薄雾的引燃温度。

并应有适当的标志。

表 3　Ⅱ类设备最高表面温度分组

温度组别	最高表面温度/℃
T1	450
T2	300
T3	200
T4	135
T5	100
T6	85

注 1：设备的最高表面温度包括 GB 25285.1—2010 第 6.4.2 要求的潜在爆炸性环境最低点燃温度的安全余量，详细内容见 13.3.3。

注 2：设备标志的最高表面温度中包括要求的安全余量与电气设备现有实际情况一致。

如果实际最高表面温度不取决于设备本身，而主要取决于工作条件(如泵中的加热液体)，应在使用说明书中给出相关信息。

6.1.3 Ⅲ类设备

Ⅲ类设备应按实际最高表面温度确定，并适当标志。

注 1：设备最高表面温度和粉尘层、粉尘云的最小点燃温度的关系在 GB 25285.1 中给出。

注 2：确定最高表面温度时没有粉尘堆积在设备上。

如果实际最高表面温度不取决于设备本身，而主要取决于工作条件(如泵内加热的液体)，相关信息应在使用说明书中给出。

6.1.4 设计温度

如果设备设计在环境温度−20 ℃和+40 ℃之间使用，不需要附加标志。如果设备设计在不同的环境温度范围内使用，应在制造商提供的使用说明书中说明，并进行相应的标志。

7 设备的非金属部件

7.1 总则

设备所有与防燃型式有关的非金属部件，如塑料部件，玻璃窗等，应按下列各项及13.3.4中的相关规定进行试验。

7.2 材料详细说明

应根据13.2对材料进行规定并形成文件，此技术文件应包括：

——材料的所有参考资料；

——表面进行的处理，如表面涂敷等。

7.3 热稳定性

耐热与耐寒性能应不降低保护等级。

在最高环境温度下，塑料材料的局部最高表面温度至少应比对应20 000 h点（见GB 3836.1）的温度指数TI低20 K。

7.4 设备部件的静电电荷

7.4.1 总则

下列要求仅适用于设备中暴露在爆炸性环境中易于起静电的非导电部件。

7.4.2 有效起电机理的出现（在绝缘层和涂层上引起传播型刷形放电）

传播型刷形放电被认为是气体、蒸气、雾气和粉尘与空气组成的气体混合物的有效点燃源。如果金属表面上非导电层和涂层的有效起电现象会引起传播型刷形放电，在设备中，可以把通过非导电层的击穿电压控制在4 kV以下，防止出现这种现象。

对于在最小点燃能量大于3 mJ（用电容放电测得）的粉尘环境中使用的Ⅲ类设备，保证非导电层的厚度大于10 mm，也可以阻止包括传播型刷形放电在内的易燃静电放电。

注：在上述条件下能够产生刷形放电，但由于刷形放电在最低点燃能量大于3 mJ的粉尘环境中不具有易燃特性，因此这种设备不被看作是点燃源。

7.4.3 Ⅰ类设备

设备表面任何方向凸出面积大于100 cm^2时（Ma和Mb级），结构设计应为，在正常使用、维护和进行清洁的情况下能避免静电电荷产生引燃危险。

该要求应通过下列措施之一来满足：

a) 选择合适的材料，按照13.3.4.7的要求，在温度为（23±2）℃，相对湿度为（50±5）%的条件下测得表面电阻不得超过1 GΩ（10^9 Ω）；或者

b) 借助尺寸、形状和布置，或者采取其他保护方法，使危险静电电荷不可能产生。如果不会产生传播型刷形放电，可用附录C中的试验验证满足这项要求（见7.4.2）；

c) 如果不会产生传播型刷形放电，当在接地金属（导电表面）上的涂层是非导电材料时，厚度限定在小于2 mm（见7.4.2）。

7.4.4 Ⅱ类和Ⅲ类设备

Ⅱ类和Ⅲ类设备结构设计应为，在正常使用、维护和进行清洁的情况下，能避免静电电荷产生引燃危险。该要求应通过下列措施之一来满足：

a) 选择合适的材料，按照13.3.4.7的要求，在温度为（23±2）℃，相对湿度为（50±5）%的条件下测得的表面电阻不得超过1 GΩ（10^9 Ω）；或者

b) 借助尺寸、形状和布置，或者采取其他保护方法，使危险静电电荷不可能产生。对于Gb级的

设备，如果不产生刷形放电，可用附录C的试验验证满足这项要求(见7.4.2)；

c) 或者如果不会产生刷形放电，按下列要求限制设备非导电部件易产生静电电荷的表面面积。

表4 设备中易产生静电电荷的非导电零件所允许的最大面积

保护级别	允许面积/cm^2	保护级别	允许面积/cm^2		
	Ⅲ类(最小点燃能量3mJ)		ⅡA	ⅡB	ⅡC
Da	250	Ga	50	25	4
Db	500	Gb	100	100	20
Dc	不限制[a]	Gc	不限制[a]	不限制[a]	不限制[a]

[a] 设备在正常操作时可能导致产生频繁的易燃性静电放电情况除外，频繁放电时应采用Gb或Db级设备的要求。

如果塑料的暴露面周围为导电接地框架，这些数值可以乘以4。

防止易燃型刷形放电，Ⅱ类设备可起电的接地金属(导电的)表面上的塑料固体(不导电的)层或涂敷层厚度，对于ⅡA级和ⅡB级气体和蒸气，不应超过2 mm，对于ⅡC级气体和蒸气，不应超过0.2 mm。

对于使用在最低点燃能量大于3 mJ的爆炸性粉尘环境中的Ⅲ类设备，因为没有必要防止刷形放电，可能起电的接地金属(导电的)表面上的塑料固体层(不导电的)或涂层厚度没有限制。

但是如果设备的设计无法避免点燃危险，警告标示中应说明操作中应采取的安全措施。

8 含轻金属的设备外部部件

8.1 Ⅰ类设备

制造Ⅰ类设备外部部件的材料，对于Ma和Mb级，按质量百分比，铝、钛、镁和锆的总含量不允许大于15%，并且钛、镁和锆的总含量不允许大于7.5%。

当点燃危险评定显示，易燃摩擦、冲击或磨损火花不会引起燃烧危险(见GB 25285.2)时不用参照以上限制。

8.2 Ⅱ类和Ⅲ类设备

制造Ⅱ类或Ⅲ类设备外部部件的材料按质量百分比，

对于Ga、Da级：

铝、钛、镁和锆的总含量不允许大于10%，其中钛、镁和锆的总含量不允许大于7.5%；

对于Gb、Db级：

镁含量不允许大于7.5%；

对于Gc、Dc级：

无特别要求。

当点燃危险评定显示，易燃摩擦、冲击或磨损火花不会引起燃烧危险(见GB 25285.1)时，不用参照以上限制。

9 可拆卸零件

保持保护等级必需的部件应确保不会因疏忽而被移除。为此，采用的紧固件只能用工具或钥匙帮助拆卸。

10 粘结材料

制造厂根据13.2提供的文件，应证明与安全性有关的粘接材料在运行条件下有足够的热稳定性，以适应设备的最高温度。材料的极限温度值超过设备的最高温度至少20 K,热稳定性才是足够的。

注:如果粘接材料须承受不利运行条件,由制造厂和用户协商解决措施(见5.1)。

11 接地导电零件的连接件

设备的所有导电部件的布局应使部件之间不会产生危险电位差,如果隔离的金属部件有可能产生电荷并成为点燃源,则应设置接地端子。

12 透明件

关系防燃性能的透明件应通过13.3.2.1的相关试验,或采用能通过相关试验的外盖或防护罩保护。

13 型式检查和试验

13.1 总则

型式检查和试验的目的在于确认设备符合本部分的规定和有关防燃型式专用标准的规定。这些试验可以作为型式试验或例行试验。

13.2 技术文件

制造商的技术文件应对设备的爆炸安全方面,包括试验结果有正确和完整的规定。

文件也应该表明,设备的设计和制造符合本部分的要求和相关防燃型式标准的要求。

13.3 试验

13.3.1 总则

与防爆有关的部件,应进行有关试验。各项试验都将在对防爆最不利的情况下进行。认为不必要的试验项目可以取消,但应在技术文件中记录取消试验的理由。

13.3.2 机械试验

13.3.2.1 冲击试验

本试验是使设备承受质量为1 kg的冲击锤自高度h垂直下落到外壳的作用。高度h由冲击能量E导出,冲击能量E在表5中根据设备的情况列出($h=E/10$;h,m;E,J)。冲击锤应装有一个直径为25 mm的半球形淬火钢制冲击头。

每次试验前应检查冲击头表面是否良好。

试验通常是在一个完全装配好可投入使用的设备上进行。但是如果这样试验不可能时(比如:透明零件),则应将相关部件装在它本身的安装架或等效的支架上进行试验。制造商和检验单位协商同意,允许在空外壳上进行试验。

玻璃透明件应在3个样品上进行试验,每个样品只试验一次,其他部件应在两个样品上进行试验,每个样品在两个不同位置各进行一次试验。

冲击点应为最薄弱部位。仅对设备使用过程中会受到外部冲击的部件进行试验。设备应安装在一个钢制基座上,当被试表面是平面时,冲击方向应垂直于这个平面,当被试表面不是平面时,冲击方向应垂直于冲击点所接触的切平面。基座的质量至少应有20 kg,采用钢性固定或埋在土中(如浇铸混凝土)。相应的试验装置示例见附录D。

表5 冲击试验能量(见GB/T 20138)

	冲击能量/J			
设备类别	Ⅰ		Ⅱ/Ⅲ	
机械危险程度	高	低	高	低
1 保护网、保护罩、风扇保护罩、电缆引入装置	20	7	7	4
2 塑料外壳	20	7	7	4

表 5（续）

设备类别	冲击能量/J			
	Ⅰ		Ⅱ/Ⅲ	
机械危险程度	高	低	高	低
3　轻金属合金或铸造金属外壳	20	7	7	4
4　项 3 以外的其他金属外壳，其壁厚： ——小于 3 mm 的Ⅰ类设备； ——小于 1 mm 的Ⅱ类或Ⅲ类设备	20	7	7	4
5　无保护网的透明件	7	4	4	2
6　带保护网的透明件（试验时不带保护网）	4	2	2	1

采用机械危险程度等级低的冲击能进行试验的设备，应按 14.2k）的要求或用符号“X”标明。

通常试验环境温度为（20±5）℃，当材料性能数据说明其在低温下抗冲击性能降低时，试验应在规定温度范围的最低温度下进行。

当设备的外壳或外壳部件为塑料材料时，包括旋转电机的塑料风罩和挡风板，根据 13.3.4.1 规定试验应在上限温度和下限温度下进行。

13.3.2.2　跌落试验

手提或携带式设备除了进行 13.3.2.1 的冲击试验外，还应在使用状态下从 1 m 高跌落到水平的混凝土平坦表面上 4 次，样品的跌落位置应在试验报告中说明。

非塑料外壳设备试验应在（20±5）℃温度下进行，当材料性能数据说明其在低温下抗冲击性能降低时，试验应在规定温度范围的最低温度下进行。

当设备外壳部件为塑料时，试验应按 13.3.4.1 规定的下限环境温度进行。

13.3.2.3　试验结果

冲击试验和跌落试验不应引起影响到设备防爆型式的任何损坏。

外风扇的保护罩和通风孔的挡板不应产生位移或变形，以免引起与运动部件摩擦。

13.3.3　最高表面温度测定

最高表面温度是按照设备的级别，在制造商规定的最不利负载时的最严酷条件下测定的。测定最高表面温度应考虑 Gc 级或 Dc 级设备的正常运行，Gb 级或 Db 级设备的预期故障，Ga 级或 Da 级设备的罕见故障和任何控制或限定温度的附加措施。

Ⅰ类 Mb 级设备类似，测定最高表面温度时，由于设备设计在出现爆炸性环境时停机而形成的不可忽略的那些故障，应考虑在内。对Ⅰ类 Ma 级设备的要求可参见 EN 50303。

本部分和相应防燃类型标准中涉及的设备表面温度和其他部件的温度，应在静止的环境空气中测量，且设备应按正常使用位置安装。

对于可以在不同位置使用的设备，应测量每个位置上的温度并考虑最高温度。当仅在某个位置测得温度时，试验报告中应加以注明，而且设备上也应加上“X”或加标牌。

对测量工具（温度计，热电偶等）和连接电缆应进行选择，且连接方法不应对设备热表现造成显著影响。测量工具的精确度应至少为测得值的 2%（℃）或±2 K，二者之中取精度较高者。

当温升速度不超过 2 K/h 或构成设备一部分的限温装置作用后所测得的温度为最终温度。

如果没有限温装置，最后温度值应修正到设备额定最高环境温度，用额定环境温度与试验时的环境温度之差加到测得的温度值上进行修正。

测得的最高表面温度应不超过：

——对于Ⅰ类设备，本部分 6.1.1 中给出的数值；

——对于Ⅱ类 Ga 级设备：

标示温度的 80%或标示温度组别下限的 80%；

——对于其他Ⅱ类或Ⅲ类设备：

每个制造的样品进行过常规温度试验时，设备上所标注的温度；

对于进行过型式试验的设备，标注的温度或温度组别，对于温度组别 T6、T5、T4、T3 低 5 K，T2、T1 低 10 K。

注：如果表面温度不可能直接进行测量，可以进行特殊试验。

如果有证据显示，所考虑的表面温度不能引燃爆炸性环境，在特殊情况下可能超过上述温度限值。评定时应将防爆级别中要求的条件包括在内。

13.3.4 涉及防燃性能的设备非金属部件的试验

13.3.4.1 试验时的环境温度

当根据本部分或第 1 章所列专用标准试验时，试验应分别在允许的上限和下限设计温度下进行，试验时的环境温度应为：

——对于上限设计温度，应比最高设计温度高出 10 K(见 6.1.4)，最多高 15 K；

——对于下限设计温度，应比最低设计温度低 5 K(见 6.1.4)，最多低 10 K。

13.3.4.2 涉及防燃性能的设备非金属部件的试验

对于Ⅰ类设备做以下试验

——两只样品依次做耐热试验(13.3.4.3)，耐寒试验(13.3.4.4)，机械试验(13.3.4.6)，最后做有关防燃类型的试验；

——两只样品依次做耐油脂试验(13.3.4.5)，机械试验(13.3.4.6)，最后做有关防燃试验；

——两只样品依次做耐矿用液压液作用试验(13.3.4.5)，机械试验(13.3.4.6)，最后做有关防燃类型的试验。

注：上述程序和试验顺序的目的，是为了验证，在使用中非导电材料暴露于极端温度和有害物质后，能满足防燃等级和第 1 章所列防燃类型的有关性能。为了把试验次数降至最少，如果很显然一个样品上进行的破坏防燃类型的试验没有损害样品，则不必在每个样品上进行防燃类型规定的全部试验。类似地，如果可能同时在二个相同的样品上进行暴露试验和防燃验证试验，则试验样品可以减少。

对于Ⅱ类和Ⅲ类设备应做以下试验：

——两只样品依次做耐热试验(13.3.4.3)，耐寒试验(13.3.4.4)，机械实验(13.3.4.6)，最后做有关防燃类型的试验。

13.3.4.3 耐热试验

与防燃型式有关的非金属部件，应在相对湿度为(90±5)%，温度比最高设计温度高(20±2)K，但最低为 80 ℃的环境中，连续保持 28 d。

如果最高工作温度高于 75 ℃，非金属部件应在温度为(95±2)℃，相对湿度为(90±5)%的环境中连续保持 14 d，然后在高于最高设计温度(20±2)K 的环境中保持 14 d。

13.3.4.4 耐寒试验

与防燃型式有关的非金属部件，在按照 13.3.4.1 规定的降低最低设计环境温度条件下连续保持 24 h。

13.3.4.5 Ⅰ类设备的耐化学试剂试验

塑料外壳及外壳的塑料部件，如果可能接触下列试剂，应做下列试剂的耐化学性试验：

——油和润滑脂；

——矿用液压液；

有关试验应在 4 个样品外壳上进行，外壳应密封以防止试验液进入空腔内部：

——两只样品放在温度(50±2)℃，GB/T 1690—2006 附录“参考液体”规定的 2 号油中保持(24±2)h；

——另二只样品放在温度为(50±2)℃(设备使用环境温度为−20 ℃～+60 ℃)的(HFC)阻燃液压液(含水体积比35%的聚合物水溶液)中保持(24±2)h。

试验结束后,外壳试样应从液体槽内取出,仔细擦干后在试验室环境内放置24 h。然后每一个外壳试样应通过13.3.4.6规定的机械试验。

13.3.4.6 机械试验

设备涉及防燃性能的非金属部件的机械试验应按13.3.4.2进行。

应注意下列具体条件:

a) 冲击试验

冲击点应选在外露的外壳部件上,如果非金属外壳由另外一外壳保护,仅对保护外壳做冲击试验。

试验应按13.3.4.1的规定,先在最高温度条件下进行,然后在最低温度条件下进行。

b) 跌落试验

手持设备或携带式设备应按13.3.4.1规定,在最低温度条件下做跌落试验。

13.3.4.7 设备涉及防燃性能的非导电部件的表面电阻试验

试验应按GB 3836.1—2010中26.13的规定进行。

13.3.5 热剧变试验

13.3.6 设备的玻璃件和观察窗,应承受热剧变试验的冲击,试验时使他们处在最高工作温度下,用温度为(10±5)℃、直径为1 mm的喷射水对其喷射而不破裂,也不降低其防燃等级。

14 标志

14.1 总则

设备应在主体部分的明显地方设置标志。标志必须考虑到在可能存在的化学腐蚀下,仍然清晰和耐久。

14.2 符合本标准的设备标志

标志牌必须包括下列各项:

a) 制造商名称和地址。

b) 制造商所规定的产品名称及型号。

c) 设备的制造年份。

d) 符号Ex,以及保护级别标志:Ⅰ类设备用Ma或Mb;Ⅱ类设备用Ga、Gb或Gc;Ⅲ类设备用Da、Db或Dc。

e) 如果采用防燃型式的标志,该标志表示设备符合本部分第1章所列的一种或多种防燃型式。如果仅采用本部分进行合格评定,标志中不需要使用防燃保护类型符号。

注:下列标志将作为相关标准的防燃型式标志:

——"fr":限流外壳型;

——"d":隔爆外壳型;

——"c":结构安全型;

——"b":控制点燃源型;

——"p":正压型;

——"k":液浸型。

f) 适用时,设备的防爆类别符号:

除了有瓦斯的矿用设备外,在其他爆炸性气体环境中使用的设备也用"Ⅱ","ⅡA","ⅡB"和"ⅡC"或"Ⅲ"、"ⅢA"、"ⅢB"、"ⅢC"中任一个。

如果防燃型式的有关标准中对此有规定,也应用字母A,B,C。

如果设备仅设计用在某一特定的气体中，则在符号Ⅱ或Ⅲ后面写上气体的化学符号或名称。

注：对于Ⅱ类设备，标志ⅡB的设备可适用于ⅡA设备的使用条件。类似的，标志ⅡC的设备可适合用于ⅡA类和ⅡB类设备的使用条件。

g) Ⅱ/Ⅲ类设备的温度组别或最高表面温度(℃)，或者两者并有。当这两个符号都用时，温度组别放在后面，并用括号括上。连接设备部件的配件不用标注温度组别。

例如：T1 或 350 ℃，或者 350 ℃(T1)。

最高表面温度超过 450 ℃的Ⅱ类或Ⅲ类设备，只能标出温度数值，例如：600 ℃。

用于特定气体的Ⅱ类设备或特定粉尘的Ⅲ类设备，不需标出相应温度。

当实际最高表面温度不是由设备本身决定，而主要由运行条件(例如：泵中的加热液体)来决定时，制造商不可标志单独的温度组别或温度。标志中应有对这一情况的说明，有关信息应在使用说明书中给出。

h) 适用时，表 6 所示设备的环境温度标志：

表 6 环境温度标记

设 备	使用时环境温度	附加标记
标准型	最高：+40 ℃ 最低：−20 ℃	无
特殊型	由制造商声明并在使用说明书中规定	特殊范围使用符号 T_a 或 T_{amb}， 例如，0 ℃≤T_a≤+40 ℃ 或符号“X”

i) 产品编号，但下列情况除外：

——附件(引入装置、挡板、接线板)；

——表面积很小的设备(批号也可以当产品编号使用)。

j) 如果签发有防爆合格证书，合格证发放单位的名称或标志和合格证书编号应这样排列：防爆合格证书签发年代后两位数后加合格证书的序列号。

k) 如果有安全使用特殊条件，则在防爆合格证编号后面加上符号“X”。也可用给出适当说明的警示标志代替所要求的“X”标志。

注：制造厂应该确保将安全使用特殊要求及说明书中的其他有关信息传达给用户。

l) 第 1 章列出的有关防燃型式的专用标准中规定的其他标志。

m) 设备制造标准通常所规定的标志。

如果设备适合在由气体、蒸气、薄雾和空气及粉尘和空气形成的爆炸性环境中使用，两种相关类别都应该列入。如果非电气设备的不同部件采用了不同的保护型式，每个部件上都应有相应保护型式的标志。

当有多种保护型式时，主要的保护型式的标志应放在其他保护型式之前。

在表面积很小的设备上，允许标志有所减少，但必须至少有下列资料：

a) 制造厂的名字或注册商标；

b) 防燃型式的标志；

c) 检验单位的名称或标志；

d) 防爆合格证号；

e) 如需要，符号“X”。

14.3 完整标志范例(参考)

注：对于正在制定的相关防燃型式标准，正在讨论用下列标志。

14.3.1 符合本部分的 Ga/Da 级非电气设备标志范例

该设备保护级别为 Ga 级，可在爆炸性气体环境中长时间使用，采用两种独立的防燃型式叠加重合，在出现罕见故障条件下一种防燃措施仍能起作用。两种独立的防燃型式是最高表面温度135 ℃(T4)的结构安全型“c”和液浸型“k”：

××公司(厂)，地址——制造商名称和地址

型号：A B 5—201×——设备型号和制造年份

Ex c+k ⅡB T4 Ga——按照Ex符号、保护类型、Ⅱ类设备(ⅡB类)、温度组别T4、保护级别Ga级标识

防爆合格证编号：×× ××. ×××××——合格证编号(检验机构代号和年代号在前)；

保护级别Da级，保护类型采用两种独立的防燃型式结构安全型“c”和液浸型“k”叠加重合，适用于ⅢB类粉尘，最高表面温度220 ℃：

××公司(厂)，地址——制造商名称和地址

型号：AB5—201×——设备型号和制造年份

Ex c+k ⅢB T220 ℃ Da——按照Ex符号、保护类型、Ⅲ类设备(ⅢB类)、最高表面温度220 ℃、保护级别Da级标识

出厂编号：No. ×××××——序列编号

注1：相同点燃源采用叠加重合的两种独立的防燃保护类型之间用“+”，达到高一级的保护水平。

注2：如果点燃危险评定表明不需要附加保护类型，则不使用表示保护类型的特定符号。

14.3.2 Ⅱ类Gb级设备标志示例

保护级别Gb级，设备不同部件的保护类型为结构安全型“c”和液浸型“k”，适用于自燃温度大于135 ℃(T4)的ⅡB类气体、蒸气和薄雾：

××公司(厂)，地址——制造商名称和地址

型号：AB6—201×——设备型号和制造年份

Ex c k ⅡB T4 Gb——按照Ex符号、保护类型、Ⅱ类设备(ⅡB类)、温度组别T4、保护级别Gb级标识

防爆合格证编号：×× ××. ×××××——合格证编号(检验机构代号和年代号在前)

出厂编号：No. ×××××——序列编号

注：不同点燃源采用的两种组合的防燃保护类型之间不用“+”。

14.4 防燃型式标志的更多示例(参考)

注：对于正在制定的相关防燃型式标准，正在讨论用下列标志。

14.4.1 Ⅱ类Gb级设备示例

Ⅱ类Gb级设备，适用于ⅡB类爆炸性气体、蒸气和薄雾环境，最高表面温度组别T4的隔爆外壳防燃型式示例：

Ex d ⅡB T4 Gb

14.4.2 Ⅱ类Gc级设备示例

Ⅱ类Gc级设备，适用于自燃温度大于135 ℃(T4)的气体、蒸气和薄雾环境，没有特定的防燃类型：

Ex ⅡC T4 Gc

14.4.3 粉尘爆炸性环境用结构安全防燃型和最高表面温度110 ℃的ⅢC类Db级设备示例

Ex c ⅢC T110 ℃ Db

14.4.4 气体和粉尘环境用设备的标志示例

Ex c Ⅱ 230 ℃ Gb

Ex c Ⅲ 230 ℃ Db

14.4.5 设备不同部件有不同保护级别的标志示例

Ex c ⅡC T2/Ex k ⅡC T3 Ga/Gb

注：同一设备的两个部件采用的两个不同保护级别之间用“/”。

15 使用说明书

所有设备应随机带有说明书，至少应包括下列详细资料：

——概括说明设备标志的内容，以及便于维护的其他信息（例如：进口商、修理商的地址等）；

——安全说明书，包括下列内容：

  ——投入运行；

  ——使用；

  ——组装和拆卸；

  ——维护（运行和紧急修理）；

  ——安装；

  ——调试；

——必要时，说明设备使用引起的特殊危险，例如泄压装置前面的危险区域；

——必要时，培训要求；

——对某一特定级别的设备能否在预期的运行条件下在预定场所安全使用有疑问时，能够做出决定的详细说明；

  注：该信息是通过进行点燃危险评定得出的。

——压力参数，最高表面温度和其他极限值；

——必要时，特殊使用条件，包括经验证明可能出现误用的详细情况；

——必要时，可能装配到设备上的附件的基本特性参数。

说明书应该包括投入运行使用、维护、检查、正确操作的核查，及适用时，设备的维修等必需的文字、图纸和示意图，以及所有有用的说明，特别是与安全有关的说明。

附 录 A
（规范性附录）
确认设备级别的方法

A.1 确认Ⅰ类设备级别的方法

A.1.1 Ma级设备

应使用适用于Ma级设备的单独的防燃型式，或者同时使用两种独立的Mb级防燃型式叠加重合使设备达到Ma级，使其在出现罕见故障情况下仍能保持其功能。

注1：Ma级设备的国家标准制定正在进行中。

注2：可参考的标准EN 50303中规定了有关M1级（对应本部分Ma级）设备的要求，该标准介绍了本部分第1章专用防燃型式及本部分相关要求。

A.1.2 Mb级设备

识别正常运行和严酷工作条件下有效的或者能成为有效的潜在点燃源，例如因粗暴搬运和环境条件变化引起的点燃源。

如果识别后没有有效点燃源，则采用本部分的要求。

如果识别出了有效点燃源，则除本部分要求外，还应采用列在本部分第1章中专用防燃型式标准的其中一个标准至少Mb级的相应要求。

A.2 确认Ⅱ类、Ⅲ类设备保护级别的方法

A.2.1 Ga级和Da级设备

识别正常运行下，预期故障状态和罕见故障状态下有效的或者能成为有效的潜在点燃源。

如果识别后没有有效点燃源，则采用本部分的要求。

如果识别出有效点燃源，则除本部分要求外，还应采用列在本部分第1章中专用防燃型式标准的其中一个标准至少Ga级或Da的相应要求。如果没有适用于Ga级或Da级设备的单独的防燃型式，则必需同时使用符合本部分5.4要求的两种保护型式。

限流外壳防燃型式不适合于Ga级或Da级设备。

A.2.2 Gb级和Db级设备

识别正常运行和预期故障状态下有效的或者能成为有效的潜在点燃源。

如果识别后没有有效点燃源，则采用本部分的要求。

如果识别出有效点燃源，除本部分的要求外，还应采用本部分第1章列出的专用防燃型式标准的其中一个标准至少Gb级或Db级的相应要求。

限流外壳防燃类型不适合于Gb级或Db级设备。

A.2.3 Gc级和Dc级设备

识别正常运行时有效或者能成为有效的潜在点燃源。

如果识别后没有有效点燃源，则采用本部分的要求。

如果识别出有效点燃源，除本部分的要求外，还应采用本部分第1章列出的防燃型式标准的其中一个标准至少Gc级或Dc级的相应要求。

附 录 B
(资料性附录)
点燃危险评定

B.1 电磁阀非电部件点燃危险评定实例(见表B.1)

这是用于控制处理介质流量的电动操作电磁阀的非电部件,而且介质在可燃极限范围内。电磁线圈的电气动作通过复位弹簧平衡,从而关闭阀。

表B.1 点燃评定

潜在点燃源			防止成为有效点燃源所采取的措施	采用的防燃措施
正常运行	预期故障状态	罕见故障状态		
摩擦点燃			除复位弹簧外,所有移动部件与阀体一样采用铝合金,包含小于7.5%的其他轻金属。正常运行时复位弹簧不与阀体接触产生摩擦,即无点燃源	本部分
	弹簧损坏引起的摩擦点燃		弹簧损坏时,如果生锈,会对合金产生影响,从而产生摩擦火花。需要评定弹簧出现故障的平均时间(MTBF)。如果平均时间小于阀的预计工作寿命,则弹簧材料应换成不生锈材料	本部分 技术文件
	压缩点燃/冲击波点燃		在预定运行中,阀部件将平缓移动控制流量。在预期故障状态下,电源将被断开,在复位弹簧作用下阀将被迅速关闭。需要分析活塞组件换气容量的相对值和活塞两边阀门强制保持的容量,确认具有低压缩比。或者,应该评定复位弹簧压缩封闭的气体体积的能力。对正常结构应该没有问题,但是有必要对其确认	GB 25285.1
温度			阀门所有部件的温度将低于所有运行条件下电磁阀的温度	本部分

结论:选择合适的弹簧材料,电磁阀可根据电磁线圈确定的设备等级和温度组别进行分级。

B.2 对爆炸性环境用运输机皮带点燃危险评定文件的举例

B.2.1 设备的用途

设备拟用在含有爆炸性气体和粉尘环境的建筑物内,运输粉末及粒状材料。制造商已决定把它设计成Ⅱ类Gb级设备。因此需要形成点燃危险评定文件,列入技术文件中。根据对Gb级设备的要求,评定时必须考虑输送机正常运行时可能出现的所有点燃源,以及那些在使用过程中由于出现预期故障而变成的有效点燃源。由于输送机不需要符合Ga级设备的要求,因此由罕见故障引起的潜在点燃源可以忽略。

注:如果输送机使用在煤矿爆炸性环境中,应进行类似评定。在这种情况下,根据识别的正常运行时可能出现的潜在点燃源,对Ⅰ类Mb级点燃评定形成稍有不同的文件,另外,这些潜在点燃源不能忽略,因为设备可能短时期内在爆炸性环境中非预期运行。例如,气体突然出现或者安装设备处出现爆炸性环境没有被立即探测出来(见5.2)。

B.2.2 设备的描述

输送机有塑料包覆的纺织材料制成的传动皮带，安装在包括驱动和空转轮机架上。利用充油齿轮箱、干式离合器和传动卷筒，通过隔爆电动机在进料端驱动。该组件有一个飞轮循环辊和一个安装在可移动的机座上的驱动端张力辊。皮带整个长度由顶部和底部皮带托辊构成的部分结构支持。驱动端制动器上安装有卡规式制动器。制动器使用弹簧，并通过一个隔爆型电磁线圈复位。在主驱动电动机将驱动力施加到皮带之后 5 s 电磁线圈通电。这是为了防止起动时皮带反转。输送滑槽由钢制成，与皮带结构电气连接起来。除皮带之外，所有其他固定和移动部件均由钢构成。结构的所有金属部件连接在一起，提供的电气连接电阻小于 1 MΩ。

B.2.3 评定

a) 符合 GB 25285：第 1 部分～第 8 部分

该运输设备符合以下规定：

——输送机所有裸露部件经受 GB 25285.1 规定的冲击试验和环境试验，符合要求。

——输送机无暴露的轻金属，被生锈的铁/钢撞击时不会引起易燃火花。因此应符合 GB 25285.1 中对暴露的轻金属中铝、镁、钛和锆含量的限制；

——表面温度组别，静电点火危险，使用说明书，标志以及其他非电防燃标准的应用见表 B.2。

——符合电气设备防爆标准。

驱动电机和制动电磁线圈应是符合 GB 3836.1 和 GB 3836.2 要求的隔爆型电气设备。

表 B.2 点燃评定

点燃源(1)			防止点燃源成为有效点燃源的措施 (2)	采用的防燃措施 (3)
正常运行 (la)	预期故障状态 (lb)	罕见故障 (lc)		
轴承		不适用	所有轴承用润滑脂润滑。要求润滑脂每六个月补充一次。在轴承上施加的力为其额定值的 50 %。轴承预计安全运行寿命 25 000 h，之后必须更换	本部分 (使用说明书)；结构安全型“c”
	轴承损坏或者润滑油缺少	不适用	根据日常运行情况，需要检查轴承室过热迹象、异常噪声或者变色情况。或者，可以安装连续温度监测器，设定超过正常工作温度 10 K 时中断驱动动力	本部分 (使用说明书)或者如果安装监视，控制点燃源型“b”
	皮带与溢出产品摩擦	不适用	需要清除溢出产品，防止接触移动部件	本部分 (使用说明书)
	石头或者金属碎片进入齿轮箱	不适用	采用尘密外壳(IP6X)防止进入易损的旋转部件	本部分
齿轮箱内部的运动部件的摩擦热		不适用	齿轮箱内部的运动部件浸没油中，油起润滑剂、火花猝熄剂和冷却剂作用	液浸型“k”
	齿轮箱油量减少不合要求	不适用	在齿轮箱上安装一个量油尺。需要每星期检查一次油位	本部分 (用户说明书)
制动器的摩擦热		不适用	在最高运行速度和最高皮带负荷条件下，制动输送机进行了试验，确定出最高表面温度为 120 ℃	结构安全“c”

表 B.2（续）

点燃源(1)			防止点燃源成为有效点燃源的措施（2）	采用的防燃措施（3）
正常运行（la）	预期故障状态（lb）	罕见故障（lc）		
	传动电动机起动之后制动器长时间制动	不适用	制动电磁线圈的驱动电机供电电源闭锁，防止电机在超过 5 s 之后通过未复位制动器驱动。确定的最高表面温度为 140 ℃	控制点燃源“b”
粉尘进入制动器		不适用	安装 IP6X 盖子以防粉尘进入外壳内沉淀	本部分
	制动器脱离失败	不适用	如果制动器不能正确复位，安装制动联动机构和限位开关，使输送机传动电动机停机	控制点燃源“b”
	离合器滑移	不适用	使用强制啮合型离合器。表面温度为 120 ℃ 时最大啮合时间为 10 s。需要每周检查离合器组件的校准情况	本部分（使用说明书）和结构安全“c”
皮带托辊的摩擦热		不适用	皮带托辊用耐火润滑脂终生密封，且实际最大负载为其最高定额值的 50%	结构安全“c”
	皮带托辊卡住及被移动的输送带摩擦	不适用	要求每周检查是否有损坏迹象，例如轴承噪音异常，可见的变色和过热。运输机输送带由耐火(自熄性)材料组成的，防止火焰传播	本部分（使用说明书）和结构安全“c”
齿轮箱沉积粉尘		不适用	必须定期清洗以防齿轮箱沉淀大于 5 mm 的粉尘	本部分使用说明书
	由于失去张力或者输送带停止，造成传动卷筒上的输送带滑落	不适用	在产生火焰之前，耐火输送带在输送带停止和制动的情况下，已进行了旋转滚筒摩擦试验。皮带张力需每周检查一次，并且要目视控制起动。通过监视输送带张力和运行速度以防停止。如果驱动滚筒和皮带之间出现异常转速差超过 10 s(即超过 25%)，则应安装速度传感器以断开电动机	本部分（使用说明书）或者如果安装监视器控制点燃源“b”
静电放电		不适用	用充分导电的皮带（即小于 1 GΩ 表面电阻）防止产生电荷。所有的其他部件是金属的，连接在一起，提供电阻小于 100 Ω 导电通路	本部分对更换皮带的静电要求和使用说明书
	过速时皮带传动	不适用	输送机超速 20%进行试验，温度没有上升。通常，电力传动电动机会防超速。如果输送机安装在陡峭的坡道上，则需要附加制动器	结构安全“c”
	皮带与固定部件之间的摩擦	不适用	驱动装置上安装有皮带校准定位传感器。如果出现校准偏离，则停止驱动电动机防止温度升高	控制点燃源“b”

表 B.2（续）

点燃源(1)			防止点燃源成为有效点燃源的措施（2）	采用的防燃措施（3）
正常运行（la）	预期故障状态（lb）	罕见故障（lc）		
	移动部件靠近，间隙内有粉尘	不适用	延长的谷物粉尘试验表明没有点燃危险。如果用不同的产品，应该重复试验	本部分（使用说明书）
	所有移动部件的表面温度	不适用	暴露于气体和粉尘潜在爆炸性环境中的所有部件已进行试验并且确定正常运行时的最高表面温度为 120 ℃，预期故障状态下为 140 ℃	本部分

点燃危害评定表明设备的最高表面温度为 140 ℃，设备可以按 T3 温度组别标志。由于运动部件靠近及间隙充填有粉尘造成点燃危险，这种输送机只适用于谷物粉尘。使用其他粉尘时输送机需要附加试验。

附　录　C
（规范性附录）
非导电材料的起电试验

GB 3836.1—2010 中 26.14 适用。

附 录 D
（规范性附录）
冲击试验装置示例

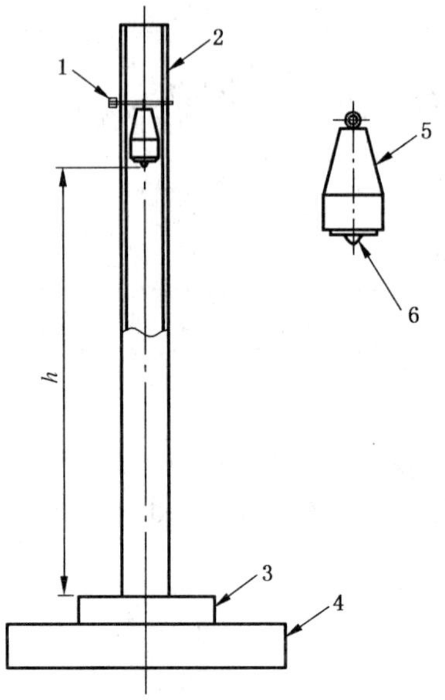

图例：
1——调整高度用螺栓；
2——塑料导管；
3——试品；
4——钢座（质量≥20 kg）；
5——1 kg 钢质锤体；
6——Φ25 mm 淬火钢锤头；
h——坠落高度。

图 D.1 冲击试验装置示例

附 录 E
（规范性附录）
取得防爆合格证的检验程序

E.1 制造商按本部分及第1章所列防爆专用类型标准试制的非电气设备，均须送国家授权的检验机构按相应标准规定进行防燃防爆检验，取得防爆合格证。对已取得“防爆合格证”的产品，其他制造商生产时仍须重新履行检验程序。

E.2 检验工作包括技术文件审查和样机检验两项内容。

E.3 技术文件审查须送下列资料：

a) 产品标准或技术条件(应对设备防爆安全方面提出全面正确的技术要求)；

b) 与防爆性能有关的产品图样(应签字完整，并装订成册)；

c) 产品使用维护说明书；

d) 点燃危险评定报告。

以上资料各一式二份，审查合格后由检验机构盖章，一份存检验机构，一份存送检单位。

e) 检验机构认为确保设备安全性所必需的其他资料。

E.4 样机检验须送下列样机及资料：

a) 提供符合合格图样的完整样机，其数量应满足试验的需要。检验机构认为必要时，有权留存样机；

b) 提供检验需要的零、部件和必要的拆卸工具；

c) 有关检验报告；

d) 有关的工厂产品质量保证文件资料。

E.5 技术文件审查及样机检验合格后，由检验机构发给“防爆合格证”，有效期为五年。

注：适用时，防爆合格证书上应注明符号“X”所代表的确切内容。

E.6 取得“防爆合格证”后的产品，当进行局部更改且涉及相应标准的有关规定时，须将更改的技术文件和有关说明一式两份送原检验机构重新审查，必要时进行送样检验，若更改内容不涉及相应标准的有关规定时，应将更改的技术文件和说明送原检验机构备案。

E.7 采用新结构、新材料、新技术制造的非电气设备，经检验合格后，发给“工业试用许可证”。取得“工业试用许可证”的产品，须经工业试用(按规定的时间、地点和台数进行)。由原检验机构根据所提供的工业试运行报告、本部分和专用标准的有关规定，发给“防爆合格证”后，方可投入生产。

E.8 对于同时适用于两种及以上类别的非电气设备，应按各自的要求分别检验合格，取得防爆合格证，如既适用于Ⅰ类又适用于Ⅱ类的非电气设备，须分别按Ⅰ类和Ⅱ类要求检验合格，取得防爆合格证。

E.9 检验机构有权对已发给“防爆合格证”的产品进行复查，如发现与原检验的产品质量不符且影响防爆性能时，应向制造单位提出意见，必要时撤销“防爆合格证”。

ICS 29.260.20
K 35

中华人民共和国国家标准

GB 25286.2—2010

爆炸性环境用非电气设备 第2部分：限流外壳型“fr”

Non-electrical equipment for explosive atmospheres—Part 2：Protection by flow restricting enclosure“fr”

2010-11-10 发布　　2011-09-01 实施

中华人民共和国国家质量监督检验检疫总局
中国国家标准化管理委员会　发布

前　言

本部分的全部技术内容为强制性。

GB 25286《爆炸性环境用非电气设备》包含以下部分：

——第 1 部分：基本方法和要求；

——第 2 部分：限流外壳型“fr”；

——第 3 部分：隔爆外壳型“d”；

——第 4 部分：固有安全型“g”(正在考虑中)；

——第 5 部分：结构安全型“c”；

——第 6 部分：控制点燃源型“b”；

——第 7 部分：正压型“p”(正在考虑中)；

——第 8 部分：液浸型“k”。

本部分是 GB 25286《爆炸性环境用非电气设备》的第 2 部分，是修改采用 EN 13463-2:2004《潜在爆炸性环境用非电气设备　第 2 部分：限流外壳型“fr”》(英文版)制定的。

本部分与 EN 13463-2:2004 的主要区别是：为了与 GB 3836.1 表述一致，本部分将 EN 13463-2:2004 中的Ⅱ类 3G 级设备对应于本部分的Ⅱ类 Gc 级设备，Ⅱ类 3D 级设备对应于本部分的Ⅲ类 Dc 级设备；标志也做了相应的更改。另外，删除了 EN 13463-2:2004 中与本部分无关的资料性附录 ZA。

本部分由中国电器工业协会提出。

本部分由全国防爆电气设备标准化技术委员会归口。

本部分主要起草单位：南阳防爆电气研究所、国家防爆电气产品质量监督检验中心、中海油天津化工设计研究院、浙江杭叉工程机械股份有限公司。

本部分主要起草人：张刚、殷红、刘姮云、黄晓平、李书朝、李玉波。

引　　言

外壳周围的爆炸性环境能够进入外壳内部，主要是由于以下三种因素的作用：

——通风；

——外壳内外的平衡压差(呼吸)；

——扩散。

如果外壳进行了有效密封，但不必达到气密，可以假定通风和扩散不会造成显著的短时气体置换。这种情况下，只有当外壳内外存在压差时，才会出现内外气体通过密封进行置换。压差可能由温度变化引起，会造成外壳“呼吸”，但不会造成显著的爆炸性气体进入或流出外壳。

经验显示，即使是简单外壳也可阻止周围的爆炸性环境接近其内部的点燃源。如果外壳外部的环境仅会在极少情况下成为爆炸性环境并且存在时间很短，限流外壳即此类简单外壳完全能够防止外壳内部环境变为爆炸性环境。因此，这类要求仅限于Gc、Dc级设备之用。

爆炸性环境用非电气设备
第2部分:限流外壳型“fr”

1 范围

本部分规定了爆炸性环境用非电气设备限流外壳型“fr”的结构和试验要求,并且仅在极少情况下,外壳外部的环境会成为爆炸性环境且存在时间很短。

本部分是GB 25286.1要求的补充,GB 25286.1的规定对限流外壳型设备全部适用。

符合本部分要求的设备能够满足Ⅱ类Gc级、Ⅲ类Dc级设备的要求。本部分规定的防点燃型式不适于与非Gc、Dc级设备保护类型一起使用。

2 规范性引用文件

下列文件中的条款通过GB 25286的本部分的引用而成为本部分的条款。凡是注日期的引用文件,其随后所有的修改单(不包括勘误的内容)或修订版均不适用于本部分,然而,鼓励根据本部分达成协议的各方研究是否可使用这些文件的最新版本。凡是不注日期的引用文件,其最新版本适用于本部分。

GB 25286.1—2010 爆炸性环境用非电气设备 第1部分:基本方法和要求

3 术语和定义

GB 25286.1—2010中确立的及以下术语和定义适用于本部分。

3.1

限流外壳型“fr” protection by flow restricting enclosure “fr”

一种防点燃型式,借助外壳来减小爆炸性环境进入外壳内部的可能性,使外壳内的浓度低于爆炸下限。

4 概述

4.1 通用要求

GB 25286.1的要求和本部分的规定一起使用。

用于保护Ⅱ类Gc级、Ⅲ类Dc级设备的限流外壳,可含有正常运行时出现的点燃源,前提是外壳本身不是点燃源。

如果点燃源为明火,不能采用此种保护类型。

4.2 适用性确定

GB 25286.1规定,设备制造商应进行点燃危险评定,评定应确定限流外壳保护能够达到Ⅱ类Gc级、Ⅲ类Dc级设备需要的保护级别。

注:设备制造商是指将限流外壳用于保护正常运行时可能产生点燃源的设备的制造商,而不是空外壳的制造商。

5 专用规定和限制

5.1 点燃源的性质

限流外壳保护可用于以下情况:

a) 在正常运行时包含机械火花或其他点燃源的外壳,限制其耗散功率使外壳内空间的平均气温不得超过外部环境温度10 K。但是,如果设备断电时,外壳内空间温度下降速度限制为不大于10 K/h,则外壳内空间温度可超过外部环境温度最多20 K。

应考虑气候条件变化的影响,如果阳光直接照射在外壳外面使外壳加热或大雨使外壳迅速冷却,这些影响可允许温度变化大于规定的10 K。

b) 当外壳有"防结霜"或"防冷凝"加热器时,如果加热电源独立于外壳主电源,a)中规定的10 K和20 K温升亦适用于加热状态下内部非工作温度。应保证不能同时停止加热和断开工作电源。如果"防结霜"或"防冷凝"加热使内部温度升高,并高于外部环境10 K(或20 K但温度下降速度不大于10 K/h),设备说明书应规定,设备操作者应确保停机后、重新加热之前设备未处于危险环境中。

注:由于设备内部高温,设备断电后危险性混合物进入外壳内部的危险增大,因而不允许使用限流外壳保护来防止火花点燃和其他永久点燃源点燃。

限流外壳保护不能与GB 25286.1中列出的任何其他防点燃保护型式复合使用。

限流外壳不适用于短时间工作制的设备。因为外壳周围有可燃性气体或蒸气时设备断电的可能性增大。

5.2 试验要求

限流外壳应符合第6章要求。符合要求的所需的衬垫或特殊部件应与外壳一起提供,并且在进行6.2规定的试验之前应先按照6.1的规定进行预处理。

5.3 安装后不需进行检查的外壳

安装或维修以后不需进行检查的限流外壳,包括管路入口和转轴等,应进行型式试验。此类外壳应符合6.2.2的要求。

外壳的安装说明应包括入口正确密封的内容。

5.4 安装后需进行检查的外壳

应列出进行检查的规定和要求,以确保在安装或维修后仍满足限流外壳要求。外壳应符合6.2.1的规定。

外壳的安装说明应包含安装和维修后对外壳进行适当检查的相关内容。

5.5 弹性衬垫

弹性衬垫密封件的安装应使其在正常工作条件下不会受到机械和/或化学损坏,并在设备预期寿命内保持其密封性能。

或者制造商应推荐一个更换周期。

应考虑环境条件的影响。

5.6 灌封填料和浇封复合物

灌封填料和浇封复合物的连续工作温度,至少应比其在最不利的额定工作条件下工作时的温度高10 K。

5.7 内风扇或类似部件

如果安装了内风扇或类似部件,其运行不应在外壳内产生压力差,使外壳对环境的密封等级下降。

注:如果在有潜在释放源条件下,一个内部装置造成设备内外压力差增大,会加剧外部爆炸性混合物流入外壳内部。

5.8 工作限制

制造商的说明书应规定,外壳壁承受静压差会造成永久变形或连续流动时,不应使用此类保护型式。

6 检查和试验

6.1 用于保持限流效应的衬垫预处理

如果设备包括热塑性塑料或弹性材料制成的衬垫或密封件,衬垫或密封件应在比其最不利额定工作条件下至少高 10 K 的温度下，或(80±2) ℃(二者取较高温度)下的环境试验箱内放置 7 d 进行预处理。

已经验证过性能至少符合上述规定的密封件和衬垫不需进行预处理。

6.2 试验

6.2.1 带检查限流性能措施的设备

在恒温状态下，低于大气压 300 Pa 的内部压力变化至低于大气压 150 Pa 所需的时间不应小于 80 s。

6.2.2 不带检查限流性能措施的设备

在恒温状态下，低于大气压 3 kPa 的内部压力变化至低于大气压 1.5 kPa 所需的时间不应小于 180 s。

注：对于 6.2.1 和 6.2.2 的试验，如果外壳设计使呼吸速度与压力方向无关，那么试验也可用外壳内正压进行。

6.2.3 由于压力而使外壳标称容积发生变化的设备

外壳应通入空气并保持过压 400 Pa。应测定维持该过压值所需的送风流量(L/h)。此值除以外壳净容积(单位升，L)的结果不应超过 0.125 h^{-1}。

6.2.4 例行试验

对于安装后不带检查限流性能措施的外壳，应进行 6.2.2 的试验作为例行试验。这项试验可简化为，只检查压力 3 kPa 下降至 2.7 kPa 的时间大于 27 s。

7 使用说明

所有符合本部分的外壳都应提供符合 GB 25286.1 规定的说明和特殊要求。

使用说明书应包括：

——建议用户以一种能确保外壳壁上不会产生和造成通过外壳永久变形的静压差的安装方式；

——关于太阳直接照在外壳外面或由于暴雨、喷水等造成的骤然冷却影响的警告；

——依据 5.4，安装和维修后正确检查外壳的信息；

——依据 5.3，入口正确密封的信息。

8 标志

除了 GB 25286.1 的标志要求外，完整设备符合本部分的特殊标志应包括：

——符号“fr”(表示限流外壳型防燃型式)；

——警告标志，建议用户以一种能确保外壳壁上不会产生造成通过外壳流动的静压差的安装方式；

——与此防爆保护相关的标志示例：Ex fr Ⅱ T6 Gc。

注：为了完整，在此例子中使用了温度组别 T6。温度组别将依据 GB 25286.1 确定。

ICS 29.260.20
K 35

中华人民共和国国家标准

GB 25286.3—2010

爆炸性环境用非电气设备 第3部分：隔爆外壳型“d”

Non-electrical equipment for explosive atmospheres—
Part 3: Protection by flameproof enclosure “d”

2010-11-10 发布 2011-09-01 实施

中华人民共和国国家质量监督检验检疫总局
中国国家标准化管理委员会 发布

前　言

本部分的全部技术内容为强制性。

GB 25286《爆炸性环境用非电气设备》包含以下部分：

——第1部分：基本方法和要求；

——第2部分：限流外壳型“fr”；

——第3部分：隔爆外壳型“d”；

——第4部分：固有安全型“g”（正在考虑中）；

——第5部分：结构安全型“c”；

——第6部分：控制点燃源型“b”；

——第7部分：正压型“p”（正在考虑中）；

——第8部分：液浸型“k”。

本部分是GB 25286《爆炸性环境用非电气设备》的第3部分，是修改采用EN 13463-3:2005《潜在爆炸性环境用非电气设备　第3部分：隔爆外壳型“d”》（英文版）制定的。

本部分与EN 13463-3:2005的主要区别是：为了与GB 3836.1表述趋于一致，本部分将EN 13463-3:2005中的M1、M2级设备分别对应于本部分Ma、Mb级设备；将EN 13463-3:2005中Ⅱ类1G、2G、3G级设备分别对应于本部分Ⅱ类Ga、Gb、Gc级设备；将EN 13463-3:2005中Ⅱ类1D、2D、3D级设备分别对应于本部分Ⅲ类Da、Db、Dc级设备；标志也做了相应的更改。另外，删除了EN 13463-3:2005中与本部分无关的资料性附录ZA。

本部分的附录A、附录B和附录C均为规范性附录。

本部分由中国电器工业协会提出。

本部分由全国防爆电气设备标准化技术委员会归口。

本部分主要起草单位：南阳防爆电气研究所、国家防爆电气产品质量监督检验中心、常州电站辅机总厂有限公司、浙江杭叉工程机械股份有限公司、广州市红星通风设备有限公司。

本部分主要起草人：王军、张刚、张丽晓、刘姮云、姜迎新、黄晓平、杨津南。

引　言

用于气体、蒸气、薄雾与空气和/或可燃性粉尘与空气形成的爆炸性环境中一些类型的非电气设备在正常操作条件下包含有效的点燃源，必须对这些类型的非电气设备采取措施，使其不能成为周围环境的点燃源。达到此目的的一种方式是用外壳包围点燃源，使外壳内部的点燃不会传到外部环境中。本部分规定了这样一种被称为"隔爆外壳型"的保护型式。

用隔爆外壳防止点燃的基本原理是，气体或蒸气可以通过接合面/法兰进入外壳，如果外壳内部爆炸性环境被点燃，外壳既不会有明显变形，火焰也不会通过接合面/法兰传到外部的爆炸性环境中。此原理要求外壳必须坚固，并且要控制接合面/法兰的尺寸，使最大允许的安全间隙与可能出现在设备内部的爆炸性气体/蒸气类型相适应。

由此形成的隔爆外壳保护概念，允许多种连续产生火花的设备安全地用在有潜在爆炸性环境的场所。众所周知，对于电气设备，这种保护型式用于保护可能产生火花、电弧的元件。这种保护形式在GB 3836.1—2010中有定义和规定。因为电气设备标准已包括通用的试验、验证和标志要求，在本非电气设备部分中，应通过参照电气标准避免没有必要的重复要求。在本部分中，只是完整的写出了为非电气设备提供保护所必需的差别部分。

与本部分不同，除了Ⅰ类Mb级电气设备，GB 3836.2没有考虑粉尘形成的爆炸性环境，其相关的通用要求文件，GB 3836.1—2010规定了用于沼气的爆炸性环境（主要由甲烷组成的爆炸性煤矿气体）中的隔爆型电气设备可以用于煤粉尘云出现的地方，其设计、结构和试验不需改变或进一步测试。

在气体/空气混合物中测试防止粉尘云点燃的保护设备概念在本部分中也适用于Ⅰ类Mb级矿用设备以及Ⅱ类Gb、Gc级和Ⅲ类Db、Dc级非矿用设备，这是因为它提出了一个可接受的防止点燃的安全系数，它允许更简单的方法测试和验证其防爆性能。

能够用隔爆外壳保护的非电气设备的例子如下：

a) 具有超过其周围环境的点燃温度的潜在热摩擦表面的设备，例如：摩擦离合器、制动器衬面；

b) 为了正确地实现其功能必须在高温下操作的设备，例如：隔爆型内燃机排气系统中的催化反应器，或可燃气体测量仪表中传感器的热催化元件；

c) 在正常工作中产生引燃摩擦火花的设备。

目前制造成隔爆型的设备很少用于粉尘环境，因为使用尘密外壳的设备通常便宜些，然而如果是既包括粉尘又包括气体的非矿用环境，本部分也适用。

单独存在粉尘的地方，虽然会形成粉尘堆积，在外壳内通常不产生爆炸性粉尘云。本部分没有考虑外壳内出现粉尘堆积造成火灾的危险，因为它不属于隔爆外壳保护的概念。

爆炸性环境用非电气设备
第3部分：隔爆外壳型“d”

1 范围

本部分规定了采用隔爆外壳型“d”保护的用于爆炸性气体和/或可燃性粉尘环境的设备的设计、评定、结构和试验的要求。

本部分是对GB 25286.1的补充，GB 25286.1的内容也完全适用于按照本部分规定制造的设备。符合本部分相关条款的设备满足以下级别的要求：

——Ⅰ类Mb级设备，在正常运行以及严酷操作条件下，尤其是粗暴处理和环境条件改变时，不出现引起点燃的点燃源；

——Ⅱ类Gb级或Ⅲ类Db级设备，在正常运行以及预期故障情况下不出现引起点燃的点燃源。

可以单独采用本部分规定的防爆型式或与其他防爆型式一起使用，按照GB 25286.1中的点燃危险评定，对Ⅰ类Mb级设备或Ⅱ类Ga、Gb级和Ⅲ类Da、Db级设备提供保护。

注：Ⅰ类Ma级设备的国家标准制定正在进行中。可参考的标准EN 50303中规定了有关Ⅰ类M1级(对应本部分Ma级)设备的要求，包括电气和非电气设备的要求。

本部分不适用用于硫磺粉尘和有机过氧化物的设备。

本部分不适用于防爆电气设备或往复式内燃机。电气设备应按照GB 3836.1和GB 3836.2；往复式内燃机应按照GB 20800.1、GB 20800.2和GB 20800.3。

2 规范性引用文件

下列文件中的条款通过GB 25286的本部分的引用而成为本部分的条款。凡是注日期的引用文件，其随后所有的修改单(不包括勘误的内容)或修订版均不适用于本部分，然而，鼓励根据本部分达成协议的各方研究是否可使用这些文件的最新版本。凡是不注日期的引用文件，其最新版本适用于本部分。

GB 3836.1—2010 爆炸性环境 第1部分：设备 通用要求(IEC 60079-0:2007,MOD)

GB 3836.2—2010 爆炸性环境 第2部分：由隔爆外壳“d”保护的设备(IEC 60079-1:2007,MOD)

GB 20800.1—2006 爆炸性环境用往复式内燃机防爆技术通则 第1部分：可燃性气体和蒸气环境用Ⅱ类内燃机

GB 20800.2—2006 爆炸性环境用往复式内燃机防爆技术通则 第2部分：可燃性粉尘环境用Ⅱ类内燃机

GB 20800.3—2008 爆炸性环境用往复式内燃机防爆技术通则 第3部分：存在甲烷和(或)可燃性粉尘的地下矿区巷道用Ⅰ类内燃机

GB 25285.1—2010 爆炸性环境 爆炸预防和防护 第1部分：基本原则和方法

GB 25285.2—2010 爆炸性环境 爆炸预防和防护 第2部分：矿山爆炸预防和防护的基本原则和方法

GB 25286.1—2010 爆炸性环境用非电气设备 第1部分：基本方法和要求

EN 50303 用于瓦斯和/或煤尘环境的Ⅰ类M1级设备

3 术语和定义

本部分采用GB 25285.1—2010,GB 25285.2—2010,GB 25286.1—2010,GB 3836.1—2010和GB 3836.2—2010中确立的及以下术语和定义。

3.1

隔爆外壳"d" flameproof enclosure "d"

一种保护类型。内部装有能够点燃爆炸性环境的零件,外壳能够承受内部的爆炸性混合物爆炸时产生的压力,同时能够阻止内部的爆炸传播到外壳周围的爆炸性环境中。

4 适用性确定和通用要求

4.1 适用性确定

在采用本部分规定的方法保护设备或设备组件(包括相互连接的部件)之前,应按照GB 25286.1先进行点燃危险评定。而且,评定应确定隔爆外壳型"d"与设备潜在点燃源的类型相适应,能够达到设备类别和级别要求的保护等级。

GB 25286.1规定的设备分类和温度组别适用于本部分。

GB 3836.1规定的气体类别ⅡA、ⅡB和ⅡC的细分也适用于本部分对Ⅱ类设备的要求(参考不同气体或蒸气的设备环境)。GB 3836.1规定的类别ⅢA、ⅢB和ⅢC的细分也适用于本部分对Ⅲ类设备的要求(参考不同粉尘的设备环境)。

4.2 通用要求

本部分引用GB 3836.2的内容中所引用GB 3836.1的部分,还应参考GB 25286.1,如果有冲突应优先考虑GB 25286.1。

5 隔爆接合面

隔爆接合面应符合GB 3836.2—2010第5章的要求,其中包含了不同气体组别要求的最大间隙表。

在应用GB 3836.2—2010第5章要求时,以下条款应变动:

a) GB 3836.2—2010中第5章的"电气"这个词应由"非电气"代替。

b) GB 3836.2—2010中5.1应由以下内容代替:

"当按照15.1(外壳耐压试验)试验时,外壳不应有永久性的变形,也不应有使外壳的隔爆性能降低到不合格程度的损坏,即不能降低外壳的机械强度或扩大隔爆接合面的间隙。"

"当按照15.2(内部点燃的不传爆试验)试验时,外壳不应通过其接合面传递引燃的火焰。"

无论是长期关闭或是经常打开的外壳,其接合面在没有压力时应符合第5章的要求。

注:GB 3836.2—2010中第5章给出的值是最低必要条件。为了通过不传爆试验需要采取其他措施。

隔爆面应采取防腐措施。

隔爆面不允许涂漆。其他涂敷材料,如果证明材料本身和涂敷方法不会对接合面的隔爆性能产生不利影响,也可以使用。

6 胶粘接合面

胶粘接合面应符合GB 3836.2的相关要求。

7 操纵杆

操纵杆应符合GB 3836.2的相关要求。

8 转轴和轴承的补充要求

转轴和轴承应符合 GB 3836.2—2010 第 8 章的要求。

GB 3836.2—2010 第 8.1 和 8.2 以及 GB 3836.2—2010 中图 17、图 18、图 19 和图 20 中"电气"一词由"非电气"代替。

9 透明件

组成非电气设备外壳部件的观察窗和窥镜的透明件应符合 GB 3836.2 的有关要求。GB 3836.2 中参考 GB 3836.1 应改为参考 GB 25286.1。

10 构成隔爆外壳部件的呼吸和排液装置

构成隔爆外壳部件的呼吸和排液装置应符合 GB 3836.2 的有关要求。

GB 3836.2 中参考 GB 3836.1 应改为参考 GB 25286.1。

注：呼吸和排液装置的波纹带状元件的附加要求和具有不可测通道元件的附加要求分别见附录 A 和附录 B。

11 紧固件、相关的孔和封闭装置

紧固件、相关的孔和封闭装置应符合 GB 3836.2 的有关要求。GB 3836.2—2010 中 11.9 的"电缆引入装置或导管密封装置"应认为包括非电气设备的管道引入装置和为了使保护有效而需要封闭的类似的开孔。

12 外壳的材料和机械强度；外壳内的材料

外壳的材料和机械强度应符合 GB 3836.2 的有关要求；外壳内的材料也应符合 GB 3836.2 的有关要求。GB 3836.2—2010 第 12.6(电气绝缘材料的 CTI)与非电气设备无关，不考虑。

13 隔爆外壳的引入装置

虽然对于非电气设备不可能有像电气设备那样的电气隔离电缆引入装置，但是如果非电气外壳有类似型式的引入装置，应按照 GB 3836.2—2010 第 13 章的要求和 GB 3836.2—2010 附录 C 规定的要求进行试验。

隔爆型外壳的非电气插接装置的引入应符合 GB 3836.2—2010 第 13.3.1 的规定，并应设警告标识："设备工作时严禁分离"。

以下变动应在这里适用：

a) "导线"应看作是通过套管穿过外壳壁的固体材料/绳。例如：为了把光从一个腔传到另一个腔而穿过内壁(通过套管)的光导纤维芯线；

b) GB 3836.2—2010 中第 13.4 所涉及 C.2.1.4，其参考的 GB 3836.1 应看作参考 GB 25286.1—2010；"电气设备"应看作"非电气设备"。

注：隔爆型引入装置的附加要求见附录 C。

14 检查和试验

GB 3836.2—2010 第 14 章不适用于非电气设备，因为它与某些电气设备的最高表面温度确定相关。

15 型式试验

注：本部分的范围比 GB 3836.2—2010 广(GB 3836.2—2010 版本仅与爆炸性气体环境用设备的试验有关)，增加了可燃性粉尘环境用设备的条款，见 15.2。

15.1 用于爆炸性气体或蒸气/空气混合物的隔爆型非电气设备的型式试验

用于爆炸性气体或蒸气/空气混合物的隔爆型非电气设备满足 GB 3836.2—2010 第 15 章的要求，此条款是气体和蒸气环境用设备的型式试验。在 GB 3836.2 中所有参考 GB 3836.1 处都应看作是参考 GB 25286.1。

15.2 用于可燃性粉尘/空气混合物环境的非电气设备的型式试验

用于可燃性粉尘(本部分第 1 章提到的那些除外)爆炸环境的外壳应：

a) 按照上述 15.1 的要求，用ⅡA 类设备的爆炸气体/空气混合物进行试验；

b) 应能承受压力，并符合ⅡA 类设备防止火焰传爆的要求。

注：仅用本部分规定的隔爆外壳“d”对用于可燃性粉尘环境的非电气设备进行防点燃保护，通常是不实用的。这是因为可由更简单、更经济的防尘结构外壳达到同等的防点燃水平(例如：有简单接合面的坚固外壳，防止固体外物进入的防护等级为 GB 4208 规定的 IP6X)。这样，防止了可燃性粉尘进入外壳，因此也防止了在外壳内形成爆炸性粉尘云。

16 例行试验

例行试验应符合 GB 3836.2—2010 第 16 章的要求(例行试验应在每个外壳上进行)。

17 开关

GB 3836.2—2010 第 17 章的要求是关于电气开关的，不适用非电气设备。

18 灯座和灯头

GB 3836.2—2010 第 18 章的要求是关于灯座和灯头的，不适用非电气设备。

19 非金属外壳和外壳的非金属部件

非金属外壳和外壳的非金属部件应符合 GB 3836.2—2010 的要求。

20 使用毛细管的设备

使用毛细管的设备应符合 GB 3836.2—2010 中 5.5 的要求。

21 说明书和文件

21.1 用户说明书

符合本部分要求的设备应附有符合 GB 25286.1 要求的使用说明书，另外还有：

a) 如有必要，设备详细的安装说明；

b) 与外壳维修相关的说明和其推荐的使用寿命；

c) 如有必要，为了防止隔爆接合面腐蚀，可以施加在接合面上而不影响接合面防点燃水平特性的复合物类型的描述(见 GB 3836.2—2010 中的 5.1，在本部分中作为交叉引用)；

d) 关于避免压力重叠的警告，如果单独的隔爆外壳之间有非限制的管道连接，会发生压力重叠；

e) 设备不适用于硫磺粉尘和有机过氧化物粉尘环境的警告。

21.2 技术文件

说明符合本部分要求的技术文件应包括用户说明书和以下技术文件：

a) 目的和用途；

b) 要求的防爆型式，温度组别和相关标准；

c) 型号意义；

d) 功能；

e） 元件和/或材料允许的最高温度——材料及其正确的特征值；例如外壳或部件制造中使用的非金属材料的完整说明和选择材料的依据的说明，必要时，还有检验报告；
f） 其他结构；
g） 安装说明；
h） 主要图纸：总图、部件图和附加文件；
i） 例行试验要求，任何计算的结果，间隙表，胶粘接合面表，包含胶粘接合面内胶粘剂的材料，最高温度，必要时，还应有温度试验报告，IP 等级试验报告；
j） 表明得出的试验压力和符合本部分 15.1 和 15.2 规定的型式试验合格要求的检验报告。否则，要说明相关类型的设备不进行此项试验的原因（例如：容积太小）。

22 标志

除了符合 GB 25286.1 对标志的要求外，符合本部分必须的特定标志应包括符号“d”（表示隔爆型防燃型式）。

用于爆炸性气体环境的Ⅱ类 Gb 级、温度组别为 T4 的防爆设备标志示例：

Ex dⅡT4 Gb

Ⅰ类 Mb 级防爆设备的标志示例：

Ex dⅠ Mb

附　录　A
（规范性附录）
呼吸和排液装置的波纹带状元件的附加要求

呼吸和排液装置的波纹带状元件应符合 GB 3836.2—2010 附录 A 的要求。

附　录　B
（规范性附录）
对呼吸和排液装置具有不可测通道元件的附加要求

呼吸和排液装置具有不可测通道元件应符合 GB 3836.2—2010 附录 B 的要求。

附　录　C
（规范性附录）
隔爆型引入装置的附加要求

GB 3836.2—2010 附录 C 外壳电缆引入装置的要求不适用。但应采用 GB 3836.2—2010 附录 C 的试验方法和合格/不合格判据对非电气设备外壳的压缩型管道引入装置进行耐压性测试。为了进行此项试验，应用实心杆/芯棒代替空的管道穿过压缩型引入装置。

ICS 29.260.20
K 35

中华人民共和国国家标准

GB 25286.5—2010

爆炸性环境用非电气设备 第5部分:结构安全型"c"

Non-electrical equipment for explosive atmospheres—Part 5:Protection by constructional safety "c"

2010-11-10 发布　　2011-09-01 实施

中华人民共和国国家质量监督检验检疫总局
中国国家标准化管理委员会　发布

前言

本部分的全部技术内容为强制性。

GB 25286《爆炸性环境用非电气设备》包含以下部分：

——第1部分：基本方法和要求；

——第2部分：限流外壳型“fr”；

——第3部分：隔爆外壳型“d”；

——第4部分：固有安全型“g”（正在考虑中）；

——第5部分：结构安全型“c”；

——第6部分：控制点燃源型“b”；

——第7部分：正压型“p”（正在考虑中）；

——第8部分：液浸型“k”。

本部分是GB 25286《爆炸性环境用非电气设备》第5部分，是修改采用EN 13463-5：2003《潜在爆炸性环境用非电气设备　第5部分：结构安全型“c”》（英文版）制定的。

本部分与EN 13463-5：2003的主要区别是：为了与GB 3836.1类型表述趋于一致，本部分将EN 13463-5：2003中的M1、M2级设备分别对应于本部分的Ma、Mb级设备；将EN 13463-5：2003中Ⅱ类G级1、2、3级设备分别对应于本部分Ⅱ类Ga、Gb、Gc级设备；将EN 13463-5：2003中Ⅱ类D级1、2、3级设备分别对应于本部分Ⅲ类Da、Db、Dc级设备；标志也做了相应的更改。另外，删除了EN 13463-5：2003中与本部分无关的资料性附录ZA。

本部分的附录A为资料性附录、附录B为规范性附录。

本部分由中国电器工业协会提出。

本部分由全国防爆电气设备标准化技术委员会归口。

本部分主要起草单位：南阳防爆电气研究所、国家防爆电气产品质量监督检验中心、大连海密梯克泵业有限公司、浙江杭叉工程机械股份有限公司。

本部分主要起草人：张刚、邹立莉、黄晓平、张丽晓。

本部分于2010年首次发布。

引　言

非电气设备在爆炸性环境的工业场所应用已有很多年了，在应用保护措施降低点燃危险到合格的安全水平过程中积累了丰富的经验。其中一种防点燃保护的方法是，选择正常工作条件下不含点燃源的设备类型，然后应用合理的工程原理，使机械故障可能造成引燃温度或引燃火花的危险降低到非常低的水平。本部分涉及的此类防点燃保护措施为结构安全型“c”。

爆炸性环境用非电气设备
第5部分:结构安全型“c”

1 范围

1.1 本部分规定了爆炸性环境用非电气设备结构安全型“c”保护类型的设计和结构要求。

1.2 本部分是GB 25286.1要求的补充,GB 25286.1的规定对结构安全型设备全部适用。

1.3 符合本部分相关条款的设备满足以下级别的要求:

——Ⅰ类Mb级设备;

——Ⅱ类Ga或Gb级设备;

——Ⅲ类Da或Db级设备。

注:Ⅰ类Ma级设备的国家标准制定正在进行中。可参考的标准EN 50303中规定了有关Ⅰ类M1级(对应本部分Ma级)设备的要求,包括电气和非电气设备的要求。

1.4 本部分规定的防点燃保护类型可以单独使用,也可与其他防点燃保护类型一起使用,满足按照GB 25286.1中的点燃危险评定确定的Ⅰ类Ma级和Mb级,Ⅱ类Ga级、Gb级或Ⅲ类Da级、Db级设备的要求。

2 规范性引用文件

下列文件中的条款通过GB 25286的本部分的引用而成为本部分的条款。凡是注日期的引用文件,其随后所有的修改单(不包括勘误的内容)或修订版均不适用于本部分,然而,鼓励根据本部分达成协议的各方研究是否可使用这些文件的最新版本。凡是不注日期的引用文件,其最新版本适用于本部分。

GB 4208—2008 外壳防护等级(IP代码)(IEC 60529:2001,IDT)

GB/T 6391—2003 滚动轴承额定动载荷和额定寿命(ISO 281:1990,IDT)

GB 8624—2006 建筑材料及制品燃烧性能分级

GB/T 10715—2002 带传动 多楔带、联组V带及包括宽V带、六角带在内的单根V带 抗静电带的导电性:要求和试验方法

GB 25285.1—2010 爆炸性环境 爆炸预防和防护 第1部分:基本原则和方法

GB 25285.2—2010 爆炸性环境 爆炸预防和防护 第2部分:矿山爆炸预防和防护的基本原则和方法

GB 25286.1—2010 爆炸性环境用非电气设备 第1部分:基本方法和要求

GB 25286.6—2010 爆炸性环境用非电气设备 第6部分:控制点燃源型“b”

GB 25286.8—2010 爆炸性环境用非电气设备 第8部分:液浸型“k”

IEC 60079-4 爆炸性环境用电气设备 第4部分:引燃温度试验方法

EN 982 机械安全 流体动力系统及其元件的安全要求 液压装置

EN 983 机械安全 流体动力系统及其元件的安全要求 气压装置

EN 13478 机械安全 防火与消防措施

EN 50303 用于瓦斯和/或煤尘环境的Ⅰ类M1级设备

3 术语和定义

本部分采用GB 25286.1—2010和GB 25285.1—2010、GB 25285.2—2010中确立的及下列术语和定义。

3.1

结构安全型“c”　type of protection constructional safety “c”

采用结构性措施进行保护，防止活动部件造成的热表面、火花和绝热压缩可能引起点燃的防点燃保护类型。

3.2

机械火花　mechanical sparks

两种相同或不同的固体材料之间撞击或摩擦产生的火花和火花簇。

4　概述

4.1　适用性确定

在采用本部分规定的方法保护设备或设备组件（包括相互连接的部件）之前，应按照 GB 25286.1 先进行点燃危险评定。并且，评定应确定，通过增强或增加某些薄弱部件的安全性能确保不会产生点燃源。

4.2　设备部件

设备的所有部件及内部连接部件在其整个预期使用寿命期间，应能按照生产商规定的工作参数正常工作，在承受预期的机械和热应力时保持足够的坚固性和耐用性。

4.3　防护等级

4.3.1　概述

设备外壳提供的防护等级（IP）取决于其预计用途及其设计使用的环境类型。作为点燃危险评定的一部分，应依据 GB 4208—2008 第 13.4 规定的第 1 类型的外壳 IP 确定适当的等级（见 4.1），并应能够防止外物或水进入设备。外物或水进入设备可能导致：

a）　防点燃水平降低至一个较低值，如使点燃温度低于爆炸性环境温度的可燃粉尘，在发热的内部元件或设备部件上形成覆盖层；和/或

b）　接触活动部件，形成潜在点燃源、危险故障或明火。

以下 4.3.3 至 4.3.5 规定了适用于所述环境中外壳的最低防护等级（IP）。

4.3.2　如果设备用于气体/蒸气环境，当外物进入时可能导致点燃，但粉尘进入不会带来危害时，应防止坠落物体进入。

4.3.3　如果设备用于气体/蒸气环境，当外物或液体进入可能造成故障并导致形成点燃源时，外壳防护等级至少为 IP54。

4.3.4　如果设备用于可燃性粉尘环境，当粉尘进入会形成点燃源或明火时，外壳防护等级至少为 IP6X。

4.3.5　如果设备用于可燃性粉尘环境，当粉尘和外物进入不可能造成点燃时，无需使用外壳。

注：由于其他安全原因，可能要求有外壳，如 IP2X 的外壳防止壳体部件与旋转部件接触。

4.4　活动部件的密封

4.4.1　无润滑的衬垫、密封、套筒、风箱和隔板

无润滑的衬垫、密封、套筒、风箱和隔板，在正常工作中或在预期故障条件下如果有滑动摩擦，不应使用轻金属。但是由弹性材料、PTFE 或类似材料、石墨和陶瓷制成的套筒适用。

非金属材料应耐变形和抗老化，并且不会降低防爆性能（见 GB 25286.1）。

4.4.2　填料盒密封物

只有当温升不会超过最高表面温度时，才能使用填料盒密封物。

注：应采用温度监控和停止设备运行的装置。

4.4.3　润滑密封

一般情况下，需要补充润滑剂防止设备部件的接触面产生热表面的密封设计，应确保有充分的润滑

剂，或由下列方法之一进行保护：

——提供一种有效方法监测润滑剂持续存在；或

——提供温度监测装置，在温度升高时发出警报；或

——将设备设计成能够通过附录B所述的“干运行”试验，而不会超过设备的最高表面温度和/或出现会降低其防点燃保护性能的损坏。

注：可以连续监测或通过适当的检测和检查监测。

制造商说明书应包括此类密封正确润滑、监测和维护的详细说明。

4.5 设备润滑剂/冷却剂/液体

4.5.1 规定用于防止潜在易燃热表面或机械火花（见GB 25286.8）的润滑剂和/或冷却剂的点燃温度（见IEC 60079-4）应比使用液体的设备的最高表面温度高50 K。

4.5.2 任何能够释放的液体都不应造成点燃。

注：例如由于高温或静电释放。

5 活动部件要求

5.1 概述

点燃危险评定（见4.1）应指出由于早期故障或磨损可能产生不安全的振动、冲击或摩擦的活动部件。考虑设备EPL保护级别，这类部件的结构在整个使用寿命期间应不会使其成为点燃源，或者制造商说明书应规定采取的措施。

注：圆周速度小于1 m/s的缓慢旋转部件，通常不需要保护防止由摩擦产生的热量和机械火花。对于有高速旋转部件的设备，结构安全型“c”型保护可能不适用。在这种情况下，应考虑其他保护类型，如隔爆外壳型“d”或正压型“p”。

5.2 振动

应避免活动部件非意外振动导致产生潜在易燃热表面或机械火花。非意外振动可能由设备自身造成，或由于其安装的地点造成。应避免这种原因造成的潜在易燃热表面或机械火花。制造商应提供必需的安装、操作和维护说明书。说明书应特别规定设备正确运行的速度范围。

注1：或者设备可以安装一个振动控制装置，控制活动部件过度振动相关的任何潜在点燃源（见GB 25286.6）。

注2：活动部件的制造材料熔点低于设备最高表面温度，或者不能造成潜在易燃热表面和/或机械火花时，通常不需要采用附加保护措施（如提供一个低熔点的弃式耐磨板；在金属外壳内采用塑料风扇，或带弃式无火花低熔点风扇叶梢的金属风扇）。

5.3 间隙

无润滑活动部件和固定部件之间的间隙尺寸，应避免能产生潜在易燃热表面和/或机械火花的摩擦接触（防止预期故障可采取的一些预防措施见5.1的注1和注2）。

注：液体保护的部件见GB 25286.8。

5.4 润滑

依靠润滑介质防止温升超过最高表面温度或造成易燃机械火花的活动部件，结构应确保始终有润滑介质存在。可以通过甩油润滑器、自动润滑系统或监测油位的手控系统，以及定期维修的适当说明和推荐的检查频率来实现。当这些方法不可能实现时，应采用其他控制点燃危险的方法。（如，温度传感器在达到易燃温度之前发出警报，或采用温度传感器控制潜在点燃源）（见GB 25286.6）。

当设备设计处理液体为其部分功能，并且处理的液体是润滑、冷却、淬火或防止点燃的基本要求时，根据GB 25286.1的规定，制造商说明书中对此应有说明。

6 轴承要求

6.1 概述

轴承基本上分为三种类型：平面滑动轴承、旋转滑动轴承和滚动轴承。当评定轴承时，作为

GB 25286.1 要求的点燃危险评定的一部分(见 4.1),以下要求(不是最终确定列项)应予以考虑:

——轴承设计应符合设备预期用途,如速度、负载以及速度和负载的偏差;

——轴承基本的额定寿命,见 GB/T 6391 对滚动轴承的规定(见下面注 1);

——轴承在轴承室和转轴上的配合(公差、圆度和表面质量),同时考虑孔与轴承配合对轴承的径向和轴向负载;

——轴承的正确位置定位;

——最严酷运行条件下转轴和外壳热膨胀造成的轴承轴向和径向负载;

——防止水和固体颗粒进入轴承的保护,如需要,应避免过早损坏;

——轴电流保护,包括杂散环流(杂散环流可能造成,如,在滚珠轴承的滚珠和滚珠轴承座圈之间的接触点产生引起过形成过早破坏的易燃火花或电火花腐蚀);

——依据轴承类型需要的润滑剂,提供充分润滑(如,对于滑动轴承,边界润滑、混合膜、或全膜液压润滑为最常用的方式);

——推荐的维护周期;

——发生不能接受的磨损或推荐寿命周期到期时,进行更换;

——保护轴承免受振动,尤其是处于停顿状态时。

当上述任一项取决于用户进行手动检查探测故障或临界故障时,依据 GB 25286.1 规定的制造商说明书中应包含必要的说明信息。

对于 Ma、Ga、Da 级设备,制造商应规定磨合运转期,在此期间设备周围不能存在可燃环境源。

注 1:目前,还没有一种适当的试验性检验方法能证明已知类型的轴承在工作中成为点燃源的风险很低。滚珠和滚柱轴承制造商应对应工作中可能出现机械故障的概率(如元件变形、或疲劳剥落或其中一个元件发生散裂引起的故障),规定一个基本额定寿命值。进行点燃危险评定时可用此基本额定寿命,确定可能导致产生易燃热表面或火花的轴承故障的危险。根据滚珠/滚柱轴承理论上转动一百万转能承受的轴向和径向负载之和,确定其基本额定寿命。通常以预期寿命运行圈数或预期寿命工作小时数为单位,用“L”值表示。为将工作中故障危险降至最低,制造商应注意,良好的设计、轴向和径向负载比、结构、润滑、冷却和维护程序极为重要。同时推荐在运行期间进行定期检查,以探测临界故障。

注 2:轴承工作寿命很大程度取决于工作条件,因此不可能可靠地计算其工作寿命。

注 3:平面轴承不受影响,因为不可能计算其工作寿命。应按照 6.2 规定确保润滑。

轴承应符合当前的技术状况。应定期检查和/或监测轴承,防止点燃危险。

设备制造商的使用说明书中应包括必要的运行、运行频率和适当维护的详细说明。

6.2 润滑

依靠润滑介质防止温升超过最高表面温度或造成易燃机械火花的轴承,结构应确保润滑介质始终存在。这可以通过终身密封轴承、甩油润滑器、自动润滑系统或监测油位的手控系统,以及定期维修的适当说明和推荐的检查频率来实现。当这些方法不可能实现时,应采用其他控制点燃危险的方法如温度传感器在达到潜在易燃温度之前发出警报,或采用温度传感器控制潜在点燃源(见 GB 25286.6)。

当设备设计处理液体为其部分功能,并且处理的液体是润滑、冷却、淬火或防止点燃的基本要求时,根据 GB 25286.1 的规定,制造商说明书中对此应有说明。

6.3 化学兼容性

轴承的制造材料对预期使用接触的液体或蒸气应有耐腐性。同样,轴承结构所用材料包括轴承罩应对其能够接触的液体或溶剂有耐腐性。应特别注意非金属部件可能膨胀。当液体或蒸气能溶解到轴承的润滑剂中时,即使在这种情况下润滑剂仍应保持“发挥作用”。

7 动力传动系统要求

7.1 齿轮传动

7.1.1 齿轮传动应符合第 5 章要求。当点燃危险评定(见 4.1)显示仍然可能有点燃源时,应采用其他防点燃保护型式(如 GB 25286.8 液浸型保护)。

7.1.2 当设备包含改变齿轮齿数比(手动或自动)的部件时,变速装置的布置应确保其产生的温度不能超过最高表面温度或不能产生易燃机械火花。

7.2 皮带传动装置

7.2.1 动力传动皮带在运行中应不能够产生可点燃的静电放电(见 GB/T 10715)。

7.2.2 结构材料应为不燃型和/或难燃型(见 GB 8624、EN 13478)。选择材料时应考虑危险分析。

7.2.3 如果皮带在滑轮上松弛或打滑,可能造成表面温度超出最高表面温度,应维持适当的皮带张力。

注:用于确保适当皮带张力的装置还可以用来探测断裂的皮带。

7.2.4 如果运行时偏离定位,可能致使表面温度超过最高温度,应维持正确的定位(见 7.2.3)。

注:或者,在皮带驱动上安装温度监控装置,以防止表面形成点燃危险(见 GB 25286.6)。

7.2.5 设备的支架、底盘或结构含皮带,应由导电材料制造,并应设计一条接地泄漏通道使皮带上产生的静电导走。支架、底盘或结构包括驱动滑轮或传动卷筒以及与皮带驱动相关的惰轮或惰辊。当泄漏通道与地之间的电阻超过 $1\times10^{9}\ \Omega$ 时,独立部件和地之间应采用特殊的等电位连接。

注:当驱动滑轮或驱动惰辊由主电源供电的电机驱动时,通常考虑电机提供的接地电气连接。

7.2.6 由于输出功率轴堵转,但同时输入轴持续旋转,使得驱动能够产生高于最高表面温度的热表面,驱动应有措施检测堵转的输出,并防止点燃。

7.3 链条驱动

链条驱动应符合第 5 章要求。

运行速度大于 1 m/s 并含有潜在点燃源(依据 GB 25286.1 点燃危险评定确定)的链条驱动,采取措施确保链条与其相关扣齿连续正向啮合。当上述措施不能实现时,链条驱动应安装一个装置,在链条断裂、脱扣或松弛度超过制造商说明书规定的限值时,能断开驱动扣的驱动力(见 GB 25286.6)。

7.4 其他驱动

其他驱动应符合第 5 章要求。

7.5 流体静力设备/流体动力设备/气动设备

7.5.1 流体静力/流体动力和气动动力传输设备应由管道、外壳和/或其他外部部件构成。这些部件即使在最高公称额定状态下连续工作也不会产生超出最高表面温度的热表面。

7.5.2 流体静力/流体动力设备应符合 EN 982 的要求。

7.5.3 气动设备应符合 EN 983 的要求。

7.5.4 能够释放的动力传输液体如果能产生点燃危险则其最高温度不应超过设备的最高表面温度。

注:合适的过热保护装置可以是液压联轴器中的易熔塞,在过载/过热期间熔化,将动力传输液体从联轴节中释放出来(见 GB 25286.6)。

7.5.5 为防止液体燃烧点燃爆炸性环境,动力传输液体应具有适当的耐火等级。

7.5.6 气动设备用空气压缩机应:

——在吸入系统上装一个过滤器,防止粉尘或类似外物进入压缩腔;

——使用仅含有耐碳化的润滑剂。

注 1:压缩机润滑剂碳化(暴露于高温所致)导致在压缩机输出过程中形成油性碳沉积物。这些沉积物能够造成压缩机输出过热甚至爆炸。

注 2:对于高压下使用的液体(如压缩机内),应考虑到因工作压力增大使点燃温度降低的事实。

8 离合器和联轴器要求

8.1 离合器和联接器的安装布置或对其进行的监控(见 GB 25286.6),应确保其暴露于爆炸性环境的固定或活动部件的温度不会超过设备的最高表面温度。如果离合器或联接器的部件含塑料或其他非金属部件,则其材料或安装布置应排除产生易燃静电放电的可能。

注:上述类型离合器和联接器的例子为:摩擦片离合器、钟形离心式离合器、液压联轴器和杓控式液压联轴器。

8.2 在完全啮合期间，输入和输出机构之间不应产生可能超过最高表面温度的滑动或类似相对运动。

注：上述要求可通过下列一种或多种预防措施实现(见 GB 25286.6)：

——安装过载/过热保护装置，如液压联轴器中的易熔塞，可以在过载/过热时通过“断开”释放联轴器中的动力传输液体，或者

——安装控制装置，合理布置，如果联轴器的任何部件或离合器组件，或其外壳达到最高表面温度，能断开输入驱动电源，或者

——合理布置一个或多个控制装置，如果由于故障、错误调节、或机构/摩擦垫(如离合器片)过度磨损导致发生滑动，能断开驱动源。

8.3 为防止不安全的摩擦热，机构从开始启动时到达到完全啮合或完全脱离所需的最长时间内，不应使设备超过最高表面温度。满足此要求的一种方法是确定最长安全啮合时间，见附录B中的B.2。

9 制动器和制动系统要求

9.1 紧急停止用制动器

仅在紧急状况下停止设备用的制动器，结构应使其允许耗散的最大动能既不会超过最高表面温度，也不会在任何暴露于爆炸性环境的部件处产生易燃火花。

注：对于不常动作的紧急停止装置，依据4.1的危险评定可能得出结论，即此类设备不需要更多相关的保护措施。

9.2 工作制动器(包括摩擦制动器和液压减速器)

注：工作制动器的结构应使其允许耗散的最大动能既不会超过最高表面温度，也不会在任何暴露于爆炸性环境的部件处产生易燃火花。强烈建议采取其他保护措施防止点燃源形成。

9.3 停车制动

如果制动器没有完全释放，停车制动应安装联锁装置防止施加驱动动力。或者应安装控制装置。

10 弹簧和受力元件要求

必要时，弹簧和受力元件的结构应带有润滑和/或冷却，使暴露于爆炸性环境的部件如果在工作中破裂或断裂，既不会产生超过最高表面温度的热表面或也不会产生易燃机械火花。

11 传送带要求

11.1 传送带在工作中应不会产生易燃静电放电。

11.2 结构用材料应为不燃和/或难燃材料(见 GB 8624、EN 13478)。应考虑危险分析选择材料。

注1：地下矿用传送带应符合此要求。

注2：按行业规定，矿用传送带应通过更严格的耐火试验，进行试验时，用丙烷燃烧器燃烧试验样品；在矿井通道中进行完整的火焰试验时，一个旋转传送带驱动滚轴与一个固定传送带接触。

11.3 由于皮带在传送带驱动或其他滚轴上松弛或滑动，致使能产生高于最高表面温度的热表面的驱动，应采取措施来确保维持制造商推荐的正确的皮带张力。

注：可通过监测皮带张力或者比较驱动滚轴和皮带的相对速度来实现。

如果比较驱动滚轴和皮带的相对速度，二者差值大于10%，就会导致驱动动力断电。

11.4 由于运行偏轴能导致产生高于最高表面温度的热表面的驱动应配置探测偏轴的措施。

注：除了11.3和11.4中提到的保护措施，还有一种方法，皮带驱动组件可以安装温度控制装置，确保不会产生任何潜在易燃热表面(见 GB 25286.6)。

11.5 设备的支架、底盘或结构含皮带，应由导电材料制造，并应设计一条接地泄漏通道使皮带上产生的静电导走。当泄漏通道与地之间的电阻超过 1×10^{9} Ω时，独立部件和地之间应采用特殊的等电位连接。

注：当驱动滑轮和驱动辊由主电源供电的电机驱动时，通常考虑电机提供的接地电气连接。

12 标志

12.1 除了 GB 25286.1 中的标志规定，符合本部分要求必需的特殊标志应包括：

符号"c"(表示结构安全型防燃型式)。

12.2 爆炸性气体环境用 Ⅱ 类 Gb 级防爆保护相关的标志示例：

Ex c Ⅱ T4 Gb

12.3 Ⅰ类 Mb 级防爆保护相关的标志示例：

Ex c Ⅰ Mb

附 录 A
（资料性附录）
设备部件结构采用结构安全型“c”保护的一些方法和原理举例

A.1 通常用于化学工业的Ⅱ类Gb级泵的点燃危险评定

A.1.1 使用描述

设备为一个离心泵，设计用于可燃物质释放源使得环境上升为1区的潜在爆炸性危险场所。泵由隔爆电机驱动，隔爆电机经检验并取得了防爆合格证，为Gb级电气设备，适用于其所处的潜在爆炸性环境。泵在叶轮轴的驱动端有一个单滑轮轴承。其设计用于抽取可能产生可燃蒸气的液体溶剂。

A.1.2 结构

泵有一个不锈钢外壳/体，耐抽取物质的腐蚀。很容易通过GB 25286.1的机械试验（冲击试验）。没有需要考虑的暴露的轻金属或塑料部件，也没有需要考虑的其他GB 25286.1规定的相关限制。

泵的设计和强度具有较高的完整性，即使在可预见的故障情况下，也不会发生泄漏。泵通常在充满液体的情况下运行，但不是自我填充式，应考虑可能出现干运行的状况。泵有双重机械密封，在密封之间抽取润滑剂。

泵的安装设计为能承受泵工作时的预期振动，并能避免由于振动疲劳或在10%的超速时偏轴造成泵壳体的过早故障。

A.1.3 点燃危险评定

依据GB 25286.1—2010中5.2的点燃危险评定确定，由于其结构特征和温度组别试验表明，在正常工作中不存在点燃源。

由于泵设计为Ⅱ类Gb级设备，依据此级别的定义，点燃危险评定应考虑“预期故障”。进一步的评定表明下列预期故障均为可能的点燃源：

——泵内无液体时运行；

——泵与驱动偏轴；

——旋转轴上密封故障；

——对一个关闭的出口进行抽取；

——泵超速运行；

——液体中的固体物质进入泵中；

——在特殊溶剂中，某些密封件膨胀；

——驱动轴轴承故障；

——叶轮转子折断。

如果所有这些运行故障能利用本部分规定的措施进行控制，则这种泵可描述为采用了结构安全型进行保护。

A.1.4 确定防点燃保护

对预期故障时的点燃进行保护，可以考虑将泵的外壳做成隔爆型外壳“d”。这样的优点是能够将所有潜在点燃源封闭到一个保护外壳内。但是这样会使泵的体积不必要的增大并且制造成本提高。因此这种可能被否定，而采用结构安全型，见下面点燃危险评定文件的描述。

A.1.5 点燃危险评定文件

附一份点燃危险评定文件。此文件应放入制造商的技术文件中。如果声明泵已获得了防爆合格证，此技术文件应存在所选的检验机构处。

A.1.6 关于防点燃保护的标志

GB 25286.1 规定设备应标注采用的防点燃保护类型的符号。在这种特殊情况下，此泵符合 GB 25286.1 和本部分的规定。因此标志中应包含符号“c”。

表 A.1 Ⅱ类 Gb 级离心泵点燃危险评定文件举例

潜在点燃源		防止点燃源变为有效点燃源采取的控制措施	保护类型（符号 Ex）
正常工作	预期故障		
暴露的热表面	—	在正常条件下泵满负载工作时进行了试验。泵灌注起动失败或液体流入入口失败时也进行了另一项类似试验，作为干运行试验。每项试验中，查找并记录最高表面温度。结果确定泵的温度组别为“T6”，可用于泵体周围的潜在爆炸性环境。泵内可燃液体形成爆炸性蒸气的可能性必需考虑，但是这一点可以忽略，因为此文件后面规定的保护措施确保故障危险和内部爆炸性环境不可能同时出现	GB 25286.1—2010，6.1
静电放电	—	无静电危险。外壳或暴露的表面未采用塑料材料	GB 25286.1—2010，7.4
轻金属和生锈的钢之间的冲击	—	可能接触生锈铁的外壳或其他裸露表面不含铝、镁或钛	GB 25286.1—2010，第8章
机械强度	—	通过 GB 25286.1 规定的冲击试验，符合要求	GB 25286.1—2010，14.3
	a）泵内无液体运行	试验证明泵的结构允许其长时间干运行，且温度不会超过温度组别	“c”
	b）泵与驱动偏轴	泵与驱动偏轴会造成密封发生早期故障。用户说明书应详述安装、检查和维护的正确要求，以避免此危险	GB 25286.1—2010，第15章 说明书
	c）旋转转轴密封故障	石墨密封的故障会使局部过热并造成密封件之间抽取的润滑剂的流失。应此决定制造商说明书中应包括此内容。说明书中推荐润滑剂压力由仪表显示并由操作员人工监测。或者如果用户规定也可以安装一个出口压力监控装置。说明书应明确推荐的密封件更换周期。如果润滑剂压力高于泵出口的压力，通常密封件故障不会造成抽取的可燃液体泄漏	GB 25286.1—2010，第15章 说明书和“c”。 （如果安装有监测装置，也有“b”）
	d）对一个关闭的出口进行抽取	为防止泵在输出阀关闭的状况下工作，需要在输出口安装一个泄压装置。这不会构成泵壳的一部分，并且与正常泵输出口隔开。制造商提供给用户的说明书应详细说明泄压压力、管道尺寸，如果泵运行时输出管发生堵塞，还应有其他防止泵过热的布置。制造商已经在这些条件下对泵进行了试验，测量了达到的表面温度，温度组别就是基于这些数据得出的。安装这些安全措施被看做是结构安全“c”要求的一部分	GB 25286.1—2010，第15章 说明书和“c”

表 A.1(续)

潜在点燃源		防止点燃源变为有效点燃源采取的控制措施	保护类型(符号 Ex)
正常工作	预期故障		
	e) 泵超速运行	为防止超速,应在泵体上粘贴标签说明泵的最大旋转速度。试验证明泵以超出标签速度 10%的速度运行时没有问题	GB 25286.1—2010,第 15 章说明和“c”
	g) 在特定溶剂中,某些密封物膨胀	泵的内部部件可能会受到某些溶剂的严重影响。制造商说明书中列出了已知与密封材料兼容的溶剂	GB 25286.1—2010,第 15 章说明和“c”
	h) 驱动转轴轴承故障	驱动转轴轴承故障会导致形成能够引起点燃的热表面,因此需要防止这种故障。通过采用结构安全文件规定的轴承,并对轴承进行例行检查和维护,可以解决此问题	GB 25286.1—2010,第 15 章说明和“c”
	i) 叶轮转子折断	转子折断被看作是罕见故障,因此对于 Gb 级泵进行危险评定时,不予考虑	Gb 级设备不适用

A.2 Ⅱ类 Ga 级搅拌器相关点燃危险评定

依据 GB 25286.1—2010 第 5.2 进行的危险评定表明,推荐的搅拌器适用于“结构安全型”保护,作为Ⅱ类 Ga 级设备,能够满足此种保护类型的基本要求。因为搅拌器在正常工作和预期故障下不含点燃源。并且,通过良好的设计、结构、材料选择和维护程序,使产生点燃源的危险可能性降到很低,即使在罕见故障或搅拌器发生两个故障时不可能出现点燃源。

搅拌器在一个封闭的搅拌罐内运行。如果搅拌罐壁和搅拌元件之间的间隙足够大,能避免彼此摩擦接触,则唯一的关键点是穿过搅拌罐顶部的转轴通道。在搅拌罐内部可能发生的其他点燃源,如搅拌液体的静电放电,不在本部分范围内,但应在使用说明书中给出警告。

上文已经提到,穿过搅拌罐壁的转轴通道需要用双动作滑圈密封,最好同时用安全密封液体密封。经验表明,这种类型的密封即使在罕见故障时也不会引起点燃。

另一种设计为,转轴通道,即转轴与罐壁的环间隙非常小,以达到相关级别气体的隔爆间隙。在这种情况下,要求转轴轴承仔细设计确保在罕见情况下也能够合理排除转轴的摩擦接触。

径向环间隙上方的转轴套结构需要设计一个间隙,以便在环间隙附近提供通风。

A.3 油罐清洁用Ⅱ类 Ga 级空气压缩机点燃危险评定

压缩空气发动机工作原理为,膨胀的压缩空气释放出潜在能量,推进旋转涡轮叶片,然后叶片通过齿轮机构将输出功率提供给输出转轴。通常,通过潜在爆炸性环境外部某处的高压网路,把压缩空气输入到发动机来实现。齿轮改变输出驱动转轴速度和扭矩以达到驱动负载的要求。发动机结构使其最高工作压力远高于压缩空气网路的标称压力。这样使得发动机动力充足,在正常工作和在转子叶片预期故障条件下,主要活动部件(转子和定子)有洁净空气持续进行吹洗和换气。

依据 GB 25286.1—2010 中 5.2 规定进行的危险评定也考虑功率和设备运行速度,评定表明推荐的压缩空气发动机适用于“结构安全型”保护,作为Ⅱ类 Ga 级设备,能够满足此种保护类型的基本要求。因为发动机在正常工作和预期故障下不含点燃源。并且,通过良好的设计、结构、材料选择和维护程序，使产生点燃源的危险可能性降低到很低，即使在罕见故障或发动机发生两个故障时不可能出现点燃源，因此发动机满足Ga级要求。

Ga级点燃危险评定确定需要考虑的发动机易损坏部分为，外壳用的材料和输出转轴(均为暴露于潜在爆炸性环境的部件)以及由于强度不够、老化、或受可能成为点燃源的污染物质的污染的内部活动部件。

由通用气体物理原理可知，当压缩空气通过发动机扩张时，其温度会降低。因此可以考虑这种冷却效应并进行有益利用，用以限制发动机其他部件的工作温度，如排气气路和活动部件产生摩擦热的部分。

外壳和输出转轴的制造材料为钢或不锈钢，如果适当接地，不会产生摩擦火花或静电放电。由于内部部件(如转子和定子)由扩散的空气进行吹扫，这些部件不会与潜在爆炸性环境接触，因此不需要特别考虑火花点燃危险。内部部件可用任何材料制造，只要强度能满足工作性能要求，并且对机械力引起的故障提供有一定的安全系数。如果过载产生不可接受的热表面，可以采用扭矩限制装置或其他适用装置。

正确选择主转轴轴承能防止过热和粉尘、喷洒水进入而污染润滑剂。轴承经试用并证明可靠，与作为润滑剂的高粘性油脂一起使用。轴承在一个等级“IP54”的轴承壳内，因此减少了轴承在正常工作中过早发生故障的危险。

齿轮驱动安装在一个防尘防水外壳内，或者对其进行终生润滑并用膨胀的空气永久冲洗，或者将其浸入一种不易支持燃烧的保护润滑剂中。如采用后一种方法，应定期监控或检查润滑剂的总量(见GB 25286.8)。如果齿轮箱润滑是一种保护措施，“用户说明书”应包含关于齿轮箱依靠人工检查并且也存在发生不可预期故障的轻微危险(如，涡轮叶片或轴承故障、以及输出转轴过载或超速)。

附 录 B
（规范性附录）
试 验 要 求

B.1 润滑密封装配的“干运行”试验

试验用于模拟当设备固定和活动部件之间用于润滑型密封元件的润滑缺失引起的发热。此处所指的密封装配例子有衬垫密封、壳型密封和其他用于活动轴或旋转轴的类似密封。

试验前，清除润滑剂，不使用溶剂以保留最少的残留润滑剂。然后将密封装配进行至少一个小时的“干运行”试验，此时活动部件以最大正常运行速度运行。

在尽可能靠近密封接触活动部件处，测量设备固定部件的温度。例如，通常可在密封附近以合适角度钻一个小孔，将热电偶插入小孔使之能伸入密封元件下方进行精确测量。试验将近结束时，需要记录多个温度读数，以确保获得最终“稳定状态”温度。试验过程中，注意温度读数、环境温度和活动部件的速度。

B.2 确定离合器组件最长啮合时间的型式试验

B.2.1 设备

B.2.1.1 一套离合器组件——潜在爆炸性环境用类型。如果构成系列部分的离合器组件的输入和输出特性不一样，选择设计从输入转轴传到输出转轴传输最大能量和力矩的组件。

注：如果离合器组件装有防过载装置，如安全销（摩擦垫型用）或熔线/易熔塞（充液型用），在试验中应使这些装置处于无效状态以防止其影响试验结果。

B.2.1.2 温度传感器——至少能够测量用于爆炸性环境时的最高表面温度。传感器还需能够测量暴露于周围环境的固定和活动部件的温度。采用合适的传感器，如特殊校准的红外热探测仪，测量活动部件的实际温度，而不需要进行机械连接。

B.2.1.3 驱动电机——能够将制造商推荐的最大输入功率和力矩传到离合器组件。

B.2.1.4 锁紧机构——制造商推荐的最大输入驱动功率和力矩施加到输入转轴上时，能够防止离合器组件的输出转轴旋转。

B.2.1.5 定时器/记录仪——当驱动功率初次施加到输入转轴上时启动，并且当温度传感器探测到装配部件达到环境允许的最高表面温度时停止。

B.2.1.6 环境箱——能够在离合器组件连接到驱动电机和锁紧机构同时对其进行环境处理。

B.2.2 程序

B.2.2.1 在(20±5)℃下对离合器组件进行 8 h 的环境处理。

B.2.2.2 同时起动驱动电机（以施加功率到离合器输入转轴上）和定时器。

B.2.2.3 确定并记录组件的“最大啮合时间”，时间单位为秒，从驱动功率施加到装配的瞬间，到温度传感器测量的离合器组件的部分达到环境允许的最高表面温度的瞬间。

B.2.2.4 停止驱动电机。

B.2.3 结果

试验报告应包括：

——离合器组件制造商名称；

——组件的制造商标牌。

离合器组件的“最大啮合时间”，单位为秒(s)。

B.2.4 报告

设备附带的使用说明书中应给出“最大啮合时间”。

ICS 29.260.20
K 35

中华人民共和国国家标准

GB 25286.6—2010

爆炸性环境用非电气设备 第6部分:控制点燃源型“b”

Non-electrical equipment for explosive atmospheres—
Part 6:Protection by control of ignition source “b”

2010-11-10 发布　　　　2011-09-01 实施

中华人民共和国国家质量监督检验检疫总局
中国国家标准化管理委员会　发布

前　言

本部分的全部技术内容为强制性。

GB 25286《爆炸性环境用非电气设备》包含以下部分：

——第 1 部分：基本方法和要求；

——第 2 部分：限流外壳型“fr”；

——第 3 部分：隔爆外壳型“d”；

——第 4 部分：固有安全型“g”（正在考虑中）；

——第 5 部分：结构安全型“c”；

——第 6 部分：控制点燃源型“b”；

——第 7 部分：正压型“p”（正在考虑中）；

——第 8 部分：液浸型“k”。

本部分是 GB 25286《爆炸性环境用非电气设备》第 6 部分，是修改采用 EN 13463-6：2003《潜在爆炸性环境用非电气设备　第 6 部分：控制点燃源型“b”》（英文版）制定的。

本部分与 EN 13463-6：2003 的主要区别是：为了与 GB 3836.1 表述一致，本部分将 EN 13463-6：2003 中的 M1、M2 级设备对应于本部分的 Ma、Mb 级设备；将 EN 13463-6：2003 中Ⅱ类 1G、2G、3G 级设备分别对应于本部分Ⅱ类 Ga、Gb、Gc 级设备；将 EN 13463-6：2003 中Ⅱ类 1D、2D、3D 级设备分别对应于本部分Ⅲ类 Da、Db、Dc 级设备；标志也做了相应的更改。另外，删除了 EN 13463-6：2003 中与本部分无关的资料性附录 ZA 及内容未确定的资料性附录 C。

本部分的附录 A、附录 B 为资料性附录。

本部分由中国电器工业协会提出。

本部分由全国防爆电气设备标准化技术委员会归口。

本部分主要起草单位：南阳防爆电气研究所、国家防爆电气产品质量监督检验中心、浙江杭叉工程机械股份有限公司、北京北方永邦科技股份有限公司。

本部分主要起草人：张刚、徐刚、刘姮云、侯韩芳、李德、张丽晓、黄晓平。

引　言

用于气体、蒸气、薄雾与空气和/或可燃性粉尘与空气形成的爆炸性环境的多种类型非电气设备，在正常运行中通常没有有效点燃源。但是，如果设备的活动部件出现故障或非正常运行，设备内点燃源会造成危险。

例如风扇，其高速旋转的叶片固定于定子内部由滚动轴承支撑的轴上。在正常运行中，不应出现摩擦点燃源。但是，由于转子和定子之间的间隙非常小，假如轴承损坏或转动叶片变形，转动叶片上异物的积累等故障会导致间隙缩小并出现摩擦火花或高温表面。

为了防止在正常运行、故障、罕见故障条件下潜在点燃源转变为有效点燃源，可行的方法是在设备中加入传感器，探测即将发生的危险条件，在潜在点燃源转变为有效点燃源之前，在条件恶化的早期阶段启动控制措施。采用的控制措施可以通过传感器和防止点燃系统之间的直接连接自动运行，也可以通过向设备操作员发出警告手动运行(目的是要操作员采取防止点燃措施，如停止设备)。

本部分中，为了防止潜在点燃源转变为有效点燃源，结合使用传感器与相关的自动/手动防止点燃措施，被称为控制点燃源型“b”保护。

此类型的点燃保护和用于达到此目的的装置，可以采取多种形式。在实践中，它们可以是机械的、电气的、光学的、可视的或以上形式的结合。尽管本部分涉及的是非电气设备的点燃保护，但仍然要考虑这样的事实，即大量非电气设备利用电气传感器探测并启动防止点燃措施。因此，非电气设备保护标准不可能不涉及电气传感器的使用和相关防止点燃系统电路的使用。

机械传感器/驱动装置的一些示例如下：

a) 熔断插销(用于液压联轴器)，在可点燃部件的温度超过允许限值之前，通过熔化释放动力传递液内的能量；

b) 离心速度控制器，直接控制功率调节阀并防止转动部件的转速超过可摩擦点燃的速度；

c) 温度调节阀，关闭时可以减少输入能量，或者开启时可以增加冷却液量，因此能够防止达到可点燃温度；

d) 减压阀(使用弹簧或砝码)，开启可以限制压力水平及随后气体压缩时的温升。或者，可以防止灾难性事故所导致的暴露于意外的热表面。

机电一体传感器/驱动装置的一些示例如下：

a) 温度、流量和液位监测/控制装置，探测温度/流量/液位并开启电磁阀，减少输入能量，或者增加冷却液量；

b) 光脉冲计数器，检测齿轮齿的非正常转速，并向转速调节器发出信号；

c) 振动传感器，例如探测滚动轴承故障(通常表现为高频率振动)之前，或转动部件超出动平衡(通常表现为低频率振动)之前的非正常振动；

d) 传送带校正装置，探测传送带和支撑结构的固定部件之间的意外摩擦；

e) 动力传送带拉紧装置，探测由于皮带缺少张力导致的传动皮带轮和动力传送带之间的摩擦滑动；

f) 离合器磨损探测器，探测离合器因非正常接合可能导致摩擦升温的不合要求的磨损。

此类传感器/驱动控制装置，既可以在设备正常运行过程中连续运转(例如，控制 Gc、Dc 级设备的温度)，或者也可以仅监测非正常运行(例如，监测 Gb、Db 级设备临近危险的过高温度)。

以上任何传感器/驱动控制装置的故障，都可能导致防止点燃措施的应用失效，他们对设备相关部件的点燃安全非常关键。因此本部分要求对以上装置进行评定，并且对于这种装置，建议以防止点燃级别(IPL)的形式提出最小参数。设备制造商必须努力达到此要求。

因此，为达到本标准的要求，非电气设备制造商既要进行点燃危险评定(GB 25286.1 规定)，另外也要通过评估确定防止点燃级别(IPL)，确保要求传感器/防止点燃系统把点燃危险限制在允许限值之内时，能够发挥作用。

附录 A(图 A.1)的流程图可以帮助非电气设备制造商遵守本部分所规定的程序要求。

爆炸性环境用非电气设备
第6部分：控制点燃源型“b”

1 范围

本部分规定了用于爆炸性环境采用控制点燃源型“b”保护类型设备的设计和制造要求。

本部分为GB 25286.1部分的补充。GB 25286.1的内容也完全适用于按照本部分规定制造的设备。

符合本部分相关规定的设备同时符合以下类型的要求：

——Ⅰ类Mb级设备，在正常运行以及严酷操作条件下，尤其是矿井内粗暴处理和环境条件改变时，不出现引起点燃的点燃源；

——Ⅱ类Gc或Ⅲ类Dc级设备，在正常运行中不出现引起点燃的点燃源；

——Ⅱ类Gb或Ⅲ类Db级设备，在正常运行以及预期故障情况下，不出现引起点燃的点燃源；

——Ⅱ类Ga或Ⅲ类Da级设备，在正常运行中以及可预见性故障或罕见故障情况下，不出现引起点燃的点燃源。

注：Ⅰ类Ma级设备的国家标准制定正在进行中。可参考的标准EN 50303中规定了有关Ⅰ类M1级(对应本部分Ma级)设备的要求，包括电气和非电气设备的要求。

此类保护可用于其他在正常运行中存在点燃源的Gc和Dc级设备的制造，例如，不符合GB 25286.1的设备。

本部分中规定的防点燃保护类型可以单独使用，也可以与其他防点燃保护类型一起使用，按照GB 25286.1中的点燃危险评定，对Ⅰ类Mb级，Ⅱ类Ga、Gb、Gc级以及Ⅲ类Da、Db、Dc级设备提供保护。

本部分不适用于：

——没有点燃保护的控制装置；

——电气设备的点燃保护；

——由可燃气体探测器，爆炸性环境探测器，一氧化碳、火灾或烟尘探测器启动的设备停止系统。

注：这是因为本部分只涉及探测和控制设备内将要出现的点燃源，不包括其周围爆炸性环境的探测。

符合本部分相关条款的点燃保护系统不是自主保护系统。

2 规范性引用文件

下列文件中的条款通过GB 25286的本部分的引用而成为本部分的条款。凡是注日期的引用文件，其随后所有的修改单(不包括勘误的内容)或修订版均不适用于本部分，然而，鼓励根据本部分达成协议的各方研究是否可使用这些文件的最新版本。凡是不注日期的引用文件，其最新版本适用于本部分。

GB 3836.1—2010 爆炸性环境 第1部分：设备 通用要求(IEC 60079-0:2007,MOD)

GB/T 16855.1 机械安全 控制系统有关安全部件 第1部分：设计通则

GB/T 20438.3—2006 电气/电子/可编程电子安全相关系统的功能安全 第3部分：软件要求(IEC 61508-3:1998,IDT)

GB 25285.1—2010 爆炸性环境 爆炸的预防和防护 第1部分：基本原则和方法

GB 25285.2—2010 爆炸性环境 爆炸的预防和防护 第2部分：矿山爆炸预防和防护的基本原则和方法

GB 25286.1—2010 爆炸性环境用非电气设备 第1部分：基本方法和要求

EN 50303 用于瓦斯和/或煤尘环境的Ⅰ类M1级设备

3 术语和定义

本部分采用GB 25286.1—2010,GB 3836.1—2010,GB 25285.1—2010和GB 25285.2—2010中确立的及下列术语和定义。

3.1

控制点燃源型“b” protection by control of ignition source “b”

一种防燃型式。通过非电气设备上的装置内置必需的传感器,探测将要发生的、可能点燃周围环境的情况,并启动自动的或手动的点燃控制措施防止潜在点燃源转变为有效点燃源。

3.2

自动控制措施 automatic control measure

无需手动干预,用于防止潜在点燃源转变为有效点燃源的动作。

3.3

手动控制措施 manual control measure

收到预警、指示、警报后,人工采取的防止潜在点燃源转变为有效点燃源的行动。

3.4

防止点燃系统 ignition prevention system;IPS

将一个或多个传感器发出的信号转变为动作或指示,防止潜在点燃源转变为有效点燃源的装置。

3.5

防止点燃级别 ignition prevention level;IPL

根据防止点燃系统的可靠性来确定的级别。

4 适用性确定

在决定用本部分规定的方法来保护设备,包括互相连接的零件之前,应该按照GB 25286.1对设备来进行点燃危险评定。

5 控制参数的确定

5.1 如果第4章规定的点燃危险评定已经显示出有潜在点燃源,并且制造商已经决定使用本部分规定的保护措施防止潜在点燃源转变为有效点燃源,设备制造商应通过计算或型式试验确定与潜在点燃源有关的控制参数。

5.2 每个控制参数(例如,温度T,速度S和压力P)应以一个正常运行值(例如,T_{norm},S_{norm},P_{norm})和一个不会导致潜在点燃源转变为有效点燃源的故障运行值(T_{crit},S_{crit},P_{crit})来表示。

注:使用以上控制参数的例子是确定:

a) 正常运行温度(T_{norm})和由异常的摩擦生热导致的最高允许热表面温度(T_{crit});

b) 正常运行速度(S_{norm})和能够引燃的摩擦火花产生之前的最大允许超速(S_{crit});

c) 正常运行压力(P_{norm})和能够引燃的热表面产生之前的最大允许过压(P_{crit});

d) 固定和活动部件之间的间隙减小到能够点燃水平之前的正常和最大允许振动;

e) 在滑动或摩擦导致的能够点燃热的表面产生之前,摩擦片/离合摩擦衬片的最大允许磨损量;

f) 正常冷却液量和用以保持热表面低于环境点燃温度的冷却液最小流量;

g) 润滑剂的正常液位和防止能够点燃的摩擦生热所需润滑剂的最小液位;

h) 正常校正和防止活动部件和固定部件接触的最大允许偏移。

6 防止点燃系统的设计与设置

6.1 制造商应详细说明将要应用于设备的防止点燃系统的设置或运行特征(例如,设备是否是熔断插销),其中应考虑:

——潜在点燃源转变为有效点燃源的变化速度；
——传感器/探测器的响应时间；
——防止点燃系统的响应时间；
——潜在点燃源和有效点燃源级别上的差异(例如，T_{norm}和T_{crit})；
——需要考虑的安全因素。

注：某些行业要求防止点燃探测系统至少有两个层级。第一，向操作员发出预警；第二，启动保护系统。在某些情况下，预警可以用于防止错误启动。设备制造商在设计防止点燃控制系统时，可能需要对此加以考虑。

6.2 交给用户的使用说明书中应包括制造商规定的防止点燃系统的设置。

6.3 如果防止点燃系统是一个安全相关设备，则应不依赖于由其保护的设备的正常运行控制，而应独立运转。

6.4 如果防止点燃系统(IPS)的结构是使设备停止运行从而防止潜在点燃源转变为有效点燃源，则IPS应被设计为停止运行锁定，防止设备在没有重新设定IP系统的情况下重新启动。

6.5 如果防止点燃系统(IPS)的结构是向操作者提供警告或显示信息，要求操作者响应来防止潜在点燃源转变为有效点燃源，则指示、警告或显示信息应符合人机环境学的要求，避免操作者产生混淆或误解。

7 传感器和执行器的点燃保护

可能位于爆炸性环境的防止点燃系统的部件，自身应不能成为点燃源(见GB 25286.1和GB 3836.1)。

8 防止点燃系统的防止点燃级别(IPL)

8.1 1级防止点燃级别

1级防止点燃系统应由经过证明十分可靠的部件组成，采用可靠的安全原则，按照相关标准装配和安装，在系统运行中能够经受预期的影响，因此应符合如下要求：

——如果超过控制参数(例如，P_{crit}，T_{crit})的临界值，应防止点燃源变为有效点燃源，或发出产生点燃源的警告；
——定期检查防止点燃源系统[1)]，并应通过检查发现安全功能的丧失；
——GB 25286.1要求设备制造商的使用说明书应详细说明定期维修检查的时间间隔[1)]并提出检查故障传感器/防止点燃系统方法的建议(例如，进行检测)。同时还应详细说明如果维修检查中发现传感器或故障防止点燃系统出现故障后，使用者应采取的措施。

注：正常情况下，使用说明书应规定设备在重新使用前要修理这些故障。

8.2 2级防止点燃级别

2级防止点燃系统应符合8.1的要求，另外应由经过证明十分可靠的部件组成，采用可靠的安全原则，按照相关标准装配和安装，系统运行中能够经受预期的影响，因此应符合如下要求：

——如果超过控制参数(例如，P_{crit}，T_{crit}等)的临界值，应防止点燃源变为有效点燃源；
——如果防止点燃系统出现单个故障，不会导致防止点燃系统的安全功能丧失。
——GB 25286.1要求设备制造商的使用说明书应详细规定传感器和防止点燃系统检查[1)]的时间间隔。

注1：如果由设备控制系统来检查或监控传感器和防止点燃系统，时间间隔可以较短。或者，如果危险评定表明手动检查就足够了，时间间隔可以是几个小时。

制造商的使用说明书应规定发现防止点燃系统的故障后应采取的措施。

注2：后者对于立即停止设备和在点燃安全的情况下，不停止设备运行去修理故障传感器/防止点燃系统，在安全程度上可能有所不同。

---

1) 例行检查制度基于使用者模拟保护系统的运行并检查系统的响应。通过使用者操作限位开关/限制装置并注意防止点燃系统是否响应这种简单方式即可实现。在较复杂的系统中，通过向防止点燃系统发出信号来模拟异常条件并注意其是否产生预期的动作/反应。或者(但可靠性较低)，还可通过增加/降低传感器的设置来制造一个低于正常的输出水平并观察响应情况(然后确定传感器恢复到制造商推荐的原始保护设置)。

8.3　防止点燃系统对于设备的点燃安全非常重要，根据相应类别和级别设备应达到表 1 或表 2 中的最小点燃级别。

注：在这种情况下，不能仅采用警告的方式(伴随连续手动操作)。

表 1　保护Ⅱ类、Ⅲ类设备的防止点燃系统的最低 IPL 要求

出现潜在点燃源	Gc、Dc 级	Gb、Db 级	Ga、Da 级
正常运行中	IPL 1	IPL 2	
可预见故障中	与 Gc、Dc 级无关	IPL 1	IPL 2
罕见故障中	与 Gc、Dc 级无关	与 Gb、Db 级无关	IPL 1

当 IPL 1 用于 Ga、Da 级设备时，任何参数超过临界值时都应防止点燃源变为有效点燃源。

表 2　保护Ⅰ类设备的防止点燃系统的最小 IPL 要求(煤矿)

Mb 级
IPL 2
注：矿用 Mb 级设备在爆炸性环境出现时断开电路。

8.4　应通过下列措施达到防止点燃级别：

a)　安装通过预先评估和操作经验表明达到 IPL 要求的防止点燃系统；或者

注 1：例如，由防止点燃系统制造商或有能力的检验机构进行的防止点燃级别或整体安全级别的评定。

b)　安装符合 GB/T 16855.1 的 Gb、Db 级 IPL1 防止点燃系统，和/或符合 GB/T 16855.1 的 Gc、Dc 级 IPL 2 的防止点燃系统；或者

c)　考虑设备的预定用途和级别，评定设备的特殊要求，并使其达到相应的级别。评定应该考虑：

——保护设备的防止点燃系统的类型；

——是否为单线路(例如，通过其他独立设备)或双线路；

——单独抵御故障的能力；

——故障是否可以自显暴露；

——防止点燃系统是否是故障安全型；

——潜在点燃源变为有效点燃源的同时防止点燃系统失效，出现的与设备级别相关的故障的概率。

注 2：关于评定不同级别设备的 IPL 的思维过程见附录 B。

8.5　可编程电子装置

可编程电子装置作为点燃保护系统的一部分，应符合相应点燃保护级别的要求。并应符合 GB/T 20438.3 的整体安全级别规定。

9　型式试验

9.1　控制参数的确定

按照本部分 5.1 的要求，在制造商不知道控制参数，或无法计算，或无法从认可的参考文献获得时，应进行型式试验确定正常运行级别和最大允许级别。例如，运行的正常和最大震动级别，新部件的最大允许磨损，规定的冷却液流量的正常值和最小值。

9.2　防止点燃系统的功能和精确度的检查

应对传感器进行检查，确保与监控特性值相适应发出正确的输出信号，并且精度在本部分规定的范围内。

应按预定计划检查防止点燃系统是否正确运行，并察看当探测到缺陷或者信号超出预先确定的最大/最小范围限值时，是否指示“故障”状态。

10 使用说明书

10.1 符合本部分规定的设备应附有使用说明书及 GB 25286.1 要求的细节，如果适合还应包括：

a) 与防止点燃系统动作/反应级别设置有关的使用说明（见第 5 章和第 6 章），

b) 防止点燃系统正确运行和校准的例行检查方法和频率。

10.2 指示器、仪表或其他类似的监控设备应标注正确的级别，或者如果更合适，标出与使用时维持与设备级别适应的点燃保护需要的冷却液、润滑剂或保护液的正确压力和流量。必要时，供操作员使用的指示器或仪表，应设置在操作员易于观察的地方。

10.3 适用时，指示装置也应标出最大和最小运行限值。

11 标志

11.1 作为 GB 25286.1 中标志要求的补充，标志应包括：符号“b”（表示控制点燃型防点燃型式）。

11.2 可以单独使用或供货的防止点燃系统，除了 GB 25286.1 要求的标志之外，还应标志符号“b”，同时后面用脚码标出防点燃保护级别“1”或“2”。

11.3 用于爆炸性气体环境的Ⅱ类 Gb 级、温度组别 T4 的防爆设备标志示例：

Ex b Ⅱ T4 Gb

11.4 Ⅰ类 Mb 级防爆设备标志示例：

Ex b Ⅰ Mb

11.5 IPL 1 防止点燃系统，本身又是用于爆炸性气体环境温度组别 T4、Gb 级设备的标志示例：

Ex b_1 Ⅱ T4 Gb

附　录　A
（资料性附录）
本部分规定的程序流程图

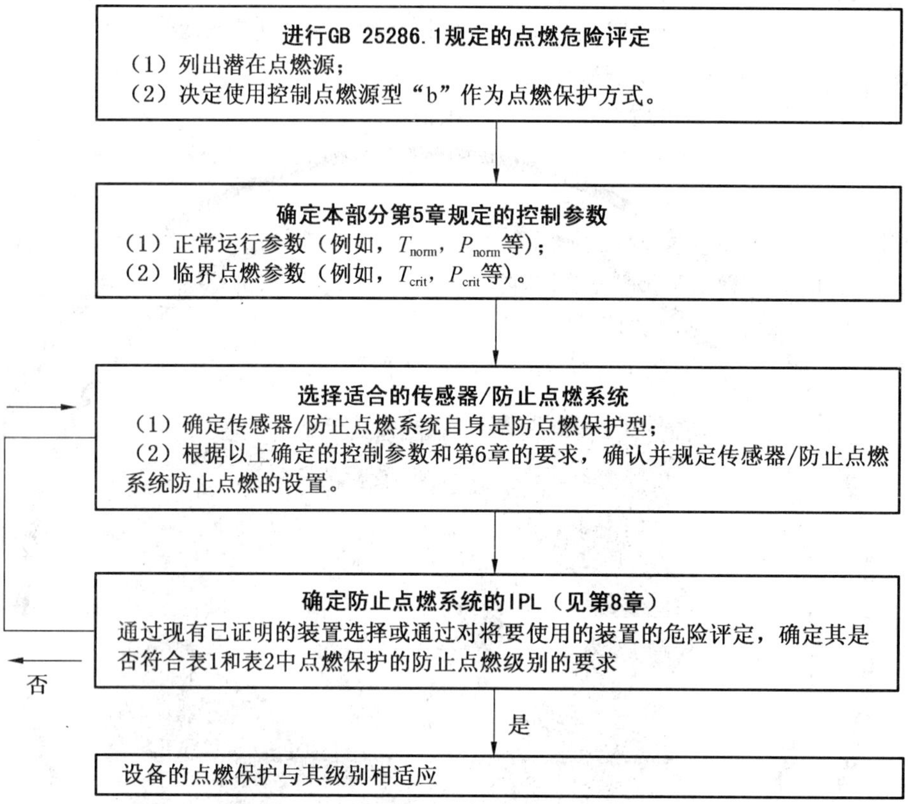

图 A.1　本部分规定的程序流程图

附 录 B
（资料性附录）
确定不同级别设备 IPL 的思维过程

B.1 Gc、Dc 级非电气设备

根据定义，此类设备在正常运行中不含点燃源。为达到这项基本要求，通常不必为设备的非正常运行采用附加控制点燃源型“b”的保护。例外情况是必须由某些作为设备正常运行部分的装置控制的设备。例如，正常运行中保持机器转动部分正确速度的速度控制装置。这种情况下，速度控制装置可以认为是本部分规定的防止点燃系统。

还可以在普通工业设备上安装控制点燃源型“b”装置，因此将其由用于非爆炸性环境的设备转变为符合 Gc、Dc 级设备要求的类型。

在以上所有情况中，爆炸性环境出现的同时防止点燃系统失效的情形非常罕见，因此，低级别的防止点燃系统即可充分满足要求。

B.2 Gb、Db 级非电气设备

此类设备需要防止在正常运行中出现的点燃源及能够预见的故障。这种情况下，防止点燃系统出现故障且爆炸性环境出现的同时，设备出现点燃源的可能性高于 Gc、Dc 级设备。因此，本部分规定用 ILP2 级别的防止点燃系统保护 Gb、Db 级设备，否则设备正常运行中可能会出现潜在点燃源。点燃源仅可能在可预见故障情况下出现时，IPL1 级别的防止点燃系统即可充分达到规定的保护级别。

B.3 Mb 级非电气设备

Mb 级设备适用于瓦斯煤矿的严酷运行条件，需要点燃保护，但是在爆炸性环境出现时会断开电路。关联的防止点燃系统出现故障，且爆炸性环境出现的同时，设备中出现点燃源的可能性高于 Gc、Dc 级设备。但是由于短时间暴露于爆炸性环境，所以低于 Gb、Db 级设备。因此，本部分规定 IPL2 级防止点燃系统用于保护 Mb 级设备。

B.4 Ga、Da 级非电气设备

Ga、Da 级设备在正常运行中，以及在设备的可预见故障或罕见故障条件下都需要点燃保护。

此类设备的定义和要求规定，这类设备在出现一个以上的故障时仍然安全，或者用两种保护方法保护。因此，对于 Ga、Da 级设备，这种保护形式只能用于正常运行中不含点燃源的设备。点燃源仅可能在罕见故障时出现的情况，如果超过任何控制参数的临界值时，能防止点燃源变为有效点燃源，IPL1 级防止点燃系统足以达到要求的保护级别。点燃源可能在可预见故障时出现的情况，IPL2 防止点燃系统可以充分达到要求的保护级别。

ICS 29.260.20
K 35

中华人民共和国国家标准

GB 25286.8—2010

爆炸性环境用非电气设备 第8部分：液浸型“k”

Non-electrical equipment for explosive atmospheres—Part 8: Protection by liquid immersion“k”

2010-11-10 发布　　2011-09-01 实施

中华人民共和国国家质量监督检验检疫总局
中国国家标准化管理委员会　发布

前　言

本部分的全部技术内容为强制性。

GB 25286《爆炸性环境用非电气设备》包含以下部分：

——第1部分：基本方法和要求；

——第2部分：限流外壳型“fr”；

——第3部分：隔爆外壳型“d”；

——第4部分：固有安全型“g”(正在考虑中)；

——第5部分：结构安全型“c”；

——第6部分：控制点燃源型“b”；

——第7部分：正压型“p”(正在考虑中)；

——第8部分：液浸型“k”。

本部分是GB 25286《爆炸性环境用非电气设备》第8部分，是修改采用EN 13463-8:2003《潜在爆炸性环境用非电气设备　第8部分：液浸型“k”》(英文版)制定的。

本部分与EN 13463-8:2003的主要区别是：为了与GB 3836.1表述一致，本部分将EN 13463-8:2003中的M1、M2级设备分别对应于本部分的Ma、Mb级设备；将EN 13463-8:2003中Ⅱ类1G、2G、3G级设备分别对应于本部分Ⅱ类Ga、Gb、Gc级设备；将EN 13463-8:2003中Ⅱ类1D、2D、3D级设备分别对应于本部分Ⅲ类Da、Db、Dc级设备；标志也做了相应的更改。另外，删除了EN 13463-8:2003中与本部分无关的资料性附录ZA。

本部分由中国电器工业协会提出。

本部分由全国防爆电气设备标准化技术委员会归口。

本部分主要起草单位：南阳防爆电气研究所、国家防爆电气产品质量监督检验中心、中海油天津化工研究设计院、浙江杭叉工程机械股份有限公司。

本部分主要起草人：张刚、王鲜华、杨津南、刘姮云、黄晓平、李书朝。

引　言

用于气体、蒸气和/或可燃性粉尘的爆炸性环境的一些类型的非电气设备保护，使潜在点燃源浸没在保护液体中，或用保护液体形成流动膜连续覆盖它们，使潜在点燃变成无效。在某些设备中，采用保护液体仅是为了防止潜在点燃源变为有效点燃源。在另外一些设备中，采用保护液体有其他目的，例如润滑和/或冷却活动部件，或在液压系统中传递能量。在一些设备中，保护液体可以是实际的工艺液体本身。

采用这种点燃保护型式的例子是：

a) 例如用于潜在爆炸性环境中的车辆轮子上浸在油中的盘式制动器；

b) 隔膜和其他用于传送可燃性液体的潜泵，它们的活动机构浸没在被处理的可燃液体的最低允许液位以下(例如加油机用潜泵)；

c) 液压泵和电机内部的旋转部件连续浸没在传递流体静压或流体能量的流动液压液体中；

d) 充油式齿轮箱，齿轮部分被油浸没，并连续地由润滑油的粘膜持续覆盖。在这个例子中，覆盖层保护油可以通过轮子自然地飞溅提供，因为轮子在油中旋转，或者通过齿轮箱油箱中油泵输送的油连续流动到轮子上；

e) 例如：用在驱动电机的输出轴和完全负载的机器的输入轴之间，用于连接的液压联轴器、液压变矩器，以便允许逐渐启动(软启动)。

在上述所有例子中，防止点燃的原理都是通过保护液体连续覆盖和/或润滑、冷却活动部件，防止周围的爆炸性环境与点燃源接触。

类似的油浸型“o”保护方式已经用于电气设备许多年了，除了上述用途外，液体还可用作电气绝缘介质。本部分不能用于电气设备，因为它允许液体导电。

爆炸性环境用非电气设备
第8部分:液浸型“k”

1 范围

1.1 本部分规定了不同级别采用液浸型“k”作为防止潜在点燃源变为有效点燃源保护的设备的设计、结构、检验和标志的要求。

1.2 液浸型“k”可以作为一种单独的防止点燃的保护方式,也可以与GB 25286.1列出的其他类型的防点燃保护型式组合使用,根据点燃危险评定为Ⅰ类Ma级和Mb级以及Ⅱ类Ga、Gb、Gc级,Ⅲ类Da、Db、Dc级设备提供保护。

1.3 在本部分适用于液浸型保护非电气设备,本部分是对GB 25286.1要求的补充。

1.4 本部分不适用于电气设备的防点燃保护。对于这些要求,应参考GB 3836.1—2010和GB 3836.6—2005,其中特别要求使用电气非导电保护液体。

2 规范性引用文件

下列文件中的条款通过GB 25286的本部分的引用而成为本部分的条款。凡是注日期的引用文件,其随后所有的修改单或修订版均不适用于本部分,然而,鼓励根据本部分达成协议的各方研究是否可使用这些文件的最新版本。凡是不注日期的引用文件,其最新版本适用于本部分。

GB 4208—2008 外壳防护等级(IP代码)(IEC 60529:2001,IDT)

GB 25286.1—2010 爆炸性环境用非电气设备 第1部分:基本方法和要求

3 术语和定义

本部分采用GB 25286.1中确立的及下列术语和定义。

3.1

液浸型“k” liquid immersion “k”

一种保护型式,使潜在点燃源变成无效或与爆炸性环境隔离。通过使潜在点燃源完全或部分浸没在一种保护液体中,或者用保护液体将点燃源的活动表面连续覆盖,使可能在液体上方或设备外壳外部的爆炸性环境不会点燃。

3.2

保护液体 protective liquid

防止爆炸性环境与潜在点燃源直接接触,确保爆炸性环境不会被点燃的液体。

3.3

带密封外壳的设备 equipment with a sealed enclosure

在工作过程中内部保护液体膨胀和收缩时,能防止外部爆炸性混合物进入的全封闭设备,包括任何相关的管道系统及可能含有的过压释放装置。

3.4

带排气口外壳的设备 equipment with a vented enclosure

正常工作过程中内部保护液体膨胀或收缩时,允许外部爆炸性混合物通过呼吸装置或收缩孔进入或排出的全封闭设备,包括任何相关的管道系统。

3.5

开口设备 open equipment

元件或设备本身浸没在与外部爆炸性混合物相通的保护液体中，例如：顶部敞开浸没活动元件的容器。这种设备包括任何相关的管道系统。

4 适用性确定

4.1 用本部分的方法保护设备或保护组装的设备部件（包括相互连接的部件）之前，应按GB 25286.1—2010中5.2的要求进行点燃源危险评定。

4.2 应符合GB 25286.1规定的要求，本部分有特殊规定的除外。

5 最大/最小限值的确定

5.1 设备制造商应通过计算和/或型式试验确定以下最大/最小限值：

——保护液体的最高、最低液位，或如果更适合，最大、最小压力或流量；

——与设备水平线形成的最大工作角度；

——保护液体的最大、最小粘度，保护液体的性质由生产商规定的除外。

确保确认的潜在点燃源完全浸没或由足够的保护液体连续覆盖，保证不会变为有效点燃源。应注意在整个正常工作温度范围内液体的起伏波动、喷溅、湍流、搅拌、最不利的装料条件和设备的停机。

5.2 如果点燃保护是通过局部浸没和用泵吸取，或液体直接流动对潜在点燃源上提供必要的连续覆盖，制造商应确定管嘴、喷射或覆盖装置最有效的位置，以提供最大程度的保护。

5.3 以上规定的计算或型式试验结果应列进制造商的技术文件中；GB 25286.1要求提供给用户的操作说明书中应给出最大/最小限值。

6 保护液体

使用的保护液体粘性和化学成分应：

——通过对潜在点燃源提供连续的覆盖层或薄膜，防止潜在爆炸性混合物与点燃危险评定确定的潜在点燃源直接接触；

——本身不会成为任何爆炸性气体的点燃源。这包括工作中活动部件的搅拌和/或保护液体和设备制造材料之间产生的化学反应引起的孔隙、气泡或薄雾；

注：不排除使用可燃液体作为保护液体。

——本身不产生点燃源（例如：易于自身生热的沉淀物）。

7 设备结构

7.1 设备的结构应确保保护液体达到必要的量。如果有保护液位的要求，可以在设备上安装监控装置、指示器或量表显示最高和最低液位，从而满足要求，或者如果更适用，显示按照第5章规定的保护液体的压力和流量。如果安装指示器或量表这些装置，其位置应能使用户容易读数。

注：这种装置不是安全装置，不能防止点燃。如果另外使用这种装置防止点燃，应符合GB 25286.6的要求。

7.2 如果设备使用位置与水平方向成一个角度，使点燃保护降低到一个不可接受的水平时，按照第5章确定保持规定的最大/最小限值的最大允许工作角度，或必要的坡度，在设备上应是可见的或能发现。

7.3 如果保护液体的污染、变质或老化会使点燃保护水平降到低于设备等级相应的防点燃保护水平，制造商应提供结构措施和/或提供维护说明书，确保在整个工作寿命中液体连续维持必要的防点燃保护水平。

注：例如这可以通过以下方式达到：

a) 如果设备有连续流动的液体，提供过滤措施防止固体杂质被带到活动部件上；

b) 如果是开口设备,选择一种不会受诸如环境中潮气和粉尘污染产生不利影响的保护液体;

c) 如果设备需要防止环境中严重的粉尘和水蒸汽影响,外壳需要提供 GB 4208 规定的至少 IP66 的防护等级;

d) 如果是带有密封外壳的设备,外壳应具有 GB 4208 规定的至少 IP23 等级的过压释放装置,由设备加注液体的制造商设置在至少为液位以上 1.1 倍的绝对压力下及高于正常工作压力至少 10 kPa 的条件下操作;

e) 如果外壳有通孔,其结构应能使正常工作中保护液体可能散发的气体或蒸气能通过防护等级至少为 IP23(符合 GB 4208 规定)的呼吸装置排出,必要时,可加入适当的干燥剂;

f) 如果采用制造商的说明书,说明书应要求对液体进行常规条件的监控,并规定检查污染物的最大允许周期。污染物可能是液体中沉淀的杂质和降解物,例如,酸度或含水量异常变化引起液体成分的化学变化。

7.4 应采取措施防止接近保护液体的盖的外部和内部紧固件的意外松动。任何需要指示保护液体液位的装置,以及注入或排出保护液体的塞子和其他部件,也需要采取同样的措施,因为如果这些部件不能保持防泄漏状态,会导致点燃保护水平降低到不可接受的程度。

防止意外松脱措施的实例如下:

a) 螺纹部分胶粘;

b) 锁紧垫圈;

c) 钢丝绑固螺栓头。

7.5 监控装置,指示器或量表的设计和结构应能显示实际的液位。

7.6 指示装置的结构、安装位置和保护方式应确保其在正常操作时不出现泄漏和损坏。

7.7 可以采用测量尺检查正常工作时保护液体的液位,测量尺应在其测量位置固定,以保持防护或密封的要求。应在其附近提供一个标识,标明应补充液体的液面位置。

7.8 如果有必要,应防止可能产生的毛细管或虹吸作用引起保护液体损失的可能性。

7.9 对于开放式设备或有开口的设备,暴露于爆炸性混合物的保护液体的任何表面的最高温度应不超过依据 GB 25286.1 规定组别的最高表面温度。

8 外壳的型式试验和要求

8.1 概述

当按照 8.2 和 8.3 进行试验时,设备引起的变形或液体损失,不应使保护液体的液位降到低于第 5 章规定的最低限值以下。

以下试验应在设备没有工作时进行。

8.2 含有静止或流动保护液体并具有密封外壳设备的过压试验

在外壳内注入保护液体的液位为规定的最大值时,使外壳应承受 1.5 倍的最大正常工作表压,至少 50 kPa 的过压,历时 60 s。

8.3 具有开口外壳设备的过压试验

在外壳内注入保护液体的液位为规定的最大值时,使外壳承受 1.2 倍的最大正常工作表压,至少 20 kPa 的过压,历时 60 s。

9 文件和说明书

9.1 概述

符合本部分要求的设备应附有用户使用说明书,包括 GB 25286.1 规定的详细内容,另外还应包含以下内容:

a) 保护液体的最高和最低液位的详细说明,如果更合适,可以规定保护液体的最大、最小压力和流量;

b) 最大正常工作压力的详细说明;

c) 与设备水平面形成的最大允许工作角度的详细说明;

d) 所使用的液体的类型或其最小粘度的详细说明；

e) 如有必要，设备特殊的安装说明；

f) 与维修、推荐的工作寿命、更换、补充和处理保护液体的说明；

g) 适用时，周期性进行内部清洁，去除会自己发热的沉积物的说明；

h) 设备的试运行，保护液的初始注入和投入使用的说明。

9.2 符合 GB 25286.1 要求的技术文件

证明符合 GB 25286.1 的技术文件应包括用户使用说明书，GB 25286.1 规定的内容和以下信息：

a) 目标和使用目的；

b) 要求的保护型式、温度组别和相关标准；

c) 带有解释型号的标识；

d) 功能；

e) 不同的型式；

f) 主要图纸：总图、部件图和附加的文件；

g) 计算结果；

h) 例行试验的要求；

i) 表明符合第 8 章规定的型式试验报告；

j) 最高温度——如果适用，温度试验报告；

k) 证明符合 IP 保护等级的文件。

10 标志

10.1 除了符合 GB 25286.1 的标志要求外，符合本部分要求的特定标志应包括符号“k”(表示液浸型防燃型式)。

10.2 用于爆炸性气体环境的Ⅱ类 Gb 级防爆设备的标志示例：Ex k Ⅱ T4 Gb

10.3 Ⅰ类 Mb 级防爆设备的标志示例：Ex k Ⅰ Mb

ICS 13.310
A 91

中华人民共和国国家标准

GB 25287—2010

周界防范高压电网装置

Perimeter protection high-voltage device

2010-11-10 发布 2011-09-01 实施

中华人民共和国国家质量监督检验检疫总局
中国国家标准化管理委员会 发布

前　言

请注意:本标准的某些内容有可能涉及专利。本标准的发布机构不承担识别这些专利的责任。

本标准中4.2、4.3、4.4、4.5、4.6、第5章和第7章内容为强制性,其余为推荐性。

本标准由中华人民共和国公安部提出。

本标准由全国安全防范报警系统标准化技术委员会(SAC/TC 100)归口。

本标准起草单位:公安部监所管理局、司法部监狱管理局、公安部安全与警用电子产品质量检测中心、天津市维正电子设备厂、北京时代光华电子技术有限公司、江苏省靖江市旭飞安防工程有限公司。

本标准主要起草人:余泽京、苏鹏、滕旭、刘为民、朱肃生、吴军。

周界防范高压电网装置

1 范围

本标准规定了周界防范高压电网装置(以下简称电网)的技术要求、试验与测试方法、检验规则、安装检测、标志、包装、贮存及运输要求。

本标准适用于周界防范高压电网装置。

2 规范性引用文件

下列文件中的条款通过本标准的引用而成为本标准的条款。凡是注日期的引用文件,其随后所有的修改单(不包括勘误的内容)或修订版均不适用于本标准,然而,鼓励根据本标准达成协议的各方研究是否可使用这些文件的最新版本。凡是不注日期的引用文件,其最新版本适用于本标准。

GB/T 191 包装储运图示标志(GB/T 191—2008,ISO 780:1997,MOD)

GB/T 775.1 绝缘子试验方法 第1部分:一般试验方法

GB/T 775.2 绝缘子试验方法 第2部分:电气试验方法

GB/T 2423.1—2008 电工电子产品环境试验 第2部分:试验方法 试验A:低温(IEC 60068-2-1:2007,IDT)

GB/T 2423.2—2008 电工电子产品环境试验 第2部分:试验方法 试验B:高温(IEC 60068-2-2:2007,IDT)

GB/T 2423.3—2006 电工电子产品环境试验 第2部分:试验方法 试验Cab:恒定湿热试验(IEC 60068-2-78:2001,IDT)

GB/T 3482 电子设备雷击试验方法

GB 4208 外壳防护等级(IP代码)(GB 4208—2008,IEC 60529:2001,IDT)

GB 4343.1—2003 电磁兼容 家用电器、电动工具和类似器具的要求 第1部分:发射(IEC/CISPR 14-1:2000,IDT)

GB 4343.2—1999 电磁兼容 家用电器、电动工具和类似器具的要求 第2部分:抗扰度 产品类标准(IEC/CISPR 14-2:1997)

GB 17625.1—2003 电磁兼容 限值 谐波电流发射限值(设备每相输入电流≤16 A)(IEC 61000-3-2:2001,IDT)

3 术语和定义

下列术语和定义适用于本标准。

3.1

电击强度 intensity of electrical shock

用来描述电网通过对触网人体在一定持续时间内放电,对人体产生打击的程度,是通过人体的电流(有效值)与持续时间的积分。

3.2

电击电流 electric current shock

通过触网人体的电流。

3.3

电击持续时间 continuing time of electric shock

电击电流起始时间与结束时间的最小之差。

3.4

电击电流起始时间 start-time of electric current shock

在电击电流的波形图中，电击电流上升至最大电击电流的5%时所对应的时间点。

3.5

电击电流结束时间 end-time of electric current shock

在电击电流的波形图中，电击电流下降至最大电击电流的5%时所对应的时间点。

3.6

电击间隔时间 interval-time of electric shock

两次电击的时间间隔。

4 技术要求

4.1 一般要求

4.1.1 电网零部件及配件数量应齐全无损。

4.1.2 高、低压控制箱应分开设置，且控制箱外观平整、光洁，标识正确、明显。

4.1.3 电网的高压和低压控制部分，分别安装于高压控制箱和低压控制箱中，控制箱面板设计应便于操作和维护。

4.1.4 低压控制箱箱体金属板厚度不应小于1.2 mm，高压控制箱箱体金属板厚度不应小于1.5 mm。

4.1.5 警示灯的颜色应使用红色。

4.2 功能要求

4.2.1 电网应按地域实施分区段管理，至少应有4个(东、南、西、北)方向的定位功能。每区段应分别具有触网报警、断网报警和短路报警功能。电网应用声音和信号灯发出报警信号。

4.2.2 电网的输入为正弦交流50 Hz、220 V电压。电网的输出电压范围应为3 000 V～6 000 V(高度戒备监狱电网最高输出电压可为10 000 V，与其相关的技术要求应与电网电压相适应)。当输入电压在180 V～240 V范围内波动时，电网应能正常工作，最大输入电压不应超过250 V。电网在预警状态时，应保持其高压输出。在主电源断电情况下，应自动切换到备用电源上。备用电源能保证高压电网装置正常工作时间不少于4 h。

4.2.3 在持续电击时间不少于15 min后，电网仍能正常工作。

4.2.4 当出现多处同时触网和断网、短路情况时，电网的打击功能应不受影响。

4.2.5 电网应具有自检、工作状态显示及报警记录功能。

4.2.6 电网应设置与其他系统联动以及与计算机的接口。

4.3 输出特性要求

4.3.1 最大、最小输出电流

电网的最大输出电流应不超过500 mA，最小输出电流应不低于40 mA。

4.3.2 电击强度

最大打击电量不应超出60 mC，最小打击电量不应低于30 mC。

在发生电击时：

a) 电击持续时间在10 ms～10 s区间内，电网输出电击强度应位于图1中C_1曲线左面和D_1曲线右面所界定的区间内；

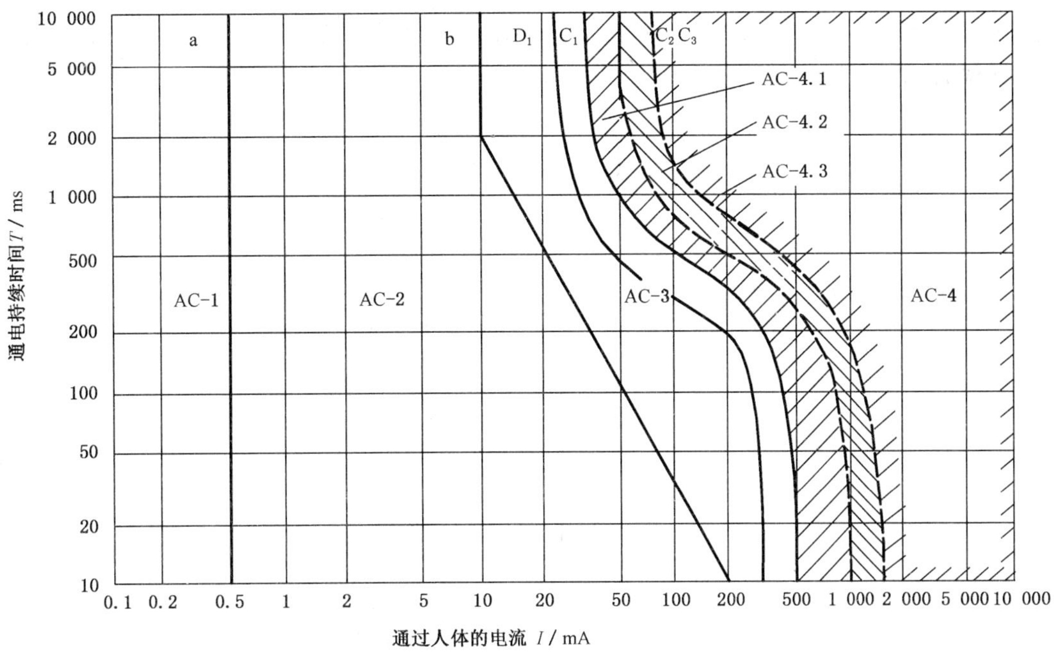

图 1　15 Hz～100 Hz 正弦交流电的时间/电流效应区域的划分

曲线 D_1 由式(1)给出：

$$T = a_0 + a_1 I + a_2 I^2 + a_3 I^3 + a_4 I^4 + a_5 I^5 + a_6 I^6 + a_7 I^7 \quad \cdots\cdots(1)$$

式中：

a_0 =13 473.35

a_1 =−50 525.15

a_2 =80 869.73

a_3 =−71 562.91

a_4 =37 798.00

a_5 =−11 912.90

a_6 =20 74.17

a_7 =−153.89

T——电击持续时间，单位为毫秒(ms)；

I——电击电流，取值范围为 25 mA～350 mA。

曲线 C_1 由式(2)给出：

$$T = a_0 + a_1 I + a_2 I^2 + a_3 I^3 + a_4 I^4 + a_5 I^5 \quad \cdots\cdots(2)$$

式中：

a_0 =1 856.15

a_1 =−4 474.85

a_2 =4 300.11

a_3 =−2 055.21

a_4 =488.47

a_5 =−46.19

T——电击持续时间，单位为毫秒(ms)；

I——电击电流，取值范围为 37 mA～500 mA。

b) 电击持续时间在 0.1 ms～10 ms 区间内，电网输出电击强度应位于图 2 中 C_1 曲线左面和 D_2 曲线右面所界定的区间内。

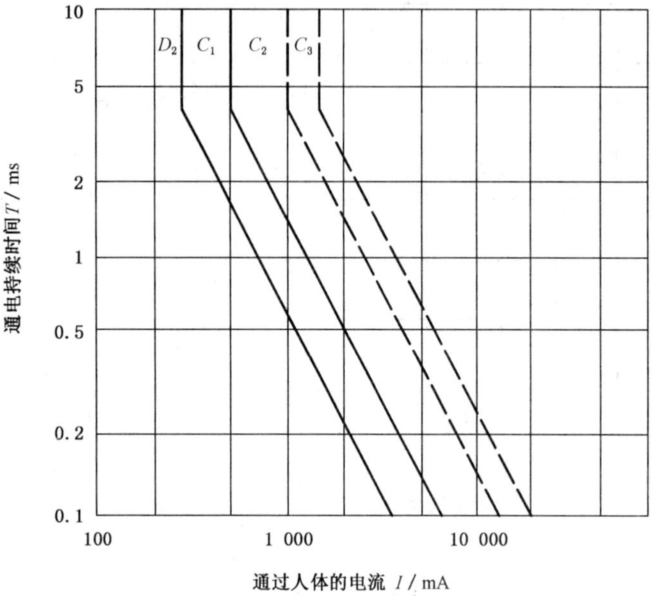

图 2 时间/电流效应区域的划分

D_2 曲线为：

在 3.73 ms～10 ms 时间区间内，电流为 310 mA。

在 310 ms～750 mA 电流区间内，持续时间与电流的关系由式(3)给出：

$$T = j_0 + j_1 I + j_2 I^2 + j_3 I^3 + j_4 I^4 + j_5 I^5 + j_6 I^6 \quad \cdots\cdots(3)$$

式中：

$j_0 = 27.366\ 08$；

$j_1 = -2.044\ 52 \times 10^{-1}$；

$j_2 = 7.232\ 633 \times 10^{-4}$；

$j_3 = -1.495\ 72 \times 10^{-6}$；

$j_4 = 1.803\ 892 \times 10^{-9}$；

$j_5 = -1.182\ 436 \times 10^{-12}$；

$j_6 = 3.260\ 303 \times 10^{-16}$；

T——电击持续时间，单位为毫秒(ms)；

I——电击电流，单位为毫安(mA)。

在 750 mA～3 080 mA 电流区间内，持续时间与电流的关系由式(4)给出：

$$T = k_0 + k_1 I + k_2 I^2 + k_3 I^3 + k_4 I^4 + k_5 I^5 + k_6 I^6 \quad \cdots\cdots(4)$$

式中：

$k_0 = 5.453\ 45$；

$k_1 = -1.261\ 452 \times 10^{-2}$；

$k_2 = 1.399\ 681 \times 10^{-5}$；

$k_3 = -8.678\ 519 \times 10^{-9}$；

$k_4 = 3.065\ 416 \times 10^{-12}$；

$k_5 = -5.761\ 787 \times 10^{-16}$；

$k_6 = 4.470\ 889 \times 10^{-20}$；

T——电击持续时间，单位为毫秒(ms)；

I——电击电流，单位为毫安(mA)。

4.4 绝缘性能要求

高压、低压控制箱在进行冲击电压和工频耐压实验过程中不应出现破坏性放电。

4.5 安装要求

4.5.1 低压控制箱安装应符合下列条件：

a) 应有漏电保护装置，可靠接地，安装便于操作的控制室内，工作时高压网不应出现断电现象；

b) 主电源线应避免连接其他较大负载，尤其是较大的电感性负载。

4.5.2 高压控制箱的安装应符合下列条件：

a) 应安装于靠近金属线网并且留出足够的安全间隔区域，其底部距地面高度不低于 3.5 m；

b) 安装于室外时，应具备全天候工作条件；

c) 外壳应可靠接地；

d) 在箱体上有明显的警示标志，警示标志见图 3。

图 3 警示标志

4.5.3 高、低压控制箱连接电缆应铺设在预埋管中。不同材质的金属线连接时，采取防氧化措施。

4.5.4 金属线网的安装应符合下列条件：

a) 金属线网应由 5 根金属线(包含地线)和金属支架组成；

b) 金属线采用钢芯铝绞线，其截面积不得小于 16 mm^2，沿海地区应采用防腐材料的金属线。金属线之间距离应不大于 200 mm，最低端金属线与墙体之间距离应不大于 200 mm；

c) 金属网支架应能承受 150 kg 的重量，应经热镀锌防腐处理，其倾斜角度应在 90°～135°范围之间；其规定见表 1 和图 4；

d) 在金属线网的最高端应设置警示灯，见图 4。

表 1 金属线网架尺寸

单位为毫米

位　置	最小尺寸	最大尺寸
AB	300	450
BC	850	1 250
BD	150	200
CE	50	70
EF	150	250

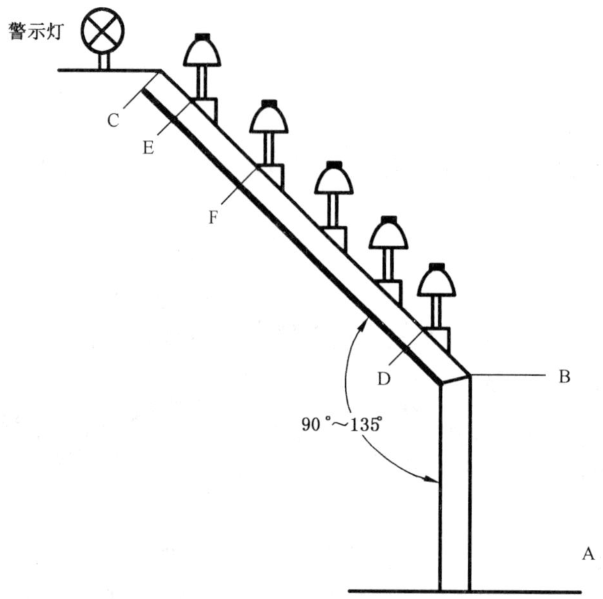

图 4　网架示意图

4.5.5　绝缘子的性能应符合电网输出的最高电压要求，应符合 GB/T 775.1、GB/T 775.2 的规定。应采用针式绝缘子，安装时应与地面垂直，见图 4。

4.5.6　金属线网架安装于围墙内侧，为内倒式，见图 5。相邻网架间隔距离应不大于 6 m，网架下端与地面的距离不应小于 4 m。每间隔 5 根网架，应安装一盏警示灯和一块“高压危险”警示牌，警示灯与警示牌的位置应错开，警示牌上的汉字为标准宋体，每个汉字尺寸不小于 200 mm×200 mm。

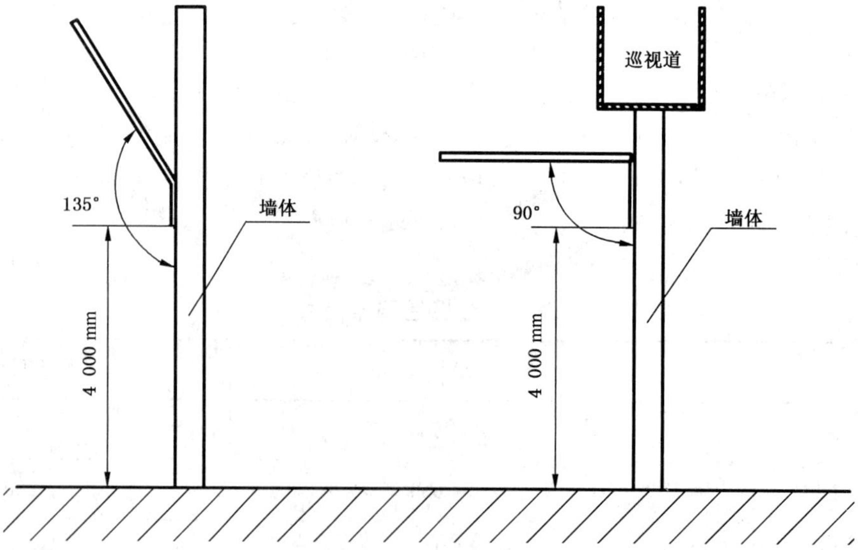

图 5　网架安装示意图

4.5.7　金属线网布设应呈现闭合状态，其内部为防范区。

4.5.8　金属线网的损耗功率应不大于 100 W。

4.5.9　金属线网与附近架空电力线之间应保证足够距离，其最小距离应符合表 2 的规定。

表 2 架空电力线与电网最小距离

架空电力线电压等级/kV	水平距离/m	垂直距离/m
10 及以下	2.5	2
35～110	5	3
220	7	4
330	9	5
500	9	5

4.5.10 高压输出端应将高压电缆直接连接到电网的金属线上，连接处应采取防氧化与防漏电措施。

4.5.11 电网系统应可靠接地。在雷电高发区，应采取防雷措施，接地电阻值应满足相关标准的要求。

4.6 电磁兼容性要求

4.6.1 电磁骚扰限值

电网正常工作时对供电电源网产生的传导电磁骚扰限值见表 3。

表 3 电网正常工作时对电源输入端产生的传导电磁骚扰限值

频率范围/MHz	准峰值/dB μV	平均值/dB μV
0.15～0.50	66～56 随频率的对数线性减小	56～46 随频率的对数线性减小
0.50～5.0	56	46
5.0～30	60	50

4.6.2 谐波电流

电网正常工作时，对供电电源网产生的谐波电流骚扰值应符合 GB 17625.1—2003 中 A 类设备的限值要求。

4.6.3 抗扰度

电网低压控制装置对静电放电、电快速瞬变、浪涌、电压暂降和短时中断的抗扰度应符合 GB 4343.2—1999 中表 1、表 4、表 12 和表 13 的规定。试验中不应出现误报警、器件故障和损坏。试验后应能正常工作。

当工作环境需要更高的抗扰度，可采用相应措施以满足要求。

4.7 保护措施要求

4.7.1 过电压保护

电网控制系统应有过电压、过电流的保护措施，应能防止瞬态冲击电压从低压输入回路和高压输出回路进入而引起的绝缘破坏和设备的损坏。电网在设计安装过程中防雷电保护按照 GB/T 3482 执行。

4.7.2 过电流保护

电网控制系统应具备有效的过电流保护和等效的过载保护措施。

4.7.3 外壳防护

高压控制箱外壳防护应符合 GB 4208 中 IP55 的规定。

4.8 工作环境要求

4.8.1 工作条件

电网应工作在无易燃、易爆性气体的环境中。

4.8.2 温度与湿度

高、低压控制箱在－20 ℃～＋65 ℃，相对湿度≤95%RH 的环境中应能正常工作。

5 试验与测试方法

5.1 外观检查

用目测检查外观，应符合 4.1 的规定。

5.2 输出电压、输出电击强度测试

5.2.1 电网输出特性测试时，用四根或五根导电金属线组成模拟测试网路，其电特性应与实际金属线网路相同。

5.2.2 标准测试负载如表 4 所示。

表 4 标准测试负载

电阻符号	阻值	误差范围	性质
R_1	1 000 kΩ	±10 kΩ	100 W 无感电阻
R_2	30 kΩ	±10 kΩ	100 W 无感电阻
R_3	1 kΩ	±10 Ω	500 W 无感电阻
R_4	10 Ω	±0.05 Ω	50 W 无感电阻

5.2.3 输出电压测试方法如下：

a) 将电网高、低压控制箱连接好。高压输出接至模拟测试网路或实际金属线网路上；将交流电压表 V 和标准无感电阻 R_1 按图 6 方式连接；

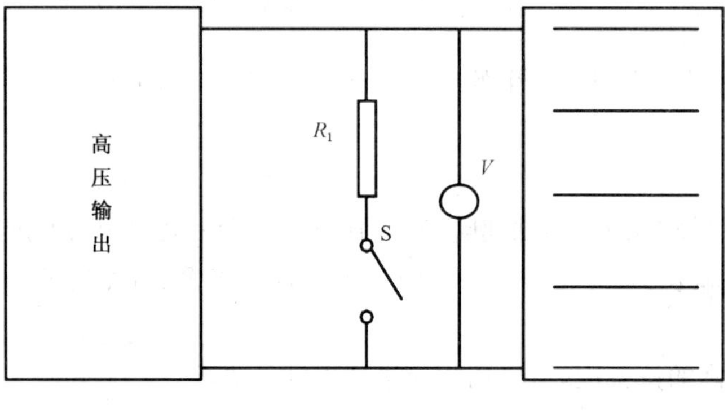

R_1——1 MΩ 无感电阻；

V——电压表；

S——高压开关。

图 6 输出电压测试电路

b) 按额定值 220 V 输入电压，合上高压开关 S，开启电网。高压输出应在规定输出电压值的 ±10% 范围内。

5.2.4 输出电击强度测试方法如下：

a) 方法一：将电网输出接至模拟测试网路或实际金属线网路上，按图 7 方式连接，将示波器去掉，用库仑计替代电阻 R_4，直接测量电击强度值；

方法二：将电网输出接至模拟测试网路或实际金属线网路上，在电阻 R_4 两端并接示波器，记录电击电流（电压）的波形，通过记录的波形计算电击强度值；

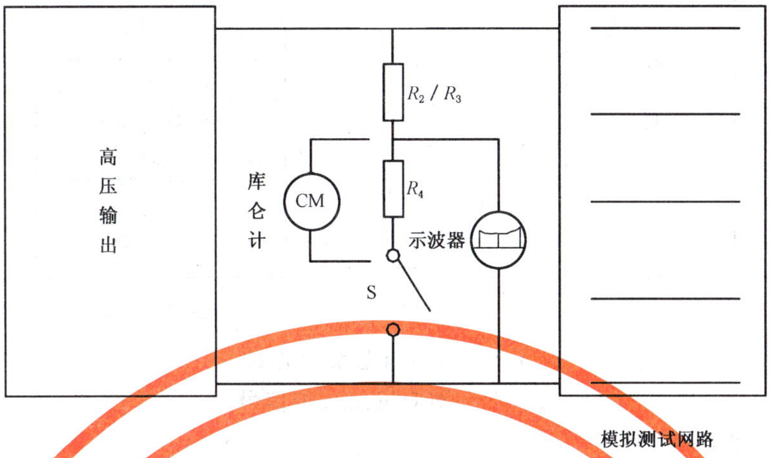

R_2/R_3——30 kΩ/1 kΩ 测试负载电阻；
R_4——10 Ω 测试负载电阻；
S——高压开关。

图 7　输出电击强度测试电路

b)　按额定值 220 V 输入电压，开启电网后，合上高压开关 S 进行测量，重复测量 10 次；

c)　每次电击强度应符合 4.3.2 要求；

d)　用负载 R_2 替代 5.2.4a)中的负载 R_3，重复进行 b)和 c)，每次电击强度应符合 4.3.2 的要求。

5.3　短路报警测试

5.3.1　按图 8 方式连接。

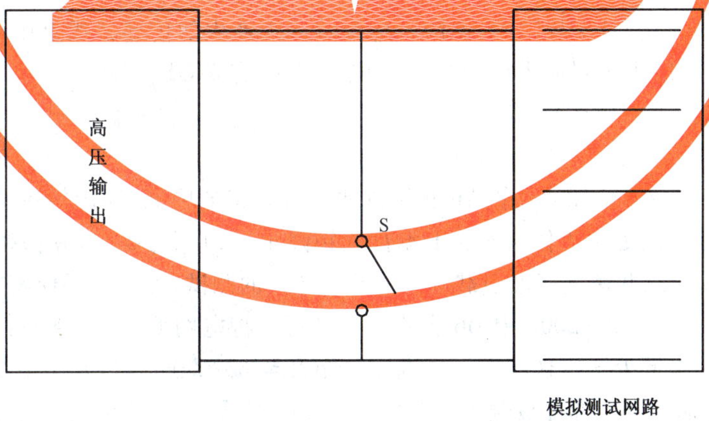

S——高压开关

图 8　短路报警测试电路

5.3.2　开启电网，将高压开关 S 闭合，2 s 内电网应发出报警信号。

5.4　断网报警测试

5.4.1　在模拟测试网路五根金属线上各接上高压开关 S_1、S_2、S_3、S_4 和 S_5，按图 9 方式连接。

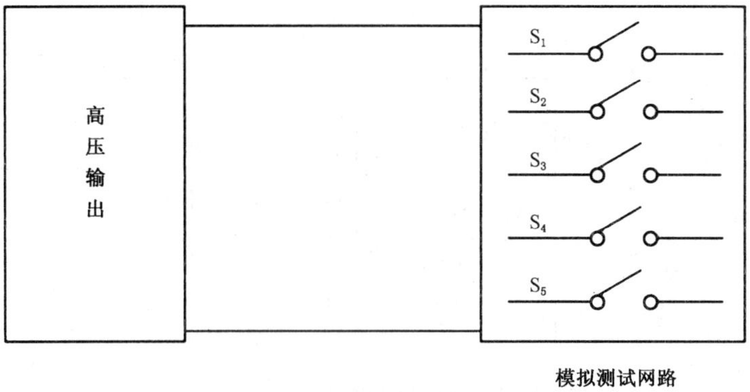

图 9　断网报警测试电路

5.4.2　分别断开 S_1、S_2、S_3、S_4 和 S_5，2 s 内电网应发出报警信号。

5.5　持续电击特性测试

将电网高压输出端直接短路，使电网呈现电击状态。在持续电击时间不少于 15 min 以后，检查电网工作状态，结果应符合 4.2.3 的规定。

5.6　动态运行测试

5.6.1　将电网的输入电压由额定值 220 V 分别调至 180 V、240 V，电网不应出现误报。

5.6.2　电网在输入电压为 180 V、240 V 时，分别重复 5.2.4 中 a)、b)、c)、d)的测试。测试结果应符合 4.2.5 和 4.3 的规定。

5.7　电磁骚扰和谐波电流测试

5.7.1　采用符合 GB 4343.1—2003 中 5.1.1 和 5.1.2 所要求的测量仪器和设备进行测量；测量按 GB 4343.1—2003中 5.2.1 和 5.2.4 的要求进行。

5.7.2　将按上述要求布置的高、低压控制箱及模拟测试网路连接好，输入额定工作电压，电网处于正常工作状态后进行测试。

5.7.3　测试与骚扰值的记录按照 GB 4343.1—2003 中 8.1.1、8.1.2 和 8.1.3 的规定进行。

5.7.4　在 0.15 MHz～30 MHz 频段内，电网对电源输入端产生的传导骚扰电压应符合 4.6.1 的规定。

5.7.5　电网正常工作时，注入到输入电源的谐波电流的测量按 GB 17625.1—2003 的要求进行，其值应符合 4.6.2 的规定。

5.8　低温、高温试验

5.8.1　试验按 GB/T 2423.1—2008 中 Ab 实验方法进行。将电网低、高压控制箱置于低温试验箱内，接上模拟测试网路，使电网处于工作状态。低温试验箱降至 −20 ℃±3 ℃，并保持 2 h。在保持试验温度 1.5 h 时，在电网输出端并联上标准负载 R_2，进行 5.2.4 的测试，测试结果应符合 4.3 的规定。

5.8.2　试验按 GB/T 2423.2—2008 中 Bb 实验方法进行。将电网低、高压控制箱置于高温试验箱内，接上模拟测试网路，使电网处于工作状态。高温试验箱升至 65 ℃±2 ℃，并保持 2 h。在保持试验温度 1.5 h 时，在电网输出端并联上标准负载 R_2，进行 5.2.4 的测试，测试结果应符合 4.3 的规定。

5.9　冲击电压试验

用 1.2/50 μs 标准冲击波，其标准值与规定值之间的允许偏差为：峰值±3%，波前时间±30%，半峰值时间±20%。两倍电网高压输出峰值电压（未接入测试电路前）的正、负五个间隔 10 s 的脉冲进行如下冲击电压测试：

a)　在输出回路与金属机壳之间（机壳接地）施加冲击电压；

b)　在交流电源输入端（各输入端连接在一起）与高压输出端（各输出端连接在一起）之间施加冲击电压（接地断开）。

试验结果应符合 4.4 的规定。

5.10 工频耐压试验

5.10.1 在以下测试端之间加上最高输出电压U(有效值),进行如下测试:

a) 高压箱电源输入端与高压输出端(接地断开);

b) 高压输出端与机壳之间(接地断开)。

持续时间1 min,试验结果应符合4.4的规定。

5.10.2 在电网交流电源输入端(接地断开)和机壳之间加上1.5 kV电压,持续1 min,应不出现破坏性放电。

5.11 恒定湿热试验

试验按GB/T 2423.3—2006的方法进行。保持其试验条件为2 d后,按5.9进行测试,不应出现破坏性放电。

5.12 抗扰度试验

5.12.1 静电放电

试验按照GB 4343.2—1999中5.1的要求和表1的规定进行。

5.12.2 电快速瞬变

试验按照GB 4343.2—1999中5.2的要求和表4的规定进行。

5.12.3 浪涌

试验按照GB 4343.2—1999中5.6的要求和表12的规定进行。

5.12.4 电压暂降与短时中断

试验按照GB 4343.2—1999中的5.7的要求和表13的规定进行。

5.13 外壳防护试验

试验按照GB 4208要求进行。电网工作在室外的高压系统应能达到GB 4208中IP55的防护能力,各带电部位不允许有水进入。

6 检验规则

6.1 型式试验

型式试验包括第5章的全部内容,遇下列情况之一者,应进行型式试验:

a) 新产品定型试验;

b) 当设计材料工艺有重大改变;

c) 当检查试验结果和以前进行的型式试验结果发生不可允许的偏差时。

高、低压控制箱进行试验后,凡有一项或一项以上检查试验不合格,则该套高低压控制箱为不合格。

6.2 出厂检验

高、低压控制箱应全数检验合格后准许出厂,检验项目包括:5.1、5.2、5.3、5.4、5.5的检查试验并应附有产品合格证。

7 安装检验

对电网的安装进行目测和实测,结果应符合4.5的要求。

8 标志、包装、贮存、运输、操作及技术手册

8.1 在电网高、低压控制箱明显位置上应装设标牌,用中文标明:

a) 制造厂名,产地和商标;

b) 产品出厂编号;

c) 制造日期。

8.2 在高压控制箱高压出线口印上警示牌,警示牌标志见图3。

8.3 在高压控制箱体明显位置印上警示用语："注意：高压、危险！"。

8.4 包装应防潮、防震、坚固，以保证在正常运输过程中不受损坏。应按 GB/T 191 的有关规定，印上"小心轻放"、"向上"、"怕湿"标志，并标明产品型号和名称。

8.5 电网的高、低压控制箱应贮存在通风良好，温度在 −10 ℃～+40 ℃，相对湿度不大于 80%，周围无酸、碱或其他有害气体的库房中，在运输过程中应避免强烈的振动和碰撞，在贮存和运输中均应避免雨水淋袭。

8.6 操作及技术手册

操作及技术手册应随同高、低压控制箱一起提供给用户。手册应包括以下内容：

a) 在手册的开始及最后结尾处用黑体字印上"在安装使用电网装置前，须阅读本手册。读后请保留"；

b) 电网的额定输入工作电压、频率、输出电压、断电时间、报警功能；

c) 电网安装、操作步骤，售后服务；

d) 熔断器型号、额定值，替换元件规格；

e) 电网的维护和保养。

ICS 27.120.99
F 54

GB

中华人民共和国国家标准

GB/T 25288—2010

^{188}W-^{188}Re 色层发生器

^{188}W-^{188}Re chromatographic generator

2010-11-10 发布　　　　2011-05-01 实施

中华人民共和国国家质量监督检验检疫总局
中国国家标准化管理委员会　发布

前　言

本标准由中国核工业集团公司提出。

本标准由全国核能标准化技术委员会(SAC/TC 58)归口。

本标准负责起草单位:中国科学院上海应用物理研究所。

本标准主要起草人:汪勇先、尹端沚、周伟、胡伟青。

^{188}W-^{188}Re 色层发生器

1 范围

本标准规定了^{188}W-^{188}Re 色层发生器的产品规格、技术要求、检验方法、检验规则、产品标志、标签、检验证书和使用说明书以及包装、运输和贮存等内容。

本标准适用于以堆照^{188}W 为母体、Al_2O_3 为吸附剂的^{188}W-^{188}Re 色层发生器，其他类型的^{188}W-^{188}Re 发生器可参照使用。

2 规范性引用文件

下列文件中的条款通过本标准的引用而成为本标准的条款。凡是注日期的引用文件，其随后所有的修改单(不包括勘误的内容)或修订版均不适用于本标准，然而，鼓励根据本标准达成协议的各方研究是否可使用这些文件的最新版本。凡是不注日期的引用文件，其最新版本适用于本标准。

GB/T 2828.2 计数抽样检验程序 第2部分:按极限质量LQ检索的孤立批检验抽样方案

GB 11806 放射性物质安全运输规定

GB 18871 电离辐射防护与辐射源安全基本标准

中华人民共和国药典(二部)

放射性同位素与射线装置安全和防护条例(中华人民共和国国务院第449号令)

3 术语和定义

下列术语和定义适用于本标准。

3.1

发生器 generator

一种能从半衰期较长的放射性母体核素中分离出半衰期较短的放射性子体核素的装置。

3.2

淋洗液 eluent

用于从^{188}W-^{188}Re 色层发生器中淋洗^{188}Re 的溶液，本标准中特指氯化钠注射液。

3.3

洗脱液 eluate

用淋洗液淋洗^{188}W-^{188}Re 色层发生器收集到的含^{188}Re 的溶液。

3.4

发生器淋洗效率 elution efficiency of generator

用一定体积的淋洗液淋洗下来的子体核素活度占淋洗开始时发生器中存在的子体核素总活度的百分比。

3.5

标定时间 calibration time

标定产品规格的时间。

3.6

放射性核纯度 radionuclide purity

含有某种特定放射性核素的物质中，该核素的放射性活度占该物质中总放射性活度的百分比。

3.7

放射化学纯度 radiochemical purity

在一种放射性核素产品中，以某种特定化学形态存在的这种放射性核素的含量(以百分数表示)。

4 产品规格

发生器的规格按其装载的^{188}W的活度来确定，分别为3.70 GBq～14.8 GBq、18.5 GBq～37.0 GBq。

5 技术要求

5.1 发生器的一般要求

5.1.1 淋洗效率

在有效期之内15 mL洗脱液淋洗效率不应低于80%。

5.1.2 表面辐射剂量

发生器屏蔽体及外包装的设计应使其距外包装表面1 m处的最高辐射剂量不超过0.1 mSv/h；外包装外表面上任一点的最高辐射剂量不超过2 mSv/h。

5.1.3 表面污染

发生器屏蔽体外表的表面污染应符合GB 18871中关于工作场所放射性表面污染控制水平的规定，不超过40 Bq/cm^2。

5.1.4 有效期

产品规格为3.70 GBq～14.8 GBq的发生器的使用有效期应为6个月；产品规格为18.5 GBq～37.0 GBq的发生器的使用有效期应为1年。

5.2 洗脱液质量要求

5.2.1 性状

洗脱液应为无色澄明液体。

5.2.2 pH值

pH值应为4.0～7.0。

5.2.3 放射化学纯度

Na^{188}ReO$_4$含量应不低于95%。

5.2.4 放射性核纯度

放射性杂质活度相对总放射性活度的含量应符合表1的规定。

表1 放射性杂质的含量

放射性杂质	含量/%
^{188}W	$\leqslant 1\times 10^{-3}$
^{191}Os	$\leqslant 1\times 10^{-4}$
^{192}Ir	$\leqslant 1\times 10^{-4}$
发射γ射线杂质总量	$\leqslant 1\times 10^{-2}$

5.2.5 放射性活度

在发生器的有效期内，当母体核素^{188}W和子体核素^{188}Re达到衰变平衡时，用15 mL氯化钠注射液淋洗，由发生器洗脱的^{188}Re活度测量值应为按产品规格和^{188}W的衰变($T_{1/2}$=69.4 d)及发生器的淋洗效率计算结果的90.0%～110.0%。

5.2.6 含铝量

洗脱液含铝量不应大于10 μg/mL。

5.2.7 细菌内毒素

洗脱液中细菌内毒素的含量不得超过 7.5 Eu/mL。

5.2.8 无菌

无菌水平应符合中华人民共和国药典(二部)的有关规定。

6 检验方法

6.1 发生器检验

6.1.1 淋洗效率的测定

由于母体核素^{188}W 和子体核素^{188}Re 间的关系为暂时平衡,所以当母体、子体达到平衡时两者的活度近似相等。依发生器的规格,计算淋洗时刻发生器中^{188}Re 的活度值 A_1(母子体平衡时近似等于淋洗时刻发生器中^{188}W 的活度);用 15 mL 氯化钠注射液淋洗发生器,收集洗脱液,准确测定洗脱液中^{188}Re 的活度值 A_2,按式(1)计算淋洗效率 η:

$$\eta = A_2/A_1 \times 100\% \quad \cdots\cdots(1)$$

式中:

η——淋洗效率,%;

A_1——淋洗时刻发生器中^{188}Re 的活度,单位为贝可(Bq);

A_2——洗脱液中^{188}Re 的活度,单位为贝可(Bq)。

6.1.2 表面辐射剂量

用辐射剂量仪分别在发生器外包装表面及距外包装容器 1 m 处测量辐射剂量。

6.1.3 表面污染

按照 GB 11806 规定,发生器屏蔽体表面的任一 300 cm^2 面积上,取多点用擦拭法进行检查。

6.1.4 有效期

在发生器规格规定的有效期末,对发生器的各项技术要求进行检验,应符合要求。

6.2 洗脱液检验

6.2.1 性状

取适量洗脱液,按中华人民共和国药典(二部)中的"可见异物检查法"、"澄清度检查法"及"溶液颜色检查法"检查。

6.2.2 pH 值

按中华人民共和国药典(二部)"放射性药品检定法"中"pH 测定法"进行检验。

6.2.3 放射化学纯度测定

按中华人民共和国药典(二部)中"放射化学纯度测定法"进行检验。取洗脱液适量点于新华一号纸上,以 0.9% 氯化钠溶液为展开剂,照上行法测定,Na^{188}ReO$_4$ 的 Rf 值在 0.7～0.8 之间,计算 Na^{188}ReO$_4$ 放射性峰的计数占总计数的百分比即为洗脱液的放射化学纯度。

6.2.4 放射性核纯度

根据中华人民共和国药典(二部)中"放射性核纯度测定法"的规定,取适量洗脱液,用能量及效率均已刻度好的高纯锗 γ 谱仪测定^{188}Re 的特征 γ 射线峰(155 keV,15%)的计数。为防止高计数率的^{188}Re γ 射线峰对微量杂质测定的干扰,应放置 2 周后再测 5.2.4 所列的放射性杂质活度,经衰变校正后[$T_{1/2}$(^{188}W)=69.4 d,$T_{1/2}$(^{191}Os)=15.4 d,$T_{1/2}$(^{192}Ir)=74.2 d],计算杂质核素活度占总活度的百分比。

6.2.5 放射性活度

按中华人民共和国药典(二部)中"放射性活度测定法"进行检验。

6.2.6 含铝量

采用中华人民共和国药典(二部)中"高锝[^{99m}Tc]酸钠注射液"项下含铝量的测定方法。

6.2.7　**细菌内毒素**

按中华人民共和国药典(二部)中“细菌内毒素检查法”检查。

6.2.8　**无菌**

按中华人民共和国药典(二部)中“无菌检查法”检查。

7　检验规则

7.1　型式检验

本标准中技术要求规定的项目均为型式检验项目。型式检验样品数不少于3个，每两年进行一次。当发生下列情况之一时，也应进行型式检验：

a)　当发生器的原料、结构和生产工艺有较大改变，可能影响产品质量时；

b)　停产一年以上，重新恢复生产时；

c)　国家质量监督部门提出型式检验要求时。

7.2　出厂检验

7.2.1　发生器的出厂检验项目如下：

a)　淋洗效率；

b)　表面剂量；

c)　表面污染。

7.2.2　洗脱液的出厂检验项目如下：

a)　性状；

b)　pH 值；

c)　放射化学纯度；

d)　放射性核纯度；

e)　放射性活度；

f)　含铝量；

g)　细菌内毒素；

h)　无菌。

7.2.3　发生器的表面剂量、表面污染及洗脱液的放射性活度采取全数检验；出厂检验的其余项目采取抽样检验，抽样程序和样本数按 GB/T 2828.2 中“孤立批检验抽样方案”的规定。

8　产品标志、标签、检验证书和使用说明书

8.1　标志

发生器外包装应有下列标志：

a)　放射性标志；

b)　放射性运输等级标志；

c)　防雨、小心轻放、向上标志。

8.2　标签

标签分为内包装标签和外包装标签。内包装标签贴在发生器屏蔽体表面；外包装标签贴在外包装上。标签应有下列内容：

a)　产品名称；

b)　放射性标志；

c)　批准文号；

d)　规格；

e)　产品批号；

f) 标定时间；

g) 放射性活度；

h) 有效期；

i) 生产厂家。

8.3 检验证书

发生器在出厂时应提供对发生器及其洗脱液技术要求的检验证书。

8.4 使用说明书

发生器在出厂时应提供使用说明书。说明书应包括：

a) 概述；

b) 核素参数；

c) 使用方法；

d) 淋洗环境；

e) 质量控制

f) 洗脱液特性；

g) ^{188}Re 淋洗曲线；

h) 发生器有效期；

i) 发生器活度规格；

j) 注意事项。

9 包装、运输和贮存

9.1 包装

产品包装从内向外依次为铅罐、泡沫衬垫、外包装容器，外包装容器表面放射性污染水平和辐射剂量水平应满足 GB 11806 的规定。

包装时，外包装容器内应附带使用说明书、检验证书。

9.2 运输

产品的运输按 GB 11806 的规定执行。

9.3 贮存

产品应常温保存在安全、洁净处，并注意防盗、防冻、防倒、防震。

ICS 29.180
K 41

中华人民共和国国家标准

GB/T 25289—2010

20 kV 油浸式配电变压器技术参数和要求

Specification and technical requirements for 20 kV oil-immersed distribution transformers

2010-11-10 发布　　2011-05-01 实施

中华人民共和国国家质量监督检验检疫总局
中国国家标准化管理委员会　发布

前　言

本标准的附录A为规范性附录。

本标准由中国电器工业协会提出。

本标准由全国变压器标准化技术委员会(SAC/TC 44)归口。

本标准起草单位:沈阳变压器研究院、江苏华鹏变压器有限公司、广州市番禺明珠电器有限责任公司、国网电力科学研究院、吴江市变压器厂有限公司、广东钜龙电力设备有限公司、中电电气集团有限公司、江苏省电力公司、上海置信电气股份有限公司、苏州安泰变压器有限公司、宁波甬嘉变压器有限公司、广东海鸿变压器有限公司、杭州钱江电气集团股份有限公司、三变科技股份有限公司、山东达驰电气有限公司、苏州东源天利电器有限公司。

本标准主要起草人:郭振岩、孙军、李超群、蔡定国、任晓红、林灿华、王文光、徐子宏、项阳、张霁、凌健、高亦南、包志明、郭献清、翁天海、俞尚群、许长华、屈卫民。

20 kV 油浸式配电变压器 技术参数和要求

1 范围

本标准规定了油浸式配电变压器的术语和定义、产品型号、性能参数、技术要求、测试项目、标志、起吊、包装、运输和贮存。

本标准适用于电压等级为 20 kV 级、额定频率为 50 Hz、额定容量为 5 kVA～160 kVA 的单相油浸式无励磁调压配电变压器(以下简称“单相变压器”)和额定容量为 30 kVA～2 500 kVA 的三相油浸式无励磁调压配电变压器(以下简称“三相变压器”)。

注：其他额定容量的产品可参考使用本标准。

2 规范性引用文件

下列文件中的条款通过本标准的引用而成为本标准的条款。凡是注日期的引用文件，其随后所有的修改单(不包括勘误的内容)或修订版均不适用于本标准，然而，鼓励根据本标准达成协议的各方研究是否可使用这些文件的最新版本。凡是不注日期的引用文件，其最新版本适用于本标准。

GB 1094.1　电力变压器　第 1 部分：总则(GB 1094.1—1996，eqv IEC 60076-1：1993)

GB 1094.2　电力变压器　第 2 部分：温升(GB 1094.2—1996，eqv IEC 60076-2：1993)

GB 1094.3　电力变压器　第 3 部分：绝缘水平、绝缘试验和外绝缘空气间隙(GB 1094.3—2003，eqv IEC 60076-3：2000)

GB 1094.5　电力变压器　第 5 部分：承受短路的能力(GB 1094.5—2008，IEC 60076-5：2006，MOD)

GB/T 1094.7　电力变压器　第 7 部分：油浸式电力变压器负载导则(GB/T 1094.7—2008，IEC 60076-7：2005，MOD)

GB/T 1094.10　电力变压器　第 10 部分：声级测定(GB/T 1094.10—2003，IEC 60076-10：2001，MOD)

GB/T 2900.15　电工术语　变压器、互感器、调压器和电抗器(GB/T 2900.15—1997，neq IEC 60050-421：1990、IEC 60050-321：1986)

JB/T 3837　变压器类产品型号编制方法

JB/T 10088　6 kV～500 kV 级电力变压器声级

3 术语和定义

GB 1094.1 和 GB/T 2900.15 中确立的术语和定义适用于本标准。

4 产品型号

单相、三相变压器的产品型号应符合 JB/T 3837 的规定。

三相变压器的产品型号示例如下：

示例：一台三相、油浸、自冷、双绕组、无励磁调压、铜导线、铁心材质为硅钢片、损耗水平代号为“11”、额定容量为 500 kVA、高压为双电压 20(10)kV 的配电变压器的产品型号为：

S11—500/20(10)

5 性能参数

5.1 单相变压器的额定容量、电压组合、分接范围、联结组标号、空载损耗、负载损耗、空载电流及短路阻抗应符合表1规定。

表1 5 kVA～160 kVA 单相双绕组无励磁调压配电变压器

额定容量/kVA	电压组合及分接范围			联结组标号	空载损耗/W	负载损耗/W	空载电流/%	短路阻抗/%
	高压/kV	高压分接范围/%	低压/kV					
5	20	±5	2×(0.22～0.24)或0.22～0.24	Ii0	30	135	2.20	3.5
10					45	245	2.00	
16					55	345	1.90	
20					65	405	1.80	
30					80	585	1.70	
40					100	735	1.60	
50					120	900	1.50	
63					145	1 070	1.40	
80					160	1 325	1.40	
100					190	1 560	1.30	
125					230	1 840	1.20	
160					290	2 235	1.00	

注1：根据用户需要，可提供高压分接范围为±2×2.5%或其他分接范围的单相变压器。

注2：对低压为2×(0.22～0.24)kV组合的单相变压器，当低压为(0.22～0.24)kV时，容量减半(并联使用时除外)。

注3：对于其他的短路阻抗值，由用户与制造方协商确定。

注4：表中的性能参数也适用于高压为双电压20(10)kV的单相变压器。

5.2 三相变压器的额定容量、电压组合、分接范围、联结组标号、空载损耗、负载损耗、空载电流及短路阻抗应符合表2规定。

表2 30 kVA～2 500 kVA 三相双绕组无励磁调压配电变压器

额定容量/kVA	电压组合及分接范围			联结组标号	空载损耗/W	负载损耗/W	空载电流/%	短路阻抗/%
	高压/kV	高压分接范围/%	低压/kV					
30	20	±5	0.4	Dyn11 Yzn11 Yyn0	100	690/660	2.10	5.5
50					130	1 010/960	2.00	
63					150	1 200/1 150	1.90	
80					180	1 440/1 370	1.80	
100					200	1 730/1 650	1.60	
125					240	2 080/1 980	1.50	
160					290	2 540/2 420	1.40	
200					340	3 000/2 860	1.30	

表 2（续）

额定容量/kVA	电压组合及分接范围			联结组标号	空载损耗/W	负载损耗/W	空载电流/%	短路阻抗/%
	高压/kV	高压分接范围/%	低压/kV					
250	20	±5	0.4	Dyn11 Yzn11 Yyn0	400	3 520/3 350	1.20	5.5
315					480	4 210/4 010	1.10	
400					570	4 970/4 730	1.00	
500					680	5 940/5 660	1.00	
630					810	6 820	0.90	6.0
800					980	8 250	0.80	
1 000					1 150	11 330	0.70	
1 250					1 380	13 200	0.70	
1 600					1 660	15 950	0.60	
2 000					1 950	19 140	0.60	
2 500					2 340	22 220	0.50	

注 1：对于额定容量为 500 kVA 及以下的三相变压器，表中斜线上方的负载损耗值适用于 Dyn11 或 Yzn11 联结组，斜线下方的负载损耗值适用于 Yyn0 联结组。

注 2：根据用户需要，可提供高压分接范围为±2×2.5%或其他分接范围的三相变压器。

注 3：表中的性能参数也适用于高压为双电压 20(10)kV 的三相变压器。

6 技术要求

6.1 基本要求

6.1.1 按本标准制造的单相、三相变压器应符合 GB 1094.1、GB 1094.2、GB 1094.3、GB 1094.5 和 GB/T 1094.7 的规定。

6.1.2 单相、三相变压器组、部件的设计、制造及检验等应符合相关标准及法规的要求。

6.1.3 额定容量为 30 kVA 以下的单相、三相变压器，声（功率）级水平应不超过 50 dB(A)；其他额定容量的单相、三相变压器，声（功率）级水平应符合 JB/T 10088 的规定。声级测定方法按 GB/T 1094.10。

6.2 安全保护装置

800 kVA 及以上的三相变压器宜装有气体继电器。

气体继电器的接点容量在交流 220 V 或 110 V 时不小于 66 VA，直流有感负载时，不小于 15 W。积聚在气体继电器内的气体数量达到 250 mL～300 mL 或油速在整定范围内时，应分别接通相应的接点。气体继电器的安装位置及其结构应能观察到分解气体的数量和颜色，而且应便于取气体。

注 1：根据用户与制造方协商，800 kVA 以下的单相、三相变压器也可供应气体继电器。

注 2：对于波纹式油箱、带有弹性片式散热器或油箱内部充有气体的密封式单相、三相变压器，是否装有气体继电器，由制造方和用户协商确定。

800 kVA 及以上的三相变压器应装有压力保护装置。

注 3：对于密封式单相、三相变压器，均应装有压力保护装置。

单相变压器一般不安装压力保护装置。但对于额定容量较大的单相变压器，根据用户需要，亦可安装。

对于密封式单相、三相变压器，应保证在最高环境温度与允许负载状态下，压力保护装置不动作，在最低环境温度与单相、三相变压器空载状态下，单相、三相变压器能正常运行。

6.3 油保护装置

6.3.1 单相变压器如装有储油柜(密封式变压器除外)，其结构应便于清理内部。若用户无特殊要求，储油柜一般不安装油位计。

6.3.2 单相密封式变压器(波纹式油箱、带膨胀式散热器或油箱上部带气隙的变压器)，若用户无特殊要求，一般不安装油位计。但对于带气隙的变压器，应在油箱内壁上设一个能正确指示25 ℃时油面位置的标记。

6.3.3 三相变压器应装有储油柜(波纹式油箱、带有弹性片式散热器或油箱内部充有气体的密封式变压器除外)，其结构应便于清理内部。储油柜的一端应装有油位计，储油柜的容积应保证在最高环境温度与允许负载状态下油不溢出，在最低环境温度与变压器未投入运行时，应能观察到油位指示。

6.3.4 储油柜应有注油、放油和排污油装置。

6.3.5 单相、三相变压器储油柜(如果有)上均应加装带有油封的吸湿器。

6.4 油温测量装置

6.4.1 单相、三相变压器应有供温度计用的管座。管座应设在油箱的上部，并伸入油内120 mm±10 mm。

6.4.2 1 000 kVA及以上的三相变压器，须装设户外测温装置，其接点容量在交流220 V时，不低于50 VA，直流有感负载时，不低于15 W。测温装置的安装位置应便于观察，且其准确度应符合相应标准。

6.5 单相、三相变压器油箱及其附件的技术要求

6.5.1 单相、三相变压器一般不供给小车，如箱底焊有支架，其焊接位置一般应符合图1的规定。

注：根据用户需要也可供给小车。

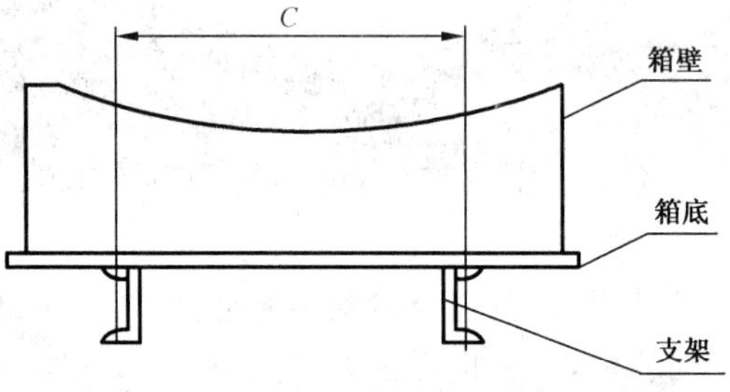

*C*尺寸可按单相、三相变压器大小选择为200 mm、300 mm、400 mm、550 mm、660 mm、820 mm、1 070 mm。

图1 箱底支架焊接位置(面对长轴方向)

6.5.2 在油箱的下部壁上可装有取油样或放油用阀门。

6.5.3 套管接线端子连接处，在环境空气中对空气的温升应不大于55 K，在油中对油的温升应不大于15 K。

6.5.4 套管的安装位置和相互距离应便于接线，且其带电部分的空气间隙应能满足GB 1094.3的要求。

6.5.5 单相、三相变压器结构应便于拆卸和更换套管。

6.5.6 单相、三相变压器铁心和金属结构零件均应通过油箱可靠接地。

6.5.7 对于高压为双电压(如为20 kV和10 kV或其他电压)的单相、三相变压器，如需要，可装有双电压切换装置。

7 测试项目

7.1 单相、三相变压器除应符合GB 1094.1所规定的试验项目外，还应符合7.2～7.5的规定(高压为

双电压的变压器试验项目,见附录A)。

7.2 对于三相变压器,绕组直流电阻不平衡率:相为不大于4%,线为不大于2%;如果由于线材及引线结构等原因而使绕组直流电阻不平衡率超过上述值时,除应在例行试验记录中记录实测值外,尚应写明引起这一偏差的原因。用户应与同温度下的例行试验实测值进行比较,其偏差应不大于2%。

注1:绕组直流电阻不平衡率应以三相实测最大值减最小值作分子,三相实测平均值作分母计算。

注2:对所有引出的相应端子间的电阻值均应进行测量比较。

7.3 应提供单相、三相变压器绝缘电阻的实测值,测试通常在5℃～40℃和相对湿度小于85%时进行。当测量温度不同时,绝缘电阻可按式(1)换算:

$$R_2 = R_1 \times 1.5^{(t_1 - t_2)/10} \qquad \cdots\cdots(1)$$

式中:

R_1、R_2 分别为温度 t_1、t_2 时的绝缘电阻值。

7.4 单相、三相变压器须进行密封试验,历经12 h应无渗漏和损伤。其试验压力如下:

a) 一般结构油箱的单相、三相变压器(包括储油柜带隔膜的密封式变压器)应承受40 kPa的试验压力;

b) 波纹式油箱(包括带有弹性片式散热器油箱)的单相、三相变压器:315 kVA及以下者应承受20 kPa的试验压力;400 kVA及以上者应承受15 kPa的试验压力;

c) 油箱内部充有气体的密封式单相、三相变压器,油面上部应承受60 kPa的试验压力(波纹式油箱除外)。

其剩余压力不得小于规定值的70%。

7.5 单相、三相变压器油箱及储油柜(如果有)应进行机械强度(正压)试验,历经5 min应无损伤及不得出现不允许的永久变形。本试验为型式试验,其试验压力如下:

a) 一般结构油箱的试验压力为50 kPa;

b) 波纹式油箱(包括带有弹性片式散热器油箱):对于315 kVA及以下者,试验压力为25 kPa;对于400 kVA及以上者,试验压力为20 kPa;

c) 内部充有气体的密封式单相、三相变压器油箱,油面上部应承受的试验压力为70 kPa(波纹式油箱除外)。

8 标志、起吊、包装、运输和贮存

8.1 单相、三相变压器应有接线端子、运输及起吊标志,标志内容应符合相关标准规定。

8.2 对于低压为2×(0.22～0.24)kV组合的单相变压器,其低压绕组内部接线图应在铭牌中表示出。

8.3 单相变压器高、低压套管排列顺序从左向右依次为A、X;a、x_1(如果有)、x(面向高压侧),带气隙的密封式单相变压器低压接线端子一般应在箱壁引出。

8.4 三相变压器的套管排列顺序位置一般如图2所示。

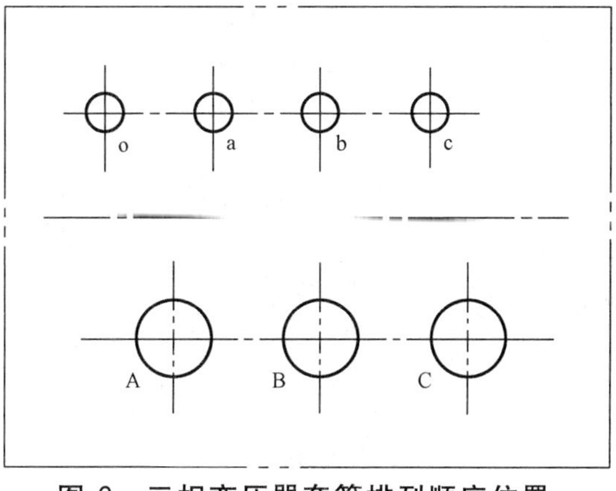

图2 三相变压器套管排列顺序位置

8.5　单相、三相变压器须具有承受变压器总重的起吊装置及起吊标志。单相、三相变压器器身、油箱、可拆卸结构的储油柜(如果有)、散热器等均应有起吊装置。

8.6　单相、三相变压器内部结构应在经过正常的铁路、公路及水路运输后相互位置不变，紧固件不松动。单相、三相变压器的组、部件如套管、散热器(管)、阀门和储油柜(如果有)等的结构及布置位置，应不妨碍吊装、运输及运输中紧固定位。

8.7　整体运输时，应保护单相、三相变压器的所有组、部件如储油柜(如果有)、套管、阀门及散热器(管)等不得损坏和受潮。

8.8　成套拆卸的组件和零件(如气体继电器、套管、测温装置及紧固件等)的包装应保证经过运输、贮存直到安装前不得损伤和受潮。

8.9　单相、三相变压器本体及成套拆卸的大组件(如散热器和储油柜等)运输时一般不装箱，但应保证不受损伤，根据用户的要求也可装箱运输。在整个运输与贮存过程中不得进水和受潮。

附　录　A
（规范性附录）
高压为双电压的变压器试验项目

A.1　例行试验

例行试验项目如下：

——绕组电阻测量(10 kV 和 20 kV)；

——电压比测量和联结组标号检定(10 kV 和 20 kV)；

——短路阻抗和负载损耗测量(10 kV 和 20 kV)；

——空载电流和空载损耗测量(20 kV)；

——绕组对地绝缘电阻测量(10 kV 和 20 kV)；

——绝缘例行试验(10 kV 和 20 kV)；

——绝缘油试验(20 kV)；

——密封试验。

A.2　型式试验

型式试验项目如下：

——温升试验(20 kV)；

——绝缘型式试验(10 kV 和 20 kV)；

——机械强度试验；

——声级测定(20 kV)。

A.3　特殊试验

特殊试验项目如下：

——绝缘特殊试验(20 kV)；

——三相变压器零序阻抗测量(20 kV)；

——短路承受能力试验(20 kV)；

——空载电流谐波测量(20 kV)。

ICS 29.160.30
K 22

中华人民共和国国家标准

GB/T 25290—2010

Y3系列(IP55)三相异步电动机技术条件(机座号63～355)

Specification for Y3 series(IP55)three-phase induction motor

(Frame size 63～355)

2010-11-10发布　　2011-05-01实施

中华人民共和国国家质量监督检验检疫总局
中国国家标准化管理委员会　发布

前　言

本标准由中国电器工业协会提出。

本标准由全国旋转电机标准化技术委员会(SAC/TC 26)归口。

本标准负责起草单位:上海电器科学研究所(集团)有限公司、上海电机系统节能工程技术研究中心有限公司、广东省东莞电机有限公司、山东华力电机集团股份有限公司、浙江金龙电机股份有限公司、江门江晟电机厂有限公司、河北电机股份有限公司、安徽皖南电机股份有限公司、浙江永发机电有限公司、浙江临海电机有限公司、上海邦浦实业集团有限公司、国家中小型电机质量监督检验中心。

本标准参加起草单位:南阳防爆集团股份有限公司、江苏大中电机股份有限公司、佳木斯电机股份有限公司、重庆赛力盟电机有限责任公司、衡水电机股份有限公司、宁波东力传动设备股份有限公司、中山市威特电机有限公司、大同(上海)有限公司、沈阳实力电机制造有限公司、中国电子科技集团二十一所。

本标准起草人:陈伟华、李秀英、黄坚、葛荣长、张凤、刘征良、张文斌、叶锦武、刘权、杨秀军、刘国柱、孙跃、徐鹤江、沈裕生、谢张国、王宛丽、王荷芬、常颜芹、汪同斌、刘国柱、竺松华、周宏君、姜梅、焦宗刚、朱兴文、黄伟新、周守廉、崔华建、叶正良、陈斌、孙忠。

Y3 系列(IP55)三相异步电动机技术条件(机座号 63～355)

1 范围

本标准规定了 Y3 系列电动机的型式、基本参数与尺寸、技术要求、检验规则、标志、包装及保用期的要求。

本标准适用于 Y3 系列(IP55)三相异步电动机(机座号 63～355)(以下简称电动机)。凡属本系列电动机所派生的各种系列电动机也可参照执行。

2 规范性引用文件

下列文件中的条款通过本标准的引用而成为本标准的条款。凡是注日期的引用文件,其随后所有的修改单(不包括勘误的内容)或修订版均不适用于本标准,然而,鼓励根据本标准达成协议的各方研究是否可使用这些文件的最新版本。凡是不注日期的引用文件,其最新版本适用于本标准。

GB/T 191—2008 包装储运图示标志(ISO 780:1997,MOD)

GB 755—2008 旋转电机 定额和性能(IEC 60034-1:2004,IDT)

GB/T 997—2008 旋转电机结构型式、安装型式及接线盒位置的分类(IM 代码)(IEC 60034-7:2001,IDT)

GB/T 1032—2005 三相异步电动机试验方法

GB 1971—2006 旋转电机 线端标志与旋转方向(IEC 60034-8:2002,IDT)

GB/T 1993—1993 旋转电机冷却方法(eqv IEC 60034-6:1991)

GB/T 4772.1—1999 旋转电机尺寸和输出功率等级 第1部分: 机座号 56～400 和凸缘号 55～1 080(idt IEC 60072-1:1991)

GB/T 4942.1—2006 旋转电机整体结构的防护等级(IP 代码) 分级(IEC 60034-5:2000,IDT)

GB 10068—2008 轴中心高为 56 mm 及以上电机的机械振动 振动的测量、评定及限值(IEC 60034-14:2007,IDT)

GB/T 10069.1—2006 旋转电机噪声测定方法及限值 第1部分:旋转电机噪声测定方法(ISO 1680:1999,MOD)

GB/T 12665—2008 电机在一般环境条件下使用的湿热试验要求

GB 14711—2006 中小型旋转电机安全要求

GB/T 22719.1—2008 交流低压电机散嵌绕组匝间绝缘 第1部分:试验方法

GB/T 22719.2—2008 交流低压电机散嵌绕组匝间绝缘 第2部分:试验限值

3 型式、基本参数与尺寸

3.1 电动机型号

示例:Y3 - 90S - 4

- 4——极数
- 90S——机座号
- Y3——异步电动机第三次改型设计

3.2 电动机的外壳防护等级为 IP55(按 GB/T 4942.1—2006 的规定)。

3.3 电动机的冷却方法为IC411(按GB/T 1993—1993的规定)。

3.4 电动机的结构及安装型式为IM B3、IM B5、IM B6、IM B7、IM B8、IM B14、IM B34、IM B35、IM V1、IM V3、IM V5、IM V6、IM V15、IM V17、IM V18、IM V19、IM V35和IM V37(按GB/T 997—2008的规定),按表1的规定制造。

表1 电动机的结构及安装型式

机座号	结构及安装代号(IM)
63～112	B14、B34、V18、V19
63～160	B3、B5、B6、B7、B8、B35、V1、V3、V5、V6、V15、V17、V35、V37
180～280	B3、B5、B35、V1
315～355	B3、B35、V1

3.5 电动机的定额是以连续工作制(S1)为基准的连续定额。

3.6 电动机的额定频率为50 Hz,额定电压为380 V。功率在3 kW及以下者为Y接法,其他功率均为△接法。

3.7 电动机应按下列额定功率制造:

0.12 kW,0.18 kW,0.25 kW,0.37 kW,0.55 kW,0.75 kW,1.1 kW,1.5 kW,2.2 kW,3 kW,4 kW,5.5 kW,7.5 kW,11 kW,15 kW,18.5 kW,22 kW,30 kW,37 kW,45 kW,55 kW,75 kW,90 kW,110 kW,132 kW,160 kW,200 kW,250 kW,315 kW。

3.8 电动机的机座号与转速及功率的对应关系应按表2的规定。

表2 机座号与转速及功率的对应关系

<table>
<tr><th rowspan="3">机座号</th><th colspan="5">同步转速
r/min</th></tr>
<tr><th>3 000</th><th>1 500</th><th>1 000</th><th>750</th><th>600</th></tr>
<tr><th colspan="5">功率
kW</th></tr>
<tr><td>63M1</td><td>0.18</td><td>0.12</td><td rowspan="2">—</td><td rowspan="4">—</td><td rowspan="16">—</td></tr>
<tr><td>63M2</td><td>0.25</td><td>0.18</td></tr>
<tr><td>71M1</td><td>0.37</td><td>0.25</td><td>0.18</td></tr>
<tr><td>71M2</td><td>0.55</td><td>0.37</td><td>0.25</td></tr>
<tr><td>80M1</td><td>0.75</td><td>0.55</td><td>0.37</td><td>0.18</td></tr>
<tr><td>80M2</td><td>1.1</td><td>0.75</td><td>0.55</td><td>0.25</td></tr>
<tr><td>90S</td><td>1.5</td><td>1.1</td><td>0.75</td><td>0.37</td></tr>
<tr><td>90L</td><td>2.2</td><td>1.5</td><td>1.1</td><td>0.55</td></tr>
<tr><td>100L1</td><td rowspan="2">3</td><td>2.2</td><td rowspan="2">1.5</td><td>0.75</td></tr>
<tr><td>100L2</td><td>3</td><td>1.1</td></tr>
<tr><td>112M</td><td>4</td><td>4</td><td>2.2</td><td>1.5</td></tr>
<tr><td>132S1</td><td>5.5</td><td rowspan="2">5.5</td><td rowspan="2">3</td><td rowspan="2">2.2</td></tr>
<tr><td>132S2</td><td>7.5</td></tr>
<tr><td>132M1</td><td rowspan="2">—</td><td rowspan="2">7.5</td><td>4</td><td rowspan="2">3</td></tr>
<tr><td>132M2</td><td>5.5</td></tr>
</table>

表 2（续）

<table>
<tr><td rowspan="3">机座号</td><td colspan="5">同步转速
r/min</td></tr>
<tr><td>3 000</td><td>1 500</td><td>1 000</td><td>750</td><td>600</td></tr>
<tr><td colspan="5">功率
kW</td></tr>
<tr><td>160M1</td><td>11</td><td rowspan="2">11</td><td rowspan="2">7.5</td><td>4</td><td rowspan="12">—</td></tr>
<tr><td>160M2</td><td>15</td><td>5.5</td></tr>
<tr><td>160L</td><td>18.5</td><td>15</td><td>11</td><td>7.5</td></tr>
<tr><td>180M</td><td>22</td><td>18.5</td><td>—</td><td>—</td></tr>
<tr><td>180L</td><td>—</td><td>22</td><td>15</td><td>11</td></tr>
<tr><td>200L1</td><td>30</td><td rowspan="2">30</td><td>18.5</td><td rowspan="2">15</td></tr>
<tr><td>200L2</td><td>37</td><td>22</td></tr>
<tr><td>225S</td><td>—</td><td>37</td><td>—</td><td>18.5</td></tr>
<tr><td>225M</td><td>45</td><td>45</td><td>30</td><td>22</td></tr>
<tr><td>250M</td><td>55</td><td>55</td><td>37</td><td>30</td></tr>
<tr><td>280S</td><td>75</td><td>75</td><td>45</td><td>37</td></tr>
<tr><td>280M</td><td>90</td><td>90</td><td>55</td><td>45</td></tr>
<tr><td>315S</td><td>110</td><td>110</td><td>75</td><td>55</td><td>45</td></tr>
<tr><td>315M</td><td>132</td><td>132</td><td>90</td><td>75</td><td>55</td></tr>
<tr><td>315L1</td><td>160</td><td>160</td><td>110</td><td>90</td><td>75</td></tr>
<tr><td>315L2</td><td>200</td><td>200</td><td>132</td><td>110</td><td>90</td></tr>
<tr><td>355M1</td><td rowspan="2">250</td><td rowspan="2">250</td><td>160</td><td>132</td><td>110</td></tr>
<tr><td>355M2</td><td>200</td><td>160</td><td>132</td></tr>
<tr><td>355L</td><td>315</td><td>315</td><td>250</td><td>200</td><td>160</td></tr>
<tr><td colspan="6">注：S、M、L 后面的数字 1、2 分别代表同一机座号和转速下不同的功率。</td></tr>
</table>

3.9 电动机尺寸及公差

3.9.1 电动机的安装尺寸及公差应符合表 3～表 8 的规定；外形尺寸应不大于表 3～表 8 的规定。

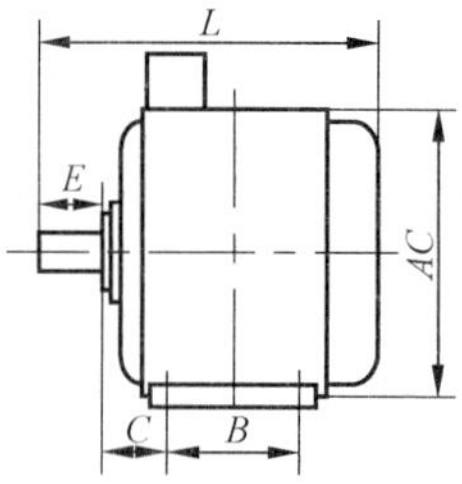

机座号63-71

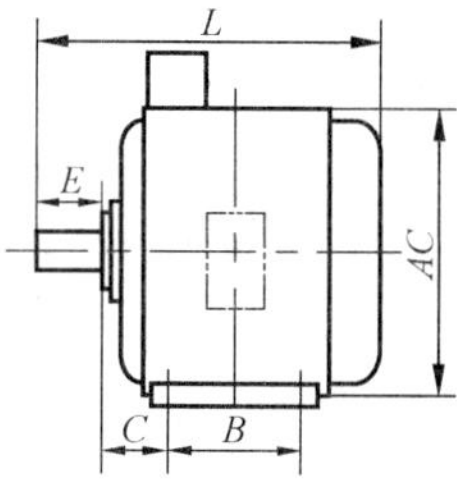

机座号80-90

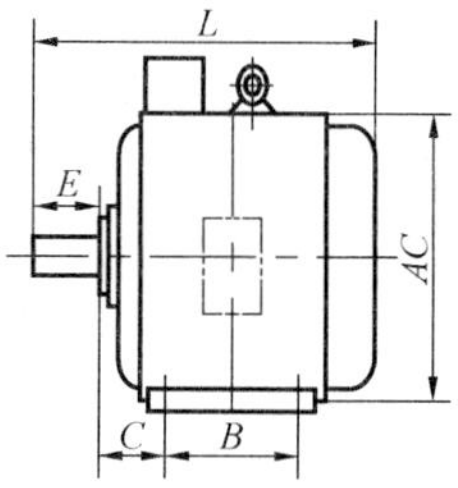

机座号100-132

表 3　机座带底脚，

机座号	极数	安装尺寸										
		A	*A*/2	*B*	*C*		*D*		*E*		*F*	
		基本尺寸	基本尺寸	基本尺寸	基本尺寸	极限偏差	基本尺寸	极限偏差	基本尺寸	极限偏差	基本尺寸	极限偏差
63M	2,4	100	50	80	40	±1.5	11	+0.008 −0.003	23	±0.26	4	0 −0.030
71M	2,4,6	112	56	90	45		14		30		5	
80M	2,4,6,8	125	62.5	100	50		19	+0.009 −0.004	40	±0.31	6	
90S		140	70		56		24		50		8	0 −0.036
90L				125								
100L		160	80	140	63	±2.0	28		60	±0.37		
112M		190	95		70							
132S		216	108		89		38	+0.018 +0.002	80		10	
132M				178								
160M		254	127	210	108	±3.0	42		110	±0.43	12	0 −0.043
160L				254								
180M		279	139.5	241	121		48				14	
180L				279								
200L		318	159	305	133		55	+0.030 +0.011			16	
225S	4,8	356	178	286	149	±4.0	60		140	±0.50	18	
225M	2			311			55		110	±0.43	16	
	4,6,8						60		140	±0.50	18	
250M	2	406	203	349	168							
	4,6,8						65					
280S	2	457	228.5	368	190							
	4,6,8						75				20	0 −0.052
280M	2			419			65				18	0 −0.043
	4,6,8						75				20	0 −0.052
315S	2	508	254	406	216		65				18	0 −0.043
	4,6,8,10						80		170		22	0 −0.052
315M	2			457			65		140		18	0 −0.043
	4,6,8,10						80		170		22	0 −0.052
315L	2			508			65		140		18	0 −0.043
	4,6,8,10						80		170		22	0 −0.052
355M	2	610	305	560	254		75		140		20	
	4,6,8,10						95	+0.035 +0.013	170		25	
355L	2			630			75	+0.030 +0.011	140		20	
	4,6,8,10						95	+0.035 +0.013	170		25	

[a] $G=D-GE$，GE 的极限偏差对机座号 80 及以下为($^{+0.10}_{0}$)，其余为($^{+0.20}_{0}$)。

[b] K 孔的位置度公差以轴伸的轴线为基准。

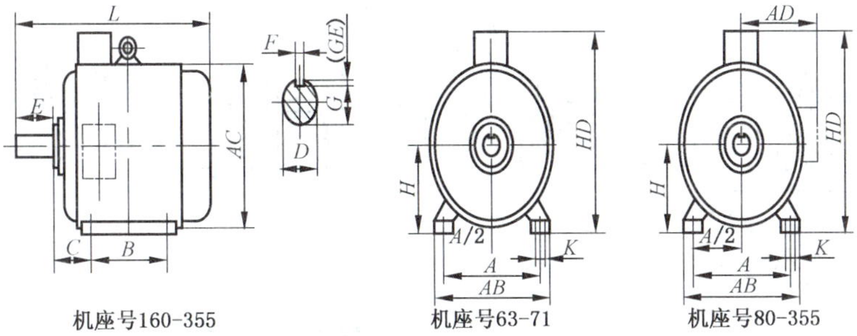

机座号160-355　　机座号63-71　　机座号80-355

端盖上无凸缘的电动机

及公差/mm							外形尺寸/mm				
G[a]		H		K[b]			AB	AC	AD	HD	L
基本尺寸	极限偏差	基本尺寸	极限偏差	基本尺寸	极限偏差	位置度公差					
8.5	0 −0.10	63	0 −0.5	7	+0.36 0	Φ 0.5Ⓜ	135	130		180	230
11		71					150	145		195	255
15.5		80		10			165	175	145	220	295
20	0 −0.20	90					180	195	155	250	320
											345
24		100		12		Φ 1.0Ⓜ	205	215	180	270	385
		112					230	240	190	300	400
33		132					270	275	210	345	470
											510
37		160		14.5	+0.43 0		320	330	255	420	615
											670
42.5		180					355	380	280	455	700
											740
49		200		18.5		Φ 1.2Ⓜ	395	420	305	505	770
53		225					435	470	335	560	820
49											815
53											845
		250					490	510	370	615	910
58		280		24			550	580	410	680	985
67.5											
58											1 035
67.5											
58		315	0 −1.0	28	+0.52 0	Φ 2.0Ⓜ	635	645	530	845	1 160
71											1 190
58											1 270
71											1 300
58											1 270
71											1 300
67.5		355					730	710	655	1 010	1 500
86											1 530
67.5											1 500
86											1 530

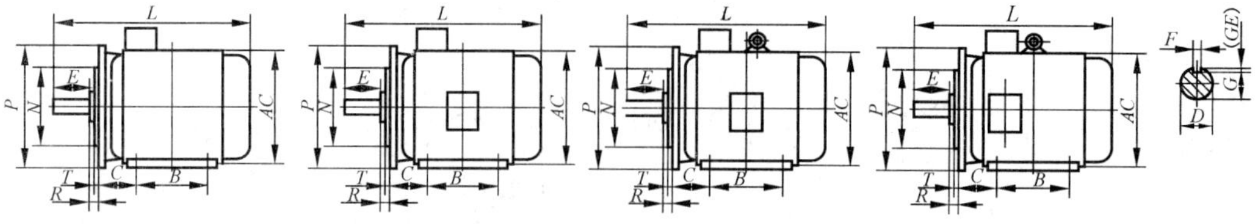

机座号63-71　　机座号80-90　　机座号100-132　　机座号160-355

表 4　机座带底脚，端盖上有

机座号	凸缘号	极数	安装尺寸																	
			A	A/2	B	C		D		E		F		G[a]		H		K[b]		位置度公差
			基本尺寸	基本尺寸	基本尺寸	基本尺寸	极限偏差	基本尺寸	极限偏差	基本尺寸	极限偏差	基本尺寸	极限偏差	基本尺寸	极限偏差	基本尺寸	极限偏差	基本尺寸	极限偏差	
63M	FF115	2,4	100	50	80	40	±1.5	11	+0.008 −0.003	23	±0.26	4	0 −0.030	8.5	0 −0.10	63	0 −0.5	7	+0.36 0	Φ0.5 Ⓜ
71M	FF130	2,4,6	112	56	90	45		14		30		5		11		71				
80M	FF165	2,4,6,8	125	62.5	100	50		19	+0.009 −0.004	40	±0.31	6		15.5		80		10		Φ1.0 Ⓜ
90S			140	70		56		24		50		8	0 −0.036	20	0 −0.20	90				
90L					125															
100L	FF215		160	80	140	63	±2.0	28		60	±0.37			24		100		12	+0.43 0	
112M			190	95		70										112				
132S	FF265		216	108		89		38	+0.018 +0.002	80		10		33		132				
132M					178															
160M	FF300		254	127	210	108	±3.0	42		110	±0.43	12	0 −0.043	37		160		14.5		Φ1.2 Ⓜ
160L					254															
180M			279	139.5	241	121		48				14		42.5		180				
180L					279															
200L	FF350		318	159	305	133		55				16		49		200		18.5	+0.52 0	
225S	FF400	4,8	356	178	286	149	±4.0	60	+0.030 +0.011	140	±0.50	18		53		225				
225M		2			311			55		110	±0.43	16		49						
		4,6,8						60		140	±0.50	18		53						
250M	FF500	2	406	203	349	168										250		24		Φ2.0 Ⓜ
		4,6,8						65						58						
280S		2	457	228.5	368	190										280	0 −1.0			
		4,6,8						75				20	0 −0.052	67.5						
280M		2			419			65				18	0 −0.043	58						
		4,6,8						75				20	0 −0.052	67.5						
315S	FF600	2	508	254	406	216		65				18	0 −0.043	58		315		28		
		4,6,8,10						80		170		22	0 −0.052	71						
315M		2			457			65		140		18	0 −0.043	58						
		4,6,8,10						80		170		22	0 −0.052	71						
315L		2			508			65		140		18	0 −0.043	58						
		4,6,8,10						80		170		22	0 −0.052	71						
355M	FF740	2	610	305	560	254		75		140		20		67.5		355				
		4,6,8,10						95	+0.035 +0.013	170		25		86						
355L		2			630			75	+0.030 +0.011	140		20		67.5						
		4,6,8,10						95	+0.035 +0.013	170		25		86						

[a] $G=D-GE$，GE 的极限偏差对机座号 80 及以下为$(^{+0.10}_{0})$，其余为$(^{+0.20}_{0})$。

[b] K、S 孔的位置度公差以轴伸的轴线为基准。

[c] P 尺寸为最大极限值。

[d] R 为凸缘配合面至轴伸肩的距离。

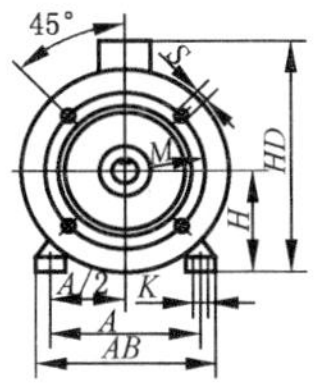

机座号63-71

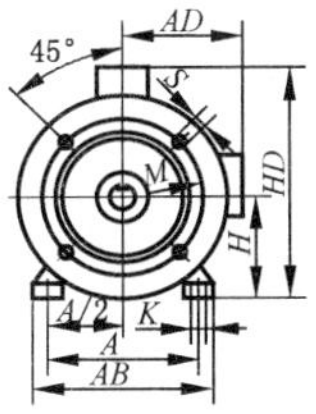

机座号80-200

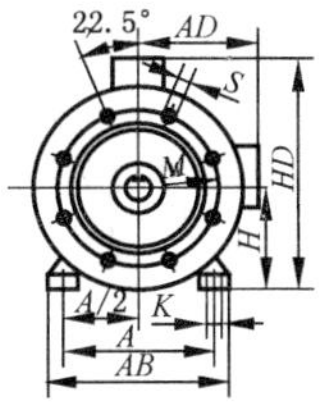

机座号225-355

凸缘(带通孔)的电动机

及公差/mm												外形尺寸/mm				
M	*N* 基本尺寸	*N* 极限偏差	*P*[c]	*R*[d] 基本尺寸	*R*[d] 极限偏差	*S*[b] 基本尺寸	*S*[b] 极限偏差	*S*[b] 位置度公差	*T* 基本尺寸	*T* 极限偏差	凸缘孔数	*AB*	*AC*	*AD*	*HD*	*L*
115	95	+0.013 −0.009	140	0	±1.5	10	+0.36 0	*Φ* 1.0 Ⓜ	3	0 −0.10	4	135	130		180	230
130	110		160						3.5	0 −0.12		150	145		195	255
165	130	+0.014 −0.011	200			12	+0.43 0					165	175	145	220	295
												180	195	155	250	320
																345
215	180		250		±2.0	14.5		*Φ* 1.2 Ⓜ	4			205	215	180	270	385
												230	240	190	300	400
265	230	+0.016 −0.013	300									270	275	210	345	470
																510
300	250		350		±3.0	18.5	+0.52 0		5			320	330	255	420	615
																670
												355	380	280	455	700
																740
350	300	±0.016	400									395	420	305	505	770
400	350	±0.018	450		±4.0						8	435	470	335	560	820
																815
																845
500	450	±0.020	550									490	510	370	615	910
												550	580	410	680	985
																1 035
600	550	±0.022	660			24		*Φ* 2.0 Ⓜ	6	0 −0.15		635	645	530	845	1 160
																1 190
																1 270
																1 300
																1 270
																1 300
740	680	±0.025	800									730	710	655	1 010	1 500
																1 530
																1 500
																1 530

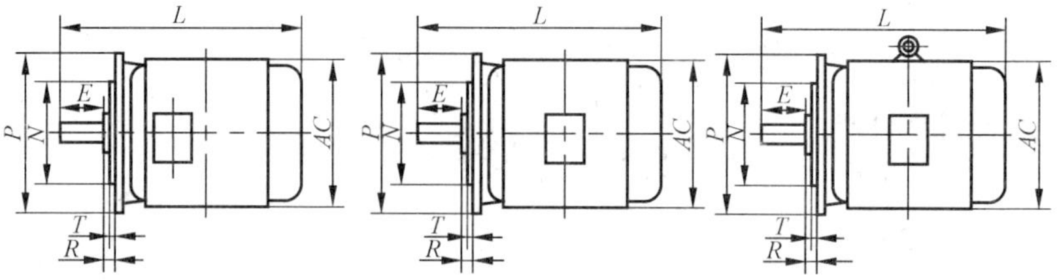

机座号63-71　　机座号80-90　　机座号100-132

表 5　机座不带底脚，端盖上有

机座号	凸缘号	极数	安装尺寸										
			D		E		F		G[a]		M	N	
			基本尺寸	极限偏差	基本尺寸	极限偏差	基本尺寸	极限偏差	基本尺寸	极限偏差		基本尺寸	极限偏差
63M	FF115	2,4	11	+0.008 −0.003	23	±0.26	4	0 −0.030	8.5	0 −0.10	115	95	+0.013 −0.009
71M	FF130	2,4,6	14		30		5		11		130	110	
80M	FF165	2,4,6,8	19	+0.009 −0.004	40	±0.31	6		15.5		165	130	+0.014 −0.011
90S			24		50		8	0 −0.036	20	0 −0.20			
90L													
100L	FF215		28		60	±0.37			24		215	180	
112M													
132S	FF265		38	+0.018 +0.002	80		10		33		265	230	+0.016 −0.013
132M													
160M	FF300		42		110	±0.43	12	0 −0.043	37		300	250	
160L													
180M			48				14		42.5				
180L													
200L	FF350		55	+0.030 +0.011			16		49		350	300	±0.016
225S	FF400	4,8	60		140	±0.50	18		53		400	350	±0.018
225M		2	55		110	±0.43	16		49				
		4,6,8	60		140	±0.50	18		53		500	450	±0.020
250M	FF500	2											
		4,6,8	65						58				
280S		2											
		4,6,8	75				20	0 −0.052	67.5				
280M		2	65				18	0 −0.043	58				
		4,6,8	75				20	0 −0.052	67.5				

[a] $G=D-GE$，GE 的极限偏差对机座号 80 及以下为($^{+0.10}_{0}$)，其余为($^{+0.20}_{0}$)。

[b] S 孔的位置度公差以轴伸的轴线为基准。

[c] P 尺寸为最大极限值。

[d] R 为凸缘配合面至轴伸肩的距离。

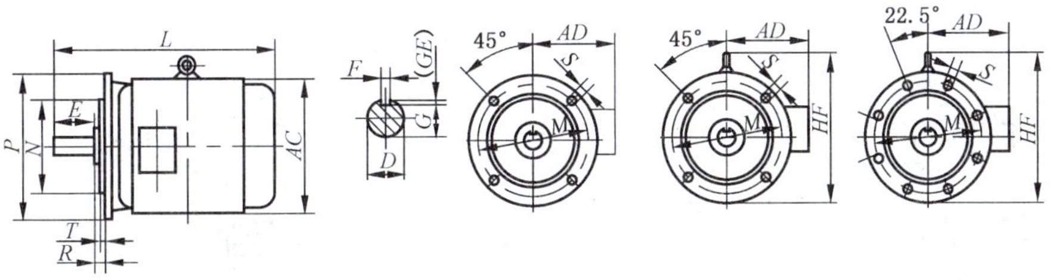

机座号160-280　　机座号63-90　　机座号100-200　　机座号225-280

凸缘(带通孔)的电动机

及公差/mm									外形尺寸/mm			
P^c	R^d		S^b			T		凸缘孔数	AC	AD	HF	L
	基本尺寸	极限偏差	基本尺寸	极限偏差	位置度公差	基本尺寸	极限偏差					
140	0	±1.5	10	+0.36 0	Φ1.0 Ⓜ	3	0 −0.10	4	130	120		230
160						3.5	0 −0.12		145	125		255
200			12	+0.43 0					175	145		295
									195	155		320
												345
250		±2.0	14.5			4			215	180	245	385
									240	190	265	400
300									275	210	315	470
												510
350		±3.0	18.5	+0.52 0	Φ1.2 Ⓜ	5			330	255	385	615
												670
									380	280	430	700
												740
400									420	305	480	770
450		±4.0						8	470	335	535	820
												815
												845
550									510	370	595	910
									580	410	650	985
												1 035

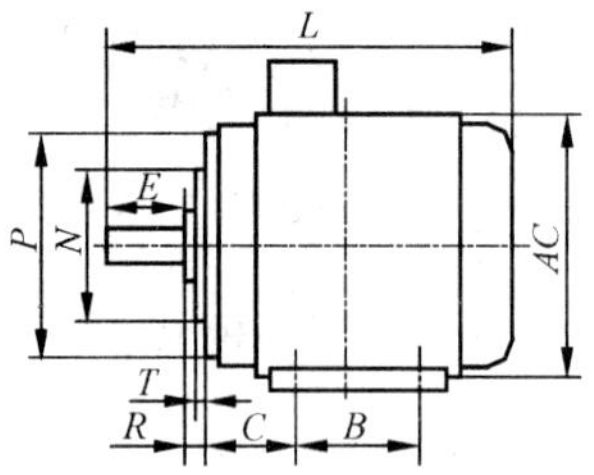

机座号 63-71

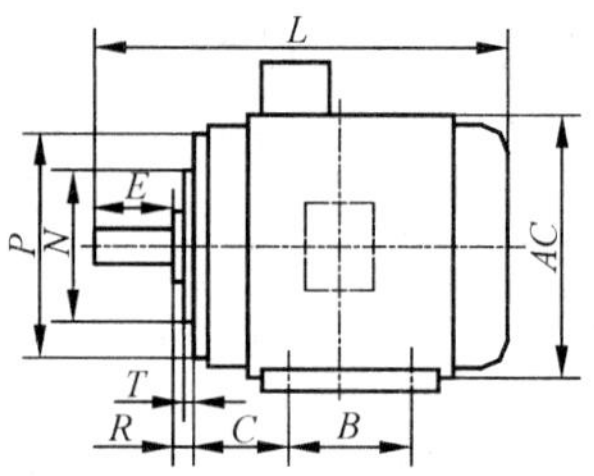

机座号 80-90

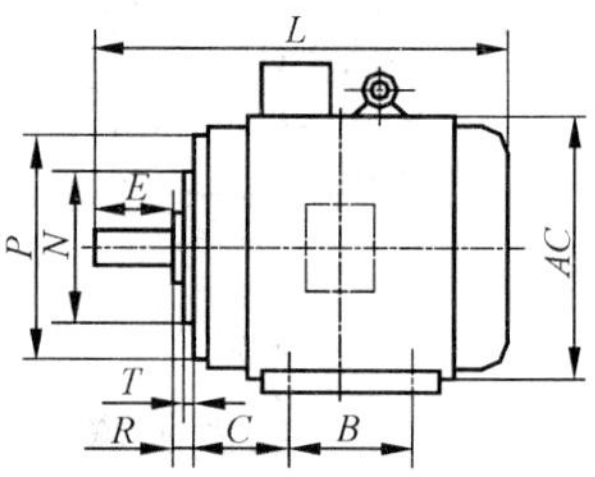

机座号 100-112

表 6　机座带底脚,端盖上有

机座号	凸缘号	极数	安装尺寸														
			A	*A*/2	*B*	*C*		*D*		*E*		*F*		*G*[a]		*H*	
			基本尺寸	基本尺寸	基本尺寸	基本尺寸	极限偏差	基本尺寸	极限偏差	基本尺寸	极限偏差	基本尺寸	极限偏差	基本尺寸	极限偏差	基本尺寸	极限偏差
63M	FT75	2,4	110	50	80	40	±1.5	11	+0.008 −0.003	23	±0.26	4	0 −0.030	8.5	0 −0.10	63	0 −0.5
71M	FT85	2,4,6	112	56	90	45	±1.5	14	+0.008 −0.003	30	±0.26	5	0 −0.030	11	0 −0.10	71	0 −0.5
80M	FT100	2,4,6,8	125	62.5	100	50	±1.5	19	+0.009 −0.004	40	±0.31	6	0 −0.030	15.5	0 −0.10	80	0 −0.5
90S	FT115	2,4,6,8	140	70	100	56	±1.5	24	+0.009 −0.004	50	±0.31	8	0 −0.036	20	0 −0.20	90	0 −0.5
90L	FT115	2,4,6,8	140	70	125	56	±1.5	24	+0.009 −0.004	50	±0.31	8	0 −0.036	20	0 −0.20	90	0 −0.5
100L	FT130	2,4,6,8	160	80	140	63	±2.0	28	+0.009 −0.004	60	±0.37	8	0 −0.036	24	0 −0.20	100	0 −0.5
112M	FT130	2,4,6,8	190	95	140	70	±2.0	28	+0.009 −0.004	60	±0.37	8	0 −0.036	24	0 −0.20	112	0 −0.5

[a] *G*=*D*−*GE*,*GE* 的极限偏差对机座号 80 及以下为($^{+0.10}_{0}$),其余为($^{+0.20}_{0}$)。

[b] *K*、*S* 孔的位置度公差以轴伸的轴线为基准。

[c] *P* 尺寸为最大极限值。

[d] *R* 为凸缘配合面至轴伸肩的距离。

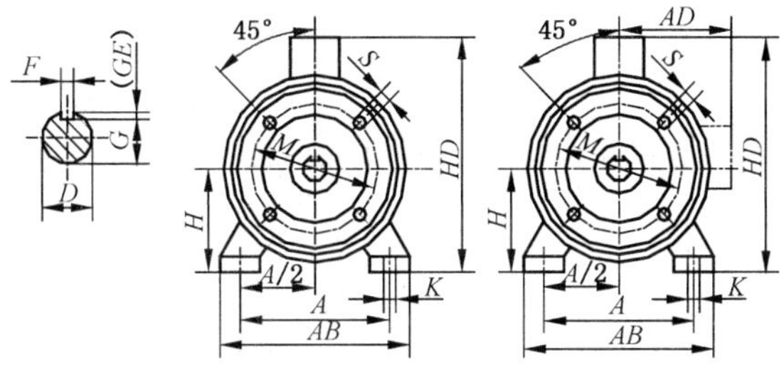

机座号 63-71　　机座号 80-112

凸缘(带螺孔)的电动机

及公差/mm														外形尺寸/mm				
K^{b}			M	N		P^{c}	R^{d}		S^{b}		T		凸缘孔数	AB	AC	AD	HD	L
基本尺寸	极限偏差	位置度公差		基本尺寸	极限偏差		基本尺寸	极限偏差	基本尺寸	位置度公差	基本尺寸	极限偏差						
7	+0.36 0	Φ 0.5 Ⓜ	75	60	+0.012 −0.007	90	0	±1.0	M5	Φ 0.4 Ⓜ	2.5	0 −0.10	4	135	130		180	230
			85	70		105			M6	Φ 0.5 Ⓜ				150	145		195	255
10		Φ 1.0 Ⓜ	100	80		120		±1.5			3.0			165	175	145	220	295
			115	95	+0.013 −0.009	140			M8	Φ 1.0 Ⓜ				180	195	155	250	320
																		345
12	+0.43 0		130	110		160					3.5	0 −0.12		205	215	180	270	385
														230	240	190	300	400

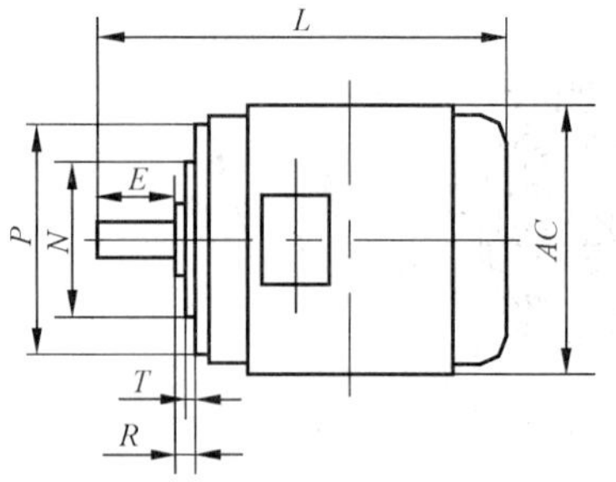

机座号 63-71

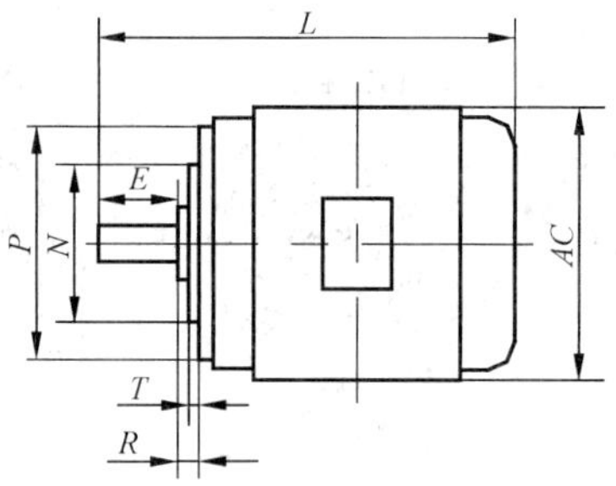

机座号 80-90

表 7　机座不带底脚，端盖上有

机座号	凸缘号	极数	安装尺寸											
			D		*E*		*F*		*G*[a]		*M*	*N*	
			基本尺寸	极限偏差	基本尺寸	极限偏差	基本尺寸	极限偏差	基本尺寸	极限偏差		基本尺寸	极限偏差
63M	FT75	2,4	11	+0.008 −0.003	23	±0.26	4	0 −0.030	8.5	0 −0.10	75	60	+0.012 −0.007
71M	FT85	2,4,6	14		30		5		11		85	70	
80M	FT100	2,4,6,8	19	+0.009 −0.004	40	±0.31	6		15.5		100	80	
90S	FT115		24		50		8	0 −0.036	20	0 −0.20	115	95	+0.013 −0.009
90L													
100L	FT130		28		60	±0.37			24		130	110	
112M													

[a] $G=D-GE$，GE 的极限偏差对机座号 80 及以下为($^{+0.10}_{0}$)，其余为($^{+0.20}_{0}$)。

[b] S 孔的位置度公差以轴伸的轴线为基准。

[c] P 尺寸为最大极限值。

[d] R 为凸缘配合面至轴伸肩的距离。

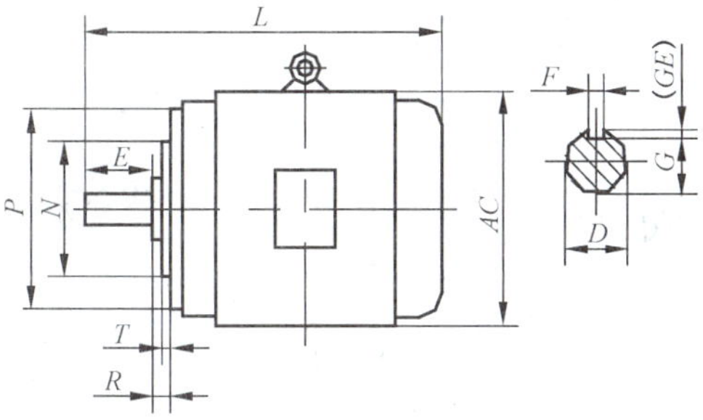

机座号 100-112

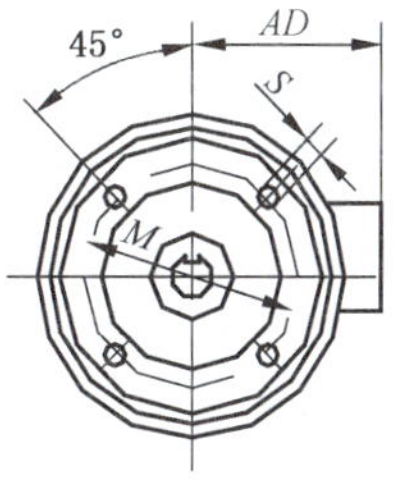

机座号 63-90

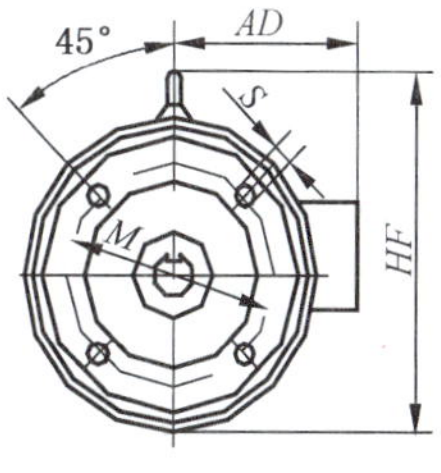

机座号 100-112

凸缘(带螺孔)的电动机

及公差/mm								外形尺寸/mm			
P^c	R^a 基本尺寸	R^a 极限偏差	S^b 基本尺寸	S^b 位置度公差	T 基本尺寸	T 极限偏差	凸缘孔数	AC	AD	HF	L
90	0	±1.0	M5	Φ0.4 Ⓜ	2.5	0 −0.10	4	130	120		230
105			M6	Φ0.5 Ⓜ				145	125		255
120		±1.5			3.0			175	145		295
140			M8	Φ1.0 Ⓜ				195	155		320
											345
160					3.5	0 −0.12		215	180	245	385
								240	190	265	400

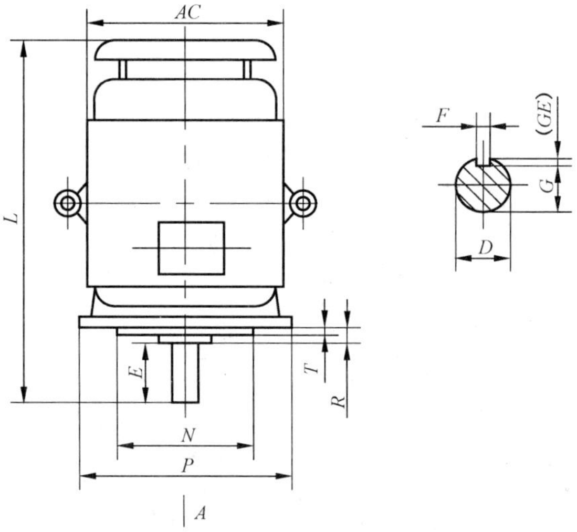

表 8 立式安装，机座不带底脚，端盖上有

机座号	凸缘号	极数	安装尺寸										
			D		E		F		G[a]		M	N	
			基本尺寸	极限偏差	基本尺寸	极限偏差	基本尺寸	极限偏差	基本尺寸	极限偏差		基本尺寸	极限偏差
180M	FF300	2,4,6,8	48	+0.018 +0.002	110	±0.43	14	0 −0.043	42.5	0 −0.020	300	250	+0.016 −0.013
180L													
200L	FF350		55	+0.030 +0.011			16		49		350	300	±0.016
225S	FF400	4,8	60		140	±0.50	18		53		400	350	±0.018
225M		2	55		110	±0.43	16		49				
		4,6,8	60		140	±0.50	18		53				
250M	FF500	2									500	450	±0.020
		4,6,8	65						58				
280S		2											
		4,6,8	75				20	0 −0.052	67.5				
280M		2	65				18	0 −0.043	58				
		4,6,8	75				20	0 −0.052	67.5				
315S	FF600	2	65				18	0 −0.043	58		600	550	±0.022
		4,6,8,10	80		170		22	0 −0.052	71				
315M		2	65		140		18	0 −0.043	58				
		4,6,8,10	80		170		22	0 −0.052	71				
315L		2	65		140		18	0 −0.043	58				
		4,6,8,10	80		170		22	0 −0.052	71				
355M	FF740	2	75		140		20		67.5		740	680	±0.025
		4,6,8,10	95	+0.035 +0.013	170		25		86				
355L		2	75	+0.030 +0.011	140		20		67.5				
		4,6,8,10	95	+0.035 +0.013	170		25		86				

[a] $G=D-GE$，GE 的极限偏差为（$^{+0.20}_{0}$）。

[b] S 孔的位置度公差以轴伸的轴线为基准。

[c] P 尺寸为最大极限值。

[d] R 为凸缘配合面至轴伸肩的距离。

A 向

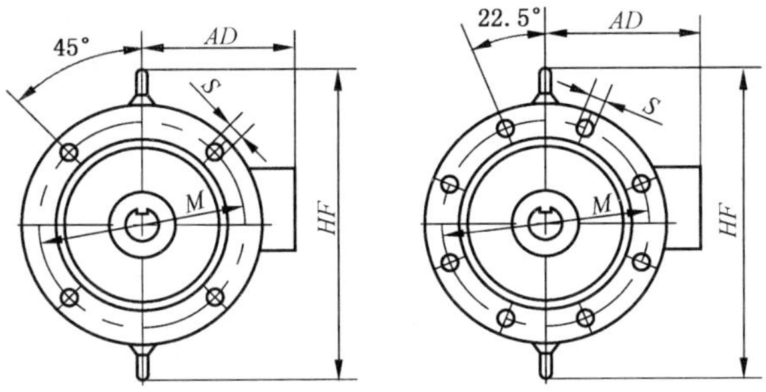

机座号 180-200　　　　机座号 225-355

凸缘(带通孔),轴伸向下的电动机

及公差/mm									外形尺寸/mm			
P^c	R^d 基本尺寸	R^d 极限偏差	S^b 基本尺寸	S^b 极限偏差	S^b 位置度公差	T 基本尺寸	T 极限偏差	凸缘孔数	AC	AD	HF	L
350	0	±3.0	18.5	$^{+0.52}_{0}$	Φ1.2 Ⓜ	5	$^{0}_{-0.12}$	4	380	280	500	760
												800
400									420	305	550	840
450		±4.0						8	470	335	610	910
												905
												935
550									510	370	650	1 015
									580	410	720	1 110
												1 150
660			24		Φ2.0 Ⓜ	6	$^{0}_{-0.15}$		645	530	900	1 280
												1 400
												1 310
												1 430
												1 310
												1 430
800									710	655	1 010	1 640
												1 670
												1 640
												1 670

3.9.2 电动机轴伸键的尺寸及公差应符合表9的规定。

表9 轴伸键的尺寸及公差

单位为毫米

轴伸直径	键宽	键高
11	$4_{-0.018}^{\ \ 0}$	$4_{-0.018}^{\ \ 0}$
14	$5_{-0.018}^{\ \ 0}$	$5_{-0.018}^{\ \ 0}$
19	$6_{-0.018}^{\ \ 0}$	$6_{-0.018}^{\ \ 0}$
24	$8_{-0.022}^{\ \ 0}$	$7_{-0.090}^{\ \ 0}$
28		
38	$10_{-0.022}^{\ \ 0}$	$8_{-0.090}^{\ \ 0}$
42	$12_{-0.027}^{\ \ 0}$	
48	$14_{-0.027}^{\ \ 0}$	$9_{-0.090}^{\ \ 0}$
55	$16_{-0.027}^{\ \ 0}$	$10_{-0.090}^{\ \ 0}$
60	$18_{-0.027}^{\ \ 0}$	$11_{-0.110}^{\ \ 0}$
65		
75	$20_{-0.033}^{\ \ 0}$	$12_{-0.110}^{\ \ 0}$
80	$22_{-0.033}^{\ \ 0}$	$14_{-0.110}^{\ \ 0}$
95	$25_{-0.033}^{\ \ 0}$	

3.9.3 轴伸长度一半处的径向圆跳动公差应符合表10的规定。

表10 径向圆跳动公差

单位为毫米

轴伸直径	圆跳动公差
≥11～18	0.035
＞18～30	0.040
＞30～50	0.050
＞50～80	0.060
＞80～95	0.070

3.9.4 凸缘止口对电动机轴线的径向圆跳动和凸缘配合面对电动机轴线的端面圆跳动公差应符合表11的规定。

表11 径向圆跳动及端面圆跳动公差

单位为毫米

凸缘止口直径	圆跳动公差
≥60～95	0.080
＞95～230	0.100
＞230～450	0.125
＞450～680	0.160

3.9.5 电动机轴线对底脚支承面的平行度公差应符合表12的规定。

表 12　平行度公差

单位为毫米

机座号	平行度公差
≥63～250	0.40
>250～315	0.75
>315～355	1.00

3.9.6　电动机底脚支承面的平面度公差应符合表 13 的规定。

表 13　平面度公差

单位为毫米

AB 或 *BB* 中的最大尺寸	平面度公差
≥100～160	0.12
>160～250	0.15
>250～400	0.20
>400～630	0.25
>630～1 000	0.30
注：*AB* 为电动机底脚外边缘间的距离(端视)；*BB* 为电动机底脚外边缘间的距离(侧视)。	

3.9.7　电动机轴伸上键槽的对称度公差应符合表 14 的规定。

表 14　对称度公差

单位为毫米

<table>
<tr><th>键槽宽度(F)</th><th>对称度公差</th></tr>
<tr><td>4</td><td rowspan="3">0.018</td></tr>
<tr><td>5</td></tr>
<tr><td>6</td></tr>
<tr><td>8</td><td rowspan="2">0.022</td></tr>
<tr><td>10</td></tr>
<tr><td>12</td><td rowspan="4">0.030</td></tr>
<tr><td>14</td></tr>
<tr><td>16</td></tr>
<tr><td>18</td></tr>
<tr><td>20</td><td rowspan="2">0.037</td></tr>
<tr><td>22</td></tr>
<tr><td>25</td><td>0.050</td></tr>
</table>

4　技术要求

4.1　电动机应符合本标准的要求，并按照经规定程序批准的图样及技术文件制造。

4.2　在下列的海拔和环境空气温度条件下，电动机应能额定运行。

4.2.1　海拔不超过 1 000 m。

4.2.2　最高环境空气温度随季节而变化，但不超过 40 ℃。

注：如电动机指定在海拔超过 1 000 m 或最高环境空气温度高于或低于 40 ℃的条件下使用时，应按 GB 755—2008 的规定。

4.2.3　最低环境空气温度为 −15 ℃。

4.3　电动机运行期间电源电压和频率与额定值的偏差应按 GB 755—2008 的规定。

4.4　电动机在功率、电压及频率为额定时，其效率和功率因数的保证值应符合表 15 的规定。

4.4.1　电动机的效率由间接损耗分析法确定，杂散损耗按额定输入的 0.5%计算。非额定点杂散损耗按电流二次方折算。

4.4.2 电动机的效率计算时，电动机绕组的电阻基准温度应换算到130(B)级95 ℃时进行(见GB/T 1032—2005)。

4.4.3 在计算中，效率值取四位有效位数，功率因数值取三位有效位数。

4.4.4 经足够长时间运转以后摩擦损耗可忽略不计的轴密封圈，在测定效率时允许卸下。

表 15 效率和功率因数的保证值

功率 kW	同步转速 r/min									
	3 000	1 500	1 000	750	600	3 000	1 500	1 000	750	600
	效率(η) %					功率因数($\cos\varphi$)				
0.12	—	57.0	—	—	—	—	0.72	—	—	—
0.18	65.0	60.0	56.0	51.0	—	0.80	0.73	0.66	0.61	—
0.25	68.0	65.0	59.0	54.0	—	0.81	0.74	0.68	0.61	—
0.37	69.0	67.0	62.0	62.0	—	0.81	0.75	0.70	0.61	—
0.55	74.0	71.0	65.0	63.0	—	0.82	0.75	0.72	0.61	—
0.75	75.0	73.0	69.0	70.0	—	0.83	0.76	0.72	0.67	—
1.1	76.2	76.2	72.0	72.0	—	0.84	0.77	0.73	0.69	—
1.5	78.5	78.5	76.0	74.0	—	0.84	0.78	0.75	0.70	—
2.2	81.0	81.0	79.0	79.0	—	0.85	0.81	0.76	0.71	—
3	82.6	82.6	81.0	80.0	—	0.87	0.82	0.76	0.73	—
4	84.2	84.2	82.0	81.0	—	0.88	0.82	0.76	0.73	—
5.5	85.7	85.7	84.0	83.0	—	0.88	0.83	0.77	0.74	—
7.5	87.0	87.0	86.0	85.5	—	0.88	0.84	0.77	0.75	—
11	88.4	88.4	87.5	87.5	—	0.89	0.84	0.78	0.75	—
15	89.4	89.4	89.0	88.0	—	0.89	0.85	0.81	0.76	—
18.5	90.0	90.0	90.0	90.0	—	0.90	0.86	0.81	0.76	—
22	90.5	90.5	90.0	90.5	—	0.90	0.86	0.83	0.78	—
30	91.4	91.4	91.5	91.0	—	0.90	0.86	0.84	0.79	—
37	92.0	92.0	92.0	91.5	—	0.90	0.87	0.86	0.79	—
45	92.5	92.5	92.5	92.0	91.5	0.90	0.87	0.86	0.79	0.75
55	93.0	93.0	92.8	92.8	92.0	0.90	0.87	0.86	0.81	0.75
75	93.6	93.6	93.5	93.5	92.5	0.90	0.88	0.86	0.81	0.76
90	93.9	93.9	93.8	93.8	93.0	0.91	0.88	0.86	0.82	0.77
110	94.0	94.5	94.0	94.0	93.2	0.91	0.88	0.86	0.82	0.78
132	94.5	94.8	94.2	93.7	93.5	0.91	0.88	0.87	0.82	0.78
160	94.6	94.9	94.5	94.2	93.5	0.91	0.89	0.88	0.82	0.78
200	94.8	94.9	94.5	94.5	—	0.92	0.89	0.88	0.83	—
250	95.2	95.2	94.5	—	—	0.92	0.90	0.88	—	—
315	95.4	95.2	—	—	—	0.92	0.90	—	—	—

4.5 在额定电压下，电动机堵转转矩对额定转矩之比的保证值应符合表16的规定。

表16 堵转转矩对额定转矩之比的保证值

<table>
<tr><th rowspan="3">功率
kW</th><th colspan="5">同步转速
r/min</th></tr>
<tr><th>3 000</th><th>1 500</th><th>1 000</th><th>750</th><th>600</th></tr>
<tr><th colspan="5">堵转转矩/额定转矩</th></tr>
<tr><td>0.12</td><td>—</td><td rowspan="4">2.1</td><td>—</td><td>—</td><td rowspan="19">—</td></tr>
<tr><td>0.18</td><td rowspan="4">2.3</td><td rowspan="4">1.9</td><td rowspan="9">1.8</td></tr>
<tr><td>0.25</td></tr>
<tr><td>0.37</td></tr>
<tr><td>0.55</td><td>2.4</td></tr>
<tr><td>0.75</td><td rowspan="11">2.2</td><td rowspan="8">2.3</td><td rowspan="4">2.0</td></tr>
<tr><td>1.1</td></tr>
<tr><td>1.5</td></tr>
<tr><td>2.2</td></tr>
<tr><td>3</td><td rowspan="3">2.1</td></tr>
<tr><td>4</td><td rowspan="3">1.9</td></tr>
<tr><td>5.5</td></tr>
<tr><td>7.5</td><td rowspan="3">2.0</td></tr>
<tr><td>11</td><td rowspan="10">2.2</td><td rowspan="2">2.0</td></tr>
<tr><td>15</td></tr>
<tr><td>18.5</td><td>2.1</td><td rowspan="5">1.9</td></tr>
<tr><td>22</td><td rowspan="7">2.0</td><td rowspan="2">2.0</td></tr>
<tr><td>30</td></tr>
<tr><td>37</td><td rowspan="3">2.1</td></tr>
<tr><td>45</td><td rowspan="4">1.5</td></tr>
<tr><td>55</td><td rowspan="7">1.8</td></tr>
<tr><td>75</td><td rowspan="4">2.0</td></tr>
<tr><td>90</td></tr>
<tr><td>110</td><td rowspan="4">1.8</td><td rowspan="6">2.1</td><td rowspan="3">1.3</td></tr>
<tr><td>132</td></tr>
<tr><td>160</td><td rowspan="3">1.9</td></tr>
<tr><td>200</td><td rowspan="3">—</td></tr>
<tr><td>250</td><td rowspan="2">1.6</td><td rowspan="2">—</td></tr>
<tr><td>315</td><td>—</td></tr>
</table>

4.6 在额定电压下，电动机起动过程中最小转矩对额定转矩之比的保证值应符合表 17 的规定。

表 17 最小转矩对额定转矩之比的保证值

<table>
<tr><th rowspan="3">功率
kW</th><th colspan="5">同步转速
r/min</th></tr>
<tr><th>3 000</th><th>1 500</th><th>1 000</th><th>750</th><th>600</th></tr>
<tr><th colspan="5">最小转矩/额定转矩</th></tr>
<tr><td>0.12</td><td>—</td><td rowspan="5">1.7</td><td>—</td><td>—</td><td rowspan="19">—</td></tr>
<tr><td>0.18</td><td rowspan="4">1.6</td><td rowspan="7">1.5</td><td rowspan="7">1.3</td></tr>
<tr><td>0.25</td></tr>
<tr><td>0.37</td></tr>
<tr><td>0.55</td></tr>
<tr><td>0.75</td><td rowspan="3">1.5</td><td rowspan="3">1.6</td></tr>
<tr><td>1.1</td></tr>
<tr><td>1.5</td></tr>
<tr><td>2.2</td><td rowspan="3">1.4</td><td rowspan="3">1.5</td><td rowspan="5">1.3</td><td rowspan="5">1.2</td></tr>
<tr><td>3</td></tr>
<tr><td>4</td></tr>
<tr><td>5.5</td><td rowspan="4">1.2</td><td rowspan="4">1.4</td></tr>
<tr><td>7.5</td></tr>
<tr><td>11</td><td rowspan="6">1.2</td><td rowspan="6">1.1</td></tr>
<tr><td>15</td></tr>
<tr><td>18.5</td><td rowspan="4">1.1</td><td rowspan="4">1.2</td></tr>
<tr><td>22</td></tr>
<tr><td>30</td></tr>
<tr><td>37</td></tr>
<tr><td>45</td><td rowspan="2">1.0</td><td rowspan="2">1.1</td><td rowspan="2">1.1</td><td rowspan="2">1.0</td><td rowspan="7">0.8</td></tr>
<tr><td>55</td></tr>
<tr><td>75</td><td rowspan="5">0.9</td><td rowspan="5">1.0</td><td rowspan="5">1.0</td><td rowspan="6">0.9</td></tr>
<tr><td>90</td></tr>
<tr><td>110</td></tr>
<tr><td>132</td></tr>
<tr><td>160</td></tr>
<tr><td>200</td><td rowspan="3">0.8</td><td rowspan="2">0.9</td><td rowspan="2">0.9</td><td rowspan="3">—</td></tr>
<tr><td>250</td><td rowspan="2">—</td></tr>
<tr><td>315</td><td>0.8</td><td>—</td></tr>
</table>

4.7　在额定电压下，电动机最大转矩对额定转矩之比的保证值应符合表 18 的规定。

表 18　最大转矩对额定转矩之比的保证值

功率 kW	同步转速 r/min				
	3 000	1 500	1 000	750	600
	最大转矩/额定转矩				
0.12	—		—	—	
0.18		2.2			
0.25	2.2		2.0	1.9	
0.37					
0.55					
0.75					
1.1					
1.5					
2.2					
3					—
4					
5.5			2.1		
7.5					
11	2.3	2.3			
15					
18.5				2.0	
22					
30					
37					
45					
55					
75					
90					2.0
110			2.0		
132					
160					
200	2.2	2.2			
250				—	—
315			—		

4.8 在额定电压下，电动机堵转电流对额定电流之比的保证值应符合表 19 的规定。

表 19 堵转电流对额定电流之比的保证值

<table>
<tr><th rowspan="3">功率
kW</th><th colspan="5">同步转速
r/min</th></tr>
<tr><th>3 000</th><th>1 500</th><th>1 000</th><th>750</th><th>600</th></tr>
<tr><th colspan="5">堵转电流/额定电流</th></tr>
<tr><td>0.12</td><td>—</td><td rowspan="2">4.4</td><td>—</td><td>—</td><td rowspan="19">—</td></tr>
<tr><td>0.18</td><td rowspan="2">5.5</td><td rowspan="2">4.0</td><td rowspan="2">3.3</td></tr>
<tr><td>0.25</td><td rowspan="3">5.2</td></tr>
<tr><td>0.37</td><td rowspan="3">6.1</td><td rowspan="2">4.7</td><td rowspan="3">4.0</td></tr>
<tr><td>0.55</td></tr>
<tr><td>0.75</td><td rowspan="3">6.0</td><td>5.3</td></tr>
<tr><td>1.1</td><td>6.9</td><td rowspan="2">5.5</td><td rowspan="2">5.0</td></tr>
<tr><td>1.5</td><td rowspan="2">7.0</td></tr>
<tr><td>2.2</td><td rowspan="6">7.0</td><td rowspan="6">6.5</td><td rowspan="5">6.0</td></tr>
<tr><td>3</td><td rowspan="12">7.5</td></tr>
<tr><td>4</td></tr>
<tr><td>5.5</td></tr>
<tr><td>7.5</td></tr>
<tr><td>11</td><td>6.5</td></tr>
<tr><td>15</td><td rowspan="3">7.5</td><td rowspan="7">7.0</td><td rowspan="3">6.6</td></tr>
<tr><td>18.5</td></tr>
<tr><td>22</td></tr>
<tr><td>30</td><td rowspan="4">7.2</td><td>6.5</td></tr>
<tr><td>37</td><td rowspan="3">6.6</td></tr>
<tr><td>45</td><td rowspan="2">6.2</td></tr>
<tr><td>55</td></tr>
<tr><td>75</td><td>7.0</td><td rowspan="2">6.8</td><td rowspan="7">6.7</td><td>6.2</td><td>5.8</td></tr>
<tr><td>90</td><td rowspan="7">7.1</td><td rowspan="5">6.4</td><td>5.9</td></tr>
<tr><td>110</td><td rowspan="6">6.9</td><td rowspan="3">6.0</td></tr>
<tr><td>132</td></tr>
<tr><td>160</td></tr>
<tr><td>200</td><td rowspan="3">—</td></tr>
<tr><td>250</td><td rowspan="2">—</td></tr>
<tr><td>315</td><td>—</td></tr>
<tr><td colspan="6">注：计算堵转电流对额定电流之比时，所采用的额定电流值应按额定功率、额定电压及效率和功率因数的保证值(不计及容差)求得。</td></tr>
</table>

4.9 电动机电气性能保证值的容差应符合表20的规定。对4.5～4.8数值修约间隔规定为0.01。

表20 电气性能保证值的容差

序号	电气性能名称	容 差
1	效率(η) 额定功率在150 kW及以下 额定功率在150 kW以上	 $-0.15(1-\eta)$ $-0.10(1-\eta)$
2	功率因数($\cos\varphi$)	$-(1-\cos\varphi)/6$,最少-0.02,最多-0.07
3	堵转转矩倍数	保证值的-15%,$+25\%$(经协议可超过$+25\%$)
4	最小转矩倍数	保证值的-15%
5	最大转矩倍数	保证值的-10%
6	堵转电流倍数	保证值的$+20\%$
7	转差率(在满载和工作温度下) 额定功率在1 kW以下 额定功率在1 kW及以上	 转差率保证值的$\pm30\%$ 转差率保证值的$\pm20\%$
注：转差率保证值=(同步转速－额定转速(铭牌值))/同步转速。		

4.10 电动机定子绕组温升。

4.10.1 电动机采用155(F)级绝缘，当海拔和环境空气温度符合4.2规定时，电动机定子绕组的温升(电阻法)按80 K考核。温升数值修约间隔为1。

如试验地点的海拔或环境空气温度与4.2的规定不同时，温升限值应按GB 755—2008的规定修正。

4.10.2 用电阻法测量绕组温度时，应在热试验结束就尽快使电动机停转。电动机断电后能在表21给出的时间内测得第一点读数，则以此读数计算得到的温升不需要外推至断电瞬间。

表21 断电后间隔时间

额定功率 kW	断电后间隔时间 s
≥0.12～50	30
>50～200	90
>200～315	120

如不能在上述间隔时间内测得第一点读数，则应按GB 755—2008的规定。

4.10.3 电动机轴承的允许温度(温度计法)应不超过95 ℃。

4.11 电动机在热状态和逐渐增加转矩的情况下，应能承受4.7规定的最大转矩(计及容差)，历时15 s的短时过转矩试验而无转速突变、停转及发生有害变形。此时，电压和频率应维持在额定值。

4.12 电动机应能承受1.5倍额定电流历时不小于2 min的偶然过电流试验而不损坏。

4.13 电动机的安全运行转速，除非铭牌上另有表明，机座号315及以下的所有电动机应能在GB 755—2008表17列出的转速之内安全连续运行。

4.14 电动机在空载情况下，机座号在315及以下的规格应能承受1.2倍的最大安全运行转速、机座号在355的规格应能承受1.2倍的最高额定转速，历时2 min的超速试验而不发生有害变形。

4.15 电动机定子绕组绝缘电阻在热状态时或热试验后，应不低于0.38 MΩ。

4.16 电动机的定子绕组应能承受为时1 min的耐电压试验而不发生击穿，试验电压的频率为50 Hz，并尽可能为正弦波形，电压的有效值为1 760 V。

在传送带上大批连续生产的电动机进行检查试验时，对200 kW及以下电动机，允许将试验时间缩短至1 s，而试验电压的有效值为2 110 V。

4.17 电动机定子绕组应能承受匝间冲击耐电压试验而不击穿，其试验冲击电压峰值按 GB/T 22719.2—2008 的规定。

4.18 电动机的定子绕组在按 GB/T 12665—2008 所规定的 40 ℃交变湿热试验方法进行 6 周期试验后，绝缘电阻应不低于 0.38 MΩ，并应能承受 4.16 所规定的耐电压试验而不发生击穿，但电压的有效值为 1 500 V，试验时间为 1 min。

4.19 电动机的机械振动

4.19.1 电动机在空载时测得的振动强度应不超过表 22 的规定。在测得振动速度、加速度有效值的数值时，修约间隔为 0.1，在测得振动位移有效值的数值时，修约间隔为 1。

4.19.2 电动机在检查试验时，只需测量振动的速度。型式试验时，所有三种振动量值都应测量。

注：当检查试验是在自由悬置安装条件下做的，型式试验则必须包括在刚性安装情况下的试验。

表 22 不同轴中心高 H(mm)用位移、速度和加速度表示的振动强度限值(方均根值)

轴中心高 H mm	$63 \leqslant H \leqslant 132$			$132 < H \leqslant 280$			$H > 280$		
安装方式	位移 μm	速度 mm/s	加速度 m/s^2	位移 μm	速度 mm/s	加速度 m/s^2	位移 μm	速度 mm/s	加速度 m/s^2
自由悬置	25	1.6	2.5	35	2.2	3.5	45	2.8	4.4
刚性安装	21	1.3	2.0	29	1.8	2.8	37	2.3	3.6

4.20 电动机在空载时测得的 A 计权声功率级的噪声数值应符合表 23 所规定的数值，电动机在负载时测得的 A 计权声功率级应符合表 23 和表 24 所规定值之和的数值。噪声数值的容差为+3 dB(A)。修约间隔为 1。

表 23 空载最大 A 计权声功率级值 L_{WA}(dB)

<table>
<tr><th rowspan="2">机座号</th><th colspan="5">同步转速
r/min</th></tr>
<tr><th>3 000</th><th>1 500</th><th>1 000</th><th>750</th><th>600</th></tr>
<tr><td>63</td><td>61</td><td>52</td><td>—</td><td>—</td><td rowspan="13">—</td></tr>
<tr><td>71</td><td>64</td><td>55</td><td>52</td><td>—</td></tr>
<tr><td>80</td><td>67</td><td>58</td><td>54</td><td>52</td></tr>
<tr><td>90</td><td>72</td><td>61</td><td>57</td><td>56</td></tr>
<tr><td>100</td><td>76</td><td>64</td><td>61</td><td>59</td></tr>
<tr><td>112</td><td>77</td><td>65</td><td>65</td><td>61</td></tr>
<tr><td>132</td><td>80</td><td>71</td><td>69</td><td>64</td></tr>
<tr><td>160</td><td>84</td><td>74</td><td>70</td><td>68</td></tr>
<tr><td>180</td><td>85</td><td>76</td><td>73</td><td>70</td></tr>
<tr><td>200</td><td>87</td><td>79</td><td>76</td><td>73</td></tr>
<tr><td>225</td><td>89</td><td>81</td><td>76</td><td>73</td></tr>
<tr><td>250</td><td>89</td><td>82</td><td>78</td><td>75</td></tr>
<tr><td>280</td><td>91</td><td>85</td><td>80</td><td>76</td></tr>
<tr><td>315S、315M</td><td>96</td><td>93</td><td rowspan="2">85</td><td rowspan="2">82</td><td rowspan="2">82</td></tr>
<tr><td>315L</td><td>99</td><td>97</td></tr>
<tr><td>355</td><td>103</td><td>101</td><td>91</td><td>89</td><td>90</td></tr>
</table>

表 24 负载时 A 计权声功率级的噪声允许最大增加量 ΔL_{WA}(dB)

机座号	同步转速 r/min				
	3 000	1 500	1 000	750	600
63≤H≤160	2	5	7	8	
180≤H≤200	2	4	6	7	—
225≤H≤280	2	3	6	7	
H=315	2	3	5	6	7
H=355	2	2	4	5	6

4.21 当三相电源平衡时，电动机的三相空载电流中任何一相与三相平均值的偏差应不大于三相平均值的 10%。

4.22 电动机在检查试验时，空载与堵转的电流和损耗，应在某一数据范围之内，该数据范围应能保证电动机性能符合 4.4 至 4.9 的规定。

4.23 电动机有一个圆柱形轴伸，双方另有协议时允许电动机制成两个轴伸，第二轴伸应能传递额定功率，但只能用联轴器传动。

4.24 电动机应制成具有六个出线端。从主轴伸端视之，电动机的接线盒应置于机座右面或顶部。电动机的接线盒内应有接地端子，对机座号在 315 及以上的电动机，应在机座上另设一个接地端子，并应在接地端子的附近设置接地标志，此标志应保证在电动机整个使用时期内不易磨灭。

4.25 在出线端标志的字母顺序与三相电源的电压相序方向相同时，从主轴伸端视之，电动机应为顺时针方向旋转(按 GB 1971—2006 的规定)。

4.26 电动机的安全性能应符合 GB 14711—2006 的要求。

5 检验规则

5.1 每台电动机须检验合格后才能出厂，并应附有产品合格证。

5.2 每台电动机应经过检查试验，检查试验项目包括：

a) 机械检查(按 5.5、5.6 的规定)；

b) 定子绕组对机壳及绕组相互间绝缘电阻的测定(检查试验时可测量冷态绝缘电阻，但应保证热态时绝缘电阻不低于 4.15 的规定)；

c) 定子绕组在实际冷状态下直流电阻的测定；

d) 耐电压试验；

e) 匝间绝缘试验；

f) 空载电流和损耗的测定；

注：在型式试验时需量取空载特性曲线。

g) 堵转电流和损耗的测定；

注：在型式试验时需量取堵转特性曲线。

h) 噪声的测定(按 5.6 的规定)；

i) 振动的测定(按 5.6 的规定)；

j) 旋转方向的检查。

5.3 凡遇下列情况之一者，必须进行型式试验：

a) 经鉴定定型后制造厂第一次试制或小批试生产时；

b) 电动机设计或工艺上的变更足以引起某些特性和参数发生变化时；

c) 当检查试验结果和以前进行的型式试验结果发生不可容许的偏差时；

d) 成批生产的电动机定期的抽试，每年抽试一次。当需要抽试的数量过多时，抽试时间间隔可适当延长，但至少每两年抽试一次。

5.4 电动机的型式试验项目包括：

a) 检查试验的全部项目；

b) 热试验；

c) 效率、功率因数和转差率的测定；

d) 短时过转矩试验；

e) 最大转矩的测定；

f) 起动过程中最小转矩的测定；

g) 超速试验(当有协议作出规定时进行)。

5.5 电动机的机械检查项目包括：

a) 转动检查：电动机转动时，应平稳轻快，无停滞现象。

b) 外观检查：检查电动机的装配是否完整正确，电动机表面油漆应干燥完整、均匀、无污损、碰坏、裂痕等现象。

c) 安装尺寸、外形尺寸及键的尺寸检查：安装尺寸及外形尺寸应符合 3.9.1 的规定；键的尺寸应符合 3.9.2 的规定。

d) 圆跳动、底脚支承面的平行度和平面度及键槽对称度的检查：圆跳动应符合 3.9.3 和 3.9.4 的规定。底脚支承面的平行度和平面度应分别符合 3.9.5 和 3.9.6 的规定。键槽对称度应符合 3.9.7 的规定。底脚支承面的平面度和键槽对称度允许在零部件上进行检查。

5.6 5.5 的 a)和 b)应每台检查，5.2 的 h)和 i)及 5.5 的 c)和 d)可以抽查，抽查办法由制造厂制定。

5.7 5.2(其中的 e)、h)、i)和 j)除外)和 5.4 所规定的各项试验，其试验方法按照 GB/T 1032—2005 进行，5.2 的 e)按照 GB/T 22719.1—2008 进行。5.2 的 h)按 GB/T 10069.1—2006 进行，负载噪声按 GB/T 10069.1—2006 的附录 D 进行。5.2 的 i)按 GB 10068—2008 进行。5.2 的 j)按 GB 1971—2006 进行。5.5 所规定的安装尺寸及公差的检查按照 GB/T 4772.1—1999 进行。

5.8 电动机外壳防护等级的试验、偶然过电流试验及 40 ℃交变湿热试验，可在产品结构定型或当结构和工艺有较大改变时进行。外壳防护等级的试验方法按照 GB/T 4942.1—2006 进行。40 ℃交变湿热试验按照 GB/T 12665—2008 进行。

6 标志、包装及保用期

6.1 铭牌材料及铭牌上数据的刻划方法，应保证其字迹在电动机整个使用期间内不易磨灭。

6.2 铭牌应固定在电动机机座的上半部，应标明的项目如下：

a) 制造厂名或标记；

b) 电动机名称(三相异步电动机)；

c) 电动机型号；

d) 外壳防护等级(允许另作铭牌)；

e) 额定功率，单位为 kW；

f) 额定频率，单位为 Hz；

g) 额定电流，单位为 A；

h) 额定电压，单位为 V；

i) 额定转速，单位为 r/min；

j) 热分级；

k) 接线方法(Δ 或 Y)；

l) 效率；

m） 功率因数；

n） 制造厂出品年月和出品编号；

o） 重量，单位为 kg；

p） 标准编号。

6.3 电动机定子绕组的六个出线端及在接线板的接线位置上均应有相应的标志，并应保证其字迹在电动机整个使用时期内不易磨灭。其标志按表 25 的规定。

表 25 出线端标志

定子绕组名称	出线端标志	
	始端	末端
第一相	U1	U2
第二相	V1	V2
第三相	W1	W2

6.4 电动机的轴伸及平键表面应加防锈及保护措施。凸缘式电动机必须在凸缘的加工面上加防锈及保护措施。

6.5 电动机的轴伸平键、使用说明书（同一用户同一型式的一批电动机至少供应一份，使用说明书需标明制造厂地址）及产品合格证应随同每台电动机供给用户。

6.6 电动机的包装应能保证在正常的储运条件下，自发货之日起的一年时间内不致因包装不善而导致受潮与损坏。

6.7 包装箱外壁的文字和标志应清楚整齐，内容如下：

a） 发货站及制造厂名称；

b） 收货站及收货单位名称；

c） 电动机型号和出品编号；

d） 电动机的净重及连同箱子的毛重；

e） 箱子尺寸；

f） 在箱子的适当位置应标有“小心轻放”、“怕雨”等字样，其图形应符合 GB/T 191—2008 的规定。

6.8 在用户按照使用说明书的规定，正确地使用与存放电动机的情况下，制造厂应保证电动机在开始使用一年内，或自制造厂的出品日期不超过两年的时间内能良好地运行。如在此规定时间内电动机因制造质量不良而发生损坏或不能正常工作时，制造厂应无偿地为用户修理或更换零件或电动机。

ICS 29.160.30
K 22

中华人民共和国国家标准

GB/T 25291—2010

船用起货机用恒力矩三相异步电动机技术条件

Specification for three-phase constant torque asynchronous motor for cargo winches in ships

2010-11-10 发布　　　　2011-05-01 实施

中华人民共和国国家质量监督检验检疫总局
中国国家标准化管理委员会　发布

前　言

本标准由中国电器工业协会提出并归口。

本标准负责起草单位：上海电器科学研究所(集团)有限公司。

本标准参加起草单位：中国船级社上海分社、中国船级社上海规范研究所、德州恒力电机有限责任公司、江苏远东电机制造有限公司。

本标准主要起草人：任宏、张良基、叶丽花。

本标准参加起草人：李晨浩、孙武、陈庆山、顾进。

船用起货机用恒力矩三相异步电动机
技术条件

1 范围

本标准规定了船用起货机用恒力矩三相异步电动机的基本参数、技术要求、试验方法、检验规则、标志、包装、运输和贮存等。

本标准适用于船用起货机用恒力矩三相异步电动机(以下简称电动机),电动机适用于船舶中要求频繁操作,经常起动、制动和正反转的断续工作制运行的甲板起货机械的电力拖动设备,如起货机和特种绞车等。

2 规范性引用文件

下列文件中的条款,通过本标准的引用而成为本标准的条款。凡是注日期的引用文件,其随后所有的修改单(不包括勘误的内容)或修订版均不适用于本标准,然而,鼓励根据本标准达成协议的各方研究是否可使用这些文件的最新版本。凡是不注日期的引用文件,其最新版本适用于本标准。

GB/T 191 包装储运图示标志(GB/T 191—2008,ISO 780:1997,MOD)

GB 755—2008 旋转电机 定额和性能(IEC 60034-1:2004,IDT)

GB/T 997—2008 旋转电机结构型式、安装型式及接线盒位置的分类(IM 代码)(IEC 60034-7:2001,IDT)

GB/T 1032 三相异步电动机试验方法

GB/T 1958—2004 产品几何量技术规范(GPS)形状和位置公差 检测规定

GB/T 1993—1993 旋转电机冷却方法(eqv IEC 60034-6:1991)

GB/T 2423.16—2008 电工电子产品环境试验 第2部分:试验方法 试验J及导则:长霉(IEC 60068-2-10:2005,IDT)

GB/T 2423.17—2008 电工电子产品环境试验 第2部分:试验方法 试验Ka:盐雾(IEC 60068-2-11:1981,IDT)

GB/T 2828.1—2003 计数抽样检验程序 第1部分:按接收质量限(AQL)检索的逐批检验抽样计划(ISO 2859-1:1999,IDT)

GB/T 4772.1—1999 旋转电机尺寸和输出功率等级 第1部分:机座号56～400和凸缘号55～1080(idt IEC 60072-1:1991)

GB/T 4831 电机产品型号编制方法

GB/T 4942.1—2006 旋转电机整体结构的防护等级(IP 代码)分级(IEC 60034-5:2000,IDT)

GB/T 7060—2008 船用旋转电机基本技术要求

GB 10068—2008 轴中心高为 56 mm 及以上电机的机械振动 振动的测量、评定及限值(IEC 60034-14:2007,IDT)

GB/T 10069.1—2006 旋转电机噪声测定方法及限值 第1部分:旋转电机噪声测定方法(ISO 1680:1999,MOD)

GB/T 13384 机电产品包装通用技术条件

GB 14048.1—2006 低压开关设备和控制设备 第1部分：总则(IEC 60947-1:2001,MOD)

GB 14711—2006 中小型旋转电机安全要求

CB/T 3667.1—2005 船用电缆敷设和电气设备安装附件 电缆贯通装置

JB/T 4159—1999 热带电工产品通用技术要求

JB/T 9615.1—2000 交流低压电机散嵌绕组匝间绝缘试验方法

3 分类与命名

3.1 分类

电动机可分为双速和三速二类。

若用户需要，也可制造四速电动机。

3.2 型号表示法

3.2.1 电动机的型号编制应符合 GB/T 4831 的规定。

示例：

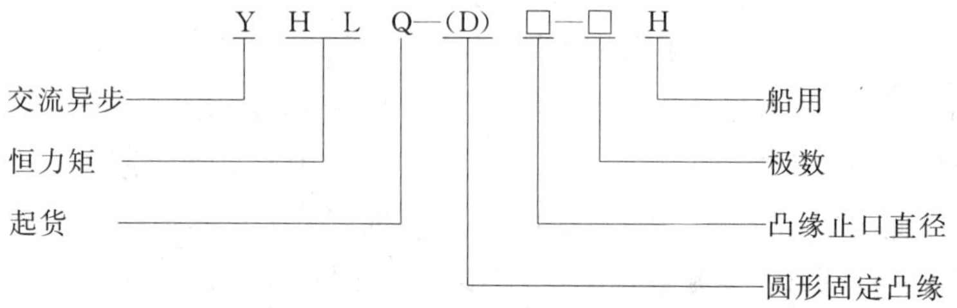

3.2.2 引进技术或引进产品的电动机可在具体产品中另行规定，但应有其基本特征的说明，如额定功率、凸缘止口直径、极数等。

4 要求

4.1 总则

电动机应符合本标准的要求，并按照经规定程序批准的图样及技术文件制造。

4.2 环境适应性

电动机应能在下列环境条件下正常工作：

a) 环境温度为－25 ℃～＋45 ℃；

b) 空气相对湿度不大于95%，并有凝露；

c) 有盐雾、霉菌、油雾及海水的影响；

d) 有船舶正常运行中产生的冲击和振动的影响；

e) 倾斜与摇摆：

——倾斜±22.5°；

——摇摆±22.5°，周期为10 s。

4.3 设计要求

4.3.1 电压和频率

电动机的额定电压和额定频率应符合表1的规定。

表 1　额定电压与额定频率对应关系

额定电压 V	额定频率 Hz
380	50
440	60

4.3.2　工作制

电动机为带起动的断续周期性工作制 S_4，其定额应符合表 2 的规定。

表 2　凸缘止口直径与额定电压、制动器电压、制动力矩及工作制对应关系

电机凸缘止口直径 mm	极数	额定功率 kW	额定电压 V	额定频率 Hz	工作制 S_4 %	直流电磁制动器	
						额定电压 V	额定制动力矩 N・m
250	4/8	7.5/3.7	380	50	25/15	110	120
	4/8	7.5/3.7	440	60	25/15	110	120
350	4/12	15/5	380	50	25/15	110	210
	4/12	15/5	440	60	25/15	110	210
450	4/8/24	30/15/3.7	380	50	25/25/25	110	420
	4/8/24	30/15/3.7	440	60	25/25/25	110	420
530	4/8/28	38/19/4.1	380	50	25/25/25	110(94)	500
	4/8/28	38/19/4.1	440	60	25/25/25	110(94)	500
550	4/8/24	44/22/5.2	380	50	25/25/25	110	650
	4/8/24	44/22/5.2	440	60	25/25/25	110	650
680	4/8/28	80/40/6.5	380	50	40/15/15	110(97)	1 500
	4/8/28	80/40/6.5	440	60	40/15/15	110(97)	1 500
注：括号内是用于出口电机的电压。							

4.3.3　额定功率

电动机的额定功率与凸缘止口直径的对应关系应符合表 2 的规定。

4.3.4　极数

电动机的极数按表 3 的规定。

表 3　电动机极数

类　型	极　数
双速电动机	4/8、4/12
三速电动机	4/8/24、4/8/28

4.3.5　接线方式

双速电动机的接线方式为 Y/Y，三速电动机的接线方式为 Y/Y/Y。

4.3.6 绝缘等级

电动机的绝缘等级为F级、H级两种。

4.4 结构要求

4.4.1 外壳防护等级

电动机、制动器和接线盒的外壳防护等级为IP56。其定义应符合GB/T 4942.1—2006的规定。

4.4.2 冷却方式

电动机的冷却方式按GB/T 1993—1993的规定，一般为IC411、IC410、IC361三种。其中采用IC361冷却方式的电动机，机座下带有风箱并装有风门行程开关与风机电动机。风门不分左右均可通用，但装配时应使风门与接线盒方向一致。

4.4.3 结构及安装型式

电动机结构及安装型式代号按GB/T 997—2008的规定，一般为IMB5。

4.4.4 制动器

4.4.4.1 电动机非轴伸端装有直流圆盘式电磁制动器(以下简称制动器)。制动器装有人工释放装置，在不通电时可人工释放，转子即能轻松转动。

4.4.4.2 制动器的额定电压应符合表2的规定。制动器的工作制应与电动机一致。

4.4.4.3 制动器在额定电压、工作气隙为2 mm时，制动力矩应不小于表2的规定。

4.4.5 接线盒

4.4.5.1 电动机和制动器应装有接线盒。电动机和制动器也可制成同一个接线盒。从轴伸端视之，接线盒位于机座右侧，需要左接线盒时，可在订货合同中提出。

4.4.5.2 接线盒上应装有填料函，填料函应符合CB/T 3667.1—2005的规定。

4.4.5.3 接线盒内应设有端子接线图(端子接线图也可设于铭牌上或铭牌附近)。

4.4.5.4 电动机接线盒内装有接线板，接线板的出线端应有明显耐久的标志。

4.4.6 接地

电动机接线盒内应设有专门的铜质接地螺钉，凸缘端盖上靠近接线盒部位应设有铜质外接地螺钉，接地螺钉的大小应符合表4的规定。

表4 凸缘止口直径与接地螺钉对应关系

单位为毫米

凸缘止口直径	250	350	450	530～680
接线盒内接地螺钉	M6	M8	M8	M10
外接地螺钉	M8	M10	M12	M12

4.4.7 加热器

若用户需要，电动机内部可设置加热器，加热器的容量应能使机壳内部温度至少高于机壳外部温度5K，并应考虑加热器温度不致超过附近绝缘的允许温度。

4.4.8 加油孔和泄水孔

4.4.8.1 采用非封闭轴承的电动机，轴承室应设置加油孔(杯)、放油槽及防止油脂渗入内部绕组的措施。

4.4.8.2 在电动机底部应设有冷凝水泄放孔，泄水孔用耐蚀的金属材料螺栓密封。

4.4.9 电气间隙和爬电距离

电动机及制动器接线盒内的电气间隙应不小于8 mm，爬电距离应不小于12 mm。

4.4.10 紧固

电动机的所有紧固件应有效地锁紧，不会因受船舶正常运行中产生的冲击、振动而松动。

4.5 机械外观质量

4.5.1 电动机和制动器的装配应完整、正确，表面油漆应均匀干燥、无污损、无明显脱落等。

4.5.2 电动机采用滚动轴承，轴承运行应平稳、轻快、无异常杂声和停滞现象。

4.6 轴伸

电动机只有一个轴伸，凸缘止口直径不大于300 mm的采用圆柱形轴伸，大于300 mm的采用圆锥形轴伸。

4.7 热保护

二速电动机的高速级、三速电动机的中速级及高速级定子绕组端部应装有热敏电阻一套，以进行热保护。正温度系数热敏电阻的动作温度按表5的规定选用。常温时，每只热敏电阻的阻值应不大于250 Ω。

表5 绝缘等级与热敏电阻动作温度对应关系 单位为摄氏度

绝缘等级	F级	H级
正温度系数热敏电阻动作温度	150±5	170±5

4.8 旋转方向

电动机各速级应制成三个出线端，当出线端标志的字母顺序与三相电源相序相同时，从轴伸端视之，电动机应为顺时针方向旋转。

4.9 金属零件保护

电动机和制动器金属零件非接触面均应有保护涂层，所有的紧固件都应有防腐蚀的被覆层，导电部分的紧固件应用黄铜制成。

4.10 材料要求

4.10.1 电动机及制动器所采用的材料应滞燃、耐久、耐潮和低毒的。

4.10.2 电动机的转轴材料应符合GB/T 7060—2008的规定。外壳材料采用钢质材料制成，材料的性能应不低于Q235-A的规定。

4.11 尺寸及公差

4.11.1 电动机轴伸键和键槽的尺寸及其公差应符合GB/T 4772.1—1999中第8章的规定。

4.11.2 轴伸长度一半处径向圆跳动的公差应符合GB/T 4772.1—1999中表5正常级的规定。

4.11.3 凸缘止口对电动机轴中心线的径向圆跳动的公差和凸缘安装面对电动机轴中心线的端面圆跳动公差应符合GB/T 4772.1—1999中9.2表6正常级的规定。

4.11.4 电动机轴伸上键槽的对称度公差应符合表6的规定。

表6 键槽对称度公差 单位为毫米

键槽宽	对称度公差
12	0.030
14	
16	
18	
20	0.037

4.11.5 电动机的安装尺寸及其公差应符合图1、图2和表7的规定，外形尺寸应不大于表7的规定。

4.11.6 强迫风冷的电动机风箱，应保证风门打开时风门开关处于接通状态。在控制设备里，只有开启风机后，电动机才能运转。

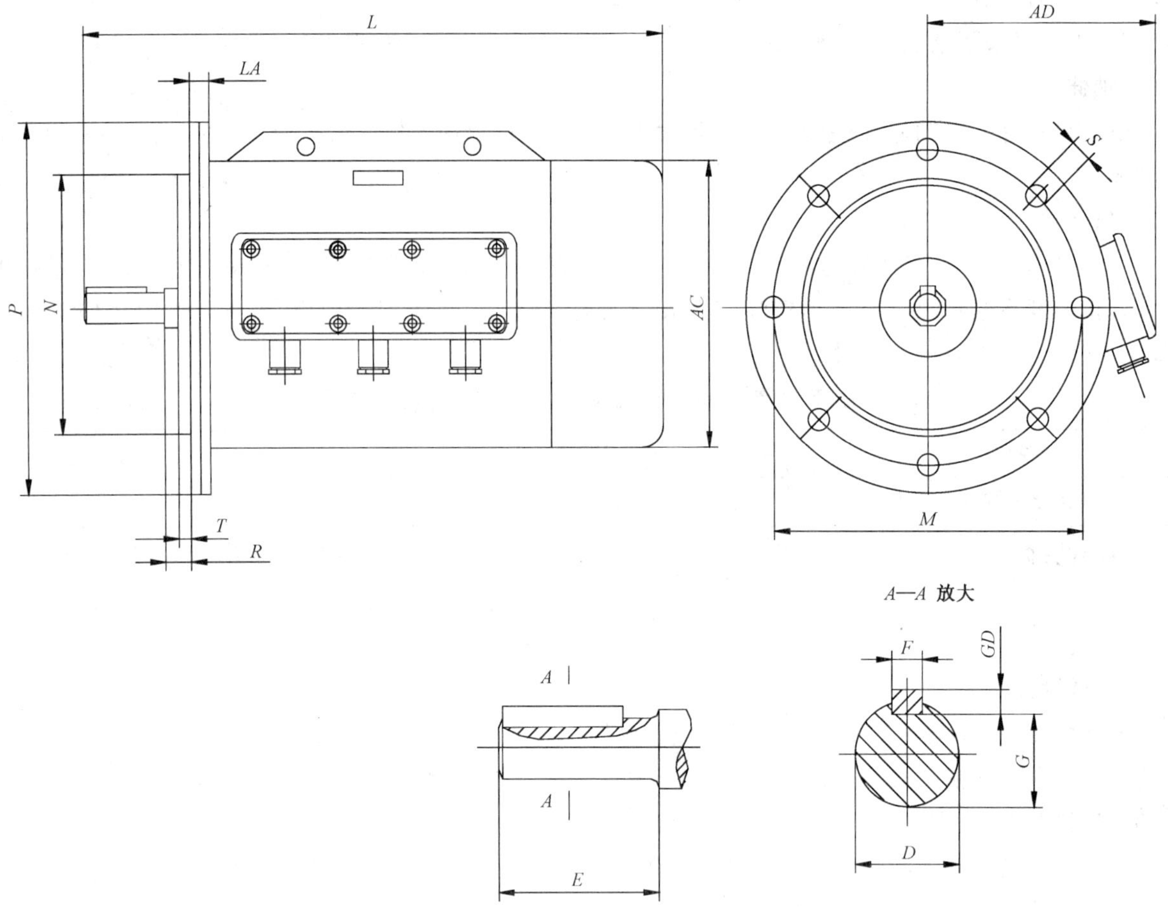

图 1　电动机(IC411)安装尺寸及其公差

表 7　安装尺寸

电机凸缘止口直径	安装尺寸及公差									
	M	*N*	*P*	*LA*	*T*	*S*	螺栓	螺孔数	*D*	E_1
(*D*)250	300	250	350	35	5	$13^{+0.520}_{0}$	*M*12	4	$42^{+0.018}_{+0.002}$	—
(*D*)350	400	350	450	48		$19^{+0.520}_{0}$	*M*16	8	$48^{+0.018}_{+0.002}$	82
(*D*)450	500	450	550	40					$65^{+0.018}_{+0.002}$	105
(*D*)530	590	530	630	44	8	$23^{+0.520}_{0}$	*M*20	8	$55^{+0.018}_{+0.002}$	82
(*D*)550	600	550	660	40	8	$24^{+0.520}_{0}$	*M*20	8	$75^{+0.018}_{+0.002}$	105
(*D*)680	740	680	800	—	8	$24^{+0.520}_{0}$		12	$80^{+0.018}_{+0.002}$	130

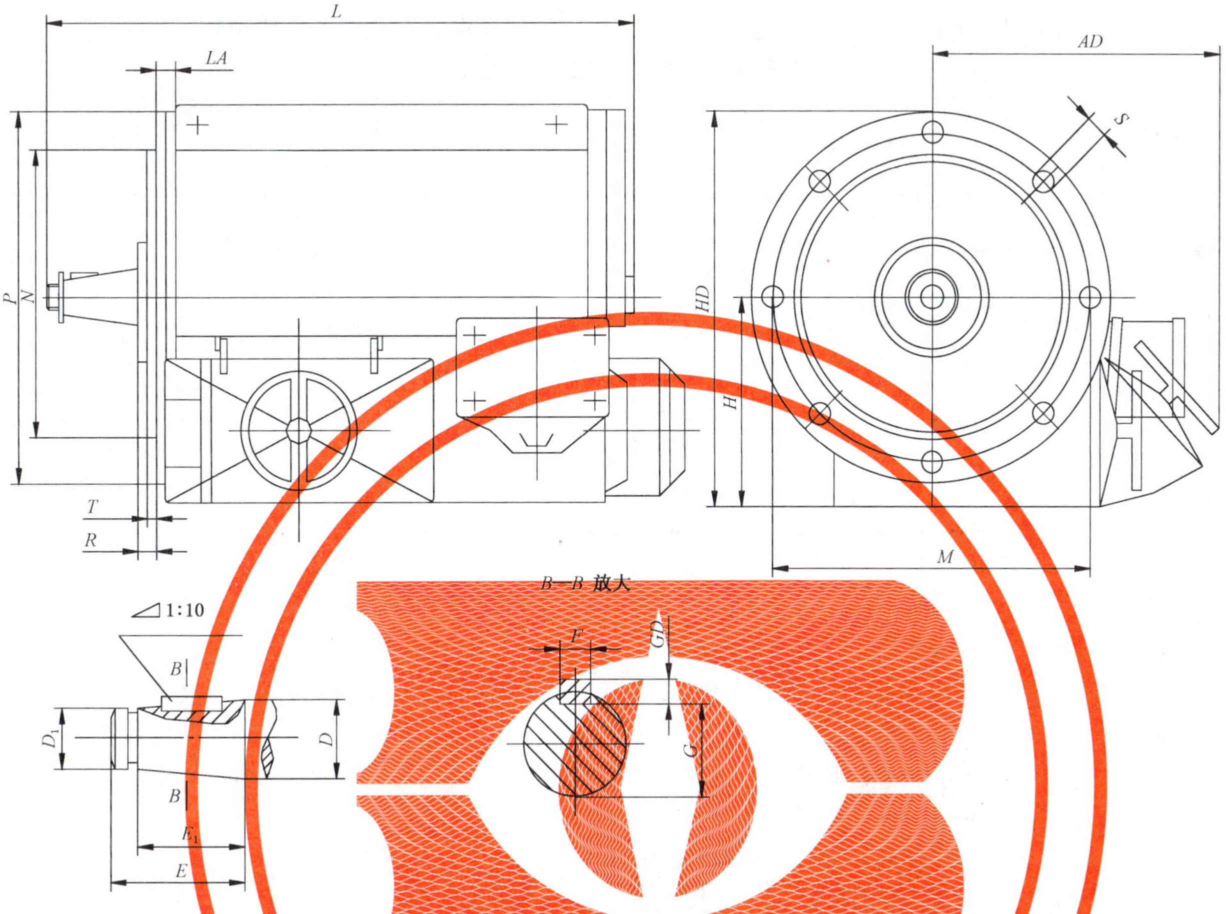

图 2 电动机(IC361)安装尺寸及其公差

及其公差

单位为毫米

						外形尺寸				
E	F	G	GD	D_1	R	AC	AD	HD	H	L
110±0.43	$12_{-0.043}^{0}$	$37.0_{-0.2}^{0}$	$8_{-0.090}^{0}$	—	35	350	252	—	—	715
110±0.43	$12_{-0.043}^{0}$	$16.9_{-0.2}^{0}$		M30×2	60	414	325	—	—	1 025
140±0.50	$16_{-0.043}^{0}$	$23.9_{-0.2}^{0}$	$10_{-0.090}^{0}$	M42×3	45	—	450	913	593	1 395
110±0.43	$16_{-0.043}^{0}$	$20_{-0.2}^{0}$	$9_{-0.090}^{0}$	M33×1.5	45	—	540	935	605	1 225
140±0.50	$18_{-0.043}^{0}$	$27.9_{-0.2}^{0}$	$11_{-0.110}^{0}$	M48×3	45	—	450	1 010	640	1 410
170±0.50	$20_{-0.043}^{0}$	$29.2_{-0.2}^{0}$	$12_{-0.110}^{0}$	M56×4	—	—	—	—	—	—

4.12 性能要求

4.12.1 效率和功率因数

电动机在电压、频率为额定值时，其效率和功率因数的保证值应符合表8的规定。

表8 效率、功率因数保证值

电机凸缘止口直径 mm	极数	额定功率 kW	效率 %	功率因数 cosϕ
(D)250	4/8	7.5/3.7	82/76	0.81/0.57
(D)350	4/12	15/5	82/68	0.81/0.42
(D)450	4/8/24	30/15/3.7	84/78/46	0.76/0.54/0.30
(D)530	4/8/28	38/19/4.1	83/80/29	0.82/0.55/0.30
(D)550	4/8/24	44/22/5.2	86/81/48	0.80/0.62/0.30
(D)680	4/8/28	80/40/6.5	88/83/32	0.80/0.57/0.31

4.12.2 堵转电流

在额定电压下，电动机堵转电流对额定电流之比的保证值应符合表9的规定。

4.12.3 堵转转矩、最大转矩

电动机在额定电压时，堵转转矩、最大转矩对额定转矩之比的保证值应符合表9的规定。

4.12.4 最小转矩

电动机在额定电压时，起动过程中的最小转矩的保证值应不低于1.2倍额定转矩。

4.12.5 转差率

电动机转差率的保证值由制造厂向用户提供。

4.12.6 转动惯量

电动机转子的转动惯量的保证值应符合表9的规定。

表9 堵转电流、堵转转矩、最大转矩对额定值之比的保证值及转子转动惯量保证值

电机凸缘止口直径 mm	极数	堵转电流/额定电流		堵转转矩/额定转矩		最大转矩/额定转矩		转子转动惯量 $N\cdot m^2$
		380 V/50 Hz	440 V/60 Hz	380 V/50 Hz	440 V/60 Hz	380 V/50 Hz	440 V/60 Hz	
(D)250	4/8	4.5/2.5	5.5/3.5	1.6/1.8	2.0/2.2	2.0/1.8	2.2/2.0	7.9
(D)350	4/12	4.5/2.5	5.5/3.5	1.6/1.8	2.0/2.2	2.0/1.8	2.2/2.0	25.0
(D)450	4/8/24	4.5/4.0/2.5	5.5/4.0/2.5	1.6/1.6/1.8	2.0/2.0/2.2	2.0/1.8/1.8	2.2/2.0/2.0	52.0
(D)530	4/8/28	4.5/4.0/2.5	5.5/4.0/2.5	1.6/1.6/1.8	2.0/2.0/2.2	2.0/1.8/1.8	2.2/2.0/2.0	50.0
(D)550	4/8/24	4.5/4.0/2.5	5.5/4.0/2.5	1.6/1.6/1.8	2.0/2.0/2.2	2.0/1.8/1.8	2.2/2.0/2.0	65.0
(D)680	4/8/28	4.5/4.0/2.5	5.5/4.0/2.5	1.6/1.6/1.8	2.0/2.0/2.2	2.0/1.8/1.8	2.2/2.0/2.0	120.0
注：计算堵转电流对额定电流之比时所采用的额定电流值应按额定功率、额定电压及效率和功率因数的保证值（不包括容差）求得。								

4.12.7 容差

电动机电气性能保证值的容差及转子转动惯量保证值的容差应符合表10的规定。

表 10 电气性能及转子转动惯量的保证值容差

序号	名称	容差
1	效率 η 额定功率在 50 kW 及以下 额定功率在 50 kW 以上	 $-15\%(1-\eta)$ $-10\%(1-\eta)$
2	功率因数 $\cos\phi$	$-1/6(1-\cos\phi)$ 最小绝对值 0.02 最大绝对值 0.07
3	堵转转矩	保证值的$\binom{+25}{-15}$%(经协议可超过+25%)
4	最小转矩	保证值的－15%
5	最大转矩	保证值的－10%，但计及容差后，转矩值应不小于额定转矩的 1.6 倍
6	堵转电流	保证值的＋20%
7	转差率(在额定负载和工作温度下)	保证值的＋20%
8	转子转动惯量	保证值的±10%

4.12.8 绝缘电阻

电动机定子绕组和制动器绕组(带通风机的应包括通风机电机绕组)对机壳及绕组相互间的绝缘电阻在热态时或温升试验后应不低于 2 MΩ。在实际冷态时，应不低于 30 MΩ。

4.12.9 耐电压

4.12.9.1 电动机绕组及制动器绕组对机壳和绕组相互间应能承受历时 1 min 的耐电压试验而不发生击穿或闪络，试验电压为工频，波形尽可能为实际正弦波，试验电压的有效值为 2 000 V。

4.12.9.2 对已进行过耐电压试验的电动机，若需要，允许电动机安装后，运行前进行第二次耐电压试验，试验电压的数值为 1 700 V。

4.12.10 匝间冲击耐电压

电动机定子绕组在嵌线完成后应能承受匝间冲击耐电压试验而无故障，其冲击试验电压峰值为 3 100 V，采用波前时间为 0.2 μs。若因试验设备限制，允许采用短时升高电压代替，即空载外施 130% 额定电压，历时 5 min，匝间绝缘无击穿或闪络，试验时允许提高频率或转速，但应不超过其额定值的 115%，电动机每一速级的绕组应分别进行匝间冲击耐电压试验。

4.12.11 温升

4.12.11.1 当环境空气温度为 45 ℃时，电动机定子绕组和制动器绕组的温升限值(电阻法)应不超过表 11 的规定。

表 11 定子绕组和制动器绕组温升限值

单位为开尔文

绝缘等级	F 级	H 级
温升限值	100	120

4.12.11.2 轴承允许温度(温度计法)应不超过 95 ℃。

4.12.11.3 当温升试验时，电机入口处的冷却介质温度(自冷式为环境温度)与 4.12.11.1 的规定不同时，绕组温升限值按 GB 755—2008 中 8.10 表 11 的规定修正。

4.12.12 电源电压和频率变化

电动机运行期间电源电压变化为额定电压的－10%～＋6%，频率变化为额定频率的±5%时，电动机应能可靠工作。

4.12.13 **空载电流不平衡度**

当三相电源平衡时，电动机每个速级的三相空载电流中任一相与三相平均值的偏差应不大于三相平均值的±5%。

4.12.14 **过载**

4.12.14.1 当电源电压及频率为额定时，电动机在热态和逐渐增加转矩的情况下，应能承受4.12.3规定的最大转矩（允许计入容差）历时15 s而不发生损坏及有害变形。

4.12.14.2 电动机应能承受160%额定转矩历时2 min而无损坏及有害变形。

4.12.15 **超速**

电动机在空载情况下，应能承受1.5倍高速级同步转速的超速试验，历时2 min，转动部分的机械结构应不发生有害变形。

4.12.16 **起动次数**

电动机应能在额定电压及频率下，按表2的工作制及表12规定的每小时接通次数和换挡程序进行空载接通次数试验，电动机定子绕组及制动器绕组温升应符合4.12.11的规定。

表12 每小时空载接通次数和换挡程序

电机凸缘止口直径 mm	每小时换挡次数				每小时总共接通次数	换挡程序
	4极	8极	12极	24(28)极		
(*D*)250	350	700			1 050	0→8→4→8→0 (12)(12)
(*D*)350	350		700		1 050	
(*D*)450	370	740		1 110	2 220	0→24→0→24 (28)(28) →8→4→8→24→0 (28)
(*D*)530	370	740		1 110	2 220	
(*D*)550	370	740		1 110	2 220	
(*D*)680	370	740		1 110	2 220	

4.12.17 **制动器性能要求**

4.12.17.1 制动器正常工作气隙为0.6 mm～2.0 mm。当气隙为2.0 mm时，制动器线圈电压降到额定电压的80%时，在电动机规定的使用范围内制动器应能有效吸合，且不应产生二次吸合。

4.12.17.2 制动器的制动力矩应能使气隙在2 mm时使电动机低速级在额定转矩下1.0 s内制动。其制动力矩应不小于表2的规定。

4.12.17.3 制动器断电制动时，为避免在制动器线圈上产生高电压，必须在控制屏（箱）中并联一个放电电阻，放电电阻的阻值应为(8～15)倍制动器线圈电阻值。

4.12.18 **堵转**

电动机的低速级在额定电压及额定频率时，在实际冷却状态下应能承受1 min堵转，电动机无损坏及有害变形，但允许转子冒烟。

4.12.19 **耐潮性能**

电动机和制动器应具有耐潮性能，经55 ℃6周期交变湿热试验后应满足下列要求：

a) 电动机定子绕组对机壳及绕组相互间（带通风机的应包括通风机电机绕组）的绝缘电阻应不低于1.32 MΩ，制动器线圈对机壳的绝缘电阻应不低于1.0 MΩ；

b) 电动机绕组和制动器线圈（包括风机电动机绕组）对机壳及绕组相互间应能承受1 700 V历时1 min的耐电压试验而无击穿和闪络；

c) 电动机金属电镀件和化学处理件的外观应不低于JB/T 4159—1999中规定的三级要求；

d) 绝缘材料、塑料等零部件的外观应不低于JB/T 4159—1999中规定的三级要求；

e) 表面油漆附着力不低于 JB/T 4159—1999 中规定的二级要求。

4.12.20 耐盐雾性能

电动机和制动器(包括风机电机)的金属电镀零部件经盐雾试验应符合 JB/T 4159—1999 中表 3 的规定。

4.12.21 防霉性能

电动机和制动器(包括风机电机)的绕组和绝缘零件应具有防霉性能,经 28 d 试验后应不低于 GB/T 2423.16—2008 中规定的二级要求。

4.12.22 倾斜和摇摆

电动机应能承受船舶工作条件的倾斜和摇摆,电动机按 4.2e)规定的条件进行倾斜和摇摆试验后,轴承温度应不超过 95 ℃,且润滑油(脂)应无泄露,制动器应能正常工作。

4.12.23 振动烈度

电动机高速级在空载时测得的振动烈度(有效值)应不超过表 13 的规定。

表 13 振动烈度

凸缘止口直径 mm	250～350	450～680
振动烈度限值 mm/s	2.8	3.5

4.12.24 噪声

电动机高速级在空载时测得的 A 计权声功率级的噪声限值应不大于表 14 的规定,噪声限值的容差为 +3 dB(A)。

表 14 空气噪声限值

单位为分贝

额定功率 P_N kW	额定转速 n_N r/min			
	$n_N \leqslant 960$	$960 < n_N \leqslant 1\ 320$	$1\ 320 < n_N \leqslant 1\ 900$	$1\ 900 < n_N \leqslant 2\ 300$
$2.2 < P_N \leqslant 5.5$	78	82	86	90
$5.5 < P_N \leqslant 11$	82	85	90	93
$11 < P_N \leqslant 22$	86	88	94	97
$22 < P_N \leqslant 37$	90	91	98	100
$37 < P_N \leqslant 55$	93	94	100	102
$55 < P_N \leqslant 110$	96	98	103	104

4.13 产品标志

4.13.1 铭牌

4.13.1.1 电动机、制动器铭牌应为铜质或其他耐蚀金属材料制造,并牢固地固定在机座上半部明显位置。铭牌上的文字和数据采用的刻划方法,应保证其字迹在电动机整个使用时期内不易磨灭。电动机铭牌和制动器铭牌也可合为一块。

4.13.1.2 电动机铭牌应标明的内容如下:

a) 承制方名称;

b) 电动机名称;

c) 电动机型号;

d) 外壳防护等级(IP代码);
e) 额定功率,单位为千瓦(kW);
f) 额定电压,单位为伏特(V);
g) 额定频率,单位为赫兹(Hz);
h) 额定转速,单位为转/分(r/min);
i) 额定电流,单位为安培(A);
j) 额定工作制;
k) 接线方式;
l) 绝缘等级;
m) 产品标准编号;
n) 出品编号;
o) 质量,单位为公斤(kg);
p) 出品年月;
q) 船检标志。

4.13.1.3 制动器铭牌标明的项目如下:
a) 额定电压,单位为伏特(V);
b) 额定电流,单位为安培(A);
c) 制动力矩,单位为牛·米(N·m);
d) 绝缘等级;
e) 允许吸合次数,单位为次/小时(次/h);
f) 气隙范围,单位为毫米(mm);
g) 出品编号。

4.13.2 出线端标志

4.13.2.1 电动机绕组、制动器线圈、风机绕组出线端、风门行程开关出线端、热敏电阻出线端和加热器电阻出线端应接在接线盒中接线板的相应位置上,并有相应耐久、清晰的标志。

4.13.2.2 电动机绕组出线端标志为:
a) 双速电动机应符合表15的规定。

表15 双速电动机出线端标志

高速级	低速级
2 U、2 V、2 W	1 U、1 V、1 W

b) 三速电动机应符合表16的规定。

表16 三速电动机出线端标志

高速级	中速级	低速级
3 U、3 V、3 W	2 U、2 V、2 W	1 U、1 V、1 W

电动机按照上述标志连接,各速级的旋转方向应保持一致。

4.13.2.3 制动器线圈出线端标志为T1、T2。

4.13.2.4 加热器电阻出线端标志为R1、R2。

4.13.2.5 风机绕组出线端标志为F_U、F_V、F_W。

4.13.2.6 风门行程开关出线端标志为F_{W1}、F_{W2}。

4.13.2.7 热敏电阻引出线标志为f_1、f_0、f_2。连接方法如图3所示。

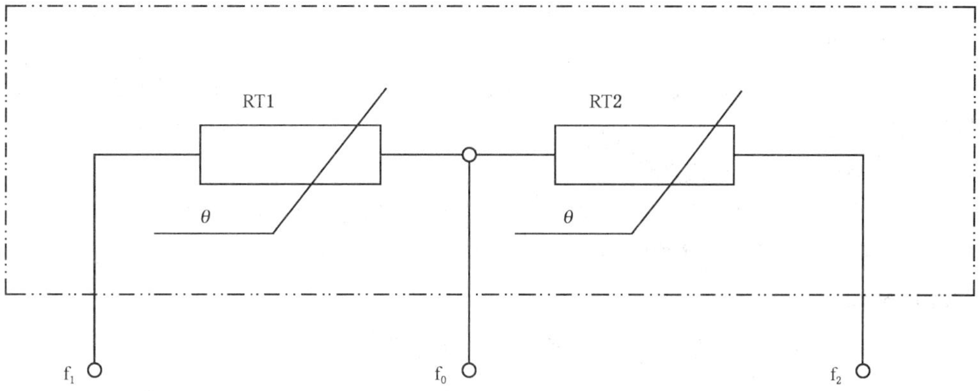

图 3 热敏电阻引出线标

4.13.3 接地标志

电动机应有明显的接地标志，其要求应符合 GB 14711—2006 中 6.4 和 6.5 的规定。

5 试验方法

5.1 总则

除本标准规定外，应按 GB/T 1032 的规定。

5.2 机械外观检查

用目视、耳听的方法，检查电动机的外观质量和轴承运行情况，结果应符合 4.5 的规定。

5.3 尺寸及公差的检查

按 GB/T 4772.1—1999 和 GB/T 1958—2004 的规定检查电动机的尺寸及公差，结果应符合 4.11 的规定。

5.4 电气间隙和爬电距离的测定

按 GB 14048.1—2006 中附录 G 规定的方法测量，结果应符合 4.4.9 的规定。

5.5 标志、接地和接线盒的检查

用目视的方法检查电动机的铭牌及数据、出线端标志、接地螺钉及接地标志，结果应符合 4.4.5、4.4.6 和 4.13 的规定。

5.6 匝间冲击耐电压试验

电动机定子绕组匝间冲击耐电压试验在制造过程中按 JB/T 9615.1—2000 进行，结果应符合 4.12.10 的规定。

5.7 空载起动次数试验

电动机在额定电压和额定频率下，按 4.12.16 规定的起动次数及换挡程序、按 4.3 中的表 2 通电持续率进行电动机空载起动次数试验，直至电动机各部分温升达到实际稳定为止，测量电动机绕组及制动器线圈的温升，结果应符合 4.12.11 的规定。电动机各极绕组温升的测定应在最后一个通电周期中该极绕组通电时间的前半段终了时进行。

5.8 温升试验

电动机在额定电压及额定频率下，按 4.3 的通电持续率和 4.12.16 的换挡程序，以 10 min 为一个工作周期，重复地进行试验，直至电动机及制动器各部分温度达到实际稳定为止。测量电动机各速级定子绕组及制动器线圈的温升。电动机各极绕组温升的测量应在最后一个工作周期中该极绕组运行时间的前半段终了时进行，结果应符合 4.12.11 的规定。

5.9 制动器制动时间的测定

制动器气隙为 2 mm 时，电动机在低速级通电情况下，调节输入电压，使电动机堵转转矩等于额定转矩，注意电压应不超过额定值。然后在这一电压下，电动机运转至转速稳定后，制动器断电制动。测

量制动器制动时间。结果应符合 4.12.17 的规定。

5.10 制动器降压试验

调节制动器衔铁与铁芯间的间隙至最大允许值，线圈电压调节至 80% 额定电压，检测制动器工作情况，结果应符合 4.12.17 的规定。

5.11 制动器动作电压及动作电流的测定

试验应在制动器间隙为最大允许值时进行。调节施加于制动器线圈的电压，测出最低吸上电压、电流及最高释放电压、电流值。根据最高释放电流值，换算出制动器在热态时的最低吸上电压及最高释放电压。

5.12 低速级堵转试验

电动机的最低速级在额定电压和实际冷却状态下，堵转历时 1 min，试验时和试验后检查绕组绝缘，结果应符合 4.12.18 的规定。

5.13 耐潮试验

耐潮试验按 GB/T 7060—2008 中 6.6 的规定进行，结果应符合 4.12.19 的规定。

5.14 盐雾试验

盐雾试验按 GB/T 2423.17—2008 的规定进行，结果应符合 4.12.20 的规定。

5.15 长霉试验

长霉试验按 GB/T 2423.16—2008 中方法 1 的规定进行，试验结果应符合 4.12.21 的规定。

5.16 外壳防护试验

外壳防护试验按 GB/T 4942.1—2006 的规定进行，结果应符合 4.4.1 的规定。

5.17 倾斜和摇摆试验

电动机按实际使用状态安装在倾斜和摇摆试验设备上，在额定电压和频率下空载运行。试验时使其轴伸端与水平成下列角度：

向前倾 22.5°试验至轴承温度稳定为止；

向后倾 22.5°试验至轴承温度稳定为止。

按前后水平轴向 22.5°做摇摆试验，摇摆周期为 10 s，试验时间不少于 15 min。

试验结束后检查电动机轴承，润滑油不应泄漏，轴承温度应符合 4.12.22 的规定，制动器应能正常工作。

5.18 振动烈度测定

按 GB 10068—2000 规定的方法测定电动机的振动烈度，结果应符合 4.12.23 的规定。

5.19 噪声测定

按 GB/T 10069.1—2006 规定的试验方法测定电动机的噪声，结果应符合 4.12.24 的规定。

5.20 电源电压和频率变化试验

在表 17 规定的不同电源频率和电压情况下，各运行 15 min。电动机应能输出额定功率，并且在保持额定输出功率的情况下测量电动机的三相电流、三相电压、频率，试验结果应符合 4.12.12 的规定。此时电动机温升不作考核。

表 17 电源频率和电压变化试验

序　号	电源频率 Hz	电动机端电压 V
1	95%f_N	106%U_N
2	95%f_N	90%U_N
3	105%f_N	106%U_N
4	105%f_N	90%U_N
注：U_N 为额定电压，f_N 为额定频率。		

5.21 热敏电阻动作温度测定

电动机温升试验后，用增加负载或提高负载持续率的办法使电动机定子绕组温升继续升高，直至热敏电阻阻值突变。测定此时热敏电阻动作温度。其结果应符合4.7的规定。

5.22 包装检验

用目视、手动的方法检验电动机的包装，结果应符合7.1的规定。

6 检验规则

6.1 产品合格程序

每台电动机须经检验合格后方能出厂，并应附有产品合格证。

6.2 检验分类

本标准规定的检验分为：

a) 出厂检验；

b) 型式检验。

6.3 出厂检验

每台电动机均应进行出厂检验，出厂检验项目见表18。

表18 检验项目

序号	检验项目	出厂检验	型式检验	要求章条号	试验方法章条号
1	机械外观质量检查	√	√	4.5	5.2
2	尺寸及公差检查	√	√	4.11	5.3
3	接地、标志和接线盒检查	√	√	4.4	5.5
4	电气间隙与爬电距离测定	√	√	4.4.9	5.4
5	绕组在实际冷态下的直流电阻测定	√	√	—	5.1
6	电动机绕组和制动器线圈对机壳及绕组间绝缘电阻测定[a]	√	√	4.12.8	5.1
7	工频耐电压试验	√	√	4.12.9	5.1
8	匝间冲击耐电压试验	√	√	4.12.10	5.6
9	空载特性曲线测定	—	√	—	5.1
10	效率和功率因数测定	—	√	4.12.1	5.1
11	堵转转矩测定	—	√	4.12.3	5.1
12	最大转矩测定	—	√	4.12.3	5.1
13	起动过程中的最小转矩测定	—	√	4.12.4	5.1
14	空载电流和损耗测定	√	√	—	5.1
15	堵转电流测定[b]	√	√	4.12.2	5.1
16	温升试验	—	√	4.12.11	5.8
17	空载电流平衡度测定	—	√	4.12.13	5.1
18	过载试验	—	√	4.12.14	5.1
19	超速试验	—	√	4.12.15	5.1
20	转差率测定	—	√	4.12.5	5.1
21	转动惯量测定	—	√	4.12.6	5.1

表 18（续）

序号	检验项目	出厂检验	型式检验	要求章条号	试验方法章条号
22	电动机起动次数试验	—	√	4.12.16	5.7
23	热敏电阻在正常情况下的电阻值检查	√	√	4.7	5.1
24	制动器时间测定	—	√	4.12.17	5.9
25	制动器降压试验	—	√	4.12.17	5.10
26	制动器动作电压测定	√	√	—	5.11
27	低速级堵转试验	—	√	4.12.18	5.12
28	耐潮试验	—	√	4.12.19	5.13
29	盐雾试验	—	√	4.12.20	5.14
30	长霉试验	—	√	4.12.21	5.15
31	外壳防护试验[c]	—	√	4.4.1	5.16
32	倾斜和摇摆试验	—	√	4.12.22	5.17
33	振动烈度测定	√	√	4.12.23	5.18
34	噪声测定	—	√	4.12.24	5.19
35	电源电压和频率变化	—	√	4.12.12	5.20
36	包装检查	√	√	7.1	5.22
37	热敏电阻动作温度测定[c]	—	√	4.7	5.21

[a] 出厂时测实际冷状态。

[b] 型式试验时，需测取堵转特性曲线。

[c] 仅在产品定型时进行。

6.4 型式检验

凡遇下列情况之一，应进行型式检验：

a） 新产品试制完成时；

b） 电动机的设计和工艺上的变更足以引起某些特性和参数发生变化时；

c） 出厂检验的结果与以前进行的型式检验结果发生不允许偏差时；

d） 国家质量检验部门认为有必要时，可对型式检验中某些项目进行抽试。

6.5 型式检验项目及检验样品数

型式检验项目见表 18。检验样品数为每种规格不少于二台，凸缘止口直径为 450 mm 及以上的电动机可为一台，零部件检验（霉菌、盐雾）的样品数为各三件。

6.6 抽检规则

6.6.1 对连续批生产的电动机，出厂检验允许对表 18 中序号 1、序号 2 及序号 3 进行抽查。抽样按 GB/T 2828.1—2003 中的一般水平Ⅱ级，接收质量限 AQL＝2.5，一次抽样方案进行。

6.6.2 表 18 中序号 28～30 试验可抽代表性规格或零件进行试验或提供有效期内报告。序号 35 试验可选代表性规格进行。

6.6.3 表 18 中序号 5、序号 9、序号 14 和序号 26，在检验时由制造厂制定考核要求进行考核。

7 包装、运输和贮存

7.1 包装

7.1.1 电动机轴伸平键需绑扎在轴上，轴伸和平键表面及凸缘加工面应加防锈保护措施。

7.1.2 包装应坚固结实，能适合多次装卸运输。

7.1.3 包装箱应采取防潮和防淋措施。电动机在箱内不应松动，备件应牢固固定在包装箱内。

7.1.4 除本标准规定的包装要求外，应符合 GB/T 13384 的规定。

7.1.5 每台电动机的随机文件应放在防潮袋内，并固定于包装箱内部。随机文件应包括如下内容：

a) 产品合格证；

b) 使用维护说明书；

c) 装箱清单；

d) 备件和附件目录；

e) 合同中规定的其他文件。

7.1.6 包装箱外壁文字和标志应清楚、整齐，其内容包括：

a) 发货站及制造厂名称；

b) 收货站及收货单位名称；

c) 电动机型号及出品编号；

d) 电动机净重及连同箱子的毛重；

e) 包装箱尺寸；

f) 在箱外的适当位置应标有“小心轻放”、“切勿倒置”、“防湿”等字样，其图形应符合 GB/T 191 的规定。

7.2 运输和贮存

电动机在运输、装卸过程中应避免野蛮操作及雨雪侵入。贮存条件应符合以下规定：

a) 环境空气温度为－30 ℃～50 ℃；

b) 相对湿度不大于 95％；

c) 空气流通，没有雨雪侵入。

7.3 备件

每台电动机的随机备件应装在备件箱内，其备件数量有：

a) 每台电动机出厂应有轴承备件，若前后轴承牌号相同时，备一只轴承。若前后轴承牌号不相同时，各备一只轴承。

b) 制动器的摩擦片(块)一套。

c) 制动器的弹簧 1/3 套。

d) 制动件一套。

e) 铆钉一套。

8 保证期

在用户按照使用维护说明书的规定正常地使用与存放情况下，制造厂应保证电动机在使用的一年内，自制造厂起运日期起不超过二年的时间内能良好地运行，如在此规定的时间内，电动机因制造质量不良而发生损坏或不能正常工作时，制造厂应无偿地为用户修理、更换零件直至整台电动机、制动器。

ICS 29.160.01
K 20

中华人民共和国国家标准

GB/T 25292—2010

船用直流电机技术条件

Specification for direct current machine in ships

2010-11-10 发布　　　　2011-05-01 实施

中华人民共和国国家质量监督检验检疫总局
中国国家标准化管理委员会　发布

前　言

本标准由中国电器工业协会提出并归口。

本标准负责起草单位:上海电器科学研究所(集团)有限公司。

本标准参加起草单位:中国船级社上海分社、中国船级社上海规范研究所、中国船级社青岛分社、江西清华泰豪三波电机有限公司、上海南洋电机有限公司、杭州(新)恒力电机制造有限公司。

本标准主要起草人:林榕、张良基、任宏。

本标准参加起草人:李晨浩、孙武、崔海洋、徐剑萍、陈伟民、罗锋、周红薇。

船用直流电机技术条件

1 范围

本标准规定了船舶(包括移动和固定式近海装置)用直流电机(以下简称电机)的基本参数、技术要求、试验方法、检验规则以及标志、包装、运输和贮存的通用要求。

本标准适用于除直流幅压电动机以外的各种类型的船用直流电动机(以下简称电动机)和船用直流发电机(以下简称发电机)。

2 规范性引用文件

下列文件中的条款通过本标准的引用而成为本标准的条款。凡是注日期的引用文件,其随后所有的修改单(不包括勘误的内容)或修订版均不适用于本标准。然而,鼓励根据本标准达成协议的各方研究是否可使用这些文件的最新版本。凡是不注日期的引用文件,其最新版本适应于本标准。

GB/T 191 包装储运图示标志(GB/T 191—2008,ISO 780:1997,MOD)

GB 755—2008 旋转电机 定额和性能(IEC 60034-1:2004,IDT)

GB/T 756—2010 旋转电机 圆柱形轴伸

GB/T 997—2008 旋转电机结构型式、安装型式及接线盒位置的分类(IM 代号)(IEC 60034-7:2001,IDT)

GB/T 1311—2008 直流电机试验方法

GB 1971—2006 旋转电机 线端标志与旋转方向(IEC 60034-8:2002,IDT)

GB/T 1993—1993 旋转电机冷却方法(eqv IEC 60034-6:1991)

GB/T 2423.4—2008 电工电子产品环境试验 第2部分:试验方法 试验Db:交变湿热(12h+12h循环)(IEC 60068-2-30:2005,IDT)

GB/T 2423.16—2008 电工电子产品环境试验 第2部分:试验方法 试验J及导则:长霉(IEC 60068-2-10:2005,IDT)

GB/T 2423.17—2008 电工电子产品环境试验 第2部分:试验方法 试验Ka:盐雾(IEC 60068-2-11:1981,IDT)

GB/T 2828.1 计数抽样检验程序 第1部分:按接收质量限(AQL)检索的逐批检验抽样计划(GB/T 2828.1—2003,ISO 2859-1:1999,IDT)

GB 3836.1—2010 爆炸性环境 第1部分:设备 通用要求(IEC 60079-0:2007,MOD)

GB 3836.2—2010 爆炸性环境 第2部分:由隔爆外壳“d”保护的设备(IEC 60079-1:2007,MOD)

GB 3836.3—2010 爆炸性环境 第3部分:由增安型“e”保护的设备(IEC 60079-7:2006,IDT)

GB 3836.4—2010 爆炸性环境 第4部分:由本质安全型“i”保护的设备(IEC 60079-11:2006,MOD)

GB 3836.5—2004 爆炸性气体环境用电气设备 第5部分:正压外壳型“p”(IEC 60079-2:2001,MOD)

GB 3836.8—2003 爆炸性气体环境用电气设备 第8部分:“n”型电气设备(IEC 60079-15:2001,MOD)

GB/T 4772.1—1999 旋转电机尺寸和输出功率等级 第1部分:机座号56～400和凸缘号55～1 080(IEC 60072-1:1991,IDT)

GB/T 4831—1984 电机产品型号编制方法

GB/T 4942.1—2006 旋转电机整体结构的防护等级(IP代码)分级(IEC 60034-5:2000,IDT)

GB/T 7060—2008 船用旋转电机基本技术要求

GB 10068—2008 轴中心高为56 mm及以上电机的机械振动 振动的测量、评定及限值(IEC 60034-14:2007,IDT)

GB/T 10069.1—2006 旋转电机噪声测定方法及限值 第1部分:旋转电机噪声测定方法(ISO 1680:1999,MOD)

GB 10069.3—2008 旋转电机噪声测定方法及限值 第3部分:噪声限值(IEC 60034-9:2007,IDT)

GB/T 12351—2008 热带型旋转电机环境技术要求

GB/T 13384 机电产品包装通用技术条件(GB/T 13384—2008)

GB/T 13951—1992 移动式平台及海上设施用电子电工产品环境试验一般要求

GB 14048.1—2006 低压开关设备和控制设备 第1部分:总则(IEC 60947-1:2001,MOD)

GB 14711—2006 中小型旋转电机安全要求

GB/T 20113—2006 电气绝缘结构(EIS)热分级(IEC 62114:2001,IDT)

CB/T 3667.1—1995 船舶电缆敷设和电气设备安装附件 电缆贯通装置

JB/T 4159—1999 热带电工产品通用技术要求

JB/T 5810—2007 电机磁极线圈及磁场绕组匝间绝缘 试验规范

JB/T 9617—1999 直流电机电枢绕组匝间绝缘试验规范

GD 01—2006 中国船级社电气电子产品型式认可试验指南

3 术语和定义

下列术语和定义适用于本标准。

3.1

正常工作 normal operation

电机在规定的使用条件下,其性能、参数变化均在预定范围内的工作状态。

3.2

可靠工作 reliable operation

电机在规定的使用条件下,能够无故障地工作。

4 分类与命名

4.1 分类

电机按照产品工作特点及其在船舶电力系统的作用分类,有发电机、电动机类别。各类产品按其用途、结构、容量等级、安装方式分类的规格应在各类产品标准中具体规定。

4.2 型号表示方法

电机的型号编制一般应符合GB/T 4831—1984的规定。引进技术或引进产品的电机可在具体产品中另行规定,但应有其基本技术特征的说明,如额定功率、中心高、转速等。

5 技术要求

5.1 总则

5.1.1 电机应符合本标准的要求,并按照经规定程序批准的图样及技术文件制造。

5.1.2 本标准未作规定者应符合GB 755—2008及GB/T 7060—2008的规定。直流防爆电机还应符合GB 3836.1—2010、GB 3836.2—2010、GB 3836.3—2010、GB 3836.4—2010、GB 3836.5—2004、GB 3836.8—2003的有关规定。用于特殊场所的电机在产品标准中规定。

5.2 环境适应性

电机应能在下列环境条件下正常工作：

a) 露天甲板或类似场所用电机环境温度为－25 ℃～＋45 ℃，其他场所用电机环境温度为0 ℃～＋45 ℃。

b) 水冷却的电机初始冷却水温度应不大于＋32 ℃。

c) 空气相对湿度不大于95%，并有凝露。

d) 有盐雾、霉菌、油雾及海水的影响。

e) 海上石油平台上用的电机，还有二氧化硫和硫化氢等化学活性物的影响。油船、液货船、移动和固定式近海装置等危险区中的电机还有石油气、天然气及其他爆炸性气体的影响。

f) 倾斜与摇摆：

纵倾：5°（应急电机10°）；

纵摇：7.5°（应急电机10°）；

横倾：15°（应急电机22.5°）；

横摇：22.5°；

可能同时发生横向和纵向倾斜；

装运液化气体和化学品的船舶，其应急发电机应在船舶横倾达30°的极限状态下能保持供电。

g) 有船舶正常运行中产生的冲击和振动影响。

5.3 材料

电机材料的要求应符合GB/T 7060—2008中5.3的规定。

5.4 设计要求

5.4.1 额定功率

5.4.1.1 电动机一般按下列额定功率制造。

0.25 kW、0.37 kW、0.55 kW、0.75 kW、1.1 kW、1.5 kW、2.2 kW、3 kW、4 kW、5.5 kW、7.5 kW、11 kW、15 kW、18.5 kW、22 kW、30 kW、37 kW、45 kW、55 kW、75 kW、90 kW、110 kW、132 kW、160 kW、185 kW、200 kW、220 kW、250 kW、280 kW、315 kW、355 kW、400 kW、450 kW。

5.4.1.2 发电机一般按下列额定功率制造。

0.75 kW、1.1 kW、1.5 kW、2.2 kW、3 kW、4 kW、5.5 kW、7.5 kW、11 kW、15 kW、18.5 kW、22 kW、30 kW、37 kW、45 kW、55 kW、75 kW、90 kW、110 kW、132 kW、160 kW、185 kW、200 kW、220 kW、250 kW、280 kW、315 kW、355 kW、400 kW、450 kW、500 kW。

5.4.2 额定电压

5.4.2.1 电动机的额定电压一般为24 V、110 V、220 V、440 V。

5.4.2.2 发电机的额定电压一般为28 V、115 V、230 V、460 V。

5.4.3 绝缘等级

按照GB/T 20113—2006的规定，电机的绝缘等级一般为B级、F级和H级三种。

5.4.4 工作制与定额

电机的定额应符合GB 755—2008的规定。

5.4.5 额定转速

电机的额定转速一般在相应产品技术条件中另行规定。

5.4.6 励磁方式

电机励磁方式为复励、串励、并励、稳定并励或他励，特殊需要可在相应产品技术条件中另行规定。

5.4.7 电机尺寸及公差

5.4.7.1 电机的外形尺寸应符合产品图样的规定。

5.4.7.2 电机安装尺寸及其公差应符合GB/T 4772.1—1999的规定。

5.4.7.3 电机轴伸长度一半处径向圆跳动公差应符合表1的规定。

表 1　径向圆跳动公差值

单位为毫米

轴伸直径 D	轴伸径向圆跳动公差值	
	正常级	精密级(用户要求时)
$D\leqslant 10$	0.030	0.015
$10<D\leqslant 18$	0.035	0.018
$18<D\leqslant 30$	0.040	0.021
$30<D\leqslant 50$	0.050	0.025
$50<D\leqslant 80$	0.060	0.030
$80<D\leqslant 120$	0.070	0.035

5.4.7.4　凸缘止口对轴中心线的径向圆跳动及凸缘支承面对轴中心线垂直面的端面跳动公差应符合表 2 的规定。

表 2　圆跳动公差值

单位为毫米

凸缘止口直径 N	凸缘外径 P	指示器读数最大允许差值	
		正常级	精密级(用户要求时)
60	90	0.080	0.040
70	105	0.080	0.040
80	120	0.080	0.040
95	140	0.080	0.040
110	160	0.100	0.050
130	200	0.100	0.050
180	250	0.100	0.050
230	300	0.100	0.050
250	350	0.125	0.063
300	400	0.125	0.063
350	450	0.125	0.063
450	550	0.125	0.063
550	660	0.160	0.080
680	800	0.160	0.080
880	1 000	0.200	0.100
1 000	1 150	0.200	0.100

5.4.7.5　电机轴对底脚平面的平行度公差应符合表 3 的规定。

表 3　平行度公差值

单位为毫米

轴中心高 H	轴两端测量的 H 偏差限值		
	L 为电机轴长		
	$L<2.5H$	$2.5H\leqslant L\leqslant 4H$	$L>4H$
$>50\sim 250$	0.5	0.8	1
$>250\sim 630$	1	1.5	2

5.4.7.6 电机底脚支撑面的平面度公差应符合表 4 的规定。

表 4 平面度公差

单位为毫米

AB 或 *BB* 中的最大尺寸	平面度公差
>100～160	0.12
>160～250	0.15
>250～400	0.20
>400～630	0.25
>630～1 000	0.30

注 1：*AB* 为电机底脚外边缘间的距离(端视)；

注 2：*BB* 为电机底脚外边缘间的距离(侧视)。

5.4.7.7 电机轴伸上键槽的对称度公差应符合表 5 的规定。

表 5 对称度公差

单位为毫米

键槽宽 *F*	对称度公差	键槽宽 *F*	对称度公差
>3～6	0.025	>18～30	0.050
>6～10	0.030	>30～50	0.060
>10～18	0.040		

5.4.7.8 电机的轴伸应符合 GB/T 756—1990 的规定。

5.4.8 效率

电机的效率一般在相应产品技术条件中另行规定。

5.5 结构要求

5.5.1 外壳防护等级

电机外壳防护等级一般为 IP22、IP23、IP44、IP55、IP56、IP66。接线盒的外壳防护等级应与电机的外壳防护等级一致，但应不低于 IP44。各种防护等级定义应符合 GB/T 4942.1—2006 的规定。

5.5.2 冷却方式

电机的冷却方式一般为 IC01、IC411，其含义应符合 GB/T 1993—1993 的规定。

5.5.3 结构及安装型式

电机结构及安装型式代号一般为 IMB3、IMB35、IMB5、IMV1、IMV3 和 IMV15，其含义应符合 GB/T 997—2008 的规定。

5.5.4 接线盒

5.5.4.1 电机应装有接线盒。

5.5.4.2 接线盒上应装有金属填料函，填料函应符合 CB/T 3667.1—1995 的规定。

5.5.4.3 接线盒内应设有端子接线图(接线图也可设于铭牌上或铭牌附近)。

5.5.5 接地

电机接线盒内应设有专用的接地螺钉。100 kW 及以上的电机机座底脚撑板上或者凸缘端盖上靠近接线盒部位应设有外接地螺钉，并有耐久、清晰、明显的接地标志。接地螺钉的要求应符合 GB 14711—2006 中表 5 的规定。

5.5.6 加油孔和泄水孔

采用非封闭轴承的电机，轴承室应设置加油孔(杯)、放油槽及防止油脂渗入内部绕组的措施。对水平安装的电机，如有需要，在机座底部应设有冷凝水泄放孔。

5.5.7 加热器

如有需要，电机内部可设置加热器，以防止潮气在电机内部绕组上的凝露。加热器的容量应能使机壳内部温度至少高于机壳外部温度 5 K，并考虑加热温度不超过附近绝缘的允许温度。

5.5.8 轴电流

如有必要，电机应采取防止轴和轴承之间产生环流的措施。

5.5.9 电气间隙和爬电距离

电机接线盒内的电气间隙和爬电距离应符合 GB 14711—2006 中表 4 的规定。

5.5.10 紧固件

电机的所有紧固件应有效地锁紧，不会受船舶正常运行产生的冲击、振动而松动。

5.6 机械外观质量

5.6.1 电机的装配应完整正确，表面油漆应均匀干燥，无污损、无明显脱落等。

5.6.2 轴承运行应平稳、轻快，无异常杂声和停滞现象。

5.7 性能要求

5.7.1 绝缘电阻

电机绕组对机壳及绕组相互间的绝缘电阻在热状态时，或温升试验后应不低于 2 MΩ。在实际冷却状态时应不低于 10 MΩ。

5.7.2 电源电压变化性能

电动机运行期间应能在下列电压变化下可靠工作：

a) 由直流发电机供电的电动机

电压变化为额定电压的±10%。

b) 由蓄电池直接供电的电动机

1) 充电期间不接于蓄电池者，电压变化为额定电压的＋20%～－25%。

2) 充电期间接于蓄电池者，电压变化为额定电压的＋30%～－25%。

c) 经整流器供电的电动机

电压变化为额定电压的±10%，电压周期性波动为额定电压的 5%，纹波电压为额定电压的 10%。

5.7.3 工频耐电压

5.7.3.1 电机绕组对机壳及绕组相互间应能承受表 6 规定的耐电压试验，历时 1 min 而不发生击穿或闪络。试验电压为工频，波形尽可能为实际正弦波。

5.7.3.2 对已进行过工频耐电压试验的电机，若需要，允许在电机安装后，运行前进行第二次耐电压试验，试验电压的数值为上述试验电压的 85%。

表 6 耐电压试验

项号	电机或部件	试验电压(有效值)
1	功率小于 1 kW 且额定电压低于 100 V 电机的绝缘绕组	500 V＋2 倍额定电压
2	功率大于 1 kW 电机的绝缘绕组(除 1、3 项外)	1 000 V＋2 倍额定电压，但最低为 1 500 V
3	励磁绕组	1 000 V＋2 倍额定电压，但最低为 1 500 V

5.7.4 匝间冲击耐电压

5.7.4.1 电机的绕组在生产过程中应进行匝间冲击耐电压试验，以考核绕组匝间绝缘承受冲击过电压的能力，结果应符合 GB 14711—2006 中 7.5 的规定。其冲击试验电压峰值及采用波前时间应满足下列规定：

a) 电机励磁绕组应满足 JB/T 5810—2007 中 4.1 的规定；

b) 电机电枢绕组应满足 JB/T 9617—1999 中第 7 章的规定。

5.7.4.2 若因试验设备限制，允许采用短时升高电压代替，即空载外施 130%额定电压，历时 5 min，匝间绝缘无击穿或闪络。

5.7.5 温升

5.7.5.1 连续工作制(S1)和断续工作制(S2)的空气冷却电机在环境空气温度为+45 ℃下额定运行时,其各部分的温升限值应符合表7的规定。

表7 温升限值

单位为开尔文

热分级		130(B级)			155(F级)			180(H级)		
测量方法		Th	R	ETD	Th	R	ETD	Th	R	ETD
项号	电机部件									
1	电枢绕组	65	75	—	80	100	—	100	120	—
2	除项3外的电机的磁场绕组	65	75	—	80	100	—	100	120	—
3a)	一层以上的电机静止磁场绕组	65	75	85	80	100	105	100	120	130
3b)	电机单层低电阻磁场绕组以及一层以上的直流电机补偿绕组	75	75	—	95	95	—	120	120	—
3c)	表面裸露或仅涂清漆的直流电机的单层绕组以及直流电机单层补偿绕组[a]	85	85	—	105	105	—	130	130	—
4	换向器	70	—	—	85	—	—	105	—	—
5	永久短路的绕组	这些部件的温升或温度应不损坏该部件本身或任何与其相邻部件的绝缘								
6	电刷机构	电刷机构的温升或温度应不至于损坏其本身或任何与其相邻部件的绝缘								
7	无论与绝缘是否接触的结构件(轴承除外)和铁芯	这些部件的温升或温度应不损坏该部件本身或任何与其相邻部件的绝缘								
注:Th——温度计法,R——电阻法,ETD——埋置检温计法。										
[a] 对于多层绕组,如下面各层均与循环的初级冷却介质接触,也应包括在内。										

5.7.5.2 当电机的运行环境空气温度高于+45℃时,则其温升限值应较表7规定值减去实际环境空气温度与+45 ℃之差值。

如电机的运行环境空气温度低于+45 ℃,则其温升限值可较表7规定值增加实际环境空气温度与+45 ℃之差值,但此增加值不应大于15 K。

5.7.5.3 上述以外的其他发电机和电动机的定额应与它们所执行的工作制相符合,并在额定输出条件下进行试验,其温升应不超过表7的规定。对短时工作制S2电机,绕组温升限值可较表7规定值增加10 K。

5.7.5.4 轴承的允许温度应不超过以下规定:

a) 滑动轴承为80 ℃;

b) 滚动轴承为90 ℃;

c) 特种轴承的允许温度在相应产品标准中规定。

5.7.5.5 如试验的环境空气温度与5.2的规定不同时,绕组温升限值按GB 755—2008中8.10的规定进行修正。

5.7.6 调整率

5.7.6.1 发电机电压调整率

发电机以复励励磁,在励磁绕组接近工作温度、转速为额定、磁场变阻器位置不变的情况下,由额定负载至空载及由空载至额定负载时,发电机电压调整率 Δu 按式(1)计算,其结果应不大于表8的规定。

$$\Delta u=\frac{U_0-U_N}{U_N}\times 100\% \qquad \cdots\cdots(1)$$

式中：

Δu——发电机电压调整率；

U_0——空载电压，单位为伏特(V)；

U_N——额定电压，单位为伏特(V)。

表 8　电压调整率

电机功率/kW	≤11	>11～75	≥75
电压调整率 Δu/%	−3 +7	−3 +5	−3 +2

5.7.6.2　发电机电压调整率容差应按 GB 755—2008 中表 20 的规定。

5.7.6.3　电动机转速调整率

电动机以并励或他励励磁，在励磁绕组接近工作温度，由满载逐渐调节到空载及在端电压保持不变时，其转速调整率 Δn 应符合表 9 的规定。

表 9　转速调整率

折算到 1 000 r/min 的千瓦数	<0.67	≥0.67～2.5	≥2.5～10	≥10
转速调整率 Δn/%	+18 0	+15 0	+12 0	+10 0

5.7.6.4　电动机转速调整率容差应按 GB 755—2008 中表 20 的规定。

5.7.7　过载

电机在热状态和电压尽可能接近额定值的情况下，应能承受下述规定的过电流或过转矩。此时绕组温升不计，但电机不应损坏或发生有害变形。

a)　发电机承受 150%额定电流，历时 15 s。

b)　电动机承受 150%额定转矩(在设备有限制时，可用 150%额定电流代替)，历时 15 s。

5.7.8　超速

电机在空载情况下，应能承受下列规定的超速，历时 2 min，转动部分的机械结构应不发生有害变形：

a)　对串励电动机应能承受铭牌上标明的最高转速的 120%，而不小于额定转速的 150%。

b)　对其他各种电动机应能承受铭牌上标明的最高转速的 120%。

c)　对发电机应能承受铭牌上标明的额定转速的 120%。

5.7.9　换向

5.7.9.1　电机换向火花等级的划分应按 GB 1311—2008 中附录 D 的规定。

电机从空载(对不允许空载的电机，从 1/4 负载起)到额定负载的所有情况下，火花应为 $1\sim1\frac{1}{4}$级；在短时过电流或短时过转矩(发电机承受 150%额定电流、电动机承受 150%额定转矩)时火花等级应不大于 $1\frac{1}{2}$级。短时定额和断续定额的电机从空载到额定负载的所有情况，火花等级应不大于 $1\frac{1}{2}$级；在短时过电流或短时过转矩(发电机承受 150%额定电流、电动机承受 150%额定转矩)时不产生有害火花，且不在换向器或电刷表面造成永久性损害。

5.7.9.2　在电机中的电刷支架和端盖或机座上应有明显牢固的表示电刷正确位置的标记。从空载到额定负载的所有情况下，电刷在换向器上均应保持在这一标记的位置上。

5.7.10　容差

电机的效率容差、转速容差应按 GB 755—2008 中表 20 的规定。

5.7.11 发电机电压负载特性

5.7.11.1 额定功率为 50 kW 及以上的并励和稳定并励发电机应符合下列要求：

a) 满载下当电压整定至额定值时，卸去负载，不应使稳定电压的增加超过额定电压的 15%；

b) 不论在满载或空载下整定电压时，任何负载下的电压均不超过空载电压。

5.7.11.2 复励发电机在考虑原动机速度特性情况下，转速应于满载时调整在额定转速，复励发电机在热态下的电压负载特性应为：

当 20%负载时，电压偏差应在额定电压的±1%以内，负载为满载时，电压偏差应在额定电压的±2.5%。

在 20%负载和满载之间，电压负载特性的上升和下降调压曲线的平均值与额定电压的差异应不超过 3%。

注：原动机的转速调整率小于或等于 5%，一般为 3%～5%。

5.7.12 发电机的并联运行

并联运行的直流发电机均应能稳定运行，且当负载在各发电机总额定负载的 20%～100%范围内变化时，各发电机所承担的负载与总负载按其额定功率比例分配值之差，应不超过：

a) 最大发电机额定功率的±12%；

b) 当最小发电机的额定功率小于最大发电机额定功率的 50%时，为最小发电机额定功率的±25%。这样的负载分配应不引起较小发电机过载运行。

5.7.13 耐潮性能

电机应具有耐潮性能，经 55 ℃、6 周期交变湿热试验后应满足下列要求：

a) 电机绕组对机壳和绕组间的绝缘电阻应不低于下列数值：

——对额定电压为 100 V 及以上的 IP22、IP23 的电机，按式(2)确定绝缘电阻：

$$R=2\times\frac{U_N}{1\,000+P_N/100} \quad \cdots\cdots(2)$$

按上式确定绝缘电阻值低于 0.33 MΩ 时，则按 0.33 MΩ 考核。

——对额定电压为 100 V 及以上的 IP44、IP55、IP56、IP66 电机应按式(3)确定绝缘电阻：

$$R=3\times\frac{U_N}{1\,000+P_N/100} \quad \cdots\cdots(3)$$

式(2)、式(3)中：

R——电机绕组的绝缘电阻，单位为兆欧(MΩ)；

U_N——电机额定电压，单位为伏特(V)；

P_N——电机额定功率，单位为千瓦(kW)。

——对额定电压 110 V 及以下的船用电机绝缘电阻应不低于 0.33 MΩ。

b) 电机绕组应能承受历时 1 min 工频耐电压试验而不发生击穿，试验电压的数值为 5.7.3 规定试验电压的 85%；

c) 电机金属电镀件和化学处理件的外观应不低于 JB/T 4159—1999 中的三级要求；

d) 电机表面油漆外观和附着力应不低于 GB/T 12351—2008 中的二级要求；

e) 塑料零部件的外观应不低于 JB/T 4159—1999 中的三级要求。

5.7.14 防霉性能

电机绕组和绝缘材料应具有防霉能力，经 28 d 试验后应达到 GB/T 2423.16—2008 中规定的二级要求。

5.7.15 耐盐雾性能

电机的金属电镀件和化学处理件应具有耐盐雾性能，经盐雾试验后应符合表 10 的规定。

表 10 耐盐雾性能

<table>
<tr><th>底金属材料</th><th>零件类别</th><th>镀层类别</th><th>合格要求</th><th>试验时间</th></tr>
<tr><td>碳钢</td><td>一般结构零件
紧固零件
弹性零件</td><td>锌</td><td>未出现白色或灰黑色、棕色腐蚀产物</td><td>48 h</td></tr>
<tr><td rowspan="4">铜和铜合金</td><td>一般结构零件</td><td>镍、铬</td><td>未出现灰白色或绿色腐蚀产物</td><td>96 h</td></tr>
<tr><td>一般结构零件
紧固零件
弹性零件</td><td>镍</td><td rowspan="2">未出现灰白色或绿色腐蚀产物</td><td rowspan="3">48 h</td></tr>
<tr><td rowspan="2">电联零件</td><td>镍</td></tr>
<tr><td>锡</td><td>未出现灰黑色或绿色腐蚀产物</td></tr>
</table>

5.7.16 **耐化学活性物的腐蚀性能**

用于移动和固定式近海装置的电机应能承受二氧化硫和硫化氢等化学活性物的影响，具体要求应符合该类产品标准的规定。

5.7.17 **冲击、振动**

电机应能承受船舶及移动和固定式近海装置营运时产生的冲击、振动，并能正常工作。

5.7.18 **倾斜和摇摆**

电机按 5.2f)规定的使用条件下进行试验，试验后轴承应不超过 5.7.5.4 规定的允许极限温度，润滑脂、油不应泄漏。

5.7.19 **噪声、振动烈度**

5.7.19.1 电机在空载时测得的 A 计权声功率级的噪声限值应符合 GB 10069.3—2008 的规定。

5.7.19.2 电机在空载时测得的振动烈度限值应符合 GB 10068—2008 的规定。

5.7.20 **电磁兼容**

电机的电磁兼容要求及界限值应符合 GD 01—2006 标准的规定。

5.8 **产品标志**

5.8.1 **船检标志**

凡是上船的电机应具有船检标志，并在合同中规定。

5.8.2 **铭牌**

5.8.2.1 铭牌应用铜质或耐蚀金属材料制成，并牢固地固定在机座上半部明显位置。铭牌上的文字和数字应刻划清楚，在电机整个使用期内不易磨损。

5.8.2.2 电机铭牌标明的内容应符合产品技术条件的规定。

5.8.3 **出线端标志、旋转方向标志**

电机的出线端标志、旋转方向的标志应符合 GB 1971—2006 的规定。

5.8.4 **接地标志**

电机应有明显的接地标志，其要求应符合 GB 14711—2006 中第 6 章的规定。

6 试验方法

6.1 总则

本标准规定了电机的试验方法，未作规定应按 GB/T 1311—2008 及 GB/T 7060—2008 的试验方法进行，船用防爆电机还应符合 GB 3836.1—2010、GB 3836.2—2010、GB 3836.3—2010、GB 3836.4—

2010、GB 3836.5—2004、GB 3836.8—2003 的有关规定进行。

6.2 机械外观质量检查

用目视、耳听的方法，检查电机的外观质量和轴承运行情况，结果应符合 5.6 的规定。

6.3 电气间隙和爬电距离测定

按 GB 14048.1—2006 中附录 G 规定的方法测量，结果应符合 5.5.9 的规定。

6.4 标志、接地和接线盒的检查

用目视的方法检查电机的铭牌及数据、出线端子标志、接地螺钉及接地标志，结果应符合 5.5.4、5.5.5和 5.8 的规定。

6.5 外壳防护形式性能

外壳防护形式性能试验应按 GB/T 4942.1—2006 的规定进行，结果应符合 5.5.1 的规定。

6.6 耐潮性能试验

耐潮性能试验应按 GB/T 2423.4—2008 的规定进行，结果应符合 5.7.13 的规定。有关细则补充如下：

a) 试验严酷程度：高温温度 55 ℃，试验周期为 6 d，降温阶段相对湿度下限值为 85%；

b) 湿热试验前应在正常试验大气条件下放置 24 h 以上后进行如下初始检测，若有不符合要求时应予停试：

——外观检查：电机表面油漆质量、电镀件和化学处理件的表面质量、绝缘和塑料零部件的外观；

——绝缘电阻检测，对不同额定电压的电机，应用表 11 规定的绝缘电阻测试仪。

表 11 绝缘电阻测试仪电压等级

单位为伏特

电机额定电压	绝缘电阻测试仪的电压等级
36 以下	250
36 以上至 500 以下	500

c) 安装在试验箱内的状态：电机在不包装、正常工作位置放试验室内；

d) 最后检测：湿热试验最后一个周期，低温高湿阶段保持 6 h 后进行下列最后检测：

——在试验箱内进行电机绕组的绝缘电阻和耐电压试验，检测时的温度为+25 ℃±3 ℃。相对湿度 95%～98%；

——在电机取出试验箱外的 24 h 内，完成电机表面油漆质量、电镀件和化学处理件的表面质量、绝缘和塑料零部件的外观及轴承润滑脂检测；

——在电机取出试验箱、室外的 8 h～24 h 内，完成电机表面附着力测定。

6.7 长霉试验

电机绕组和绝缘材料的长霉试验按 GB/T 2423.16—2008 规定进行，经 28 d 暴露结束后应符合 5.7.14 的规定。

6.8 盐雾试验

金属电镀件和化学处理件的盐雾试验按 GB/T 2423.17—2008 规定进行，结果应符合 5.7.15 的规定。

6.9 化学气体腐蚀试验

化学气体腐蚀的试验方法应按 GB/T 13951—1992 的规定进行。结果应符合 5.7.16 的规定。

6.10 倾斜试验

电机的倾斜试验按 GD 01—2006 的规定进行，结果应符合 5.7.18 的规定。有关细则补充如下：

a) 试验样品安装方式按实际使用的要求进行安装；

b) 试验样品工作状态：一般电机在额定转速和空载运转状态下试验，当有关标准有规定时，可在最高转速或负载状态下进行试验；

c) 试验前检查电机表观质量、检测机械及电性能、测量绝缘电阻；

d) 试验中每 15 min 记录轴承温度，当轴承温度变化在最后 1 h 内不超过 1 ℃，则轴承温度已达到稳定状态；

e) 试验结束后检测电机轴承温度应不大于 5.7.5.4 规定的允许极限温度，润滑脂、油不应泄漏；

f) 短时定额电机及作应急设备的电机，倾斜试验应在产品标准中另行规定。

6.11 发电机电压负载特性测定

发电机电压负载特性按下述方法测定，测定结果应符合 5.7.11 的规定。

a) 50 kW 及以上的并励和稳定并励发电机可采用下列方法之一进行测定，但在采用方法 b)时其电压调整特性应在 5.7.11.1 的基础上考虑到原动机调速特性的影响。试验应在热状态下进行(检查试验允许在冷态下进行)。

——由稳态调速率为 3%的原动机(或模拟原动机调速特性的电动机)拖动。加上额定负载，调整原动机转速至额定转速后，调节磁场变阻器使发电机端电压为额定电压情况下，卸去全部负载，测量发电机稳态电压值。然后逐步加载至额定电流再逐步减载至零，约每隔 25%额定电流读取发电机端电压值。接着在发电机空载情况下，调节磁场变阻器使发电机端电压为额定电压逐步加载至额定电流再逐步减载至零，约每隔 25%额定电流读取发电机端电压值。

——由恒速(发电机额定转速)或接近恒速的电动机拖动。加上额定负载，调节磁场变阻器使发电机端电压为额定电压情况下，卸去全部负载，测量发电机稳态电压值。然后逐步加载至额定电流再逐步减载至零，约每隔 25%额定电流读取发电机端电压值。接着在发电机空载情况下，调节磁场变阻器使发电机端电压为额定电压逐步加载至额定电流，再逐步减载至零，约每隔 25%额定电流读取发电机端电压值。

注：在用户另有要求时，可在 3%～5%范围内任一稳态调速率下进行试验。但应在合同中明确规定。

b) 复励发电机可采用下列方法之一进行测定，但在采用方法 b)时其电压调整特性应在 5.7.11.2 的基础上考虑到原动机调速特性的影响。试验应在热状态下进行(检查试验允许在冷态下进行)。

——由稳态调速率为 3%的原动机(或模拟原动机调速特性的电动机)拖动。加上 20%额定电流负载，调整原动机转速至 102.5%额定转速，并调整发电机磁场变阻器使发电机端电压在与额定电压相差±1%额定电压范围之内后，逐步加载至额定电流，再逐步减载至 20%额定电流，约每隔 20%额定电流读取发电机端电压值。

——由恒速(发电机额定转速)或接近恒速的电动机拖动。加上 20%额定电流负载，调整发电机磁场变阻器使发电机端电压在与额定电压相差±1%额定电压范围之内后，逐步加载至额定电流，再逐步减载至 20%额定电流。约每隔 20%额定电流读取发电机端电压值。

注：在用户另有要求时，可在 3%～5%范围内任一稳态调速率下进行试验。

6.12 发电机并联运行试验

将分别由稳态调速率为 3%的原动机拖动的两台或两台以上发电机投入并联运行。首先加上 75%总额定负载(并联运行中所有发电机额定负载的总和)的负载，调整各原动机调速机构和发电机磁场变阻器，使转速为 100.75%额定转速，并使各发电机承担按各自额定功率比例分配的负载。在不再调整原动机调速机构和发电机磁场变阻器的情况下，改变负载使其分别是总额定负载的 100% → 75% → 50% → 20 % → 50% → 75%，每次改变负载后稳定运行约 10 min，读取各发电机承担的实际负载值。

试验也可在以 20%额定负载为基调点的情况下进行，即首先加上 20%总额定负载的负载，调整原动机调速机构和发电机磁场变阻器，使各发电机承担按各自额定功率比例分配的负载，然后改变负载进行试验。

各发电机承担的实际负载与按发电机额定功率比例分配值之差 ΔP,可按式(4)计算:

$$\Delta P = P - P_{ps} = P - \frac{P_n \times P_\Sigma}{P_{n\Sigma}} \qquad \cdots\cdots (4)$$

式中:

P——发电机承担的实际负载,单位为千瓦(kW);

P_{ps}——按发电机额定功率比例分配的负载值,单位为千瓦(kW);

P_n——所涉及发电机额定功率,单位为千瓦(kW);

P_Σ——所加总负载,单位为千瓦(kW);

$P_{n\Sigma}$——投入并联运行所有发电机额定功率总和,单位为千瓦(kW)。

结果应符合 5.7.12 的规定。

6.13 电源电压变化试验

电动机在温升试验后,在 5.7.2 规定的电源电压变化条件下进行试验,电动机应能输出额定功率,测出此时电动机电流。此时温升不作考核。

电源电压变化试验结果应符合 5.7.2 的规定。

6.14 匝间冲击耐电压试验

6.14.1 额定电压 110 V 及以上电机的电枢绕组的匝间绝缘,应按 JB/T 9617—1999 第 7 章的规定进行冲击耐电压试验。结果应符合 5.7.4 的规定。

6.14.2 电机磁场绕组的匝间绝缘,应按 JB/T 5810—2007 的规定进行冲击耐电压试验。结果应符合 5.7.4 的规定。

6.15 噪声、振动测定方法

6.15.1 电机的噪声测定应按 GB/T 10069.1—2006 的规定进行,结果应符合 5.7.19.1 的规定。

6.15.2 电机的振动烈度测定应按 GB 10068—2008 的规定进行,结果应符合 5.7.19.2 的规定。

6.16 电磁兼容试验方法

电机的电磁兼容试验应按 GD 01—2006 的规定进行,结果应符合 5.7.20 的规定。

6.17 包装检查

用目视手动的方法检验船用直流电机的包装,结果应符合 8.1 的规定。

6.18 轴电压或轴电流测量

表 12 中项 25 在检验时,按经船检或用户认可的试验方式进行测量,结果应符合 5.5.8 的规定。

7 检验规则

7.1 通则

本标准规定的电机须经检验合格后才能出厂,并附有产品检验合格证。

7.2 检验分类

电机的检验分为如下几类:

a) 出厂检验;

b) 型式检验。

7.3 抽样

电机抽样检查的样本数和抽样程序按 GB/T 2828.1 的规定,抽样方案及合格质量水平应符合各类产品标准的规定。

7.4 检查项目

7.4.1 出厂检验

每台电机均应进行出厂检验。检验项目见表 12。

表 12　检验项目

序号	检验项目	出厂检验	型式检验	要求章条号	试验方法章条号
1	机械性能及外观质量检查	√	√	5.6	6.2
2	安装尺寸及外形尺寸的检查	√	√	5.4.7	6.1
3	接地、标志及接线盒检查	√	√	5.5.4、5.5.5 5.8	6.4
4	电气间隙和爬电距离测定	—	√	5.5.9	6.3
5	绕组在实际冷态下直流电阻的测定	√	√	—	6.1
6	绕组对机壳及绕组相互间绝缘电阻测定[g]	√	√	5.7.1	6.1
7	工频耐电压试验	√	√	5.7.3	6.1
8	短时耐电压试验	√	√	5.7.4	6.1
9	空载特性的测定[g]	√	√	—	6.1
10	效率的测定	—	√	5.4.8	6.1
11	额定负载试验	√	√	5.1	6.1
12	发电机短时过电流试验[a]	√	√	5.7.7.1	6.1
13	电动机短时转距试验[a]	√	√	5.7.7.2	6.1
14	发电机电压负载特性的测定[e]	√	√	5.7.11	6.11
15	发电机电压调整率测定	—	√	5.7.6.1	6.1
16	电动机转速调速率测定	—	√	5.7.6.3	6.1
17	温升试验	—	√	5.7.5	6.1
18	超速试验	√	√	5.7.8	6.1
19	盐雾试验[h]	—	√	5.7.15	6.8
20	耐潮试验	—	√	5.7.13	6.6
21	长霉试验[h]	—	√	5.7.14	6.7
22	耐化学活动物腐蚀试验[b]	—	√	5.7.16	6.9
23	倾斜和摇摆试验[c]	—	√	5.7.18	6.10
24	外壳防护性能试验[c]	—	√	5.5.1	6.10
25	轴电压或轴电流测量[f]	—	√	5.5.8	6.1
26	电动机电源电压变化试验	—	√	5.7.2	6.13
27	噪声测定	—	√	5.7.19.1	6.15.1
28	振动烈度测定	√	√	5.7.19.2	6.15.2
29	无火花换向区域的测定	—	√	5.7.9	6.1
30	电磁兼容试验[c]	—	√	5.7.20	6.16
31	发电机并联运行试验[f]	—	√	5.7.12	6.12
32	转动惯量的测定[c]	—	√	—	6.1
33	防爆性能试验[d]	—	√	5.1.2	6.1
34	包装检查	√	—	8.1	6.17

表 12（续）

序号	检验项目	出厂检验	型式检验	要求章条号	试验方法章条号

[a] 试验时应检查换向。

[b] 仅适用于移动和固定式近海装置用电机。已进行该项试验，则 19 项试验可不进行。

[c] 仅在产品定型时进行。

[d] 仅适用于防爆电机。

[e] 出厂检验时仅在 20% 及 100% 负载情况下进行。

[f] 产品如有需要，进行该项试验。

[g] 在出厂试验时由制造厂自行制订考核数值，进行考核。

[h] 若有有效的试验报告，可免做本试验。

7.4.2 型式检验

7.4.2.1 凡遇下列情况之一，应进行型式检验：

a) 新产品试制完成时；

b) 电机的设计和工艺上的变更足以引起某些特性和参数发生变化时，则应进行有关的型式检验项目；

c) 出厂检验的结果与以前的型式检验结果发生不允许偏差时；

d) 国家质量检验部门有必要时，可对型式检验中某些项目进行抽试。

7.4.2.2 检验项目见表 12。

8 包装、运输和贮存

8.1 包装

8.1.1 除本标准规定的包装要求外，应符合 GB/T 13384 的规定。

8.1.2 电机轴伸平键需绑扎在轴上，轴伸和平键表面及凸缘加工面应加防锈保护措施。

8.1.3 包装应坚固结实，能适合多次装卸运输。

8.1.4 包装箱应采取防潮和防淋措施。电机在箱内不应松动，备件应牢固，并用板与电机隔开。

8.1.5 包装箱外壁文字和标志应清楚整齐，其内容包括：

a) 发货站及到货站；

b) 制造单位和收货单位名称及地址；

c) 电机净重和整装箱毛重；

d) 包装箱外形尺寸；

e) 包装箱外适当位置标有的字母或符号应符合 GB/T 191 的规定；

f) 包装箱吊装方式和位置。

8.1.6 每台电机的随机文件应放在防潮袋内，并固定于包装箱内部。随机文件应包括如下内容：

a) 产品合格证；

b) 使用维护说明书；

c) 船检证书；

d) 装箱清单；

e) 产品标准中规定的其他文件。

8.2 运输和贮存

包装箱在运输贮存过程中不得受雨、雪侵袭，产品应放置在没有雨、雪侵袭，空气流通，相对湿度不大于 90%，温度不高于 +45 ℃，不低于 −25 ℃的仓库中。

9 备件

根据用户订货的需要，电机供应适当的备件，其种类和数量由各类型电机产品标准中规定。

10 保证期

在用户按照使用维护说明书的规定正确地使用与存放情况下，制造厂应保证电机在使用的一年内，自制造厂起运日期起不超过二年的时间内能良好地运行，如在此规定的时间内，电机因制造质量不良而发生损坏或不能正常工作时，制造厂应无偿地为用户修理、更换零件直至整台电机。

ICS 31.240
K 05

中华人民共和国国家标准

GB/T 25293—2010

电工电子设备机柜　机械门锁

Mechanical door lock for cabinets of electrotechnical and electronic equipment

2010-11-10 发布　　2011-05-01 实施

中华人民共和国国家质量监督检验检疫总局
中国国家标准化管理委员会　发布

前　言

本标准按照 GB/T 1.1—2009 给出的规则起草。

请注意本文件的某些内容可能涉及专利。本文件的发布机构不承担识别这些专利的责任。

本标准由全国电工电子设备结构综合标准化技术委员会(SAC/TC 34)提出并归口。

本标准负责起草单位:宁波生久柜锁有限公司。

本标准参加起草单位:浙江飞雷电气有限公司、温州市中意锁具电器有限公司、温州市海坦磁力电器有限公司、上海练江电气有限公司。

本标准主要起草人:姚春良、孟中明、徐飞阳、丁汉平、梁恒珠、潘正东、乐庭华、金丰良。

电工电子设备机柜　机械门锁

1　范围

本标准规定了电工电子设备机柜机械门锁(以下简称机械门锁或产品)的术语和定义、产品的有关数据和资料、正常的使用、安装和运输条件、一般要求、机械性能要求、钥匙的互换性要求、镀涂层的要求、安全要求、试验方法、检验规则、标志、包装、运输、贮存等。

本标准适用于额定电压为交流不超过 1 000 V,频率不超过 1 000 Hz 或直流不超过 1 500 V 的机械门锁。

本标准不适用于有防盗功能的机械门锁。

2　规范性引用文件

下列文件对于本文件的应用是必不可少的。凡是注日期的引用文件,仅所注日期的版本适用于本文件。凡是不注日期的引用文件,其最新版本(包括所有的修改单)适用于本文件。

GB 4208　外壳防护等级(IP 代码)(GB 4208—2008,IEC 60529:2001,IDT)

GB/T 6461—2002　金属基体上金属和其他无机覆盖层　经腐蚀试验后的试样和试件的评级(ISO 10289:1999,IDT)

GB/T 10125—1997　人造气氛腐蚀试验　盐雾试验(eqv ISO 9227:1990)

3　术语和定义

下列术语和定义适用于本文件。

3.1

机械门锁　mechanical door lock

可装在设备的门及类似构件上,由机械零件组成的锁。

3.2

单点锁　single-point lock

仅有一个锁定作用点(止口)的锁。

3.3

双点锁　double-point lock

具有两个锁定作用点(止口)的锁。

3.4

多点锁　multi-point lock

具有三个及以上锁定作用点(止口)的锁。

3.5

锁栓　lock cam

限制门开启的附件。

3.6

左开门锁　left-hand lock

用于左开门使用的锁。

3.7

右开门锁　right-hand lock

用于右开门使用的锁。

3.8

锁栓止口高度　use height of lock cam

锁栓止动作用面到门锁与柜门板外表面接触面的距离。

4　产品的有关数据和资料

4.1　资料的内容

制造商应提供下列资料：

——制造商的名称或商标；

——产品型号；

——执行标准的编号；

——其他说明(如产品使用书等)。

制造商和用户如无专门的协议，提供的资料或样本视同供货合同的一部分。

4.2　标志

4.1中规定的有关资料，可以标志在产品上，也可以印制在产品的最小包装上。标志应是不易磨灭和易于识别。

4.3　安装和使用说明

制造商在其文件或样本中(如有的话)中应规定产品的安装和使用条件。

产品使用说明书中应指明产品正确的安装和使用的方法。

5　正常的使用、安装和运输条件

5.1　正常使用条件

5.1.1　周围空气温度

周围空气温度上限值不超过+55 ℃，且其24 h内的平均温度值不超过+35 ℃。

周围空气温度下限为−5 ℃。

5.1.2　海拔

安装地点的海拔不超过2 000 m。

5.1.3　湿度

最高温度为+55 ℃时，空气的相对湿度不超过50%，在较低的温度下可以允许有较高的相对湿度，例如20 ℃时达90%。

5.2　特殊使用条件

非正常使用条件即为特殊使用条件。特殊使用条件可按制造商和用户的协议确定，但这些协议不得和安全要求相违背。

5.3 运输和储存条件

如果产品的运输和储存条件，例如温度和湿度，不同于5.1中规定的条件，制造商和用户应达成一个特殊协议。除非另有规定，下列温度范围适用于运输储存：−25 ℃～+55 ℃之间，短时间内(24 h内)可达+70 ℃。

5.4 安装

产品应按制造商的说明书或提供的其他有关资料进行安装。

6 一般规定

6.1 外观

产品的表面应平整光滑，无明显凸凹不平、焊接缺陷、裂痕和锈蚀。如表面有被覆处理，色泽应一致，无流痕、起泡、划伤缺陷。

6.2 协调性

机械门锁的把手开启方向应与门开启方向保持协调。

注：当右开门时，即操作者面对设备操作面，按逆时针往外开，门锁的旋转方向为逆时针方向。
当左开门时，即操作者面对设备操作面，按顺时针往外开，门锁的旋转方向为顺时针方向。

7 机械性能要求

7.1 扭应力

机械门锁在正常使用时应能承受可遇到的扭应力(包括水平和垂直方向)，而无变形断裂现象。并：

a) 钥匙开启式机械门锁，应能承受由钥匙传递的扭应力为1 N·m的扭矩；

b) 手柄开启式机械门锁，应能承受表1中规定的，由手柄传递的扭矩；

表1 锁栓孔尺寸与扭矩力对照

锁栓(舌)开孔尺寸/mm	投影面积/mm^2	扭矩/N·m
□7×7	49	6
□8×8	64	10
□10×10	100	18
注：锁栓(舌)其他开孔形状可按近似投影面积对照查得手柄扭矩力。		

c) 锁栓(舌)应有足够的强度，正常使用时，不得变形或损坏。

7.2 抗冲击性能、承受跌落性能、承受碰撞特性和耐受振动特性

如果需要，由制造商和用户协议确定。

7.3 灵活性

7.3.1 钥匙开启与锁闭时，应灵活，无卡滞现象。

7.3.2 钥匙拔出时的轴向静拉力不大于5 N。

7.4 操作寿命

7.4.1 门锁开启与锁闭的全过程为一次操作，在正常工作条件下操作寿命不少于 5 000 次。目测门锁无明显损坏，并不影响产品的正常使用。

7.4.2 钥匙插入、旋转和拔除为一次操作，在正常工作条件下操作寿命不少于 5 000 次。目测钥匙无明显损坏，并不影响产品的正常使用。

8 钥匙的互换性要求

8.1 对同一批产品的相同（统配）钥匙，应能达到 100％的互相开启。

8.2 对同一批产品要求用不相同（单配）钥匙，制造商可与用户协议确定。

9 镀涂层的要求

9.1 对镀层的要求

9.1.1 镀层在经过规定的盐雾试验后应满足表 2 的规定。

表 2 电镀盐雾试验后的表观状态

门锁的外表面	门锁的内表面	表观状态
中性盐雾实验时间/h		功能性表面允许略有泛色，但不应有红色、白色或黑色腐蚀点，并应符合 GB/T 6461—2002 中规定的 9/OsB 性能评级标准
72	48	
注：门锁的内外表面是相对门板而言。		

9.1.2 镀层附着力应满足试验规定的要求。镀层经 100 ℃高温 30 min，以及－40 ℃低温 30 min 后不应有起皮、脱落现象。

9.2 对涂层的要求

9.2.1 涂层在经过规定的盐雾试验后应满足表 3 的规定。

表 3 盐雾试验后的表观状态

中性盐雾实验时间/h	表观状态
200	功能性表面允许略有泛色，但不应有红色、白色或黑色腐蚀点，并应符合 GB/T 6461—2002 中规定的 9/OsB 性能评级标准

9.2.2 涂层附着力应满足试验规定的要求。涂层经 150 ℃高温 30 min，以及－40 ℃低温 30 min 后，不应有起皮、脱落现象。

10 安全要求

10.1 电的连续性

机械门锁裸露的导电零部件与接地间的连接电阻应小于 0.1 Ω。

注：具体措施由制造商和用户协议。

10.2 防护等级的要求

机械门锁的最低的防护等级为 IP30。

11 试验方法

11.1 外观检查

开启包装后，在自然光线下(或在光源箱内)，距离产品 30 cm，目测产品表面的外观，应符合 6.1 的规定。

11.2 扭应力试验

试验过程与合格判定：

a) 将规定的极限静载荷作用于钥匙上，应符合 7.1a)的规定。

b) 将力矩测试仪作用于机械门锁的手柄上，应符合 7.1b)的规定。

c) 机械门锁锁定后，按功能操作要求，拉、推机械门锁的把手 10 次，应符合 7.1c)的规定。

11.3 灵活性试验

试验过程与合格判定：

a) 转动钥匙，开启与锁闭时的操作，应符合 7.3.1 的规定。

b) 用测力仪器测定钥匙静拉力，应符合 7.3.2 的规定。

11.4 操作寿命试验

11.4.1 将试验样品安装在试验机上，以开启和锁闭的全过程为一次操作，可按不少于频率每分钟 5 次试验，应符合 7.4.1 的规定。

11.4.2 将试验样品安装在试验机上，以钥匙的插入、旋转和拔出为一次操作，应符合 7.4.2 的规定。

11.5 钥匙互换性检验

相同(统配)钥匙经逐只开启，应符合 8.1 的规定。不相同(单配)钥匙按协议要求规则检验，应符合 8.2 的规定。

11.6 镀层的盐雾试验

盐雾试验按 GB/T 10125—1997、GB/T 6461—2002 的要求进行，应符合 9.1.1 的规定。

11.7 镀层的附着力试验

用高低温交变试验箱对镀涂层进行高低温性能检测，应符合 9.1.2 的规定。

11.8 涂层的盐雾试验

盐雾试验按 GB/T 10125—1997、GB/T 6461—2002 的要求进行，应符合 9.2.1 的规定。

11.9 涂层的附着力试验

用高低温交变试验箱对镀涂层进行高低温性能检测，应符合 9.2.2 的规定。

11.10 电的连续性试验

用至少能提供 10 A(a.c.或 d.c.)电流的电阻测量仪或电路进行验证。在锁体任两个裸露导电部件之间通以电流,测量它们之间的电压降。用电流和电压降计算出的电阻值不应超过 10.1 规定的要求。

注:如果有疑问,再进行试验直至确认测量符合一致性要求。

11.11 防护等级试验

防护等级按 GB 4208 的规定试验,试验结果应符合 10.2 规定的要求。

12 检验规则

12.1 检验分类

包括出厂检验和型式试验。

12.2 型式试验

提供型式试验的产品,应是出厂检验合格后的产品。

有下列情况之一的产品,需进行型式试验:

a) 新产品或老产品转厂生产的定型鉴定时;

b) 定型生产后,如结构、材料或工艺有较大改变,可能影响产品性能时;

c) 长期停产后(一年以上),再恢复生产时;

d) 国家质量监督部门指定进行的检验时。

12.3 检验项目

出厂检验和型式试验的项目见表 4。

表 4 检验项目

序号	项目名称	出厂检验	型式试验
1	外观	△	
2	扭应力		△
3	灵活性		△
4	操作寿命		△
5	钥匙的互换性	△	
6	镀层盐雾试验		△
7	镀层附着力		△
8	涂层盐雾试验		△
9	涂层附着力		△
10	电的连续性		△
11	防护等级		△

13 标志、包装、运输、贮存

13.1 标志

13.1.1 产品上或最小包装上应有下列标志：

a) 制造商名；

b) 产品型号或规格；

c) 制造日期；

d) 商标。

13.1.2 包装箱外壁应有下列标志：

a) 产品名称、型号、规格、数量、制造商名、地址、邮编；

b) 产品标准编号；

c) 每箱的净重和毛重；

d) 标明防潮、不准倒置、轻放等字样。

特殊要求由制造商和用户协商确定。

13.2 包装

产品的包装应符合防潮的要求。

包装箱内应装入随同产品提供的文件：

a) 装箱单(指多组包装)；

b) 产品合格证；

c) 产品使用说明书。

13.3 运输

运输和装卸过程中应满足：

a) 在运输过程中，产品不得受到剧烈机械冲撞、曝晒、雨淋；

b) 在装卸过程中，产品应轻搬轻放，严防摔掷、翻滚、重压。

13.4 贮存

a) 产品应贮存在温度为−5 ℃～35 ℃的干燥、清洁及通风良好的地方；

b) 应不受阳光直射，避免与任何有害气体和液体接触；

c) 不得受任何机械冲击或重压。